ENCYCLOPÉDIE DES TRAVAUX PUBLICS

PONTS EN MAÇONNERIE

Une Table des matières est placée au commencement et une Table alphabétique à la fin de l'Introduction, de même qu'au commencement et à la fin de chaque partie du Traité proprement dit des Ponts en maçonnerie.

INTRODUCTION

CONDITIONS GÉNÉRALES D'ÉTABLISSEMENT

DES OUVRAGES DANS LES VALLÉES

PONTS, DIGUES, ETC.

PAR

M.-C. LECHALAS

TABLE DES MATIÈRES

ÉTUDE

SUR LES

CONDITIONS GÉNÉRALES D'ÉTABLISSEMENT

des ouvrages dans les vallées

La question du débouché des ponts n'est qu'une partie d'une question plus générale : celle des conditions d'établissement des ouvrages dans les vallées. C'est tout une étude à faire, qui doit nécessairement trouver place dans l'Encyclopédie des travaux publics ; elle se rattache aux Traités des *ponts en maçonnerie* et des *ponts métalliques*, et peut servir d'introduction à l'un et à l'autre.

ÉTAT DE LA QUESTION

Nous avons résumé, dans l'*Hydraulique fluviale*, les études faites par MM. Payen, Comoy, Belin et Mary à la suite des inondations de 1856. Quelques idées justes se sont popularisées depuis cette époque désastreuse ; par exemple, on comprend mieux la funeste influence des endiguements insubmersibles, tout au plus justifiés dans les vallées à largeurs immenses telles que celle du Pô. Il faut bien établir des ouvrages de ce genre pour défendre les villes, et encore y a-t-il des cas douteux, car en 1859 tous les propriétaires intéressés ont demandé et obtenu l'abandon d'un projet de digue, rédigé en vue de la préservation d'un quartier de la rive droite de la Loire à Orléans. — Si l'on est maintenant d'accord pour repousser la construction de digues insubmersibles en rase campagne, on ne l'est pas sur les mesures à prendre quand des endiguements existent, bien que la question ait été singulièrement élucidée dans *Rivières et Canaux* (tome I, 233). L'auteur démontre qu'il faut « revenir sur ce qui a été fait dans le passé », et assurer dans certaines conditions l'introduction des eaux derrière les digues.

Après avoir donné lieu à beaucoup de malentendus, la question du reboisement tend à se réduire à sa juste valeur ; on commence à reconnaître que la solution du problème des inondations n'est pas là, pour nos grands bassins. Le comte Toselli, sénateur italien, tout en demandant des reboisements dans un projet de loi (*Annales des ponts et chaussées*, 1873, I, 255), reconnaît l'exagération commise quand on présente cette opération comme une panacée ; il cite « de nombreux exemples d'inondation, dans des contrées dont les montagnes sont couvertes de forêts où la hache n'a jamais pénétré. »

Avant d'aller plus loin, précisons le sens des termes que nous aurons à employer, et rappelons quelques faits.

Nous appliquerons l'expression de *digues* aux ouvrages, hauts ou bas, établis parallèlement aux rivières, réservant celle de *levées* pour les ouvrages traversant les surfaces latérales submersibles. Il n'est pas possible de confondre les digues destinées à régulariser le lit ordinaire avec celles qui doivent contenir les crues, même quand on emploie l'expression d'endiguement sans qualificatif.

Les *digues basses* sont établies dans le lit ordinaire, pour l'amélioration de la navigation ; en même temps elles défendent les rives, auxquelles on les rattache de distance en distance, comme on le voit sur la Garonne. Il y a là, dans les départements de Lot-et-Garonne et de la Gironde, un bel ensemble de travaux, principalement dû à MM. Baumgarten et Fargue ; le second de ces ingénieurs est parvenu à fixer les règles à suivre dans le tracé de ces sortes d'ouvrages, de manière à assurer l'abaissement des sommets du thalweg[1]. Mais il faut compléter ces règles pour tenir compte de la moindre pente vers laquelle tendent les cours d'eau à fond mobile, quand ils ont été correctement régularisés. L'endiguement du lit ordinaire du Rhône, poursuivi depuis longtemps, a amené des changements importants dans diverses sections de ce grand fleuve. Le nouveau régime comportant de moindres pentes dans les parties où les travaux de ce genre réussissent le mieux, il y a eu vers l'embouchure de la Saône un abaissement d'étiage de 1^m,37, qui a nécessité pour le rétablissement de la navigation dans cet affluent, à défaut d'un barrage en aval dans le fleuve lui-même (solution devant laquelle on a reculé), l'exécution du

---

1. Voir *Hydraulique fluviale*, pages 372 à 376.

barrage éclusé de la Mulatière. Sur d'autres points du Rhône, au lieu de barrages éclusés à de grandes distances les uns des autres, on a fait des barrages sous-marins rapprochés (dits épis-noyés) afin de provoquer des augmentations de pente pour compenser les diminutions. Les travaux commencés avec l'espoir, dans quelques esprits du moins, de permettre au matériel des canaux de circuler sur le fleuve, ont donné lieu au jugement suivant de M. l'inspecteur général Guillemain, professeur de navigation à l'École nationale des ponts et chaussées : «... Il est même permis de dire que si les ouvrages régulateurs dont nous avons parlé (les épis-noyés) modèrent les grandes vitesses et régularisent les pentes, l'uniformisation du lit, en détruisant les tourbillons et les remous, annule des pertes de force vive et accroît dans une certaine mesure l'action générale de la gravité. Le courant, pour avoir perdu ses écarts, qui étaient parfois un obstacle local infranchissable, n'en a donc pas moins conservé sa puissance moyenne, accrue plutôt que diminuée..... Au fond, ce sera toujours le même genre de navigation que par le passé, exigeant de puissants engins et un personnel exercé[1]. »

On distingue parmi les *digues hautes*, établies en dehors du lit ordinaire, les *digues submersibles* et les digues insubmersibles. Les premières ont pour but de préserver les récoltes de l'atteinte des crues moyennes, en laissant au sol de la vallée le bénéfice du limonage pendant les crues extraordinaires ; elles préviennent en partie les dommages causés par les courants des

---

1. *Rivières et Canaux*, I, p. 111 et 109.

eaux débordées, surtout quand vers l'amont leurs rattachements aux terrains insubmersibles s'élèvent, graduellement, jusqu'au-dessus des grandes inondations. On peut, d'un autre côté, reprocher aux digues submersibles d'augmenter le débit maximum ; cela amène quelquefois, en aval, le débordement de crues qui, sans ces digues, seraient restées dans le lit. La balance du bien et du mal n'est pas toujours facile à faire [1].

Quand on empêche les eaux des grandes crues de s'emmagasiner librement dans toute la largeur des vallées, l'écoulement se fait beaucoup plus vite ; les *digues hautes insubmersibles* [2] ont, par suite, une grande influence sur le débit maximum à la seconde, dans la partie inférieure de la vallée. Elles amènent en amont, à la vérité, un remous analogue à ceux qui se produisent dans les gorges naturelles et au-dessus, d'où résulte l'emmagasinement d'une tranche supérieure supplémentaire ; mais cette tranche est loin d'égaler le volume qui, autrefois, s'accumulait latéralement. Pour le territoire séparé du fleuve, le bénéfice final est souvent douteux, car il faut tenir compte de la perte de fertilisation par les limons des crues [3] et des désastres amenés par les ruptures des ouvrages.

1. Le lecteur pourra consulter sur ce sujet le tome I de *Rivières et Canaux*, pages 269 et suivantes.

2. Comme par exemple celles qui longent, de plus ou moins près, une grande partie du lit ordinaire de la Loire, en aval du Bec-d'Allier.

3. « Lorsqu'une inondation torrentielle a lieu au printemps, ce qui est rare, elle forme sur les plaines riveraines un tel dépôt de limon que la récolte, surtout celle des prairies, est totalement perdue. Mais ce limon est un engrais excellent, et la récolte de l'année suivante compense presque toujours la perte. » (*La Seine*, 436). Quand la balance se fait dès la première année, l'inondation limoneuse donne en somme un bénéfice net. Parlant des cours d'eau à lit invariable du bassin de la Seine, Belgrand dit ailleurs (451) que cet état de choses « tient d'abord à l'absence d'endiguement, qui ôte aux crues la plus grande partie de leur violence, et aussi aux plantations qui défendent les berges ».

Même dans la vallée du Pô, « dans un pays où l'endiguement existe depuis vingt siècles, où la propriété en a subi toutes les conséquences, il n'est pas bien démontré que les avantages soient plus grands que les inconvénients. (Belgrand, *La Seine*, 438.) — Dans la vallée de la Loire, où tant de désastres se sont produits, l'histoire enregistre un grand nombre de ruptures de digues par les habitants, « de leur propre autorité » dit un arrêt du Conseil du 19 mai 1716 ; on les ouvrait sur un point quand on craignait l'irruption sur un autre, où des maisons auraient été renversées, etc.

L'emploi des *chaussées* transversales est usité pour la création de chutes d'usines ; dans les vallées à fortes pentes, ces ouvrages aident à préserver le domaine agricole (Belgrand ; *Annales* de 1846, II, 179), en rendant plus facile la défense des berges.

On a fondé, pendant quelques années, de grandes espérances sur les barrages créant des *réservoirs d'emmagasinement des crues*. Ces barrages ne pourraient que rarement fonctionner d'une manière utile dans les vallées latérales, au point de vue des inondations dans la vallée principale, parce que le débit maximum des affluents devance souvent beaucoup celui de la grande rivière. Réparties sur des temps plus longs, les crues des cours d'eau secondaires pourraient donner lieu à des combinaisons plus mauvaises aux confluents. Il y a pourtant des rivières, la Saône par exemple, qui sont en phase montante au moment de l'arrivée du maximum fluvial ; dans un cas pareil, il y aurait avantage à retarder encore l'écoulement de l'affluent. Mais avant de créer des réservoirs d'emmagasinement dans le bassin de celui-ci, on aurait à s'assurer, par le relevé des crues antérieures, si parfois il n'y en a pas de successives, rapprochées, dans les deux cours d'eau : le résultat pourrait alors être défavorable pour les riverains du fleuve, et c'est précisément ce qui aurait eu lieu en 1856, vers le confluent de la Saône dans le Rhône. — Dans les circonstances ordinaires, des réservoirs emmagasinant une partie du volume des crues du fleuve lui-même, ou de ses petits affluents supérieurs, seraient profitables ; il reste des études à faire dans cette direction. Mais il ne faut pas revenir aux illusions d'autrefois, les dépenses devant, dans tous les cas, être énormes pour un profit difficile à chiffrer ; il n'y aura de certitude sur les résultats qu'après des relevés complets des faits observés, en ce qui concerne les combinaisons des crues dans les diverses parties des bassins. Il faut d'ailleurs écarter le bassin du Rhône, pour lequel des études de détail ont donné un résultat négatif au point de vue économique (Kleitz)[1].

Les combinaisons des crues, dans un grand bassin, sont une matière si délicate qu'un exemple très simple ne sera pas inutile, pour montrer de quelle manière il convient d'en aborder l'étude : dans la figure ci-dessous les lignes des temps se correspondent, pour les courbes des débits d'un grand cours d'eau et de l'un de ses principaux affluents, immédiatement avant leur point de réunion, pendant une crue qui les affecte tous les deux ; on porte ces débits en dessus pour le fleuve et en dessous pour la rivière. En faisant mar-

---

1. Pour la Garonne, la question a été traitée par M. Payen, qui arrive a une conclusion négative ; pour la Loire, M. Comoy émet une opinion différente . Mais les travaux de ces auteurs ne sont pas suffisants pour trancher la question, qui reste ouverte.

cher les lignes de base l'une vers l'autre jusqu'au contact des courbes, on voit que, dans le cas de notre exemple, il s'en faut de 2.000 m. c. que la réunion des eaux n'ait lieu de manière à donner en aval le total des maxima.

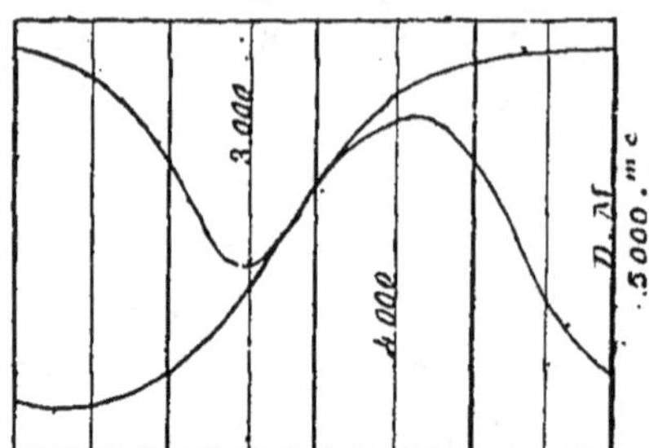

Si l'on hâtait l'écoulement de la crue du fleuve en l'endiguant en amont, ce qui en même temps en augmenterait le maximum [1], la branche ascendante de la courbe inférieure se reporterait à gauche et s'exhausserait ; le débit après le confluent serait doublement accru. — Des réservoirs d'emmagasinement dans le bassin de la rivière modifieraient la courbe supérieure des débits ; le sommet de celle-ci se rapprocherait de la ligne des temps, tandis qu'à partir d'un certain point les ordonnées de la crue baissante s'augmenteraient ; les deux courbes pourraient se couper à droite du point de contact de la figure, ou pour mieux dire il faudrait relever la partie supérieure de celle-ci pour avoir le maximum, augmenté, des rivières réunies. Des réservoirs dans le bassin propre du fleuve, abaissant la branche ascendante de la courbe inférieure, ne pourraient avoir au contraire qu'une heureuse influence, dans le cas des crues considérées. Ce ne sont là que de simples indications, dont on trouvera le

---

1. « Le nouveau débit maximum subit ensuite, comme l'ancien, toutes les modifications qui résultent de la propagation de la crue et de l'arrivée des affluents. Mais l'augmentation qu'il a reçue au passage de l'endiguement ne se perd pas, et en chaque point en aval des digues on retrouve un débit maximum un peu plus fort que celui qui existait avant l'endiguement. » (Comoy, *Ouvrages de défense contre les inondations*, 98). L'auteur omet dans ce passage l'augmentation résultant de l'avance du maximum fluvial.

développement aux Annexes de l'*Hydraulique fluviale*. Remarquons qu'en cas de montée rapide de l'un des cours d'eau, l'autre pourrait se trouver impuissant à opérer son propre remplissage ; un déversement se produirait de la rivière en crue dans l'autre, d'aval en amont, et la courbe des débits de celle-ci comporterait alors des ordonnées négatives. Nous en citerons des exemples.

Les grands barrages d'emmagasinement des crues devraient être munis à leur partie inférieure d'ouvertures libres, empêchant les réservoirs de se remplir en temps ordinaire, sans leur permettre d'évacuer un trop grand volume à la seconde pendant les crues. Le rôle multiple qu'on leur destinerait, en voulant les utiliser aussi pour l'irrigation et pour l'industrie, risquerait fort d'annihiler ces réservoirs au point de vue des inondations : à défaut d'ouvertures inférieures constamment libres, ils se trouveraient souvent remplis quand on aurait besoin d'eux pour retarder l'écoulement. Cependant cette critique des barrages à deux fins dépourvus d'ouvertures inférieures libres n'est pas absolue, car on peut citer un cas où le double but se trouve convenablement atteint. Mais il s'agit d'une petite rivière, le Furens, relativement facile à maîtriser : les barrages de Rochetaillée et du Pas-de-Riot, construits depuis quelques années, pourvoient à l'alimentation en eau de la ville voisine de Saint-Etienne, en même temps qu'ils atténuent les submersions dont elle souffrait autrefois. Le niveau normal du réservoir inférieur correspond à 44^m,50 au-dessus du lit de la rivière dans l'emplacement du barrage de Rochetaillée, et la crête de celui-ci est à 5^m,50 plus haut ; dès que les eaux s'élèvent au-dessus du niveau normal un canal de dérivation, dont l'entrée se trouve entre les deux barrages, jette dans la rivière un volume que celle-ci peut porter sans inonder la ville ; le surplus s'emmagasine dans les $5^m,50$ de surhauteur, qui correspondent à quatre cent mille mètres cubes. Lorsqu'on prévoit une crue, on se hâte de faire du vide dans le réservoir du Pas-de-Riot en jetant à l'avance un supplément à la rivière, et l'on peut alors faire double emmagasinement pendant la crue ; réunis, les deux volumes réservés ne laissent pas d'avoir une grande importance, eu égard aux circonstances locales.

S'il existait dans une vallée principale, à l'amont d'un confluent, une vaste plaine dont on séparerait de grandes surfaces au moyen de digues insubmersibles, quelle influence aurait pour la partie au-dessous de l'affluent un *déversoir* à seuil élevé, que l'on ménagerait vers l'origine de l'une des digues pour réduire le débit maximum ? Dans le cas de la figure précédente, la branche ascendante de la courbe des débits du fleuve ne serait modifiée qu'au voisinage de son sommet, et l'on voit que le maximum au-dessous de l'affluent ne serait pas changé.

On propose quelquefois des *canaux de dérivation* autour des villes, pour diminuer, au passage dans celles-ci, la hauteur maxima des crues dans le lit existant. Si la dérivation rejoint la rivière peu après la ville, il n'y a guère à compter sur un résultat sérieux, parce qu'on rétablit le débit maximum et, par suite, le niveau de la crue à proximité du point à défendre. Il peut même y avoir un exhaussement si le raccordement se fait mal. D'un autre côté, il est possible que le niveau maximum ne se trouve pas abaissé immédiatement après l'origine du canal ; car les dérivations peuvent provoquer des tournoiements réduisant la vitesse moyenne, si les tracés ne sont pas bien disposés aux abords du point de partage. Les profils longitudinaux du maximum de la crue dans la rivière, avant et après l'ouverture du canal, ne pouvant en général différer beaucoup aux deux extrémités de celui-ci, l'amélioration possible ne consiste souvent que dans une meilleure répartition de la pente totale entre ces points. — Les dérivations sont des opérations si délicates, elles ont en général si peu réussi, que tous les ingénieurs italiens les condamnent, et qu'on en a fermé un certain nombre dans leur pays (*Hyd. fluv.*, 140, 408). Il va sans dire qu'on peut cependant recourir quelquefois à ce procédé dans certains cas spéciaux, comme par exemple lorsque la rivière comprend une grande chute entre la ville à défendre et le point de rentrée du canal. — Nous supposons, dans ce qui précède, que les deux maxima coïncident au point de réunion ; il pourrait en être autrement si le canal constituait un raccourci considérable, par rapport à une courbe très accentuée, mais cela ne suffirait pas pour qu'on améliorât notablement la situation : dans une rivière à crues prolongées, le maximum serait plus retardé qu'abaissé. Pour se rendre compte des effets à attendre d'une dérivation projetée, il faut tâcher d'établir des figures analogues à celle que nous venons de donner, avec les courbes des débits dans la rivière et dans le canal immédiatement après la séparation et avant la réunion, pour une crue arrivant dans les conditions de la plus grande crue antérieure ; puis en déduire le profil longitudinal nouveau des débits maxima dans la rivière, et celui des hauteurs correspondantes.

Tout le monde connaît, au moins de réputation, les *T de la Durance*. Chacun de ces T comprend une levée insubmersible, traversant sur l'un des côtés de la rivière la partie inondable de la plaine, et en outre, près du lit ordinaire, un élément de digue longitudinale de 60 à 80 mètres à l'amont et de 30 environ à l'aval, insubmersible à l'enracinement dans la levée et s'abaissant des deux côtés pour finir à chaque bout par une chute de hauteur modérée[1]. Les T sont exécutés par couples, en face les uns des autres, et les couples sont distants de 800 à 1000 mètres dans les parties où la pente moyenne est de 3 mètres par kilomètre ; ailleurs, l'espacement est porté à 12 ou 1500 mètres. Comme les T provoquent l'exhaussement des crues, on les accompagne quelquefois vers l'amont de bourrelets assis sur la limite ancienne des inondations, pour prévenir l'envahissement des terres jusque-là préservées. Peu à peu, grâce aux dépôts de limons qu'amène la diminution des vitesses hors du lit ordinaire, le domaine agricole gagne sur les graviers stériles; sur les îlots changeants à demi garnis d'une végétation misérable ; mais le progrès est un peu lent, parce que les grandes crues et même les simples crues de pleins bords causent encore en beaucoup de points des dégradations.

Il serait très difficile de défendre les musoirs des levées isolées, sur une rivière torrentielle comme la Durance ; les éléments de digues longitudinales divisent

---

1. Cette chute peut être supprimée avec avantage, et l'ouvrage longitudinal raccordé de part et d'autre aux rives.

l'action des eaux, sont maintenus à moins de frais, et permettent en outre de mieux atteindre le but. On trouvera dans les *Annales* de 1856, et dans *Rivières et Canaux*, des détails sur l'exécution de ces ouvrages.

Voici maintenant quelques faits caractéristiques concernant les ponts et leurs abords, et les appréciations de divers auteurs sur l'établissement de ces ouvrages.

A Moulins, un ancien pont en maçonnerie avait été remplacé par un pont en charpente, qui fut détruit par une crue de l'Allier en 1676. Un nouveau pont en maçonnerie, livré à la circulation en 1685, eut le même sort (1689). — Le surintendant des bâtiments du roi, Mansard, fut chargé de rétablir le passage et l'on posa la première pierre d'un pont de trois arches, dont une de 23 toises, le 3 septembre 1705 ; mais le 8 novembre 1710, les arches étant complètement fermées mais encore sur leurs cintres, une crue renversa la plus grande partie de l'ouvrage. Enfin l'ingénieur de Régemortes éleva, de 1754 à 1762, le pont qui existe encore aujourd'hui. Ce succès, sur lequel on n'osait guère compter, est principalement attribué aux « murs de soutènement en prolongement des culées, avec les quatre branches de levées [1] plus hautes que toutes les crues, pour que l'Allier, dit Régemortes dans son grand ouvrage sur le pont de Moulins, soit contenu dans des limites assurées aux abords du pont. »

Les *Annales des ponts et chaussées* de 1836 contiennent un article de Vicat sur une crue de la Dordogne, de février 1833. Nous relevons dans cet article

---

1. Nous dirions *digues.*

les faits suivants, observés au pont de Souillac. En amont le cours de la rivière est rectiligne sur 500 mètres, et arrive à angle droit sur cet ouvrage ; en aval il dévie à gauche, en formant une courbe de très grand rayon. Une levée insubmersible fait suite au pont et traverse sur la gauche une large plaine où se trouve une dé-pression, tracé d'un ancien lit, à environ 300 mètres.

« Quand les eaux débordent, elles arrivent des ré-gions supérieures par la dépression susdite, et ren-contrent la chaussée contre laquelle elles s'élèvent en formant une nappe qui, stagnante d'abord, prend de la pente à mesure qu'on s'approche de la rive, et finit par produire un courant rapide qui longe la chaussée et se précipite enfin sous la première arche de droite. A l'issue de cette arche, ce même courant, augmenté d'une partie du trop-plein de la rivière, tourne subite-ment à gauche et se jette avec force dans la plaine d'a-val, où l'appelle puissamment la dépression dont on a parlé. »

La différence maxima des niveaux entre l'amont et l'aval de la chaussée a été de $0^m,997$. Différence de l'amont à l'aval du pont, rive gauche, marquée sur les épaulements de la culée, $0^m,15$. Différence de l'amont à l'aval, d'après des marques sur les avant et arrière-becs de la première pile de gauche, $0^m,63$. Différence de l'amont à l'aval du pont, rive droite, marquée sur les épaulements de la culée, $0^m,212$. De l'amont à l'a-val de la première pile rive droite, $1^m,125$. Maxi-mum de la dénivellation sous les premières arches de droite, $2^m,62$.

« Lorsqu'on barre transversalement une portion de vallée ou de plage basse, soit pour aboutir à un pont, soit pour provoquer des atterrissements, il faut avoir égard à ce fait important, que les eaux, dans les débordements, peuvent monter beaucoup plus contre le barrage que dans le lit même de la rivière, et qu'il y a lieu conséquemment, si l'on veut qu'il soit insubmersible, de tenir ce barrage de plus en plus élevé à mesure qu'il s'éloigne du débouché. »

Pendant la crue de 1833, les eaux, en se précipitant sous les arches, y formaient « d'effrayantes cataractes ». Cela se comprend si l'on songe à l'augmentation du débit par le lit ordinaire, par suite de la suppression du courant qui régnait autrefois dans la dépression de la rive gauche, et surtout au trouble apporté par le courant transversal. Dans de pareilles circonstances, tout est à craindre. Mais il ne faut pas confondre « les cataractes » avec le remous produit par le pont, en donnant pour mesure à ce remous les $2^m,62$, ou seulement les $1^m,125$, qui représentent tout autre chose. Ces gros chiffres concernent les différences de niveau entre l'avant-bec rive droite et le fond de la dépression, d'une part, l'avant et l'arrière-bec d'autre part ; ils dépendent par conséquent de l'intumescence toute locale qui se produit à l'avant-bec et le premier se trouve très réduit par le relèvement qui se produit à l'aval. Avec un observateur aussi avisé que Vicat, le lecteur ne peut s'y tromper, parce que l'auteur ne se borne pas à rendre compte de ce qu'il y a de plus apparent dans le phénomène, et fait connaître que les dénivellations d'un côté à l'autre du pont sur les rives ne sont que de $0^m,15$ et $0^m,212$. Mais ces dénivellations ne représentent pas la totalité du soulèvement amené par les travaux. « Il serait très important de

RIVIÈRE D'ALLIER

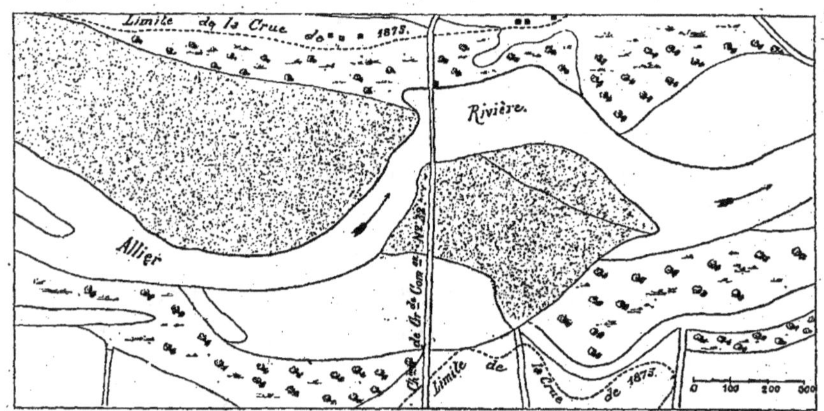

Le Pont de Châtel-de-Neuvre et ses abords.

pouvoir calculer par avance avec exactitude, pour les plus grandes crues, la hauteur à laquelle les eaux pourront être soulevées *en amont et en aval*, l'étendue du remous et la forme de la courbure des eaux. Mais les causes qui agissent alors sur ces courants sont tellement variables qu'on n'a pu encore les soumettre à une analyse rigoureuse, et l'on doit s'enquérir des effets qu'elles produisent dans des circonstances analogues aussi comparables que possible. » (Morandière, *Traité de la construction des ponts et viaducs*, 32 et 33.) Dupuit a bien compris qu'une levée transversale, coupant les courants de plaine par lesquels de grands débits avaient lieu en temps d'inondation, ne pouvait, immédiatement après le pont, rester sans effet sur l'écoulement : l'influence subsiste jusqu'au profil en travers où se retrouvent les conditions antérieures de celui-ci.

Lorsqu'on tient submersible la levée faisant suite au pont sur l'une des rives, comme on l'a fait à Châtel-de-Neuvre sur l'Allier, une partie de la rampe qui établit la communication entre la culée et la route submersible forme une sorte d'îlot, beaucoup plus large que long. Il serait possible qu'à Châtel-de-Neuvre cet îlot eût contribué à amener la forme, si singulière, qu'affecte le lit ordinaire des eaux. On a cependant construit, de part et d'autre du pont, des éléments de digues pour guider le courant ; mais à la vérité sur la rive gauche seulement. Cet exemple montre à quel point il importe de multiplier les observations, dans la vallée où l'on projette des ouvrages et dans les vallées analogues, tant les circonstances dont il faut tenir compte sont diverses. Pour montrer combien les combinaisons possibles sont parfois nombreuses, nous allons résumer un passage des *Etudes théoriques et pratiques sur le mouvement des eaux*, de Dupuit.

Le lit des eaux moyennes, AB, a 500 mètres de largeur ; mais, dans les crues, la rivière franchit la rive gauche en GD, et s'élève jusqu'à la limite HCF dans la plaine, où elle coule avec une hauteur moyenne de 3 mètres, ne laissant à découvert que le petit coteau insubmersible KDBE. Il s'agit d'établir un moyen de communication dans la direction CBA. Plusieurs ponts

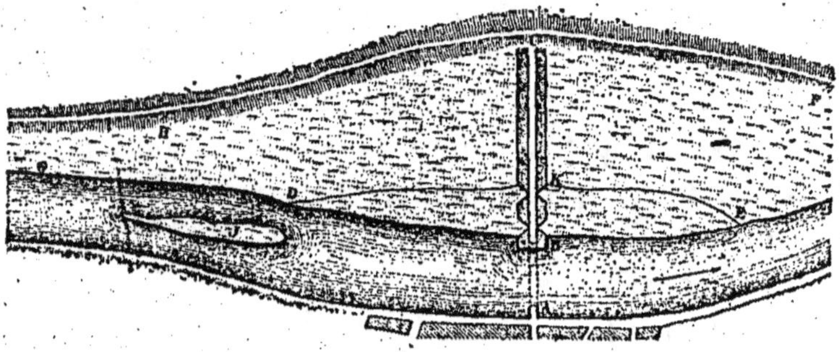

de 400 mètres de débouché linéaire existant à l'amont et à l'aval, on croit avoir fait le nécessaire en adoptant un pareil débouché pour le pont AB, que l'on prolonge par une route insubmersible BKC. Mais le bras AB ne débitait autrefois qu'une partie des eaux de crue, et l'ancienne pente ne suffit plus. De là un grand remous dans le lit, remous n'ayant aucun rapport avec le *pli* entre l'amont et l'aval du pont. Le pays en amont de CKBA *et même une certaine longueur en aval* peuvent être inondés, sur une grande hauteur au-dessus des anciennes crues. — Si l'on veut remédier aux inconvénients du remous, on peut pratiquer des arches dans la levée CK, pour se rapprocher de l'ancien état de choses. Mais les courants seraient plus forts qu'autrefois, ces arches n'occupant qu'une partie de la levée,

et ils pourraient affouiller le terrain ou nécessiter des
travaux très coûteux ; il faudrait donc étudier comparativement la solution consistant à ouvrir un bras supplémentaire, et celle d'un élargissement du lit ordinaire. Ce dernier travail sera presque toujours préférable. Si les principaux dommages ont lieu sur la rive
gauche, en amont, on pourra penser à une digue insubmersible de D vers G, prolongée jusqu'au coteau ; mais
la situation sur la rive droite du bras AB sera aggravée, et l'île J compromise. — Les débordements de la
rivière sont-ils peu fréquents, et la route CK n'a-t-elle
qu'une importance secondaire ? On pourra alors établir celle-ci au niveau de la vallée, et se résigner à
quelques rares interruptions. — Enfin il faut examiner
si l'on ne pourrait pas changer le tracé de la nouvelle
voie publique et s'établir en un point où les grandes
eaux, réunies dans une seule section, seraient moins
influencées par les dimensions ou la disposition des
ouvrages. On voit que la question du débouché est
« tout entière du domaine de l'imagination et de l'invention, domaine qui n'a pas de limites, le peu que
nous avons dit doit suffire pour le prouver ; car même
en se renfermant dans les dispositions que nous avons
indiquées, on pourrait en faire sortir un nombre immense de solutions différentes... La question du débouché des ponts est donc plus vaste que ne l'ont
pensé ceux qui en ont traité jusqu'à présent. La considération du volume des eaux à débiter est une des
données du problème qu'il est bon d'avoir, mais elle
est loin de suffire, et il faut bien se garder de calculer
ce débouché d'après cette donnée unique, ou par analogie avec le débouché des ponts situés en amont ou

en aval... La question est toute locale ; ce qu'on a fait au-dessus et au-dessous n'apprend rien, ou presque rien, sur ce qu'on doit faire entre les deux, et souvent c'est sur une autre rivière, plus grande ou plus petite, qu'il faut prendre exemple des dispositions à adopter. Chaque localité demande une étude spéciale, et la solution de la question du débouché dépend d'une foule de circonstances particulières. »

Quand des considérations financières obligent à restreindre le débouché naturel des crues, l'écoulement de celles-ci sera nécessairement gêné ; l'Ingénieur doit se rendre compte de ce que produira tel ou tel débouché, placé en tel point, orienté de telle façon.

Quelles sont les idées régnantes sur la question du débouché des ponts ? — On cherche à établir une relation entre : les largeurs de la rivière en amont des ouvrages et sous le pont, le débit maximum, la profondeur (qu'on suppose non modifiée en aval, laissant de côté les idées de Dupuit sans les réfuter), et enfin le surhaussement des eaux en amont. Mais on suit une marche qui, implicitement, suppose la rivière contenue latéralement par des rives hautes aboutissant aux extrémités du pont, et celui-ci non pourvu d'enrochements volumineux, de telle manière qu'il n'y ait pas d'autres changements brusques de largeur que ceux résultant de la présence des piles et de saillies modérées des culées. Quand le pont se relie au terrain insubmersible par des levées [1], nous savons quels désordres se pro-

---

1. Dans l'hypothèse de Gauthey, Navier. Daubuisson, etc., qui consiste à négliger les forces retardatrices qui se développent dans l'étranglement, la formule qu'ils ont donnée exprime, non pas la quantité dont l'eau se relève en amont de l'étranglement, mais la quantité dont elle s'abaisse dans l'étranglement. (*Etude sur le mouvement des eaux*, 134.)

duisent ; les calculs que l'on fait n'en tiennent pas compte. Si donc, contrairement à ce que soutient Dupuit, la formule en usage n'est pas absolument fautive, elle est tout au moins inapplicable aux cas où il serait le plus important de préjuger les changements du profil longitudinal des crues. L'action des tympans, qui trouble si profondément l'écoulement, est aussi en dehors des données sur lesquelles on table.

Pour faire connaître la formule admise, nous allons résumer un passage du *Cours* de M. Collignon.

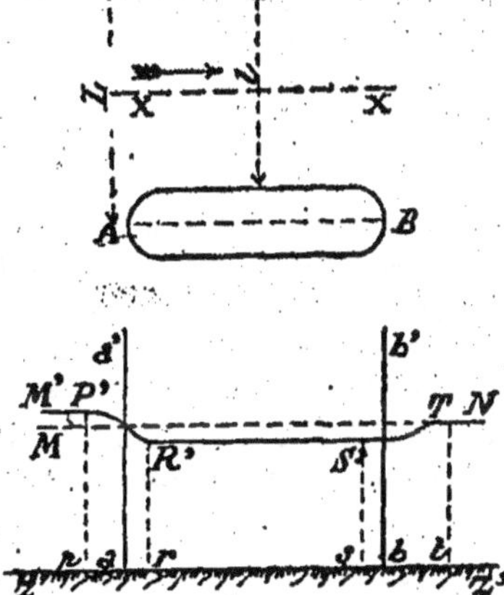

Appelons l la largeur libre entre deux piles, L la largeur correspondante de la rivière[1]. Sur la coupe en long suivant XX, nous supposons le fond ZZ' dressé suivant une pente uniforme. Soient aa' et bb' les projections des arêtes A et C, B et D des piles. La droite MN, parallèle à ZZ', représente la ligne d'eau dans l'état de mouvement uniforme. La diminution de section provoque un accroissement de vitesse, qui doit être le résultat d'une chute superficielle ; si l'on considère deux sections P'p et R'r, la formule du mouvement varié donne pour la différence entre les deux ordonnées h et h' :

$$z = \alpha \left(\frac{u'^2}{2g} - \frac{u^2}{2g} \right).$$

On néglige le frottement des parois, qui est très petit, puisqu'il s'applique à une longueur très restreinte ; si donc u' est $> u$, z est une quantité positive, ce qui indique une chute de P'p à R'r.

La vitesse se maintient à peu près la même, et par suite la hauteur reste

---

1. Ce sera par exemple, dit *M. Collignon*, la largeur prise d'axe en axe des deux piles. Cela montre bien que, dans la pensée de l'auteur, la théorie qui suit n'est pas applicable aux crues lorsque des levées traversent, à la suite du pont, des terrains submersibles. On fait donc un usage tout à fait abusif des formules quand on les étend à ce dernier cas.

invariable de R' à S'. Au delà, une contre-pente S'T ramène le niveau de l'eau à sa hauteur naturelle.

La présence des piles substitue donc à la ligne droite MN une ligne ondulée M'P'R'S'TN qui, vers l'amont, va se raccorder tangentiellement avec la ligne de régime uniforme. Il s'agit d'évaluer les dénivellations.

La section d'écoulement en amont des avant-becs $= hL$. La section suivant R'r serait $h'l$ s'il n'y avait pas à tenir compte d'une contraction due à la convergence des filets liquides ; on écrira donc $mh'l$, m étant un coefficient empirique, moindre que l'unité.

Les vitesses moyennes seront, Q étant le débit dans la largeur L :

Dans la section P'p... $u = \dfrac{Q}{Lh}$;

Dans la section R'r... $u' = \dfrac{Q}{mlh'}$.

On a supposé que le coefficient α, par lequel il faut multiplier les forces vives évaluées au moyen des vitesses moyennes, est le même pour les deux sections ; mais c'est peu admissible, parce que les conditions d'écoulement sont trop notablement différentes ; nous écrirons donc l'équation du mouvement varié :

$$z = \frac{Q^2}{2g}\left(\frac{\alpha_1}{m^2 l^2 h'^2} - \frac{\alpha}{L^2 h^2}\right),$$

en négligeant les frottements des filets contre les parois des piles.

La contraction en R'r est suivie d'un épanouissement qui réduit la vitesse et produit une perte de charge. Nous reporterons cet effet en aval de la section S's, pour l'ajouter aux pertes de charges qui accompagnent la contre-pente S'T. De R'r à S's, tout se passera donc comme dans un canal rectangulaire, où l'eau serait animée d'un mouvement uniforme avec la vitesse u' ; la pente superficielle I sera donnée par la formule :

$$RI = Au'^2.$$

Le rayon $R = \dfrac{lh'}{l + 2h'}$, et si l'on appelle λ la longueur rs, qui est à peu près la longueur de la pile, la pente totale de R' à S' sera :

$$I.\ \lambda = \frac{Au'^2\,(l + 2\,h').\ \lambda}{lh'} .$$

A cause de la faible longueur de λ, on peut regarder la ligne R'S' comme horizontale ; mais cette simplification serait inadmissible si le pertuis étranglé avait une longueur considérable.

Appliquons à la masse d'eau comprise entre S's et Tt l'équation fournie par le théorème des quantités de mouvement, qui fait connaître la hauteur du ressaut superficiel, en distinguant le coefficient α', relatif à S's du coefficient α' relatif à Tt. Nous aurons, en désignant par V la vitesse moyenne en Tt et par H la profondeur dans le mouvement uniforme :

$$4\,\frac{V^2}{2g} : H\left(\alpha',\, \frac{L}{l}\times\frac{H}{h'} - \alpha'\right) = H^2 - h'^2.$$

La vitesse V est connue, c'est celle du régime uniforme ; L, H et l sont aussi connues. Les coefficients α' et α'_1 sont des nombres un peu supérieurs à l'unité ; le premier $= 1.04$, le second dépasse le premier, sans qu'on puisse dire de combien.

En définitive, on a trois équations faisant connaître les pentes totales de P' à R', de R' à S' et de S' à T. La seconde est à peu près nulle si la longueur des piles est faible ; *la troisième est négative et mal déterminée*. La première renferme un coefficient α qu'on peut supposer égal à 1, l'autre α_1 qu'on peut fondre avec m en posant $\dfrac{\alpha_1}{m^2} = \dfrac{1}{\mu^2}$. On écrit alors la valeur de z sous la forme :

$$z = \frac{Q^2}{2g}\cdot\left(\frac{1}{\mu^2 l^2 h'^2} - \frac{1}{L^2 h^2}\right).$$

Pour calculer une limite à la hauteur du remous, ce qui est la question la plus utile à résoudre, on supposera qu'elle soit égale à la chute totale z, ce qui revient à négliger la contre-pente[1]. Cette hypothèse conduit à poser $h' = H$ et $h = H + z$; la formule devient :

$$z = \frac{Q^2}{2g}\cdot\left(\frac{1}{\mu^2 l^2 H^2} - \frac{1}{L^2 (H + z)^2}\right)$$

équation du troisième degré en z, qu'on peut résoudre par la méthode des approximations successives. Diverses observations ont amené à poser $\mu = 0{,}95$, ou $0{,}90$, ou $0{,}85$, ou $0{,}80$, suivant la hauteur des eaux et la forme des avant-becs. On peut adopter $0{,}90$ pour les avant-becs à section circulaire.

Les ponts à piles minces et à culées peu saillantes, non accompagnés de levées, ne donnent lieu qu'à de faibles remous, si les crues ne s'élèvent pas contre les tympans. Quand on en projette de pareils, on peut donc sans inconvénient leur appliquer la formule ci-dessus, bien que Bresse n'accorde aucune valeur à la

---

[1] « Nous admettrons que la contre-pente dont on vient de parler est sensiblement nulle » (Bresse, 341). En se reportant à la figure ci-après, on se convaincra de la nécessité de n'appliquer la formule que si les circonstances ne comportent pas une forte dénivellation ; son emploi sera alors inoffensif.

théorie qui lui sert de base (*Hydraulique*, 340 [1]), Dupuit pas davantage [2]. Si les naissances devaient être dépassées de beaucoup par les crues, il faudrait se garder d'employer aucune formule, car il vaut mieux rester dans l'ignorance que de chercher une fausse sécurité dans des calculs illusoires.

Voici un exemple de relèvement considérable, à la suite d'une chute sous un pont [3]. On voit à quel point l'hypo-

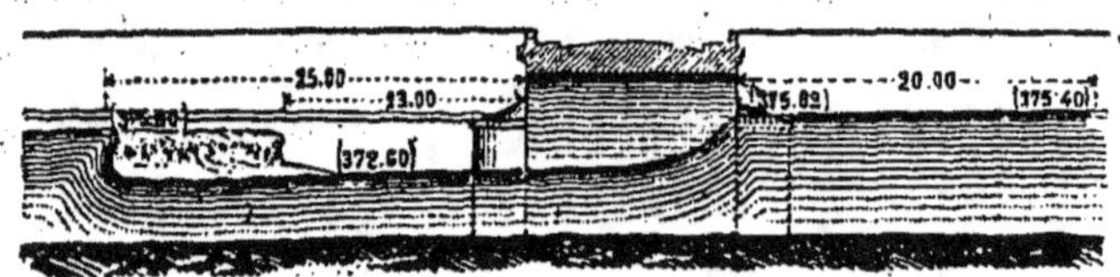

thèse simplificative qui termine la leçon de M. Collignon est inapplicable à ce cas, puisque le relèvement atteint, à peu de chose près, la dépression qui l'a précédé : 20 mètres en amont de l'ouvrage, altitude $375^m,40$; après le ressaut, $375^m,20$; la différence est en rapport avec la pente de la vallée. Si la formule conduit à $z = 375^m,40 - 372^m,60 = 2^m,80$, alors que, relèvement déduit, on n'a plus que $0^m,20$, il faut convenir qu'on n'est guère éclairé par son emploi ; mais les tympans sont envahis sur une grande hauteur, et notre auteur n'a certainement pas entendu qu'on appliquât la formule en semblable circonstance.

L'application de la formule des remous, au passage

---

1. « La loi suivant laquelle se contractent et s'épanouissent les filets fluides, l'influence de leur frottement mutuel et des mouvements tumultueux sont des choses très imparfaitement connues et qui jouent ici le principal rôle. On n'est même pas complètement d'accord sur la manière dont les faits se passent. »

2. Voir les *Études sur le mouvement des eaux*, pages 66 et suivantes de l'édition de 1863.

3. Réduction d'une figure du *Cours* de M. Croizette-Desnoyers (t. I, 206) ; pont de Foix sur l'Ariège.

des ponts, est faite par Morandière de la manière suivante (*Traité*, p. 40) : « Si lors des crues la rivière débite 5.600 mètres cubes ; si la section du lit aux abords du pont est de 4.300 mètres, et si le pont présente un débouché de 3.600 mètres que l'effet de la contraction réduit à $3.600 \times 0,90 = 3.240$, on a pour la vitesse moyenne dans le lit ordinaire $\dfrac{5.600}{4.300} = 1^{m},30$,

à laquelle correspond dans les tables[1] une hauteur de. . . . . $0^{m},086$

« On a de même pour la vitesse moyenne

sous le pont $\dfrac{5.600}{3.240} = 1^{m},728$, à laquelle correspond une hauteur de. . . . . $0^{m},152$

« D'où résulte une chute de . . . . . $\overline{0^{m},066}$

On aimerait sans doute à savoir comment on opère à l'étranger pour déterminer le débouché des ponts. M. Pontzen a fait des recherches à ce sujet et en a consigné le résultat dans une note que nous transcrivons ici.

M. A. Kœstlin, ingénieur de mérite, qui a été pendant des années chef des études des chemins de fer de la Société Autrichienne, a publié dans le *Journal de la Société des Ingénieurs et architectes d'Autriche* (Vienne, 1868) un mémoire où nous trouvons les renseignements qui suivent :

Sur les rivières et fleuves, on dispose ordinairement d'indications qui valent mieux que les calculs que l'on pourrait faire pour déterminer la somme des ouvertures des ponts. Les plus hautes crues sont repérées et il existe généralement des ponts anciens ; les vieillards donnent des renseignements sur les inondations, etc.

Il n'en est pas de même pour les ouvrages d'art à établir dans les remblais qui traversent des vallées latérales. L'étendue du bassin qui déverse vers ce point ses eaux, la nature du terrain, la culture, la pente et l'intensité des

____

1. L'auteur renvoie aux tables donnant les valeurs de $\dfrac{u^2}{2g}$.

pluies sont les éléments qui influent sur le débouché à donner. Ce sont ordinairement les orages qui amènent les maxima de débit. M. Hagen estime qu'en général les trois septièmes de l'eau tombée pendant un orage s'écoulent à la surface du sol. M. Kœstlin admet cinquante pour cent pour les terrains ordinaires et cinquante-sept pour les fonds de rocher. M. Hagen estime que le maximum d'eau tombée pendant un orage est de $0^m,000.014,3$ par seconde. A l'observatoire de Paris, un orage d'une demi-heure a conduit au maximum de $0^m,000.010,5$. Dans le midi de la Hongrie, un orage de dix minutes a donné par seconde une hauteur d'eau de $0^m,000.016$.

En adoptant ce dernier chiffre, qui est le plus élevé, et calculant sur un écoulement de cinquante pour cent, il faut compter sur un maximum de $0^m,000.008$ d'eau par seconde.

Des eaux qui s'écoulent avec une vitesse supérieure à 3 mètres par seconde affouillent et entraînent le sol. M. Kœstlin s'arrête donc, quelle que soit la pente de la vallée, à cette vitesse, et reste même au-dessous pour la détermination de la section des ouvrages d'art. — Ainsi : pour des pentes supérieures à un centimètre par mètre, il admet la vitesse de trois mètres ; pour des pentes de $0^m,01$ à $0^m,005$ par mètre, des vitesses de $2^m,50$ à $2^m,00$. — De plus, il suppose que la nappe d'eau qui se déverse par l'ouvrage d'art n'a pas une grande profondeur, mais seulement $0^m,25$ à $1^m,00$. — Voilà bien des chiffres arbitraires, mais on s'appuie sur diverses considérations, telles que : l'inconvénient d'avoir de gros blocs entraînés à travers les ouvrages d'art ; l'utilité de réserver au-dessus du niveau qu'atteignent les eaux, sous l'intrados, une hauteur suffisante pour laisser passer des troncs d'arbres, etc.

La durée de l'écoulement étant plus longue que la durée de l'orage, on n'arrivera pas au débit maximum sur lequel se base le calcul. En outre, les orages les plus forts sont de courte durée, et ces orages ne s'étendent généralement pas sur une grande zone, et, par conséquent, n'atteignent pas toute la longueur des vallées.

Pour se rendre compte des coefficients de réduction applicables à des pluies de $0^m,000.008$ par seconde, au maximum, M. Kromenaker, attaché comme M. Kœstlin à la construction de chemins de fer en pays accidentés, a fourni à ce dernier des éléments basés sur des observations suivies. L'étude qu'en a fait M. Kœstlin l'a conduit à la conclusion suivante :

Pour des vallées à fortes pentes, il y a lieu d'admettre le tableau ci-après des décroissances de la hauteur d'eau à écouler, d'après la longueur des vallées :

LONGUEUR de la VALLÉE EN KILOM.	HAUTEUR d'eau à ÉCOULER PAR SECONDE	OBSERVATIONS
Jusqu'à 3 k. 8	0,000.008	Pour des plateaux déversant leurs eaux vers un ouvrage d'art, lorsque l'inclinaison du plateau et des vallons sur ce plateau est faible, on prendra la moitié des hauteurs ci-contre, sans descendre au-dessous de $0^m,000.001$.
3 k. 8 à 7 k. 6	0,000.006 à 0,000.004	
7 k. 6 à 11 k. 4	0,000.003	
11 k. 4 à 15 k. 2 . . .	0,000.002	
au delà de 15 k. 2.	0,000.001	

M. Kœstlin fournit des exemples. En voici un : pente de la vallée, un quarantième (0^m,025 par m.); vitesse admise, 3^m,00 par seconde. Superficie déversant les eaux = 1.800.000 m. q.; longueur de la vallée 3 kilom.; quantité d'eau à écouler par seconde, calculée en supposant une hauteur de 0^m,000.008 sur toute la surface de la vallée, 14^{mc},400. La section de la veine d'eau sera donc de $\dfrac{14.4}{3}$ = 4^{m2},80. M. Kœstlin donnerait à cet ouvrage 4^m,80 de portée; la profondeur de l'eau serait de 1^m,00, mais il donnerait à l'ouvrage une hauteur sous clef de près de quatre mètres.

D'après M. Steiner, professeur à l'École polytechnique de Prague, les ouvrages d'art des chemins de fer russes doivent, suivant les règlements administratifs, avoir des débouchés calculés d'après les indications de M. Kœstlin, en tant que l'étendue des terrains déversant leurs eaux ne dépasse pas cinquante-six kilomètres carrés.

M. Rziha, professeur à l'École polytechnique de Vienne, dit que, sur les chemins de fer autrichiens, on se sert en général de ces mêmes indications empiriques; mais il remplace le tableau de M. Kœstlin par le suivant :

3 kilom. . . . . 0^m,000.008,0
3 à 8 . . . . 0^m,000.006,5
8 à 12 . . . . 0^m,000.005,0
12 à 18 . . . . 0^m,000.003,5

M. Rziha adopte également la réduction à moitié pour les plateaux de faible pente. Quant aux vitesses d'écoulement, il emploie le tableau suivant, d'après la pente des vallées :

Pente de 0^m,01 par mètre. . . . . 3^m,5 par seconde
—   0^m,01 à 0,005 . . . . 3^m,0   —
au-dessous de 0^m,005 par mètre . . . . 2^m,1   —

La question de l'établissement des ouvrages dans les vallées reste confuse, à l'étranger comme en France. Certains ingénieurs se bornent à invoquer les débouchés du voisinage; d'autres échafaudent des calculs sur les surfaces des bassins en amont des points considérés, même pour d'importants cours d'eau; comme il peut être nécessaire d'avoir plus de débouché en amont qu'en aval — Gauthey l'a reconnu [1] — l'échafaudage

---

1. « Comme la pente de la rivière diminue ordinairement à mesure que l'on s'éloigne de la source, il s'ensuit que la même masse d'eau qui aura coulé très rapidement dans les montagnes où la rivière prend sa source, et où elle n'est encore qu'un torrent, mettra d'autant plus de lenteur à parcourir le reste de son cours qu'elle approchera davantage de la mer, ou du fleuve où cette rivière va se rendre. Ainsi, en admettant que cette rivière ne reçoive

s'écroule. Suivre cette dernière marche, c'est admettre
que des vallées voisines, dans les mêmes terrains,
doivent avoir des ponts de. mêmes débouchés quand
les surfaces versantes sont égales ; nous renvoyons les
partisans de cette idée à M. de Mardigny (*Annales des
ponts et chaussées* ; 1860, I, 285, 286), qui leur ap-
prendra que les débits de l'Ardèche, de l'Eyrieux et du
Doux, pendant les inondations, ne sont pas proportionnels aux surfaces des bassins, mais aux longueurs de
la chaîne des Cévennes qui correspondent à ces cours
d'eau.

« S'il s'agit d'une rivière un peu considérable, dit
Morandière, et s'il n'existe encore aucun pont dans la
partie que l'on considère, on devra mesurer la superficie du bassin qui verse ses eaux dans. le val en
amont ; on mesurera ensuite, dans la même contrée,
l'étendue des bassins dont·les eaux s'écoulent sous des
ponts existants, et l'on donnera au nouveau pont à
construire un débouché proportionnel à ceux de ces
ponts. » L'auteur admet implicitement que le débit
maximum à la seconde et la hauteur maxima ne sont
pas connus ; quand ces renseignements ne font pas
défaut, on a vu (p. 31) comment il calcule le surhaussement à l'amont par rapport au niveau supposé fixe
d'aval, oubliant qu'ailleurs il considère avec Dupuit
qu'il y a surhaussement à l'aval comme à l'amont
sous l'influence de l'ensemble des ouvrages (page 23).
— Au pont de la Guillotière, à Lyon, M. Graëff a cons-

point d'affluents considérables, et que le fond ait partout une égale consistance, si l'on construit deux ponts sur le cours de cette même rivière, il
faudra donner à celui que l'on placera le plus près de sa source, un plus
grand débouché qu'à l'autre. » (*Traité de la construction des ponts*, section II.) On verra d'ailleurs que Gauthey ne tient pas compte dans ce passage
de toutes les circonstances à prendre en considération.

taté que les tournoiements ne prennent fin, lors d'une crue ordinaire, qu'à 100 mètres à l'aval du pont. Il s'agit d'un ouvrage régnant de quai à quai ; le relèvement en aval est bien autre chose, surtout dans les crues extraordinaires, pour les ponts séparés du terrain insubmersible par de hautes levées. — La ligne transversale AB, qui correspond à l'action maxima, rencontre successivement des tourbillons à girations inverses ; les corps flottants qui dévient avant d'arriver à AB prennent sur nN un mouvement de recul. Au delà

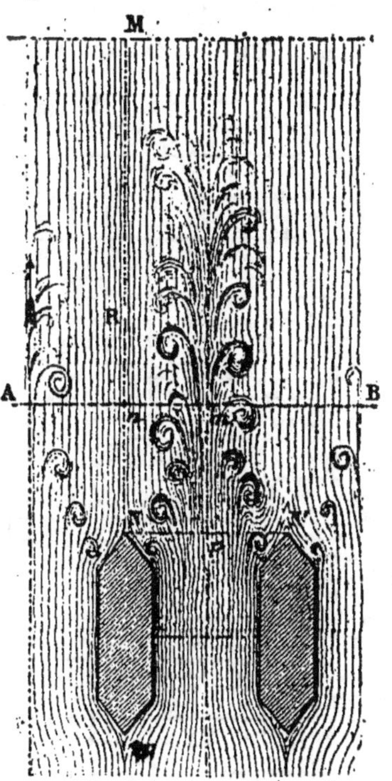

de n se trouve un point R qui domine les alentours ; les corps flottants reviennent vers l'amont ou descendent immédiatement, selon qu'ils atteignent Mn en deçà ou au delà de R. Dans la partie pm, il y a chute accentuée, et un petit déferlement se produit.

Il arrive assez souvent qu'on se base sur le débouché linéaire des ouvrages voisins, quand on projette de nouveaux ponts. C'est un procédé dangereux, à cause de l'influence des pentes, largeurs et formes des vallées sur la hauteur des inondations. La crue du Rhône des 25-26 septembre 1863, qui a marqué 5^m,20 au pont Morand de Lyon, n'a été que de 2^m,33 à Thil et 2^m,76 à Miribel, localités situées entre le confluent

de là rivière d'Ain et Lyon. Si l'on établissait à Thil et
à Miribel, où la vallée inondable est très large en
même temps que la pente du lit est forte, des ponts

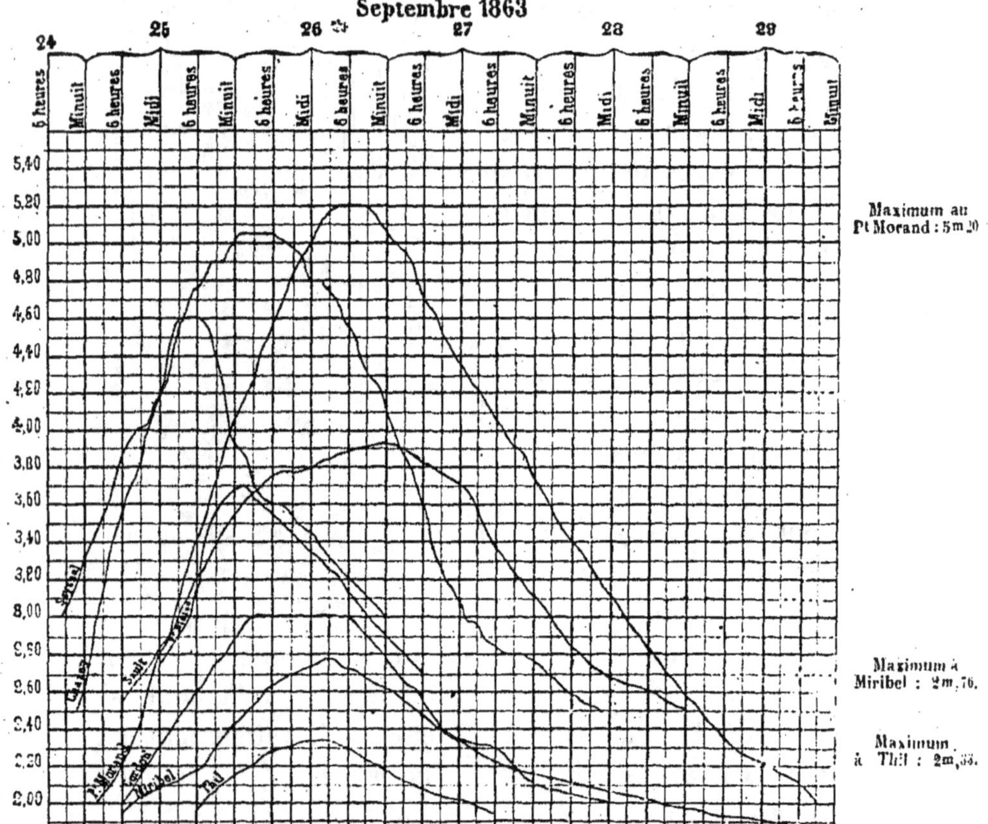

Pour chaque courbe, les hauteurs du Rhône ou de ses affluents sont rapportées
à l'étiage du lieu. — Les échelles de Miribel et de Thil sont, respectivement, à
11 kil. 1/2 et 17 kil. en amont du pont Morand.

ayant le même débouché linéaire que ceux de Lyon, il
est facile de comprendre que leurs levées insubmersibles amèneraient de grands changements dans le
régime des crues extraordinaires, et probablement des
déplacements partiels du lit. Depuis 1863, le thalweg

s'est beaucoup modifié vers Thil, sous l'influence d'importants travaux d'endiguement : la grande crue de décembre 1882, de 6^m,15 au-dessus de l'étiage au pont Morand, s'est élevée à 4^m,33 et 3^m,63 à Thil et à Miribel, cotes qui contrastent avec celles de 1863. Elles s'expliquent par ce fait : que l'étiage s'est abaissé de 1^m,46 à Thil. On peut juger par là de la mobilité du sol de la vallée et des effets que pourraient avoir les longues levées qui accompagneraient des ponts analogues à ceux de la traverse de Lyon, surtout si l'on ne défendait pas ces levées en formant le T à leurs extrémités et en ajoutant des couples de T en amont. Mais ces défenses n'empêcheraient pas les grandes crues de s'élever d'au moins 2 mètres au-dessus de leur hauteur actuelle.

Bienqu'il soit incomplet, le tableau ci-après des débouchés linéaires des ponts du Rhône, entre Seyssel et Lyon, sera peut-être consulté avec intérêt. Nous y ajoutons les renseignements que nous avons pu nous procurer sur la crue extraordinaire du 28 décembre 1882.

Le pont de Culoz et le viaduc du chemin de fer Victor-Emmanuel[1] sont défendus, du côté d'amont, par des digues tracées d'abord en prolongement des culées, puis infléchies vers les rives insubmersibles ; les eaux se trouvent guidées graduellement vers les arches, sur des longueurs assez grandes. En aval, on n'a établi au pont de Culoz que de courtes digues en prolongement des culées ; au viaduc, ces ouvrages complémentaires s'évasent de manière à ménager la transition, et le régime du lit est meilleur.

---

1. Dit *Viaduc de Culoz*, sur l'extrait de carte ci-après.

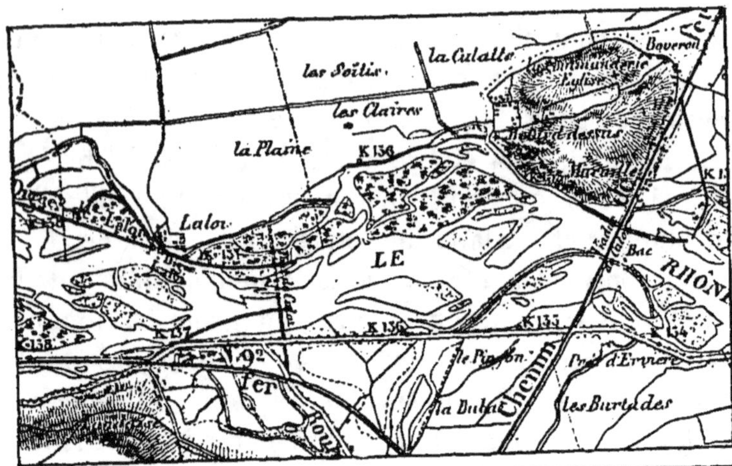

DÉSIGNATION des PONTS.	AFFLUENTS.	DÉBOUCHÉS linéaires.	ALTITUDES		H^r de la crue de 1882 au-dess^s des étiages	OBSERVATIONS.
			étiages de 1885.	crue de 1882.		
		mètres				Pour le pont de Seyssel et le viaduc du Victor-Emmanuel on donne les altitudes des étiages de 1858 et de la crue de 1856, à défaut de celles de 1885-1882.
Seyssel................	Fier.	82	251.34	255 97	4.63	
Culoz		250	»	»	»	
Viaduc du Victor-Emmanuel......		200	232.90	235.90	3. »	
	C^t de Savières Séran.					Voir l'article spécial sur les ponts de Yenne et de la Balme, et sur les gorges de Pierre-Châtel.
Yenne................		104.3	220.10	228.05	7.95	
La Balme............		92	219.10	223.28	4.18	
	Furan Guiers.					Les ponts de Cordon et d'Evieu se trouvent dans une partie où la pente est forte ; celle-ci est faible à Briord.
Cordon..............		179.2	207.55	210.49	2.94	
Viaduc de Belley		158	»	»	»	
Evieu		162	203. »	207.29	4.29	
Briord..............		138	199.74	204.89	5.15	
Villebois............		121.4	196.89	201.40	4.51	(*) Pont situé vers le pied d'une chute. Il y a 1^m,70 de pente sur les 700 premiers mètres en amont.
(*) Le Sault........		91.8	194.91	198.95	4.04	
Lagnieu............		150	»	»	»	Il n'y a pas de ponts sur les 27 kil. qui séparent le confluent de l'Ain du viaduc de Genève.
Loyettes............	Ain.	139	187.38	192.02	4.64	
Viaduc de Genève		»	»	169.82	»	La crue de 1882 s'est élevée un peu plus haut que celle de 1856 au droit de la Saône ; mais elle a été moins haute dans toute la traverse de Lyon, où la pente du lieu géométrique des étiages s'est considérablement augmentée. Ce
Saint-Clair.........		183.42	162.37	168.69	6.32	
Morand		193.98	161.95	168.40	6.15	
Lafayette		161	161.38	167.76	6.38	
La Guillotière.....		205.6	160.82	167.29	6.47	
Du Midi............		190.4	159.74	166.11	6.37	
Viaduc P. L. M...		»	»	»	»	

lieu géométrique a pivoté autour de l'étiage du pont Morand, qui n'a pas varié d'une époque à l'autre, tandis qu'il y a un relèvement de 1m à l'entrée de la traverse et un abaissement encore plus considérable à sa sortie. Ces faits se rattachent, à la fois, aux travaux exécutés en amont de Lyon et à l'abaissement d'étiage qui s'est produit au confluent de la Saône (1m,37). Il y aurait une étude toute spéciale à faire pour établir rationnellement la comparaison des crues de 1856 et de 1882.

Ponts dans les montagnes. — Dans son livre célèbre sur les torrents des Hautes-Alpes, Surell constate que le calcul n'est d'aucun secours quand il s'agit des ouvrages à établir en pays de montagnes. L'auteur se borne à tirer des faits observés les enseignements qu'ils comportent.

Si l'on recherche les données qui découlent de l'expérience des ponts déjà construits, dit-il, on remarque que leur ouverture dépasse rarement 10 mètres, et sur des lits dont la largeur est souvent cent fois plus considérable. Cela s'explique aisément, lorsqu'on connaît les causes de cette largeur démesurée. La hauteur du débouché est également assez petite. Les torrents les plus redoutés passent sous des ponts dont l'élévation, au-dessus du fond du lit, ne dépasse guère 3 mètres... On peut dire, en général, qu'il est bon de donner aux ponts la plus petite section de débouché possible, parce qu'on détermine par là une chasse violente, dont l'effet sera de creuser le lit. Une trop grande section favoriserait au contraire l'exhaussement, contre lequel il n'est point de remède.

Il est arrivé sur plusieurs torrents que les constructeurs, s'effrayant de la largeur du lit, ou trompés par la bifurcation du courant, ont pris le parti d'élever deux ponts à la fois[1]. Ce système, qui semble devoir donner plus de sécurité au prix d'une plus forte dépense, est tout au contraire aussi vicieux qu'il est dispendieux. Partout où il a été mis en usage, l'un des ponts a fini par être obstrué, et la masse des eaux a passé tout entière sous l'autre, dont le débouché, calculé pour une seule bouche seulement, se trouve ensuite trop petit pour les branches réunies. Ces faits montrent la nécessité de resserrer autant que possible le champ des eaux, et confirment ce que nous avons dit sur le danger des débouchés trop spacieux.

Par le même motif, il faut éviter l'emploi des piles, qui ont de plus l'inconvénient de donner prise à l'affouillement, et exposent ainsi le pont à une double chance de destruction.

On est beaucoup moins embarrassé dans la détermination du débouché, lorsqu'on a à remplacer un ancien pont par un pont nouveau. On peut alors recueillir des observations assez exactes sur la hauteur des eaux. S'il est arrivé, par exemple, que le tablier de ce pont ait été souvent emporté ou surmonté par les eaux, on est assuré que ce tablier est trop bas. L'on se trouve ainsi maître d'une excellente donnée pour l'établissement d'un pont définitif. Peut-être serait-il utile, dans beaucoup de cas où le succès de l'établissement est douteux, d'ériger cette marche en principe, d'élever d'abord un pont en charpente qui sera peu coûteux, d'observer pendant

1. Sur le Rabioux, sur le Couleaud.

quelques années la conduite du torrent; enfin, de ne hasarder un pont définitif que lorsqu'on aura été préalablement instruit par cette sorte de tâtonnement.

... C'est le radier surtout qu'il importe de fortifier. Les radiers périssent
presque toujours par l'affouillement qui se fait *à leur aval*. Il faut jeter là,
et jusqu'à une assez grande distance du mur de chute, des gros blocs contenus par quelques pieux battus. On peut aussi enchaîner les blocs les uns
aux autres par des anneaux en fer[1].

... Il arrive souvent que de petites crues, arrivant coup sur coup,
exhaussent le lit au-dessous de l'arche. Alors, s'il survient tout à coup une
crue violente, les eaux trouvant le passage bouché, emportent le pont ou se
font jour d'un autre côté. A cause de cela, il est nécessaire de s'assurer de
temps en temps de l'état du lit, au passage du pont. S'il s'obstrue, on ouvre
au milieu des alluvions un canal d'amorce, dont le but est d'attirer les eaux;
quand la crue arrive, elles suivent le canal, déblayent les matières déposées,
et remettent elles-mêmes le radier au jour[2]. Si l'on croyait indispensable
de désobstruer entièrement le pont, à force de bras, chaque fois qu'il est
engorgé, on dépenserait inutilement beaucoup d'argent.

CAUSES NATURELLES ET CAUSES ARTIFICIELLES

d'exhaussement ou d'abaissement des crues

Parmi les causes qui agissent sur la hauteur des
crues, les unes sont naturelles, les autres artificielles.
Nous allons en indiquer quelques-unes.

L'étalement. — Les débits maxima ont une tendance
à s'atténuer en descendant. Considérons deux points,
situés : le premier avant l'entrée du cours d'eau dans
une vaste plaine inondable, le second à l'aval de cette
plaine. La crue durera plus longtemps au second point
qu'au premier, puisque les eaux qui s'emmagasineront
dans la plaine ne s'écouleront ensuite que lentement;

1. Pont de Rabioux.
2. Ce fait se présente souvent aux ponts construits sur le Boscodon, sur la
Glaizette (à Veynes), sur le Saint-Blaise (à Briançon).

les deux courbes locales des débits de la crue auront
donc des formes différentes, pour des aires égales ; la
seconde, allongée, aura de moindres ordonnées. En
l'absence d'actions contraires, on peut dire d'une
manière générale que les débits à la seconde s'atténuent
en descendant ; le remplissage des plaines latérales
continue encore au moment des maxima d'aval, et
souvent même beaucoup plus tard. Quand des causes
spéciales ne viennent pas compliquer les choses, les
hauteurs de la crue diminuent comme les débits : c'est
le phénomène de l'étalement, qui, sur une moindre
échelle, peut se produire si des digues insubmersibles
réduisent les surfaces inondables des plaines, et même
s'il n'y a pas de plaines.

« On observe partout que les crues des petits affluents (du Pô) sont plus fortes à leur sortie des montagnes qu'à leur embouchure dans le fleuve, *principalement* lorsqu'elles se répandent dans une plaine et
remplissent un vaste bassin. » (Baumgarten, d'après
Lombardini.) — La diminution des pentes tend à produire l'exhaussement, tandis que la diminution du débit maximum tend à l'abaissement ; l'une ou l'autre de
ces causes peut dominer, suivant les cas.

Les grands affluents. — Si des affluents ont beaucoup d'importance, il peut arriver quelque chose
d'analogue à l'inondation de 1856 sur le Rhône. (*Hyd.
fluv.*, 232 et 244). Le maximum s'est manifesté dans
la même journée depuis l'Ain jusqu'à Arles ; les débits
se sont élevés jusqu'à 5.400 mètres cubes à Lyon,
7.300 à Tournon, 9.625 à Valence, 11.100 à Avignon,
13.900 à Beaucaire, et les hauteurs correspondantes
ont été de 5^m,72, 6^m,55, 7^m,00, 8^m,45 et 7^m,95. En

pareil cas, les additions successives se combinent avec la tendance à l'étalement, et l'on voit à quel point elles peuvent la dominer. Ce ne sont cependant pas les débits maxima qui s'ajoutent, car ils n'ont pas lieu généralement ensemble aux confluents. On a eu en 1856, en amont et en aval de l'Ardèche : 11.150 et 11.900, tandis que cette rivière a donné jusqu'à 1.500 mètres cubes. Il est vrai qu'en amont de l'Ain le Rhône ne débitait que 2.800 et qu'après l'apport de cette rivière il en a donné 5.600, avec une augmentation presque égale à son maximum (2.950) ; sans être impossible, la généralisation d'une telle concordance exigerait un concours de circonstances qui ne peut guère se réaliser. Les crues de 1856 sont d'ailleurs restées, dans les affluents du Rhône, l'Isère exceptée, au-dessous des maxima atteints à d'autres époques.

Le resserrement de la vallée. — C'est ordinairement une cause d'exhaussement des crues, mais diverses complications peuvent en masquer l'effet. Le resserrement n'agit pas d'une manière uniforme : par exemple, il est à peu près sans influence s'il s'agit d'un resserrement local dans une plaine suivie d'un long défilé, une grande augmentation de la hauteur se produisant à l'origine de celui-ci et la plaine devenant une sorte de réservoir. — Si l'on rapproche les hauteurs atteintes : dans la plaine à une petite distance de l'origine du défilé, dans la plaine suivante en un point que n'influence pas une nouvelle gorge, la première hauteur au-dessus de l'étiage sera très supérieure à la seconde. — Dans les gorges elles-mêmes, les hauteurs au-dessus de l'étiage augmentent avec la distance du point considéré au débouché d'aval ; tandis qu'elles diminuent, dans les plaines voisines, à mesure que la distance à ces gorges augmente.

La diminution de la pente du lit. — Quand un cours d'eau arrive dans une partie à faible pente, les crues s'y élèvent plus qu'ailleurs, réserve faite des autres causes qui peuvent superposer leur action. Pour nous faire une idée de l'influence de la pente du lit, considérons un large et long canal à fond fixe, débitant 10 mètres cubes par mètre de largeur : 1° sa pente de fond étant de 0,0005 ; 2° cette pente étant réduite à 0,0001. — Dans la partie centrale de ce long canal, on peut admettre une pente superficielle égale à celle du fond, quelles que soient les circonstances de l'entrée et de la sortie ; la formule [1] $H I = 0,00034 U^2$

$$= 0,00034 \times \frac{100}{H^2}$$ donne $H = 4$ mètres et $H = 7$ mètres.

Mais dans les rivières il arrive souvent que la pente superficielle n'a aucun rapport avec celle du lit. On le comprendra tout à l'heure.

S'occupant de l'influence d'une diminution marquée de la pente d'une vallée, Belgrand s'exprime ainsi (*Ann.* de 1846, II, 145) : « Il faut sur la pente faible une section mouillée beaucoup plus considérable, pour que le débit reste le même. L'eau s'accumule donc au point d'intersection des pentes, jusqu'à ce que la section soit devenue assez grande pour débiter toute la masse. Il s'établit par conséquent à la surface une pente plus grande que celle du fond, et, si cette der-

---

1. *Hydraulique fluviale*, p. 316. — Dans un canal à fond horizontal, la surface ne peut devenir parallèle au fond ; il doit donc y avoir un effet analogue pour une très petite pente de fond, jusqu'à une limite qui dépend des autres circonstances de l'écoulement ; nous admettons qu'on se trouve placé en dehors de cette limite.

nière est uniforme, la section mouillée va sans cesse en
diminuant. Il résulte de là qu'il faut souvent, à une
grande distance en aval, un pont plus petit que celui
établi au changement de pente. » Il ne s'agit là que de
la transition entre l'ancienne pente superficielle et celle
qui s'établirait plus loin si la vallée continuait dans les
mêmes conditions, sans subir par l'aval d'autres
influences. — D'une manière générale, toute modification de l'un des facteurs de l'écoulement amène celle
des autres et réagit même en deçà et au delà, comme
on le voit lorsqu'une gorge réduit brusquement la
largeur ; dans ce cas, la profondeur d'eau augmente
ainsi que la pente superficielle dans le passage rétréci ;
en amont de celui-ci, même effet pour la profondeur et
effet contraire pour la déclivité (voir, vers la fin de cette
étude, le profil longitudinal de la grande crue du
Rhône de 1882, dans la gorge de Pierre-Châtel et à
ses abords). L'emmagasinement dans les plaines
d'amont peut être considérable, et l'on conçoit son
influence sur le débit maximum à la seconde. En
somme, les phénomènes se compliquent souvent de
telle façon qu'on ne puisse arriver à les comprendre
sans tenir compte d'un grand nombre de circonstances,
et quelquefois sans porter ses regards au loin.

Les contournements. — Dans une section de rivière
rétrécie par des digues ou des quais, ou seulement
coupée par des levées transversales, les crues pourront s'exhausser beaucoup si la rivière présente des
contournements très accentués ; les tourbillonnements
arriveront au maximum, les eaux aborderont mal les
ponts, et des désastres seront à craindre.

Les digues, les levées, les ponts. — Parmi les causes

d'exhaussement des crues, il faut mettre en première ligne les endiguements longitudinaux [1] et les augmentations du débit maximum par tous travaux facilitant l'écoulement en amont [2]. Mais ce n'est pas tout : vienne l'établissement d'une traversée de la rivière comprenant deux levées et un pont entre deux dignes insubmersibles, ce sera une nouvelle cause d'exhaussement des crues ou plutôt une série de causes. La quasi-suppression des courants qui se prononçaient autrefois en dehors du lit ordinaire imposera à ce lit un supplément de débit ; l'intumescence des eaux du côté amont des levées correspondra à une perte de force vive ; l'eau montée s'écoulant le long des levées, et amenant des rencontres avec le courant principal, engendrera des tourbillonnements, et la situation sera d'autant plus mauvaise que les piles du pont seront abordées par les courants déviés. Enfin, si tout cela amenait un envahissement sérieux des tympans, la situation deviendrait critique, pour l'ouvrage particulièrement, puis qu'alors d'énormes dénivellations se produiraient d'un côté à l'autre du pont.

Quand la montée contre les tympans s'accentue

---

1. On pourrait imaginer telle division vicieuse entre plusieurs courants qui, par les rencontres et tourbillonnements qu'elle amènerait, serait plus défavorable qu'un endiguement insubmersible bien tracé de part et d'autre de l'un des bras. Mais l'avantage ne serait que local, et il y aurait toujours augmentation du débit maximum en aval, par suite des suppressions d'emmagasinements. Cette dernière remarque ne serait plus applicable dans le cas de digues ouvertes. (*Riv. et canaux*, I, p. 264.)

2. Par exemple le remplacement, par des ouvrages à grandes ouvertures, de ponts à arches étroites et à piles épaisses, en amenant la diminution des remous et, par suite, des emmagasinements en route, sera défavorable pour les localités situées un peu plus loin en aval. C'est donc à tort que M. Chanoine (*Ann.* de 1858, II, 118 et 119) parle comme d'une chose toujours utile *au point de vue de la hauteur des crues à Paris*, d'opérations de ce genre dans la haute Seine ; cela n'est vrai qu'en ce qui concerne les crues de débâcle. Mais, la Seine étant un fleuve à crues de longue durée, l'inconvénient pour l'aval, dans les autres cas, est insignifiant.

avant le débit maximum, l'accroissement qui se produit
encore dans le volume à la seconde peut avoir un effet
foudroyant : parce que la section mouillée ne s'augmente plus que lentement avec la hauteur ; parce que
les tourbillons, tendant vers la verticalité, arrivent à
quelque chose d'analogue à l'effet d'un empellement
partiellement levé. Il faut alors des défenses bien
robustes, à l'amont surtout, pour prévenir un désastre.

L'action du pont lui-même, si le désordre provoqué
par le courant transversal ne venait s'y joindre, si l'immersion des tympans (souvent amenée par l'effet des
digues et des levées) ne se produisait pas, pourrait se
réduire à peu de chose. Dans la hauteur finale de

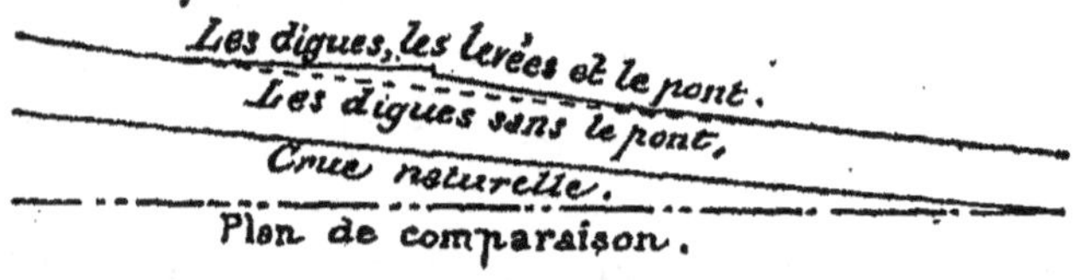

la crue, il ne faut attribuer au pont que ce qui dépasse l'effet des digues longitudinales et des levées.
S'il s'agit d'un pont suspendu ou d'un pont-poutre
d'une seule travée, le *pli* imputable à cet ouvrage
lui-même, pour employer l'expression de Dupuit, sera
égal à zéro ; s'il y a des piles épaisses, des naissances basses et de volumineux enrochements, le
pli pourra devenir au contraire très important. Si le
pont relie deux quais insubmersibles, s'il n'a pas de
culées saillantes et n'entrave le débit que par des piles
minces (les naissances étant supposées très hautes), le
pli sera faible. Ce sera une petite addition à quelque
chose de beaucoup plus grave, surtout si le pont considéré se trouve vers l'amont d'une longue traverse.

Les ponts à débouchés très réduits. — Il faut distinguer : un pont convenablement établi à la fin d'un rétrécissement graduel, suivi d'un élargissement bien ménagé jusqu'au retour du débouché normal, ne produira aucun désordre ; au contraire, un pont constituant brusquement un passage à débouché très réduit amènera une cataracte, suivie d'un relèvement partiel. C'est une condition dangereuse pour l'ouvrage, et qui le serait encore plus pour la navigation, si elle n'était déjà suspendue pour d'autres causes quand la crue devient forte ; mais il n'en résulte pas, en général, d'effets sérieux pour des points de la rivière un peu éloignés, à moins qu'on ne soit descendu à des débouchés d'une petitesse voulue comme à Pinay. — Si le petit débouché régnait sur une grande longueur, comme on le voit dans certaines villes industrielles où, depuis des siècles, on empiète à l'envi sur le cours d'eau, la situation s'aggraverait singulièrement ; aussi les désastres sont-ils fréquents dans ces conditions, surtout vers le haut de ces gorges artificielles. — Il a été dit que l'on pourrait endiguer telle rivière à telle largeur, parce qu'un pont ayant cette ouverture ne donnait lieu à aucun phénomène digne de remarque ; c'était une bien grave erreur, car un pont régnant de bord à bord ne provoque aucun remous dans les villes à étranglement continu, et l'on serait complètement dans le faux si l'on en concluait qu'on peut prolonger les gorges avec une largeur égale à son débouché linéaire.

Influences lointaines. — On trouve dans un rapport de commission belge l'expression de craintes très vives, à l'occasion des améliorations réalisées ou projetées en France sur des rivières qui traversent le territoire de

nos voisins, avant d'arriver à la mer : « Les perfectionnements exécutés depuis quelques années à la Lys
et à la Basse-Deûle, en France, y auront sans doute
facilité l'écoulement des eaux ; comme rien n'est
changé en Belgique, il en résulte nécessairement une
surcharge dans le bassin de la Lys vers la frontière.
Dans cet état de choses, augmenter considérablement
les débouchés à Commines et à Menin, c'est augmenter
les inondations des bords de la Lys dans toute la
Flandre orientale, et reporter sur Gand et ses environs
les calamités qui existent dans les prairies du bassin
supérieur ; c'est une mesure que l'on ne devra, à mon
avis, se permettre que lorsque le bassin de Gand sera
maîtrisé par de nouveaux canaux de décharge, mettant cette ville à l'abri des submersions fréquentes
auxquelles elle est exposée aujourd'hui. » (L'Ingénieur
en chef Wolters ; 16 mai 1843.) — Qu'on se représente, près de la frontière, une chaussée transversale
percée d'arches insuffisantes pour débiter les eaux à
une hauteur modérée. Ces eaux s'accumuleront en
amont (France) à un niveau artificiellement exhaussé :
la crue durant plus longtemps, l'écoulement pourra se
faire en Belgique dans de bonnes conditions, à un
niveau moins haut ; des dispositions inverses, ayant pour
but de hâter l'écoulement en amont, auront des effets
contraires, les ouvrages restant en Belgique ce qu'ils
sont. Le raisonnement de l'ingénieur Wolters ne manquait donc pas d'exactitude ; la Belgique pouvait en
effet souffrir de la suppression, en France, des anciennes
entraves au mouvement des eaux, comme Szeged a
souffert des travaux faits à l'amont de cette ville avant
ceux d'aval, qui auraient dû les précéder.

« Les travaux d'amélioration réalisés sur un point peuvent être, dans certains cas, une cause de dommages pour d'autres points situés en aval, s'il n'y a pas un travail dirigé par des vues d'ensemble. Ainsi, dans la vallée de la Braye, qui s'étend dans les deux départements de Loir-et-Cher et de la Sarthe, tandis que les propriétaires de la partie d'amont, constitués en association syndicale, amélioraient leur situation au point que la commission constatait « qu'aucune prairie n'était plus *marée*, tandis qu'auparavant les pluies les plus ordinaires occasionnaient des débordements », les propriétaires de la partie d'aval se plaignaient de voir leur situation aggravée. » (Martin et Ponton d'Amécourt ; *Annales*, 1873.)

L'enchevêtrement des digues et des levées. — Nous signalons séparément, eu égard à son importance exceptionnelle, l'une des causes du désastre historique de Szeged, ou Ségédin, en 1879.

Pour indiquer d'abord un cas où le phénomène se réduirait à sa plus simple expression, supposons que, reculant devant la dépense d'une longue série d'arches et n'admettant pas la solution d'un chemin de fer submersible, on ait établi la ligne de Saumur à la Flèche sur une levée insubmersible au travers du Val de l'Authion. Au premier envahissement de ce val par une inondation de la Loire, à la suite d'une rupture de la digue longitudinale en amont de Saumur, les eaux arriveraient brusquement en grandes masses, ne pourraient s'écouler immédiatement par les petites ouvertures ménagées dans le remblai et monteraient derrière la levée ; elles s'ouvriraient certainement un passage, car on n'aurait pu découvrir à l'avance les points faibles de terrassements n'ayant ordinairement aucune charge à supporter. Peut-être des accidents se produi-

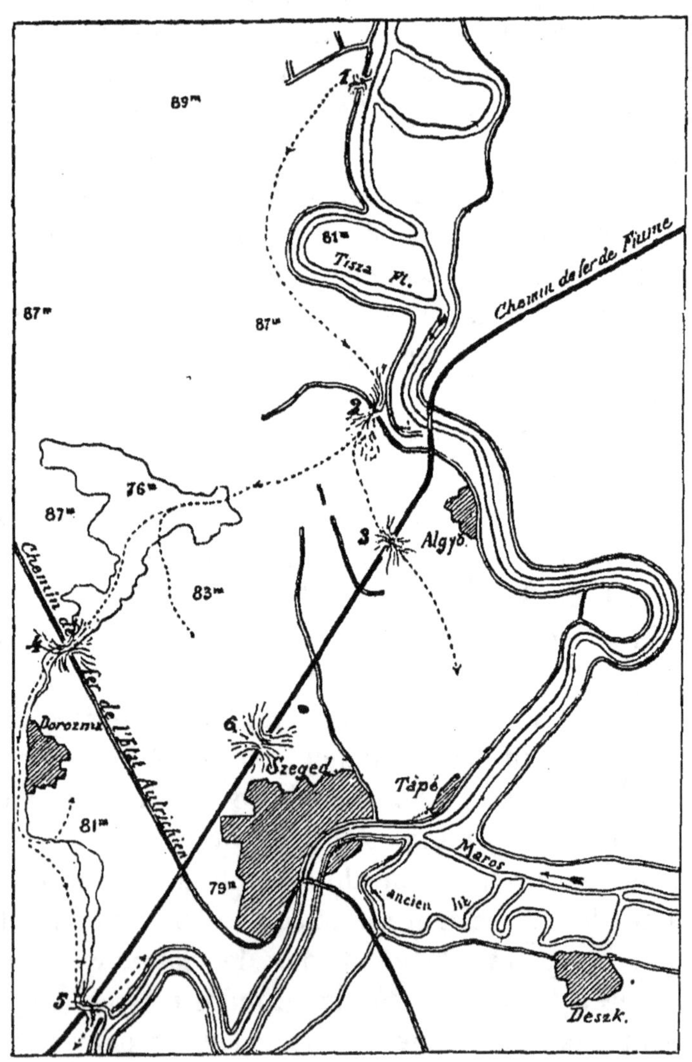

raient-ils avant la fin de la montée, ce qui réduirait le mal au minimum ; autrement, on serait exposé à

quelque sinistre analogue à ceux qui suivent les ruptures des barrages de réservoirs.

A Szeged, il y a un véritable enchevêtrement de
digues et de levées de chemins de fer, comme on peut
le voir sur la figure. L'ancienne ville était établie sur
un sol très bas, et le désastre de 1879 a amené sa
destruction presque complète. La première brèche
dans les digues de la Theiss (ou Tisza) qui se soit
ouverte, au point marqué 1, était à 20 kilomètres en
amont de Szeged. Les eaux se dirigeant par la plaine
vers l'aval se trouvaient, par suite, en communication
avec un point de l'inondation à altitude beaucoup plus
élevée que n'était la rivière dans la traverse de la ville,
et le danger de la situation était extrême. L'envahissement a eu lieu suivant les lignes pointillées du plan,
et a amené successivement les ruptures 2, 3, 4. Au
point 5, les eaux trouvèrent un petit débouché insuffisant sous un pont. « Enfin, dit le général Morin, dans
sa communication du 7 juillet 1879 à l'Académie des
sciences, la masse fluide, accumulée dans l'angle aigu
formé par le coteau (de la rive droite) et par la levée
du chemin de Fiume [1], rompit cette levée vers le point 6,
et la catastrophe fut accomplie. »

TRAVAUX DANS LES VALLÉES

et dommages pendant les inondations.

Parmi les questions traitées à la suite des désastres
de 1856, il faut citer celle de la provenance et de la
marche des graviers et des sables, qu'il est si néces-

---

1. Le chemin de fer de Fiume passe par-dessus le chemin de fer de l'Etat
autrichien.

saire d'élucider lorsqu'on entreprend une étude sur l'établissement d'ouvrages dans une vallée.

MM. Payen et Comoy s'en sont occupés pour ce qui concerne la Garonne et la Loire. Le premier a montré que les travaux de défense des rives peuvent tarir « l'une des sources principales de vase, de sable et de gravier que charrie le fleuve (la Garonne). » Ces travaux « fixent le lit moyen des eaux tout en le régularisant, et contribuent par ce double motif à l'amélioration de la navigation. Ils préviennent, en outre, non seulement l'érosion des berges, mais encore les déplacements du lit du fleuve qui en sont la conséquence. » Les études de M. Comoy sur le second de ces fleuves ont été très complètes : « Le lit de la Loire offre, surtout dans sa partie supérieure, tous les caractères de la mobilité, et ces caractères sont encore plus prononcés dans le lit de l'Allier. Les berges de ces rivières sont corrodées par les eaux dans toutes les courbes concaves ; des atterrissements se forment, au contraire, dans les courbes convexes, et, par ce travail incessant, le lit change continuellement de forme et de position. En outre, la plaine submersible est souvent déprimée ; les eaux des crues s'y introduisent alors et y établissent des courants, avant qu'elles n'aient atteint le niveau général de la plaine. » Quand un courant est ainsi créé suivant la corde d'une sinuosité du fleuve, il arrive souvent qu'un nouveau lit se forme pendant la crue [1].

« Les surfaces des terres riveraines détruites par la corrosion des eaux sont souvent très importantes, et il

____

1. Sur le Rhône, entre Pont-Saint-Esprit et Arles, il existe un grand nombre d'îles ayant cette origine. — Il y a des communes séparées en tronçons par la Garonne, à la suite de déplacements du lit.

en résulte une masse considérable de matières qui tombent chaque année dans le lit du fleuve.

« Voici les résultats des mesures exactes prises le long de toutes les berges corrodées de la Loire et de l'Allier.

Sur la Loire supérieure, en amont du Bec-d'Allier, on a trouvé :

« En 1856, surface détruite 448.684^{mq} ; cube des matières. . . . . 1.554.782^{mc}.

« En 1857, 258.766^{mq} et. 908.292

« En 1858 et 1859, 165.620^{mq} et. . 570.288

« L'année 1856 a été très humide et les crues ont été très fréquentes. En 1857, les eaux se sont maintenues dans des conditions moyennes. Pendant les années 1858 et 1859, au contraire, elles ont été exceptionnellement basses. »

C'est sur l'Allier que les corrosions prennent le plus d'importance. On a trouvé :

	SURFACES détruites.	CUBES des matières.	OBSERVATIONS.
1856.................	2.255.319	6.311.454	Les produits des corrosions renferment 0 m. c.,57 de sable et gravier par mètre cube [1].
1857..	812.580	2.175.130	
1858 et 1859......	470.552	1.352.647	

En 1866, dans la partie inférieure de l'Allier seulement — depuis le pont de Ris — les corrosions ont démoli 34.147 mètres courants de rives et jeté à la rivière 736.907 mètres cubes.

D'après M. Comoy, on peut conclure des données

1. Un mètre cube donne 0,67 de sable et gravier dans la Loire, au-dessus du Bec, et 0,57 au-dessous, d'après les résultats moyens de très nombreuses constatations. Le reste est de l'argile, plus ou moins mêlée de sable impalpable. (*Hyd. Fluv.*, 68 à 72.)

recueillies de 1856 à 1859 que « la plaine submersible de la Loire supérieure aurait été entièrement détruite en 2.000 ans, et *celle de l'Allier en* 200 *ans,* » si ces plaines ne s'étaient pas reconstituées par le dépôt d'une portion des matières solides arrachées aux rives. On constate d'ailleurs que les lits s'élargissent, en raison de l'entraînement partiel de ces matières jusqu'à la mer ; les largeurs varient au hasard, et sont presque toujours en mauvaise condition pour un bon règlement du profil longitudinal du thalweg.

M. Comoy n'a pas étudié le mouvement des graviers et des sables seulement dans les lits des grandes rivières et sur leurs rives ; il a également observé ce qui se passe dans les montagnes du bassin de la Loire et sur les territoires qui les avoisinent. Les détails qu'il donne, dans son rapport, sur les déjections qu'on y trouve « portent à penser que la partie de ces sables qui peut arriver jusqu'aux rivières principales est très faible. » Cette constatation nous éloigne singulièrement des idées répandues sur l'encombrement des fleuves par les déjections actuelles des montagnes. Dans la plupart de nos bassins, les matières détachées de celles-ci, de notre temps, n'envoient guère jusqu'aux fleuves que de la vase, dont une partie s'arrête en route, tandis que le reste est entraîné jusqu'à la mer. On peut affirmer, d'après Baumgarten « qu'aujourd'hui les graviers de la Garonne marchent très peu ; que leurs déplacements sont tout à fait locaux ; qu'ils proviennent, en général, des bancs de gravier contemporains d'un grand cataclysme bien antérieur aux temps actuels, bancs que l'on trouve à une très grande hauteur au-dessus des plus grandes crues ; *qu'il n'en descend*

guère ou pas du tout des montagnes actuelles... Le lit
ne s'exhausse pas, puisque, sur un grand nombre de
points, l'eau coule non sur le gravier, mais sur le tuf,
l'argile et le roc qui forment le terrain tertiaire de la
vallée. » — La Garonne, la Loire et la Seine ne reçoivent que peu ou point de matières, autres que du
limon, des montagnes de leurs bassins. Le Rhône français ne reçoit rien des versants les plus élevés de ce
fleuve, par suite du décantage qui se fait dans le lac de
Genève ; mais il reçoit des matières solides de ses affluents français des deux rives[1], à l'exception de la
Saône. Contrairement à ce qu'on pourrait supposer,
les apports de la Durance sont faibles, car il n'y a plus
de galets à quelques kilomètres en aval de Beaucaire
et le lit ne s'exhausse pas dans l'intervalle. — D'après
Legrom et Chaperon, c'est exclusivement dans la corrosion des berges qu'il faut chercher l'origine des graviers du Rhin.

Il n'existe jamais d'équilibre naturel dans les rivières à fond de sable ou de gravier. Il est bien vrai
que la pente générale est en rapport avec les quantités
d'eau et de matières solides qui arrivent au lit dans
un même temps, à la condition de considérer un intervalle assez long ; mais, en chaque point, cette pente et
la forme du lit varient incessamment ; ce n'est qu'en
fixant et rectifiant les rives qu'on peut amener une situation meilleure. Les digues basses de M. Fargue,
supérieurement tracées, ont eu pour conséquence, en
même temps qu'un abaissement considérable des som-

1. Les affluents de l'Ardèche jettent dans cette rivière des blocs énormes
de rocher, que celle-ci entraîne et use dans ses crues, « de manière à ne
plus rouler que du gravier à son confluent dans le Rhône. » (De Mardigny;
Ann. de 1860, I, 264.)

mets du thalweg dans les sections traitées, une diminution de la pente dans une partie de la Garonne ; cette
diminution s'est révélée par la réduction à 1^m,25 de la
profondeur sur le radier de l'écluse d'embouchure du
canal latéral, au lieu des 2 mètres qu'on y avait précédemment à l'étiage. Un nouveau régime, caractérisé
par de moindres pentes, ne peut se régulariser et s'é-
tendre que si l'on divise la rivière en biefs :

Par ce moyen, le passage à l'état définitif, où les
pentes seraient en rapport avec la grande réduction
des arrivages solides résultant de la fixation des rives[1],
et avec l'abaissement des sommets du thalweg résultant d'un bon tracé, ne nécessiterait plus, dans une section AD, que le déblai du volume :

$$AEB + BFC + CGD$$

au lieu du prisme correspondant au prolongement
de DG jusqu'au-dessous de A. L'évolution serait

1. Pendant qu'on imprime cette *Etude,* nous trouvons dans les *Annales*
de 1878 (I, 227, planche VIII) un exemple de cours d'eau échelonné artificiellement, c'est-à-dire sur lequel on a réduit les pentes du lit, en même
temps qu'on s'est opposé par des défenses spéciales à la démolition des rives :
« ...Les torrents ont été l'objet de rectifications importantes. Afin d'éviter les effets désastreux des ravinements en cas d'orages et d'averses, la
pente du lit a été répartie en une série de *brides* maçonnées formant déversoirs et une série de plans à pente douce. Nous donnons la rectification
du Geovenco sur 869 mètres de longueur, avec cinq brides d'une hauteur
variant de 1 à 2 mètres et cinq plans inclinés. Les rives des torrents ont
généralement été garnies, dans leurs cours inférieurs, de clayonnages qui
s'opposent au ravinement des berges... » (A. Durand-Claye). La figure
équivaut tout à fait au croquis ci-dessus, emprunté à l'*Hydraulique fluviale,*
ce qui nous dispense de la reproduire. Voilà donc un torrent qui, grâce à la
défense de ses rives, s'accommode de pentes faibles séparées par des chutes à
des barrages de soutènement du lit. Nous recommandons tout particulièrement ce fait à l'attention des Ingénieurs.

abrégée, et l'on arriverait à la consolidation définitive des berges. La transformation exigeant un énorme encaissement de la rivière si l'on n'établissait pas de barrages de soutènement du lit, l'amélioration du début ne pourrait conduire bien loin ; au cas où des fonds inaffouillables se trouveraient dénudés sur quelques points, on aurait des sections profondes séparées par des rapides ; autrement des effondrements de rives ne pourraient être évités, et ce serait le point de départ de nouvelles séries de désordres.

Les désastres produits par la divagation des rivières, résultant de l'instabilité de leurs rives, se produisent dans un grand nombre de vallées. Autrefois la Durance portait successivement la destruction sur toute la largeur de la sienne ; maintenant, malgré l'amélioration qu'apporte l'établissement des T, on a quelquefois encore de grands dommages à subir : en juin 1856, la perte provenant des destructions de terrains s'est élevée à 1.700.000 francs, tandis que les pertes en récoltes n'ont été que de 400.000 francs. Des corrosions se produisent aussi pendant les crues coulant à pleins bords sans déborder, ce qui achève de démontrer la nécessité de défendre directement les rives, malgré la présence des T.

Voici un curieux exemple de déplacement de lit : Dans la plaine de Brioude et Lamothe, une route départementale franchit l'Allier entre ces deux localités ; il n'y avait autrefois qu'un bras, il y en a maintenant deux ; mais, dans un avenir assez prochain, l'ancien lit pourrait bien se trouver encombré tout à fait. Le nouveau lit a été ouvert par la crue de 1866 ; on l'a barré sans succès, et finalement on s'est décidé à

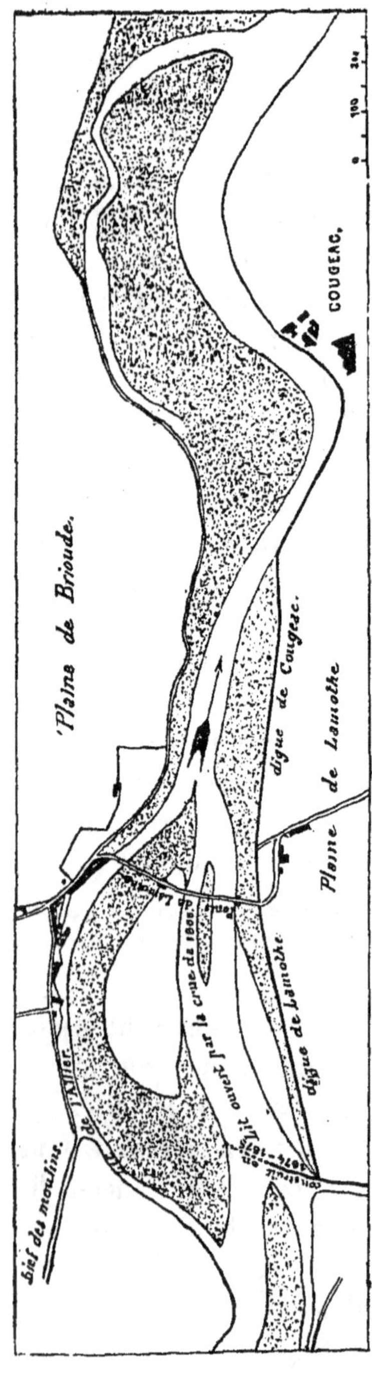

ajouter un pont suspendu de 112^m.50 de débouché linéaire à l'ancien pont de 113 mètres.

On peut signaler d'autres déplacements du lit sur la même rivière, à Langeac, à Parentignat. Dans cette dernière localité, un nouveau bras s'est trouvé formé *à la suite d'une petite crue*, en décembre 1882 ; mais c'est à proprement parler une reprise de possession d'un ancien bras ; l'autre, qui pendant longtemps a livré passage au débit total des eaux ordinaires, se comble rapidement.

La défense des berges de l'Allier ne constituerait pas une dépense inabordable. Ce serait un travail très utile, et il produirait de grands résultats si on le complétait par quelques barrages de soutènement du lit. — La longueur de l'Allier est de 282 kil. 200, soit pour les deux rives 564.400 mètres ; mais il n'y aurait pas de travaux à faire sur toute cette longueur, la rivière longeant des coteaux en beaucoup d'endroits et ses rives ordinaires étant déjà partiellement mises à l'abri des dégradations. La longueur totale à défendre serait de 200 kilomètres environ et la dépense, somme à valoir comprise, de 15 millions au plus. Les riverains, qui profiteraient d'importantes reprises de terrains, auraient à concourir dans une large mesure. — Si l'on songe que la plus grande partie des sables de la Loire provient de l'Allier, et que cette rivière n'écoule guère que des produits de la démolition de ses berges, on voit quelle serait pour le fleuve l'importance de ces travaux. Les 15 millions comprennent la défense des berges, avec réunion des anfractuosités les plus prononcées aux terres riveraines ; mais ils ne comprennent ni la construction de barrages, ni la rectification générale, suivant des tracés d'ensemble supprimant toutes les grandes largeurs provenant de désordres séculaires. L'opération réduite ne transformerait qu'incomplètement la rivière, mais la Loire recevrait beaucoup moins de sable et, avec le temps, il en résulterait un véritable changement de son régime.

Les plus grandes difficultés se rencontrent nécessairement dans les vallées, à sol de sable et de gravier, des bassins imperméables à fortes pentes. Si l'on compare les grandes crues de l'Eure à Louviers et de la Loire à Roanne, où les bassins versants ont des surfaces égales, on trouve que le premier de ces cours d'eau ne débite que 100 mètres cubes au maximum, au lieu des 5.000 du second ; par contre, la crue dure un mois à Louviers, tandis qu'à Roanne les deux cotes de mi-hauteur sur la courbe des débits de la crue, de part et d'autre du maximum, ne correspondent qu'à un intervalle de deux jours.

Pendant la crue de 1856, les dommages ont été immenses dans le bassin de la Loire. En aval du Bec-d'Allier, les brèches ouvertes dans les digues insubmersibles ont été au nombre de 160, présentant une longueur totale de vingt-trois à vingt-quatre kilomètres. En se précipitant par ces brèches, les eaux ont creusé de profondes excavations sur 410 hectares ; les sables entraînés, provenant de ces gouffres et des digues, ont couvert 2.750 hectares [1]. Plus de trois cents maisons ont été détruites. Près de 100 kilomètres de chemins de fer ont été surmontés : pendant cinq jours dans les vals de la Cisse et de Tours, et douze jours dans le val de l'Authion ; mais l'interruption du service a duré vingt-quatre et trente-quatre jours, à cause du temps nécessaire pour réparer les dégradations. — La même crue a détruit les ponts de Fourchambault, de Sully, etc., a coupé les levées des ponts de Fourchambault, Saint-Thibault, Beaugency, Meung, Muides, Port-Boulet. Sur l'Allier, les ponts de Longues et de Saint-Germain-des-Fossés ont été renversés, les levées des ponts de Lamothe et de Chappe coupées, etc.

Citons encore la digue gauche du Rhône située en face du confluent de l'Ardèche, qui a été rompue par la crue de cette rivière, en 1827. Cet événement reporte

---

1. En dehors de ces ensablements désastreux, des dépôts nuisibles proviennent des courants qui s'établissent pendant les crues dans les dépressions des plaines bordant le fleuve. Ces ensablements « ne couvrent qu'une fraction extrêmement petite de toutes les terres submergées, et le reste de ces terres ne reçoit que des dépôts vaseux qui augmentent merveilleusement leur fertilité. » (Comoy, *Mémoire sur les ouvrages de défense contre les inondations*, 1868.) Il y a cependant d'autres arrêts de sable, mais qui ne sont guère nuisibles : on remarque souvent après les crues « à l'abri de chaque buisson, un petit dépôt de sable pur qui vient évidemment du fleuve. » (Guillemain , *Rivières et canaux*, I, 14.)

la pensée sur l'augmentation de l'écartement des digues du Pô, vers les embouchures des rivières tributaires.

Ce ne sont pas seulement les bassins de la Loire, du Pô, du Rhône, qui, à des époques plus ou moins rapprochées, donnent en Europe le spectacle de grandes destructions de richesses. Une correspondance de Vienne, du 25 juin 1884, trace un sombre tableau des inondations qui se sont produites à cette époque dans l'Autriche-Hongrie : « Les dégâts sont immenses, incalculables ; mais c'est en Galicie que le désastre est le plus grand ; il rappelle celui de 1867. Cracovie a eu beau multiplier ses efforts et prendre toutes les précautions imaginables, la Vistule a quand même rompu ses digues. Sur plusieurs points, le chemin de fer de la Karl-Ludwig-Bahn a dû interrompre son service ; les communications postales entre Cracovie et Lemberg sont suspendues. Oderberg est entièrement cerné ; impossible d'en sortir ou d'y entrer, les routes sont défoncées et les ponts emportés. A Seyburch, ponts détruits, maisons perdues, chevaux et bêtes de travail noyés. — Quand, il y a dix-sept ans, en 1867, pareille catastrophe s'est produite, on a demandé à la science les remèdes à employer pour en prévenir le retour. Chaque année, depuis lors, des sommes importantes ont été dépensées en digues, parapets, etc. Or, voici qu'à la première épreuve un peu sérieuse tous ces travaux se trouvent absolument inutiles ; ils sont impuissants à protéger les villes et les plaines contre le fléau. Les digues s'écroulent, les parapets sont submergés, les talus s'effrondrent, les ponts sont emportés. »

Voici quelques renseignements sur les ouvrages de la vallée de la Theiss, d'après le rapport d'une Commission d'Ingénieurs étrangers appelés, en 1879, à émettre un avis sur les travaux d'achèvement à entreprendre. Ces renseignements feront comprendre comment a pu se produire la catastrophe de Szeged, et ce que l'on peut craindre pour l'avenir.

La Theiss n'ayant qu'une pente très faible, les eaux couvraient souvent la plaine pendant de longs mois. Pour remédier à cet état de choses, on opère depuis une trentaine d'années des rectifications du lit — dites coupures — destinées à supprimer les principaux méandres. En même temps, on établit des digues insubmersibles à une certaine distance de chaque rive.

Les coupures ont notablement modifié le profil en long du lit. Parfois une rectification, réduisant énormément la longueur entre ses deux extrémités, s'applique à plus de 20 kilomètres. D'après les documents mis sous les yeux de la Commission, les coupures exécutées jusqu'en 1878 étaient au nombre de 107, ayant un développement de 129 kilomètres, substitué à 607. De 1.206 kilomètres, le cours de la Theiss s'est trouvé ramené à 728 [1]. Ouvertes sur une faible largeur, les coupures ne se complètent que lentement par l'action des eaux ; en amont de Szeged, on en signale six comme n'ayant pas réussi, soit à cause de leur tracé, soit par suite de la nature du terrain. En aval de Szeged, l'état des coupures est encore plus imparfait,

____

1. Voir plus loin la discussion relative au raccourcissement de l'Armançon par la Compagnie P.-L.-M. Si nous l'osions, nous conseillerions la lecture de cette discussion, comme celle des pages qui concernent la Theiss, aux ingénieurs qui entreprennent de créer un nouveau régime au Chagres et à ses affluents.

car, sur les onze qui ont été exécutées dans cette étendue de 182 kilomètres, une seule fonctionne convenablement. Les dix autres sont incomplètes, notamment la grande coupure, la plus importante de toutes,
ouverte immédiatement au-dessous de Zzeged.

En diminuant le parcours de la rivière, les coupures ont agi sur la durée de la propagation des crues,
et conséquemment sur leur hauteur. A ce point de vue,
l'ordre qui a été suivi dans l'exécution des travaux
est défectueux. Il aurait fallu marcher de l'aval vers
l'amont, pour assurer aux crues une évacuation plus
facile, au lieu de suivre l'ordre inverse.

D'après la commission, on a souvent procédé avec
trop de hâte aux travaux des digues ; ces ouvrages
ont souvent péri par suite d'insuffisance de hauteur,
parce qu'on s'était contenté de les établir au niveau
des anciennes crues. « Les coupures ont accéléré la
marche des eaux par la diminution du développement
de la rivière, et à cet effet est venu s'ajouter celui,
beaucoup plus puissant encore, qui est résulté de la
construction des digues... Autrefois les eaux débordées
se répandaient librement sur les plaines (de la Theiss
et de ses affluents), à des distances immenses, et elles
s'y emmagasinaient comme dans des réservoirs d'une
étendue infinie. Les eaux de ces réservoirs naturels
n'étaient rendues que très lentement au cours principal de la rivière ; aussi les crues de la Theiss étaient-
elles caractérisées par une durée extrêmement prolongée. Lorsque par des digues on a supprimé ces
réservoirs, et qu'on a réduit la largeur du lit d'inondation à quelques centaines de mètres, on a abrégé dans
une grande proportion la durée d'écoulement des

grandes eaux ; mais ce résultat n'a pu être obtenu que par un accroissement de leur hauteur. »

L'espace réservé entre les digues qu'on veut rendre insubmersibles est souvent insuffisant ; parfois il descend à 300 mètres, ou même ne dépasse guère 200 mètres. « En se rapprochant de Szeged, on remarque la mauvaise direction suivant laquelle a été construit le pont de la ligne de Fiume, qui impose aux digues en amont et en aval un mauvais tracé. Mais le long rétrécissement de Szeged, et deux autres situés en aval, ont une influence encore plus nuisible... Il sera donc nécessaire de déplacer le plus promptement qu'il se pourra un grand nombre de digues, afin de donner au lit majeur la largeur et la régularité qui lui manquent. »

La commission fait connaître qu'elle a vu, dans les travaux de réparation d'une digue, employer des blocs de terre en partie enveloppés de gazon, jetés pêle-mêle pour former le corps de la digue, et laissant entre eux une multitude de vides.

Tout cela est fort triste, assurément[1]. Si les travaux exécutés en Galicie depuis 1867 l'ont été de cette manière, il n'est pas surprenant qu'on n'y ait pas été en mesure de mieux recevoir les grandes crues de 1884.

Accidents aux barrages de réservoirs, aux ponts et à leurs levées. — Les ruptures de barrages de ré-

---

1. Il est curieux de rapprocher le rapport de la commission d'Ingénieurs étrangers de celui du *groupe XVIII* de l'Exposition universelle de Vienne (1873). Ces rapports d'Expositions ne sont pas dépourvus d'appréciations flatteuses exagérées ; quand on veut connaître toute la vérité, il faut la chercher ailleurs.

servoirs sont de très graves accidents : Le barrage de Williamsburg (Massachusetts) s'étant rompu, le 16 mai 1874, un volume de 2.000 mètres cubes par seconde s'est précipité dans une vallée qui n'était pas faite pour un tel débit et a nécessairement amené un désastre (mort de cent quarante-trois personnes, grandes pertes matérielles). Ce barrage n'était pourtant qu'un assez modeste ouvrage, construit pour emmagasiner les eaux nécessaires en été aux usines de Williamsburg ; sa hauteur maxima n'atteignait que 13^m,10, et, au moment de l'accident, l'eau était à 1^m,20 au-dessous de son sommet. — Près de Rittifieds, également dans le Massachusetts, un accident analogue a amené, le 20 avril 1886, la destruction d'un village et la mort de quatorze personnes. Il serait facile de multiplier les exemples, car les sinistres amenés par les ruptures de barrages de réservoirs ont été nombreux, en Angleterre[1], en Espagne[2], en France[3], en Algérie, etc. — Mais les conditions d'établissement nécessaires pour ces ouvrages sont aujourd'hui bien connues ; il suffira, pour en assurer la durée, de suivre les indications de M. Guillemain (*Rivières et Canaux*, II, chapitre xxv). On pourra consulter aussi la *Résistance des matériaux* de M. Flamant, chapitre vi, et le chapitre 1er de M. Résal (*Ponts en Maçonnerie*, I).

Le pont d'Orléans, construit en 1843 pour le chemin de fer du Centre, traverse la Loire à 1.200 mètres en amont du pont de Perronet (1751). On l'avait composé de 12 arches de 25 mètres, ce qui donnait un dé-

1. *Rivières et canaux*, t. II, 321.
2. *Hydraulique fluviale*, 457.
3. *Annales* de 1833. Notice de Vallée.

bouché linéaire de 300 mètres, au lieu des 279 mètres
du pont de 1751, et l'on n'avait aucune crainte. Cependant la culée de la rive gauche se trouvait très avancée
en rivière, et l'on n'avait pas songé à la nécessité
d'une bonne direction des courants de crue par rapport
à l'ouvrage. « Lors de la crue de 1846, un courant
latéral se forma contre la levée du chemin de fer, prit
les premières piles en écharpe, en affouilla profondément les fondations, et trois arches s'écroulèrent. On
jugea alors prudent d'ajouter trois arches de plus ;
mais on prit soin *surtout* de construire une forte
levée[1] longitudinale. » (Morandière, *Traité de la construction des ponts et viaducs.*)

Pendant la crue du 12 mai 1856, sur la Garonne, la
pile droite du pont suspendu de Trèscassès s'est inclinée
vers l'aval d'environ 20 degrés ; au bout de deux mois,
elle est tombée *en aval* sur sa face droite. Le courant
du fleuve, dévié par la digue insubmersible de la rive
droite et arrêté par la levée, se précipitait vers la rive

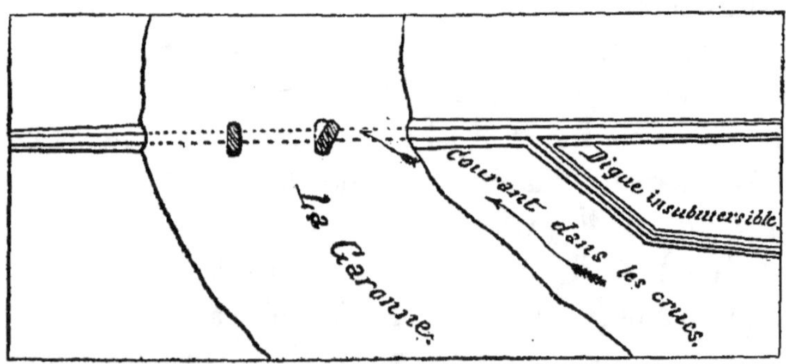

gauche en prenant la pile obliquement. Celle-ci s'est
renversée contre le courant qui la frappait à droite,

---

1. *Digue*, d'après nos définitions.

« comme les piles qui tombent en amont se renversent contre le courant direct. » (Minard, *De la chute des ponts dans les grandes crues*, 1856.) Cette interprétation demande à être précisée : les ponts tombent vers l'amont : 1° lorsqu'il se produit des courants violents le long des levées transversales ; 2° quand les tympans sont envahis sur de grandes hauteurs ; 3° lorsque des bateaux ou des trains de bois s'arrêtent en travers des arches, ce qui produit un effet analogue à celui de l'envahissement des tympans. — La digue insubmersible de Trèscassès, dont il faut remarquer le tracé, a dirigé le plus fort du courant et des tourbillons sur l'aval de la pile rive droite, comme, à défaut de la digue, la levée formant route l'aurait fait sur l'amont et sur la partie centrale.

Dans son traité, Morandière mentionne la chute d'un pont de chemin de fer[1] sur la Saône, à Lyon. Ce pont, dit de la *Quarantaine*, en maçonnerie, « avait été fondé dans des conditions ordinaires, au moyen de massifs de béton immergés dans des enceintes de pieux jointifs. Mais la Saône se jette dans le Rhône immédiatement en aval de la presqu'île de Perrache, et en 1854, alors que le Rhône était très bas, les eaux s'élevèrent rapidement à une grande hauteur dans la Saône ; elles se déversèrent dans le val du Rhône avec une chute de

---

1. On manque souvent de renseignements suffisants sur les chutes de ponts. Il serait particulièrement à désirer que les Compagnies de chemins de fer prissent à ce sujet une utile initiative : avec le personnel dont elles disposent, elles sont parfaitement en mesure de faire rédiger les rapports nécessaires. Cela se fait sans doute ; mais les rapports qu'on ne doit pas publier ne sont pas toujours bien complets, et les documents gardés dans des cartons ne remplissent pas le but d'utilité générale qu'il faudrait avoir en vue. La publication des comptes rendus des ruptures de levées, accidents très fréquents, ne présenterait pas moins d'intérêt.

près de 2 mètres ; elles prirent une vitesse effrayante, tout à fait inattendue, et elles déterminèrent de tels affouillements que le pont s'écroula... Ce pont a été rétabli au moyen de poutres en tôle à grandes portées, et les poutres reposent sur des tubes en fonte descendant à environ 15 mètres de profondeur au-dessous de l'étiage.» — Dans sa brochure de 1856, Minard dit page 14) qu'un bateau chargé étant venu se placer en travers d'une des arches du milieu du pont de la Quarantaine, il y eut affouillement *en amont*, et que tout le pont tomba de ce côté. Nous verrons que, dans la nième traverse, le pont d'Ainay a donné des craintes par suite d'affouillements énormes *en aval*. La présence du bateau a pu d'ailleurs contribuer aux affouillements en amont du pont de la Quarantaine.

Antérieurement, en 1840, une grande crue de la Saône avait produit plus de dommages encore, bien qu'elle n'eût renversé aucun pont : En jetant les yeux sur la figure ci-jointe, on voit que cette crue a été

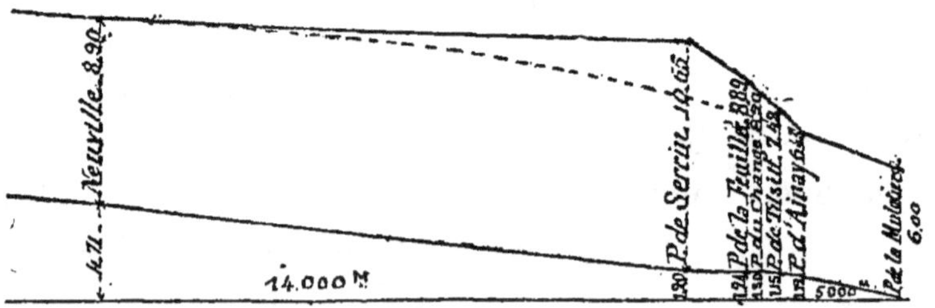

exhaussée de près de 3 mètres au pont de Serrin par les mauvaises conditions de la traverse de Lyon. Les étranglements du lit et les contournements de la rivière, combinant leurs effets, ont amené un affreux désastre au faubourg de Vaise, à l'extrémité amont de cette traverse. La crue ne s'est élevée qu'à 6 mètres vers l'embouchure de la rivière dans le Rhône ; mais elle a marqué aux divers ponts, en remontant, $6^m,43$, $7^m,42$, $8^m,20$, $8^m,89$, et enfin $10^m,65$ au pont de Serrin. L'augmentation des hauteurs au-dessus des étiages respectifs, à mesure qu'on s'avance vers l'amont, rapproche le phénomène de ce qui se passe dans les gorges proprement dites. — La cote $7^m,42$ se rapporte au pont de Tilsitt, qui a été reconstruit en 1863-1864. Le débouché linéaire a été porté de 104 mètres à $110^m,24$ et le débouché superficiel de 670 mètres carrés à 816. On parle, dans les *Notices* pour l'exposition de 1867, d'une cataracte de $0^m,76$ observée en 1840 au passage du pont ; mais en se reportant aux observations faites par Vicat à Souillac (voir ci-dessus, page 20), on verra qu'il y a plusieurs manières de mesurer l'effet local d'un pont. D'ailleurs, l'auteur de la Notice reconnaît que la chute de $0^m,76$ « ne représentait pas, à la vérité, le remous produit, qui devait être beaucoup moindre ; mais elle accusait aux yeux de tous un relèvement considérable du niveau de la crue en amont. Le remous réel, déterminé par le calcul, devait être d'environ 0,48[1]. » Cette indication est un peu sommaire, mais une discussion sur des formules n'aurait pas été à sa place dans le volume que nous citons ; il s'agit sans doute de calculs analogues à

---

1. Ceci est caractéristique. On est si peu habitué à opérer comme Vicat l'a fait à Souillac, qu'au lieu de contrôler des formules à l'aide de faits bien constatés, on cherche à corriger l'imperfection des relevés par l'intervention des formules. Ajoutons d'ailleurs que les constatations de Vicat, si supérieures qu'elles soient aux autres, n'ont cependant pas été complètes ; il leur manque tout au moins de pouvoir être comparées à des relevés antérieurs à la construction du pont. N'en ayant pas, on ignore quels ont été les exhaussements de la crue, de part et d'autre de cet ouvrage : on n'a que leur différence.

ceux de M. Collignon. En tout cas, le gonflement local amené par le pont de Tilsitt n'a guère pu influer sur la hauteur atteinte au pont de Serrin en 1840.

Dans les vallées des marnes oxfordiennes du bassin de la Seine, les rivières sont remplies jusqu'au bord et la moindre crue amène un débordement ; mais à partir de mai les crues deviennent rares. Jamais une récolte n'est entièrement perdue ; les dommages partiels se renouvellent à peine une fois tous les dix ans, et il suffirait de petites digues de 0^m,50 de hauteur pour s'en préserver. (*La Seine*, 431.)[1] Dans de pareilles conditions, il faut commettre de bien grosses fautes pour provoquer de sérieux accidents ; c'est pourtant ce qui arrive dans les lieux habités : en 1836, à Châtillon, les deux ponts de la branche principale de la Seine ont été emportés, et toute la partie basse de la ville a été submergée. On ne se tient, dans les quartiers longeant le fleuve, qu'à une faible hauteur au-dessus des eaux moyennes ; il en résulte un grave danger, parce qu'en même temps on empiète sur le lit. Aussi, malgré quelques améliorations partielles, une nouvelle submersion s'est-elle produite en 1866. La ville de Troyes, bâtie dans des conditions semblables, est également submergée de loin en loin. (*La Seine,* 435.) — Nous pouvons citer la ville de Bolbec (Seine-Inférieure), comme ayant aussi à souffrir de l'entrave apportée des deux côtés par des constructions trop rapprochées de l'axe de la rivière ; on a de la sorte créé une gorge

---

1. Des projets de hauts endiguements ne manquent pas de se produire, après chaque petit désastre. Dans les vallées de l'Ource et de l'Aube, ces projets sont allés jusqu'aux enquêtes et l'on en serait peut-être venu à l'exécution sans les protestations de Belgrand. Le maître n'est plus là ; tâchons de garder le souvenir de ses leçons.

artificielle, faute d'avoir compris qu'un long boyau
produit tout autre chose que le rétrécissement passager
résultant des deux ou trois premières constructions
mal plantées. — On ne peut trop le redire : il ne faut
pas s'autoriser de retrécissements partiels, produits
par des ponts ou d'autres ouvrages isolés, pour adopter comme règle des alignements propres à créer
de longs boyaux, alors même qu'il serait affirmé que
le peu de largeur laissé par les premières constructions
n'aurait pas eu de facheuses conséquences.

Rendant compte des crues du 10 septembre 1857
dans le département de l'Ardèche, M. Marchegay (*Annales des ponts et chaussées*, 1861) fait connaître qu'un
grand nombre de ponts ont été détruits complètement,
ou ont subi des avaries considérables : « Ainsi on a
compté sur les routes impériales et départementales,
indépendamment des ponceaux et aqueducs de peu
d'importance, treize ponts emportés et vingt-sept ponts
ayant éprouvé de fortes dégradations. Les deux ponts
les plus importants, parmi ceux qui ont été détruits,
sont : sur le Doux le pont suspendu de Tournon, dont
la culée rive gauche, tournée par le courant, a été affouillée et renversée en amont, et sur l'Ardèche le
pont de pierre de Rolandy, construit il y a près de
80 ans par les états du Languedoc. Ce dernier pont
était composé de trois arches ayant 15 mètres de largeur chacune ; les piles ont été affouillées et se sont
affaissées sur elle-mêmes, en se déversant vers l'a-
mont. » Les tympans ont-ils été envahis ? On ne le dit
pas. — « Nous n'avons pas compris, au nombre des
ponts avariés, deux grands ponts suspendus, l'un à
Beauchastel sur l'Erieux, l'autre sur l'Ardèche près

d'Aubenas, appelé pont de Ville, lesquels à vrai dire n'ont eu aucun mal, mais dont les avenues ont été coupées et emportées sur de très grandes longueurs. *La conservation de ces ponts n'est due évidemment qu'à la destruction de leurs levées d'accès.* » D'après cela, on peut se demander si le rétablissement de celles-ci en levées pleines est une bonne opération ; c'est cependant ce qu'on a fait. Nous avons pu nous procurer des renseignements complémentaires sur le pont dit de Ville, situé à Saint-Didier-sous-Aubenas ; on se rendra compte de sa situation au moyen du croquis ci-dessous.

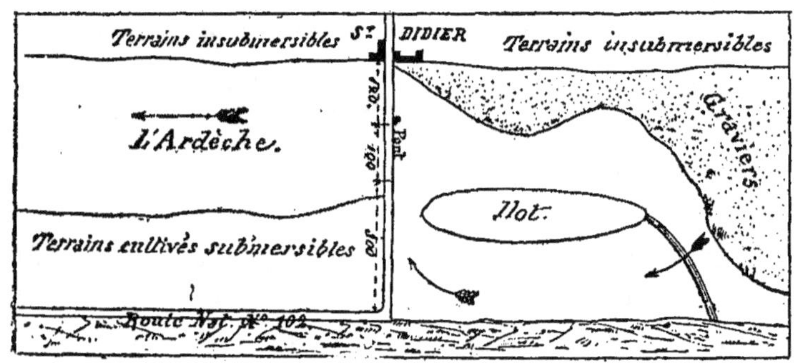

C'est un pont suspendu d'une seule travée, de 100 mètres d'ouverture, construit en 1844 par la Société Séguin et Cie. Il forme avec ses levées une traversée perpendiculaire à la vallée, dont la largeur inondable dépasse 500 mètres. En 1857, la levée de la rive gauche, surmontée, a été emportée sur près de 200 mètres, ce qui a sauvé le pont. Par suite de la position de cet ouvrage, le courant de la rive gauche traverse vers la rive droite et vient battre l'éperon qui joint la culée de ce dernier côté. On voit que, s'il est emporté, le pont tombera vers l'amont

Il aurait fallu lui donner plus de débouché et le composer d'une ouverture de chaque côté de l'îlot : du moment qu'en amont les crues devaient continuer à se débiter le long des deux rives, il convenait d'établir l'ouvrage dans des conditions correspondantes.

Lorsqu'il compare les crues de 1841 et de 1857 dans le département de l'Ardèche, M. Marchegay constate qu'en 1841, malgré l'élévation plus grande de l'inondation dans la vallée du Doux, « le pont suspendu (de Tournon) avait été sauvegardé par la rupture de la levée servant d'avenue, rupture qui avait suppléé à l'insuffisance du débouché de ce pont. » On a vu qu'en 1857, la levée ayant résisté, le pont a été emporté.

Il y a deux ponts en maçonnerie sur le Tarn à Millau, et entre eux un pont suspendu d'une seule travée. Les premiers traversent la rivière vers les sommets de deux courbes. Le pont d'amont, dit de Cureplats, remonte à une époque très reculée ; ses abords sont submersibles et il ne paraît pas qu'il ait couru de grands dangers pendant les crues. — Le pont d'aval, dit Lerouge, a été construit de 1817 à 1820 en remplacement du Pont-Vieux détruit par une crue en 1766 ; sa levée est à peu près insubmersible. Il s'en est fallu de peu que ce pont ne fût enlevé par la crue du 13 septembre 1875, car les eaux se sont élevées jusqu'à la plinthe et il y avait $1^m,50$ de dénivellation entre l'amont et l'aval. L'insuffisance du débouché tient à ce qu'on a pris pour base, lors de la construction de ce pont, la section mouillée au passage très encaissé de Creissels, à deux kilomètres en aval de Millau; cette section étant de 677 m. s. sous la crue de 1766, on a cru faire largement les choses en donnant 755 m. s.

de débouché total au nouveau pont. Mais c'est à tort qu'on a considéré l'unité superficielle comme assimilable aux deux points, d'autant plus qu'à Millau les contournements sont particulièrement raides et multipliés. On trouve là un exemple caractéristique des inconvénients sérieux qu'amènent les idées fausses, d'après lesquelles on se conforme à la prétendue méthode de Gauthey[1], qui conduit à se contenter en chaque point d'une rivière du débouché qu'on constate dans les environs. — La crue de 1875 a ouvert une brèche de 40 mètres dans la levée gauche du pont suspendu, et enlevé la suspension et le tablier (le niveau de celui-ci paraît avoir été dépassé) ; les culées sont restées intactes. Ce pont intermédiaire est situé au milieu de l'intervalle séparant deux courbes prononcées, son débouché est supérieur à ceux des ponts en maçonnerie voisins. Quand on se décidera à rétablir la travée suspendue, on pourra ménager des ouvertures dans la levée ; cela vaudra mieux que de former le T au bout de celle-ci, car cette opération n'amènerait pas d'abaissement du niveau maximum.

Le pont de Chazeuil, sur l'Allier, est compris entre deux levées insubmersibles. — On lit dans la brochure de Minard : « Crue du 19 octobre 1846. Pont suspendu composé de deux travées. Les deux culées ont été attaquées et détruites, la pile seule est restée intacte. » En 1866, le 28 septembre, c'est tout le con-

---

1. Gauthey n'est pas affirmatif, sur la question des debouchés à admettre d'après l'exemple des ponts d'amont et d'aval. Après avoir dit de faire le relevé des débouchés du voisinage, il se borne à cet énoncé : « Au moyen de comparaisons fournies par ces données, on peut quelquefois fixer le nouveau débouché d'une manière assez exacte. » Si les conditions étaient les mêmes, et si les ouvrages n'apportaient pas de notable changement au régime de la rivière, ce serait évident; le difficile est de bien connaître la vérité sur ces deux points.

traire : la pile a été enlevée, les culées sont restées debout. — Dans une rivière comme l'Allier, ce contraste n'est pas surprenant : il suffit qu'il se produise des changements dans la forme du lit des eaux moyennes, par suite du déplacement des rives, ou même par suite de simples modifications dans l'emplacement ou dans le relief des bancs de gravier, pour que les eaux abordent un ouvrage tout différemment à quelques années de distance. — Le pont actuel est composé de six travées métalliques sur piles et culées en maçonnerie ; on a établi deux éléments de digues longitudinales à l'amont, dirigeant les eaux vers le pont.

Si l'on voulait énumérer les causes premières de la destruction des ponts, en dehors des vices de construction de ces ouvrages, on pourrait le faire de la manière suivante [1] :

1° Mauvaises dispositions aux abords, notamment par l'établissement de levées pleines, insubmersibles, non terminées en T : Viaduc d'Orléans (1840) ; pont en maçonnerie de Saint-Germain-des-Fossés (1856) ; pont suspendu de Fourchambault [2] (1856); pont de Trèscassès (1856) ; ponts sur la Garonne (1875);

---

1. Nous disons *causes premières*, pour qu'on ne cherche pas dans ce dénombrement des faits tels que les affouillements, à l'amont où à l'aval, qui ne sont que des conséquences plus prochaines des causes à énumérer. Il est bien évident, d'ailleurs, que causes « premières » ne peut être pris dans un sens absolu.

2. *Pont de Fourchambault.* La première pile, côté de la rive droite, « a été frappée par un courant oblique résultant de celui de la Loire et d'un courant transversal arrivant de l'amont de la levée droite... Elle était affouillée dans tout son pourtour, mais bien plus profondément dans l'angle d'amont faisant face au courant mixte ci-dessus. » (Brochure Minard, page 17.) L'auteur a écrit dans le même ouvrage qu'une certaine pile était « dégagée des courants obliques auxquels plusieurs ingénieurs veulent attribuer les affouillements à l'amont des piles (page 10). » On voit qu'à la page 17 Minard n'est pas loin de se ranger lui-même parmi ces ingénieurs.

2° Accumulations de bois entraînés par les eaux : pont de Clamecy (1836) ; ponts dans le département de l'Ardèche (1857) ;

3° Arrêts de bateaux en travers des arches : pont de Mussidan (1843) ; de la Quarantaine (1854), d'après l'explication de Minard ;

4° Voisinage d'un confluent, une seule des rivières étant en crue : pont de la Quarantaine (1854), d'après l'explication de Morandière ;

5° Tympans noyés sur de grandes surfaces : pont en plein cintre de la Coise, renversé vers l'amont (1834) par une crue s'élevant jusqu'à la plinthe ;

6° Débâcles de glaces : pont de Pirmil à Nantes (1558) ; pont de Blois (1716) ; quatre arches du pont de Tours (1789) ; trois arches du pont en reconstruction des Invalides à Paris (1880) ;

7° Sinuosités à fortes courbures, ajoutant leur influence à celle de levées pleines et de débouchés insuffisants : crue de 1875 à Millau ; pont suspendu emporté ; pont en maçonnerie, dit Lerouge, très menacé ;

8° Enrochements trop volumineux autour des piles : affouillements de 9 mètres en aval [1] du pont d'Ainay (Lyon) ;

9° Création de longs boyaux dans les traverses : deux ponts emportés à Châtillon-sur-Seine (1836) ;

10° Mauvais emplacement des ouvrages, ajouté à l'insuffisance des débouchés : pont de Saint-Didier-d'Aubenas, levée emportée en 1857 sur près de 200 mètres de longueur ;

---

1. Il est plus facile de se défendre de ce côté que de l'autre, parce qu'en amont les excavations se développent sous l'action de causes immédiates très énergiques, par exemple quand les tympans sont noyés.

11° Changements dans les formes du lit de la rivière, par suite de corrosion des berges ou de dépôts de bancs de gravier : pont de Chazeuil (1846 et 1866) ;

12° Ruptures de barrages de réservoirs : pont Guichard et pont de Paray détruits en 1825. (Notice de M. Vallée, *Annales* de 1833.)

Faute d'idées précises sur les conditions d'établissement des ouvrages dans les vallées, on arrive à cette situation : que les grandes inondations renversent les ponts si elles ne trouvent des issues supplémentaires par des brèches dans les levées. La cause première des accidents réside alors dans les mauvaises dispositions générales : si le pont s'écroule, la solidité de la levée en est la cause immédiate (pont de Tournon, 1857) ; si le pont résiste, c'est que la levée crève à temps (même pont, 1841). Il fallait tout au moins ajouter des défenses appropriées à la situation nouvelle que les travaux devaient créer.

LES PLAINES ET LES GORGES

Force accélératrice de la pesanteur. — La vitesse des rivières n'est pas en rapport avec la hauteur de la chute depuis la source jusqu'au point considéré, par suite de l'adhérence du fluide aux parois solides et de la cohésion des molécules d'eau entre elles. « Ces deux résistances ont pour propriétés communes d'être proportionnelles aux surfaces en contact, d'être indépendantes de la pression, de croître pour l'adhérence avec la vitesse absolue, pour la cohésion avec le rapport entre la vitesse relative des couches et leur épaisseur. »

Ces propriétés « distinguent complètement ces deux
résistances du frottement des solides sur les solides,
qui ne dépend ni de la vitesse ni de la superficie du
contact et croît, au contraire, avec la pression. » (Dupuit, *Études sur le mouvement des eaux,* p. 15.)

« L'observation d'une crue un peu importante, dit
M. Kleitz (mémoire de 1877), montre que la section
d'écoulement augmente dans un rapport bien plus considérable que la vitesse moyenne [1]. » La résistance
croissant avec la vitesse, le phénomène porte en lui-
même un principe de modération de celle-ci ; c'est ce
qui explique l'augmentation plus rapide des sections
en temps de crue. Mais les hauteurs ne progressent pas
aussi vite que les sections quand fonctionnent les
emmagasinements dans les plaines.

M. Surell, au moyen d'une formule empirique
connue, a trouvé que des vitesses de 14 mètres
pouvaient se produire dans les Hautes-Alpes ; mais il
faut observer qu'une formule de ce genre n'est plus
applicable quand il s'agit de faits en dehors des limites
des constatations qui y ont conduit. — M. Croisette-
Desnoyers (*Cours*, I, 205), parle de vitesses observées,
pendant les crues de juin 1875, sur l'Ariège : à Tarascon, de $12^m,16$; à Foix, de 10 à 11 mètres ; mais un
peu plus loin l'auteur fait un calcul pour avoir la
vitesse correspondant au remous mesuré au pont de
Tarascon ; il ajoute à cette vitesse celle de la rivière
« calculée d'après la pente moyenne en amont », et
arrive ainsi précisément à $12^m,16$ pour la vitesse en ce
point. Une telle concordance, par trop complète, porte

---

1. Aux points formant des rapides pendant les basses eaux, la vitesse
peut même décroître pendant les crues.

à penser qu'on a entendu parler, page 205, non d'une vitesse observée, mais d'une vitesse déduite d'un remous observé. Quoi qu'il en soit, la figure donnée pour le pont de Foix (voir ci-dessus, page 30,) montre que de pareilles vitesses, si elles existent réellement, peuvent amener de véritables ressauts.

M. Graëff n'a jamais trouvé plus de 4 mètres de vitesse superficielle sur la haute Loire ou sur ses affluents les plus rapides; à Lyon, on a observé sur le Rhône des vitesses maxima de 5 à 6 mètres pendant la crue de 1856 [1]; sur le Mississipi et le Missouri, on ne trouve guère que 16 kilomètres à l'heure (Cadart, *Annales* de 1885), soit $4^m,44$ par seconde. Il est question d'une vitesse de $6^m,60$ à l'ancien pont de Claix; mais ce chiffre est établi d'après un débit observé ou calculé, sans qu'on dise comment ni en quel point de la rivière. (*Annales* de 1879, I, 22.) Pendant une crue de $11^m,40$, on a trouvé sur la Garonne des vitesses de $4^m,50$. (Séjourné, *Annales* de 1883, I, 95.) Ces constatations sont bien éloignées des vitesses de 10 à 11 mètres, et même $12^m,16$, dont il vient d'être parlé; en tout cas l'énoncé de M. Kleitz, basé sur des observations multipliées, ne peut être mis en doute.

Écoulement dans les gorges. — Dans une gorge, la largeur ne variant pas dans une grande proportion avec la montée de la crue, l'augmentation de la section se produit surtout par celle de la hauteur. Mais l'exhaussement devient une cause de moindre accrois-

---

1. « Sans considérer les chutes exceptionnelles qui se produisent aux ponts et à certains rapides (du Rhône), où la vitesse atteint jusqu'à 4 mètres par seconde, nous trouvons des parties assez longues, surtout entre Valence et le Pont-Saint-Esprit, où la vitesse normale dans les crues atteint $2^m,50$ à $2^m,80$ et même 3 mètres. » (Jacquet, *Annales* de 1885, II, 390.)

sement du débit à la seconde, parce qu'il provoque un plus grand emmagasinement dans la plaine supérieure. S'il s'agissait d'une gorge artificielle, c'est-à-dire du cas où une plaine jadis submersible serait soustraite à l'inondation, il y aurait en aval un effet d'augmentation de l'ancien débit maximum à la seconde, effet un peu atténué par le surhaussement en amont de la gorge et dans celle-ci. — Quand une gorge présente un fort étranglement vers son origine, le niveau, déjà très relevé par rapport à la plaine d'aval, se trouve exhaussé subitement comme par un barrage, et le volume retenu dans la plaine supérieure est notablement accru. Plus bas, les étranglements locaux n'ont plus la même importance, puisqu'ils n'arrivent en général qu'à augmenter l'emmagasinement dans une certaine longueur de la gorge.

La célèbre gorge de Pinay et la plaine du Forez, qui la précède, vont nous montrer ce qu'est le régime des crues dans les passages rétrécis, et à quel point l'inondation dans les plaines dépend des conditions de l'écoulement dans les gorges. — Voici d'abord l'indication des pentes à l'étiage dans le haut de la Loire : Gorge de Saint-Victor, 2^m,40 par kilomètre; plaine du Forez, 1^m,10; Gorge de Pinay, 1^m,30; de là au confluent de la Teyssonne, 0^m,60. — Les crues de 1846 et de 1866 ont été particulièrement remarquables; la dernière, moins importante que l'autre, a atteint 13^m,30 à l'entrée des gorges de Saint-Victor, et 3^m,70 seulement à Feurs dans la plaine du Forez. Mais au delà de Feurs, jusqu'à la fin de cette plaine, les hauteurs se sont fort augmentées à cause du remous produit par la gorge de Pinay : la crue n'a pas été de moins de

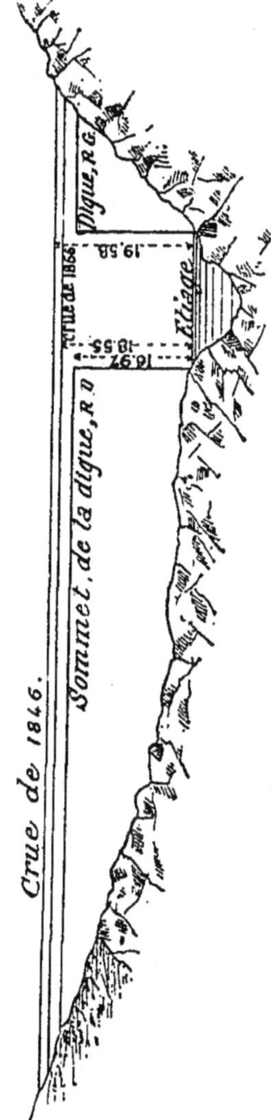

9ᵐ,72 à Balbigny, localité située à 10.120 mètres de Feurs et à 3.750 mètres avant le commencement de la gorge. A 3.850 mètres au delà de ce commencement, on arrive au rétrécissement naturel de Pinay, rendu plus accentué par des levées transversales [1], dites digues, qui ne laissent que 19ᵐ,70 de largeur libre ; il se produit en ce point un remous considérable, au-dessus du niveau déjà très relevé qu'atteignent les eaux en aval ; le même phénomène, plus accentué encore, se produit à La Roche (6.000 mètres plus loin), et le reflux qui en résulte augmente un peu l'effet de Pinay sur l'emmagasinement dans la plaine du Forez. En 1866, la crue a marqué 18ᵐ,55 et 19ᵐ,80 en amont des levées de Pinay et de La Roche, au-dessus des étiages respectifs. Les chutes de l'amont à l'aval ont été : à Pinay, de 5ᵐ,17 ; à La Roche, de 9ᵐ,58.

---

1. La levée de la rive droite est oblique et le profil est donné suivant la ligne brisée des axes des levées. D'après une pétition présentée au roi en 1711 par la ville d'Orléans, on aurait terminé en 1706, dans la gorge de Pinay, des travaux destinés à rendre la navigation moins difficile, et il en serait résulté une diminution de l'emmagasinement des crues dans la plaine du Forez. Les levées de Pinay et de La Roche, terminées vers 1720, auraient eu pour but de ramener un état de choses équivalant à l'ancien

La crue de 1846 s'était élevée encore plus haut[1]. Au pont de Feurs, elle avait marqué $3^m,83$ au-dessus de l'étiage local, ce qui donne au-dessus de l'étiage de La Roche (auquel toutes les cotes ci-dessous sont rapportées) la cote. . . . . $33^m,25$

Au pont de Balbigny . . . . . . $31^m,61$

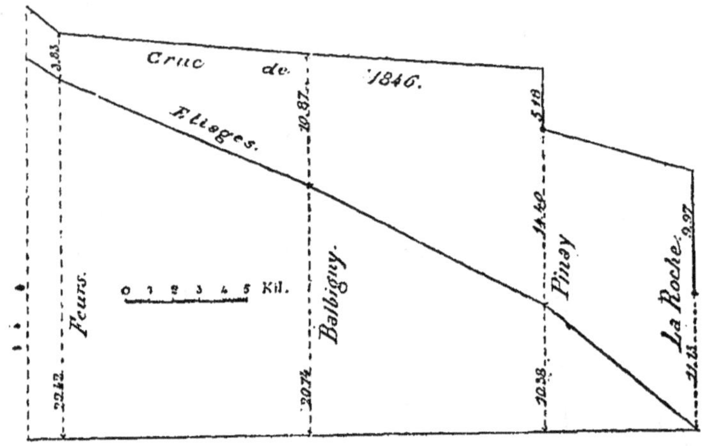

Au passage de Pinay, amont. . . $29^m,96$

—   —   aval. . . . $24^m,78$

Au passage de La Roche, amont. . . $21^m,10$

—   —   aval. . . . $11^m,13$

sous ce rapport, tout en laissant subsister l'amélioration de la navigation. Celle-ci n'a jamais dû être bien facile, mais elle pouvait avoir quelque importance à cette époque où les bons chemins étaient rares. Aujourd'hui encore, par certaines eaux, des bateaux construits en amont descendent la gorge ; ils ne remontent jamais. — Il y a eu d'abord un pont romain à Pinay, puis l'ouvrage hydraulique dont nous parlons ; maintenant un chemin emprunte les levées et franchit la rivière au moyen d'une passerelle en charpente.

1. Dans le bas de la Loire, la crue de 1846 s'est, au contraire, élevée moins haut, parce que la Vienne et la Maine n'ont pas donné ; les plaines de ces affluents ont même joué le rôle de réservoirs : pendant trois jours, à Angers, il y a eu $0^m,10$ de chute à rebours au pont du Centre. — Il arrive souvent aussi que la vallée de l'Erdre (Nantes) fonctionne comme réservoir d'emmagasinement des eaux de la Loire.

On n'a pas observé de chute de l'amont à l'aval du pont de Balbigny, dont le débouché linéaire était alors de 140^m, et la levée qui fait suite au pont sur la rive gauche ne paraît pas avoir eu d'action notable sur le niveau maximum; il est vrai qu'elle est submersible à son extrémité. En 1873, on a augmenté le débouché de près de 50 pour cent en le portant à 207^m,50; mais on ne sait trop comment justifier cette opération, réclamée par un syndicat propriétaire de digues submersibles en amont; elle ne peut guère influer sur la hauteur des inondations dans la plaine du Forez, hauteur qu'on ne cherche pas à diminuer d'ailleurs, et l'on peut douter qu'il en résulte une accélération notable dans l'évacuation des eaux emmagasinées de Feurs à Balbigny.

Sans les levées établies en travers de la gorge de Pinay, l'emmagasinement dans la plaine du Forez serait réduit de un sixième à un cinquième au moment des grandes crues [1]; il y a donc, pour la ville voisine de Roanne, un intérêt considérable au maintien de la situation. Mais de même que les crues s'atténuent en descendant, quand rien ne contrarie l'effet de l'étalement, de même l'importance d'une réduction du volume maximum peut devenir insensible à une certaine distance, et se trouver tout à fait nulle après un affluent assez voisin.

L'opération de Pinay s'écarte singulièrement de la base ordinaire des discussions sur le régime des rivières, puisqu'on est toujours d'accord sur l'utilité de réduire le plus possible les exhaussements des crues

---

1. Voir le résumé des calculs qui ont été faits à ce sujet par M. Graëff dans le premier volume de *Rivières et Canaux*, pages 228 à 230.

en amont des ouvrages projetés. Il est fort probable, cependant, qu'il y aurait d'autres applications à faire de l'idée qui a prévalu dans cette circonstance.

La vitesse des eaux. Les barrages. Les pentes. — Il faut protéger les berges contre les érosions, « surtout, dit Belgrand (*Annales* de 1846, II, 179), dans les vallées granitiques, dont la pente est souvent de 0^m,01, 0^m,02 et 0^m,05 par mètre, et dont le sol est très léger et très attaquable. Aussi, lorsque les eaux des ruisseaux y coulent librement et sans obstacle, pour peu que leur volume ait d'importance, les terres riveraines sont enlevées jusqu'au vif et le sol reste dénudé ou couvert de fragments plus ou moins gros de rochers roulés. Dans ce cas, les déversoirs des usines, *aussi élevés que possible*, sont sans contredit le meilleur remède; ils détruisent la vitesse de l'eau, favorisent le dépôt des alluvions dans les champs voisins, et souvent suffisent pour convertir un sol stérile en terre à chanvre... L'administration, en prescrivant des règles uniformes dans l'établissement des usines, s'est écartée de la vérité. »

Entre le Fort-de-Scarpe et l'Escaut, la pente totale de la rivière de Scarpe est de 6^m,30. On l'avait répartie autrefois en 4^m,40 de chutes aux écluses et 1^m,90 de pente en route. Vers 1840, on a rectifié et régularisé la rivière, en en réduisant la longueur de 46 à 36 kilomètres; les écluses ont été remaniées, et finalement les 6^m,30 ont été divisés en 5^m,85 de chutes et 0^m,45 de pente courante[1]. On peut donc consommer une grande partie de la force vive en quelques points, dans des chutes de barrages, à la condition d'améliorer le cours d'eau de manière à réduire les résistances en route.

---

1. Article de H. Lamarle, dans les *Annales* de 1841.

D'après un lieu commun presque classique, bien que très inexact, comme les résultats obtenus sur le Rhin suffiraient au besoin à le démontrer[1], il y aurait pour chaque section de rivière une longueur totale nécessaire. Les cours d'eau, dans cette théorie, sont censés tendre toujours à reprendre leur longueur ancienne quand on les a rectifiés ; c'est supposer que les rectifications ne sont accompagnées d'aucun changement dans les conditions d'écoulement (largeurs, tracé de l'axe, etc.), qu'on ne défend pas les berges, et que l'on recule devant l'établissement des barrages nécessaires pour servir de contre-partie à la diminution de pente moyenne que les travaux entrepris peuvent comporter. On sait que les endiguements du lit moyen du Rhône ont provoqué un considérable abaissement de l'étiage au droit de l'embouchure de la Saône, ce qui a nécessité la construction du barrage de la Mulatière dans cette dernière rivière, l'administration n'ayant pas osé entrer dans la voie précédemment indiquée par l'ingénieur en chef Tavernier, qui proposait d'établir des barrages dans le fleuve lui-même. Il est question de rétablir, au moyen d'épis noyés, l'ancienne pente du Rhône au-dessous de l'embouchure de la Saône. Il semble pourtant qu'il faudrait se préoccuper avant tout de la diminution des vitesses dans l'intérêt de la navigation, ce qui nécessiterait de tout autres mesures. Une grande navigation est possible sur une rivière peu profonde, si elle est peu rapide ; elle ne l'est pas sur une rivière rapide, même profonde, dans un temps où les chemins de fer sont partout.

Pour faire un peu de lumière sur les conditions

1. Gauckler. *Annales* de 1868.

d'établissement des ouvrages dans les vallées, il faut s'occuper de tous les genres d'ouvrages et des rapports nécessaires entre eux. Au point de vue spécial des ponts, il peut arriver qu'au moment de la rédaction d'un projet on ait à tenir compte des effets à prévoir d'endiguements en cours [1], puisque ceux-ci provoquent des diminutions de la pente des rivières quand ils sont correctement tracés. (*Rivières et Canaux*, 1, 525 à 529.) — De pareilles diminutions conduiraient à l'augmentation des chutes disponibles pour l'industrie, au plus facile dessèchement des marais, en même temps qu'à l'amélioration de la navigation. — Pour arriver sans endiguements à diminuer la pente superficielle des eaux, il faut exhausser leur niveau, de distance en distance, au moyen de barrages en saillie sur le lit ; question de dépense à part, il vaut évidemment mieux améliorer le profil longitudinal du thalweg. On y arrive au moyen d'endiguements, à la condition de conformer le tracé de ces ouvrages aux règles établies par M. Fargue, et confirmées par l'expérience (*Hyd. fluv.*, 372 à 380) ; mais il faut ensuite compléter les travaux en construisant des barrages de soutènement du lit (voir la figure de la p. 56), sans quoi la formation du nouveau régime traînerait en longueur, et même serait pour ainsi dire impossible, puisqu'elle nécessiterait d'énormes abaissements du lit. Ces considérations sont à utiliser dans certains cas, lorsque les conséquences économiques à prévoir peuvent justifier les dépenses.

---

1. Si l'on avait prévu les conséquences des endiguements de la Garonne, on aurait tenu plus bas le radier de l'écluse d'embouchure du canal latéral, à Castets (voir ci-dessus, page 56). La même chose peut arriver pour des radiers de ponts (la Saône à Lyon, à la suite de l'abaissement de l'étiage du Rhône au confluent), etc.

Gorges artificielles. — Il est bien rare que, tout
compte fait, il soit conforme à l'intérêt public de resserrer les eaux des crues entre des digues ; on crée
ainsi de véritables gorges artificielles, présentant des
dangers que n'offrent pas les gorges naturelles. M. Comoy, dans son grand rapport sur l'inondation de 1856,
a cherché de quelles quantités il aurait fallu exhausser
les digues de la Loire pour qu'elles continssent jusqu'au
bout cette crue, s'il ne s'était pas produit de ruptures. Il
a trouvé pour la digue de l'Authion, par exemple, qu'un
relèvement de $1^m,70$ à 3 mètres aurait été nécessaire,
suivant les endroits, en admettant qu'on se contentât
de $0^m,50$ de revanche sur les niveaux qui eussent été
atteints. — « On sait, ajoute-t-il, que les digues actuelles, construites à différentes époques, n'ont pas
toute la solidité désirable ; de nombreuses filtrations se
manifestent à leur pied dans les grandes crues. On
pourrait redouter que la pénétration des eaux ne devînt
la cause de graves accidents si l'on exhaussait de 2
mètres environ la hauteur des crues. Il serait sans doute
nécessaire, dans cet ordre d'idées, de faire des travaux
d'étanchement à toutes les digues, de les revêtir de
perrés maçonnés avec mortier hydraulique. » On voit
où l'on serait conduit en ce qui concerne le chapitre
des dépenses.

M. Comoy fait ressortir ce qu'a d'aléatoire le remède
consistant à ménager des déversoirs de superficie, dans
la partie amont d'un certain nombre de digues. Il
montre que ces déversoirs seront loin d'assurer le
remplissage des vals, et que le débit maximum en aval
sera plus fort que dans le cas de brèches amenant un
plus complet emmagasinement latéral. Il est vrai que

les déversoirs n'empêcheront pas toujours les brèches
de se former.

Au cas où l'on arriverait à consolider complètement
les digues insubmersibles entre le Bec-d'Allier et Tours,
la situation serait tellement aggravée dans le bas de la
Loire que les pouvoirs publics auraient de sérieuses
mesures à prendre. On reconnaîtrait, un peu tard, que
ces digues ne sont tolérables qu'à la condition de se
rompre en nombre de points, lorsque le débit maximum
atteint des valeurs très élevées. Il faudrait en revenir
alors à l'étude des solutions basées sur le rétablissement plus ou moins complet du régime naturel, telles,
par exemple, que le projet du dernier inspecteur général des turcies et levées, et autres combinaisons
dont le détail est donné dans *Rivières et Canaux*, t. I.

QUESTIONS LOCALES

Lorsqu'on projette des ouvrages dans une vallée, les
formules de l'hydraulique ne peuvent guère être utilisées. — Pour les canaux, dit M. Graëff, ce sont les
formules de M. Bazin qui sont les plus commodes et
les plus sûres ; quant aux rivières, pour chacune, « la
formule la plus exacte est toujours la courbe des débits. » (*Hydraulique*, t. III, p. 44.) — Mais ces formules (il en faut une pour chaque localité), qui donnent
les relations entre les hauteurs aux échelles et les
débits [1], perdent de leur valeur si les travaux projetés

1. Nous avons parlé ailleurs des courbes des débits des crues : la ligne
des abscisses se rapporte alors aux heures, tandis qu'on porte sur cette
ligne, pour les courbes dont il s'agit ici, les hauteurs par rapport aux zéros
des échelles locales.

doivent modifier le régime, par exemple si l'on supprime des emmagasinements ou si l'on barre des courants par des levées; elles n'en ont plus aucune si l'on bouleverse l'écoulement des crues, par des obstacles tels que des tympans de ponts noyés sur de grandes surfaces. On sait d'ailleurs que le débit correspondant à une hauteur donnée varie avec la pente, et par conséquent n'est pas le même en phase ascendante et en phase descendante.

Ne pouvant compter sur des prévisions rigoureuses, il faut du moins éviter les grosses erreurs en se livrant à une étude attentive des faits locaux : procéder à des recherches géologiques et topographiques dans le bassin; recueillir des observations pluviométriques; relever les hauteurs à de nombreuses échelles, les directions et les vitesses des courants en temps de crue; observer les mouvements des matières du lit, si la rivière est à fond mobile ; constater la marche des choses près des ouvrages traversant les vallées, en démêlant autant que possible l'influence des diverses parties de chaque ensemble, surtout pendant les grandes inondations ; comparer les débouchés, les débits, les largeurs, les pentes, les durées des crues, etc. Le régime des berges devant être l'objet d'une attention toute spéciale, on rapprochera les plans anciens et nouveaux de la rivière, et l'on fera la reconnaissance des travaux de défense destinés à prévenir les déplacements du lit. Tout cela demandant beaucoup de temps, alors que les ingénieurs chargés de projeter un chemin de fer, par exemple, sont si souvent obligés d'aller vite, les services ordinaires pourraient faire à l'avance des études dans tous les bassins. Mais il serait indispensable, pour arriver partout à de bons résultats, que l'administration rédigeât une instruction développée ; le programme minimum prescrit ne gênerait en rien les hommes d'initiative, et serait pour tous un guide précieux. — La grande instrution du 25 avril 1839, relative à un tout autre sujet (l'entretien des routes), avait été préparée par Dupuit à la demande de Legrand, et l'on sait le bien qu'a produit cette initiative intelligente d'un directeur général qui a laissé de si honorables souvenirs[1]. Quand l'administration supérieure intervient par ces instructions d'ensemble, embrassant tous les détails d'un sujet, l'intérêt public en profite grandement ; des circulaires ordinaires rappellent ces instructions, et les complètent au besoin.

Avec un bon programme, on préparerait à nos successeurs la première base de comparaisons bien utiles, entre le régime antérieur et le régime postérieur à l'établissement des ouvrages dans les vallées.

Au moment des grandes inondations, on n'a pas la liberté d'esprit nécessaire pour improviser un système d'observations ; le temps manque d'ailleurs pour les préparatifs matériels et pour le recrutement du personnel. Il ne peut être question de se tirer d'affaire avec les seuls agents permanents : si on les chargeait de relever les hauteurs aux échelles, on manquerait de monde pour constater sur un grand nombre de points les directions des courants et, autant que possible, leurs vitesses, et même pour défendre les ouvrages attaqués. Tout doit donc être préparé d'avance : les

---

1. Voir aussi la circulaire d'avril 1845, dans laquelle Legrand, l'esprit toujours en éveil, a complété et, si l'on veut, rectifié l'instruction de 1839. (Poliquet, t. I, 195 ; Tarbé, *Notices biographiques*, 223.)

échelles placées, les observateurs auxiliaires embrigadés et munis de leurs instructions, le matériel pour l'observation des courants tout prêt, les agents désignés pour chaque poste et bien exercés[1]. — Comme il n'est pas toujours facile de prévoir sur quels points la constatation des hauteurs présentera le plus d'intérêt, il faut que les échelles soient très multipliées; il va de soi que leurs zéros doivent être parfaitement repérés.

Nous allons passer en revue quelques problèmes de pratique courante; on conçoit que leur solution serait singulièrement facilitée, et rendue plus sûre, par les études antérieures dont nous venons de dire quelques mots.

En cherchant à résoudre ces problèmes, nous reconnaîtrons qu'il y a un *art de l'Ingénieur*, tout autant qu'une science de l'ingénieur[2]. Rien de dangereux comme les règles absolues, pour les applications de cet art; si, par exemple, vous suivez toujours les formules pour établir les dimensions d'un mur de soutènement, il y a tel cas où vous ferez plus que doubler la dépense réellement nécessaire. Ayant eu à construire, pour une municipalité, un mur destiné à contenir un

---

1. L'époque des grandes inondations appelle les investigations de l'hygiéniste, en même temps que celles de l'ingénieur. La crue de la Loire, en juin 1856, ayant amené le séjour prolongé des eaux sur de vastes prairies, le fleuve prit une teinte brune caractéristique, due à des substances organiques dissoutes ou en suspension; les végétaux se trouvèrent, après la rentrée de la rivière dans son lit ordinaire, friables, et, en quelque sorte, *rouis*; en même temps, l'eau de Loire était devenue tout à fait impropre à la boisson. Le Conseil de salubrité de la Loire-Inférieure déclara que le fauchage des prairies de la vallée n'était pas, en général, nécessaire, la putréfaction des végétaux n'étant plus à craindre. (Voir Ad. Bobierre, *L'eau de Loire après la crue de 1856.*)

2. Comme l'architecte, il faut que l'ingénieur s'efforce de satisfaire aux règles du goût, en même temps que d'atteindre le but d'utilité proposé; mais il faut surtout qu'il fasse œuvre d'imagination, tout en faisant appel aux connaissances scientifiques, qui lui sont indispensables.

terre-plein existant, qui se terminait par des talus venant
mourir au pied d'un ancien mur en ruine, nous remar-
quâmes que ces talus étaient formés en grande partie
de moellons irréguliers provenant de dépôts à la suite de
démolitions ; dès lors il nous parut évident qu'on pouvait
réduire à peu de chose l'épaisseur du nouveau mur, en
emmétrant ces moellons contre sa face intérieure,
et en effet la dépense ne s'éleva qu'à 12.000 francs,
au lieu des 30.000 francs du projet de notre prédéces-
seur. C'est ce petit fait qui, quelques années plus tard,
nous porta à conseiller aux ingénieurs de la Seine mari-
time la disposition dont M. Flamant a rendu compte
dans sa *Résistance des Matériaux* (page 151).

Tracés d'un chemin de fer et d'une route. — Une
route et un chemin de fer doivent traverser une vallée.
Il s'agit d'un chemin de fer à un niveau très élevé, et
d'une route ne devant dépasser la hauteur des grandes
crues que de la quantité nécessaire au point de vue de
l'écoulement sous le pont. Dans quelles conditions convient-il de projeter les ouvrages d'art et leurs abords,
notamment s'il s'agit d'une vallée à terrain mobile de
sable et de gravier ?

On cherchera quelles modifications pourraient amener dans le régime des crues les tracés AC et BD, jugés
les plus favorables au point de vue des nouvelles voies
publiques à établir, et à quelles conditions ces tracés
seraient admissibles. Si la rivière est passablement en-
caissée dans son lit ordinaire, les courants les plus vifs
peuvent suivre encore celui-ci pendant les grandes
crues, tant que ses sinuosités ne sont pas trop prononcées, surtout si les berges ne présentent pas d'abaissements notables en correspondance avec des dépres-

sions des plaines latérales. Il serait très utile d'avoir des observations, faisant connaître comment le débit des crues se partage entre le lit et les terrains inondés des deux rives.

Le chemin de fer devant enjamber la vallée à une grande hauteur, pour éviter la déformation de son profil longitudinal entre les plateaux , il faudra construire un viaduc de coteau à coteau ; les arches embrasseront entièrement l'espace compris entre les deux

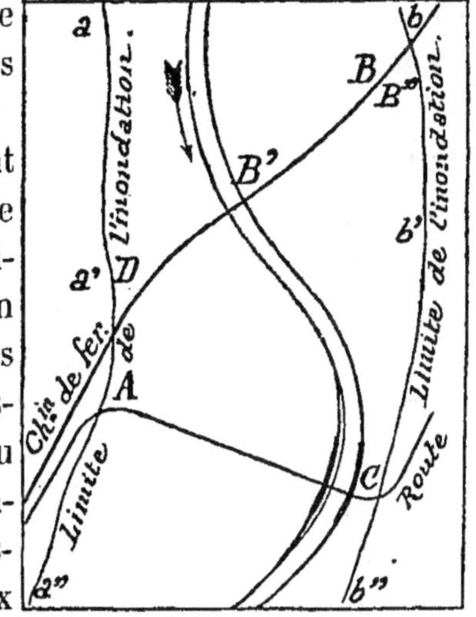

limites des inondations. Tout ira donc bien de ce côté, à la condition d'étudier de près le tracé des piles, si la rivière est torrentielle et les terrains facilement affouillables. — Dans le cas d'une faible élévation du chemin de fer, il serait plus économique d'établir une levée pleine dans une partie de l'espace compris entre $aa'a''$ et $bb'b''$; mais on aurait à se préoccuper du courant le long de BB' et des dénivellations en BB″ et vers D.

Pour la route, la question n'est pas sans difficulté ; on n'est plus dans le cas d'un ouvrage passant à une grande hauteur, cas où la dépense minima correspond à un très grand débouché. Si l'on se décide à établir une longue levée pleine sur la rive droite, il faut s'attendre à un exhaussement des crues, indépendamment du pli que présentera le profil longitudinal au passage du pont. Or, jusqu'à quel point un exhaussement peut-il être supporté sans trop de dommage? C'est une question spéciale à étudier. Les effets des courants transversaux le long des levées doivent être combattus, en forçant ces courants à se dévier et à se diviser ; on arrivera au but en formant le T, à l'aide d'éléments de digues en prolongement des culées. Par ce moyen, l'ouvrage sera passablement abordé et quitté par les eaux, bien qu'on se trouve au sommet d'une courbe, point défavorable sous ce rapport, puisque les filets liquides tendent à s'accumuler du côté concave ; il y aura du désordre à l'entrée et le long des digues d'amont, et par suite une cause d'exhaussement des crues s'ajoutera à celle qui résulte de l'augmentation du débit par le lit ordinaire.

L'élargissement de ce lit s'impose donc, et l'on cherchera naturellement à se rendre compte de ce que pourrait comporter encore d'exhaussement telle ou telle largeur. Nous allons donner l'un des calculs qu'on peut faire ; mais il est bien entendu qu'il ne faut point attacher trop d'importance à son résultat : le seul moyen d'avoir quelque sécurité consiste à trouver des cas analogues dans des séries d'observations sur la rivière et sur les cours d'eau comparables, et à chercher quels changements les différences dans les données pourront amener. Mais pour le moment de telles observations n'existent guère dans des conditions satisfaisantes ; quelles sont les rivières pour lesquelles on pourrait apprécier exactement l'influence des ouvrages, par la comparaison entre les crues antérieures et les crues postérieures à leur exécution?

Supposons que la rivière soit à fond de sable, et qu'on ne connaisse pas la répartition du débit des crues entre le lit ordinaire et la plaine. Il existe des marques de la hauteur atteinte par les inondations, mais tout ce qu'on sait d'ailleurs, d'après des mesurages faits en amont et en aval, c'est que le débit maximum est de 390 mètres cubes environ. Pour éviter un mécompte, on adoptera pour vitesse moyenne, au moment où le pont débitera ce volume, la vitesse moyenne de la rivière coulant à pleins bords [1], c'est-à-dire dans des circonstances faciles à observer, puisqu'elles se présentent plusieurs fois chaque année.

Soient : largeur actuelle du lit ordinaire dans l'emplacement du pont projeté . . . . 30^m

Vitesse moyenne quand les eaux coulent à pleins bords, sans déborder. . . . . . . 1^m,30

Profondeur au moment du maximum des grandes crues . . . . 6^m

dont 1 mètre en moyenne sous l'étiage et 5 au-dessus.

Soient maintenant L la largeur cherchée et H la hauteur nouvelle totale. On aura :

$$\text{H. L. } 1,30 = 390$$

d'où $H = \dfrac{300}{L}$. En faisant des hypothèses sur L, on trouvera : Pour L = 40^m » | 50^m »

H = 7^m,50 | 6^m »

Mais, avec une largeur de 50 m. au lieu de 30 m., il y aura sous le pont un exhaussement de la crue, car il se

---

1. Cette hypothèse ne s'écarte pas autant de la réalité qu'on pourrait le supposer : d'une part, nous savons que la vitesse augmente moins rapidement que la section ; d'autre part, les tourbillons engendrés par le retour latéral des eaux par-dessus les branches longitudinales des T, submersibles dans une grande partie de leur longueur, produiront jusqu'au pont des mouvements compliqués atténuant la vitesse moyenne pendant les grandes crues (et, par suite, augmentant la hauteur de celles-ci).

formera sur les 20 m. ajoutés une haute grève, en prolongement de la grève existant déjà sur la rive convexe.
En admettant que, dans l'ensemble du nouveau profil en
travers, la profondeur moyenne au-dessous de l'étiage
soit réduite à 0^{m}50, la valeur 6 m. de H correspond à
5^m,50 au-dessus de l'étiage au lieu de 5 ; il y aura donc
un exhaussement général de 0^m,50 à l'aval comme à
l'amont, avec raccordement plus ou moins rapide avec
le profil longitudinal d'autrefois.

Il faudra rechercher quelles conséquences cet
exhaussement pourrait avoir, en raison des circonstances locales, avant de se décider. Quant au pli au
passage du pont, il sera nul dans le cas d'un pont-
poutre, d'un pont suspendu, ou d'une arche unique à
naissances très hautes. La suppression des courants
transversaux aux abords mêmes du pont réduira ce pli
à peu de chose, en cas de travées multiples, pourvu
que les piles soient minces et les naissances très élevées.

L'élargissement à 50 mètres sous le pont est admissible même dans une rivière navigable, car il y a toujours
de la profondeur vers le sommet des courbes concaves
dans les rivières bien tracées ; nous ajouterons que,
d'après les résultats obtenus par M. Fargue sur la
Garonne, il n'y a pas à s'effrayer de différences même
considérables dans les largeurs, si les variations de
celles-ci sont en corrélation convenable avec les courbures du tracé. Au passage de Cadroit, on a porté la
profondeur de la Garonne de 1 mètre à 2^m,90 sous
l'étiage, sur le point culminant du thalweg, en adoptant des largeurs de 160 mètres au point d'inflexion et
de 220 mètres au sommet de la courbe (*Hydraulique*

fluviale, 377). Cet ordre de considérations conduit à donner la préférence aux tracés coupant les rivières vers les sommets des courbes : à l'inflexion, l'augmentation de la largeur serait inadmissible s'il s'agissait d'une rivière navigable, et, dans tous les cas, constituerait une mauvaise opération sur une rivière à fond mobile.

Il faut se garder de donner de très grandes longueurs aux branches longitudinales des T, principalement si la rivière est à forte pente. Il en résulterait de trop grandes différences de niveau d'un côté à l'autre des levées, et celles-ci seraient menacées. — Si le chemin de fer, descendant dans la vallée, comportait des levées aux abords d'un pont, en gardant son tracé diagonal, une dénivellation sérieuse existerait en D pendant les grandes crues, tandis qu'en A il y en aurait beaucoup moins ; il serait prudent, pour la défense du chemin de fer, d'ajouter des T, ou au moins un couple de levées à musoirs bien défendus, en amont de B'.

Ce qui précède suppose que le viaduc et le pont ne doivent point se trouver à proximité d'une gorge, faisant refluer les crues et transformant la plaine en une sorte de lac. Ce cas se présentant, l'étude se trouverait singulièrement simplifiée ; à moins de réduire les débouchés linéaires à des valeurs minimes, les nouveaux ouvrages ne pourraient influer beaucoup sur le niveau des grandes inondations.

Si l'on opérait dans un pays de montagnes, les études à faire auraient un caractère tout spécial. Dans le cas où ces montagnes seraient analogues à nos hautes Alpes, on s'inspirerait des indications de Surell. (Voir ci-dessus, page 39.)

Dans une vallée pourvue de digues insubmersibles continues, il faudrait munir les levées d'arches dans tout l'espace compris de digue à digue. Des motifs d'économie, qu'on croirait sérieux, pourraient d'abord porter à s'écarter de cette règle ; mais le plus souvent on y renoncerait, en considération des exhaussements et consolidations de digues auxquels on se trouverait entraîné, ainsi que des dommages supplémentaires qu'il y aurait à redouter.

Variantes. Si le sol de la vallée n'est que difficilement affouillable, on pourra ménager des *arches de secours* dans la levée rive droite de la route, en les plaçant de préférence sur les dépressions qui existent souvent au pied des coteaux ; les branches longitudinales des T auront alors moins d'importance, et l'élargissement du lit cessera d'être indispensable. Dans le cas de terrains facilement affouillables, il faudrait élargir le lit ; on pourrait alors avec avantage pourvoir la grande levée, non d'arches de secours proprement dites, mais de déversoirs ne pouvant fonctionner qu'après inondation de la plaine d'aval sur une certaine hauteur. Il y aurait une chute en raison du changement de régime résultant de l'ensemble des ouvrages, mais elle aurait lieu sur un matelas d'eau ; des perrés et enrochements suffiraient, le plus souvent, pour la défense des déversoirs et de leurs abords.

Il faut donc ajouter le procédé des *déversoirs de superficie* à ceux dont il a été précédemment parlé[1].

---

1. Les levées submersibles sont des déversoirs de superficie par lesquels l'écoulement des crues se fait souvent, mais non toujours, sur une plus grande hauteur que sur ces déversoirs proprement dits. Ce qui différencie d'une manière plus caractérisée que la hauteur de la lame d'eau, outre la

Comme l'expérience peut amener à modifier ces ouvrages, il est bon de construire d'abord en charpente provisoire les travées destinées à les franchir. Les déversoirs sur levées ne prêtent pas le flanc aux mêmes critiques que ceux qu'on établit vers l'amont de très longues digues longitudinales, dans la vallée de la Loire : chacun de ceux-ci jettera les eaux d'une grande hauteur dans un val sec, tandis qu'il s'agit ici d'ouvrages à chutes faibles, ne fonctionnant que lorsqu'ils sont plus ou moins baignés à l'aval.

Défense d'un pont menacé. — Des courants dangereux se prononcent de part et d'autre d'un pont P, en amont des levées insubmersibles A et B. La levée B a été emportée plusieurs fois ; puis, cette levée ayant été refaite plus solidement, le pont a failli périr. Que faire, en dehors de l'élargissement du lit recommandé précédemment, mais à peu près inadmissible quand il s'agit d'un ouvrage existant ?

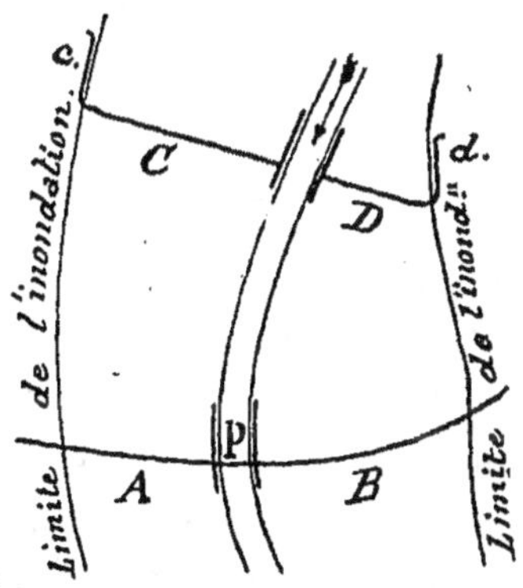

En premier lieu, construire des éléments de digues en prolongement des culées, s'abaissant peu à peu à partir d'une certaine distance, pour se raccorder à niveau avec les rives.

En second lieu, si cela ne suffit pas (et l'on pourra le préjuger sans attendre des crues tout à fait extraor-

difïérence de leurs longueurs, les deux genres d'ouvrages, c'est qu'on circule directement sur les levées submersibles, en acceptant des interruptions momentanées du passage. Ces levées peuvent convenir aux petits chemins et les déversoirs aux grandes routes; les premières sont d'autant plus économiques qu'elles dispensent en général d'élargir la rivière au passage du pont, mais c'est une solution parfois dangereuse (p. 22).

dinaires), établir des T supplémentaires en C et D. Il y aura une diminution de la hauteur des crues en amont des levées du pont, par suite de cette dernière mesure; mais l'exhaussement produit par l'ensemble des ouvrages s'étendra davantage en amont. Par conséquent, il sera peut-être nécessaire d'établir c et d, pour faire cesser tout dommage à des terres anciennement insubmersibles. En tous cas, le débit, concentré entre C et D, deviendra plus facile à bien diriger vers le pont.

La distance de C et D à A et B doit nécessairement varier, non seulement de rivière à rivière, mais de section à section d'une même rivière; pour bien diriger les eaux vers P, il ne faut pas trop s'éloigner de celui-ci; tandis que d'autre part CD n'aurait guère plus d'efficacité qu'un simple prolongement des digues attenant aux culées, s'il était très rapproché du pont. Nous avons dit que, sur la Durance, l'espacement des couples varie de 800 à 1,500 mètres.

Dans certains cas, on pourra recourir à des déversoirs de superficie dans B et au besoin dans A, et plus rarement à des arches de secours proprement dites. Ce serait souvent plus économique que l'établissement des T supplémentaires. (Voir l'article précédent : *Variantes*.)

Levées submersibles, et autres. — Pour préserver les ponts et leurs abords, et prévenir de grands exhaussements des crues, on se borne souvent à rendre les levées submersibles. La traversée d'une vallée comprend alors : un chemin submersible, une rampe d'accès au pont, le pont, et parfois la même succession de l'autre côté de la rivière.

Il y a plusieurs cas de ce genre sur l'Allier. On en

trouvera l'indication dans les lignes suivantes, où sont réunis les renseignements que nous avons pu nous procurer sur un certain nombre des ouvrages établis au travers de la vallée. Nous marcherons de l'amont à l'aval :

Pont de Langeac. — L'ancien pont en maçonnerie, reconstruit vers la fin de xiv" siècle, a eu plusieurs arches détruites par la crue de 1421 ; sa ruine a été consommée en 1629 et 1803. On l'a remplacé par un pont suspendu, aboutissant à un quai sur la rive gauche, et se prolongeant par une levée un peu submersible sur la rive droite ; ce pont a été détruit par la crue de 1846 ; reconstruit, il a subi le même sort pendant la crue de 1866. La levée a été emportée plusieurs fois. Débouché linéaire, 134 mètres. Crue de 1866, 5^m,67.

Pont de Costet. — Levée rompue en 1846 ; pont enlevé par la crue de 1866. En 1875, destruction de plusieurs arches du pont en construction.

Pont de Lavoulte-Chilhac. — Ce pont, en maçonnerie, est situé dans les gorges qui règnent entre les plaines de Langeac et de Brioude-Lamothe. Débouché linéaire, 67 mètres. Levée insubmersible de la rive droite enlevée plusieurs fois. Crue de 1866 : 9^m,69 en amont ; 9^m,21 en aval. Abords insubmersibles.

. Pont de la Bajasse (chemin de fer). — Débouché linéaire, 90 mètres. Le remblai de la rive gauche a été emporté plusieurs fois par les crues.

Ponts de Lamothe. — Grands désordres dans la plaine aux abords du pont suspendu de Lamothe, en 1846 et en 1856. En 1866, la route départementale, qui franchit l'Allier sur ce pont de 113 mètres de débouché, a été coupée et un nouveau bras ouvert. Après des tentatives infructueuses pour fermer ce nouveau bras, on a pris le parti de construire un second pont suspendu (112^m,50), en sorte que le débouché se trouve porté à 225^m,50. Levées un peu submersibles. Crue de 1866, 4^m,25. En octobre 1868, la crue a ouvert de nouveaux lits dans la plaine; ils ont été remblayés par les habitants. Voir la figure de la page 58.

CHAPPE PRÈS AUZON. — Pont suspendu de 110 mètres. Levée coupée en 1856. Pont emporté par la crue de 1866.

JUMEAUX. — Pont suspendu. La levée de la rive droite a été coupée par la crue de 1875. Débouché linéaire, 100 mètres.

PARENTIGNAT. — Pont suspendu de 120 mètres de débouché. Un *courant latéral* a démoli la levée de la rive gauche pendant la crue de 1875.

COUDES. — Pont suspendu. Levée sur la rive droite seulement. A été emportée plusieurs fois par les crues; en 1866, la culée voisine a été fortement avariée.

LONGUES (chemin de fer). — Pas de levées. Pont de 100 m. de débouché; emporté en 1856: fondation d'une pile affouillée par des courants qui, après avoir suivi la rive droite, ont pris une direction transversale.

COURNON. — Pont suspendu de 120 m. de débouché; protégé en amont par une digue se rattachant au terrain naturel. Cette digue a été rompue par la crue de 1875.

RIS. — Pont suspendu; deux travées de 73 mètres chacune. Levées devenant submersibles à de petites distances du pont. Crue de 1866, 3^m,99.

VICHY. — En 1866, le pont suspendu (déb. linéaire

220 mètres; crue de 5^m,10) a été détruit par la crue[1]. Remplacé par un pont en fonte de 328^m,60. Abords insubmersibles.

BOUTIRON. — Pont suspendu; débouché de 184 mètres. La levée de la rive gauche est submersible sur une grande longueur.

SAINT-GERMAIN-DES-FOSSÉS. — Poutres droites, sur piles en fonte fondées à l'air comprimé; culées en maçonnerie. Débouché linéaire, 250 mètres. De part et d'autre, remblais élevés portant la voie du chemin de fer. Ce pont est défendu par quatre digues longitunales, deux en amont, deux en aval. Celle de rive gauche, amont, de 370 mètres de longueur, se rattache à un perré de 600 mètres défendant la berge; celle de la rive droite, amont, a 600 mètres. Chacune des digues d'aval a 300 mètres de longueur. Lors de l'inondation de 1866, les digues de R. G., amont, et de R. D., aval, ont été rompues; les courants de crue ne se sont pas parfaitement dirigés vers l'ouvrage, et il y aurait lieu d'établir des T supplémentaires en amont. Ce pont remplace le pont en maçonnerie, détruit par la crue de 1856, que nous avons précédement mentionné.

BILLY. — Pont métallique à arcs surbaissés. Débouché linéaire, 200 mètres. A droite, coteau insubmersible; à gauche, levée submersible.

CHAZEUIL. — Débouché, 227^m,10, en six travées métalliques en arcs, sur piles et culées en maçonnerie; levées

---

1. Voici l'explication qui a été donnée de cet événement : la chute du pont a été déterminée par l'affouillement de la culée droite; la culée gauche et les piles sont restées debout. Si la culée droite a été plus fortement attaquée, c'est par suite de l'existence momentanée de grèves qui ont dirigé de son côté le courant principal.

insubmersibles. Digues longitudinales de 100 mètres en amont, pour diriger les eaux vers le pont. Voir ci-dessus l'article spécial sur les anciens ponts suspendus de Chazeuil, détruits par les crues de 1846 et de 1866.

CHATEL-DE-NEUVRE. — Pont suspendu de deux travées. Débouché, 208^m,20. Digue de direction des eaux sur la rive gauche, de 100 mètres en amont et de 50 en aval; levée submersible sur la rive droite. (Voir page 22.)

CHEMIN DE FER DE MONTLUÇON. — Tablier métallique sur piles tubulaires. Débouché, 277 mètres. Digues de direction.

MOULINS. — Pont en maçonnerie; débouché linéaire de 253^m,50. Radier général. Quais et digues de direction.

VILLENEUVE. — Pont métallique sur piles en maçonnerie. Débouché de 244^m,35. Levée submersible sur la rive gauche; digue de direction de 250 mètres sur la rive gauche, amont.

VEURDRE. — Pont suspendu. Débouché linéaire de 164^m,30. Levée un peu submersible sur la rive gauche.

MORNAY. — Pont suspendu. Débouché de 238^m,60. Le val de la rive droite est défendu par une digue insubmersible; la rive gauche longe le coteau. Les eaux des crues sont bien dirigées vers le pont, mais plusieurs brèches se sont ouvertes en 1866 dans la digue insubmersible, ce qui a amené des ruptures dans la levée en prolongement du pont; la digue n'est pas encore réparée (1885). Un déversoir a été établi dans la levée, et l'on a en outre ménagé dans celle-ci plusieurs aqueducs à clapets.

LE GUÉTIN (chemin de fer). — Pont en maçonnerie.

Débouché, 280 mètres. Les remblais du chemin de fer forment levées sur les deux rives.

Le Guétin (canal). — Pont-canal en maçonnerie; débouché, 270 mètres. Le canal forme levée; il y a en amont deux petites digues de direction.

Le Guétin (pont suspendu). — Situé à 230 mètres en aval du pont-canal; berges perreyées entre ces deux ouvrages. Débouché, $281^m,20$.

Si l'on se renseignait sur les affluents de l'Allier, il y aurait encore à enregistrer de nombreux désastres, car pendant la seule crue de 1875 ces cours d'eau ont renversé plusieurs ponts.

On voit combien les accidents aux ponts ou à leurs abords sont fréquents; il faut faire la part de la force majeure, mais il est incontestable qu'il faut aussi faire celle de l'absence d'idées précises sur les questions de tracé et de défense. — Quand les levées submersibles n'ont pas d'autre inconvénient que d'interrompre des voies publiques secondaires pendant quelques jours chaque année, l'emploi de ce mode de protection contre les crues est admissible et l'on voit qu'il joue un assez grand rôle dans la vallée de l'Allier. Mais ces levées sont nécessairement accompagnées de rampes d'accès aux culées; par suite la rivière n'est pas complètement laissée à son régime naturel, et il n'y aurait pas à se dispenser de toute étude au sujet des changements à prévoir, même s'il s'agissait d'une rivière à lit moins variable que l'Allier. On pourrait être conduit dans certains cas à ménager des arches dans les rampes.

Défense des ponts dans les villes. — M. l'Ingénieur Clarard a rendu compte, dans une note publiée en mai 1885, des travaux de défense exécutés au pont d'*Ainay* sur la Saône à Lyon. « Les piles reposent sur

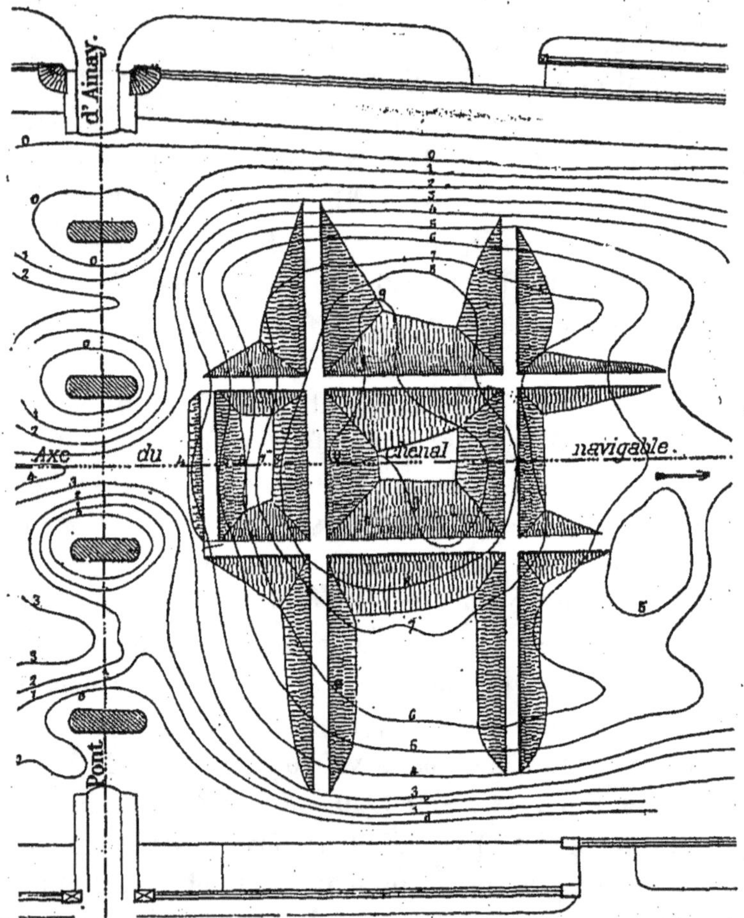

de larges massifs d'enrochements, successivement rechargés, qui s'étalant peu à peu constituent une sorte de barrage noyé en travers de la rivière et provoquent à *l'aval* de grand affouillements. » Au delà du pont, les profondeurs étaient arrivées à dépasser 9 mètres. C'est à de nouveaux enrochements qu'on a eu recours pour parer au danger, et la figure donne une idée des travaux exécutés. « Pour diminuer autant que possible la dépense, on n'élève pas les traverses et digues d'un seul coup à leur hauteur définitive. On les ébauche par un simple tapissage ; la rivière dépose des remblais et sur ces remblais on échoue de nouveaux enrochements, et ainsi de suite. » Les ouvrages ont été éprouvés en 1882-1883 par la grande crue de décembre-janvier ; il n'y a eu que des écrêtements sans importance. « Cette méthode simple, peu coûteuse, d'une réussite certaine, peut être employée à la correction des gouffres *qui existent souvent à l'aval* de beaucoup de ponts anciens, dont les piles sont fondées sur des massifs d'enrochements, formant avec le temps des radiers généraux. » C'est surtout dans les villes que ces grands affouillements d'aval se font remarquer ; les quais dirigent les eaux vers le pont, tandis que de grands désordres résultent de l'action des levées transversales usitées en rase campagne ; dans les villes, le côté faible des ponts réside dans l'insuffisance du débouché, par suite des modes vicieux de construction anciennement suivis. Il résulte de ces diverses circonstances que les grands tourbillonnements commencent sous les ponts dans les traverses, et non en amont ; le centre d'attaque n'est plus le même qu'en dehors des villes. Toutefois, quand les tympans de ces ouvrages sont envahis sur une grande hauteur, quand des trains de bois, des bateaux entraînés par les crues s'arrêtent en travers, ils peuvent périr par l'amont.

Au pont d'Ainay, les branches longitudinales des nouveaux enrochements sont établies dans le prolongement des piles ; « elles ont leur couronnement à 3 mètres

sous l'étiage à leur origine amont, à 4 mètres au droit
de la deuxième traverse, à 5 mètres au droit de la
troisième, et à 5 mètres également à leur extrémité
aval. Leur rôle est de rompre les courants de retour
qui se produisent à la sortie du pont dans le prolongement des arches, et de supprimer ainsi les tourbillonnements qui limitent le chenal de navigation et l'en-
serrent d'une façon dangereuse. » — Les traverses
amènent le remplacement de l'ancienne cataracte par
une série de petites chutes réduites.

Chemin de fer submersible. — Au travers des vallées,
il est naturellement de règle d'établir la plate-forme des
chemins de fer au-dessus des plus grandes crues. Voici
cependant un cas, déjà mentionnné par nous, où l'on
a construit sciemment un chemin de fer submersible :
Avant de se raccorder, à l'aval de la gare de Saumur,
avec la ligne de Paris à Nantes, la ligne de la Flèche à
Saumur traverse l'ancien lit majeur de la Loire, rendu
submersible à des intervalles assez éloignés par la
rupture de la digue dite de l'Authion. La crue de 1856
n'a pas plus épargné cette digue que toutes les autres :
elle l'a rompue à La Chapelle, à 22 kilomètres en amont
de Saumur, et les eaux se sont élevées dans le Val à la
cote 27^m,93. L'éventualité de semblables événements
a naturellement été prise en considération, lorsqu'on a
arrêté le projet du chemin de fer de la Flèche ; on n'a
voulu ni d'une levée insubmersible, à la fois très coûteuse et très dangereuse, ni d'une succession d'arches
dans toute la traversée du Val, et l'on s'est arrêté à
une solution dont on se rendra suffisamment compte au
moyen de la figure ci-dessous, que nous empruntons à
une note publiée par M. G. Vinot.

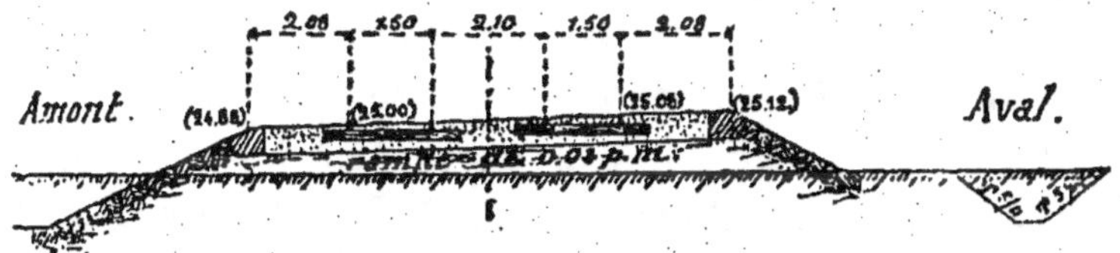

Le chemin de fer n'entravera guère la marche du remplissage du Val de l'Authion, et cependant il sera protégé contre les crues propres de la petite rivière de ce nom, qui ne s'élèvent qu'à la cote 24 mètres. La plate-forme présente une rampe de $0^m,03$ par mètre, de l'amont à l'aval, pour qu'après la submersion la voie puisse s'assécher rapidement. A l'amont, un fossé reçoit les eaux de la prairie, et les amène soit au pont sur l'Authion, soit au pont ménagé sous le remblai vers le milieu du Val.

La circulation des trains, si l'on en juge par ce qui s'est passé en 1856, ne sera pas interrompue aussi longtemps que sur la ligne de la Compagnie d'Orléans.

Les ponts d'Yenne et de la Balme. — Pour faire passer une voie publique d'un côté à l'autre d'une gorge, il paraît tout simple de s'établir au-dessus des crues sur les deux rives, et, si c'est possible, de relier les culées par une travée unique. Il est certain qu'on ne pourrait pas accuser le pont d'avoir troublé le régime de la rivière ; mais cette solution n'est pas toujours la meilleure, pour l'ensemble des intérêts généraux. Il y a des cas où l'administration doit se préoccuper, à l'occasion d'un ouvrage, d'intérêts auxquels celui-ci n'était pas à l'origne destiné à pourvoir ; c'est dire à quel point la connaissance des diverses parties d'un bassin est nécessaire, pour résoudre convenablement les questions de travaux publics. Il serait bien surpre-

nant qu'il n'y eût pas ailleurs d'utiles applications à
faire de la solution appliquée dans les gorges de Pinay.

Parmi les nombreux passages rétrécis qui existent
sur nos rivières, citons les gorges de *Pierre-Châtel*,
sur le Rhône. Il n'y a pas de ponts dans les gorges,
mais un pont franchit le fleuve à chacune de leurs
extrémités ; le pont d'Yenne à l'amont et celui de la
Balme à l'aval. Le débouché linéaire est de 104^m,30 au

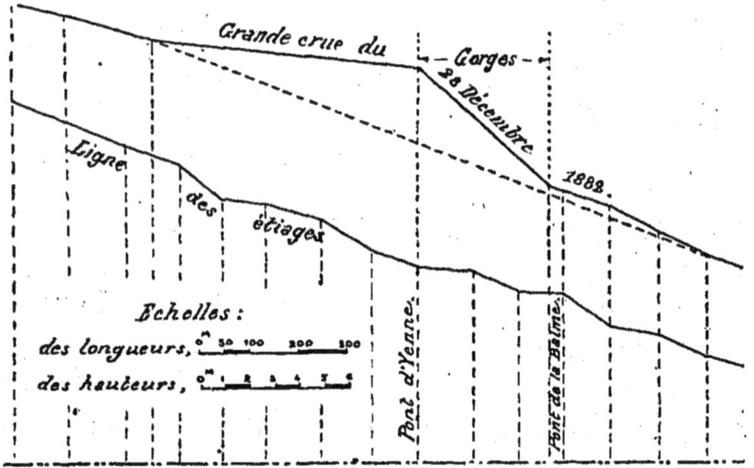

premier et de 92 mètres au second ; mais les débouchés
superficiels diffèrent bien autrement, car les crues
s'élèvent à 7^m,95 à l'entrée des gorges et à 4^m,18 seulement à leur sortie. Les deux ponts ont à pourvoir à
des nécessités analogues pendant les eaux moyennes,
mais l'effet des gorges sur le profil longitudinal
différencie complètement les dimensions verticales
nécessaires.

Le remous provoqué par les gorges s'étend d'une
manière certaine à 5 kilomètres et demi en amont de
leur entrée, et il faut remonter encore de 4 kilomètres

et demi pour trouver une cote de crue aussi réduite que celle de la Balme; en ce dernier point, cependant, le niveau des crues n'est pas sans se ressentir des conditions spéciales de l'écoulement. La ligne pointillée de la figure est une limite supérieure de ce qu'eût été le profil longitudinal de la crue de 1882, si les conditions ordinaires n'avaient pas été altérées.

Voici donc deux ponts, à petite distance l'un de l'autre, que l'on a dû construire dans des conditions très différentes. Il s'agit il est vrai d'un gros fait, et l'on ne trouve pas partout des gorges proprement dites; mais cela doit porter à réfléchir sur des phénomènes qui, bien que frappant moins les yeux, dépendent toujours des mêmes lois générales. Il ne faut pas oublier que les influences locales, proprement dites, peuvent êtres dominées par des influences plus ou moins lointaines.

Influences diverses. — Lorsqu'on manque de renseignements sur les crues et qu'on se livre à des observations sur les ouvrages d'art existant dans le pays, il faut se rendre compte des différences dans les orientations, dans les natures de terrains; comparer les formes en plan et en profil. Telle exposition comporte des pluies moins considérables qu'une autre; telle forme allongée et telles pentes faibles une propagation plus lente qu'une surface ramifiée et abrupte. Les circonstances topographiques ont une telle importance qu'elles peuvent suffire à faire varier la durée de l'évacuation des eaux dans d'énormes proportions; les débits maxima à la seconde varient nécessairement en sens inverse.

Précisons par un exemple choisi dans un petit bassin,

où les débits maxima correspondent à de grandes
averses [1]. Un orage intense ayant, en juin 1873, versé
des masses d'eau sur les bassins des Ecameaux et du
Thuit-Auger, qui se réunissent à l'entrée d'Elbeuf, les
égouts de la ville en écoulèrent une partie et le reste
prit sa course à travers les rues. On a pu calculer que
le volume jeté à la Seine avait été de 290,700 m. c.;
mais l'orage n'avait duré que deux heures, tandis que
le versement à la rivière s'est prolongé pendant sept
heures et demie. Si l'on voulait refaire les égouts, ou
les compléter de manière à exonérer les voies pu-
bliques, faudrait-il qu'ils pussent écouler $\frac{290.700 \text{ m. c.}}{7.200} = 40$
à 41 m. c. par seconde? Evidemment non, puisque
l'écoulement s'est réparti sur beaucoup plus de
2 heures ou 7,200 secondes. Mais il ne faudrait
cependant pas diviser par le nombre de secondes correspondant à sept heures et demie, car ce serait supposer un écoulement uniforme, tandis qu'il y a eu forcément une phase de croissance, une étale et une
phase de décroissance. C'est de l'étale qu'il faut tenir
compte dans le calcul. Le débit ayant été de 17 m. c.
à la seconde pendant sa durée, on devra baser sur ce
volume l'étude des ouvrages. Si l'on comptait sur 40
à 41 m. c., on grossirait la dépense sans utilité, l'orage

1. Dans le sud de la France, il y a des vallées importantes où les
grandes eaux résultent d'orages. On peut citer comme exemple la crue de
l'Ardèche du 7 octobre 1827, où le débit maximum à la seconde a atteint
7,000 m. c.; l'intensité de l'orage, la raideur des pentes et l'absence de tout
emmagasinement naturel ont amené ce résultat. La Saône et l'Ardèche
offrent un contraste complet au point de vue de l'emmagasinement, et, par
suite, les durées des crues y diffèrent considérablement : le maximum du
Rhône devance celui de la première et est devancé par celui de la seconde.
Les pluies persistantes, par les vents d'O. et de S.-O., provoquent de grandes
crues dans le Rhône et non dans l'Ardèche; par les pluies d'orage d'au-
tomne, effet inverse, les vents chauds du S.-E. amoncelant les nuages, et
les élevant sur les flancs des Cévennes.

dont il s'agit paraissant être un maximum. Cet exemple montre qu'il serait essentiel de pousser à fond l'étude des pluies exceptionnelles et des circonstances des écoulements qui en résultent. Intéressantes par elles-mêmes, les études de ce genre devraient être entre-prises indépendamment de tout projet de travaux ; sans cela, les renseignements feront défaut quand on en aura besoin.

A l'inspection d'une carte, on peut déjà se faire une première idée des conditions de l'écoulement super-ficiel. Comme le dit Belgrand, des cours d'eau très nombreux annoncent un terrain imperméable ; de grands plateaux où les altitudes varient peu indiquent un terrain où les eaux séjournent si elles ne sont absorbées, et en tous cas d'où elles ne se rendent que lentement aux vallées d'alentour.

« Les ponts des terrains imperméables, dit le même auteur (*La Seine*, 75), sont très nombreux et leurs débouchés très grands. Les ponts des terrains per-méables sont rares, et, lorsqu'ils ne sont pas construits sur des lieux de sources, leurs débouchés mouillés sont très petits, sinon nuls. » Nous venons de voir cependant que des mesures spéciales sont parfois nécessaires, pour parer aux dangers des orages dans ces derniers ter-rains : le cas d'Elbeuf se rapporte à un petit bassin perméable où, par suite de ses fortes déclivités, il y aurait eu de beaucoup plus grands dommages si les eaux n'avaient pu s'écouler en partie par les égouts de la ville.

Lorsqu'on connaît le débit maximum à la seconde d'une rivière, en amont d'un affluent, et celui de l'affluent, c'est surtout dans les bassins imperméables qu'il faut se garder d'ajouter ces maxima pour avoir la portée de la rivière en aval; fort souvent dans ce cas la crue de l'affluent est finie, ou du moins très avancée, quand le maximum de la rivière arrive. Les débouchés superficiels mouillés donnent lieu à des constatations en rapport avec cette remarque : le débouché du pont de l'Yonne en amont du confluent de l'Armançon est de 435 m. s.; celui du pont de çet affluent de 290. En aval, sur l'Yonne, pont de 433 m. s. de débouché mouillé, au lieu des 725 m. s. que donnerait l'addition des deux sections précédentes. « Les crues de la Cure, du Serein, de l'Armançon, torrents presque aussi importants que l'Yonne elle-même, sont écoulées quand arrive la crue de cette dernière. »

Les choses changent de face quand il s'agit d'une rivière à bassin en notable partie perméable. Sur toute la longueur de la Seine, « le débouché mouillé des ponts croît à chaque confluent important » (*La Seine*, 387), parce que les crues des affluents perméables durent longtemps, et par suite influencent simultanément le débit fluvial.

Dans les vallées des rivières torrentielles, l'état des berges prend une grande importance au point de vue des changements de régime du cours d'eau, notamment aux abords des ouvrages qu'on établit dans ces vallées; le lecteur l'a bien vu quand il a été question de l'Allier. On n'étudie pas assez les divers modes de fixation des rives, car on se borne presque toujours à suivre les coutumes locales; il y a des procédés qui mériteraient d'être partout essayés. Par exemple, les berges du Serein, « un des torrents les plus violents du bassin de la Seine, » sont défendues par de solides plantations et le lit ne se déplace pas. « Les affluents non navigables de la Seine sont remarquables par la fixité de leurs rives et même du profil en long du fond de leur lit. Lorsqu'on vient d'un pays où les rivières à fond mobile divaguent en basses eaux dans un lit immense, comme les affluents de la Loire, par exemple, on n'est pas peu surpris de trouver dans le bassin de la Seine un ensemble de cours d'eau dont les lits sont à peu près invariables... Cela tient d'abord à l'absence d'endiguement, qui ôte aux crues la plus grande partie de leur violence, et aussi aux plantations qui défendent les berges. La crête des berges des torrents les plus dangereux, ceux du bassin de l'Yonne, est défendue par une double ou même une triple rangée d'arbres grands ou petits. Les grands sont ordinairement des saules, des aulnes et des peupliers; dans les intervalles qu'ils laissent entre eux, une espèce d'osier, connue dans le pays sous le nom de *pressin*, forme une ligne continue d'épais buissons dont les branches et les racines défendent si bien les rives que les crues les plus violentes n'y causent aucune érosion. *Les seules berges qui soient sérieusement attaquées sont les rives concaves des tournants; la défense de ces points exige des travaux spéciaux,* des enrochements surtout... Les rives étant ainsi fixées, le fond « du lit l'est également, puisque c'est principalement des berges que proviennent ces bancs de sable et de gravier qui voyagent dans le lit des rivières à fond mobile, et en font varier le profil. Cela est si vrai que depuis quelques années une des rivières torrentielles du bassin, l'*Armançon*, *dont le lit et les berges étaient parfaitement fixés, est devenu une rivière à fond mobile en divers points où les plantations ont été détruites.* » (*La Seine,* 451.) Belgrand pense que, dans la partie raccourcie par des rectifications pour les travaux du chemin de fer Paris-Lyon-Méditerranée, l'instabilité du lit ne prendra fin qu'après le retour à l'ancienne longueur. Cependant une diminution de longueur serait inoffensive si l'on consommait une partie de la pente en chutes de barrages. Des barrages établis en des points d'inflexion, ayant leurs crêtes au niveau du lit, suffiraient pour permettre à la rivière de ramener son ancienne pente par mètre en remaniant le lit et en créant des chutes. Il est bien entendu qu'il faudrait défendre les berges, après avoir fait quelques corrections du tracé; la pente actuelle comportant des entraînements de sable et de gravier, le lit se viderait jusqu'au retour de l'ancienne déclivité moyenne, et la stabilité relative d'autrefois serait rétablie; la différence des deux pentes par mètre multipliée par la longueur d'un bief donnerait la chute au pied de chaque barrage. Dans de pareilles conditions, le remaniement du fond se ferait sans amener de grands bouleversements, le maximum de l'affouillement au pied des berges étant limité à la différence entre les deux pentes totales d'un bief dont on pourrait réduire la longueur autant que de besoin. Les chutes au barrage de soutènement du lit égaleraient les pentes des longueurs retranchées, en sorte que le nouveau régime deviendrait identique à ce qu'était l'ancien [1].

---

1. On a supposé, pour simplifier le raisonnement, une correction du tracé actuel ramenant la rivière à un état équivalent à l'ancien, sous le rapport de la pente moyenne par mètre correspondante. En cas d'amélioration plus complète de ce tracé, la chute aux barrages serait plus grande, ou bien le nombre de ceux-ci devrait être augmenté. (Voir p. 56.) Les compagnies de chemins de fer ont souvent donné lieu à des dommages aux propriétés, par

Il n'y a donc pas à conclure, avec Belgrand, au retour nécessaire à la longueur ancienne de la partie bouleversée, inconsciemment, par les constructeurs du chemin de fer.

Citons encore Belgrand, pour achever de nous rendre compte des différences de régime des divers cours d'eau du bassin de la Seine : « Les alluvions qui ont rempli le dernier des grands lits (de l'âge de pierre) sont habituellement composées de gravier et de limon, quand les versants du cours d'eau sont imperméables, et de tourbe quand les versants sont perméables. » C'est ainsi que le dernier grand lit des cours d'eau de la craie blanche est ordinairement dessiné par un long marais tourbeux. Il en est de même de beaucoup de cours d'eau secondaires des terrains miocènes perméables, des sables de Fontainebleau, des calcaires de la Beauce, etc. Mais suivons un grand cours d'eau, la Seine par exemple : en amont de Montereau, les terrains imperméables sont peu étendus ; la rivière est donc peu violente, et dans la Champagne le dernier des grands lits est occupé par des marais et des tourbières. A Montereau débouche l'Yonne, rivière violente, qui roule encore aujourd'hui du sable et du gravier ; les marais et les tourbes disparaissent, et font place jusqu'à l'Oise à du sable et du gravier. Au-dessous, le fleuve a opéré le remplissage avec de la tourbe, « jusqu'au moment où l'Yonne, la Marne et l'Oise, ayant achevé leur travail en amont, sont venues apporter leur appoint, et ont couvert cette couche de tourbe de la basse Seine d'un épais dépôt de sable limo-

leur manière défectueuse d'établir les ouvrages à la traversée des vallées. Voir *Rivières et canaux*, 119, et *Hydraulique fluviale*, 85 et 86 (note).

neux [1]. » — On trouve, même dans la vallée de la
Seine, des terrains affouillables ; mais les déclivités
étant modérées, les difficultés à vaincre pour l'établissement des ouvrages sont loin d'égaler celles qu'on
rencontre dans les vallées à grandes pentes, parcourues
par nos autres fleuves, où d'ailleurs les débits sont
beaucoup plus forts pendant les crues.

Les cours d'eau dont un violent orage atteint tout le
bassin donnent lieu à de fortes crues dans toutes sortes
de terrains. Dans le nord de la France, cela n'arrive
qu'aux petits cours d'eau ; la surface touchée étant très
restreinte et l'averse n'ayant qu'une faible durée, la
rivière voisine ne peut guère s'en ressentir. Comme le
dit Belgrand, les petits bassins sont plus affectés par
les orages que par les pluies ordinaires prolongées ;
tandis que ce sont les pluies générales qui, au nord du
plateau central, produisent les crues des grands cours
d'eau.

RÉSUMÉ

Il est bien difficile de se représenter nos grandes
vallées au moment où l'homme allait intervenir. On
peut admettre, cependant, que l'instabilité où se trouve
le sol d'une partie de la vallée de la Loire, et surtout
de celle de l'Allier, n'existait pas au même degré : la
végétation consolidait les rives, et la principale source
des sables voyageurs ne fonctionnait guère ; les berges
ne se démolissant point incessamment, un ordre relatif
régnait à la place de ce qué nous voyons. A défaut
d'une forte végétation arborescente, l'état d'une vallée

1. Belgrand, *La Seine.*

où dominent le sable et le gravier ne peut être que
fort mauvais si les berges ne sont pas défendues, et
le lit doit subir des remaniements continuels. C'est ce
que nous voyons. Il en faut conclure que le grand
mal, au point de vue du régime des rivières, c'est le
déboisement des rives.

Les pentes d'un cours d'eau, entre les fonds inaffouillables qui peuvent exister sur certains points, sont
d'autant plus raides que le lit reçoit plus de matières
solides ; car ces pentes s'accentuent tant que les
départs et l'usure ne compensent pas les arrivages.
Fixer les rives, source principale des graviers et des
sables, doit conduire à la réduction des déclivités. Mais
cette réduction ne peut se produire, entre deux points
rendus fixes par des circonstances naturelles ou artificielles, sans amener l'augmentation de la hauteur des
berges, surtout dans la partie amont des espèces de
biefs séparant ces points fixes ; de là, démolition
nouvelle des rives et désordres recommençants, si des
travaux supplémentaires ne viennent pas compléter
les travaux primitifs. On arrive à comprendre , à
l'aide de ces remarques, que la stabilité du lit ne peut
être obtenue qu'à plusieurs conditions : bien défendre
les rives ; diviser la rivière en sections par des barrages créant des profils en travers fixes dans son lit,
s'il n'y en a pas naturellement ; enfin consolider les
berges après les réductions de pentes amenées par la
diminution des apports de sable et de gravier.

Cette vue d'ensemble est indispensable pour comprendre quelque chose aux rivières à fond mobile. Si
on la laisse de côté, on ne voit dans les résultats des
travaux qu'un mélange confus de bien et de mal, et l'on

en arrive à douter qu'il soit possible de diminuer beaucoup le désordre qui règne dans la plupart de nos grandes vallées.

Quant à l'écoulement des crues, l'ancien maximum de 15 pieds, sur la Loire moyenne, s'est élevé à 21 et 24, parce qu'on a séparé de grandes surfaces inondables des parties restées accessibles aux eaux débordées. Des opérations analogues étaient plus admissibles dans la vallée du Pô, qui est infiniment plus large; elles y ont d'ailleurs été mieux conduites. Et cependant de bons esprits, Belgrand entr'autres, doutent que l'entreprise ait été en somme avantageuse. Tout au moins faut-il ne point troubler davantage le régime des fleuves endigués, et se garder d'établir des levées pleines dans l'intervalle encore libre compris entre les ouvrages longitudinaux. — Les digues provoquent l'exhaussement des inondations, parce qu'elles retranchent des emmagasinements et coupent des courants de crues; les levées déterminent des courants transversaux, provoquent de grands désordres par la rencontre de ceux-ci avec le courant principal, et par suite causent une intumescence en amont et en aval. Il est vrai que ce gonflement constitue un emmagasinement supplémentaire, qui peut diminuer le débit maximum à la seconde en aval, ou, en autres termes, réduire légèrement l'augmentation de ce débit causée par les digues.

Lorsqu'on projette de nouveaux ouvrages, il faut d'abord rechercher s'il n'y a pas, au point de vue de l'ensemble de la richesse sociale, quelque sacrifice à demander aux parties supérieures du bassin, en faveur

des parties inférieures plus productives. Y aurait-il
avantage à emmagasiner une partie du volume des
crues, soit dans les vallées des affluents, soit dans la
vallée où des travaux sont à exécuter? Quel que soit
le but spécial de ceux-ci, convient-il de profiter de l'occasion pour entrer dans cette voie? On a l'exemple des
submersions permanentes de certains vallons (le Furens),
l'accroissement de la hauteur des crues et par suite
l'extension des surfaces couvertes dans la vallée de
la Loire (plaine du Forez). Les submersions passagères
peuvent ne pas causer grand dommage aux localités
sur lesquelles elles portent, et faire beaucoup de bien
en aval en retardant, de manière à allonger la crue, la
marche de volumes qui en auraient augmenté la portée
maxima. Les submersions permanentes ne peuvent avoir
de compensation sur leur emplacement que par le développement de l'industrie de la pêche, industrie que nous
ne savons guère faire prospérer en dehors des eaux
maritimes; mais les volumes retenus peuvent alimenter
des services d'eau (c'est le cas de Saint-Étienne dans le
premier exemple cité), être utilisés pour l'irrigation,
pour la marche des usines pendant les saisons sèches.
N'insistons pas davantage sur ces changements du
régime des cours d'eau; il est bon de connaître les précédents du Furens et de la Loire que nous venons de
rappeler, mais il est rare que des questions sérieuses
d'emmagasinement puissent être utilement traitées à
l'occasion de projets ordinaires.

Dans les montagnes, surtout si leur sol est en voie
de dislocation, les problèmes difficiles se présentent à
chaque instant, pour la plus modeste route comme pour

le plus important chemin de fer ; nous nous sommes
bornés à renvoyer sur ce sujet aux enseignements
de Surell. — Dans les contrées plus rapprochées des
plaines, mais encore très accidentées, on se trouve, s'il
s'agit du midi de la France, dans une région dangereuse,
où de violents orages s'abattent parfois sur d'assez
grands bassins ; des crues énormes ne durant que quelques heures, comme on en a vu dans les rivières du
département de l'Ardèche, peuvent faire subir aux
ouvrages de terribles assauts, surtout si ces ouvrages
ont profondément modifié l'état naturel des lieux. Il
faut donc, dans de telles circonstances, se faire une
loi de respecter le régime des rivières et recourir le
plus possible aux très grandes travées, qu'on pourra de
plus en plus établir solidement sans de trop fortes dépenses, en utilisant de récentes études sur les constructions métalliques. Point de levées au travers du champ
d'inondation, point d'ouvrages à tympans accessibles
aux crues, telle est l'obligation qu'il faut s'imposer le
plus possible dans les parages dont il s'agit. — Lorsqu'on projette des ouvrages dans les pays de plaines, le
problème à résoudre est souvent des plus difficiles,
parce qu'on est soumis à de nombreuses sujétions ; bien
des points de détail doivent appeler l'attention et nous
allons les passer rapidement en revue, d'abord sous
la forme d'une discussion des règles posées par Dupuit,
au chapitre xi de son *Traité de l'équilibre des voûtes
et de la construction des ponts en maçonnerie.*

L'emplacement des ouvrages est souvent déterminé
à l'avance, soit par le tracé des voies existantes, soit
par celui qu'on est tenu de suivre pour les travaux

projetés. Lorsqu'on est libre de choisir, Dupuit conseille de se déterminer par les considérations suivantes :

1° Préférer un point où le cours de la rivière est régulier, autant que possible rectiligne ;

2° Tracer l'axe perpendiculairement au courant, pour éviter les arches biaises ;

3° Rechercher le meilleur emplacement, au point de vue de la dépense des fondations ;

4° Faire en sorte que le pont, dans les divers états de la rivière, embrasse bien le courant et le dérange le moins possible ;

5° Si l'on est obligé de se placer dans une courbe, enraciner l'une des culées à la rive concave. Si l'autre culée fait une saillie notable du côté convexe, la relier à la rive par une digue, afin d'éviter les courants obliques qui pourraient attaquer les fondations.

Nous allons discuter ces recommandations, en suivant le même ordre :

1. Contrairement à l'avis de Dupuit, M. Croizette-Desnoyers conseille de placer les ponts, si on le peut, aux points à courbure maxima, où le lit a, pense-t-il, le moins de tendance à se déplacer [1]. Le motif invoqué pourrait être contesté, car M. Comoy a reconnu que, dans les rivières à fond de sable ou de gravier, les berges « sont corrodées par les eaux dans toutes les courbes concaves » ; il faut d'ailleurs toujours défendre les rives aux abords des ponts. Les levées ne peuvent guère être percées d'arches de secours dans les terrains mobiles, d'où il résulte qu'il faut recourir à un

---

1. « Les seules berges qui soient sérieusement attaquées sont les rives concaves des tournants. » (Belgrand ; voir ci-dessus, p. 115.) — « Sur le Mississipi et le Missouri, les berges sont fortement entamées par les courants dans les courbes concaves. » (Cadart ; *Annales* de 1885, I, 464.)

élargissement du lit ordinaire, élargissement admissible seulement vers les sommets des courbes[1] ; on arrive donc à conclure en faveur de l'emplacement recommandé par M. Croizette-Desnoyers, mais pour un tout autre motif. Quant aux rivières à fond plus résistant, on peut se conformer à la règle de Dupuit. (Voir ci-après, 4.)

2. Par son second précepte, Dupuit montre plus de répugnance que Gauthey pour les arches biaises. C'est un point qui ne comporte guère de discussion générale. Nous pensons cependant qu'il faut y regarder à deux fois avant de remanier une rivière dans le seul but d'éviter une sujétion de ce genre. M. Croizette éprouve aussi quelqu'éloignement pour les ponts biais. Morandière nous paraît avoir trouvé la note juste, en disant que les voûtes biaises, sans être recherchées, ne doivent pas non plus être proscrites. (*Traité*, p. 470.)

3. La troisième recommandation de Dupuit a le caractère de l'évidence : toutes choses égales d'ailleurs, il faut se placer au point où les fondations exigent le moins de dépense. En ajoutant le correctif « toutes choses égales d'ailleurs », nous ne faisons certainement que compléter le pensée de l'auteur. Si des fondations acceptables sur un point sont plus économiques que des fondations excellentes sur un autre, on rentre dans les questions d'espèces demandant une discussion spéciale. Il faut en dire autant si, pour

---

1. Il peut se faire dans certains cas qu'un déversoir de superficie, ménagé sur une levée, réduise notablement les conflits de courants; sa valeur sera plus grande alors qu'on ne pourrait l'inférer de la seule considération de sa section débitante. Celle-ci ne peut en général être assez grande pour dispenser d'élargir le lit ordinaire, si l'on veut prévenir une grande surélévation locale des crues, à moins qu'on n'allonge le déversoir et qu'on ne l'abaisse au point de transformer les abords du pont en une levée très submersible.

trouver l'endroit le plus favorable au point de vue des fondations, il faut abandonner un lieu de passage meilleur sous le rapport du nouveau régime.

4. Dire que le pont doit bien embrasser le courant dans les divers états de la rivière, et le déranger le moins possible, est fort bon. Mais comment faire ? Munir d'arches toute la traversée de la plaine ? Employer des levées très submersibles ou seulement pourvues de déversoirs de superficie ? Ne vaudrait-il pas mieux, tout bien considéré, former le T aux bouts des levées et établir au besoin d'autres T en amont, en même temps qu'on élargirait le lit ordinaire des eaux ? Questions d'espèces. Nous ne pourrions les traiter complètement ici sans reprendre toute notre étude. S'il s'agit d'une rivière à fond mobile, on ne doit pas élargir son lit aux points d'inflexion où les profondeurs tendent à s'égaliser ; mais on peut le faire vers les sommets des courbes, parce que le passage régulier du thalweg le long de la rive concave reste assuré si le tracé n'est pas vicieux[1]. Sur une rivière parcourant une vallée à sol résistant, rien n'empêche de ménager dans les levées des arches de secours ; cela peut dispenser de l'élargissement du lit, et par suite permettre le passage dans les parties droites de la rivière, comme le conseille Dupuit. — Il faudra le plus souvent former le T aux entrées du pont ; les branches longitudinales ne devront pas être trop longues, parce que cela amènerait l'augmentation de la dénivellation d'un côté à l'autre des levées ; ni trop courtes, parce qu'alors elles

---

1. Dans son grand mémoire sur la Garonne, Baumgarten cite un passage du thalweg le long de la rive convexe; mais il y avait en ce point une courbe de longueur beaucoup trop faible.

ne dirigeraient pas suffisamment les eaux pour le passage de l'ouvrage.

5. Nous nous sommes expliqués sur la préférence à donner au passage vers les sommets des courbes, au moins dans les vallées à terrains affouillables. Au temps de Dupuit, on ignorait les lois relatives au tracé de l'axe et à la corrélation des largeurs avec ce tracé ; du moment qu'il faut des largeurs plus grandes aux sommets des courbes qu'aux points d'inflexion, pour que le profil longitudinal du thalweg soit bon, c'est vers ces sommets que les ouvrages doivent franchir les rivières, si aucun motif grave d'un autre ordre ne s'y oppose. Nous n'avons à retenir de la cinquième règle de Dupuit que l'obligation de bien défendre les abords de la culée du côté concave, et d'accompagner l'autre d'éléments de digues ; il convient de faire remarquer que la formation du T du côté concave est un bon moyen de défense, et que souvent on ne peut se dispenser de former le T au bout de la levée de l'autre rive, sans qu'il y ait à subordonner ce travail à une saillée de la culée dans le lit, comme l'indique Dupuit.

Après avoir dit que, dans les questions de débouchés, l'invention doit intervenir dans chaque cas particulier, Dupuit développe sa pensée de la manière suivante (*Études sur le mouvement des eaux*, p. 178) : « Partout où rien ne s'oppose à ce qu'on comprenne tout le terrain submersible dans le débouché du pont, il ne faut pas hésiter à le faire. Si le lit se trouve encaissé entre des murs de quais ou entre des levées

---

1. Nous aurions écrit *digues*. L'auteur emploie indifféremment les mots digues et levées, mais il vaut mieux assigner l'une de ces expressions aux ouvrages longitudinaux, et l'autre aux ouvrages transversaux.

qui en limitent la largeur d'une manière précise, si la distance entre ces digues n'est pas telle qu'elle entraîne dans de grands excédents de dépense, le débouché du pont est parfaitement déterminé ; donnez 170 mètres de débouché à votre pont, parce que cette dimension est nécessaire pour que les culées ne fassent pas saillie sur les murs de quai ; n'allez pas, parce qu'il y a deux ou trois ponts de 150 mètres à l'aval, avancer vos culées de 10 mètres de chaque côté, de peur d'atterrissements qui ne viendront pas sous votre pont de 170 mètres, parce qu'il laisse les choses dans leur état naturel, et qui viendraient peut-être sous celui de 150 mètres, qui aurait certainement pour effet de diminuer la vitesse de certains filets. Mais si la distance des murs de quai, des digues, est telle que vous soyez entraîné dans des dépenses trop considérables par cet excédent de dimension, si vous avez besoin d'établir en rivière des cales d'abordage, si les quais doivent être élargis, au lieu de 170 mètres vous pourrez descendre à 120 mètres et même à 100 mètres, sans qu'on soit en droit de vous accuser d'avoir donné un débouché trop petit. C'est à vous de calculer les conséquences de cette dimension exceptionnelle, sous le rapport des inondations, sous le rapport de la navigation, sous le rapport de la solidité du pont, d'évaluer les dépenses, les pertes qui vont résulter de ce nouveau régime, et de les mettre en comparaison avec les avantages que vous attendez du rétrécissement. Ainsi, le débouché peut être différent, suivant qu'il s'agit d'un pont en charpente, d'un pont suspendu ou d'un pont en maçonnerie, parce que la dépense de ces divers systèmes de construction est très différente ; plus le système sera dispendieux, plus il sera convenable de diminuer le débouché... En rase campagne, les crues s'écoulent en grande partie en dehors du lit des eaux ordinaires sur des étendues considérables, et alors l'ingénieur est presque toujours obligé de restreindre d'une manière notable le débouché naturel. C'est alors que le problème se présente avec toutes ses difficultés, et que surgissent une foule de questions à résoudre. Faut-il, par exemple, après avoir établi un pont principal sur le lit des eaux moyennes, percer d'un ou plusieurs ponts de décharge la levée insubmersible qui est à la suite? Cette question, comme toutes les autres de cette nature, ne peut être susceptible d'une réponse absolue. — Si les localités s'y prêtent, des travaux accessoires, en amont et en aval, tels que des levées partant des culées du pont et se dirigeant vers le terrain insubmersible, résoudront presque toujours le problème d'une manière plus heureuse. »

Nous avons reproduit ces indications, parce que tout ce qui est sorti de la plume de Dupuit mérite d'être médité; mais nous rappelons que les conséquences du barrement partiel de l'intervalle compris entre deux quais ou deux digues insubmersibles peuvent être graves. Telles levées accompagnant un pont amènent, au moment des crues, un nouvel exhaussement de $0^m,50$ le long des digues; d'où la nécessité de consolider celles-ci, et la possibilité d'accidents plus nombreux et plus graves. Il faut donc y regarder de près avant d'adopter une combinaison aussi dangereuse, qui pourrait bien ne comporter une économie actuelle qu'au prix de plus considérables sacrifices dans l'avenir. En cas de doute sur la meilleure solution, donner la préférence à celle qui trouble le moins un régime déjà bouleversé par les digues insubmersibles; c'est ainsi qu'on peut résumer les considérations que comporte la question, tant qu'on reste dans les généralités. Les traverses des villes forment des gorges artificielles, et nous avons vu que les eaux s'y élèvent quelquefois d'une manière très dangereuse dans la partie d'amont. Il y a donc à se préoccuper tout particulièrement de la hauteur des ponts dans ces parties. Si l'on ne peut éviter une forte montée contre les tympans, il faut que ceux-ci soient évidés largement. Il vaudrait encore mieux supprimer dans ce cas tous tympans, en construisant des ponts-poutres ou des ponts suspendus rigides, quand les localités ne rendent pas d'autres solutions obligatoires au point de vue décoratif.

Près d'un confluent, on doit se préoccuper tout particulièrement de la solidité des fondations, en se rendant compte des circonstances qui peuvent se présenter quand l'une des rivières reste basse, l'autre étant en crue.

Dans certaines vallées secondaires à fortes pentes, où le sol est dénudé par les eaux, c'est la vitesse plutôt que la hauteur qu'il faut craindre. Il serait alors utile de combiner les travaux des ponts avec l'établissement de chaussées analogues à celles des usines [1].

Nous ne développerons pas davantage ce résumé, parce que nous ne pourrions revenir sur toutes les questions traitées précédemment sans nous trop répéter. Rappelons encore, cependant, que les formules par

____

1. *Annales des Ponts et Chaussées* : 1846, II, 179; 1857, I, 237.

lesquelles on calcule les remous au passage des ponts
sont sans valeur ; conseillons de nouveau d'entreprendre
des études locales complètes, non seulement à cause de
leur utilité immédiate ou prochaine, mais aussi pour la
comparaison ultérieure du régime des rivières avant et
après la construction d'ouvrages traversant les vallées.
Peut-être rendrait-on un grand service à la science, en
même temps qu'à la pratique, en commençant par des
expériences méthodiques sur des canaux de diverses
formes, à fond fixe d'abord, à fond de sable alimenté
ensuite.

CONCLUSIONS

Après ce *Résumé*, nous conclurons brièvement, en
tâchant d'arrêter l'attention sur des points d'un intérêt
pratique immédiat.

I. — En ce qui concerne les *débits*, qui sont l'un des
éléments essentiels des comparaisons entre les ponts
existants et ceux qu'on projette, il faut s'affranchir des
idées courantes : Ne pas admettre que le débit maximum à la seconde augmente toujours avec la surface
versante, puisque, sans parler du phénomène plus général de l'étalement, il suffit de l'interposition d'un épanouissement inondable de la vallée pour qu'il devienne
moindre en aval qu'en amont. — Ne pas perdre de
vue la possibilité d'influences lointaines, de changements dans les conditions hydrauliques locales par
suite de travaux exécutés en aval ou en amont : le
débit en un point donné, pour les mêmes circonstances
météorologiques, n'est pas une chose immuable.

II. — Les *ouvrages-types* qui ont été mentionnés dans notre étude pourront donner lieu à d'utiles comparaisons : Yenne et La Balme, Balbigny et Pinay offrent des exemples d'ouvrages transversaux en des points où les crues s'écoulent dans des conditions fort différentes, bien qu'ils soient très voisins les uns des autres.

Les ponts de Serrin (Lyon), Lerouge (Millau) ont été envahis à des hauteurs imprévues : le premier, parce qu'il se trouve à l'amont d'une traverse étroite et contournée ; le second, parce que l'ensemble des ouvrages encombre considérablement le débouché naturel des grandes crues (le débouché du pont a été calculé d'après celui d'un passage rétréci, voisin, mais placé dans des conditions différentes).

Nous avons montré, à Saint-Didier-d'Aubenas, un ensemble d'ouvrages transversaux où le pont n'a pas une ouverture suffisante et n'offre qu'un débouché mal placé, ce qui doit rappeler au lecteur qu'il faut tenir compte de la qualité autant que de la quantité du débouché.

Enfin, le Chemin de fer de Saumur a La Flèche montre que la notion de l'insubmersibilité des chemins de fer ne doit pas être admise d'une manière absolue.

III. — *Traversée des rivières* par les ouvrages. Si le sol de la vallée est facilement affouillable, on ne projettera pas d'arches de secours n'occupant qu'une petite partie des levées, parce qu'on ne pourrait prévenir les ravinements sous ces arches et à leurs abords qu'à très grands frais. Il faudra donc augmenter le débouché qu'offre le lit ordinaire en élargissant celui-ci, ce qui n'est admissible qu'aux endroits où le thalweg peut se maintenir malgré cela en bonne condition. Donc, on traversera vers les sommets des courbes de la rivière. — Dans un sol plus résistant, on pourra franchir le lit aux points d'inflexion, qui correspondent ordinairement aux endroits où la rivière traverse la vallée. Si l'on aborde carrément le lit, on pourra passer en écharpe d'un côté à l'autre de cette vallée, et des arches de secours seront naturellement indiquées en avant du croisement inférieur des lignes-limites de l'inondation. Quand les coteaux sont perméables, il y a souvent une dépression du sol à leur pied, dans le champ des hautes eaux, ce qui détermine l'emplacement des arches de secours.

IV. — La *Défense des ouvrages* comprend d'abord, outre les défenses directes des fondations, la fixation des rives du cours d'eau, convenablement rectifiées ; ensuite , l'emploi de petites digues longitudinales formant le T au bout des levées, et se raccordant avec les bords de la rivière ; enfin, s'il y a lieu, des couples de T supplémentaires en amont, et des déversoirs de superficie dans les levées. — Les fondations profondes, comme celles qu'on exécute à l'aide de l'air comprimé (système trop cher pour être employé partout), ne rendent pas inutiles les mesures de défense : quand un pont ne résiste que par l'exceptionnelle solidité de ses fondations, ses levées sont en danger, et leur rupture est une calamité publique s'il s'agit, par exemple, d'un chemin de fer fréquenté.

V. — Les *ouvrages à écarter des projets* sont, en général : les longues digues insubmersibles ; les levées insubmersibles pleines, surtout dans les champs d'inondation réduits ; les hautes levées pleines entre une digue insubmersible et le coteau voisin, à cause des ruptures possibles de la digue ; les quais, murs d'habitation, etc., rétrécissant beaucoup la rivière, surtout s'ils devaient régner sur de grandes longueurs ; les ponts à tympans pleins contre lesquels les crues devraient s'élever très haut ; les redressements diminuant la longueur des rivières (sauf quelques cas spéciaux), quand on ne veut pas opérer comme nous l'avons expliqué à l'occasion de l'Armançon. Enfin l'on ne devra recourir que très rarement aux dérivations par canaux ramenant les eaux à la rivière, surtout s'il s'agit de dérivations courtes, commençant immédiatemenl à l'amont d'une ville pour finir après la traverse.

VI. — On ne peut trop insister sur l'utilité des *Monographies de rivières*. Nous avons rassemblé quelques éléments d'un tel travail pour l'Allier ; mais l'administration serait en mesure de faire quelque chose de beaucoup plus complet, et le lecteur en sait assez pour ne point douter du grand intérêt d'une pareille publication. Que de déplacements du lit, de destructions de ponts, de ruptures de levées ! N'est-il pas urgent de fixer, en les rectifiant, les rives d'un tel cours d'eau, pour mettre un terme au désordre actuel et diminuer l'encombrement du grand fleuve voisin ?

Nos conclusions ne contiennent pas, à proprement parler, de règles pour déterminer le débouché des ponts, parce que de telles règles ne peuvent exister. Le seul débouché sans influence sur le régime est celui d'un pont franchissant tout l'espace occupé par les crues, sans offrir aucune prise à celles-ci. — Dans une ville, un pont d'une seule arche, à naissances hautes et à culées noyées dans les quais, laisse les choses en l'état ; rien n'est changé dans la situation créée par les ouvrages antérieurs, mais il se peut que cette situation soit très mauvaise si les murs de quai sont trop rapprochés. On conçoit que toute comparaison avec le débouché de ce pont, quand on en projette d'autres dans le voisinage de la ville, serait illusoire.

Il n'y a pas seulement à compter les mètres superficiels dans le débouché d'un pont, mais aussi à apprécier ce qu'ils valent.

Tels ponts voisins, égaux en sections mouillées, sont loin d'être équivalents, parce que les circonstances locales ne se ressemblent pas ; si ces circonstances étaient les mêmes, ces ponts à débouchés égaux pourraient différer beaucoup à cause de la manière différente dont ils se présenteraient.

Deux projets pour une traversée de rivière, avec des ponts à sections libres fort dissemblables, le premier l'emportant par la surface du vide, l'autre par des dispositions assurant un meilleur emploi de chaque unité, pourraient être équivalents pour un certain débit, le débit maximum par exemple.

Enfin, des ouvrages existant dans une vallée deviendraient meilleurs ou pires, si l'on exécutait ailleurs des travaux propres à modifier le régime aux points considérés.

Tout cela est devenu bien clair pour nos lecteurs, nous l'espérons du moins. Quant aux personnes qui, se bornant à parcourir les conclusions, s'étonneraient de n'y point trouver de règles simples s'appliquant à toutes les circonstances possibles, nous ne pourrions que souhaiter qu'elles nous lussent à leur tour ; elles reconnaîtraient que le nombre des cas est pour ainsi dire infini, tant les circonstances à prendre en considération sont nombreuses et leurs combinaisons diverses.

Chercher quels sont les écueils à éviter, lorsqu'on projette des ouvrages dans les vallées ; démêler les conditions à remplir par ces ouvrages, suivant les circonstances de lieu et de voisinage ; montrer que les formules relatives aux remous des ponts ne sont d'aucun secours ; faire ressortir la nécessité d'une étude spéciale dans tous les cas, et donner quelques points de repère pour la faciliter... telle est la tâche que nous nous étions donnée ; le lecteur jugera si nous l'avons remplie, ou si, du moins, nous avons utilement abordé quelques points de ce programme.

NOTES

Pour ne pas nuire à la rapidité de l'exposition, nous avons dû laisser de côté certains développements qui sont cependant nécessaires. Comme il faut que le lecteur les trouve ici, nous les donnons sous forme de notes spéciales d'après les écrits de divers Ingénieurs.

Voici d'abord l'article que consacre Bresse au *Gonflement produit par le passage d'une rivière sous un pont;* c'est, en grande partie, la répétition de ce que nous avons donné d'après un autre auteur, mais il ne sera pas inutile de citer textuellement ces deux pages : en présence du scepticisme de Bresse, on nous pardonnera d'avoir complètement récusé les formules données dans les livres classiques.

Nous supposons ici un cours d'eau qu'on oblige à passer dans un étranglement brusque de peu de longueur, comme celui qui est produit par les piles et culées d'un pont. La diminution de section n'a lieu, d'ailleurs, que dans le sens horizontal, et le profil transversal du lit conserve ses lignes primitives dans la partie non occupée par les obstacles. Étant donnés la dépense par seconde, la définition complète de la forme du lit aux environs du rétrécissement et le niveau de l'eau en aval, il s'agit de déterminer le niveau d'amont.

Cette question est extrêmement difficile à résoudre d'une manière satisfaisante. Il n'est guère possible d'analyser à fond le phénomène, à cause de sa complication : la loi suivant laquelle se contractent et s'épanouissent les filets fluides, l'influence de leur frottement mutuel et des mouvements tumultueux, sont des choses très imparfaitement connues et qui jouent ici le principal rôle. On n'est pas même complètement d'accord sur la manière dont les faits se passent : quelques personnes pensent que la diminution de vitesse au delà du rétrécissement doit correspondre à une élévation du niveau, ce qui aurait lieu, en effet, d'après le théorème de Bernouilli, s'il n'y avait aucune perte de charge ; suivant d'autres, au contraire, ces pertes de charge sont telles que la diminution de vitesse n'occasionne pas de relèvement. Au reste, les observations sur ce sujet sont difficiles à faire ; car, dans les circonstances où cette contre-pente pourrait être notable, la grande vitesse de l'eau donne lieu à des ondulations de niveau et à une agitation qui rend les mesures presque impossibles.

Nous sommes donc forcé de nous contenter d'aperçus théoriques plus ou moins incomplets. D'abord nous admettrons que la contre-pente, dont on vient de parler, est sensiblement nulle ; alors, comme c'est un fait d'expérience que le niveau d'aval n'est pas modifié par l'exécution de l'ouvrage qui produit le rétrécissement [1], nous connaîtrons ainsi le niveau et la profondeur de l'eau dans le passage rétréci. En outre, nous considérerons pour plus de simplicité le lit comme étant rectangulaire et à fond horizontal, aux environs du passage dont nous nous occupons.

Ceci posé, soient :

Q le débit du courant ;

y la chute superficielle, entre une section (A) prise un peu vers l'amont et la section (B) prise dans le rétrécissement, à l'endroit où la contraction des filets atteint son maximum ;

μ le coefficient de cette contraction ;

1. L'auteur est ici en désaccord avec Dupuit et avec certains passages de Morandière ; mais il ne pensait qu'à des ponts ne constituant qu'une faible entrave à l'écoulement des eaux.

L la largeur du lit avant le rétrécissement ;

l la portion de cette largeur laissée libre par les obstacles, dans le passage rétréci ;

h la profondeur connue de l'eau dans ce passage.

L'aire de la section (A) aura pour valeur L $(h+y)$, attendu que $h+y$ exprime la profondeur de l'eau, du côté d'amont ; la vitesse est donc

$$\frac{Q}{L\,(h+y)}.$$

De même en (B) l'aire de la section s'exprime par μlh, valeur à laquelle répond la vitesse $\dfrac{Q}{\mu lh}$.

Maintenant on peut appliquer le théorème de Bernouilli dans l'intervalle des sections (A) et (B), en négligeant le frottement du lit, vu le peu de distance de l'une à l'autre, on aura de cette manière : .

$$\frac{Q^2}{2g}\left[\frac{1}{\mu^2 l^2 h^2}-\frac{1}{L^2(h+y)^2}\right]=y,$$

équation du troisième degré en y, d'où l'on tirera cette inconnue par tâtonnement. On commencera par supposer $y=$ o dans le premier membre, et alors on en cherchera la valeur, qui sera une première approximation pour celle de y ; cette valeur, substituée à son tour dans le premier membre de l'équation, donnera l'inconnue plus exactement ; et ainsi de suite, jusqu'à ce que deux substitutions successives donnent des résultats peu différents.

D'après Eytelwein, pour appliquer cette formule au passage de l'eau sous un pont, il faudrait prendre $\mu=0{,}85$ quand les piles présentent carrément leur face antérieure au courant, et $\mu=0{,}95$ quand elles ont des avant-becs aigus. Dans le cas ordinaire, où les avant-becs ont la forme d'un demi-cercle, on pourrait supposer $\mu=0{,}90$. Mais il est vraisemblable que le coefficient μ ne dépend pas uniquement de la forme des piles et qu'il varie un peu avec le rapport $\dfrac{l}{L}$, car si ce rapport atteignait l'unité, toute contraction disparaîtrait, de manière qu'on aurait alors $\mu=1$.

Les développements qui suivent sont des citations et des résumés de Belgrand, Kleitz et de quelques autres auteurs. Plusieurs de ces documents sont empruntés aux *Annales des Ponts et Chaussées*, collection trop volumineuse pour se trouver dans les mains de tous les Ingénieurs, même de ceux qui sont attachés aux services de l'État. Ce serait grand dommage de ne

pas tirer de nombreux documents de haute valeur toute
l'utilité qu'ils comportent ; mais on ne peut guère procéder à une réimpression totale, beaucoup de mémoires
n'ayant plus actuellement d'intérêt. Nous ne voyons
qu'un moyen de revivifier les vieilles *Annales* : c'est la
publication d'un recueil de *Mémoires choisis* ; on peut
admettre qu'il n'y aurait aucune réclamation des auteurs
ou de leurs familles.

Ayant étudié la question pour la série de 1831 à
1840, nous avons trouvé qu'un fort volume suffirait :
il comprendrait un grand nombre de figures dans le
texte et quelques planches. Si nous y étions encouragés,
nous n'hésiterions pas à entreprendre cette publication ;
on s'occuperait ensuite de 1841-1850, et ainsi de suite
jusqu'à 1880, c'est-à-dire jusqu'au moment où l'administration a pris le parti de distribuer les *Annales* à
tous les bureaux d'Ingénieurs des ponts et chaussées.
Le développement des bibliothèques techniques, utile
partout, est nécessaire dans les petites localités, où
font souvent défaut les informations les plus indispensables à la bonne marche des affaires.

A. — Débouchés des Ponts [1].

Un ingénieur qui a conservé, comme praticien, une juste
réputation dans le corps des Ponts et Chaussées, M. Dulcau,
a proposé pour fixer le débouché des petits ponts la règle
pratique suivante (*Cours de construction lithographié* : Ponts,
pages 3 et 4) :

« Dans un pays plat, où les collines n'ont que 15 ou 20

---

1. Belgrand. Les notes A et B sont extraites des *Annales* (1846 et 1852)
et de *La Seine*.

mètres de hauteur, on donne 0^m,80 de largeur par lieue carrée, et dans les pays où les montagnes les plus élevées ont environ 50 mètres au-dessus du fond des vallées, on donne 2 mètres environ par lieue carrée. »

En suivant cette règle, on aurait donné au pont de Lucy-le-Bois, sur le Veau-de-Bouche, une superficie de 12 mètres carrés au plus, au lieu de 36 mètres superficiels, débouché nécessaire. Depuis, il aurait été insuffisant quatre ou cinq fois et aurait probablement été emporté le 27 mai 1841.

On aurait donné au pont de Puits (route royale n° 80) un débouché de 30 à 40 mètres superficiels, au lieu de celui de 1^{mq},71 qu'il a actuellement et qui est plus que suffisant.

Ces deux exemples suffisent pour démontrer avec quelle réserve on doit accepter la règle empirique de M. Duleau.

Je crois que, par sa nature, le problème n'a pas de solution générale déterminée.

La nature du sol, les surfaces et pentes des versants et les débits des cours d'eau. — Entre l'Yonne et le Loing et sur la rive gauche de cette dernière rivière, jusqu'à Montargis, la formation se compose d'argiles sableuses évidemment imperméables qui forment les plateaux humides du Gâtinais et de la Puisaye.

Puisaye, entre l'Yonne et le Loing, partie supérieure. — En quittant les grès verts, on trouve presque simultanément les terrains tertiaires au-dessus des plateaux, et la craie disposée au-dessous en zone étroite le long des vallées du Loing et de ses affluents, le Branlin et l'Ouanne. Les plateaux sont imperméables, comme nous allons le démontrer, mais leur faible inclination et la zone de craie diminuent singulièrement le volume d'eau qu'ils peuvent donner aux rivières.

(TABLEAU)

Petits cours d'eau des plateaux entre l'Yonne et le Loing
(partie supérieure des versants) :

PONTS	Débouché mouillé	Surface des versants	Débouché mouillé par k. q.	OBSERVATIONS
	m. q.	k. q.	m. q.	Le premier ruisseau se perd dans les coteaux crayeux ; les deux derniers ont une partie du fond de leurs vallées formée de craie.
Pont du ru de l'Orcière...	4.52	10 00	0.452	
Ponceau au-dessus de l'étang Rossignol.........	4.59	5.25	0.87	
Ponceau au-dessous des Berthonneaux..........	3.86	10.20	0.38	
Ponceau dans les bois du Parc..................	2.98	6 00	0.46	
Ponceau sur la Chasserelle	6.76	20.00	0.34	
Ponceau sur le ru de Champcevrais..........	5.44	30.00	0.151	

Le versant droit de la rivière de Loing, dans sa partie inférieure (Gâtinais), se compose de plateaux tertiaires inférieurs et moyens coupés par de nombreuses vallées à fond crayeux. Les principaux cours d'eau sont la rivière de Betz, le Lunain et l'Orvanne ; ils donnent peu d'eau, en raison de la nature crétacée du fond des vallées, comme le prouvent les observations suivantes :

Petits cours d'eau entre l'Yonne et le Loing (partie inférieure, Gâtinais) :

PONTS	Débouché mouillé	Surface des versants	Débouché mouillé par k. q.	OBSERVATIONS
	m. q.	k. q.	m. q.	Tous les coteaux qui forment ces vallées sont formés de craie.
Pont de Genouillet, rivière de Betz.........	16.50	161.00	0.103	
Pont de Lorrez, sur le Lunain...............	11.00	128.00	0.086	
Pont de Voult, sur l'Orvanne...............	18.00	143 00	0.126	

Rive gauche du Loing (depuis les grès verts jusqu'à Montargis). — Les plateaux qui limitent le bassin de la Seine, sur la rive gauche du Loing, en amont de Montargis, sont imperméables, comme le prouvent les nombreux étangs, les prés marécageux et les gâtines (plaines incultes et noyées par les grandes pluies), qui couvrent leur surface. Les cours d'eau qui les sillonnent sont très nombreux et convergent tous vers Montargis ; les principaux sont : 1° le Vernisson ; 2° la rivière de Solin ; 3° la rivière des Doigts ; 4° le ru de la Motte-Bassy ; 5° la Bezonde, qui reçoit les trois ruisseaux qui précèdent.

On trouvera des indications sur le débit de ces cours d'eau dans le tableau suivant :

PONTS	Débouché mouillé	Surface des versants	Débouché mouillé par k. q.	OBSERVATIONS
	m. q.	k. q.	m. q.	Le régime de ces cours d'eau est profondément modifié par une multitude d'étangs, de gâtines, et par les rigoles du canal d'Orléans.
Pont de Nogent, sur le Vernisson.............	12.10	49	0 247	
Pont de Mormant, sur le Vernisson.............	8.30	100	0.083	
Pont sur le Solin, près Mousseau.............	7.40	123	0.060	
Pont de Lombreuil, sur la rivière des Doigts.......	6.20	47	0.132	
Pont de Limetain, sur la rivière des Doigts.......	4.40	56	0.080	
Pont de Lorris............	3.40	10	0.310	
Pont Rouge, sur la Bezonde	6.50	90	0.073	
Pont du Moulin-Neuf, sur la Bezonde.............	9.40	43	0.220	
Pont de Bellardin (ru de la Motte-Bassy).........	4.50	37	0.122	

Les plateaux qui dominent les deux rives du Loing, en amont de Montargis, bien qu'imperméables, donnent donc très peu d'eau aux rivières, soit parce que les eaux pluviales s'emmagasinent dans de vastes étangs, soit parce que le terrain manque de pente et reste noyé dans les temps pluvieux.

Sables de Fontainebleau. — Les sables de Fontainebleau ont trop peu d'étendue dans la vallée de la Seine pour qu'il soit bien facile de se rendre compte de leur action sur les cours d'eau. Ils paraissent peu perméables.

Les calcaires de la Beauce et du Gâtinais de la rive gauche du Loing sont très perméables ; depuis longtemps l'action absorbante des plateaux de la Beauce et du Gâtinais, le contraste qui existe sous ce rapport entre ces plaines fertiles et celles de la Brie, ont donné lieu au vieux proverbe : *la Brie pleure quand la Beauce rit.* Et, en effet, les années pluvieuses sont aussi funestes à la première de ces contrées que favorables à la dernière. M. de Saint-Venant attribue la grande fertilité de la Beauce à une sorte de drainage naturel opéré par le sous-sol [1].

Chose singulière, sur les riches plateaux de la Beauce, nous retrouvons les vallées sèches des maigres terrains de l'oolite et de la craie.

Ainsi, si nous suivons la route départementale n° 6 (Seine-et-Marne), de Nemours à Orléans, entre Nemours et Beaumont, en Gâtinais, nous trouvons qu'elle traverse, sans ponceau, la vallée qui débouche dans le Loing, entre Nemours et Ormesson, et que, dans toute la plaine de plus de 17 kilomètres de largeur qui sépare Ormesson de Beaumont, la même route n'a que deux ou trois aqueducs, sous lesquels il ne passe point d'eau.

La route de Beaumont à Malesherbes, par Puiseaux, longe entre ces deux points, sur 18 kilomètres à peu près, sans ponceaux, le versant droit de la vallée d'Essonne.

La route nationale n° 51 traverse, également sans ponceaux, les dépressions assez étendues de la Chapelle-de-la-Reine et de Merlanval, avant d'arriver à Malesherbes.

La route départementale n° 4 (Loiret), de Pithiviers à Étampes, traverse sans ponceau la plaine très étendue de Lolainville. Elle passe sur des aqueducs, où il ne coule point d'eau, les dépressions de Sermaises, Rouvres, etc., affluents de l'Orge.

On voit donc que le plateau du Gâtinais et de la Beauce est absolument sec et n'alimente, par les eaux pluviales, aucun ou presque aucun petit cours d'eau. Mais les calcaires qui forment le sous-sol donnent naissance à de belles sources qui

---

1. Du drainage des terres, par M. de Saint-Venant. (*Annales des chemins vicinaux,* août 1849.)

s'écoulent vers la Seine dans trois ruisseaux, l'Ecolle, l'Essonne et l'Orge. Considérons ces deux derniers seulement.

Nous devons à l'obligeance de M. Vaissière, ingénieur à Corbeil, des croquis des ponts d'Essonnes sur l'Essonne, et de Juvisy sur l'Orge. Il résulte de ces croquis que la première de ces rivières, dont les versants n'ont pas moins de 1.880 kilomètres carrés, n'éprouve que des variations de niveau de $0^m,30$ au-dessus des eaux ordinaires. Le débouché mouillé total des deux ponts, sous lesquels elle passe, est de 29 mètres par les grandes eaux et de 21 mètres dans les eaux ordinaires ; c'est au maximum $0^m,015$ par kilomètre carré.

La rivière d'Orge n'a pas un régime moins constant à Juvisy. La hauteur de ses crues, au-dessus des eaux ordinaires, est de $0^m,25$. Le débouché mouillé du pont est de $15^m,81$ dans les grandes eaux, et $13^m,26$ dans les eaux ordinaires ; la surface des versants étant de 868 kilomètres carrés, cette seconde artère des eaux de la Beauce n'exige qu'un débouché mouillé de $0^m,018$ par kilomètre carré.

Il est bon de comparer entre eux les débouchés des ponts de l'Essonne, depuis la source de cette rivière jusqu'à la Seine.

Voici ceux de quatre ponts, pris à divers points du cours :

PONTS	Débouché mouillé	Surface des versants	Débouché mouillé par k. q.
	m. q.	k. q.	m. q.
Pont d'Atouas, avant Pithiviers....	7.37	36	0.205
— de l'Abbaye, à Pithiviers......	8.99	167	0.054
— de Malesherbes	8.45	760	0.011
Les deux ponts d'Essonnes au-dessous du confluent de la Juine....	29.00	1.880	0.015

Tous ces débouchés sont très faibles. *On doit remarquer que, malgré les grandes différences qui existent entre les surfaces des versants, le débit de la rivière varie très peu* d'un point à l'autre, jusqu'au confluent de la Juine, qui augmente notablement le débouché mouillé.

Les terrains tertiaires de la rive gauche de la Seine se divisent donc en deux classes : l'une, à sous-sol argileux, qui est imperméable, et qui, cependant, est disposée de telle sorte qu'elle donne très peu d'eau aux rivières ; l'autre, très perméable, qui, de même que les terrains oolitiques et crétacés, ne donne naissance qu'à des cours d'eau alimentés seulement par des sources.

B. — Lois générales de l'écoulement des crues.

1° *Loi fondamentale.* — Les crues des petits torrents (bassins imperméables) sont très élevées; leur durée est très courte, rarement de plus d'un ou deux jours. — Les crues des petits cours d'eau tranquilles (bassins perméables) sont peu élevées; leur durée est très longue, toujours de plus de quinze jours.

La crue d'un torrent se divise en deux parties : à la suite de la crue élevée et de courte durée, qui correspond au passage des eaux torrentielles, vient une seconde crue beaucoup plus longue, qui correspond au passage des eaux tranquilles. La crue tranquille s'accroît à chaque confluent, puisque sa durée est très longue.

2° Il y a dans chaque vallée à versants imperméables un point où les crues cessent de s'accroître. C'est le point à l'aval duquel la crue du cours d'eau principal passe aux confluents sans rencontrer les crues des affluents, qui sont déjà écoulées. Ce point est d'autant plus éloigné de l'origine du fleuve que la région est plus montueuse.

3° Dans un grand cours d'eau torrentiel, une crue extraordinaire peut être produite par un phénomène météorologique unique, n'agissant que sur une partie restreinte du bassin, qui peut ne pas comprendre l'origine du fleuve. Les crues de la Loire de 1843 et 1856 avaient leur point de départ dans la partie moyenne du bassin.

4° La durée des crues torrentielles va en croissant, depuis les sources du fleuve jusqu'à la mer. Les crues du Pô durent de trois à quatre jours en amont du Tessin, et de quinze à vingt dans la partie inférieure.

5° La portée maximum de la crue d'un grand cours d'eau tranquille s'ajoute, à chaque confluent, à la portée maximum de la crue de tout affluent tranquille. Cette portée va donc en croissant depuis l'origine jusqu'à la mer.

6° Dans les terrains perméables, la durée des crues ne s'accroît pas notablement à mesure qu'ils s'allongent.

7° Les crues d'un torrent qui rencontre un cours d'eau tranquille passent toujours les premières au confluent.

8° La crue d'un petit torrent, étant très courte, est presque toujours écoulée quand arrive la crue suivante.

9° Les coïncidences des crues successives d'un grand cours d'eau torrentiel sont possibles, mais rares. Il est presque impossible que la coïncidence ait lieu pour deux crues extraordinaires. Pour les cours d'eau tranquilles les coïncidences des crues successives ne sont plus l'exception, mais la règle.

10° Les portées des crues successives d'un cours d'eau tranquille s'ajoutent souvent les unes aux autres pendant un ou deux mois. Les crues extraordinaires résultent toujours de phénomènes successifs.

11° Cours d'eau mixtes : Si plusieurs crues successives se présentent, la seconde ou la troisième du torrent pourront coïncider avec la première ou la seconde du cours d'eau tranquille. Le maximum correspond habituellement à une crue torrentielle arrivant à la suite d'un grand nombre de crues successives. Par exemple, à Montereau, la première crue de l'Yonne passe d'abord ; elle est soutenue par la crue tranquille de la Seine qui vient ensuite, ce qui donne à la deuxième crue de l'Yonne le temps d'arriver avant la décrue ; la troisième crue de l'Yonne passe dans des conditions semblables, de telle sorte que la crue à Montereau s'élève un peu plus à chaque passage de crue torrentielle.

Ces lois ne s'appliquent qu'aux cours d'eau d'une étendue médiocre, comme ceux du nord de la France.

C. — Débits de l'Erdre et de l'Isac, et emmagasinement de la pluie dans les réservoirs d'alimentation du canal de Nantes à Brest. Terrains peu perméables [1].

La crue du 13 janvier 1853 sur la rivière d'Erdre, le seul affluent droit de la Loire qui ait quelque importance dans le département de la Loire-Inférieure, a atteint ou dépassé la crue traditionnelle de 1791. Aussi peut-on la regarder comme la plus haute crue connue; elle a donné un débit de 0 m. c. 277 par seconde et par kilomètre carré du bassin à Saint-Mars-la-Jaille.

Pour l'Isac, affluent de la Vilaine, le bassin déversant est, à Blain, de 400 kilomètres carrés; un jaugeage fait avec soin lors de la crue de cette rivière, en 1836, a également conduit à un débit de 0 m. c. 277 par seconde et par kilomètre carré de versant. La crue du 13 janvier 1853 a porté également sur l'Erdre et sur l'Isac, et elle a atteint sur ce dernier cours d'eau les mêmes niveaux que la crue de 1836.

De là on peut conclure qu'au moins dans la partie nord du département de la Loire-Inférieure le débit maximum à la seconde des cours d'eau peut être évalué à 0 m. c. 277 par kilomètre carré de versant, pour des bassins dont la superficie s'approche de 400 kilomètres carrés, ce qui correspond à une couche d'eau de 0,024 répandue sur la totalité du bassin déversant et arrivant en vingt-quatre heures dans le cours d'eau [2].

Les réservoirs pour l'alimentation du canal de Nantes à Brest reçoivent les eaux d'un petit bassin (faisant partie de celui de l'Erdre) dont l'étendue est de 35 kil. 229. Ces réservoirs ont été jaugés pour toutes les hauteurs d'eau qu'ils peuvent recevoir, de sorte qu'on connaît journellement la quantité d'eau qui y arrive. Le produit maximum constaté

1. Note inédite de feu Éon-Duval, ingénieur en chef du canal de Nantes à Brest

2. $60 \times 60 \times 24 \times 0,277 =$ environ $0,024 \times 1000 \times 1000$.

depuis neuf ans a eu lieu le 13 janvier 1853 et s'est élevé à
1.047.633 m. c. d'eau, ce qui fournirait une couche d'eau de
0,030 répandue uniformément sur la totalité du bassin, ou un
débit de 0 m. c. 34 par seconde et par kilomètre carré déversant. Dans cette même période, il n'y a eu qu'un seul autre
produit journalier très considérable de ce bassin ; il a eu lieu
le 27 décembre 1852 et s'est élévé à 1.005.815 m. c., ce qui
représente une couche de 0,0285 répandue uniformémnet sur
la totalité du bassin, ou un débit de 0 m. c. 330 par seconde
et par kilomètre carré du versant.

Le débit de cette partie du bassin de l'Erdre n'excède d'ailleurs que d'environ 20 à 25 0/0 celui des parties où le bassin
déversant est de huit à dix fois plus considérable. Il serait donc
facile d'avoir, par interpolation, le produit maximum presque
mathématique de l'Erdre et des cours d'eau voisins pour une
étendue de versant quelconque, et par suite de déterminer le
débouché à donner aux ponts, en fixant d'abord le remous
qu'on peut tolérer eu égard aux circonstances locales.

Cette étude hydrologiqne paraît devoir être utilement
complétée par quelques observations comparatives entre les
quantités d'eau tombées dans la vallée de l'Erdre et celles
coulant dans les affluents de cette vallée.

Les quantités d'eau tombant dans la vallée de l'Erdre sont
appréciées par l'udomètre de Nantes placé à 12 m. au-dessus
du niveau moyen de la mer. Si on les compare à celles qui
ont été emmagasinées dans les réservoirs du canal de
Nantes à Brest, ou qu'on en a évacuées, on obtient le tableau
suivant :

INDICATION DES ANNÉES	HAUTEUR d'eau tombée à Nantes	CUBE TOTAL d'eau arrivé dans les réservoirs du canal de Nantes à Brest	HAUTEUR d'eau ayant coulé sur la superficie du bassin des réservoirs	RAPPORT de la hauteur écoulée à la hauteur d'eau reçue	OBSERVATIONS
1849	0,722	7.753.774	0.220	0.30	Ce tableau ne contient pas les années 1850, 53 et 54, parce qu'on n'a pas de documents suffisants pour apprécier le cube de l'eau arrivée dans les réservoirs.
1851	0.431	3.390.266	0.096	0.22	
1852	0.909	10.206 163	0.289	0.32	
1855	0.556	4.684.808	0.133	0.24	
1856	0.563	3.405.704	0.097	0.17	
1857	0.434	2.677.587	0.076	0.18	
Totaux	3.615	32.118.302	0.911	»	
Moyennes	0.603	5.353.050	0.152	0.25	

Quoique la série d'années indiquées dans le tableau ci-dessus comprenne deux années très pluvieuses et laisse de côté trois années ordinaires, sur lesquelles les documents ne sont pas complets, on voit que la quantité annuelle d'eau tombée à Nantes n'est en moyenne que de 0,603, tandis que M. de Melville, dans son rapport sur l'alimentation du canal de Nantes à Brest (*Annales des ponts et chaussées*, 1836, 2ᵉ semestre, pages 155 et suivantes) la fixait à 0,70 en croyant être au-dessous de la vérité. De plus cet ingénieur estimait à 0,30 la hauteur d'eau susceptible d'être emmagasinée dans les réservoirs, tandis que l'expérience a constaté que cette hauteur variait entre 0,076 et 0,22 et était moyennement de 0,152. On voit aussi que le rapport entre la quantité d'eau arrivée dans les réservoirs et celle reçue par leur bassin varie entre 0,30 et 0,17 et est en moyenne de 0,25 tandis qu'elle était évaluée à 3/7 ou 0,43.

Ce rapport moyen se trouve ainsi très éloigné de celui de 0,56 cité par M. l'ingénieur en chef Belgrand (*Annales de* 1846, 2ᵉ semestre) et de celui de 0,75 relatif à la Cure que M. l'ingénieur en chef Vignon pose dans son mémoire (*Annales* de 1853, 2ᵉ semestre) et cependant le bassin alimentaire des réservoirs du canal est peu perméable. Cela tient à diverses considérations que nous allons établir.

D'abord l'udomètre de Nantes est établi à 12 au-dessus du niveau moyen de la mer et est distant de 40 kilomètres du bassin des réservoirs du canal de Nantes à Brest, dont la hauteur varie de 25 m. à 80 m. au-dessus du niveau moyen de la mer, d'où peuvent résulter quelques différences dans les pluies isolées. Néanmoins tout porte à croire que la hauteur moyenne de la pluie tombée dans une année et surtout dans une série d'années est à peu près la même dans les deux localités.

Ensuite nous avons mesuré dans les réservoirs la pluie reçue, de sorte que, pour les résultats annuels, nous avons négligé l'évaporation pendant la période d'environ six mois où le canal n'est pas alimenté et le petit produit des ruisseaux pendant les six mois d'alimentation. Si nous admettons avec M. Vignon que l'évaporation annuelle est de $0^m,532$, nous aurons pour le cube de l'eau évaporée pendant les six mois d'hiver au plus $1.500.000 \times 0,266$ ou 399.000 m. c. d'eau, en admettant que la nappe d'eau soumise à l'évaporation ait été en moyenne de 150 hectares. Ce cube réparti sur la totalité du bassin déversant forme une hauteur d'eau de $\dfrac{399.000}{35.290.000}$ ou de $0,011$.

Nous manquons de données pour évaluer le produit moyen du ruisseau pendant les six mois d'alimentation ; néanmoins il résulte des jaugeages faits en 1828 et 1829 par les ingénieurs du canal et de nos observations personnelles que ce produit peut être évalué au plus à 4.000 m. c. par vingt-quatre heures, soit 720.000 m. c. pour six mois ce qui correspond à une tranche d'eau de $\dfrac{720.000}{35.290.000}$ ou de $0,020$.

Ainsi, rectifiant les chiffres du tableau précédent, nous voyons que la quantité d'eau moyenne coulant dans le bassin des réservoirs alimentaires du canal de Nantes à Brest est de

$0,152 + 0,011 + 0,020 = 0,183$. Son rapport à la quantité d'eau reçue $\dfrac{0,183}{0,603} = 0,30$.

Nous sommes encore éloigné des rapports de 0,56 et de 0,75 cotés par MM. Belgrand et Vignon ; mais il faut remarquer que la hauteur annuelle de la pluie à Montsauche est de 1,52 tandis qu'à Nantes elle n'est que de 0,60, et que le rapport croît rapidement avec la quantité d'eau pluviale.

Après avoir déterminé la relation qui existe entre la hauteur d'eau tombée annuellement dans un bassin et celle qui a coulé dans les ruisseaux, il est bon de chercher les variations de ce rapport dans les différentes saisons de l'année.

Si les pluies ont lieu en été, l'expérience démontre que tout est absorbé par le sol. Ainsi, le 17 septembre 1852, la hauteur d'eau tombée à Nantes a été de $0^m,031$; les réservoirs du canal n'ont reçu que $0^m,001$ d'eau, et l'Isac près de Blain n'a reçu que 0,002 d'eau pour un bassin d'environ 400 kilomètres carrés. Le 7 mai 1849, la hauteur d'eau tombée à Nantes a été de 0,021 ; les réservoirs du canal de l'Isac à Blain ont reçu 0,002. Le 15 août 1852, la hauteur d'eau tombée à Nantes a été de 0,021 ; les réservoirs du canal en ont reçu 0,002, et l'Isac à Blain 0,005. Tous les autres résultats sont concordants et prouvent qu'en été il n'arrive dans les cours d'eau qu'une très minime partie du volume de la pluie.

Si on passe à la saison d'hiver, on trouve, après des pluies continues, des résultats inverses. Ainsi au mois d'octobre 1852 l'eau tombée était de 0,095 et l'eau reçue de 0,03. Au mois de novembre l'eau tombée était de 0,087 et l'eau reçue de 0,142. Un résultat analogue à ce dernier a eu lieu en janvier 1853 ; mais il n'est pas possible de l'exprimer en chiffres exacts. Toujours est-il que, depuis neuf ans, le bassin des réservoirs du canal n'a reçu que pendant les seuls mois de décembre 1852 et de janvier 1853 plus d'eau qu'il n'en est tombé. Le mémoire de M. Vignon constate qu'à Montsauche ce résultat se présente pendant trois ou quatre mois de chaque année.

Mais ce qu'il y a de plus curieux, c'est que dans les deux

plus fortes crues de l'Isac et de l'Erdre, observées le 27 décembre 1852 et le 13 janvier 1853, la pluie tombée à Nantes en vingt-quatre heures a été respectivement de 0,027 et 0,020, tandis que l'eau arrivée dans les réservoirs du canal correspondait à des couches d'eau de 0,0285 et 0,030, réparties sur la totalité de leurs bassins; d'où il résulte que, même en vingt-quatre heures, les cours d'eau ont reçu plus d'eau qu'il n'en est tombé; pour l'Isac, à Blain, dont le bassin est d'environ 400 kilomètres carrés, la couche d'eau écoulée en vingt-quatre heures a été de 0,025 pour chacun de ces deux jours. Ce phénomène peut paraître difficile à expliquer au premier abord; mais si l'on réfléchit qu'il ne se produit et ne peut se produire qu'après de longues pluies, qui ont saturé le sol et donné aux cours d'eau un débit permanent assez considérable, que la cessation de la pluie pouvait seulement diminuer, sans l'annuler, on comprend que la tranche d'eau correspondant à ce débit permanent, ajoutée à la fraction de l'eau tombée qui a coulé à la surface du sol, forme une hauteur supérieure à la tranche totale d'eau tombée. Ainsi, en ce qui concerne la crue du 27 décembre 1852, le débit du bassin des réservoirs du canal correspondait, la veille, à une tranche d'eau de 0,014; si la pluie du 27 décembre 1852 n'avait pas eu lieu, le débit aurait été de 0,008 à 0,010, et il n'est pas étonnant qu'ajouté à une pluie de 0,027 il ait donné un débit de 0,0285, malgré l'eau qui a été laissée dans le sol du bassin déversant.

Les observations précédentes ont pour but d'établir que les relevés udométriques doivent être étudiés avec soin si l'on veut s'en servir pour prévoir le débit des cours d'eau secondaires; que les grandes crues ne sont pas dues à de grandes pluies accidentelles [1], mais à une série continue de pluies moyennes suivies de pluies un peu plus abondantes, et qu'il

1. Un orage très violent peut toutefois suffire à la production d'une forte crue dans un petit bassin ; cet effet est même possible dans certains bassins plus importants du Midi, par suite de l'intensité extraordinaire qu'y atteignent parfois les pluies et de la raideur des pentes. (Voir ci-dessus, page 112 et note.) — L.

faut surtout se garder de prendre le maximum journalier de la pluie tombée comme indice de la hauteur de la crue attendue.

D. — Théorie de la propagation des crues [1].

Lorsqu'on veut définir la propagation d'une crue, on le fait ordinairement en mesurant l'intervalle de temps qui sépare la production du maximum de hauteur dans deux localités situées à une distance connue. On admet d'ailleurs qu'au maximum de hauteur correspond le maximum du débit local, en sorte qu'on aurait également la vitesse de propagation du débit maximum de la crue.

De pareilles constatations sont d'une utilité considérable ; mais elles ne suffisent pas à résoudre les questions relatives aux inondations. S'il s'agit, par exemple, d'apprécier l'influence d'une modification apportée aux débits variables qui se produisent en un point A de la région supérieure d'un bassin, sur le débit maximum en un point B de la région inférieure, un ou plusieurs affluents existant entre ces deux points, il est bien évident qu'il faut connaître comment se propagent les débits antérieurs au maximum en A, parce que ce sont eux qui concourent à former le débit maximum en B. Lorsqu'en effet ce dernier maximum a lieu, les débits voisins du maximum en A ne se sont pas encore propagés jusqu'au point B. Il est donc nécessaire de considérer le phénomène de la crue dans son ensemble et de rechercher les vitesses de propagation de tous les débits et non pas seulement celle du débit maximum.

Supposons que sur la surface $q = F(s, t)$ on trace des courbes d'égal débit. L'équation différentielle de ces courbes sera :

$$\frac{dq}{ds}\,ds + \frac{dq}{dt}\,dt = 0. \tag{1}$$

1. Kleitz, extraits du *Mémoire de 1877*.

Soit MNP la projection horizontale de celle de ces courbes qui correspond à un débit quelconque q.

Les courbes OM′ et ON′ représentent deux courbes de débits locaux pour deux valeurs de s infiniment rapprochées s_m et s_n; les courbes OM″ et ON″ représentent deux profils instantanés des débits à deux instants infiniment rapprochés t_m et t_n.

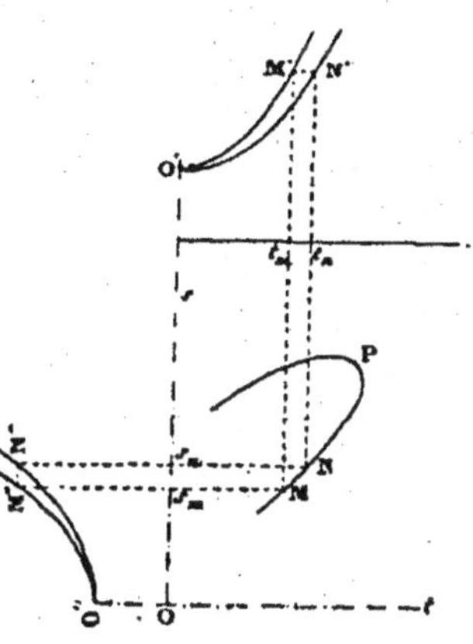

On voit que le débit q se propage à la distance $s_m s_n$ dans un temps $t_m t_n$ et que la vitesse de propagation $\dfrac{s_m s_n}{t_m t_n}$ est égale à la valeur de $\dfrac{ds}{dt}$ tirée de l'équation (1).

En la désignant par w, elle a pour expression :

$$w = - \frac{\dfrac{dq}{dt}}{\dfrac{dq}{ds}}$$

ou, en vertu de l'équation de continuité [1] et de $q = u\omega$:

$$w = \frac{\dfrac{dq}{dt}}{\dfrac{d\omega}{dt}} = u + \frac{\omega \dfrac{du}{dt}}{\dfrac{d\omega}{dt}}. \qquad (2)$$

---

1. Dans le mouvement permanent, la condition de la continuité du liquide est remplie par cela seul que le débit $q = \omega u$ est constant dans toutes les sections transversales. Dans le mouvement non permanent, on formule cette condition en disant que, pendant un temps dt, la variation du volume ωds, compris entre deux sections infiniment voisines, est égale à la différence entre le débit qui entre par l'amont et celui qui sort par l'aval. Or, la variation du volume ωds est $\dfrac{d\omega}{dt} dsdt$, et la différence entre les débits d'amont et d'aval est $\dfrac{dq}{ds} dsdt$. Comme la première quantité doit évidemment être négative lorsque la seconde est positive, ou réciproquement, on a :

$$\frac{dq}{ds} + \frac{d\omega}{dt} = 0.$$

La vitesse de propagation d'un débit q est essentiellement distincte de la vitesse d'écoulement u correspondant à ce débit. En effet, il ne s'agit pas du transport d'un volume déterminé de molécules de l'amont à l'aval, mais de la production successive d'un même débit dans deux localités différentes. La vitesse de propagation w dépend de la variation plus ou moins rapide du débit par rapport à celle de la section. Si cette section était invariable, comme dans une conduite forcée, w serait infini, quelle que fût la variation du débit. w est, au contraire, d'autant plus petit que la section est susceptible de s'accroître davantage avec le temps.

Un fait bien constaté par l'expérience, c'est que le flot produit par une crue simple s'affaisse de plus en plus, en s'al-

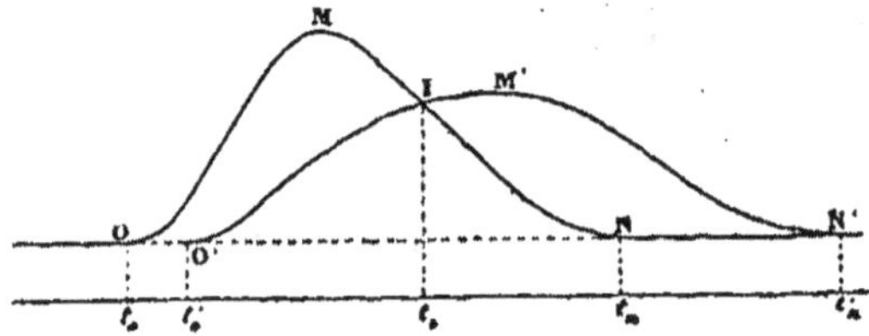

longeant, lorsqu'il se propage sur une partie de cours d'eau qui ne reçoit aucun affluent. Ainsi la courbe des débits locaux étant représentée par OMN pour une localité donnée, celle qui appartient à une localité située en aval doit avoir une forme analogue à O'M'N'.

En effet, en négligeant les pertes dues à l'évaporation et aux infiltrations, le volume du flot qui constitue la crue dans toute son étendue reste invariable. Or, ce volume est égal à l'excédant de volume qui s'écoule, dans une localité quelconque, depuis que la crue y commence jusqu'à sa fin, en sus du volume qui se serait écoulé sans la crue.

Cet excédent de volume est égal à

$$\int_{t_o}^{t_n} (q - q_o)\, dt.$$

Il est représenté, pour la localité d'amont, par la surface OMN, et pour celle d'aval par la surface O'M'N'. Ces deux

surfaces étant équivalentes, le sommet M' est nécessairement
plus bas que le sommet M. On voit d'ailleurs que les surfaces
OMIO'O et IM'N'N sont aussi équivalentes ; la première
indique la différence entre le volume fourni par la crue qui a
passé par la section d'amont pendant le temps $t_i - t_0$ et celui
qui a passé, pendant le même temps, par la section d'aval, ou
bien l'accroissement que le volume du cours d'eau a pris entre
les deux sections de t_0 à t_i. La seconde représente la diminution du volume du cours d'eau depuis le moment t_i, où il
atteint son maximum, jusqu'à la fin de la crue.

L'accroissement de volume représenté par la surface OMIO'O
est ce qu'on appelle l'emmagasinement maximum, entre les
deux sections considérées, pendant la période croissante de la
crue. On voit que le débit maximum dans la section d'aval est
d'autant plus abaissé que l'emmagasinement est plus considérable.

Si, dans une localité, on diminue cet emmagasinement par
des travaux d'endiguement, on augmente nécessairement le
débit maximum dans les localités d'aval.

Dès que le débit maximum décroît d'une quantité finie entre
deux localités éloignées l'une de l'autre à une distance finie,
il s'ensuit que les débits maxima, dans deux sections séparées
par une différence infiniment petite ds, diffèrent entre eux

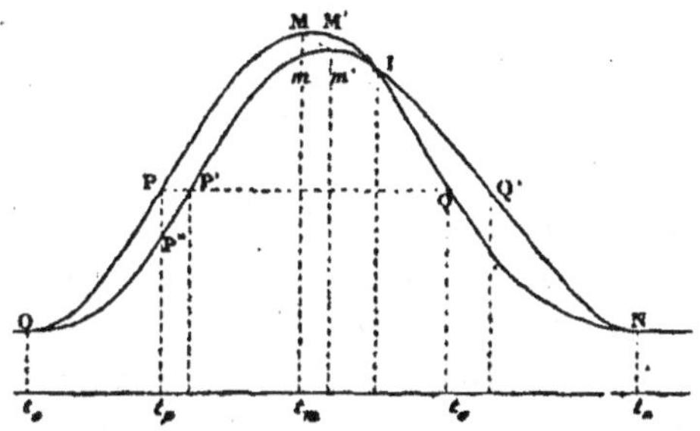

d'une quantité infiniment petite du même ordre. Si donc on
projette sur le même plan deux courbes de débits locaux infiniment voisines, la ligne M m', qui joint leurs sommets, fait avec
l'horizontale un angle fini. Le point m' est donc situé en

dedans de la courbe d'amont OMI, et il faut que les distances mI et m'I soient des quantités finies ; car si elles étaient infiniment petites, mM et m'M' seraient des infiniment petits du second ordre, ainsi que mm', tandis que Mm — M'm' serait du troisième ordre. Le rapport $\dfrac{Mm - M'm'}{mm'}$ serait alors infiniment petit. En conséquence, il y a un intervalle de temps fini entre l'instant où se produit le débit maximum Mt_m et celui qui correspond au point d'intersection I des deux courbes, c'est-à-dire l'instant où le débit est le même dans les deux sections infiniment rapprochées. A ce dernier instant, on a : $\dfrac{dq}{ds} = 0$, et, par suite, $\dfrac{d\omega}{dt} = 0$. C'est donc à l'instant marqué par le temps t_i que la surface ω atteint son maximum, et la crue sa plus grande hauteur, dans la localité où la courbe des débits est représentée par OPMIN. D'où il suit que, dans une localité quelconque, le maximum du débit q précède le maximum de la section ω, et que ces deux maxima ne peuvent coïncider si la courbe des débits a un rayon de courbure fini à son sommet. Quant au maximum de la vitesse moyenne u, il a nécessairement lieu antérieurement au maximum de q, puisque $\dfrac{dq}{dt} = \omega\dfrac{du}{dt} + u\dfrac{d\omega}{dt}$, et que $\dfrac{dq}{dt}$ ne peut être nul $\left(\dfrac{d\omega}{dt}\right.$ étant encore positif$\left.\right)$, qu'autant que $\dfrac{du}{dt}$ est négatif.

On peut immédiatement déduire de la dernière figure l'expression de la vitesse de propagation w, donnée par l'équation (2). En effet, un débit quelconque Pt_p met un temps PP' pour se propager à la distance ds qui sépare les deux courbes de débits. Or, la vitesse de propagation w étant la distance à laquelle le débit se propage dans l'unité de temps, il en résulte que la durée de la propagation à une distance ds est égale à $\dfrac{1}{w}ds$. On a donc PP' $= \dfrac{1}{w}ds$. La distance verticale PP' représente la différence $-\dfrac{dq}{dt}\,ds$ entre les débits d'amont et d'aval

au moment t_p, ou bien[1] l'accroissement $\dfrac{d\omega}{dt}\,ds$ rapporté à l'unité

de temps du volume ωds compris entre les deux sections considérées. Mais PP″ est égal, d'après la figure, à PP′ multiplié

par la tangente $\dfrac{dq}{dt}$ de la courbe des débits. On a donc :

$$\frac{1}{w}\,ds \times \frac{dq}{dt} = \frac{d\omega}{dt}\,ds, \quad \text{ou bien} \quad w = \frac{\dfrac{dq}{dt}}{\dfrac{d\omega}{dt}}.$$

La surface OPMIP′O représente le maximum de l'accroissement de volume $ds\displaystyle\int_{t_o}^{t_i}\frac{d\omega}{dt}\,dt$, qui se produit entre les deux sections, dans la période croissante de la crue, tandis que la surface IQ′NQ représente la diminution de volume dans la période décroissante. Or, ces deux surfaces étant équivalentes, on voit, à la seule inspection de la figure, que, pour le même débit q, la durée de la propagation doit être en général plus grande dans la période décroissante que dans la période croissante, c'est-à-dire que la vitesse de propagation doit être en général plus petite dans le premier cas que dans le second. Il y a exception pour les forts débits qui sont voisins du débit maximum.

Les maxima de q et de ω ne pouvant avoir lieu simultanément dans la même localité, si l'on construit, pour une localité quelconque, la courbe des valeurs de ω en fonction du temps au-dessous de la courbe des débits, on reconnaîtra encore que, pour la même valeur de ω, le débit doit en général être plus grand dans la période croissante que dans la période décroissante.

Dans la même localité, la vitesse moyenne d'écoulement u,

[1]. En vertu de l'équation :

$$\frac{dq}{ds} = \frac{d\omega}{dt}.$$

le débit q et la section ω n'atteignent pas simultanément leurs maxima; à égalité de hauteur de la crue, la vitesse u est plus grande dans la période ascendante que dans la période descendante de la crue, et il en est de même de la vitesse de propagation d'un même débit, sauf dans le voisinage des maxima de ω et de q.

L'observation d'une crue un peu importante montre que la section d'écoulement augmente dans un rapport bien plus considérable que la vitesse moyenne.

Les résultats que fournit l'étude d'une crue simple ont, pour la plupart, un caractère général. Ainsi on arrive toujours à cette conséquence que, excepté dans les cas d'étale parfaite, les maxima des débits ne peuvent coïncider avec les maxima des sections d'écoulement dans la même localité, et que, dans la propagation de la crue, les courbes des débits doivent s'affaisser et s'allonger, et leurs irrégularités s'effacer de plus en plus.

Prenons, par exemple, une crue formée de deux crues partielles successives, et supposons que les courbes des débits dans deux sections d'écoulement infiniment voisines soient représentées par la figure. Ces courbes se couperont aux

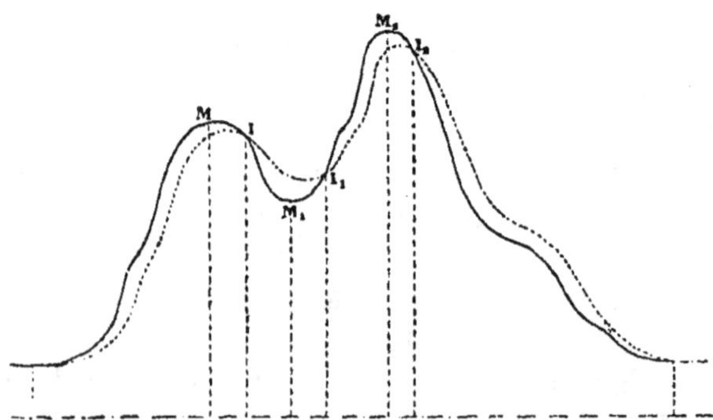

points I, I_1 et I_2 qui correspondent aux maxima M, M_2 et au minimum M_1 de la section ω, et les deux débits maxima seront moindres dans la section d'aval que dans la section d'amont, tandis que le débit minimum sera au contraire plus grand.

Les deux sommets s'abaisseront et la dépression qui les sépare s'élèvera.

Mais cette diminution graduelle des débits maxima, et par contre l'exhaussement des débits minima, ne sont pas seulement la conséquence des conditions dynamiques du mouvement varié des liquides. D'autres causes y contribuent souvent plus efficacement. Ainsi lorsqu'une rivière déborde sur de larges plaines, dont le remplissage ne se fait pas instantanément, l'emmagasinement continue assez longtemps après que la crue a atteint sa plus grande hauteur dans le courant principal. De plus il s'y produit, dans beaucoup de cas, deux ou plusieurs courants secondaires dont les débits maxima n'arrivent que successivement à leur rentrée dans le courant principal. Par ce fait, et indépendamment de la diminution graduelle du débit maximum de chaque courant, le débit maximum de la rivière est nécessairement plus petit en aval de la plaine qu'en amont.

Quelles que soient les causes de l'atténuation du débit maximum d'une crue, elles se traduisent par l'augmentation de volume que cette crue peut prendre pendant sa période ascendante, et si cet emmagasinement est diminué notablement dans une certaine région, par des ouvrages de main d'homme, tels que des digues insubmersibles, les débits maxima peuvent en être augmentés sensiblement et d'une manière dommageable dans les régions inférieures. Les rétrécissements du champ d'inondation qui ont été opérés partout, depuis les plus petites vallées jusqu'aux plus vastes, au moyen de redressements de rives et d'endiguements plus ou moins complets, ont certainement une influence considérable, sinon prédominante, sur les hauteurs plus grandes que les crues atteignent généralement aujourd'hui, comparativement à celles des siècles passés.

E. — Construction des digues basses et défense des rives.

En France, quand on défend des berges, on procède par

plantations, enrochements ou perrés. Lorsqu'il faut rectifier les rives, on les établit sur leurs nouvelles directions au moyen de digues formées, soit d'enrochements, soit de pieux clayonnés ; ces digues sont rattachées aux anciennes rives de distance en distance. Aux États-Unis, on régularise les petites rivières à l'aide d'épis ; mais on procède autrement sur les grands cours d'eau, tels que le Missouri et le Mississipi. M. Cadart donne quelques renseignements à ce sujet dans son rapport de mission en Amérique : Quand le tracé n'est pas à modifier, on défend la berge, après l'avoir dressée au besoin, au moyen des *mattress ;* lorsqu'il faut gagner sur le lit, on provoque des dépôts. Voici quelques détails :

1. Protection des berges. — *Mattress.* — Pour protéger les berges, on employa d'abord une série de *mats* liés les uns aux autres, de manière à former une couverture continue sur toute l'étendue des terrains à protéger ; plus tard, on simplifia ces ouvrages en les formant simplement de branchages disposés en couches d'une épaisseur de $0^m,20$ à $0^m,30$, et reliés entre eux par des fils de fer ; on constitue ainsi une natte appelée *mattress*, dont la largeur est souvent de 30 à 40 mètres. On construit la natte sur un bateau spécial appelé *mattress-boat*, et on l'immerge en faisant reculer le bateau vers l'aval après avoir chargé la natte de pierres ou graviers, ou même de terre quand le courant n'est pas fort ; quand on arrête le bateau, une nouvelle portion de natte est construite à la suite de celle qui est en partie immergée, jusqu'à ce que le tablier qui sert à la construction soit couvert ; on immerge de nouveau pour dégager le tablier, et ainsi de suite.

Parfois, on interpose entre deux couches de branchages une petite couche de foin, ce qui diminue le prix des *mattress* sans en diminuer les qualités. Pour placer les fils de fer, on se sert d'aiguilles droites ou courbes, auxquelles on attache le fil ; l'opération se fait exactement comme un travail de couture.

Sur la rivière Arkansas, on a employé un système de *mattress* un peu différent ; il consiste en un réseau en fil de fer à mailles carrées, qui peut se construire facilement, sur lequel on attache, en les engageant dans les mailles, des branchages qu'on dispose à peu près parallèlement aux fils. On obtient ainsi une *mattress* très flexible.

Le bois le plus fréquemment employé pour la construction de ces sortes d'ouvrages est le saule, qu'on trouve généralement en abondance près des rivières, et qui, par la grande flexibilité de ses branches, est très propre à cet usage.

Les bateaux employés pour la construction et l'immersion des *mattress* ont des formes et des dimensions variables. Ils se composent essentiellement de plusieurs fermes verticales parallèles, terminées à leur partie supérieure par une pièce légèrement inclinée, droite ou courbe, qui s'appuient, soit sur deux bateaux placés parallèlement, comme dans les figures ci-jointes, soit sur un seul bateau de plus grandes dimen-

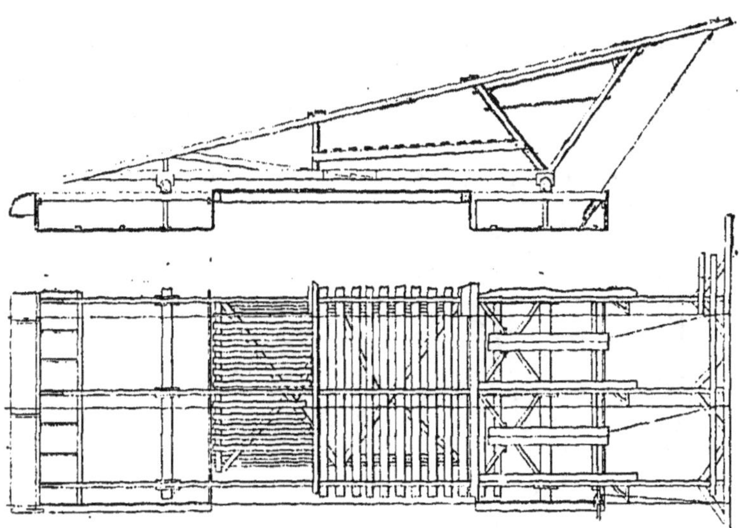

sions. Ces fermes sont solidement contreventées entre elles et attachées aux bateaux qui les supportent ; dans l'installation prise pour exemple, les pièces supérieures constituent le tablier sur lequel on construit les *mattress* ; une partie des ouvriers se tient sur une plateforme placée sous ce tablier, tandis que les autres circulent à la partie supérieure sur des planches placées transversalement entre les fermes.

Dans les premiers *mattress-boats* construits, le tablier supérieur était mobile et l'on pouvait faire varier son inclinaison ; mais on a reconnu que c'était là une complication inutile.

Le *mattress-boat* est placé de façon que les fermes soient parallèles à la berge, la partie basse dirigée vers l'amont ; il est attaché à la rive à l'amont et à l'aval par des câbles ou chaînes, enroulés sur des cabestans, qui permettent de bien régler son mouvement.

Dressement des talus par un jet d'eau à haute pression. — Les *mattress* doivent être établies sur des berges dont l'inclinaison ne dépasse pas $2\frac{1}{2}$ ou 3 de base pour 1 de hauteur ; on obtient cette inclinaison en désagrégeant la berge au moyen d'un courant d'eau sous pression. L'eau aspirée par une pompe à vapeur est refoulée dans un tuyau terminé par une lance dont l'orifice a environ 0^m,025 de diamètre ; la pression de l'eau, déduction faite des pertes de charge dans les tuyaux, est de 14 kilogrammes par centimètre carré ; le débit est de 50 à 60 litres par seconde.

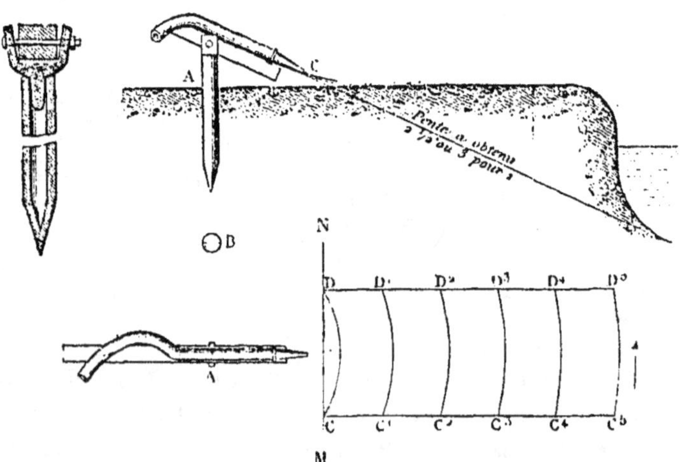

Pour régler un talus, on commence par tracer sur le sol une ligne MN, suivant la crête du talus à obtenir, on enfonce ensuite, à 1 mètre à peu près en arrière de cette ligne, un support destiné à recevoir la lance ; ce support est un tuyau en fonte d'à peu près 0^m,04 de diamètre intérieur, terminé en pointe en bas et ouvert en haut. La lance est attachée à un levier en bois, mobile autour d'un axe horizontal fixé dans une armature en fonte portant un goujon qu'on engage dans le tuyau-support ; de cette façon, la lance peut se mouvoir en même temps dans un plan vertical et dans un plan horizontal.

Le support étant en A, on dirige le jet sur le point C et on le ramène de C en D, en ayant soin de régler le mouvement de manière que la ligne CD soit, autant que possible, un arc de cercle ayant le point A comme centre ; on ramène ensuite le jet de D en C pour laver la surface mise à nu, puis on enlève la portion C^{1}D^1, C^{2}D^2 en allant de C^1 vers D^1, et ainsi de suite. Pendant ce temps, des ouvriers ont placé à 1 mètre plus loin, en B, un second support, et quand la section CD est terminée, la lance est transportée en B pour régler une nouvelle section de la berge. Le support A est alors enlevé et reporté à 1 mètre au delà de B.

Ce système donne d'excellents résultats dans le sable ; on peut enlever jusqu'à 600 mètres cubes dans une journée, à un prix inférieur à dix centimes. Dans l'argile, et même dans les terres où l'on rencontre des racines, les résultats, quoique moins bons, sont encore très satisfaisants.

Si l'on compare ce procédé au réglage à la pelle, on trouve que ce dernier coûte au moins le double ; en outre, avec la pelle, on ne peut pas raccorder dans l'eau les talus dont on fait le réglage avec le talus naturel de la rivière, comme on le fait par le système hydraulique, et ce raccordement est très utile quand il s'agit de placer une *mattress*.

2° Rétrécissement du chenal. — Pour rétrécir un chenal, on provoque des dépôts dans les parties d'où l'on veut éloigner le courant, en ayant soin de commencer les ouvrages immédiatement après les parties convexes des rives, et à refouler ainsi progressivement le courant. On emploie des digues flexibles et perméables, qui ralentissent le courant sans l'arrêter complètement.

Weeds. — Un premier système consiste dans l'emploi de *weeds* ; ils sont formés de petits branchages attachés au moyen de fils de fer à une branche de bois de 6 à 10 mètres de longueur, et de 0^m,10 à 0^m,20 d'épaisseur ; ils présentent à peu près la forme d'une plume ; leur partie inférieure est assujettie au fond au moyen de pierres qui y sont attachées, la partie supérieure est maintenue aussi près que possible de la surface à l'aide d'un flotteur. On dispose une ligne de *weeds*, distants les uns des autres de 3 à 6 mètres, et on obtient ainsi une digue flexible, derrière laquelle s'accumulent les débris végétaux, le sable et la vase.

Claies. — Un autre procédé consiste dans l'emploi de claies qui peuvent être fixes ou en forme de rideaux. Les claies fixes sont formées de petits pieux battus en ligne droite et distants de 1^m,50 à 2^m, entre lesquels on engage horizontalement des branchages qu'on fait passer alternativement d'un côté et de l'autre. Après avoir enfoncé les branches horizontales, on introduit dans les intervalles laissés libres entre elles et les pieux, de petits branchages verticaux. Ce système n'est appliqué que pour des profondeurs d'eau n'excédant pas 2 à 3 mètres.

Les claies en rideaux sont formées de branchages entrelacés, les uns verticaux, les autres horizontaux. L'extrémité supérieure de la claie est attachée, au moyen de cordes, à des pieux battus en ligne ; on attache à l'autre extrémité des poids, puis on immerge la claie qui vient se placer contre la ligne de pieux.

Un seul rang de pieux n'offre une résistance suffisante que si le courant est faible ; pour résister à un fort courant, on place derrière une seconde ligne de pieux qu'on contrevente avec la première.

Rideaux de saule. — On se sert aussi pour provoquer des atterrissements de rideaux de saule. Le rideau de saule est d'une construction plus simple qu'une claie, il est formé de branches de saule de 0^m,02 à 0^m,03 d'épaisseur, placées

parallèlement les unes aux autres à $0^m,15$ ou $0^m,20$ de distance et réunies par des fils de fer; la partie inférieure est
maintenue au fond au moyen d'une série de poids, tandis qu'à
la partie supérieure sont attachés des flotteurs qui empêchent
le rideau de se coucher sur le fond.

Rideaux en fil de fer. — On a ensuite essayé, avec beaucoup
de succès, l'emploi de rideaux composés uniquement de
fils de fer formant un réseau dont les mailles sont triangulaires, carrées ou hexagonales; ces rideaux sont attachés et
maintenus comme les précédents; les débris végétaux qui
s'accumulent derrière, arrêtés par les fils, forment bientôt
une obstruction suffisante pour ralentir le courant et amener
le dépôt des matières en suspension.

On a trouvé qu'il est préférable, quand on le peut, de maintenir la partie supérieure des rideaux au moyen de pieux, au
lieu d'y attacher simplement des flotteurs. On peut, pour cela,
se contenter d'une seule ligne de pieux reliés les uns aux autres,
ou avoir deux lignes de pieux qui se croisent et sont attachés
aux points du croisement; on obtient des supports plus solides
en les composant de trois pieux ou même d'un plus grand
nombre formant une pyramide.

Les résultats obtenus par ces différents procédés sont véri-
tablement remarquables, car il suffit souvent d'une saison
pour amener au niveau des hautes eaux ordinaires des fonds
qui étaient à plusieurs mètres sous basses eaux [1]; mais
cependant les crues ont souvent occasionné de grands dommages aux travaux de ce genre.

Pose des rideaux. — La pose des rideaux se fait de la
manière suivante; le rideau, préalablement construit avec la
longueur et la largeur voulues, est enroulé sur un rouleau en

---

1. Le Mississipi et le Missouri charrient des quantités considérables de
vase et de sable, ainsi qu'une masse de débris végétaux arrachés aux rives.
M. le major C.-R. Suter, ingénieur en chef de la partie aval du Missouri,
évalue à plus de 300 millions de mètres cubes la quantité de matières
solides que ce fleuve amène annuellement dans le Mississipi (le débit annuel
du Missouri est de 65 à 66 milliards de mètres cubes). On utilise ces grands
transports de matières pour la construction économique des défenses destinées à prévenir les érosions des berges, si considérables quand on aban-
donne les choses à elles-mêmes, et à régulariser les rives.

bois qui peut tourner librement sur des coussinets fixés à un bateau. Le bateau est maintenu et dirigé au moyen de chaînes ou de câbles ; il est placé perpendiculairement à la direction que doit avoir le rideau et il se meut en suivant cette direction. Au fur et à mesure que le rideau se déroule, on attache d'un côté les amarres et de l'autre les flotteurs ou, si on emploie des pieux, on attache la partie supérieure du rideau à des pièces de bois fixées horizontalement sur les pieux.

Les rideaux qui doivent constituer une digue sont souvent placés parallèlement les uns aux autres, à des distances de 10 à 15 mètres dans le sens du courant et en recoupe sur près de la moitié de leur longueur. D'autres fois, la digue est continue.

Construction des rideaux. — La construction des rideaux se fait au moyen de sortes de treuils sur lesquels sont fixés de petits goujons aux points où doivent être faites les ligatures en fils de fer.

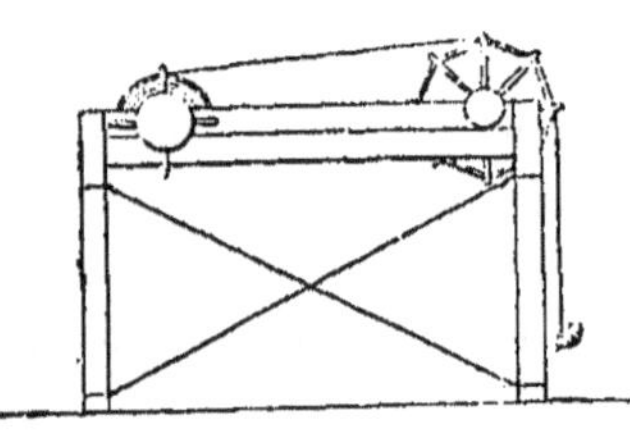

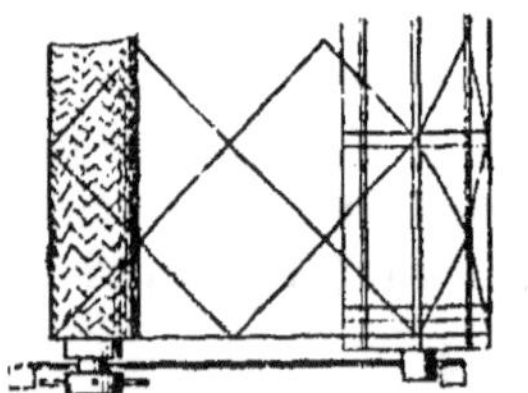

Les fils employés dans la construction des rideaux sont généralement d'un diamètre de 0^m,0012 à 0^m,0025. La longueur des mailles varie de 0^m,20 à 0^m,45. Le prix des rideaux varie naturellement avec leur hauteur ; on peut l'estimer à 5 francs au minimum et à 15 francs au maximum par mètre courant, tout compris.

Emploi d'un jet d'eau sous pression pour l'enfoncement des pieux. — Dans l'exécution des travaux qu'on vient de décrire, le battage des pieux est une opération importante. Dans les fonds sableux du Missouri et de quelques autres rivières, le battage au mouton ne donnait que des résultats imparfaits et était onéreux ; on a obtenu de meilleurs résultats par le procédé du jet d'eau sous pression.

L'eau est envoyée, par une pompe à vapeur, dans une lance de 0^m,04 à 0^m,05 de diamètre, avec une pression qui peut atteindre 10 kilogrammes par centimètre carré; la lance est introduite dans uue mortaise pratiquée à la base du pieu.

Un mouton est employé concurremment avec le jet d'eau, quand le terrain offre une assez grande résistance.

F. — Digues hautes [1].

I. *Digues insubmersibles.* — Tout changement dans le lit d'une rivière modifie le débit maximum D de la crue.

Pour simplifier les explications, supposons que la crue soit le résultat d'une pluie unique, qu'elle n'ait par conséquent qu'une période de croissance et une période de décroissance, sans recrudescence.

Le débit maximum que prend la crue en un point A de la rivière dépend :

1° De l'étendue de la zone sur laquelle la pluie est tombée en amont du point A;

2° De l'intensité de la pluie ;

3° De sa durée ;

4° De la déclivité des coteaux ;

5° De la perméabilité des terrains ;

6° Enfin de l'étendue des plaines submersibles en amont du point A [2].

Les cinq premiers éléments sont tout à faits indépendants des modifications qu'on peut faire subir au lit de la rivière ; mais le dernier prend une grande importance dans la question qui nous occupe. Il est nécessaire d'examiner avec détail son

1. Comoy. *Ouvrages de défense contre les inondations,* 1868. — D'après nos définitions, l'expression *digue basse* s'applique aux ouvrages de rectification du lit ordinaire; les *digues hautes* sont les ouvrages longitudinaux, insubmersibles ou non, que l'on établit le long des rivières dans le champ des inondations.

2. Pour être complet, il faudrait tenir compte des conditions de l'aval; à Balbigny, le débit maximum diffère de ce qu'il serait dans le cas où les gorges de Pinay n'existeraient pas. Ce débit maximum est réduit, et cependant la crue est exhaussée. — L.

mode d'action et son influence sur le débit maximum de la crue.

La quantité d'eau qui s'écoule dans un fleuve pendant toute la durée d'une crue, en sus du débit ordinaire, forme ce que l'on appelle le *débit total* de la crue.

Ce débit total se compose de la somme des débits partiels par seconde qui augmentent de l'origine de la crue au débit maximum, et décroissent ensuite jusqu'à un certain débit minimum qui dépend des circonstances atmosphériques du moment.

Si, au moyen des observations faites au point A pendant la durée d'une crue, on construit une courbe CDF, dont les abscisses soient les temps et les ordonnées les débits que

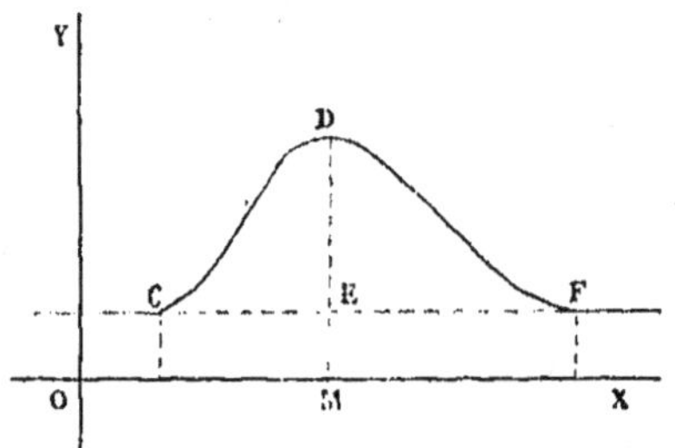

donnent les hauteurs d'eau observées, on aura ce que l'on appelle la courbe des débits de la crue au point A. L'aire de cette courbe au-dessus de l'état ordinaire des eaux donne le débit de la crue en ce point.

Le débit total de la crue se décompose en deux parties : le débit CDE de la période de croissance, et le débit EDF de la période de décroissance.

Le débit total a une valeur particulière en chaque point du fleuve, suivant l'importance et la répartition des affluents.

La valeur que prend le débit total, en un point donné, ne change pas, pour une même crue, de quelque manière que l'on modifie le lit du fleuve et le mode d'écoulement des eaux.

Il n'en est pas de même pour les deux débits partiels des périodes de croissance et de décroissance. Ces deux débits

peuvent varier quand on change les circonstances dans lesquelles la crue s'écoule. Mais, leur total devant rester constant,
si l'un d'eux varie dans un sens l'autre doit nécessairement
varier en sens contraire.

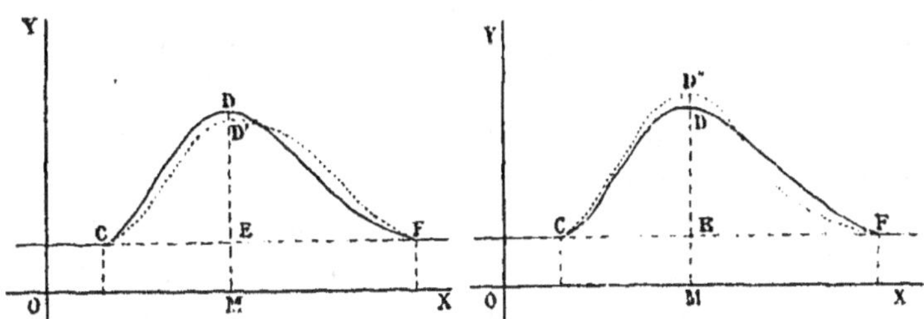

La courbe des débits, CDF, se transforme suivant CD'F si
le débit total de la période de croissance diminue, et suivant
CD"F si ce débit augmente.

Dans les rivières torrentielles, une crue constitue un grand
flot qui a moins de longueur, en un moment quelconque, que
le cours d'eau lui-même; les crues ont souvent cessé dans les
parties supérieures avant de se manifester dans les parties
inférieures[1].

Le volume de ce flot forme le débit total de la crue; et si
l'on considère ce qui se passe en un point A situé vers la
région moyenne ou inférieure du fleuve, à l'instant où le
maximum de la crue passe en ce point, le volume d'eau contenu, à ce moment, dans le lit en amont du point A, au-
dessus du plan des eaux ordinaires, est évidemment égal au
débit total de la période de décroissance de la crue en A[2].

Il résulte de là que si, par un moyen quelconque, on *aug-*

1. C'est ainsi que les choses se passent sur la Loire, qui a 980 kilomètres
de longueur, dont la source est à 1,400 mètres au-dessus du niveau de la
mer, et qui présente dans sa partie supérieure des coteaux très abrupts et
des pentes très fortes.
Sur les rivières à crues lentes, les résultats sont différents. Il arrive souvent qu'au moment où le maximum de la crue parvient à l'extrémité inférieure, il existe encore une crue sensible dans les régions supérieures.
Mais sur les rivières à crues rapides, le fait énoncé se présente presque
toujours; et ce sont les rivières de cette nature qu'on a principalement en
vue.
2. Si en amont du point A, et sur l'étendue qu'occupe la crue, il existait

mente ou l'on *diminue* le volume des eaux qui, à l'instant du maximum de la crue au point A, restent dans le lit en amont de ce point, on aura *augmenté* ou *diminué* le débit total de la période de décroissance de la crue en A.

Mais, d'après ce que nous avons dit plus haut, on ne peut *augmenter* ou *diminuer* le débit total de la période de décroissance sans apporter une modification inverse dans celui de la période de croissance qui sera, de cette manière, *diminué* ou *augmenté*. Donc, si l'on *augmente* ou si l'on *diminue* le volume d'eau contenu dans le lit en amont du point A, à l'instant où le maximum de la crue se fait en ce point, on apportera une *diminution* ou une *augmentation* dans le débit total de la période de croissance.

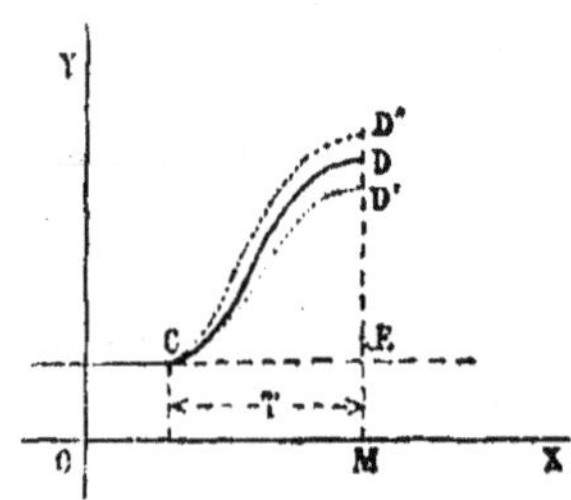

Pour que dans le même temps T, ou dans un temps peu différent, le débit total de la période de croissance, représenté par l'aire CDE, devienne *plus faible* ou *plus fort*, il faut nécessairement que le débit maximum par seconde MD *diminue* ou *augmente*, qu'il prenne la valeur MD', ou la valeur MD'' [1].

---

des affluents dans lesquels la crue se fit encore sentir, il est entendu que le volume de l'eau contenue dans ces affluents, au-dessus de l'état ordinaire des eaux, devrait être ajouté à celui qui se trouve dans le lit du cours d'eau principal, pour former le volume qui représente le débit total de la période de décroissance.

1. Pour simplifier l'exposé, on a, dans ce qui précède, abrégé le raisonnement ; il est bon de le refaire d'une manière plus exacte :

La courbe des débits de la période de croissance, transformée par l'endiguement, n'est pas CD' correspondant à la durée T de la période de croissance de la courbe primitive CD ; elle devient CD'', correspondant à un temps T' plus petit que T.

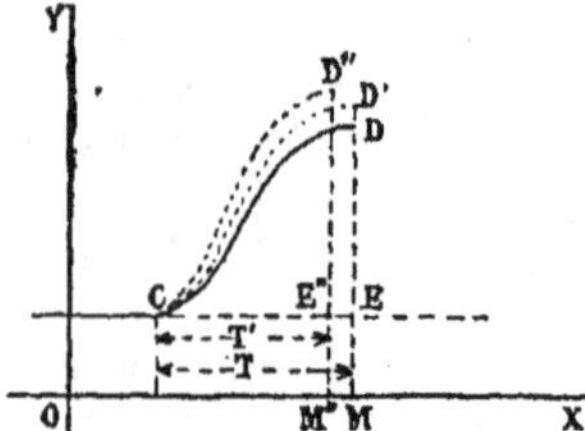

Cette diminution de durée de la période de croissance augmente encore le débit maximum par seconde.

Il est donc établi, par les considérations qui précèdent, que, dans les conditions où se trouvent ordinairement les plaines submersibles défendues contre les inondations, l'endiguement de ces plaines augmente le débit maximum par seconde de la crue en aval de l'endiguement.

Au moyen des considérations qui précèdent, l'appréciation des changements que tels ou tels travaux peuvent apporter dans le débit maximum, en un point donné, se trouve ramenée à celle des modifications que ces travaux occasionnent dans le volume d'eau qui, à l'instant du maximum, se trouve contenu, ou autrement dit emmagasiné dans le lit et la vallée, en amont du point que l'on considère.

Dans l'état naturel, les eaux des crues couvrent une certaine surface des plaines qui accompagnent les rivières, et l'emmagasinement dépend de l'étendue de ces plaines. Le débit maximum des crues est d'autant plus faible, toutes choses égales d'ailleurs, que les plaines submersibles sont plus grandes.

On ne peut pas augmenter la superficie des plaines submersibles, et l'emmagasinement ne peut être rendu plus fort qu'au moyen de réservoirs artificiels.

Mais on peut diminuer l'étendue des plaines submergées pendant les crues. C'est ce qui arrive quand on endigue une partie des plaines submersibles.

Supposons que le point A soit situé dans la partie d'aval d'une [plaine submersible ayant une assez grande longueur, vingt kilomètres par exemple, et que l'on endigue le lit sur toute la longueur de cette plaine.

L'endiguement produit un double effet. D'une part, il enlève à l'emmagasinement toute la tranche d'eau qui, à l'instant du maximum de la crue, couvrait la plaine soustraite à la submersion; d'autre part, il détermine une surélévation de la crue dans le lit endigué, et ajoute ainsi à l'emmagasinement une tranche d'eau ayant pour base la superficie endiguée sur toute la longueur des ouvrages, et une hauteur égale à la surélévation de la crue.

A cette dernière tranche il faut ajouter le volume du remous produit par la surélévation de la crue, en amont de l'endiguement. Mais ce volume est faible, *en général*, comparativement à celui que produit la surélévation de la crue sur toute la longueur de l'endiguement. Il ne reste à comparer que le volume de l'emmagasinement supprimé, par la protection de la plaine submersible, avec celui de la tranche ajoutée à l'emmagasinement par la surélévation de la crue dans le lit endigué. On peut présumer que le volume ajouté est moindre que le volume retranché ; car, dans le cas d'endiguement, l'écoulement qui se fait sous de plus grandes hauteurs d'eau, et par suite avec de plus grandes vitesses que dans l'état naturel, exige des sections moindres et donne par conséquent lieu à un moindre emmagasinement.

L'augmentation de hauteur des crues produite par un endiguement provient de deux causes, on ne saurait trop le redire : d'abord, du resserrement produit par l'endiguement ; ensuite, de l'augmentation du débit maximum, augmentation qui est la conséquence de l'endiguement lui-même, de la diminution que l'endiguement apporte dans la superficie des plaines submergées.

L'augmentation du débit maximum produit par l'endiguement n'est pas une chose simple qui se présente clairement, naturellement à l'esprit, et que l'on comprenne aussi facilement que l'accroissement de hauteur résultant d'un rétrécissement de section. Il n'est pas étonnant que les constructeurs des premières digues ne l'aient pas reconnue. Ce qui serait extraordinaire, c'est qu'ils eussent pu la pressentir. Aussi tous les endiguements ont-ils été d'abord, et malgré plusieurs exhaussements successifs, surmontés par les eaux[1].

II. *Digues submersibles* — Les plaines submersibles de faible largeur, qu'il convient de laisser soumises à la submersion, seront, en général, efficacement défendues contre les érosions et les ensablements, seules causes des dommages qu'elles subissent, en empêchant les eaux des crues de pénétrer dans les parties déprimées de ces plaines avant que les crues n'aient

---

1. Quand les rivières ne rompent pas les digues, les hommes s'en mêlent quelquefois : on l'a vu en France. — Nous trouvons dans une correspondance de Madras du 1er octobre 1886 ce qui suit : « Des inondations considérables se sont produites dans le district de Godavery. Un certain nombre d'habitants voulaient couper les digues, mais plusieurs villages qui se seraient trouvés inondés s'y sont opposés par la force ; un combat acharné s'en est suivi. » — L.

atteint le niveau des parties les plus élevées: ce que l'on obtient en bouchant toutes les ouvertures des berges où aboutissent ces dépressions, au moyen de petites digues ne s'élevant pas plus haut que les parties supérieures de la plaine, et qui sont dès lors *submersibles* et *discontinues.*

Si, cependant, la plaine était exposée à de trop nombreuses submersions d'été, soit à cause de la fréquence des grandes crues de cette saison, soit à cause du peu d'élévation de la plaine au-dessus du fond de la rivière, il serait convenable d'employer, comme moyen de défense, des digues *continues* partout en relief sur le sol de la plaine, mais en établissant ces digues à une hauteur telle qu'elles restent *submersibles* pour toutes les crues supérieures à celles contre lesquelles on veut défendre la plaine. Toutefois, comme les digues *submersibles continues* présentent de sérieuses difficultés dans leur établissement, et deviendraient dangereuses dans l'avenir si, comme cela est souvent arrivé, on augmentait leur hauteur, dans le but de les rendre insubmersibles, il convient d'en restreindre l'usage autant que possible.

On devrait même renoncer à défendre des plaines très basses et très fréquemment inondées en été, si ces plaines avaient une grande longueur. Car les inconvénients des digues submersibles continues deviennent d'autant plus grands que ces digues prennent un plus grand développement. En cas semblable, il convient d'attendre, pour faire des travaux de défense, que les plaines soient suffisamment exhaussées par les dépôts des crues; qu'elles soient *mûres,* pour nous servir d'une expression des ingénieurs italiens.

Si le fleuve que l'on considère est à lit mobile, et si par suite ses rives sont facilement corrodées par les eaux, le travail le plus utile que l'on puisse faire, pour améliorer la situation des plaines submersibles, est de défendre les berges de manière à empêcher leur corrosion.

Les travaux de défense des berges, combinés avec de petites digues *submersibles discontinues* sur les parties déprimées des berges, constitueraient sans doute, sur la plus grande partie de la longueur des rivières, le travail le plus utile et le plus efficace que l'on puisse faire pour défendre les plaines de faible largeur contre les inondations.

Tels sont les principes d'après lesquels on devrait régler les ouvrages de défense des plaines submersibles d'un cours d'eau sur lequel aucun ouvrage de cette nature n'aurait encore été construit.

G. — Sur un cas où des travaux nécessaires pour l'agriculture amènent des exhaussements de crues.

Sortis ordinairement des terrains de transition, les cours d'eau descendus du sud des Cévennes coupent la plupart des formations géologiques postérieures, qui se trouvent étagées depuis les alluvions modernes de la Méditerranée jusqu'aux terrains anciens des montagnes. Ces terrains ne reçoivent guère d'eaux permanentes et régulières que dans leur passage à travers les calcaires de la formation secondaire, tous perméables aux eaux de pluie, qui s'accumulent dans leurs intarissables réservoirs intérieurs. Dans tous les terrains autres que ces calcaires, les sources tarissent pendant l'été et les cours d'eau sont à sec ou n'ont qu'un très faible débit pendant la majeure partie de l'année ; mais, en revanche, ils se transforment en torrents pendant la saison des pluies.

Au point de vue agricole, les terrains traversés présentent trois caractères différents : Dans sa patie supérieure, chaque cours d'eau est, en général, encaissé entre des rochers escarpés, qui ne laissent aucune place à la végétation, sauf ça et là quelques lambeaux de champs ou de prairies disséminés sur les rochers. Dans sa partie moyenne, la vallée s'élargit ; les montagnes laissent entre elles des alluvions où divague le cours sinueux de la rivière. Enfin, dans sa partie inférieure, le cours d'eau traverse les vastes plaines du littoral.

Il n'y a rien à faire dans la première région, et l'on ne s'occupera pas ici de la troisième, où l'on a recours à des digues

insubmersibles. Restent les parties moyennes, qui ont le plus
à souffrir du ravage des eaux. Les riverains ne connaissent
guère d'autres moyens préservatifs que les épis en maçonnerie qu'ils construisent à l'amont de leurs propriétés, pour
rejeter les eaux du côté opposé. Il s'établit une lutte entre
les propriétaires ; c'est à qui élèvera les ouvrages les plus
solides, jusqu'au jour où les eaux, contournant et déracinant
ces obstacles, s'ouvrent un nouveau lit au milieu des terres
cultivées ; la vallée ne présente plus alors que de vastes graviers pour longtemps impropres à toute culture. Revenus de
leur premier découragement, les propriétaires y plantent des
osiers et des bois de rivage ; il se forme de nouveaux atterrissements et un nouveau sol qui s'améliore peu à peu, en
attendant qu'une nouvelle crue l'emporte à son tour.

Quand les eaux sont basses, l'excès de pente amène la formation de nombreux et capricieux méandres. Quand les
eaux sont fortes, le courant rectiligne étant rétabli et la
vitesse considérablement accrue, les graviers sont roulés, les
berges désagrégées, les épis et les arbres arrachés.

Le système des digues longitudinales, qui est loin de
détruire la vitesse, serait inefficace ou même désastreux.
Mais il est un moyen simple et facile de détruire l'excès de
vitesse des eaux, et on l'emploie journellement dans un autre
but. C'est l'établissement de barrages transversaux.

On conçoit en effet que dans une rivière barrée transversalement, par une chaussée assez haute pour ne pas être noyée
en temps de crue, la chute verticale des eaux anéantit une
grande partie de la force vive du courant.

Ce résultat ne repose pas simplement sur des principes
théoriques ; mille faits d'expérience viennent en prouver
l'exactitude, sur tous les points du département de l'Hérault
où l'industrie a amené la construction de barrages.

On peut citer la Lergue, affluent de l'Hérault, dont toutes
les chutes sont utilisées par des usines sur une longueur de
6 kilomètres, tant en amont qu'en aval de Lodève. Les terres
.sont cultivées jusqu'au lit d'étiage, *qui n'est sujet à aucun
changement en temps de crue,* tandis qu'au dessous du der-

nier barrage il n'existe plus un seul lambeau de terre cultivable dans la partie submersible de la vallée.

Le même résultat se reproduit d'une manière encore plus frappante sur le Jaur, dans toute la partie correspondant au groupe des usines de Saint-Pons, Riols et Premian. Sur une longueur de 8 kilomètres environ, les terres voisines sont couvertes de prairies ; la végétation y est si puissante qu'elle gagne pendant l'été jusqu'au lit d'étiage, dont toutes les pierres saillantes se recouvrent d'herbe. En aval des barrages, au contraire, jusqu'au confluent de l'Orb, on ne trouve plus que des graviers stériles. Les eaux de la rivière ont tout ravagé d'une montagne à l'autre.

Comme dernier exemple, on peut citer le groupe des usines de Bédarieux, établies sur l'Orb vers le milieu du siècle. Bien que plusieurs des barrages n'y aient pas une hauteur suffisante et qu'il existe des chutes perdues d'une chaussée à l'autre, nous n'en voyons pas moins le lit de la rivière se fixer peu à peu. Les prairies gagnent sur les graviers, tandis que, par un contraste frappant, les plaines du Bousquet à l'amont, celles du Poujol à l'aval, ne présentent que des plages désolées, au milieu desquelles la rivière déplace son lit à chaque crue.

A voir ces excellents résultats, conséquence indirecte de la construction des barrages d'usines, on se demande pourquoi l'on ne construirait pas des ouvrages semblables dans les vallées du même genre, pour arrêter les désastres des inondations, sauf à utiliser ultérieurement les chutes pour l'industrie ?

Par l'effet des barrages, la vitesse, en dehors des chutes, est considérablement réduite et il se produit, dès les premières crues, un colmatage puissant, qui élève les deux berges de la rivière en les recouvrant d'une épaisse couche d'excellent limon. Cette amélioration marche bien plus vite encore lorsqu'on plante des boutures d'osier sur les graviers.

L'établissement de barrages fixes et verticaux, assez élevés pour que la chute ne s'efface pas en temps de crue, est donc à recommander dans les petites vallées d'alluvion à forte pente, qui se trouvent en si grand nombre dans les parties montagneuses de la France. Il importe peu que la hauteur des crues soit augmentée, quand c'est à ce prix que la production peut se développer sur un territoire.

Ce qui précède est un abrégé du mémoire publié par M. Duponchel dans les *Annales* de 1857. Voir ci-dessus (page 84), dans le même ordre d'idées, la citation que nous avons faite d'un passage de Belgrand. Les T de la Durance sont des ouvrages transversaux, différemment placés, qui amènent aussi l'exhaussement des crues. On pourrait résumer le programme des travaux à faire dans les vallées en ces termes : 1° les ouvrages longitudinaux se composeront presque exclusivement de digues basses, constituant de nouvelles rives, établies en respectant les principes de la gradation des courbures, du rétrécissement et du tracé biconvexe aux points d'inflexion, et de la quasi-égalité des longueurs entre ces points ; 2° dans des cas spéciaux on pourra recourir aussi à des ouvrages transversaux ; ce seront de hauts barrages dans le lit ou des levées hors du lit, suivant les circonstances, ou des barrages noyés, rachetant les diminutions de pente courante pouvant résulter de la régularisation du lit.

Il y aurait lieu de recourir aux barrages noyés même pour une rivière non navigable, si, après une régularisation du cours d'eau, on trouvait moins onéreux d'empêcher le lit de se trop creuser que d'accroître les défenses des berges contre les affouillements ; à défaut de points fixes dans le lit, il se produirait des désordres indéfinis. Pour les rivières navigables, il ne faudrait pas adopter le système des barrages noyés rapprochés, quand la régularisation doit amener la réduction de la pente courante ; afin de profiter complètement de cette réduction, on divisera la rivière en biefs par de solides barrages de soutènement du lit, aussi distants que possible, leur écartement n'étant limité que par la difficulté croissante de la défense des rives et par la durée plus grande de la phase de transition.

Dans le cas mentionné à la page 56 (note), on n'aurait pu maintenir ni les rives ni le lit avec les vitesses augmentées par suite du raccourcissement du torrent, si l'on n'avait adopté des mesures spéciales. Celles-ci pouvaient consister dans la défense continue des rives et dans la défense du lit à l'aide de nombreux épis noyés transversaux, arasés dans le plan de la nouvelle pente générale ; mais la dépense eut été considérable, et l'on a très intelligemment disposé les choses de manière à racheter, par des barrages de soutènement du lit établis de distance en distance, une partie considérable de la chute totale ; le nouvel équilibre devait correspondre à l'amoindrissement des arrivages de matières solides, en même temps qu'à la réduction de la longueur. Ces matières sont presque toujours fournies en grande partie par les rives, en sorte qu'il suffit de défendre les berges d'un cours d'eau pour qu'il tende vers une réduction de la pente.

H. — Digues discontinues et levées [1].

La Durance ayant une grande déclivité et son débit ne des-

---

[1]. Résumé et extraits du mémoire de M. Hardy (*Annales de 1876*). — On a eu l'occasion de faire remarquer, dans l'*Étude*, que les T amènent l'exhaus-

cendant jamais au-dessous de 50 mètres cubes, on est en mesure de l'utiliser par d'importantes dérivations d'arrosage, qui dispensent la fertilité au loin sur ses deux rives; mais cette rivière est une menace perpétuelle pour les terrains qui avoisinent son lit. Ces terrains sont exposés à chaque crue, partout où le torrent est abandonné à lui-même, à être enlevés par les eaux; aussi des travaux de défense ont-ils été entrepris de temps immémorial : des vestiges d'anciennes constructions attestent leur incohérence, aussi bien que la mobilité du cours d'eau. Comme cela arrive ordinairement, tout travail défensif pour une rive était offensif pour l'autre rive, qui, se défendant à son tour, créait un nouveau danger pour la première; aussi peut-on dire qu'il n'y a eu que désordre jusqu'à l'adoption de plans d'ensemble.

Les premières tentatives ont été faites par les États de Provence, par quelques communautés religieuses et par la ville d'Avignon. Le système le plus généralement suivi consistait dans la fixation d'un lit mineur au moyen de digues submersibles en enrochement, dites *palières*, défendues dans les parties les plus exposées par des éperons, et dans l'établissement en arrière de digues en terre insubmersibles. C'est d'après ce système que des travaux importants ont été exécutés par les chartreux de Bompas et par la ville d'Avignon. La loi du 16 septembre 1807 vint aider à l'œuvre en facilitant l'association des intérêts. Dès l'année 1818, des syndicats furent institués pour exécuter les travaux d'endiguement aux frais des propriétaires intéressés, avec le concours de l'État. Ce concours, fixé par l'usage au tiers de la dépense, est d'abord accordé en principe, puis réalisé dans la mesure des ressources disponibles; le payement des intérêts des subventions en retard est à la charge des syndicats, seuls engagés vis-à-vis des entrepreneurs.

Une ordonnance du 26 août 1825 institua une commission mixte, chargée d'arrêter les plans annuels de campagne, d'après les tracés généraux qu'adopterait l'administration

---

sement des crues; c'est un petit inconvénient, comparativement au bien qu'ils font par ailleurs. Des digues insubmersibles continues provoqueraient un exhaussement bien plus considérable.

supérieure. Ces tracés, déterminant les alignements des digues submersibles, furent approuvés de 1837 à 1843; ils fixaient une largeur de lit mineur de 250 mètres à l'entrée de la Durance dans le département de Vaucluse, portée, par accroissements successifs, jusqu'à 400 mètres près de l'embouchure dans le Rhône ; les digues submersibles devaient avoir de 1^m,50 à 2^m au-dessus de l'étiage et se raccorder aux ouvrages existants. Mais la construction et l'entretien de ces ouvrages, étant hors de proportion avec les ressources disponibles, on prit le parti de ne construire que des éléments de la digue longitudinale, reliés aux points élevés de la vallée par des levées transversales insubmersibles. On a été ainsi ramené à la digue en T, dont la pratique était déjà ancienne sur la Durance[1]. A l'exception de quelques palières dans le bas de la rivière, sur le territoire d'Avignon, on a tout à fait renoncé à ce genre d'ouvrages: les levées transversales, bien qu'elles soient plus élevées, sont beaucoup moins dispendieuses que les digues submersibles longitudinales. La branche amont du T diminue, le long de la levée, la vitesse qui tend à se prononcer dans le sens de la longueur de cet ouvrage, que l'on peut établir économiquement en terre ou gravier, avec perré maçonné sur le talus d'amont seulement, sur la plus grande partie de sa longueur. L'élément de digue longitudinale, au point où s'y enracine la levée, doit être insubmersible sur une longueur de quelques mètres de chaque côté; mais en deçà elle doit être submersible pour prévenir par déversement une trop grande accumulation d'eau devant la levée, qui sans cette précaution

---

1. Il est parlé de digues de ce genre dans un ouvrage de Béraud, de l'Oratoire, professeur de mathématiques et de physique expérimentale au collège de Marseille, publié à Aix en 1791, et intitulé : *Mémoire sur la manière de resserrer le lit des torrents et des rivières.*

Dans cet ouvrage l'auteur donne la figure d'une digue transversale en T; mais il dit qu'on fait le plus souvent cette sorte de digue en forme d'L, dont la barre inférieure forme la branche longitudinale d'amont. Il s'élève contre cette disposition qui laisse le talus aval de la digue transversale sans défense, et recommande de former le T complet par le prolongement de la digue longitudinale, en aval de la digue transversale. Il préconise les digues en terre défendues par des plantations, de préférence aux digues en enrochements, *même pour les extrémités en plein courant.* Si l'on en a établi de ce genre, il n'en reste aucun vestige.

serait surmontée et détruite. Plus la branche amont du T est longue, plus le colmatage en amont a d'importance et mieux est préservée la levée ; l'expérience a démontré que la longueur de cette branche doit varier de 60 à 80 mètres. Quant à la branche aval, elle empêche la formation d'un courant dangereux le long du talus correspondant de la levée ; 25 à 30 mètres de longueur suffisent pour produire cet effet. Tout l'effort des crues se trouve ainsi concentré sur la digue longitudinale, principalement sur la branche d'amont ; aussi faut-il qu'elle soit très solidement établie, en blocs d'enrochement avec risberme[1], ainsi que la partie voisine de la levée.

En rapprochant suffisamment les **T**, le torrent ne peut plus décrire dans l'intervalle que des courbes peu prononcées.

On a remarqué que lors des crues les eaux prennent, le long de la levée, une pente égale à la moitié de celle du lit ; c'est donc cette pente qu'on donne à son couronnement, et on l'adopte aussi pour la partie amont de l'élément de digue longitudinale. Au point le plus élevé de la levée on s'établit à $1^m,50$ au-dessus des plus hautes eaux connues, et à $0^m,50$ seulement au point de croisement du T.

Les T doivent toujours être par couples en face l'un de l'autre sur les deux rives ; autrement il y aurait incidence d'une rive à l'autre, et les anses entre les T seraient plus creuses. Grâce à la disposition adoptée, le courant suit une direction à peu près parallèle à l'axe de la rivière.

La plus grande inondation connue est celle du 2 novembre 1843. Les eaux de la Durance s'élevèrent à 4 mètres environ au-dessus de l'étiage. On a calculé que le débit maximum, à la seconde, avait dû s'élever à 5.000 mètres cubes au passage de Mirabeau ; en étiage, le débit n'est que de 50 à 60 mètres cubes au même point.

Cette inondation mémorable, qui causa de grands désastres dans toute la vallée, amena les riverains à imprimer une vive impulsion aux travaux d'endiguement. De tous les syndicats

---

1. Voir les plans et coupes des T de la Durance, tome I, page 102 de *Rivières et Canaux.*

de la rive droite, ce fut celui de Pertuis qui montra le plus
d'empressement à se défendre; il est aujourd'hui récompensé
de ses efforts.

Pour une longueur de 10.570 mètres de rive, depuis les
rochers de la Loubière, où commence la plaine de Pertuis,
jusqu'à la commune de Villelaure, huit ouvrages ont été établis. Il n'existait avant 1843 qu'un commencement de la digue
longitudinale submersible dite le Grand-Fort de la Loubière,
remontant à plus d'un siècle; on a prolongé cette digue qui
forme la tête de la défense de la plaine de Pertuis, mais tous
les autres ouvrages sont des T.

Avant ces travaux, la Durance changeait de lit à chaque crue
un peu forte. Aujourd'hui, toute la plaine est à l'abri des corrosions. La surface colmatée est de 230 hectares; celle des
terrains autrefois non cultivés, et qui le sont maintenant, est
de 250 hectares; enfin, 1.120 hectares sont défendues contre
les ravages des inondations.

Les terrains colmatés ont actuellement une valeur de
850 francs l'hectare qui est à porter en entier au compte de la
plus-value, puisqu'ils n'existaient pas auparavant.

Les terrains devenus cultivables, qui anciennement étaient
utilisés pour le pâturage et ne valaient que 400 francs l'hectare,
se vendent aujourd'hui 2.400 francs; c'est donc 2.000 francs
par hectare à porter au compte de la plus-value.

Si l'on se reporte à l'époque immédiatement antérieure à
l'exécution des travaux, on trouve que la valeur des terrains
cultivés dans la plaine de Pertuis a plus que doublé. Plusieurs
causes ont contribué à cette augmentation considérable : une
générale, le développement de la richesse publique; d'autres
locales, la construction du canal de Cadenet, qui arrose toute
la plaine, et les travaux de défense contre la Durance. Il
résulte de renseignements circonstanciés, pris sur les lieux, que
cette dernière cause peut entrer dans la plus-value totale pour
une somme de 600 francs par hectare.

La plus-value résultant des travaux dont nous nous occupons peut donc s'établir de la manière suivante :

230 hectares de terrain colmaté à 850 francs
l'un. . .   .   .   195.500 fr.

250 hectares de terrain devenu cultivable
à 2.000 francs l'un. 500.000

1.120 hectares de terrain préservé à 600 fr.
l'un. 672.000

      Plus-value totale. .   .   .   .   .   .   1.367.500 fr.

Ce résultat a été acheté par les propriétaires syndiqués au prix de 733.152 francs.

La mobilité du lit a des effets singuliers sur la hauteur des crues. A l'échelle du pont de Mirabeau, situé à 15 kilomètres en amont du pont de Pertuis, la crue de 1860 s'est élevée à $0^m,66$ au-dessus de celle du 20 octobre 1872, tandis qu'au pont de Pertuis la première a été plus basse que la seconde de $0^m,15$. Ainsi la crue de 1860 aurait été jugée au pont de Mirabeau plus forte que celle de 1872, tandis qu'on aurait jugé le contraire au pont de Pertuis. Cette anomalie tient à ce que la crue de 1872 est arrivée après plusieurs crues successives, qui ont creusé le lit resserré entre les rochers du goulot de Mirabeau, tandis que la crue de 1860, arrivée soudainement, ne l'a pas trouvé dans le même état d'approfondissement. Au pont de Pertuis cet effet n'a pas pu se produire, à cause du barrage construit à 130 mètres en aval pour l'alimentation du canal de Marseille, barrage qui a retenu les graviers : la crue de 1872, bien qu'inférieure de $0^m,66$ à celle de 1860 au pont de Mirabeau, a été en réalité plus forte que cette dernière.

TABLE ALPHABÉTIQUE

PONTS EN MAÇONNERIE

PREMIÈRE PARTIE

STABILITÉ DES VOUTES

PAR

JEAN RÉSAL

Ingénieur des Ponts et Chaussées.

PARIS

LIBRAIRIE POLYTECHNIQUE

BAUDRY ET Cⁱᵉ, LIBRAIRES-ÉDITEURS

15, RUE DES SAINTS-PÈRES

MÊME MAISON A LIÈGE

1887

TABLE DES MATIÈRES

CHAPITRE PREMIER

RÉSISTANCE DES MAÇONNERIES

§ Ier. — Stabilité des prismes métalliques comprimés.

§ II. — Propriétés mécaniques des maçonneries.

§ III. — Stabilité des ouvrages en maçonnerie.

§ IV. — Déformation des ouvrages en maçonnerie.

CHAPITRE DEUXIÈME

THÉORIE DES VOUTES DROITES EN BERCEAU

§ Ier — Notions préliminaires sur la poussée et la courbe des pressions.

§ II. — Principes généraux des méthodes en usage pour vérifier la stabilité d'une voûte en maçonnerie.

§ III. — Méthode nouvelle pour la détermination de la courbe des pressions.

§ IV. — Effets des changements de température et des déformations dues à la charge.

CHAPITRE TROISIÈME

APPLICATIONS DE LA THÉORIE DES VOUTES

§ Ier. — Remarques préliminaires.

§ II. — Voûtes circulaires.

§ III. — Voûtes diverses.

§ IV. — De l'influence des procédés de construction sur les conditions de stabilité des voûtes.

CHAPITRE CINQUIÈME

RENSEIGNEMENTS PRATIQUES, FORMULES USUELLES

§ Ier. — **Matériaux de construction**.

§ II. — **Maçonneries**.

§ III. — **Épaisseurs des voûtes et des culées**.

CHAPITRE PREMIER

RÉSISTANCE DES MAÇONNERIES

SOMMAIRE :

§ 1er. *Stabilité des prismes métalliques comprimés.* — 1. Calcul du travail développé dans les pièces métalliques comprimées à section rectangulaire. — 2. Recherche de la déformation subie par une pièce prismatique comprimée. — 3. Stabilité des pièces métalliques.

§ 2. *Propriétés mécaniques des maçonneries.* — 4. Conditions d'établissement. — 5. Résistance à la compression. — 6. Résistance à l'extension. — 7. Résistance à l'effort tranchant : Maçonnerie appareillée par assises. — 8. Maçonnerie de blocage et béton.

§ 3. *Stabilité des ouvrages en maçonnerie.* — 9. Stabilité d'un prisme en maçonnerie soumis à un effort général de compression. — 10. Justification de la loi du trapèze. — 11. Stabilité d'un prisme en maçonnerie soumis à un effort partiel de compression. — 12. Résistance d'un prisme en maçonnerie à l'effort tranchant. — 13. Résistance des maçonneries aux charges concentrées.

§ 4. *Déformation des ouvrages en maçonnerie.* — 14. Élasticité des maçonneries. — 15. Contraction des mortiers. — 16. Tassement des maçonneries. — 17. Action de la température sur les maçonneries.

Dans le premier chapitre d'un ouvrage sur les ponts métalliques, nous avons exposé les principes fondamentaux de la résistance des matériaux, et donné les formules élémentaires, relatives au calcul des pièces métalliques, qui en découlent. Nous allons examiner à présent dans quelles limites ces principes sont admissibles, et les formules applicables, lorsque les ouvrages dont on veut étudier les conditions de stabilité sont exécutés en maçonnerie. Mais tout d'abord nous croyons nécessaire, au début du chapitre de la *Résistance des matériaux* relatif aux massifs en maçonnerie, de revenir sur un cas particulier du calcul des pièces prismatiques en métal, ce cas devant servir de base à notre étude.

§ 1er

STABILITÉ DES PRISMES MÉTALLIQUES COMPRIMÉS

1. — Calcul du travail développé dans les pièces métalliques comprimées à section rectangulaire. — Considérons une *pièce prismatique* à section rectangulaire, formée d'un métal parfaitement élastique, comme le fer ou l'acier par exemple. Nous supposons ce solide engendré par un profil plan rectangulaire, de dimensions variables, qui se déplace normalement à une ligne continue, droite ou courbe, que le centre de gravité de son aire est assujetti à décrire. Nous désignons par *section transversale* de la pièce prismatique le profil plan rectangulaire générateur, et par *axe longitudinal* le lieu décrit par son centre de gravité. Nous admettons en outre :

1° Que la variation de la section transversale rectangulaire est continue et peu rapide, de telle façon que deux sections très voisines soient presque identiques ;

2° Que l'axe de la pièce est une courbe plane et ne présente ni point angulaire ni point multiple, et que son rayon de courbure est toujours très grand comparativement à la dimension de la section transversale prise suivant ce rayon ;

3° Que l'un des axes de symétrie de la section transversale rectangulaire est assujetti, pendant la génération de la pièce prismatique, à se déplacer dans le plan de l'axe longitudinal, qui se trouve être par conséquent un plan de symétrie du solide considéré. Il en résulte que le solide est compris entre deux faces planes, parallèles à l'axe longitudinal, et deux surfaces cylindriques, engendrées par les côtés de la section perpendiculaires au plan de symétrie.

Soit ABCD (fig. 1), une section transversale de la pièce prismatique ainsi définie, MNN_1M_1 la coupe de cette pièce par son plan de symétrie, et MN l'axe de symétrie du rectangle ABCD situé dans ce plan. Supposons ce prisme sollicité par une force située dans le plan de symétrie MNN_1M_1 et dirigée de ma-

nière à repousser la section MN sur la section infiniment
voisine M'N', à exercer par conséquent sur le solide un effort de
compression. Cette force développera, dans la portion comprise entre les sections MN et
M'N', des *actions moléculaires*
ou *forces élastiques*, qui lui feront équilibre. L'intensité, par
unité de surface, des actions moléculaires déterminées en un
point quelconque de la section
transversale est ce qu'on appelle
le *travail* subi par le métal en
ce point. Nous allons indiquer
comment on peut évaluer ce travail.

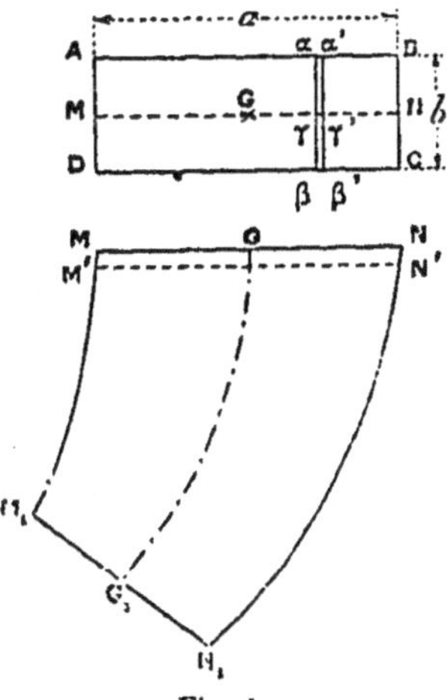

Fig. 1.

Nous admettrons, tout d'abord, qu'en vertu de la symétrie
du solide considéré, et de la direction de la force qui le sollicite, le travail du métal a même valeur pour tous les points
de la section transversale situés sur une même droite $\alpha\gamma\beta$ perpendiculaire à l'axe de symétrie MN : c'est la conséquence
d'une hypothèse fondamentale de la résistance des matériaux,
qu'il convient d'admettre sans démonstration comme un résultat d'expérience [1]. Il nous suffira ainsi d'étudier la répartition des forces moléculaires développées sur la droite MN,
dont chaque élément $\gamma\gamma'$ correspond à une zone uniformément
fatiguée, limitée par les deux droites $\alpha\beta$ et $\alpha'\beta'$ parallèles à la
ligne AD.

Nous considérerons successivement trois cas :

A. La force F est normale à la section transversale ABCD

---

1. Cette hypothèse n'est pas nécessaire lorsqu'on étudie les conditions de
stabilité des prismes en maçonnerie : pour ce genre d'ouvrages, la force
située dans le plan MNM_1N_1 est toujours, ou presque toujours, la résultante
d'une série de forces parallèles appliquées en tous les points d'une droite
perpendiculaire à MN. Dans ces conditions, l'uniformité du travail sur la
droite $\alpha\gamma\beta$ est évidente, puisque le prisme total est décomposable en une
série de prismes égaux, de même longueur a, où la dimension b serait supposée infiniment petite, et placés identiquement dans les mêmes conditions
de stabilité. (Voir l'article 13.)

et passe par son centre G. Elle est, par conséquent, tangente en G à l'axe longitudinal GG_1. Dans cette hypothèse, l'effort de compression est uniformément réparti sur la droite MN, et par suite sur toute la section transversale. La valeur du travail à la compression est donnée, pour tous les points de la section, par la formule :

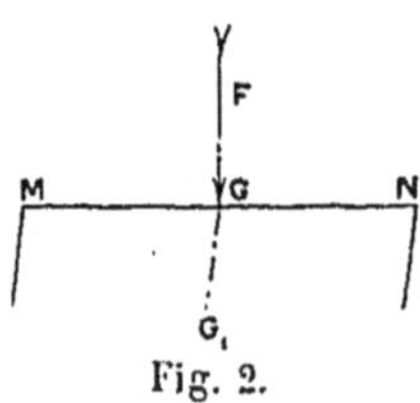

Fig. 2.

$$R = \frac{F}{ab},$$

où l'on désigne par F l'intensité de la force, exprimée en kilogrammes, et par a et b les longueurs des côtés AB et BC de la section transversale considérée.

B. Supposons que la force F, toujours perpendiculaire à la droite MN, soit appliquée en un point H situé à une distance u du centre de gravité G : le travail à la compression varie alors d'un point à l'autre de la droite MN (fig. 3).

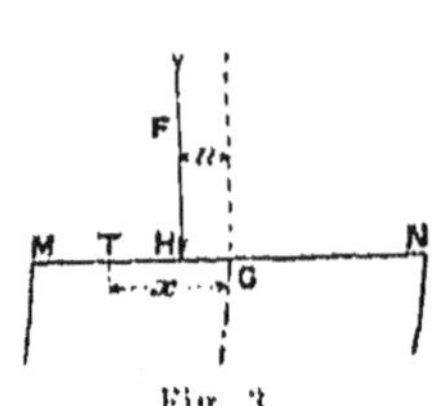

Fig. 3.

Soit T un point de cette droite défini par sa distance x au point G, que nous supposons être comptée positivement dans le sens de G vers H, point d'application de la force, et négativement dans le sens opposé, de façon à bien distinguer la zone GN de la zone GM coupée par la direction de la force F.

Le travail de compression développé en T sera donné par la formule :

$$R = \frac{F}{ab} + \frac{Fux}{I}.$$

I indique le moment d'inertie de la section transversale ABCD. Nous jugeons inutile de donner ici la définition du moment d'inertie d'un profil plan. Nous nous bornons à mentionner que pour un rectangle, tel que ABCD, qui a pour dimensions la longueur a dans le plan de symétrie de la pièce, et la largeur b dans la direction perpendiculaire à ce plan, le moment d'inertie a pour valeur $\frac{1}{12} a^3 b$.

Nous renvoyons, pour plus amples développements sur le moment d'inertie des surfaces, au chapitre premier de notre étude sur les ponts métalliques.

La formule précédente devient donc, en remplaçant I par sa valeur :

$$R = \frac{F}{ab} + 12\frac{Fux}{a^3b} = \frac{F}{ab}\left(\frac{1 + 12\,ux}{a^2}\right).$$

En discutant cette formule, on voit que le travail à la compression R atteint son maximum lorsque l'on attribue à x sa plus grande valeur : $GM = \frac{a}{2}$, correspondant à l'extrémité M de la section transversale la plus voisine du point d'application H de la force F. On a en ce point M :

$$R' = \frac{F}{ab}\left(1 + \frac{6\,u}{a}\right).$$

Si, partant du point M, nous nous dirigeons vers N, nous remarquons que, x allant en décroissant, la valeur de R va régulièrement en diminuant; x devient nul pour le point G, puis prend, à partir de G, des valeurs négatives croissantes jusqu'en N. R continue donc à diminuer et atteint son minimum en N, extrémité de la section la plus éloignée du point d'application H de la force F. On a en N : $x = -\frac{a}{2}$.

$$R'' = \frac{F}{ab}\left(1 - \frac{6\,u}{a}\right).$$

Il peut se présenter 3 cas : 1° $1 > \frac{6\,u}{a}$ ou $u < \frac{a}{6}$. La distance GH est plus petite que le tiers de la demi-longueur GM de la section transversale.

En ce cas l'on a : $R'' > 0$. Le métal subit en N un effort de compression.

2° $1 = \frac{6\,u}{a}$, $u = \frac{a}{6}$. La force F passe au tiers de la longueur GM, à partir du centre de gravité G.

On a alors : $R'' = 0$. L'effort à la compression, maximum en N, va en diminuant jusqu'au point M, où il s'annule.

3° $1 < \dfrac{6u}{a}$ ou $u > \dfrac{a}{6}$. La force F est appliquée en un point situé dans le premier tiers de la longueur MN à partir de l'extrémité M.

En ce cas le travail à la compression R, toujours maximum en M, s'annule en un point O (fig. 4) de la zone GN, dont la distance GO au point G est fournie par la relation :

$$1 - \frac{12ux}{a^2} = 0 \;;\; \text{d'où } x = \frac{a^2}{12u}.$$

A partir du point O, R change de signe et devient négatif, ce qui signifie que le métal, au lieu de subir une compression, subit une extension. Le maximum du travail à l'extension déterminé dans la zone ON correspond au point N, et sa valeur est toujours repré-

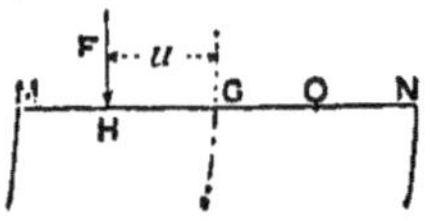

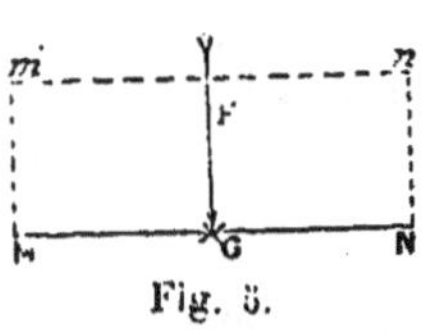
Fig. 4.

sentée par :

$$R'' = \frac{F}{ab} \left(1 - \frac{6u}{a} \right).$$

La valeur absolue du travail maximum à l'extension R″ est toujours inférieure à la valeur absolue du travail maximum à la compression R′ : la différence entre ces deux valeurs absolues est égale à $\dfrac{2F}{ab}$.

On peut représenter graphiquement ces divers résultats, au moyen d'une construction géométrique, qui consiste à élever, en chaque point de la droite MN, une ordonnée proportionnelle au travail développé en ce point : le lieu des extrémités de ces ordonnées est une ligne droite *mn*, qui représente la répartition sur la section transversale de l'effort de compression subi par la pièce prismatique.

Les figures obtenues dans les différents cas considérés précédemment sont les suivantes :

1° $u = 0$ (fig. 5). La force F passe au centre de gravité G. La droite *mn* est parallèle à MN, avec laquelle elle forme le rectangle *mn*NM.

Fig. 5.

2° $u < \dfrac{a}{6}$ (fig. 6). La force F passe par

un point situé dans le premier tiers de la droite GM à partir de G. La droite *mn* est oblique et forme avec MN un trapèze, dont le centre de gravité est situé sur la force F : cela est évident d'ailleurs, puisque la force F, faisant équilibre aux actions moléculaires développées dans la section transversale,

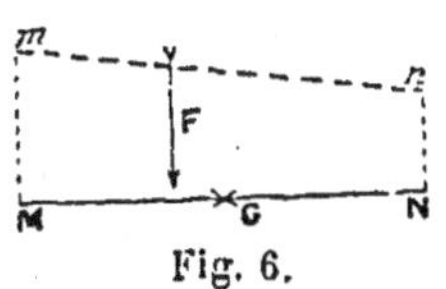

Fig. 6.

qui sont proportionnelles aux ordonnées de la droite *mn*, doit être égale et directement opposée à leur résultante ; or cette résultante passe par le centre de gravité du trapèze dont la surface représente l'ensemble des composantes.

$3^{\circ}\ u = \dfrac{a}{6}$ (fig. 7). La force F passe au tiers de la droite GM, à partir de G.

La droite *mn* forme avec la droite MN un triangle, le point *n* coïncidant avec le point N ; le centre de gravité de ce triangle est encore placé sur la direction de la force F.

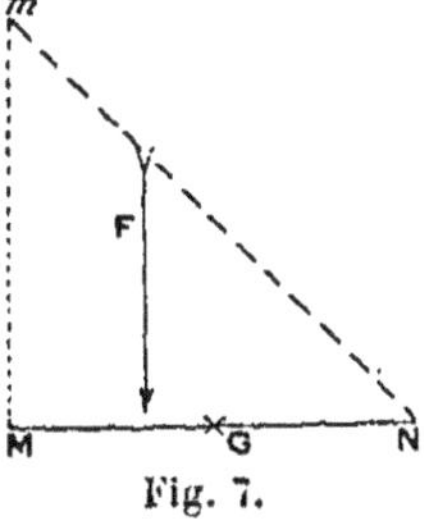

Fig. 7.

$4^{\circ}\ \dfrac{a}{2} > u > \dfrac{a}{6}$ (fig. 8). La force F passe par un point de la droite MG plus éloigné de G que le tiers de sa longueur.

La droite *mn* forme avec la droite MN deux triangles *m*OM et *n*ON opposés par le sommet. Le triangle *m*OM représente le travail à la compression, et le triangle *n*ON le travail à l'extension.

Si on détermine séparément les centres de gravité de ces deux triangles et qu'on y applique deux forces parallèles à F et dirigées en sens contraire l'une de l'autre, de

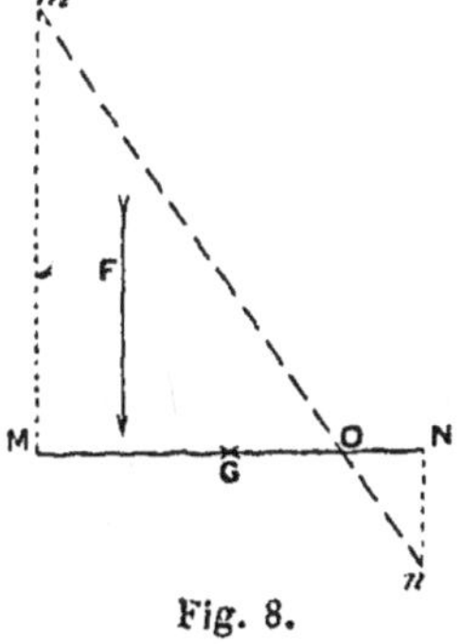

Fig. 8.

lèles à F et dirigées en sens contraire l'une de l'autre, de grandeurs respectivement proportionnelles aux surfaces des triangles correspondants, la direction de leur résultante coïncidera avec celle de la force F : cette force passe donc encore par le centre de gravité des triangles *m*OM et *n*ON, à condition de considérer ce dernier comme négatif, et sa surface comme devant être retranchée géométriquement de celle de mOM dans la recherche du centre de gravité.

5° On peut encore supposer le point d'application de la force F situé en dehors de la section transversale, au delà du point M. La formule précédente pour l'évaluation du travail resterait encore applicable, le point O se rapprochant de G, et le rapport des ordonnées nN et mM augmentant, tout en restant inférieur à 1. A la limite, en supposant u infini, ce qui revient à admettre que la section transversale est soumise à l'action d'un couple et non plus d'une force isolée, on aurait $R' = R''$ et $Nn = Mm$ (fig. 9). Le point O viendrait en G (fig. 9), et l'on se trouverait dans le cas d'un prisme subissant un effort de flexion simple, alors que, dans le cas précédent, il y avait simultanément compression et flexion.

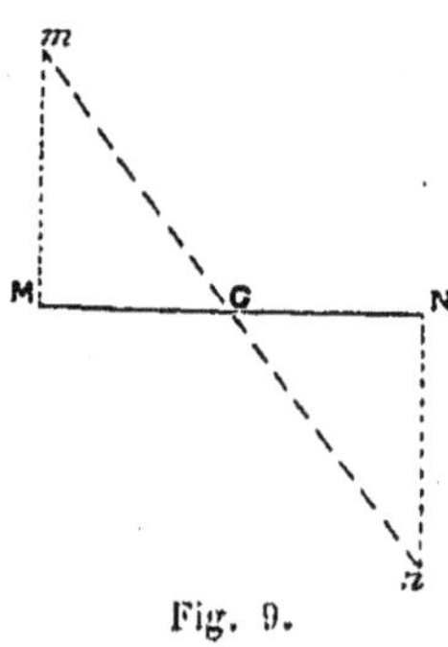

Fig. 9.

C. Supposons que la force F ait une direction oblique par rapport à la section transversale MN, et fasse par exemple un angle α avec la direction GM (fig. 10).

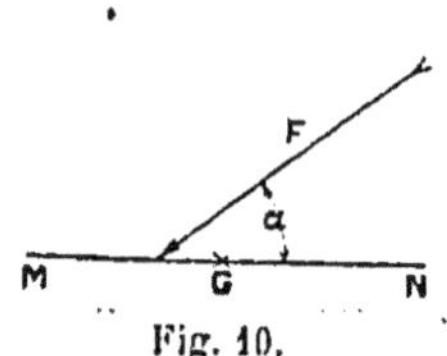

Fig. 10.

Pour nous rendre compte de l'effet produit sur la pièce prismatique, nous décomposerons la force F en deux autres, l'une normale à la droite MN, l'autre dirigée suivant cette direction même. La composante F sin α, perpendiculaire à MN, est dite l'*effort normal* de compression, et la composante F cos α, dirigée suivant MN, est dite l'*effort tranchant*.

Pour évaluer le travail dû à la première force F sin α, nous n'aurons qu'à appliquer la formule du cas précédent, dans lequel nous rentrons, puisqu'il s'agit d'une force normale à la section transversale.

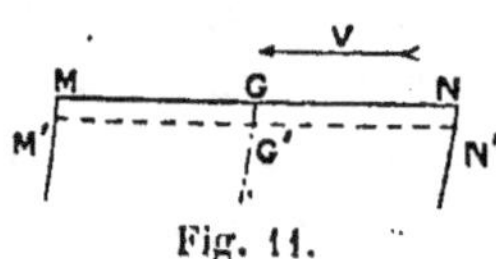

Fig. 11.

Quant à l'effort tranchant $V = F \cos \alpha$, dirigé suivant MN, il tend à faire glisser la section MN sur la section infiniment voisine M'N' (fig. 11). La cohésion du métal s'oppose à ce que ce mouvement se produise, mais, pour que l'équilibre subsiste, il faut nécessairement qu'il se développe dans la masse MNM'N' des actions moléculaires dirigées parallèlement et en sens contraire de la force F cos α. Le travail correspondant à ces actions moléculaires, dit travail au *cisaillement* ou à l'*effort tranchant*, atteint au milieu G de la section transversale son maximum, qui est donné par la formule :

$$S = \frac{3}{2}\frac{V}{ab} = \frac{3}{2}\frac{F \cos \alpha}{ab}.$$

Cet effort va en diminuant de G en M, et il s'annule aux extrémités N et M de la section.

2. Recherche de la déformation subie par une pièce prismatique comprimée. — Les actions moléculaires, développées dans la pièce prismatique comprimée, sont le résultat de la déformation subie par cette pièce sous l'action de la force F. Nous allons indiquer comment on peut déterminer la nouvelle forme de la pièce déformée.

Soit MN (fig. 12) la section transversale à laquelle est appliquée la force F, PQ une section infiniment voisine, dont nous représentons par ds la distance, mesurée sur l'axe longitudinal, à la section MN.

La force F a pour effets : 1° de rapprocher la section MN de la section PQ de la quantité $\frac{Fds}{Eab}$. Si nous désignons

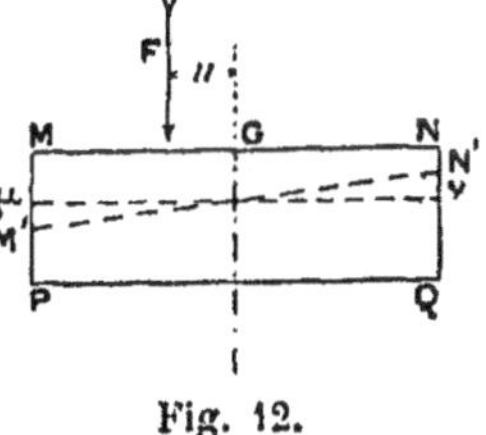

Fig. 12.

par δds la variation subie par la distance ds des deux sections considérées, on a : $\delta ds = \frac{Fds}{Eab}$. MN vient en $\mu\nu$ lorsque la force F est appliquée en G : c'est la seule déformation que subisse le prisme, qui est alors soumis à une compression simple. Si la force F passe à une distance u du point G, la section MN, après avoir été transportée parallèlement à elle-même en $\mu\nu$, subit un mouvement de rotation autour de son centre de gravité G, dans le sens de la force F. L'angle $\delta\theta$, dont la section tourne autour de G, pour venir de $\mu\nu$ dans sa position défini-tive M'N', est fourni par la relation :

$$\delta\theta = \frac{Fu}{EI}\,ds.$$

Cette déformation correspond à la flexion simple : c'est la seule que subisse la section MN lorsque la force F est rem-placée par un couple.

Dans les formules qui précèdent, E est un coefficient numé-rique dépendant de la nature du métal qui constitue le prisme. Ce coefficient, que l'on appelle le *coefficient d'élasticité longi-tudinale* du métal, a pour le fer, par exemple, une valeur moyenne égale à 2×10^{10}. Dans la seconde formule, I repré-sente le moment d'inertie de la section transversale qui, ainsi que nous l'avons déjà dit, a pour expression $\frac{1}{12}\,a^3 b$.

Cette relation peut donc s'écrire :

$$\delta\theta = \frac{12\,Fu}{a^3 b}\,ds.$$

Quant à l'effort tranchant, il ne joue aucun rôle dans la dé-formation de la pièce, et il n'y a pas lieu de s'en occuper.

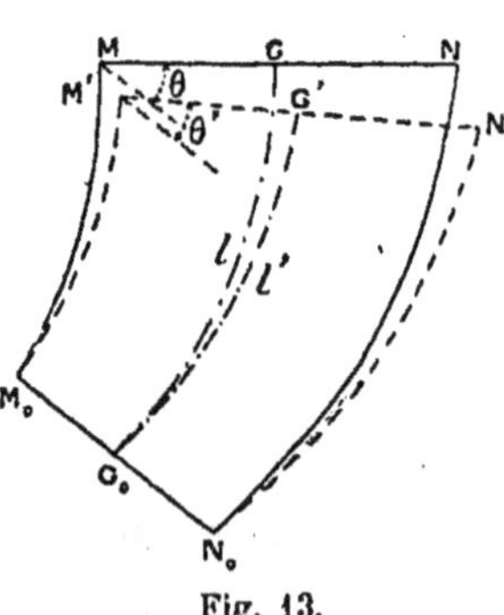

Fig. 13.

Nous venons de donner les for-mules différentielles qui permettent de calculer la déformation élémen-taire subie par la portion de prisme comprise entre deux sections infini-ment voisines. Supposons que l'on veuille calculer la déformation subie par une portion de prisme MNM_1N_1, dont la longueur GG_0, mesurée sur l'axe longitudinal, soit une grandeur finie égale à l (fig. 13).

Il suffira de faire la somme des déplacements élémentaires subis par la série des sections transversales infiniment voi-sines comprises entre M.N. et MN.

Soit M'N' la position finale de la section MN, après la dé-formation.

Désignons par θ et θ' les angles formés par les droites MN et M'N' avec la droite M_oN_o, prise pour origine, et par l et l' les longueurs GG_o et $G'G_o$ du prisme primitif et du prisme déformé.

Nous aurons les relations :

$$l' = l - \int_o^l \frac{F}{Eab}\, ds, \text{ et } \theta' = \theta - \int_o^{l} \frac{12\,Fu}{Ea^3b}\, ds.$$

Si les variables F, u, a et b peuvent être exprimées rationnellement en fonction de la variable indépendante s, il sera possible d'intégrer les deux expressions placées sous le signe $\int$, et l'on obtiendra ainsi une expression mathématique de l' et de θ'.

Dans le cas contraire, on ne peut obtenir ces deux intégrales définies que par quadrature : il faudra diviser le prisme en un certain nombre de parties, au moyen d'une série de sections très voisines se succédant entre MN et M_oN_o. Pour chaque section, on calculera la valeur numérique de $\frac{F}{Eab}$ et $\frac{12\,Fu}{Ea^3b}$; on multipliera ces résultats par la somme des demi-distances de chaque section aux sections précédente et suivante. L'on obtiendra ainsi deux séries de nombres, dont les totaux représenteront approximativement les intégrales définies

$$\int_o^l \frac{F}{Eab}\, ds, \text{ et } \int_o^{l} \frac{12\,Fu}{Ea^3b}\, ds.$$

Il est donc toujours possible de calculer, soit par une méthode mathématique et rigoureuse, soit par une méthode numérique et approximative, le déplacement subi par la section MN par rapport à la section M_oN_o, lorsque le problème est complètement déterminé, et que l'on connaît les valeurs de F, u, a et b correspondant à une section transversale quelconque. Il suffit de pouvoir calculer le travail subi par le métal dans une section quelconque d'une pièce prismatique sollicitée par des forces extérieures, pour que l'on puisse également calculer la déformation qu'il a subie, à condition, bien entendu, que l'on connaisse la valeur du *coefficient d'élasticité* E relatif à ce métal.

3. Stabilité des pièces métalliques. — Le but que l'on se propose, en appliquant à une pièce métallique, sollicitée par un certain nombre de forces connues, la méthode de calcul que nous venons d'exposer, est de vérifier que le travail maximum du métal ne dépasse en aucune section transversale une valeur limite que l'on a fixée d'avance en raison de la nature de la matière employée, et que l'on appelle sa *limite pratique de résistance*. Si cette limite n'est dépassée en aucun point de la pièce, on est assuré que celle-ci est susceptible de résister dans de bonnes conditions aux forces qui la sollicitent, et qu'elle ne court aucun danger de rupture ou de dislocation. Dans le cas contraire, elle n'a pas une stabilité suffisante, et il est bon d'augmenter ses dimensions, de manière à renforcer les points faibles, correspondant aux sections transversales où la valeur maximum du métal dépasse la limite pratique de résistance.

Nous renvoyons d'ailleurs, pour de plus amples renseignements sur la résistance des pièces métalliques, au premier chapitre de notre étude sur les ponts métalliques, où la question est traitée d'une manière plus complète.

Lorsque le solide comprimé est formé d'un métal parfaitement élastique, comme le fer ou l'acier, la limite pratique de résistance à la compression est sensiblement égale, et quelquefois même un peu inférieure à la limite pratique de résistance à l'extension. Il suffit alors, pour en vérifier la stabilité, de constater qu'en aucune section le travail maximum à la compression R' ne dépasse la limite pratique. Comme le travail à l'extension R'' est toujours inférieur à R', il est superflu de faire une vérification en ce qui le concerne.

La question se présente autrement lorsqu'il s'agit de la fonte, métal imparfait, auquel les règles de la résistance des matériaux ne sont applicables qu'avec certaines restrictions : la limite pratique de résistance à l'extension est en effet tout au plus égale à la moitié de la limite pratique de résistance à la compression, et, pour des fontes dures et cassantes, ce rapport peut même tomber au-dessous de $\frac{1}{3}$ et $\frac{1}{4}$.

Dans ce cas, il faut vérifier séparément que R′ et R″ ne dé-passent en aucune section les valeurs maxima qui correspon-dent à une stabilité suffisante : alors même que R′ ne serait pas excessif, R″, qui est plus petit en valeur absolue, pourrait dépasser la limite pratique pour l'extension.

Supposons que la résistance de la fonte à la compression soit le double de la résistance à l'extension, et que, dans une section transversale déterminée, la valeur de R′ atteigne exactement le maximum admis. Pour que la pièce soit stable, il faudra que l'on ait de plus : $R' \geq \dfrac{R''}{2}$.

Cette inégalité devient, en remplaçant R′ et R″ par leurs valeurs, en fonction des dimensions de la section transversale et de la résultante des forces extérieures, et en changeant le signe de R″, qui est négatif :

$$\frac{F}{ab}\left(\frac{6u}{a}-1\right) \leq \frac{1}{2}\frac{F}{ab}\left(1+\frac{6u}{a}\right).$$

D'où l'on tire :

$$u \leq \frac{a}{2}.$$

Cette condition signifie que le point d'application de la force F doit être à l'intérieur du profil rectangulaire qui limite la section transversale.

Nous en concluons que pour que la pièce en fonte douce, à section rectangulaire, dont nous parlons, soit établie dans de bonnes conditions de stabilité, il faut que le lieu des points de rencontre des diverses sections transversales avec les résul-tantes des forces qui les sollicitent (lieu que l'on appelle la *courbe des pressions* de la pièce) soit compris en totalité dans l'intérieur de l'ouvrage.

S'il n'en est pas ainsi, et qu'une partie de la courbe des pressions, telle que *a b* (fig. 14), sorte du contour de la pièce il faudra, pour que l'ouvrage soit stable, que la di-mension de sa section transversale, pour toute la zone correspondante $\alpha ab\beta$, soit calculée en vue de résister à la trac-

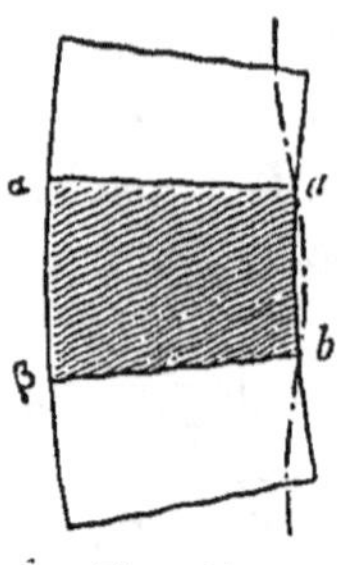

Fig. 14.

tion : par conséquent on sera conduit à abaisser la valeur du travail maximum à la compression R' au-dessous de la limite pratique, sans quoi, la pièce serait exposée à se rompre par extension entre a et b.

Supposons qu'au lieu de fonte douce, on ait employé une fonte dure, pour laquelle la limite pratique du travail à l'extension soit le tiers seulement de la limite pratique du travail à la compression. Nous établirions de même que la courbe des pressions ne doit pas sortir d'un noyau central, engendré par un rec-

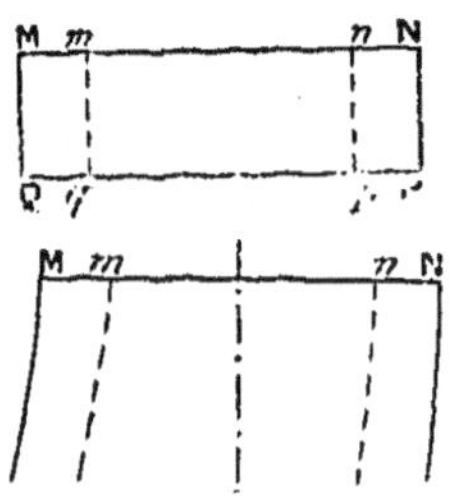

Fig. 15.

tangle $mnpq$ présentant les deux tiers de la largeur de la section transversale :

$$mn = \frac{2}{3}\,MN = 4\,Mm = 4\,nN \quad (\text{fig. } 15).$$

Ce cas particulier de la fonte, pour laquelle la résistance à l'extension est notablement inférieure à la résistance à la compression, nous servira de transition naturelle pour passer à l'étude des maçonneries, dont la résistance à l'extension est en général supposée nulle.

§ 2

PROPRIÉTÉS MÉCANIQUES DES MAÇONNERIES

4. Conditions d'établissement des maçonneries. — Les ouvrages que l'on désigne sous le nom générique de *maçonneries* sont répartis, d'après leur mode d'exécution, en plusieurs catégories.

1° On appelle *maçonneries à pierres sèches* les ouvrages formés de pierres naturelles ou artificielles, dont la forme plus ou moins irrégulière se rapproche d'habitude de celle du parallélipipède rectangle, posées à sec les unes sur les autres. Ces pierres étant en contact par leurs parties les plus saillantes, il existe toujours entre elles des vides, dont l'importance est d'autant plus grande que les matériaux sont plus irréguliers, et disposés avec moins de soin.

2° Dans les *maçonneries à bain de mortier* ou *maçonneries ordinaires*, les pierres sont entourées, sur toutes leurs faces, d'une matière adhérente, le *mortier*, qui remplit tous les vides ou joints, et établit une liaison entre toutes les parties de l'ouvrage.

Le mortier, matière plastique lorsqu'on en fait l'emploi, acquiert plus ou moins rapidement une résistance et une dureté variables avec la nature de la chaux ou du ciment, qui entre dans sa composition, et la proportion de substance inerte, sable ou gravier, mélangée avec cette chaux ou ce ciment.

La maçonnerie est exécutée par *assises* lorsque les pierres sont disposées en tranches successives séparées les unes des autres par des couches plus ou moins épaisses de mortier. On appelle *assise* chaque étage ou tranche de pierres, et *lit* la couche de mortier interposée entre deux assises. On appelle plus spécialement *joints* les portions du mortier qui remplissent les vides existant entre les pierres d'une même assise.

La maçonnerie est dite de *blocage* lorsque les pierres sont disposées de telle façon que tous les joints s'entrecroisent et se contrarient dans tous les sens, et qu'il n'existe pas de lit de mortier s'étendant à la fois sous plusieurs pierres voisines. Ce genre d'ouvrage se prête mal à l'exécution des parements vus, et c'est pourquoi on ne l'emploie que pour l'intérieur des massifs importants, ou pour des maçonneries sans parements vus. Il est d'ailleurs d'une exécution beaucoup plus difficile et coûteuse et on n'y a recours que lorsque son usage présente une utilité réelle, ou que les pierres, de formes très irrégulières et de grosseurs très variables, ne se prêtent pas à la confection d'un ouvrage par assises.

3° Le *béton* est formé de pierre cassée, composée de fragments de petite dimension et de forme irrégulière, noyée dans un bain de mortier qui en entoure toutes les parcelles et les relie entre elles. Il n'y a plus à proprement parler de joints dans le bloc ainsi formé, qui, par suite de son mode de fabrication, offre la même résistance dans toutes ses parties et dans toutes les directions.

La composition hétérogène des maçonneries fait que la résistance en est beaucoup plus difficile à évaluer que pour les métaux : elle dépend de la qualité des pierres, de celle du mortier, du rapport qui existe entre les quantités employées de ces deux matières, du soin apporté dans la confection de l'ouvrage, etc., enfin de l'âge des maçonneries. Il est d'ailleurs malaisé de la déterminer par expérience.

On a réussi toutefois à constater, avec une exactitude satisfaisante, dans un grand nombre de cas, la résistance de la pierre et du mortier, considérés à part, et l'on peut, avec une approximation suffisante, en déduire la résistance des massifs en maçonnerie, sur lesquels on n'a jusqu'ici fait que des essais directs très rares, dont les résultats sont assez incertains.

Nous indiquerons ultérieurement les valeurs numériques des coefficients de résistance pratique admis pour les différentes natures de matériaux en usage.

Nous allons d'abord examiner quels sont les caractères généraux que présentent les diverses catégories de maçonneries, au point de vue de la résistance à la compression, à l'extension et à l'effort tranchant.

5. Résistance à la compression des maçonneries. — Un massif de maçonnerie atteint sa limite de résistance à la compression lorsque l'un des éléments, qui le constituent, commence à s'écraser et à se désagréger.

Pour une construction à pierre sèche, les matériaux ne se touchent que par quelques saillies ; l'écrasement peut commencer sous une très faible charge, sauf à s'arrêter dès que la destruction des points en contact a élargi la surface mutuelle d'appui, et réparti la pression sur une plus grande étendue de pierres. Mais cet arrêt, dû à ce que les moellons se sont rapprochés, ne se produit qu'après un tassement du massif qui, s'il s'est manifesté d'une façon irrégulière, a pu causer des dislocations, et déterminer des lézardes portant atteinte à la solidité de la construction.

On ne peut donc se fier à la résistance d'un massif à pierre sèche, à moins qu'il ne soit construit avec un soin tout particulier, et que l'on n'ait eu la précaution de tailler les moellons avec une grande régularité, de façon à assurer leur contact sur de larges surfaces. Les *Anciens* ont élevé de ·cette façon des constructions sans mortier, dont la stabilité est comparable à celle des édifices modernes. Mais comme un pareil ouvrage exige plus de main-d'œuvre et est incontestablement plus coûteux qu'un ouvrage en maçonnerie ordinaire, sans jamais offrir une solidité plus grande, cet exemple n'est plus suivi, et nous admettrons que la maçonnerie à pierre sèche ne présente qu'une résistance à la compression tout à fait insignifiante, et doit toujours être rejetée, sauf pour certains travaux (perrés, revêtements), où l'effort de compression est presque négligeable.

Dans la maçonnerie ordinaire, le mortier, introduit et pressé avec force dans les vides des pierres, est en contact avec toute leur surface. On peut donc supposer que la pression se répartit dans le massif comme s'il était formé d'un seul bloc. Pour que la limite de résistance à la rupture soit atteinte, il faut que l'un des deux éléments, mortier ou pierres, commence à se désagréger sous l'influence de la pression uniformément répartie dans l'ensemble de l'ouvrage. En général, c'est le mortier qui céderait le premier, et c'est d'après sa résistance propre qu'on calcule les dimensions à attribuer à la construction. Il peut d'ailleurs en être autrement : par exemple, dans une maçonnerie en briques et ciment de Portland, la brique a une résistance inférieure à celle du mortier.

On n'admet en général pour valeur de la limite pratique de résistance à la compression que le dixième de la charge de rupture relative à l'élément le moins résistant, soit le mortier. Ce rapport peut paraître faible, étant donné que, pour les métaux on se rapproche beaucoup plus, dans les applications, de la charge de rupture. Mais il faut ici tenir compte des circonstances défavorables qui peuvent se présenter dans l'exécution de la maçonnerie, et diminuer notablement sa solidité :

2

négligence et irrégularité dans le remplissage et le bourrage des joints, emploi de pierres tendres ou malpropres, mauvaise préparation du mortier, etc. Enfin le mortier durcit souvent avec une grande lenteur, et l'on achève d'habitude les constructions avant qu'il n'ait pris toute sa force : il faut donc qu'il puisse supporter la charge totale alors que sa résistance est encore très inférieure à celle qu'il présentera plus tard.

C'est pour ce motif que l'on accepte comme convenable cette limite du dixième de la charge de rupture.

Quelquefois on se trouve dans l'obligation de la dépasser : il faut alors, pour éviter toute chance de ruine, vérifier avec soin la qualité et la taille des pierres, surveiller scrupuleusement la fabrication et l'emploi du mortier, astreindre les maçons à ne donner aux joints qu'une très faible épaisseur et à serrer fortement le mortier qui les remplit.

De cette façon on peut aller sans danger jusqu'au $\frac{1}{6}$ de la charge de rupture du mortier. Mais évidemment ce n'est là qu'une exception et on ne peut déployer un pareil soin que pour des ouvrages très importants. On a même constaté que dans une maçonnerie entièrement exécutée en pierres de taille, avec des joints très réguliers et très minces, la charge de rupture pourrait dépasser celle correspondant au mortier considéré isolément. En pareil cas, on pourrait, à la rigueur, aller jusqu'au $\frac{1}{5}$ ou au $\frac{1}{4}$ de la charge de rupture du mortier, mais il faut être bien certain qu'aucune malfaçon n'a été commise.

6. Résistance à la traction. — La résistance à la rupture par extension des matériaux qui entrent dans la confection des maçonneries est loin d'être égale, comme pour le fer ou l'acier, à la résistance à la rupture par compression. Dans le cas le plus favorable, celui du ciment de Portland employé pur, le rapport de ces deux résistances n'atteint pas $\frac{1}{5}$. D'habitude, il se rapproche de $\frac{1}{10}$ et souvent même est sensiblement inférieur à cette valeur.

Il semblerait donc à priori naturel d'admettre pour la résistance à la traction une limite pratique égale au dixième de la limite pratique relative à la compression. Mais on s'exposerait à des mécomptes, parce que la résistance à la traction d'un massif de maçonnerie est loin d'atteindre celle du moins solide des deux éléments associés, et que la rupture peut se produire avec une tension bien inférieure à celle que supporterait sans danger un bloc homogène de mortier ou de pierre :

1° Il arrive que l'adhérence du mortier sur la pierre est notablement plus faible que la cohésion propre de chacune de ces deux matières. Exemple : *plâtre* et *briques ;* certaines pierres compactes à grain fin, à surface polie, *porphyre*, *grès*, *silex*, employées avec un mortier quelconque.

2° Il est parfois difficile de bien nettoyer les moellons, qui restent enveloppés d'une mince pellicule d'argile, suffisante pour supprimer l'adhérence du mortier.

3° On emploie souvent, dans la construction, des pierres schisteuses présentant dans leur masse des fils, ou surfaces suivant lesquelles la rupture par traction s'effectue sous le moindre effort, tandis que ces défectuosités ne nuisent pas, d'une manière notable, à la résistance à la compression.

4° Certaines pierres calcaires très poreuses, lorsqu'on a le tort de les employer sans les avoir préalablement mouillées, surtout par un temps sec et avec un mortier additionné de très peu d'eau, absorbent immédiatement l'humidité contenue dans le mortier, avant que celui-ci n'ait fait prise, et cette seule circonstance suffit pour empêcher toute adhérence.

5° Une gelée intense survenant brusquement, après la confection des maçonneries, peut produire le même effet.

6° Enfin, même pour une maçonnerie exécutée d'une façon très soignée, avec des matériaux choisis, et en l'absence de toute malfaçon, il n'est pas possible d'avoir une entière sécurité. Les changements de température, qui agissent différemment sur les pierres et sur le mortier, dont les coefficients de dilatation sont souvent très distincts l'un de l'autre, doivent, sinon amener la rupture de ces matériaux, du moins développer dans leurs surfaces de contact des tensions tendant à les séparer et à entraîner la disjonction, lorsque l'on soumet l'ouvrage à un effort d'extension relativement faible. Cette cause de destruction n'a pas, à notre connaissance, été bien observée et étudiée, mais il nous semble difficile de la nier à priori.

Nous venons de montrer qu'il n'est pas possible de compter sur la résistance des maçonneries à un effort direct de traction, et par suite à un effort de flexion, qui ferait travailler certaines parties à l'extension. Dans la pratique, lorsqu'on est obligé de faire travailler certains ouvrages à la traction ou à la flexion, on prend le parti de les former d'une seule pièce, libage ou pierre de taille, de façon à n'avoir pas à se fier à l'adhérence du mortier, et à pouvoir tabler sur un coefficient de résistance bien certain, qui, ainsi que nous l'avons vu, s'éloigne peu du $\frac{1}{10}$ de la résistance à la compression.

Exemples : linteaux de portes, encorbellements de balcons ou d'escaliers, etc.

Lorsqu'il n'y a pas moyen de faire autrement, on a recours au mortier de ciment de Portland qui, employé abondamment avec des moellons d'excellente qualité prenant bien le mortier, peut donner une sécurité relative, si l'on s'astreint à ne pas dépasser pour l'effort maximum de traction $\frac{1}{20}$ au plus de l'effort maximum de compression.

Le béton, par suite de son homogénéité presque parfaite, échappe à presque toutes les causes de ruine précédemment énumérées, et doit être également préféré à la maçonnerie ordinaire, dès que l'on prévoit l'éventualité du travail à l'extension. Exemple : fondations d'ouvrages sur des terrains un peu compressibles. Il résiste fréquemment là où des maçonneries par assises, ou même des maçonneries de blocage, se lézarderaient et se disloqueraient.

7. Résistance à l'effort tranchant. — Maçonnerie appareillée par assises. — La résistance à la rupture par cisaillement des pierres et des mortiers a été peu étudiée et expérimentée : on n'a, à ce sujet, que des données rares et peu certaines. Toutefois on peut affirmer qu'elle est intermédiaire entre la résistance à la traction et la résistance à la compression, en se rapprochant plutôt de cette dernière. D'ailleurs, nous allons constater que, dans la pratique, on n'a nul besoin de ce renseignement, qui serait sans application.

Considérons un massif de maçonnerie ordinaire établi par assises (fig. 16), et supposons qu'une force tangentielle V, appliquée à l'assise supérieure, tende à la faire glisser sur l'assise inférieure. L'adhé-

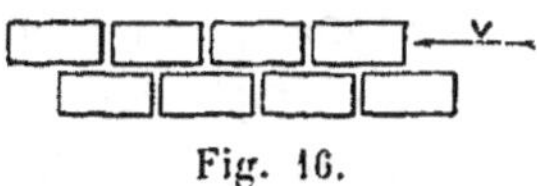

Fig. 16.

rence de la pierre avec le mortier pourrait seule empêcher le mouvement de se produire : nous avons vu précédemment que cette adhérence est toujours très faible et souvent nulle, et qu'il n'est pas possible de compter sur son efficacité. Nous en concluons qu'un massif de maçonnerie appareillé par assises, soumis à un effort dirigé parallèlement aux plans des lits, n'est pas en état d'équilibre stable et est exposé à se rompre.

Supposons que la force appliquée au massif, au lieu d'être parallèle au plan du lit MN, le rencontre obliquement (fig. 17) : désignons par α l'angle de sa direction S avec la normale au plan. On peut remplacer la force S par deux composantes, l'une tangentielle V, l'autre normale au plan F. La force V tend encore à faire glis-

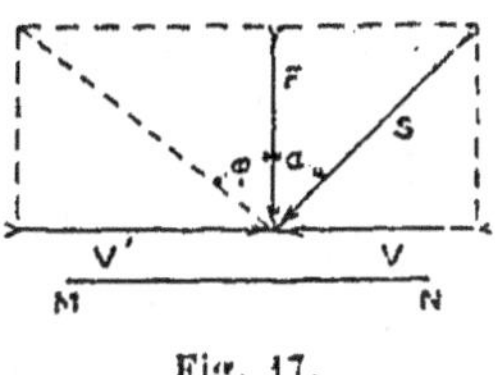

Fig. 17.

ser l'assise supérieure sur l'assise inférieure. Mais, dans le cas présent, la force F intervient pour maintenir l'équilibre, en développant entre les deux surfaces en contact une force de frottement V′ directement opposée à V.

L'intensité de cette force V′ est égale à celle de F multipliée par un coefficient f, dépendant de la nature des matériaux en présence, pierre et mortier, et que l'on appelle leur *coefficient de frottement mutuel*.

Pour que l'équilibre du massif persiste, il faut que l'on ait $V' = fF \geq V$. On appelle *angle de glissement* φ de deux matières juxtaposées l'angle qui a pour tangente trigonométrique le coefficient de frottement f. On a $V' = F \,\mathrm{tg}\, \varphi$, et d'autre part on peut poser : $V = F \,\mathrm{tg}\, \alpha$.

La condition d'équilibre peut donc s'écrire :

$$F \operatorname{tg} \varphi \geq F \operatorname{tg} \alpha,$$

ou :
$$\varphi \geq \alpha.$$

Par conséquent, pour que, dans une maçonnerie par assises ou à joints appareillés, il ne se produise pas de rupture par glissement d'une assise sur la suivante, il faut et il suffit que la réaction mutuelle S des deux assises fasse, avec la normale au plan du lit, un angle α inférieur ou tout au plus égal à l'angle mutuel de glissement des deux matières en contact.

Si cette condition est remplie, l'équilibre existe indépendamment de l'adhérence du mortier avec la pierre, qui peut être nulle sans inconvénient.

L'angle de glissement mutuel a été déterminé avec exactitude pour la plus grande partie des matériaux en usage. Il varie considérablement avec l'âge des mortiers. Lorsque le mortier est frais, au moment de la confection de la maçonnerie, cet angle est presque nul : on sait qu'un très faible effort latéral suffit pour déplacer une pierre de taille sur son lit de mortier. Il augmente rapidement au fur et à mesure que le mortier prend de la consistance.

Lorsqu'il a fait prise, $\operatorname{tg} \varphi$ devient sensiblement égal à 0,30 ou 0,40, et il finit par atteindre la valeur 0,75, sans jamais, dans l'hypothèse la plus favorable, dépasser l'unité, qui correspond à $\varphi = 45°$. On voit donc que les maçonneries par assises sont impropres à résister à des efforts obliques, si ces efforts se manifestent au moment même de leur exécution : c'est ce qui oblige à construire sur cintres les voûtes en maçonneries. Lorsque les efforts obliques ne doivent être supportés par les ouvrages qu'après la prise complète du mortier, l'équilibre ne peut être assuré que si l'angle formé par les résultantes des réactions mutuelles des assises successives avec les plans de lit est assez grand, et en tous cas toujours supérieur à 45°, limite inférieure correspondant aux maçonneries où le coefficient de frottement est exceptionnellement élevé. Il est bien entendu que nous faisons ici abstraction complète de l'adhérence du mortier sur la pierre, adhérence qui peut n'être pas négligeable, notamment pour la maçonnerie de ciment, mais dont on ne tient aucun compte pour la stabilité des ouvrages construits par assises.

8. Maçonnerie de blocage et béton. — Dans une maçonnerie de blocage, les joints se contrarient et s'entrecroisent dans tous les sens : il n'existe pas de lit de mortier continu pouvant constituer un plan de glissement. La séparation du massif par cisaillement, suivant la direction MN, ne pourrait s'opérer sans la rupture préalable d'un certain nombre de moellons, quelle que soit l'orientation de MN (fig. 18) : par suite, ce mode de dislocation mettrait

Fig. 18.

en jeu la résistance réelle au cisaillement des matériaux eux-mêmes, résistance considérable comme nous l'avons dit précédemment. Or il n'arrive jamais qu'un ouvrage en maçonnerie subisse un effort tranchant susceptible de produire ce résultat, sauf un cas particulier que nous traiterons plus loin (fig. 12). Il nous semble inutile de nous appesantir sur une hypothèse qui n'a pas de réalisation pratique.

Nous pouvons donc déclarer que jamais une maçonnerie de blocage (sauf l'exception mentionnée ci-dessus) n'est placée dans des conditions où elle puisse se rompre par cisaillement. Nous en dirons autant du béton, que son homogénéité rend susceptible de résister à des efforts dirigés dans tous les sens.

Nous en concluons que lorsque pour une cause quelconque (incertitude dans la direction réelle des réactions mutuelles des assises, variabilité de cette direction, impossibilité de faire concorder l'orientation des lits avec celle de ces réactions, etc.), on ne peut appareiller une maçonnerie de façon à être assuré que les lits sont tous sensiblement normaux aux réactions mutuelles des assises, il convient d'écarter ce mode de construction, et d'avoir recours à la maçonnerie de blocage ou à celle de béton, pour lesquelles les dangers de la rupture par cisaillement n'existent pas.

§ 3

STABILITÉ DES OUVRAGES EN MAÇONNERIE

9. Stabilité d'un prisme en maçonnerie soumis à un effort général de compression. — Soit ABCD un prisme en maçonnerie à section rectangulaire variable, dont

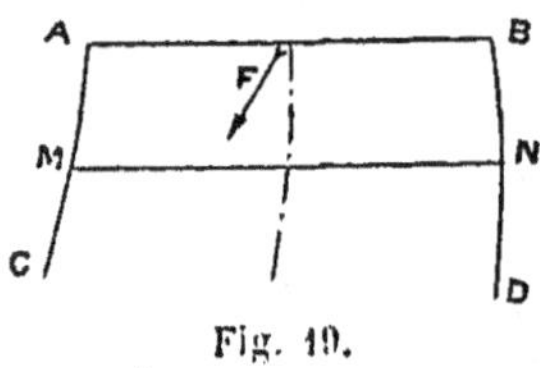

Fig. 19.

la forme géométrique satisfasse aux conditions posées dans l'article 1er du présent chapitre (fig. 19).

L'étude que nous venons de faire des propriétés mécaniques des maçonneries nous autorise à assimiler ce prisme à un corps homogène, offrant à la compression une résistance déterminée et à la traction une résistance nulle.

Nous pouvons donc appliquer sans réserve les formules relatives à la stabilité des prismes métalliques comprimés (1), tant que cette méthode ne conduira pas à admettre qu'un point quelconque de l'ouvrage travaille à l'extension.

A. Supposons que la résultante F des forces appliquées à une section transversale MN soit normale au plan de cette section et passe en son centre de gravité G (fig. 20). La pression est uniformément répartie sur toute la surface MN et le travail développé a pour valeur :

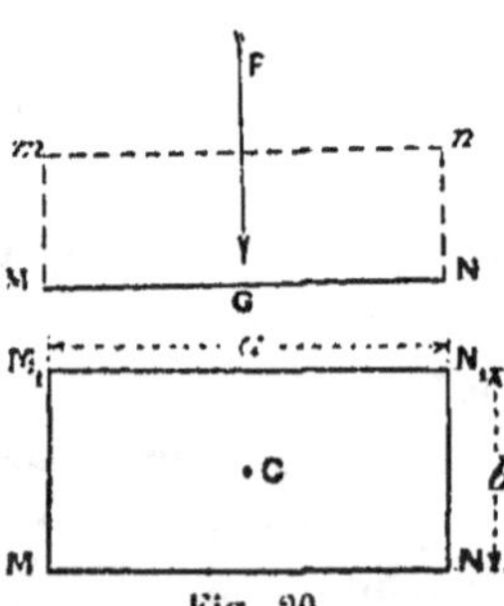

Fig. 20.

$$R = \frac{F}{ab},$$

en désignant par a et b les longueurs des côtés MN et MM₁ du rectangle MM₁N₁N. En élevant en chaque point de la droite MN une ordonnée proportionnelle au travail de compression qu'il subit, on obtiendra, pour ligne représentative du travail développé dans la section, une droite mn parallèle à MN : la figure mnNM est un rectangle.

B. Supposons que la force F rencontre la section MN en un point H, situé entre le centre de gravité G et le point I placé au tiers de la longueur GM à partir de G (fig. 21) :

$$HG = u < IG = \frac{a}{6}.$$

Prenons le point G pour origine des abscisses, comptées positivement dans le sens de G vers I, et négativement dans le sens opposé de G vers N.

Le travail développé en un point quelconque T de la section, défini

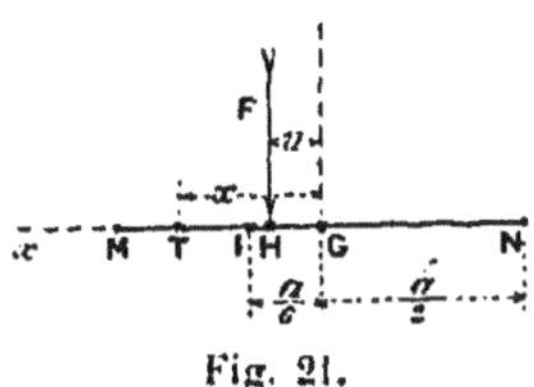

Fig. 21.

par son abscisse positive ou négative x, sera donné par la formule :

$$R = \frac{F}{ab}\left(1 + \frac{12\,ux}{a^2}\right)$$

La ligne représentative des pressions sera, dans le cas présent, une droite mn oblique par rapport à la droite MN, qui formera avec elle un trapèze mnNM ayant sa plus grande base mM à l'extrémité M de la section la plus voisine du point d'application H de la force, et sa plus petite base à l'extrémité opposée (fig. 22).

On a :

$$m\text{M} = \frac{F}{ab}\left(1 + \frac{6u}{a}\right),$$

$$n\text{N} = \frac{F}{ab}\left(1 - \frac{6u}{a}\right),$$

et $Gg = \dfrac{F}{ab}$: le travail développé en G est indépendant de u et de a, et a même valeur que si la force F passait au centre de gravité de la section.

La force F passe au centre de gravité du trapèze mnNM.

Le travail minimum Nn est d'autant plus faible qu'u est plus grand.

Dans le cas limite où la force F passe en I, au tiers de la distance GM (fig. 23), on a :

$$u = \frac{a}{6}, \; n\mathrm{N} = 0,$$

$$m\mathrm{M} = 2g\mathrm{G} = \frac{2\mathrm{F}}{ab}.$$

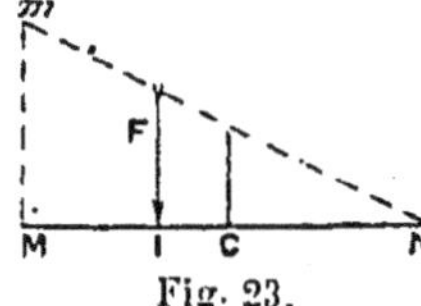
Fig. 23.

Le trapèze mnNM se réduit à un triangle mNM; la pression est nulle sur le côté NN, de la section transversale et maximum sur le côté MM$_1$, où elle atteint le double de sa valeur moyenne Gg.

10. Justification de la loi du trapèze. — Telle est la règle universellement admise par les constructeurs pour la recherche des actions moléculaires développés dans un massif de maçonnerie à section rectangulaire, soumis à un effort de compression. Cette règle, dite *loi du trapèze*, a été contestée par quelques ingénieurs qui l'ont traitée d'hypothèse absolument gratuite, sans d'ailleurs avoir jamais, à notre connaissance, proposé une méthode nouvelle qui pût lui être substituée.

Cette loi du trapèze est donc consacrée par l'usage, et nous ne croyons pas inutile de montrer qu'elle présente, tant au point de vue théorique qu'au point de vue expérimental, un caractère d'exactitude suffisamment démontré pour qu'on puisse s'en servir sans hésitation, dans tous les cas où l'on se propose de déterminer le mode. de répartition des pressions dans un ouvrage en maçonnerie.

Nous avons vu que cette loi résulte de l'extension faite aux ouvrages en maçonnerie du principe admis pour les ouvrages métalliques. En ce qui concerne les métaux tels que le fer et l'acier, l'hypothèse fondamentale de la résistance des matériaux, relative à la flexion des prismes, nous paraît rigoureusement justifiée par les expériences faites récemment par

M. *Considère*, ingénieur en chef des ponts et chaussées. Les essais très nombreux et les observations très précises, dont M. Considère a rendu compte dans les *Annales des Ponts et Chaussées* (1885, 1ᵉʳ semestre), lui ont permis d'étudier le mode de répartition des efforts et les déformations correspondantes d'une série de prismes métalliques, sous des charges croissant jusqu'à la limite de rupture. Or, il a constaté que les règles que nous avons énoncées précédemment (1) étaient absolument d'accord avec les faits, *tant que le travail maximum du métal ne dépassait pas d'une façon très notable la limite pratique de résistance admise par les constructeurs*. Le témoignage de M. Considère a ici d'autant plus de poids que cet ingénieur a constaté, à partir du moment où la limite pratique de résistance est sensiblement dépassée, une certaine discordance entre les observations et les principes théoriques; il a conduit ses investigations avec une précision suffisante pour déterminer expérimentalement la loi de répartition effective des efforts dans les barres soumises aux essais, et pour indiquer l'importance et la cause des écarts constatés entre la théorie et l'observation, à partir du moment où l'on se rapproche de la *limite d'élasticité* du métal[1].

La loi du trapèze étant ainsi complètement démontrée pour les métaux, il est logique et rationnel de l'étendre aux maçonneries qui semblent se comporter exactement comme les métaux sous l'influence des efforts de compression. On a proposé quelquefois de considérer les maçonneries comme formées, par opposition aux ouvrages métalliques, d'éléments indéformables et incompressibles : mais cette hypothèse, contraire aux principes de la mécanique, est démentie par les faits. On sait par exemple que les phares en maçonnerie et les hautes cheminées d'usine subissent, sous l'action des vents violents,

---

1. M. Considère donne de la *limite d'élasticité* la définition suivante : la limite d'élasticité est atteinte lorsque la déformation permanente ou définitive devient égale à la déformation élastique ou passagère (qui disparaît lorsque la cause, qui l'a amenée, cesse d'agir). La limite d'élasticité serait, d'après cette règle, au moins égale au triple de la limite pratique de résistance des métaux : on peut donc dépasser notablement celle-ci sans que la loi du trapèze cesse de fournir des indications conformes à la réalité expérimentale.

des déformations et des oscillations semblables à celle que l'on constate sur les ouvrages métalliques de même forme. Les maçonneries subissent donc bien des déformations élastiques comme les métaux, et si jusqu'ici on n'a pu en donner la démonstration expérimentale, et déterminer par des observations précises la valeur du coefficient d'élasticité, il faut l'attribuer aux difficultés que l'on rencontre pour effectuer dans ce but des expériences de laboratoire, et à la très grande rareté des cas où des observations précises peuvent être utilement faites sur les ouvrages existants : en ce qui concerne, par exemple, les oscillations que subissent les phares durant les tempêtes, il faudrait mesurer l'intensité du vent, la durée et l'amplitude des oscillations, ce qui ne peut se faire sans de grandes difficultés.

Nous ajouterons que cette loi du trapèze, en dehors de toute considération théorique et de tout résultat d'observation, est justifiée par les nombreuses applications que l'on en a faites depuis le commencement du siècle.

La théorie des murs de réservoirs qu'en a déduite M. *Delocre*, inspecteur général des ponts et chaussées, peut, en particulier, être considérée comme fournissant de cette règle une démonstration éclatante, puisque l'expérience a jusqu'ici vérifié toutes les prévisions de cette théorie, aussi bien pour les anciens ouvrages que pour les constructions modernes, auxquelles on a pu attribuer sans danger une hardiesse et une légèreté surprenantes, en abandonnant les formes lourdes et coûteuses adoptées, en dehors de toute considération théorique, par les constructeurs d'autrefois. L'importance de cette démonstration résulte précisément de ce que la loi du trapèze n'est nullement en concordance avec les vieux errements, mais qu'elle a tout au contraire conduit les ingénieurs modernes à rectifier, avec un succès complet, les pratiques vicieuses de leurs devanciers.

En résumé, nous admettrons la loi du trapèze comme parfaitement exacte et absolument démontrée, aussi bien pour les maçonneries que pour les métaux, et nous en conclurons que les mêmes formules sont applicables, sans modification aucune, aux uns et aux autres (sous la réserve de propor-

tionner les efforts maxima aux limites pratiques de résistance
admises), toutes les fois que ces formules ne conduisent pas à
constater l'existence d'efforts à l'extension, et que les forces
moléculaires développées dans les ouvrages donnent lieu à un
travail à la compression.

**11. Stabilité d'un prisme en maçonnerie soumis à
un effort partiel de compression.** — Reprenons l'étude des
conditions de stabilité d'un prisme en maçonnerie soumis à
un effort de compression.

Supposons que l'on ait $u > \dfrac{a}{6}$. Le point d'application H de
la force F est situé au delà du tiers de la longueur GM, à
partir de G (fig. 24).

En appliquant encore ici la formule
relative aux prismes métalliques (1),
nous trouverons que la section transversale MN est divisée en deux zones,
l'une MO qui travaille à la compression,
et l'autre ON à l'extension.

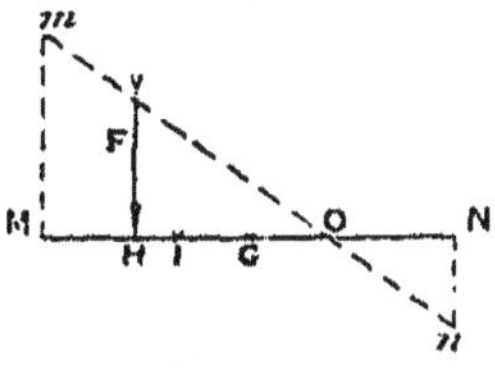

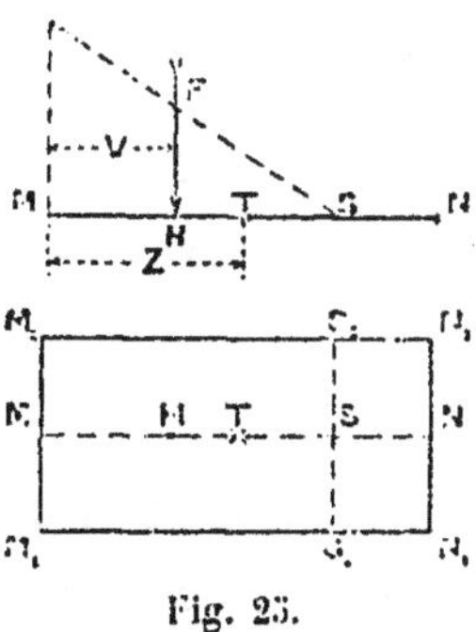

Fig. 24.

Or cet état d'équilibre est incompa-
tible avec les propriétés des maçonneries, qui, ainsi que nous
l'avons vu, ne sont pas susceptibles de résister à un effort de
traction.

Nous sommes donc amené à conclure qu'une rupture va se
produire en N, et que la lézarde s'éten-
dra jusqu'au point de la section où le
travail à l'extension deviendra nul. Les
conditions d'équilibre du massif se
trouvent ainsi complètement modifiées :
une portion de la section NS (fig. 25),
correspondant à la lézarde, ne subira
aucun travail moléculaire tandis que le
surplus MS sera soumis à des efforts
de compression faisant équilibre à la
force F. Le travail à la compression

Fig. 25.

étant nul en S et maximum en M, on voit immédiatement que
son intensité sera proportionnelle en chaque point de la

droite MS à l'ordonnée aboutissant à la droite mS. La force
F, égale et directement opposée à la résultante des efforts
moléculaires représentés par la surface du triangle mSN,
passera nécessairement par le centre de gravité de ce triangle,
et rencontrera par conséquent la droite MS au tiers de sa
longueur à partir de M.

Pour évaluer le travail développé en un point T de MS,
défini par sa distance z au point M, il y aura lieu d'appliquer
la formule suivante, où v désigne la distance MH de la force
F à l'arête M de la section, et qui fournit en chaque point la
valeur de l'ordonnée correspondante de la droite mS :

$$R = \frac{2F}{3bv}\left(1 - \frac{x}{3v}\right).$$

Le maximum de R s'obtient en M pour $x = 0$:

$$R' = \frac{2F}{3bv}.$$

La pression est ainsi égale au double de la pression
moyenne, obtenue en supposant la force F uniformément répartie sur la section $M_1M_2S_2S_1$.

Pour $x = 3v$, abscisse du point S, on a : $R'' = 0$.

La règle, que nous venons d'obtenir par des considérations
théoriques, est vérifiée par l'expérience.
Soient ABCD (fig. 26), un prisme en maçonnerie appareillé par assises normales
à son axe longitudinal, HH' la courbe des
pressions ou lieu des points de rencontre
des sections transversales successives avec
les résultantes F des forces qui leur sont
appliquées. D'après la règle précédente,
la zône KBB'K', marquée par des hachures
ne subit aucun travail et ses joints doivent
se fissurer et s'ouvrir. Or, c'est précisément ce que l'on constate dans un grand nombre de voûtes en maçonnerie.

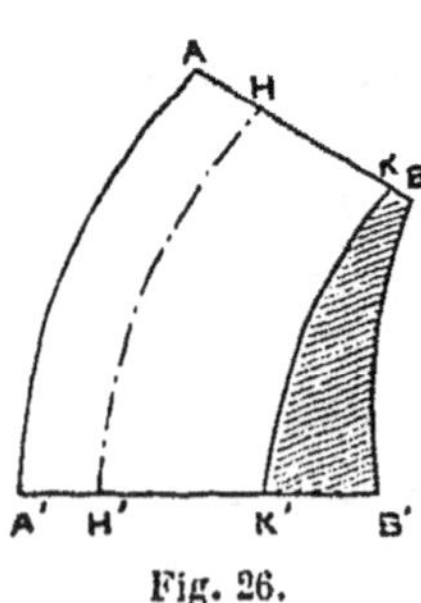

Fig. 26.

Il arrive parfois que le massif KBK'B' se sépare nettement
du surplus de la maçonnerie par une lézarde dirigée suivant
la ligne KK' (fig. 27).

Cela se présente notamment lorsque l'ouvrage est en maçonnerie de blocage, n'offrant pas de lits qui constituent des surfaces de moindre résistance prédisposées à se rompre, et lorsque l'origine K de la zone neutre, sur le profil extérieur du prisme, est située au sommet d'un angle rentrant BKB′ qui est un point faible de la construction et sert d'origine à la fissure KK′.

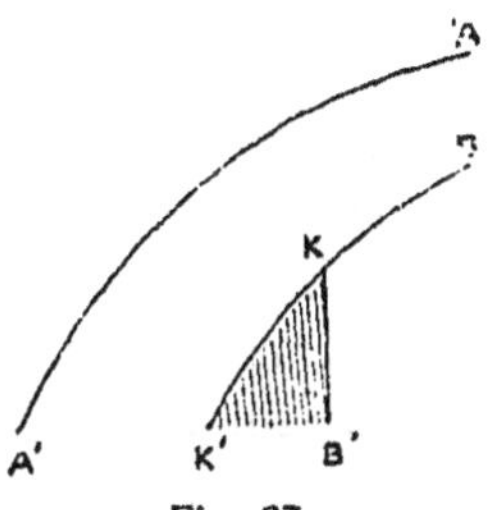
Fig. 27.

Dans ces circonstances, on voit que le massif ABK′A′ est tout à fait isolé et indépendant de la portion KK′B′, qui ne contribue plus en rien à sa stabilité : il convient donc de ne pas tenir compte de celle-ci dans les calculs de résistance relatifs à l'ouvrage. Cette remarque trouve son application dans l'étude des culées des ponts en maçonnerie.

Dans ce qui précède, nous avons admis, d'une manière absolue, que les maçonneries sont incapables de résister à un effort d'extension, si faible qu'il soit. Cette affirmation peut sembler excessive, surtout pour certaines maçonneries, béton, massifs avec mortier de ciment de Portland, etc. On peut toujours, en tout cas, effectuer les calculs dans les deux hypothèses extrêmes : 1° en admettant une résistance notable à l'extension, et appliquant la formule donnée pour les prismes métalliques; 2° en laissant de côté le massif KK′B′, et en ne tenant compte dans le calcul que de la portion AKK′A′, dont toutes les parties travaillent à la compression. On a la certitude que l'état d'équilibre effectif de l'ouvrage sera intermédiaire entre les deux cas extrêmes considérés, et si, dans l'une et l'autre hypothèse, la stabilité est assurée, on n'aura bien évidemment aucun mécompte à redouter.

Pour les ouvrages monolithes, balcons, escaliers, etc., il faut toujours appliquer la formule relative aux prismes métalliques, sauf à s'astreindre à ne dépasser sous aucun prétexte la limite pratique du travail à l'extension : en pareil cas, en effet une lézarde ne serait pas acceptable, et on peut toujours l'éviter en attribuant aux pierres des dimensions convenables. Remarquons d'ailleurs que dans les maçonneries, comme dans tous les corps élastiques, tout angle rentrant est un point faible et que toute fissure, qui commence à paraître, s'étend avec la plus grande facilité en des points où l'effort de traction devait être, d'après les calculs relatifs à l'ouvrage intact, très inférieur à la limite pratique de résistance. C'est là un fait d'expérience bien établi, que la théorie justifie de la manière la plus nette [1] (*Annales des Ponts et Chaussées*, 1er semestre 1885. *Études sur le fer et l'acier*, par M. Considère, page 598.)

Cette remarque a été faite de temps immémorial par les ouvriers carriers qui, pour débiter en deux morceaux un bloc

Fig. 29.

de pierre, commencent par y faire au ciseau une rainure où ils enfoncent des coins à coups de masse (fig. 29) : l'effort à développer pour diviser la pierre est indépendant de sa hauteur, et simplement proportionnel à la longueur de la rainure, ce qui vient bien à l'appui de notre thèse.

C'est pour ce motif que nous avons bien spécifié, avant de commencer l'étude des conditions de stabilité des maçon-

---

1. Il est facile de donner de ce phénomène une démonstration simple.
Soit ABCDEF (fig. 28) un prisme présentant en D un angle rentrant.

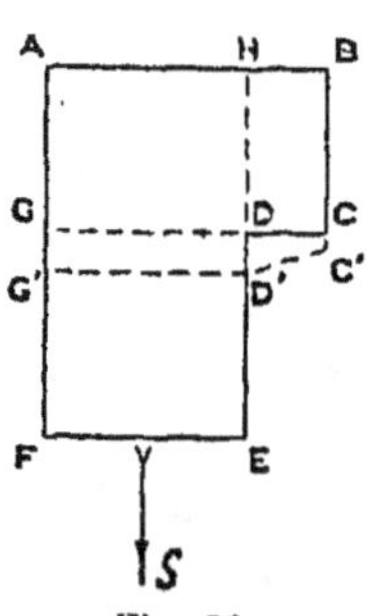

Fig. 28.

Supposons que la section FE soit sollicitée par une force S exerçant sur le solide un effort de traction : cet effort sera transmis à la section GD qui viendra, par suite de l'extension de la matière en G'D'; les fibres AG et HD s'allongeront et deviendront AG' et HD'.

La fibre BC n'est soumise à aucun travail, au moins dans la partie qui avoisine l'extrémité C, laquelle n'est évidemment pas sollicitée par la force S. Tout au plus la partie voisine du pont B est-elle soumise à une certaine traction, par suite de sa solidarité avec le prisme. Par conséquent la fibre BC subira un allongement notablement inférieur à celui de la fibre HD. Le point C venant en C', on aura CC' < DD'. L'on voit ainsi que l'angle droit CDE se transformera en un angle obtus C'D'E : il y aura par suite tendance à la production d'une fissure au sommet de l'angle, dont les deux côtés seront écartés.

Dans le cas d'une compression exercée sur le prisme, l'effet produit serait inverse : l'angle CDE au lieu de s'ouvrir se fermerait, et le métal tendrait à se plisser dans le voisinage du sommet D.

Un effet semblable se produirait à fortiori dans une pièce fléchie, où les fibres extrêmes telles que AF et HE éprouveraient la fatigue maximum.

On voit en définitive que, quel que soit le genre de travail subi par le prisme considéré, la section d'élargissement brusque constitue un point faible, et au point de vue de la stabilité, il serait préférable de supprimer l'élargissement HBCD, en attribuant au solide la forme régulière AHEF.

neries, l'absence de points angulaires dans l'axe longitudinal des prismes, ainsi que celle de variations brusques dans la section transversale.

Considérons un support de balcon en encorbellement, tel que ABCDEFG (fig. 30), présentant en C un angle rentrant : cet ouvrage n'offrira aucune sécurité, et, pour qu'il fût stable, il serait né-cessaire, bien que l'affirmation puisse sem-bler *a priori* paradoxale, de réduire la partie encastrée dans le mur en supprimant le rec-tangle BACC', de manière à faire disparaître l'angle rentrant, qui tend à amener la rup-ture de la pierre suivant la ligne CK.

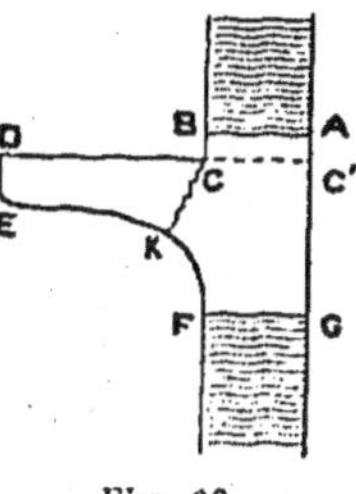

Fig. 30.

On sait d'ailleurs par expérience que l'emploi de crossettes dans les retombées des voûtes entraîne fréquemment des brisures, ou des lézardes ayant toujours leur origine dans l'angle rentrant [1].

12. Résistance d'un prisme en maçonnerie à l'effort tranchant. — Nous avons déjà exposé plus haut ce qui suit :

1° Si le prisme est appareillé par assises, il faut que l'angle, formé par la force S appliquée à une surface de lit quelconque et la normale au plan du lit, soit sensiblement plus petit que l'angle φ de glissement de la pierre sur le mortier, ce qui revient à dire que la courbe des pressions KK' (fig. 32) doit

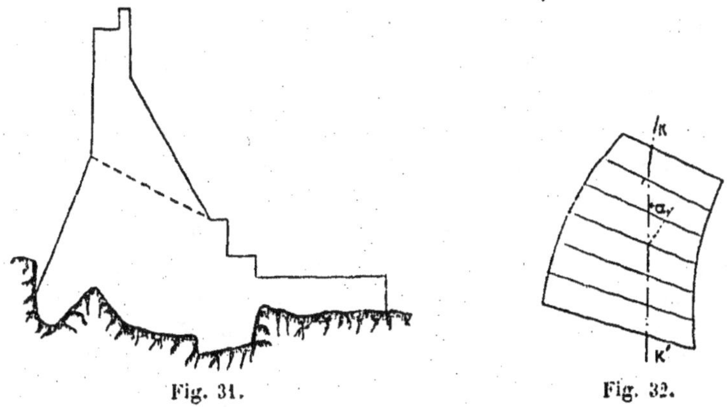

Fig. 31.

Fig. 32.

1. Le barrage en maçonnerie de l'Oued Fergoug (Habra), en Algérie,

couper chacune des assises de la maçonnerie sous un angle dont le complément α soit inférieur à l'angle de glissement φ. Cette condition est nécessaire et suffisante pour assurer la stabilité.

Lorsque le mortier est frais, l'angle φ est très petit et la courbe des pressions doit être dirigée presque normalement aux assises. Quand le mortier a acquis toute sa dureté, l'angle φ varie entre 30° et 45°.

2° Si le prisme est en béton ou en maçonnerie de blocage, le travail de cisaillement est toujours dans la pratique absolument insignifiant, et il n'y a pas lieu de s'en préoccuper : de pareils ouvrages se rompent toujours par extension ou compression, jamais par cisaillement.

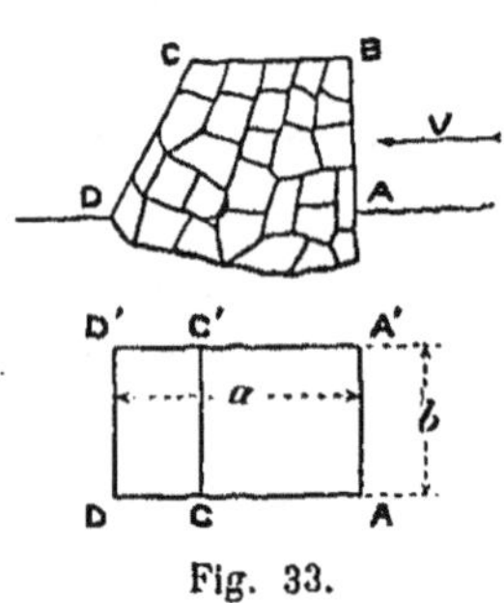

Fig. 33.

On peut citer, à titre d'exception à cette règle, le cas d'un buttoir ABCD, qui aurait à résister à une force tangentielle V (fig. 33).

Si la hauteur AB du buttoir est faible, relativement à sa largeur AD, il peut être soumis à un travail à l'effort tranchant supérieur au travail de flexion. En ce cas on peut calculer l'effort de cisaillement par la formule $S = \dfrac{V}{ab}$, a et b étant les deux dimensions de la base d'encastrement ADD'A' du buttoir.

Nous admettrons que la stabilité est assurée si le travail de cisaillement S ne dépasse pas la moitié de la limite pratique de résistance à la compression.

La résistance au cisaillement intervient encore dans les maçonneries soumises à des chocs répétés; mais en pareil cas il finit toujours par se produire une désagrégation de l'ouvrage, qui n'est pas susceptible de résister longtemps dans de semblables conditions. On est donc toujours obligé de protéger la maçonnerie contre l'effet destructeur des chocs, par

s'est rompu au droit d'un angle rentrant, qui existait sur le parement amont, soumis à un effort d'extension (fig. 31). (Guillemain, *Rivières et canaux*, tome II, pages 335 et 339.)

des matelas élastiques dont le travail moléculaire détruit la force vive développée par le choc : planchers en bois ou en asphalte, ressorts en métal, etc.

13. Résistance des maçonneries aux charges concentrées. — Jusqu'à présent, lorsque nous avons étudié dans ce chapitre l'effort produit par une force F, agissant sur une section transversale MN d'un prisme en métal ou en maçonnerie (fig. 34), nous avons toujours admis implicitement que cette force était en réalité la ré-

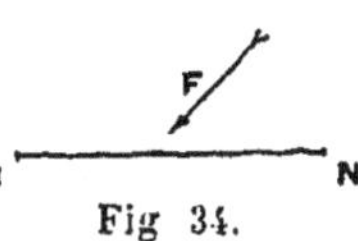

Fig 34.

sultante d'une infinité de forces infiniment petites et infiniment rapprochées, appliquées à tous les éléments de la surface MN, et faisant équilibre aux forces moléculaires développées sur cette surface. Le problème que nous avons traité est le suivant : *Sachant que la section transversale* MN *est sollicitée par une infinité de forces infiniment petites appliquées à tous ses éléments, et connaissant l'intensité et la direction de la résultante de ces forces, rechercher le travail développé en un point quelconque de cette section.*

La subdivision de la force en une infinité de forces réparties sur toute la surface de la section n'est pas une hypothèse de notre part, mais la constatation d'un fait existant, qui n'a pas besoin de démonstration théorique.

Nos raisonnements ne sont justes qu'à la condition d'admettre ce fait, qui, nous le répétons, est le cas général de la pratique.

Il peut arriver, toutefois, dans des circonstances exceptionnelles, que la force S, au lieu d'être évidemment répartie sur toute la section, soit non pas concentrée sur un point unique, ce qui serait contraire aux lois de la nature, mais répartie sur une fraction seulement de la surface. Nous pouvons citer, à titre d'exemple, le cas où une charge serait transmise à un massif de maçonnerie par un poteau dont la base ne couvrirait qu'une portion *mn*

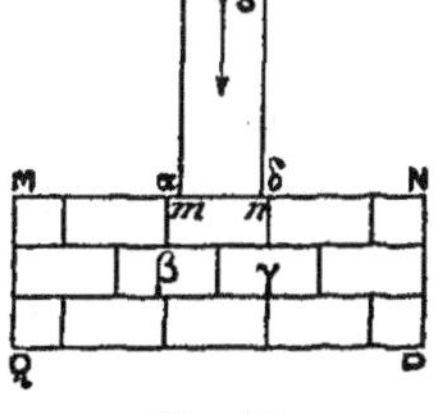

Fig. 35.

de la face supérieure MN du massif (fig. 35). Il est bien évident ici que la force S se répartit uniquement sur la surface *mn*, et que la portion annulaire de la section supérieure du prisme, qui correspond aux droites N*n* et *m*M, ne supporte aucune charge.

Nous allons examiner les conditions de stabilité de ce prisme MNPQ, ainsi soumis à une charge concentrée. Supposons-le construit en maçonnerie ordinaire appareillée par assises : l'effort F va être transmis par le poteau au moellon unique $\alpha\beta\gamma\delta$ placé sous sa base. La dimension de la section transversale MN ayant été calculée en raison de la charge à supporter, ce moellon subira un travail excessif, qui écrasera le mortier du joint $\beta\gamma$, tandis que les joints verticaux $\alpha\beta$ et $\delta\gamma$, soumis à un effort de cisaillement, se fissureront. En définitive, le massif, bien que la section MN ait reçu une surface proportionnée à l'intensité de la charge S, va se rompre dans divers sens et le résultat de cette dislocation est indiqué en coupe et plan par les figures 36 et 37.

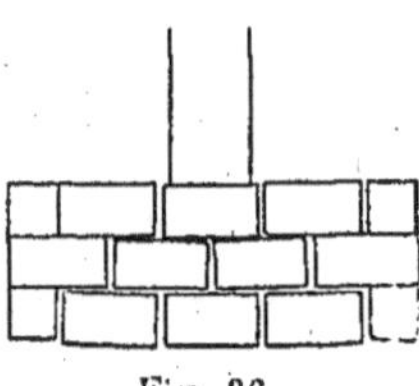

Fig. 36.

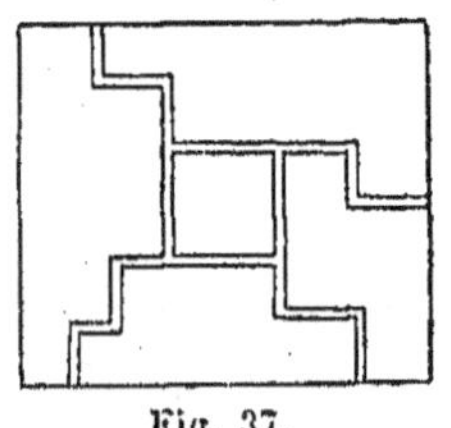

Fig. 37.

Nous en concluons que, si la base d'appui du poteau est assez réduite pour que la charge uniformément répartie sur elle dépasse la limite pratique de résistance de la maçonnerie, le massif n'est pas stable ; il faut substituer à la maçonnerie ordinaire un genre d'ouvrage susceptible de résister au cisaillement, de telle façon que l'effort puisse se transmettre de la base d'appui au surplus de la section transversale MN, sans qu'il y ait rupture.

Lorsque le rapport de la surface *mn* à la section totale MN n'est pas très petit (socles de poteaux en bois et de colonnes en pierres), on peut se contenter d'augmenter, dans une large mesure, les dimensions des pierres du massif (maçonneries de libages), ou employer un genre de construction susceptible de résister à un effort tranchant (béton, maçonnerie de ciment de Portland) ; parfois on recouvre simplement le massif MNPQ d'une dalle résistante, qui répartit suffisamment la charge sur la section totale.

Il en est de même lorsque le travail supporté par la surface *mn* ne dépasse pas la résistance pratique de la maçonnerie, et que le surplus de largeur M*m*, *n*N, attribué à l'ouvrage, a uniquement pour but de répartir la charge sur une plus grande étendue du sol de fondation; l'emploi du béton, des libages ou des dalles assure toute sécurité.

Supposons, au contraire, que la charge uniformément répartie sur la base *mn* soit notablement supérieure au $\frac{1}{10}$ de la charge de rupture de la maçonnerie, qu'elle soit égale par exemple au $\frac{1}{5}$ ou au $\frac{1}{4}$ (socles des colonnes en métal). Il faut alors constituer le support de la colonne au moyen d'une seule pierre de taille MNPQ (fig. 38).

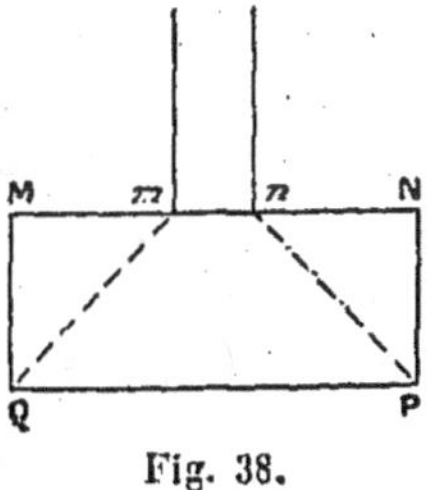

Fig. 38.

Dans ces conditions, la pression supportée par la surface d'appui *mn* peut s'élever sans danger jusqu'à la charge de rupture même de la pierre, sans entraîner sa ruine, à condition : 1° que la charge répartie sur la totalité de la section MN ne dépasse pas la limite pratique; 2° que la hauteur MQ de la pierre soit telle que les lignes *m*Q et *n*P soient sensiblement dirigées suivant les bissectrices des angles droits MQP et QPN.

Comme certaines pierres (basaltes, porphyre, granit, etc.), ont une résistance à la rupture égale et même supérieure à la résistance pratique du fer et de la fonte, on peut toujours, en général, obtenir un ouvrage stable par l'application de cette règle.

Si, par extraordinaire, on était amené à dépasser sur la base d'appui la charge de rupture de la pierre de taille dont on dispose, on pourrait encore résoudre pratiquement le problème en encastrant la colonne métallique dans la pierre, dont la hauteur serait augmentée en conséquence. La figure 39 indique la so-

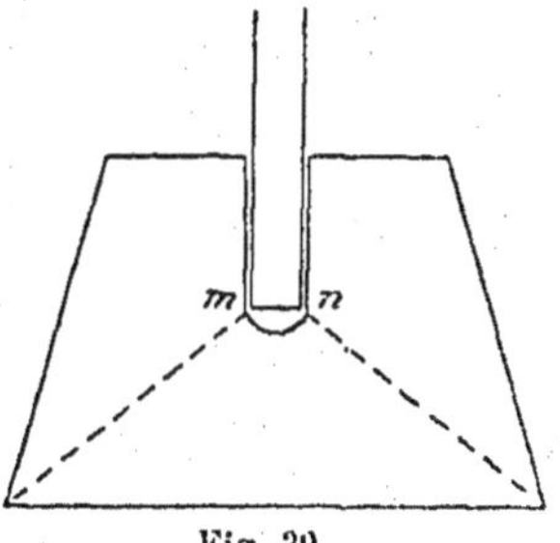

Fig. 39.

lution à admettre ; on voit qu'il convient d'arrondir le fond de l'encastrement pour éviter les angles rentrants.

On sait, par expérience, qu'un ouvrage ainsi établi peut supporter sans danger en *mn* une pression supérieure à la charge de rupture de la pierre, qui produirait l'écrasement immédiat d'un bloc cubique isolé dont le côté serait égal à *mn*.

Dans quelles limites est-il prudent de se tenir? Nous n'en savons rien. Il n'a jamais été fait sur cette question, au moins à notre connaissance, d'expériences précises et absolument nettes : nous ne pouvons justifier les indications théoriques énoncées ci-dessus que par les habitudes et la routine des constructeurs, qui semblent avoir consacré les règles empiriques dont nous proposons l'adoption.

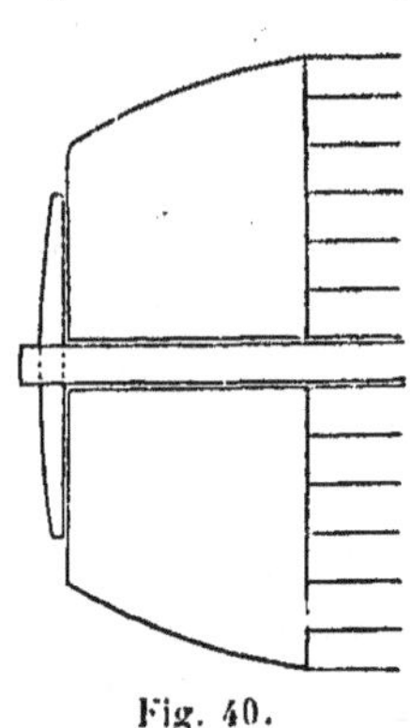

Fig. 40.

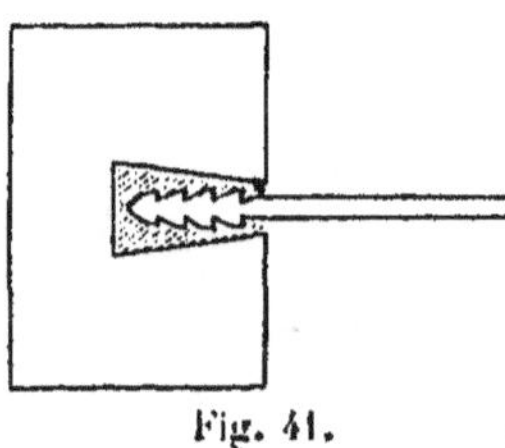

Fig. 41.

Il convient d'appliquer la même méthode lorsqu'il s'agit d'un tirant métallique, travaillant à l'extension, dont l'effort de traction doit être équilibré par la résistance d'un massif de maçonnerie ; en ce cas, le tirant traverse la pierre de taille (fig. 40), et son extrémité est reliée à des barres transversales appliquées sur la face postérieure de la pierre. Quelquefois, on se contente de terminer le tirant par un fer barbelé, qui pénètre dans la pierre à laquelle il est relié par un scellement de ciment (fig. 41); cette dernière pratique donne évidemment moins de sécurité, bien que l'on attribue au trou une largeur croissante depuis son ouverture jusqu'à sa base, de façon à faire intervenir la résistance à l'écrasement du ciment, et non son adhérence sur la pierre, en laquelle on ne saurait avoir confiance.

§ 4

DÉFORMATION DES OUVRAGES EN MAÇONNERIES

14. Élasticité des maçonneries. — La déformation des
prismes en maçonnerie s'opère suivant
les mêmes lois que celle des prismes
métalliques, ainsi que nous l'avons indiqué au n° 10.

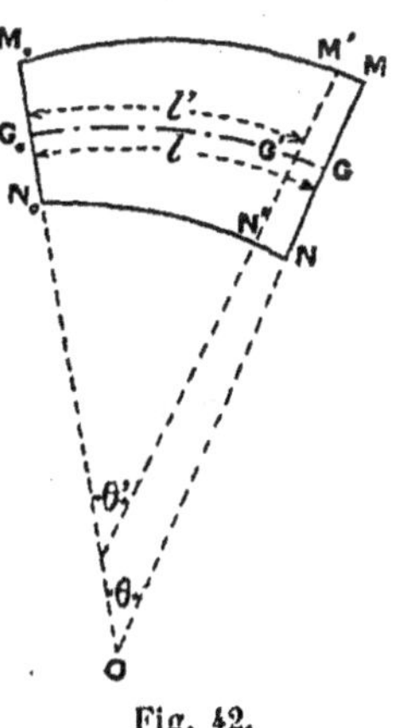
Fig. 42.

Soient M_oN_oNM (fig. 42), un prisme à
section rectangulaire ; l la longueur primitive de l'axe longitudinal, compris
entre une section M_oN_o prise pour origine et la section MN dont on veut calculer le déplacement ; θ l'angle initial
formé par les plans M_oN_o et MN. Les
valeurs l' et $θ'$ prises par ces deux variables, après la déformation du prisme,
seront données par les équations de
l'article 2 :

$$l' = l - \int_o^{'l} \frac{F}{Eab}\, ds,$$

$$0' = 0 - \int_o^{'l} \frac{12Fu}{Ea^3b}\, ds.$$

$$\frac{F}{Eab}\, ds \quad \text{et} \quad \frac{12Fu}{Ea^3b}\, ds$$

sont les déplacements élémentaires subis par une section
transversale quelconque comprise entre M_oN_o et MN, par rapport à la section infiniment voisine placée à la distance ds,
en désignant par F la résultante des réactions mutuelles existant entre ces deux sections, par u la distance de cette résultante au centre de la section (comptée positivement de O vers

G et négativement dans le sens opposé), et par a et b les dimensions de cette section.

Toutes ces quantités sont des données du problème ou des résultats des calculs de stabilité du prisme, qui s'effectuent par la méthode exposée précédemment. Pour résoudre le problème de la recherche de la déformation du prisme, il ne reste donc qu'à remplacer E, coefficient d'élasticité de la maçonnerie, par sa valeur numérique. Or, dans l'état actuel de la science, cette substitution est impossible, attendu que ce coefficient numérique, qui varie avec le genre de maçonnerie considéré, n'a été déterminé expérimentalement dans aucun cas.

On ne voit pas trop comment on pourrait arriver pratiquement, par des expériences de laboratoire, à mesurer l'élasticité d'une matière hétérogène comme la maçonnerie, étant donné surtout qu'elle ne se prête pas au travail par flexion. D'autre part, les observations faites sur les ouvrages existants, n'ayant jamais été dirigées en vue de la détermination du coefficient d'élasticité, sont, à cet égard, incomplètes et absolument insuffisantes.

Nous n'avons pu trouver qu'un seul cas où les renseignements fournis par les expérimentateurs, MM. Féline Romany et Vaudrey, permettent de calculer le coefficient d'élasticité E pour un type de maçonnerie déterminée ; nous voulons parler de l'arche d'essai de la carrière de *Souppes*, construite avec du calcaire de *Château-Landon* et du mortier de ciment, au sujet de laquelle une notice a été insérée dans les *Annales des Ponts et Chaussées* (1866, 1er semestre, page 10). Notre calcul s'applique à l'arc de tête de la voûte, dont l'extrados est parallèle à l'intrados, et qui comprend soixante-dix-sept voussoirs de pierre de taille de 1ᵐ,10 de hauteur sur 0ᵐ,50 de largeur, séparés par des joints de 0ᵐ,012 d'épaisseur en mortier de ciment de Portland.

Les données relatives à cet ouvrage sont les suivantes :

Flèche de l'intrados : 2ᵐ,125.

Corde de l'intrados : 37ᵐ,886.

Rayon de l'arc longitudinal : $\rho = 85$ mètres.

Hauteur de la section transversale ou épaisseur de la voûte : $a = 1^m,10$.

Poids du mètre cube de pierre (calcaire de Château-Landon) : 2.630 kil.

Poids du mètre cube de mortier de ciment : 2.100 kil.

Poids du mètre cube de maçonnerie : 2.620 kil.

Lors du décintrement, la clef de cette voûte s'abaissa de $0^m,014$.

Appliquons à cet ouvrage la formule relative à la déformation des arcs métalliques circulaires de hauteur constante, encastrés sur les appuis des retombées, et supportant une charge uniformément répartie suivant l'horizontale[1]. Nous justifierons, au chapitre suivant, l'usage que nous faisons de cette formule dans le cas présent.

Cette formule est :

$$f = \frac{15}{8} \frac{\rho p^2}{E\Omega}.$$

Appliquons la formule à la voûte, dont la largeur, mesurée normalement au plan de tête, sera prise égale à l'unité :

Nous aurons : $f = 0^m,014$, $p = 2.620 \times 1^m,10$, $\Omega = 1^m,10$ (Ω est la surface de la section transversale), $\rho = 85$ mètres.

Cette formule devient donc :

$$0,014 = \frac{15}{8} \frac{2620 \times 85^2}{E}.$$

D'où nous tirons :

$$E = 2,5 \times 10^9.$$

Telle est la valeur du coefficient d'élasticité de la maçonnerie de pierre de taille employée dans la tête de l'arche d'essai. L'on a fait une seconde expérience en chargeant cette voûte au moyen d'une maçonnerie de moellons grossièrement faite, dont le poids a été déterminé; l'abaissement de la clef sous cette surcharge a été trouvé égal à $0^m,009$. Le calcul de E, en se basant sur cette dernière constatation, serait sensiblement plus compliqué que le précédent, la surcharge en question n'ayant pas été répartie uniformément sur la voûte,

1. *Ponts métalliques*, par J. Résal, page 476.

puisque la hauteur du massif de maçonnerie, égale à $4^m,05$ aux naissances, se réduisait à $1^m,55$ à la clef. En conséquence, nous ne donnons pas ici ce calcul très long et très laborieux ; nous nous bornons à dire qu'il donne une vérification très exacte du précédent et conduit bien à admettre pour E la valeur précitée $2,5 \times 10^9$. Il paraît résulter de nos calculs que la maçonnerie de pierre de taille de *Château-Landon*, dont la résistance à la rupture par compression est de 350 kilogr. par centimètre carré, soit le $\frac{1}{10}$ de celle du fer (3.500 kilogr.), a un coefficient d'élasticité à peu près égal au $\frac{1}{8}$ de celui du fer (2×10^{10}).

Il est fâcheux que nous ne puissions donner d'indications analogues pour les divers genres de maçonneries en usage. D'après les renseignements fournis par le tassement des maçonneries, dont nous parlerons ci-après, nous serions portés à croire que le coefficient d'élasticité des pierres décroît avec leur densité, suivant une loi analogue à celle que suit leur résistance à la rupture [1].

---

1. Les rez-de-chaussée des maisons les plus élevées présentent souvent, dans le mur de façade, de larges évidements, destinés à faire place aux baies des devantures de magasins. Des colonnes en fonte ou en fer, situées dans ces évidements, supportent les étages supérieurs du mur de façade, concurremment avec les massifs de maçonnerie qui forment les encoignures de l'édifice. On met en place ces colonnes immédiatement après la construction des murs du rez-de-chaussée, on relie leurs parties supérieures par des poutres ou poitrails en bois ou en métal. et on élève la partie supérieure de la maison sur le rez-de-chaussée ainsi constitué. On constate en général que l'hétérogénéité de la base ne donne lieu à aucun mouvement dans la construction, et qu'il ne se manifeste pas de lézarde dans les parements. On en doit conclure que le tassement du mur inférieur (art. 16) sous la charge qu'il supporte est à peu près égal à la réduction de longueur de la colonne en métal. Soient E et R, E' et R' les coefficients d'élasticité et les travaux à la compression se rapportant respectivement à la maçonnerie et au métal. Pour que les déformations dues à la charge fussent égales pour les deux supports, il faudrait que l'on eût :

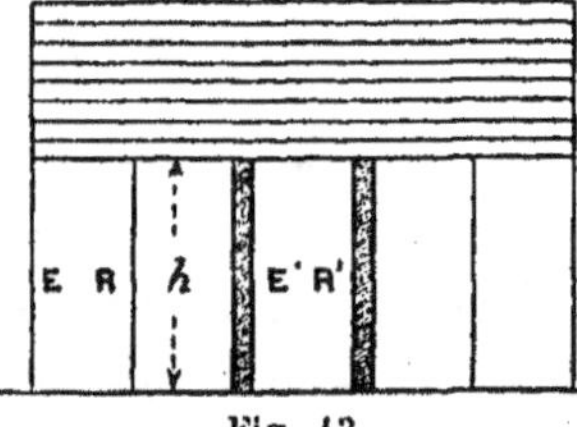

Fig. 43.

$$\frac{R}{E} = \frac{R'}{E'}.$$

Cet exemple tendrait à faire croire que les coefficients d'élasticité de la

Quant aux mortiers, il paraît probable que leur coefficient d'élasticité est en général notablement plus faible que celui des pierres, comme on le constate pour leurs densités et leurs résistances ; le ciment à prise lente ou à prise rapide semble moins compressible que les chaux, et le coefficient d'élasticité du mortier doit être d'autant plus élevé que la proportion de matière inerte, sable ou gravier, est plus forte, bien que la résistance en soit considérablement diminuée.

Ce ne sont là que des suppositions, auxquelles il ne faut pas attacher grande importance.

Il serait à désirer que cette lacune de la science fût comblée au moyen d'observations précises faites sur des ouvrages existants. Les constatations faites lors du décintrement des ponts en maçonnerie ne peuvent, en général, donner des résultats bien concluants ; des phénomènes dont il est difficile de tenir compte, notamment les effets dus aux changements de température, peuvent influer notablement sur ces résultats, et comme l'expérience ne peut être renouvelée, il est bien difficile d'en tirer des conclusions certaines.

Nous voyons deux cas où, *a priori*, il semblerait possible de faire des observations suffisamment nettes : 1° on peut constater les déformations subies par les murs de réservoir, lorsqu'on les vide ou qu'on les met en eau. Ici la force extérieure agissant sur l'ouvrage est connue, mais malheureusement le remplissage d'un réservoir ne se fait pas en un jour, et l'on est conduit à comparer des observations faites à de longs intervalles ; 2° on pourrait mesurer les oscillations des phares en maçonnerie et des cheminées d'usine, sous l'action du vent. Il est possible de déterminer, avec une certaine exactitude, l'intensité de celui-ci, mais la mesure des oscillations peut être malaisée à effectuer avec précision.

Ce qui rend la solution pratique du problème particulière-

---

maçonnerie et du métal sont à peu près proportionnels aux efforts de compression qu'on est accoutumé à leur faire subir.

C'est pour la même raison que les tirants en fer, fréquemment employés pour consolider les ouvrages en maçonnerie, ne donnent pas lieu à la formation de lézardes, lorsqu'ils sont suffisamment soustraits à l'action de la température extérieure.

ment difficile, c'est la petitesse des déformations subies par les massifs de maçonnerie, comparativement à leurs dimensions.

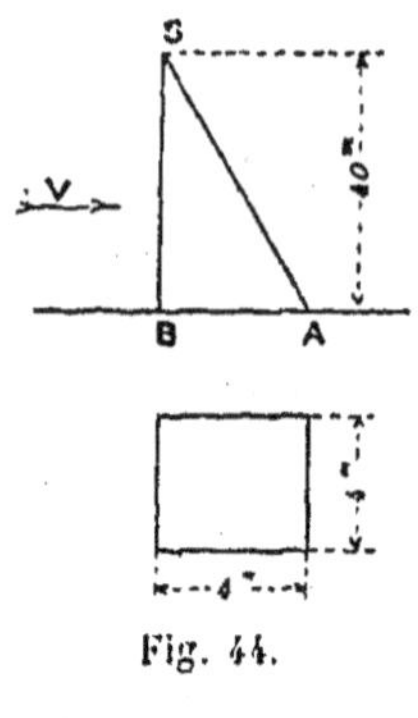
Fig. 44.

Considérons, par exemple, un massif de maçonnerie, en pierre de taille de *Château-Landon* et mortier de ciment de Portland, haut de 40 mètres, dont la section horizontale rectangulaire affecte, à la base, la forme d'un carré de 4 mètres sur 4 mètres, et présente, sur toute la hauteur, un côté constant, tandis que l'autre diminue proportionnellement à la hauteur et se réduit à zéro au sommet S (fig. 44).

Supposons que la face verticale de ce massif soit soumise, sous l'action du vent, à un effort de 250 kil. par mètre carré, soit 1.000 kil. par mètre de hauteur du massif.

Il est facile de calculer le déplacement subi par le sommet S et le travail à la compression développé sur l'arête A de la base, au moyen des formules relatives aux prismes d'égale résistance encastrés à la base, sachant que $E = 2,5 \times 10^9$.

On trouve que le travail développé en A est égal à 7 kil. 5 par centimètre carré, le déplacement de l'arête S étant égal à $2^{\text{cm}},5$.

Dans le cas habituel, où le vent agit par rafales, le sommet S décrit des oscillations dont l'amplitude serait égale à 5 cent.

Nous avons vu précédemment que la déformation des pièces métalliques comprend deux parties distinctes : la déformation permanente sensiblement négligeable lorsque l'on ne dépasse pas la limite pratique de résistance ; la déformation élastique, qui disparaît lorsque la cause qui l'a produite cesse d'agir. Il est probable que le même phénomène se présente pour les maçonneries, mais nous présumons que la déformation permanente doit jouer un rôle relativement plus important.

15. Contraction des mortiers. — Dans l'article précédent, nous avons raisonné sur un massif de maçonnerie possédant une assiette définitive, à la suite du durcissement à peu près complet du mortier, et c'est dans cette hypothèse que nous avons étudié les déformations causées par les forces extérieures.

Dans certaines circonstances, on peut être amené à tenir compte des déformations dues au changement moléculaire subi par le mortier, lorsqu'il passe de l'état plastique, sous lequel on l'emploie, à l'état solide qu'il possède après la prise.

On sait que le plâtre subit, en se solidifiant, un accroissement de volume qui peut aller jusqu'à $\frac{1}{100}$, s'il a été gâché serré, c'est-à-dire préparé avec peu d'eau. Pour les mortiers de chaux et de ciment, il semble que l'on doive compter non sur une expansion, mais sur un effet de contraction, d'autant plus accentué que la quantité d'eau employée a été plus forte, et la proportion de matière inerte, sable ou gravier, plus faible. Il est facile d'en faire l'expérience : si l'on remplit un verre d'un mélange à volumes égaux d'eau et de ciment à prise lente, on obtient, au fond du vase, un culot solide, très dur, qui n'occupe que le quart à peu près du volume primitif du mélange liquide.

Lorsque la contraction du mortier peut s'effectuer sans obstacle pendant la prise, elle ne présente pas d'inconvénient sérieux, et la résistance du produit final ne paraît guère atténuée. Il n'en est pas de même si cette contraction est empêchée par les circonstances de l'emploi; dans un mur, par exemple, le volume des joints verticaux est invariable et ne peut être diminué après la confection de la maçonnerie; pour les lits horizontaux, la dimension verticale peut être réduite par le tassement du massif, mais il n'en est pas de même des dimensions horizontales. Dans ces conditions, le retrait du mortier ne peut s'opérer ; les molécules se trouvent, en fin de compte, plus écartées les unes des autres que si la prise s'était opérée librement, et il doit en résulter dans la masse des tensions agissant dans tous les sens, qui diminuent notablement sa résistance. Ce cas est analogue à celui d'une barre de fer rougie au feu dont on fixerait invariablement les extrémités, de façon à mettre obstacle à la contraction qu'amène le refroidissement; il est bien évident que la résistance du métal en serait profondément altérée.

Les matières qui servent à la confection du mortier nous paraissent pouvoir être rangées dans l'ordre suivant, où le retrait opéré pendant la dessication et la prise vont probablement en croissant, à partir du ciment : ciment à prise rapide, ciment à prise lente, chaux hydraulique, chaux grasse, argile.

Nous expliquerons de cette façon certaines règles pratiques que les constructeurs ont été conduits depuis longtemps à formuler, en vue de la bonne exécution des maçonneries :

1º Il convient de gâcher le mortier avec le moins d'eau possible, sauf à mouiller les moellons que l'on emploie, pour les empêcher de produire, sur le mortier à peine humide, une dessiccation partielle qui nuirait à la prise.

On sait que les mortiers noyés, c'est-à-dire fabriqués avec un excès d'eau, donnent en général de mauvais résultats. Seul le ciment à prise lente paraît capable de rejeter l'eau surabondante, et de se réduire au volume qui lui convient : mais, par suite de cette contraction il est exposé à se séparer des moellons avec lesquels on l'a employé. Le béton coulé sous l'eau, malgré les précautions que l'on prend pour le préserver, n'acquiert jamais la solidité du béton posé à sec.

2º Il est utile, pendant l'emploi, de serrer fortement le mortier, de façon à réaliser immédiatement une partie du retrait, et à combattre, par une compression préalable, les tensions qui se manifesteraient pendant la prise, en réalisant artificiellement, dans le mortier plastique, le rapprochement des molécules correspondant à l'état solide.

3º On sait l'importance que les praticiens attachent à la compression des mortiers, à l'aide d'un maillet ou d'un marteau, pendant l'exécution des maçonneries ; c'est par le même motif qu'ils interdisent de laisser, dans les joints des constructions en pierre de taille, les cales en bois ou en fer dont on se sert pour la pose.

Le pilonnage des bétons est une mesure excellente par les mêmes motifs.

4º On arrive parfois au même résultat par des procédés divers ; c'est ainsi que l'on recommande, au moment du clavage des voûtes, de laisser tomber la clef d'une certaine hauteur entre les contre-clefs garnies de mortier, de manière à comprimer à la fois tous les joints de l'ouvrage.

Lorsque le mortier est peu sujet à se contracter, ou lorsque sa contraction s'opère nécessairement, en dépit des obstacles qu'elle rencontre, sans altérer la dureté du produit final (mortier de ciment), on attend d'habitude qu'il ait fait prise avant de décintrer les voûtes. Dans le cas contraire (mortier de chaux grasse)[1], il paraît préférable de décintrer promptement : il est alors à l'état pâteux et se contracte sensiblement par l'effet de la compression, ce qui explique l'importance des tassements que l'on constate dans les voûtes ainsi traitées. Bien que cette méthode soit souvent fâcheuse au point de vue de la répartition des pressions dans le corps de la voûte, par suite du déplacement qu'elle entraîne dans la courbe des pressions, cet inconvénient est plus que compensé par l'augmentation dans la résistance du mortier.

Cette question encore assez obscure du retrait du mortier doit souvent être prise en considération lorsque l'on étudie la stabilité des massifs en maçonnerie; elle peut jouer un rôle capital et influer notablement sur la solidité des constructions.

Dans l'article suivant, où nous parlerons du tassement des maçonneries pendant leur confection, il convient de noter que nous considérerons simultanément les changements de volumes dus à l'élasticité des matériaux employés, et à la contraction des mortiers, lorsque ceux-ci sont soumis à des charges croissantes avant d'avoir acquis toute leur dureté. Ce que nous appellerons coefficient d'élasticité E de la matière se rapportera à la fois à cette double cause de déformation.

---

1. Lorsqu'on emploie du mortier de chaux hydraulique, on doit se laisser guider par les conditions particulières où l'on se trouve. Si la chaux est peu hydraulique, la voûte petite et rapidement construite, le cas est le même qu'avec la chaux grasse. Si la chaux est très hydraulique et la durée de la construction longue, les maçonneries exécutées au début ont nécessairement fait prise avant le clavage. En cas de décintrement immédiat, la contraction du mortier ne peut donc s'effectuer que dans les derniers joints exécutés, c'est-à-dire les joints voisins de la clef, et quelquefois aussi ceux des naissances, qu'on ne garnit qu'en dernier lieu, en prévision du tassement du cintre. Dans ces conditions, on peut trouver préférable d'attendre pour décintrer que le mortier ait fait prise dans les dernières assises posées, de façon à assurer à ce moment l'homogénéité de la voûte.

16. Tassement des maçonneries. — Considérons un massif de maçonnerie ABCD de hauteur H, auquel nous attribuerons, pour fixer les idées, une section horizontale rectangulaire constante, de un mètre carré de surface (fig. 45). Soient D le poids du mètre cube de maçonnerie, E son coefficient d'élasticité.

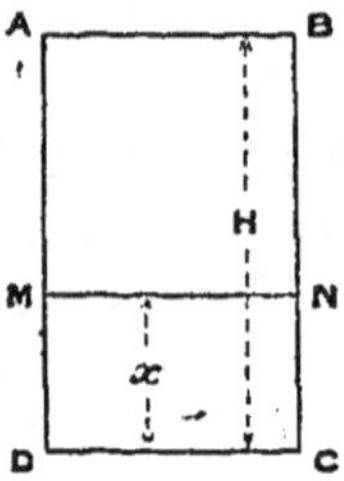

Soit MN une section transversale quelconque, définie par sa hauteur x au-dessus de la base inférieure CD.

Fig. 45.

Lors de la construction de l'ouvrage, on est parti de la base CD et on a tout d'abord édifié le massif MNCD; on a ensuite poursuivi le travail en bâtissant la section supérieure ABNM. Mais cette dernière opération a eu pour conséquence de charger le massif MNCD du poids de la partie supérieure ABNM; par suite de la compressibilité de la maçonnerie, il en est résulté une diminution ∂x de la hauteur x : il est facile de calculer ∂x.

La partie ABNM ayant pour hauteur H et pour densité D, son poids est égal à $(H - x)$ D.
D'où :

$$(1) \qquad \partial x = \frac{(H - x)\,D}{E} \times x.$$

Telle est la cause du phénomène qu'on appelle le tassement des maçonneries : pendant l'exécution des travaux, les sections horizontales de l'ouvrage se rapprochent les unes des autres, en s'abaissant, et le mouvement général ne s'arrête qu'au moment où, la dernière assise AB étant en place, la charge supportée par les assises inférieures a cessé de croître. Les seules sections dont la position n'ait pas varié sont la base DC, si la fondation est elle-même incompressible, et l'assise supérieure AB posée en dernier lieu. Si la fondation est compressible, il est évident que la base DC s'est déplacée elle-même en s'abaissant.

La formule 1 donne effectivement :

$$\partial x = 0, \text{ pour } x = 0, \text{ base CD,}$$

et
$$x = H, \text{ sommet AB.}$$

Le maximum de δx correspond à :

$$x = \frac{H}{2}, \delta x = \frac{H^2}{4} \times \frac{D}{E}.$$

Le tassement d'un ouvrage en maçonnerie est donc maximum au milieu de sa hauteur; il est proportionnel au carré de cette hauteur.

Ces mouvements sont, dans l'hypothèse où nous nous plaçons d'une fondation incompressible, très petits, et il est difficile de les mesurer. Leur existence n'a guère été démontrée jusqu'ici que par les accidents qu'ils entraînent fréquemment.

Considérons un mur construit en maçonnerie de pierres de taille de *Château-Landon*, comme l'arche de *Souppes*, pour lequel nous puissions par conséquent donner à E la valeur $2,5 \times 10^9$.

En attribuant à H différentes valeurs, nous trouverons pour le tassement maximum, subi par l'assise placée au milieu de la hauteur, les résultats suivants :

$$H = 25^m \qquad \Delta = 0^m,00015;$$
$$= 50^m \qquad = 0^m,0006;$$
$$= 100^m \qquad = 0^m,0025;$$

Ces nombres correspondent à une maçonnerie exécutée très soigneusement avec d'excellents matériaux : ils ne tiennent pas compte de la contraction des mortiers, qui avaient acquis leur dureté complète lors du décintrement de l'arche de *Souppes*. Pour des ouvrages moins bien traités, ils seraient sans nul doute beaucoup plus forts : avec des matériaux tendres et malpropres, en chargeant les assises sans attendre que le mortier déjà employé ait fait prise, on arriverait peut-être à les décupler, mais nous ne pouvons rien préciser à cet égard, faute de données expérimentales sur la valeur de E, que nous ignorons en dehors du cas spécial de l'arche de *Souppes*, où nous l'avons déterminée après la prise complète du mortier.

Quoi qu'il en soit, nous sommes en mesure dès à présent d'énoncer un certain nombre de propositions, que nous considérons comme démontrées par les raisonnements qui pré-

cèdent, aussi bien que par les exemples fournis par les constructions existantes.

a. Le tassement des ouvrages en maçonnerie atteint son
maximum au milieu de leur hauteur : il est proportionnel au
carré de cette hauteur.

b. Il est d'autant plus considérable que les matériaux employés sont plus tendres, que le mortier est
moins résistant et employé en plus grande abondance, que la durée de sa prise est plus grande
et que le travail de maçonnerie est plus rapidement fait et moins soigné : lorsque le remplissage des joints est incomplet (fig. 46), la pierre

Fig. 46.

n'est en contact avec le mortier que sur une portion de sa
surface ; il en résulte que le travail à la compression transmis
à la partie efficace du mortier peut être double ou triple, si la
surface partielle *ab* est réduite à la moitié ou au tiers au joint.
Le tassement est évidemment augmenté dans la même proportion. Il importe en conséquence de veiller à ce que les
joints soient complètement remplis de mortier bien comprimé.

c. Lorsque l'on construit un mur relié sur tout ou partie de
sa hauteur avec un massif incompressible (rocher), ou un
ouvrage qui, ayant déjà subi son tassement complet, a pris
une assiette définitive (mur existant), il se manifeste dans la
surface de jonction, par suite du tassement de la construction
nouvelle, un effort tranchant qui atteint son maximum au
milieu de la hauteur et peut amener la séparation des deux
massifs reliés entre eux, avec for-
mation de lézardes et dislocation
partielle des maçonneries neuves.

Nous citerons, à l'appui de cette
proposition, le traité de navigation
intérieure de M. l'inspecteur général Guillemain (*Rivières et canaux*, tome II, page 355). La figure
ci-jointe, extraite de cet ouvrage,
montre comment le tassement d'un
mur de réservoir, construit à che-
val sur une pointe de rocher, peut entraîner la rupture du

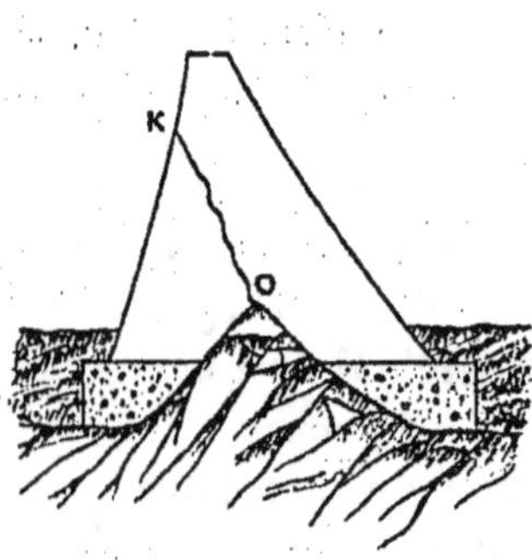

Fig. 47.

mur suivant la ligne OK et causer la destruction du réservoir.

Le même phénomène peut se produire pour une voûte en maçonnerie reposant à ses
extrémités sur un ro-
cher compacte (fig. 48).

La partie droite de
la figure indique la so-
lution rationnelle à
adopter, la partie gau-
che est une solution
dangereuse, qui peut
amener la production
de lézardes entraînant
la ruine du pont.

Comme opérations

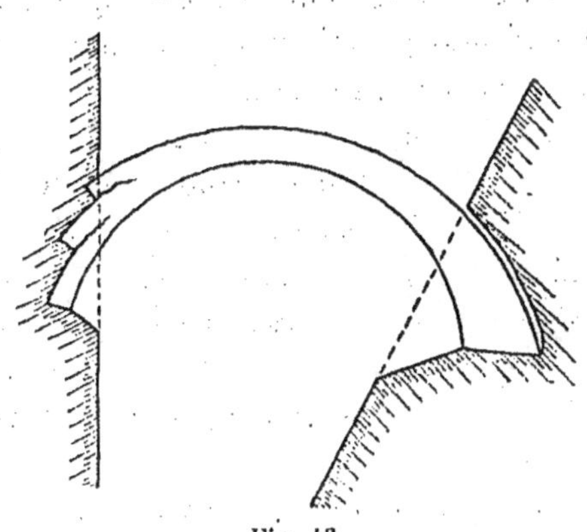

Fig. 48.

vicieuses, et condamnées par la théorie du tassement, nous
citerons encore : la construction d'un mur peu épais, ou
masque, formant parement devant une maçonnerie ancienne
de grande hauteur ; l'élargissement d'un pont en maçonnerie
au moyen de voûtes neuves, prolongeant la voûte existante
et reliées avec elle : cette dernière pratique est aujourd'hui
reconnue mauvaise et condamnée par les constructeurs.

d. Lorsque l'on bâtit un mur comportant deux maçonneries
de genres notablement différents, placées côte à côte et reliées
ensemble pendant la construction, l'inégal tassement subi par
ces deux matières, qui possèdent des coefficients d'élasticité
très distincts, peut amener la formation de lézardes et la séparation des deux parties, avec dislocation de la moins solide.

Exemples. — Lorsque l'on intercale dans un mur très
élevé, construit en moellons, des chaînes verticales de pierres
de taille, on constate fréquemment des fissures établissant
une séparation complète entre les chaînes et le massif du
mur. Ces fissures atteignent leur importance maximum au
milieu de la hauteur.

Le barrage en maçonnerie du réservoir de *Vioreau* (alimentation du canal de Nantes à Brest, département de la Loire-
Inférieure, fig. 49), est formé de deux murs en moellons for-

mant parements d'aval et d'amont, séparés par un massif de béton. Bien que la hauteur de cet ouvrage ne dépasse pas

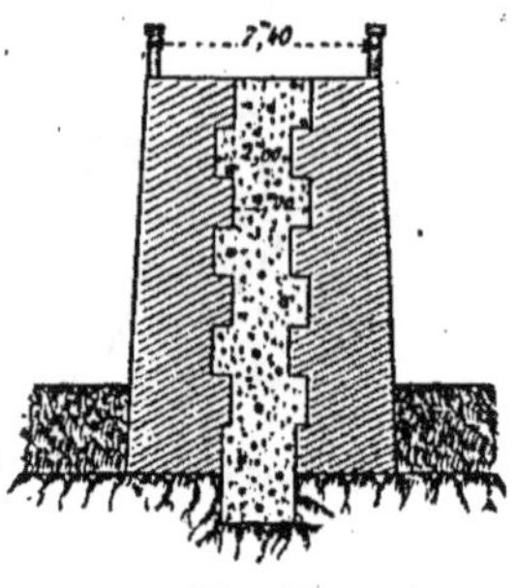

Fig. 49.

$10^m,50$, nous avons pu constater qu'une séparation très nette s'était effectuée entre les deux murs et le béton, de telle sorte que cet ouvrage se compose aujourd'hui de trois murs contigus complètement isolés. On avait adopté cette mesure dans l'espoir qu'elle rendrait le barrage très étanche : par suite du tassement inégal du béton et de la maçonnerie, cette prévision a été entièrement dé-jouée. Cet ouvrage présente des filtrations extrêmement abondantes, qui appauvrissent le mortier en entraînant la chaux, et font éclater, dans les hivers très froids, le parement aval, aujourd'hui complètement dégradé.

Il est évident d'ailleurs que la stabilité de ce barrage serait très précaire, si sa hauteur n'était pas assez faible, eu égard à sa dimension transversale.

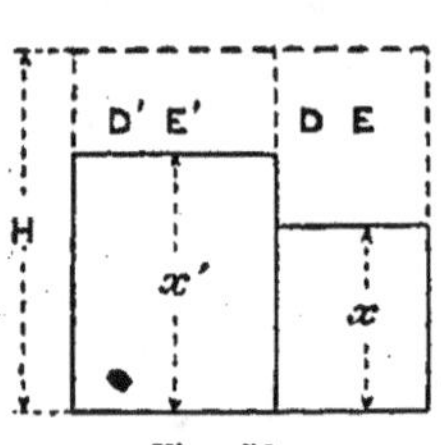

Fig. 50.

Les façades en pierres de taille des maisons se séparent souvent des murs de refend en maçonnerie grossière. Si l'on connaissait avec une certaine exactitude la valeur du tassement propre à chaque maçonnerie, on pourrait prévenir cette rupture en opérant ainsi qu'il suit (fig. 50).

Soient D le poids du mètre cube de maçonnerie de pierres de taille, et E son coefficient d'élasticité, soient D′ et E′ les données relatives à la maçonnerie des murs de refend, en tenant compte de la contraction des mortiers. On donnerait à cette dernière, au cours des travaux, une certaine avance sur le mur de façade, en astreignant leurs hauteurs respectives x et x' à satisfaire à l'équation de condition :

$$\frac{(H-x)\,x\,D}{E} = \frac{(H-x')\,x'\,D'}{E'}.$$

Pour une valeur donnée de x', la valeur correspondante de x doit être :

$$x = \frac{H}{2} - \sqrt{\frac{H^2}{4} - \frac{(H - x') x' D' E}{E' D}} \text{, pour } x' < \frac{H}{2} ;$$

$$x = \frac{H}{2} + \sqrt{\frac{H^2}{4} - \frac{(H - x') x' D' E}{E' D}} \text{, pour } x' > \frac{H}{2}.$$

Dans ces conditions, le tassement simultané serait le même pour deux assises des deux murs construites à la même hauteur : la séparation des deux murs ne pourrait donc pas se produire.

Dans les constructions très élevées, les parements vus (pierres de tailles, moellons appareillés, mosaïque avec parements à joints irréguliers, briques) peuvent se séparer du massif situé en arrière, maçonnerie grossière, béton, alors même que leur liaison aurait été faite très soigneusement durant la construction. *Exemples* : Dans les grands murs de réservoirs, dans les viaducs de chemins de fer, dont la hauteur peut atteindre 70 mètres, on a reconnu la nécessité d'obtenir une homogénéité parfaite en proscrivant les chaînes d'angle en pierres de taille et exécutant la maçonnerie de remplissage avec les mêmes matériaux, le même soin et la même épaisseur de joints que les parements. Ceux-ci ne diffèrent des parties intérieures que par le soin apporté dans la taille de la face vue.

Dans les grandes voûtes en maçonnerie, on est exposé parfois à voir les bandeaux des têtes, s'ils ont été construits en pierre de taille de grand appareil, se séparer du corps de la voûte : l'emploi de tirants en fer reliant les deux têtes est, en ce cas, un remède peu efficace.

e. Le tassement des maçonneries s'opérant dans le sens de l'axe longitudinal par rapprochement et déplacement angulaire mutuel des sections transversales successives demeurées planes, ces sections (d'habitude horizontales) peuvent avoir des coefficients d'élasticité notablement différents, sans que, dans une même section, l'homogénéité cesse d'être parfaite. En ce cas, le tassement ne peut causer aucun accident.

Mais il est nécessaire que le passage d'une maçonnerie, à l'autre se fasse suivant une section transversale de l'ouvrage.

Rien ne s'oppose par exemple à ce que l'on construise un mur avec fondation en béton, mur de cave en meulière, soubassement en granit, élévation en pierres ou briques : on peut même intercaler, dans une des maçonneries, une assise en pierres de taille ou en briques (plinthes ou bandeaux) ; mais il faut veiller à ce que les surfaces de séparation soient dressées horizontalement.

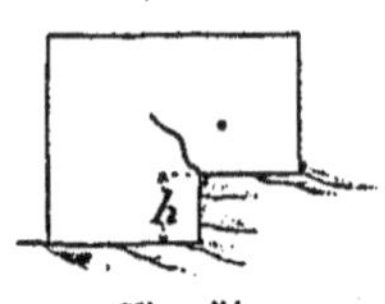

Fig. 51.

Un mur fondé sur des redans successifs de rocher (fig. 51) serait exposé à se lézarder. Il est bien entendu d'ailleurs que cette tendance à la rupture est proportionnelle au carré de la hauteur h du redan, et peut, par suite, être négligeable dans la majorité des cas; on peut d'ailleurs éviter tout mécompte en donnant de l'avance à la portion du mur fondée au niveau le plus bas, comme nous l'avons indiqué précédemment. Lorsque l'on bâtit un ouvrage dont les sections transversales ne sont pas horizontales, il est bon que la surface d'appui, prise sur le sol de fondation ou sur un ouvrage existant, soit, autant que possible, normale à l'axe longitudinal de l'ouvrage. Plus cette surface sera oblique sur l'axe longitudinal, plus il y aura tendance à la rupture, et nous avons vu, à l'article c, les accidents à craindre lorsque la surface de jonction, au lieu d'être normale à l'axe longitudinal, lui est parallèle. *Exemples :* pour un mur de soutènement tel que ABCD (fig. 52), il est utile de régler suivant le plan CD, normal à l'axe du mur, la surface du sol de fondation. Il serait défectueux de déraser le terrain suivant le plan horizontal mn.

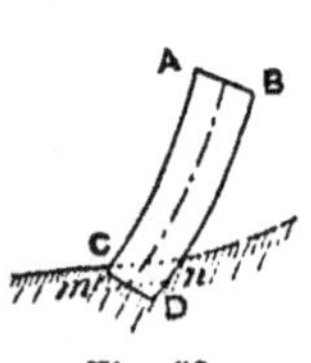

Fig. 52.

Considérons un mur de réservoir du type imaginé par MM. les Inspecteurs généraux Graeff et Delocre (fig. 53).

La solution qui consiste à l'établir sur le rocher préalablement dérasé suivant un plan horizontal MN n'est pas très satisfaisante théoriquement. Il paraîtrait préférable d'établir

le plan de fondation suivant un plan KN normal à l'axe longitudinal de l'ouvrage.

M. Guillemain, dans son traité de navigation intérieure (*Rivières et canaux*, tome II,
page 341), fait remarquer
qu'il n'est pas très logique
de calculer la pression
maxima du barrage, en
se basant sur l'effort de
bas en haut transmis aux
assises horizontales suc-
cessives, et négligeant
les composantes horizon-
tales des réactions totales
supportées par le mur.
Nous soutiendrons la
même thèse, sous une
forme un peu différente,
en proposant de calculer
les pressions maxima sur

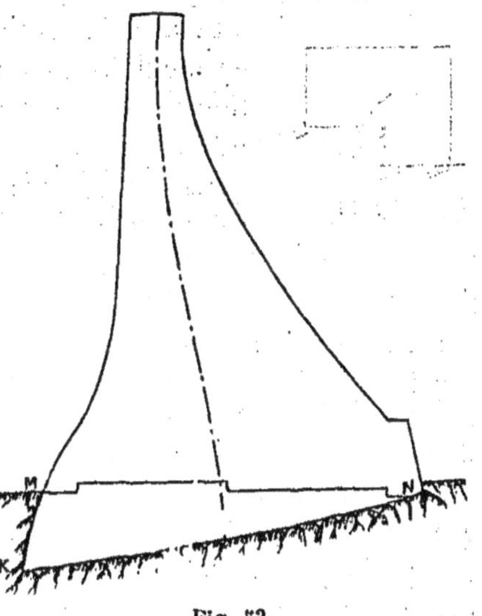

Fig. 53.

les sections transversales successives du mur, lesquelles sont
normales à l'axe longitudinal et non pas horizontales. Cela
admis, et en tenant compte de la règle précédente, qui recommande de maintenir une homogénéité absolue dans chaque
section transversale, nous serons conduit à proposer le déra-
sement du rocher suivant une droite KN normale à l'axe longitudinal.

Nous reconnaissons d'ailleurs que notre objection a peut-
être ici un caractère plus théorique que pratique. En effet, l'inconvénient signalé n'a d'importance réelle que si l'angle
formé par le plan horizontal MN et la section transversale
théorique KN est un peu considérable. Or on voit, par la
figure 53, qui représente la coupe transversale du barrage
existant du Ban, que cet angle est toujours très faible et que
par conséquent la tendance à la rupture suivant le plan MN
peut être, en réalité, négligée s'il y a d'autres considérations
à invoquer pour l'adoption d'une fondation horizontale.

17. Action de la température sur les maçonneries. — Nous terminerons cette étude de la résistance des maçonneries en examinant l'influence des changements de température.

On sait l'importance que présente cette considération pour les ouvrages métalliques : on ne peut se dispenser d'en tenir compte si l'on veut éviter des accidents graves. Pour les maçonneries, il en est tout autrement : on ne se préoccupe presque jamais des effets dus aux variations de la température, et l'expérience justifie parfaitement cette manière de voir, la presque totalité des ouvrages paraissant indifférents aux changements de température.

Les coefficients de dilatation des matériaux entrant dans la confection des maçonneries, que l'on a déterminés avec exactitude dans un assez grand nombre de cas, ne sont pourtant pas très inférieurs à ceux des métaux. Le coefficient du fer et de l'acier étant égal à 0,000012, on trouve comme cas extrêmes que celui du marbre est de 0,000011 et celui de la pierre à bâtir de *Vernon-sur-Seine* de 0,000004.

Toutefois le fait est constant, et il s'explique très simplement par les causes suivantes :

1° Le coefficient d'élasticité des maçonneries est très inférieur à celui des métaux. Pour la pierre de taille de *Château-Landon*, nous avons vu qu'il est huit fois plus petit. Pour les maçonneries grossières, il serait peut-être quatre-vingts fois moindre. Il en résulte que, dans l'hypothèse où l'on empêcherait d'une manière absolue, dans deux ouvrages identiques, l'un en métal et l'autre en maçonnerie, une expansion de même importance, due à un changement de température, le travail à la compression développé dans le métal serait huit fois au moins et peut-être quatre-vingts fois plus élevé que celui subi par la maçonnerie. Celle-ci peut donc résister sans difficulté alors que le métal se romprait. Toutefois, l'inégalité existant entre les résistances respectives des divers matériaux à la compression tend à rétablir, à ce point de vue, la parité entre elles.

2° Le pouvoir conducteur des maçonneries est infiniment plus petit que celui des métaux : 374 pour le fer, 24 pour le marbre, 11 pour la terre cuite. De plus, on donne aux ouvrages en maçonnerie des épaisseurs incomparablement plus grandes qu'aux ouvrages métalliques. Il est rare que le fer soit employé avec une épaisseur supérieure à $0^m,05$ ou $0^m,10$, tandis que, pour les maçonneries, l'épaisseur limite d'un massif exposé sur ses deux faces à l'action de la température extérieure ne tombe jamais au-dessous de $0^m,40$ Elle dépasse en général 1 mètre et est très fréquemment beaucoup plus importante. Il en résulte que le fer suit à peu près exactement toutes les variations de la température extérieure, qui, eu égard à son pouvoir conducteur et à sa faible épaisseur, pénètrent immédiatement dans la masse ; l'action du soleil peut même le surchauffer dans une large mesure. Les températures extrêmes qu'est exposé à subir dans nos climats un ouvrage métallique peuvent être ainsi évaluées à — 30° et + 50°, ce qui correspond à un écart de 80°.

Pour les maçonneries, mauvaises conductrices de la chaleur, celle-ci pénètre tres lentement dans leur masse : on peut compter que les variations quotidiennes de la température n'influent guère que sur une épaisseur de quelques centimètres ; les changements de saison eux-mêmes n'agissent qu'à une très petite profondeur, et l'on peut être assuré que la portion moyenne d'un ouvrage, d'une épaisseur normale, est presque entièrement soustraite aux changements de température.

Il semble donc parfaitement inutile de se rendre compte des effets que peuvent produire ces changements sur une construction dont la température moyenne ne varie peut-être que de 4 à 5° de l'hiver à l'été.

La pratique des constructeurs se trouve ainsi parfaitement justifiée, à condition, bien entendu, que l'épaisseur des ouvrages considérés soit notable.

Nous croyons utile de citer quelques cas où, cette condition n'étant pas remplie, la température pourrait causer des accidents qu'il convient de prévoir, afin de les prévenir, si la chose est possible.

1° *Voûtes en maçonnerie.* C'est évidemment en vue de parer aux effets de la température que les constructeurs ont toujours recommandé de donner aux voûtes des ponts une épais-

seur au moins égale à $0^m,30$, sans tenir compte de la dureté
des matières employées, et de l'épaisseur du remblai protec-
teur placé sur l'extrados.

La couverture d'un réservoir de la ville de Paris, formée
d'une série de voûtes très légères ne présentant que l'épaisseur
d'une brique ($0^m,07$, enduit compris), s'est écroulée, pendant sa
construction, dans une après-midi où le soleil était très ardent.
On a rétabli cet ouvrage en le protégeant contre les changements de température par un matelas de terre végétale, et il
s'est fort bien comporté depuis.

On sait que dans les caves, où la température présente une
uniformité presque absolue, on peut faire usage de voûtes en
ciment d'une épaisseur très faible, que l'on ne pourrait sans
danger admettre en plein air.

2° *Murs de clôture et parapets peu épais* ($0^m,30$ à $0^m,60$).
On sait que ces murs se contractent en hiver et présentent
des fissures qui se referment généralement en été. Il arrive
qu'en hiver de la poussière et des débris remplissent ces fissures et s'opposent à la dilatation des maçonneries lorsque la
température vient à s'élever. Ces obstacles forment coin, et le
mur ne pouvant plus se dilater librement, se déforme et prend
du ventre. Au bout de quelques années, les déviations en
plan de ces murs sont parfois tellement fortes, lorsque leur
longueur est considérable, que l'on doit se résigner à les reconstruire.

3° *Vasques de fontaines.* On sait que dans les vasques de
fontaines publiques, construites en pierres de taille, les joints,
malgré tout le soin apporté à leur confection, s'ouvrent en
hiver ; il se produit des filtrations d'eau qui disparaissent en
été.

Pour tous les ouvrages que nous venons de citer, sauf pour
les murs de clôtures, dans un cas spécifié, les dislocations
signalées, quelque importantes qu'elles soient, ne peuvent
guère présenter d'inconvénients au point de vue de leur stabilité propre. Pour de grandes constructions, ponts, viaducs,
barrages, monuments de toute espèce, il ne se produira jamais
d'accidents sérieux si les épaisseurs attribuées aux maçonneries sont suffisantes pour rendre la température moyenne des

massifs presque constante. Aussi est-il bien rare que l'on
observe des dislocations même peu importantes dans de pareils
ouvrages. Nous ne signalerons ici que l'observation faite par
M. l'ingénieur en chef Cendre sur le pont de Claix, établi avec
52 mètres d'ouverture sur le torrent du Drac (département de
l'Isère). Le climat du pays étant très rigoureux, on a constaté la
formation, dans les tympans, de quelques fissures très légères,
qui s'ouvrent tous les hivers et se ferment en été. Cet effet
des changements de température a d'autant moins d'importance que l'on n'a observé aucun mouvement dans le corps
de la voûte, dont l'épaisseur varie de $1^m,50$ à $3^m,10$, tandis
que l'épaisseur des tympans n'est que de 1 mètre.

Il conviendrait de terminer cette étude sur la *résistance des
maçonneries* en indiquant les valeurs des principaux coefficients numériques relatifs aux matériaux en usage dans les
constructions ; coefficient de dilatation, résistance à la rupture par extension et par compression, coefficient de frottement, etc. Mais nous avons jugé préférable de réunir, dans un
même chapitre, placé à la fin de la théorie des voûtes, tous
les renseignements et les formules pratiques se rapportant à
notre sujet ; nous avons en conséquence intercalé, dans ce
chapitre, les tableaux numériques relatifs aux propriétés mécaniques des matériaux.

CHAPITRE DEUXIÈME

THÉORIE DES VOUTES DROITES EN BERCEAU

SOMMAIRE :

§ 1er.

NOTIONS PRÉLIMINAIRES SUR LA POUSSÉE ET LA COURBE DES PRESSIONS

18. Généralités sur les voûtes en berceau. — On donne le nom générique de *voûtes en berceau* à tout ouvrage en maçonnerie qui affecte la forme d'un prisme à section rectangulaire, variable ou invariable, remplissant les conditions énoncées dans l'article 1, et reposant sur deux massifs supposés invariables et indéformables, *piles* ou *culées*, par ses deux sections transversales extrêmes, que l'on appelle les *retombées*.

L'axe longitudinal d'une voûte est toujours situé, à part des exceptions très rares, qui d'ailleurs ne se rapportent pas aux ponts en maçonnerie, dans un plan vertical. Les faces planes ABCD et A'B'C'D' de l'ouvrage (fig. 54), que l'on nomme les *têtes* ou les *surfaces en élévation*, sont donc situées aussi dans des plans verticaux, dits *plans des têtes*.

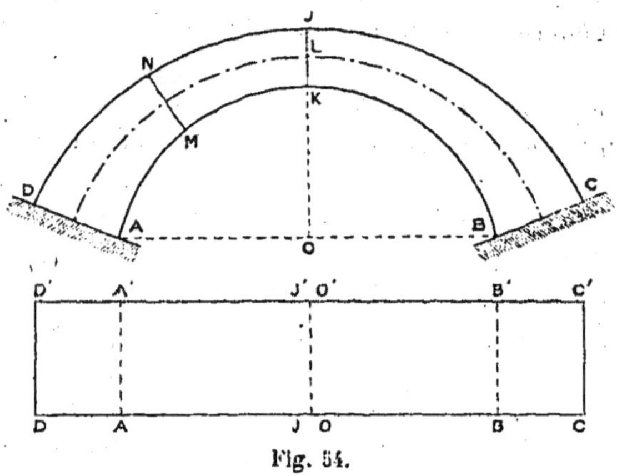

Fig. 54.

Les surfaces cylindriques engendrées par les côtés horizontaux de la section transversale, lesquels sont perpendiculaires aux plans des têtes, ont reçu le nom d'*extrados* pour la surface supérieure DCC'D' et d'*intrados* pour la surface inférieure ABB'A'.

Les *naissances* de la voûte sont les génératrices extrêmes AA' et BB' de l'intrados situées dans les plans des retombées AA'D'D et BB'C'C.

Son *ouverture* est la distance AB des deux naissances.

La *longueur* d'une voûte est sa dimension AA' mesurée perpendiculairement aux plans des têtes ; son *épaisseur*, relative à un point donné M de l'intrados, est la dimension MN mesurée suivant une direction normale à la surface d'intrados.

Dans presque toutes les constructions les voûtes sont symétriques par rapport au plan vertical OJJ'O', perpendiculaire aux plans des têtes et passant au milieu O de l'ouverture. C'est l'hypothèse où nous nous placerons dans la suite de cette étude, sauf à revenir brièvement sur le cas des voûtes dissymétriques, qui ne présente guère qu'un intérêt théorique, et se rencontre peu dans les applications.

On appelle *clef* la section transversale JK située dans le plan de symétrie OJJ'O' de la voûte : par suite de la symétrie de l'ouvrage, la tangente à la courbe des pressions, en son point de rencontre avec le plan de la clef, est horizontale, et les plans tangents aux surfaces d'extrados et d'intrados, suivant les génératrices de la clef JJ' et KK', sont également horizontaux.

Cette règle ne subirait d'exception que dans le cas où l'axe longitudinal de la voûte serait brisé à la clef, et présenterait un point angulaire, dont les tangentes seraient symétriques par rapport au plan de la clef : dans ces conditions, les surfaces d'intrados et d'extrados seraient aussi brisées à la clef, où elles auraient chacune deux plans tangents symétriques par rapport au plan OJO'J'. Cette circonstance exceptionnelle se rencontre dans un genre de voûte, dit voûte en *ogive*, qui, on le voit, ne remplit pas les conditions posées dans l'article 1 sur le mode de génération des prismes en maçonnerie. Nous reviendrons sur ce type spécial d'ouvrage qui est assez souvent employé dans les constructions.

On appelle enfin *flèche* ou *montée* la distance verticale OK qui existe entre les naissances A et B et la génératrice de clef de l'intrados KK'. Le *surbaissement* dépend du rapport $\frac{OK}{AB}$ de la flèche à l'ouverture : la voûte est d'autant plus *surbaissée* que ce rapport est plus petit.

On distingue plusieurs genres de voûtes en berceau, d'après la courbe affectée par la directrice AKB de la surface d'intrados, que l'on désigne communément sous le nom de *courbe d'intrados*.

Une voûte est en plein *cintre* lorsque cette courbe est un demi-cercle complet, dont le centre est par suite en O, au milieu de l'ouverture ; — en *anse de panier*, lorsque cette courbe est formée d'un certain nombre d'arcs de cercle décrits avec des centres et des rayons différents, et se raccordant aux points de passage de l'un à l'autre. L'*ogive* est caractérisée par l'existence d'une brisure ou d'un point angulaire au sommet K de la courbe d'intrados (fig. 55). Elle est généralement formée de deux arcs de cercles qui viennent se couper à la clef ; il arrive quelquefois (*ogive persane*) que le tracé de chacune des moitiés AK et KB de l'ogive s'effectue, comme pour une anse de panier, avec plusieurs centres et plusieurs rayons successifs.

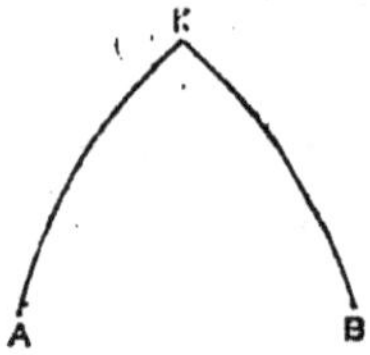

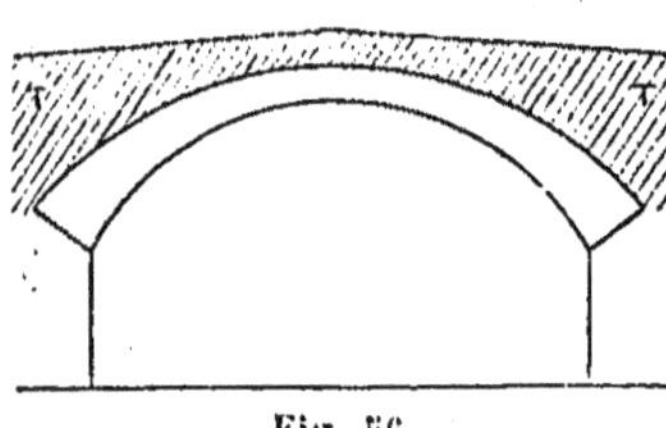

Fig. 55.

Une voûte peut être encore dite, suivant la courbe affectée par son intrados : *elliptique, en arc de cercle, parabolique*, etc.

Une voûte est dite *extradossée parallèlement* lorsque la surface d'extrados est parallèle à la surface d'intrados : elle présente en ce cas la même épaisseur en tous ses points.

Les voûtes des ponts portent en général une voie de communication dont le profil en long est une ligne droite, courbe ou brisée notablement différente de la courbe d'extrados. On se trouve ainsi dans la nécessité, pour remplir l'intervalle de ces deux lignes, de surmonter la voûte de maçonneries TT, appelées *tympans* (fig. 56), qui portent le tablier sur lequel passe la voie publique.

Fig. 56.

19. But du calcul de la stabilité d'une voûte. — Lorsque l'on dresse le projet d'un pont en maçonnerie, comportant un certain nombre de voûtes, il convient de vérifier, avant l'exécution, si l'ouvrage sera stable. Le problème du calcul de la stabilité d'une voûte peut s'énoncer ainsi qu'il suit :

Constater que la voûte sera en équilibre stable, conformément aux lois de la *résistance des maçonneries*, énoncées au chapitre précédent, sous l'action des forces extérieures qui lui seront appliquées. Ces forces sont les suivantes :

1° Son propre poids ;

2° Le poids des tympans et du tablier, ou d'une manière générale, de tous les ouvrages fixes, maçonneries, remblais, chaussées, pièces en bois et en métal, établis à demeure sur la voûte ;

— 3° Les surcharges variables et passagères qu'elle devra supporter (piétons, voitures, trains de chemins de fer, etc.), ces surcharges pouvant être soit réparties uniformément suivant l'horizontale, soit disposées d'après une loi différente, soit concentrées en un certain nombre de points du tablier ;

4° Les réactions des appuis, piles ou culées.

20. Charge et surcharge. — *Poids propre de la voûte.* — En vertu de la théorie sur la stabilité des prismes en maçonnerie, on divise la surface en élévation de la voûte, figurée sur une épure, en un certain nombre de parties limitées par des droites AB, CD, EF normales à l'axe longitudinal, qui correspondent à autant de sections transversales de l'ouvrage.

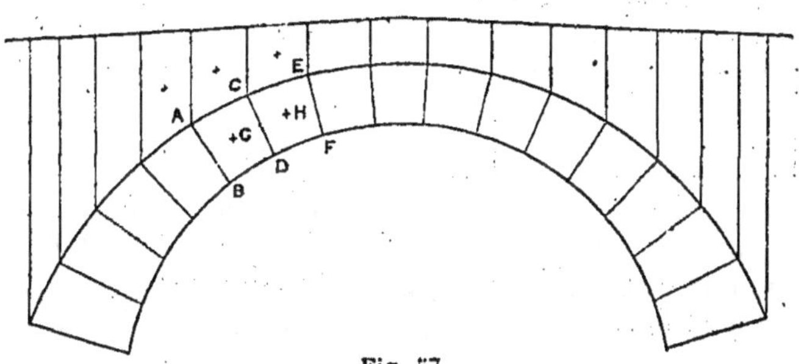

Fig. 57.

Il est d'usage, pour faciliter le tracé de l'épure, de substituer aux normales à l'axe longitudinal les normales à la courbe d'intrados menées par B, D, F (fig. 57). Ce procédé est rigoureusement exact lorsque la voûte est extradossée parallèlement, puisque l'axe longitudinal est parallèle à la courbe d'intrados. Dans le cas contraire, il n'est qu'approximatif, et ne saurait être accepté que si l'axe longitudinal est sensiblement parallèle à l'intrados. Sinon, il convient de revenir à la

méthode exacte, en se servant de normales à l'axe logitu-
dinal.

Cela fait, on détermine, par les procédés de la statique élémentaire, les aires et les centres de gravité G,H, etc., des
quadrilatères ainsi découpés dans la tète de l'ouvrage. Pour
avoir le volume de voûte correspondant à une zone de la tête,
il n'y a qu'à multiplier l'aire obtenue par la longueur de la
voûte, que d'habitude on prend pour simplifier égale à l'unité,
le calcul s'appliquant ainsi à une voûte de 1 mètre de longueur. On fait le produit de ce volume par le poids du mètre
cube de maçonnerie, que l'on connaît à l'avance, ou que l'on
détermine par expérience, et on obtient ainsi le poids d'un
fragment de voûte limité par deux sections transversales,
auquel on donne le nom de *voussoir*, par analogie avec les
pierres qui entrent dans la construction des voûtes appareillées
par tranches régulières ou *assises*, et sont aussi limitées par
des faces *planes* normales à la courbe d'intrados.

Le centre de gravité de chaque voussoir est au milieu de la
longueur de la voûte et se projette sur le plan de tête au
centre de gravité du quadrilatère correspondant.

Nous indiquerons plus tard comment il convient d'effectuer
cette division de la voûte en voussoirs pour faciliter le plus
possible les calculs de stabilité à faire.

Poids des tympans et du tablier. — Il s'agit à présent de
rechercher, pour chaque voussoir en particulier, les grandeurs
et les directions des forces extérieures qui lui sont directement appliquées. On admet que chaque voussoir porte la portion du tympan en contact avec sa surface d'extrados ; cela
est assez évident lorsque les tympans sont pleins et couvrent
toute la voûte. S'ils présentent des évidements, et ne sont par
conséquent en contact qu'avec une fraction de l'extrados de
la voûte, cette règle devient inexacte : On peut encore, pour
plus de simplicité, admettre la règle précédente comme suffisamment approchée de la réalité, ou, si l'on veut procéder
avec rigueur, opérer comme il sera dit plus loin à propos des
surcharges diverses.

Dans le cas de tympans pleins ou supposés tels, on doit
par conséquent diviser la projection des tympans sur le plan

de tête au moyen de verticales passant par les points de division de l'extrados A, C, E, etc. (fig. 57). Ces verticales correspondent à des plans verticaux parallèles à la clef qui limitent les charges appliquées aux différents voussoirs.

On évalue l'aire de chacun des quadrilatères ainsi découpés dans la surface en élévation des tympans, et on détermine son centre de gravité.

Pour avoir le poids porté par un voussoir, on multiplie l'aire du quadrilatère correspondant par la longueur de la voûte (généralement égale à un), puis par le poids du mètre cube de tympan. Lorsque le tablier et les tympans forment un massif hétérogène comportant des parties de densités différentes (maçonneries, évidements, béton, chaussée, ballast, etc.), on attribue au volume une densité moyenne, ou bien on le subdivise en parties homogènes dont on calcule séparément le poids.

Charges diverses. — Enfin pour toutes les charges diverses (remblais, ponts supérieurs, constructions, etc.), que le pont peut avoir à supporter, il est toujours facile de trouver, par les règles de la statique, comment elles se répartissent entre les différents voussoirs, et de les partager en un certain nombre de poids appliqués respectivement aux subdivisions de la voûte.

Surcharge d'épreuve. — La surcharge d'épreuve qui représente la surcharge passagère maximum (piétons, voitures, trains de chemins de fer) que le pont pourra être appelé à porter, a généralement une influence insignifiante sur les conditions de stabilité de l'ouvrage, parce qu'elle n'est qu'une fraction minime du poids total. La plupart du temps on pourrait n'en tenir aucun compte, mais il vaut mieux prendre un parti opposé, et lui substituer une surcharge hypothétique notablement plus considérable, qu'on répartit uniformément suivant l'horizontale. En calculant ainsi la voûte, on aura une sécurité parfaite.

Pour les ponts-routes en maçonnerie, on fait une évaluation très large des surcharges passagères effectives, en leur substituant une surcharge de 600 kil. par mètre carré de tablier. Pour les ponts de chemins de fer, on pourra calculer

la surcharge par mètre carré de tablier au moyen de la formule :

$$x = \frac{4000}{\sqrt[3]{l}},$$

où x est exprimé en kilogrammes, et où l représente l'ouverture de la voûte.

La série d'opérations que nous venons de décrire ne présente aucune difficulté, mais les calculs en sont généralement
longs et fastidieux.

Lorsqu'on les a achevés, on se trouve avoir divisé la voûte
en un certain nombre de portions, limitées par des sections
transversales, à chacune desquelles sont appliquées plusieurs
forces verticales, de grandeur et de direction connues, qu'il
est facile de composer en une seule résultante, dont on trace la
direction sur l'épure.

21. Réactions des appuis. Poussée. — Il reste encore,
pour connaître tous les éléments du problème, à rechercher
les grandeurs et les directions des réactions R et R' exercées
par les culées C et C' (fig. 58) sur les sections transversales
extrêmes ou les retombées de la voûte.

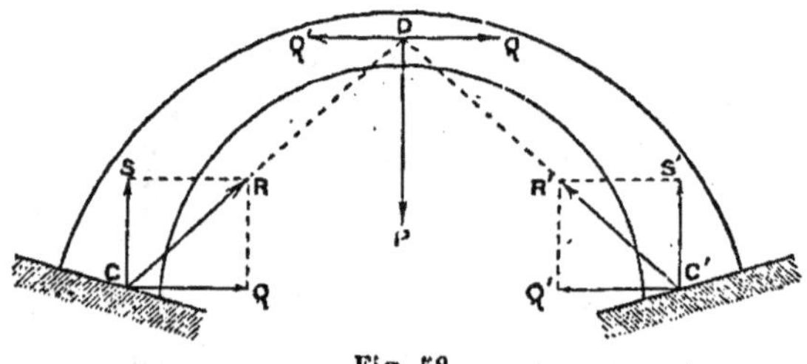

Fig. 58.

Soit P le poids total (poids propre, charge et surcharges)
supporté par la voûte : les opérations qui précèdent l'ont fait
connaître. Dans le cas de la voûte symétrique et symétriquement chargée, où nous nous sommes placé au début de ce
chapitre, ce poids P est évidemment appliqué à la clef de la
voûte. Or, il doit être équilibré par les composantes verti-

cales S et S′ des réactions des culées. On a donc, en vertu de
la symétrie :

$$S = S' = \frac{P}{2}.$$

Quant aux composantes horizontales des réactions Q et Q′,
elles doivent être égales et de directions opposées, puisque
l'ouvrage est en équilibre.

C'est tout ce que nous savons à priori sur leur compte, et
les lois de la statique ne nous fournissent les moyens ni de
calculer leurs intensités, ni de déterminer leurs points d'application C et C′ dans les plans des retombées.

Tout ce que nous pouvons affirmer pour le moment, c'est
qu'elles ne sont pas nulles : s'il en était autrement, la voûte,
sollicitée simplement par un système de forces verticales, se
comporterait comme une poutre droite et travaillerait par conséquent à la flexion. Or, les maçonneries ne sont point aptes à
résister à ce genre d'effort, et il y aurait par suite rupture
dans la partie soumise à un travail d'extension. Nous reviendrons sur ce sujet en parlant des voûtes en *plate-bande*.

Dans le cas présent, pour que l'ouvrage soit stable, il est
nécessaire que les réactions R et R′ des culées viennent
couper la direction de la force P, c'est-à-dire le plan de clef,
en un point D situé à l'intérieur de la voûte : On voit immédiatement que la résultante des efforts moléculaires développés dans la section de la clef est nécessairement une
force horizontale égale et directement opposée à la poussée Q ;
cela était évident à priori, en vertu de la symétrie de l'ouvrage. On énonce ce fait en disant que la composante
horizontale Q des réactions des culées, que l'on appelle la
poussée de la voûte, est appliquée à la clef de la voûte.

Nous ignorons la position du point d'application D, aussi
bien que celles des points C et C′, et que la grandeur de la
poussée Q. La plupart des méthodes en usage pour l'étude de
la stabilité des voûtes ont pour objet de combler cette lacune,
et de fournir un moyen de déterminer l'intensité de la poussée,
et son point d'application à la clef. Nous allons voir en effet
que, lorsqu'on est en possession de ces deux renseignements,

la vérification de l'équilibre d'une voûte peut s'effectuer immédiatement en toute certitude, au moyen d'une série d'opérations simples, dont nous allons faire l'exposé.

22. Courbe des pressions. Recherche du travail développé dans une section transversale de la voûte. — Nous avons donné précédemment, en parlant des prismes en maçonnerie, la définition

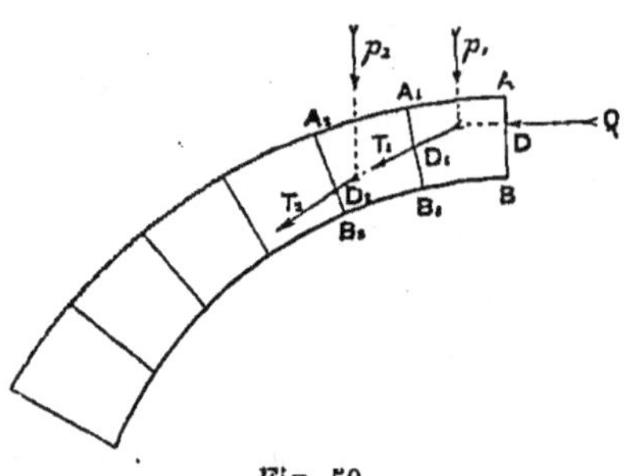

Fig. 59.

suivante de la *courbe des pressions* : c'est le lieu du point d'application sur une section transversale quelconque de la résultante des efforts moléculaires développés dans cette section. Si le prisme est en équilibre, cette résultante est égale et directement opposée à celle des forces extérieures appliquées au prisme, à partir d'une de ses extrémités jusqu'à la section considérée.

On peut également donner de la courbe des pressions d'une voûte la définition suivante : c'est le lieu des points de rencontre des sections transversales successives et des résultantes des forces appliquées à la partie de la voûte comprise entre l'une des retombées et les sections transversales considérées.

Supposons que, connaissant la poussée Q d'une voûte en maçonnerie ainsi que son point d'application D à la clef, on se propose de tracer la courbe des pressions sur une épure représentant l'élévation de la voûte.

1re *Méthode*. — Considérons la section transversale A_1B_1 qui limite le premier voussoir à partir de la clef. Les forces appliquées à la demi-voûte de droite ont pour résultante la poussée Q appliquée au point D de la clef. Il suffira donc de composer la poussée Q avec le poids total p_1, supporté par le premier voussoir (poids calculé à l'avance conformément aux indications de l'article précédent) pour avoir la résultante T_1, correspondant à la section transversale A_1B_1. Le point de rencontre D_1 de sa direction avec la droite A_1B_1 sera un point de la courbe des pressions.

En composant la force T_1 avec le poids p_2 porté par le second voussoir $A_1B_1B_2A_2$, nous obtiendrons de même la grandeur et la direction de la résultante T_2 relative à la section transversale suivante A_2B_2 : cette résultante rencontre la droite A_2B_2 en un point D_2 appartenant à la courbe des pressions.

En continuant ainsi, nous déterminerons l'un après l'autre tous les points de la courbe des pressions situés sur les sections transversales successives, jusqu'à la section de retombée. Cette construction géométrique nous fournit en même temps les grandeurs des résultantes appliquées aux sections, grandeurs qu'il serait d'ailleurs facile d'obtenir directement par un calcul simple. On voit en effet immédiatement que pour la n^e section transversale A_nB_n, la grandeur de la résultante est donnée par la formule :

$$T_n = \sqrt{Q^2 + (p_1 + p_2 + p_3 + \ldots\ldots + p_n)^2}.$$

2° *Méthode*. — Le tracé par cheminement, que nous venons d'indiquer, a l'inconvénient de ne pas donner de résultats très exacts pour les sections voisines des culées : en effet chaque construction géométrique a pour point de départ la construction précédente, de telle sorte que les erreurs de dessin vont en s'accumulant et peuvent finir par rendre tout à fait vicieux le tracé de la courbe.

On peut éliminer cette cause d'erreur, et obtenir les points de la courbe au moyen d'une série de constructions indépendantes les unes des autres, de telle sorte que l'erreur commise sur un point n'ait aucune influence sur la détermination du point suivant (fig. 60).

Il faut tout d'abord avoir composé entre eux les poids supportés par les voussoirs successifs considérés à partir de la clef, et avoir figuré ces résultats sur l'épure. Soit P_2 la résultante des poids p_2 et p_1, P_3 celle des poids p_1, p_2 et p_3, etc. Pour avoir par exemple le point D_3 correspondant à la section A_3B_3, il suffira de composer la poussée Q avec le poids P_3 ;

cette construction, on le voit, est indépendante de celles faites pour les points D_2 et D_1.

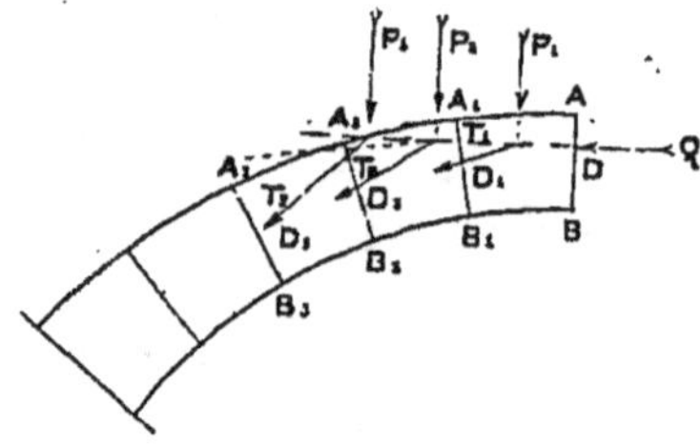

Fig. 60.

La grandeur de la résultante relative à la section $A_n B_n$ est dans ce cas donnée par la formule :

$$T_n = \sqrt{Q^2 + P_n^2},$$

où P_n représente le poids total de l'ensemble des voussoirs compris entre la clef et la section $A_n B_n$.

Ayant ainsi tracé la courbe des pressions de la voûte, il n'y a plus qu'à appliquer les règles relatives à la vérification de la stabilité des prismes en maçonnerie (articles 9, 11 et 12 du chapitre i).

Soient $A_n B_n$ une section transversale quelconque de la voûte, D_n le point de passage de la courbe des pressions, T_n la résultante en grandeur et en direction (fig. 61).

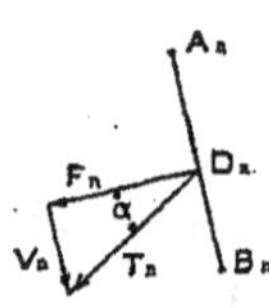

Cette résultante se décompose :

1° En une force de compression F_n perpendiculaire à $A_n B_n$, qui développe dans la section un travail à la compression dont nous savons calculer le maximum en B_n et le minimum en A_n (9, 11.)

Fig. 61.

$$F_n = T_n \cos \alpha ;$$

2° En un effort tranchant V_n (12). Si la voûte est appareillée par assises dirigées normalement à la surface d'intrados, c'est-à-dire à peu près parallèlement aux sections transversales, ce qui est le cas général de la pratique, la vérification relative à l'effort tranchant se réduit à constater que l'angle α est supérieur à l'angle de glissement φ. Nous n'insisterons pas sur cette question, où nous n'aurions qu'à répéter ce qui a été dit précédemment.

23. Considérations sur la recherche de la poussée. — Nous venons de voir que la vérification de la stabilité d'une voûte en maçonnerie ne présente aucune difficulté et se réduit à une série d'opérations et de constructions graphiques, longues et ennuyeuses, mais élémentaires et simples, lorsque l'on connaît l'intensité de la poussée et son point d'application à la clef : tel est le problème qui nous reste encore à résoudre pour avoir rempli entièrement le programme de notre étude. Remarquons en passant que ce problème s'énoncerait plus généralement et plus exactement : la recherche de la poussée et d'un point de la courbe des pressions. Si nous nous reportons à la figure 60, nous voyons en effet, que, connaissant la poussée Q et le point D_3 de la courbe des pressions, il est facile, en renversant la construction graphique in-

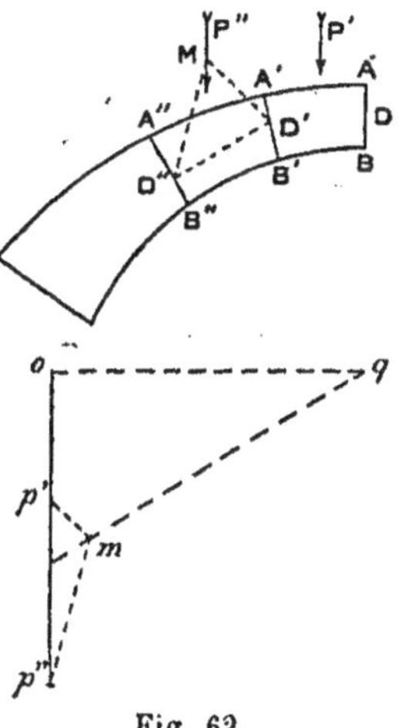

Fig. 62.

diquée, de retrouver le point D en partant du point D_3, aussi aisément qu'on aurait obtenu D_3 en partant du point D. Il suffirait également de connaître deux points D′ et D″ de la courbe des pressions (fig. 62) pour pouvoir immédiatement évaluer la poussée. Soient en effet P′ le poids porté par la portion de voûte comprise entre la clef et la section A′B′, et P″ le poids porté par le voussoir A′B′A″B″ ; menons la droite DD′, et joignons un point quelconque M de la direction P″ aux points D et D′. Portons successivement sur une droite verticale quelconque les longueurs op' et $p'p''$ respectivement proportionnelles aux poids P′ et P″ ; menons par le point p'' une parallèle à MD″, et par le point p' une parallèle à MD′ ; enfin faisons passer par leur point de rencontre m une parallèle à la droite DD′ ; et prolongeons cette droite jusqu'à son point d'intersection q avec l'horizontale qui passe au point o. La longueur oq représentera la poussée Q à la même échelle que les longueurs op' et op'' représentent les points P' et P''.

Il serait facile de justifier cette construction par une démonstration simple : mais comme elle relève de la statique graphique, nous croyons préférable de renvoyer ici aux traités spéciaux, et de ne pas entrer dans des développements qui nous entraîneraient hors du programme de notre étude.

En définitive il nous reste à montrer comment on doit s'y prendre pour déterminer dans une voûte donnée : soit la grandeur de la poussée et un point de la courbe des pressions ; soit deux points de la courbe des pressions.

Avant d'exposer nos propres idées sur la matière, nous croyons opportun d'indiquer brièvement les principes des méthodes actuellement en usage pour résoudre ce problème.

§ 2.

PRINCIPES GÉNÉRAUX DES MÉTHODES EN USAGE POUR VÉRIFIER LA STABILITÉ D'UNE VOUTE EN MAÇONNERIE.

La recherche des conditions à réaliser pour assurer la stabilité d'une voûte en maçonnerie a été poursuivie depuis le commencement du siècle par un grand nombre d'ingénieurs. Les méthodes diverses qu'ils ont proposées nous paraissent se répartir en trois catégories distinctes, que nous passerons successivement en revue :

1° Méthodes des courbes des pressions hypothétiques ;

2° Recherche du profil théorique des voûtes le plus avantageux au point de vue de la stabilité ;

3° Méthodes des aires de stabilité.

24. Méthodes des courbes des pressions hypothétiques. — *Méthode de M. Méry*. — M. Méry, auquel on doit la notion si utile de la courbe des pressions, supprime

l'indétermination que présente son tracé en se donnant à
priori deux points par lesquels il admet qu'elle doit passer.

Soient ABCD une voûte quelconque (fig. 63), MN la courbe

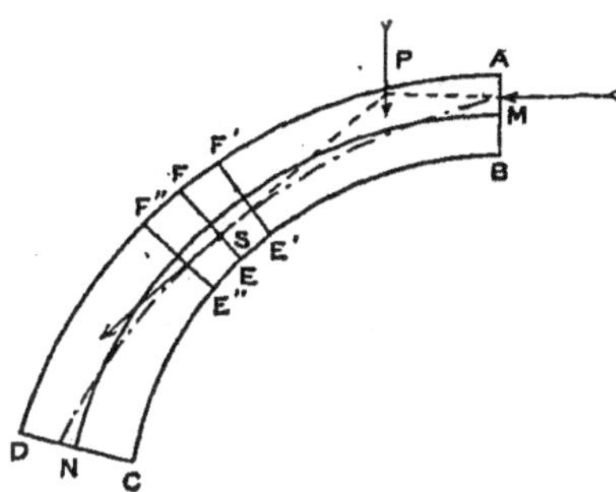

Fig. 63.

des pressions correspondant à une surcharge déterminée. Il
suppose que cette courbe coupe le joint de clef AB en un
point M placé aux deux tiers de la longueur du joint, à partir
de l'intrados :

$$\mathrm{MB} = \frac{2}{3}\mathrm{AB} \cdot$$

A partir de ce point M, la courbe va en se rapprochant de
l'intrados jusqu'au joint FE, pour lequel la distance SE à l'intrados est un minimum : les tangentes en S à ladite courbe
et en E à la courbe d'intrados sont par conséquent parallèles
entre elles. M. Méry admet que, au droit de ce joint FE,
qu'il appelle *joint de rupture*, la distance SE de la courbe
des pressions à l'intrados est le tiers de la longueur totale du
joint.

$$\mathrm{SE} = \frac{\mathrm{FE}}{3} \cdot$$

En résumé, il suppose que la distance de la courbe des
pressions à l'intrados présente à la clef un maximum égal aux
$\frac{2}{3}$ de la longueur du joint, et au joint de rupture un minimum
égal au $\frac{1}{3}$ de sa longueur. Il reste à trouver la position de ce

dernier joint, qui n'est pas ici indéterminée, mais se déduit immédiatement de la double hypothèse formulée par M. Méry. Menons en effet par le point S une parallèle à la tangente en E à la courbe d'intrados : nous avons dit plus haut que cette droite est précisément la tangente en S à la courbe des pressions. Par conséquent elle donne la direction de la résultante des forces extérieures appliquées à la partie de la voûte comprise entre la clef et le joint EF. Cette résultante s'obtient en composant la poussée Q, dont nous connaissons le point d'application M, et le poids total P de la portion de voûte ABEF que nous savons (22) déterminer en grandeur et direction. La tangente en S à la courbe des pressions doit ainsi passer au point de rencontre des directions du poids P et de la poussée Q. Nous donnerons donc du joint de rupture la définition suivante : c'est le joint pour lequel la parallèle à la tangente de l'intrados, menée par le tiers de la longueur du joint, passe au point de rencontre de la direction du poids de la partie de la voûte comprise entre la clef et ce joint lui-même, et d'une horizontale coupant le joint de la clef aux $\frac{2}{3}$ de sa longueur (cette horizontale donne la direction de la poussée appliquée à la clef). Si nous effectuons la même construction pour un joint F'E' situé entre la clef et le joint de rupture, la parallèle à la tangente d'intrados passant au tiers du joint F'E' rencontrera la direction du poids P' de la portion de voûte limitée par F'E' en un point situé au-dessous de l'horizontale MQ. Si nous faisons la même opération pour le joint F"E" placé au-dessous du joint de rupture, le point obtenu sera situé au-dessus de l'horizontale MQ. Nous en concluons que la recherche du joint de rupture peut s'effectuer par la méthode graphique suivante : on détermine pour une série de sections transversales de la voûte le point de rencontre de la parallèle à la tangente à la courbe d'intrados menée au tiers de la longueur du joint, et du poids de la portion de voûte limitée par la clef et la section considérée. La courbe ainsi tracée par points, rencontre l'horizontale qui passe aux $\frac{2}{3}$ de la longueur du joint de la clef, en un point T qui correspond au joint de rupture. Ii ne reste plus qu'à trouver, par un tâtonnement facile, quel est le joint qui limite la portion de voûte dont le poids total passe en T, ou, ce qui revient au même, quel est le joint coupé au tiers de sa longueur par une parallèle à la tangente correspondante de la courbe d'intrados menée par T.

M. Méry a reconnu que pour les voûtes en plein cintre, l'angle du joint de rupture avec l'horizontale varie en général de 25 à 35° et s'écarte peu d'habitude de la valeur moyenne 30°. Pour les anses de panier et les ellipses surbaissées, ce joint est placé dans le voisinage du milieu de la montée. Cette remarque permet d'abréger la recherche qui précède en n'effectuant les constructions graphiques que pour un petit nombre de joints voisins du joint probable. On arrive ainsi très facilement et très rapidement à obtenir la position exacte du joint de rupture.

Cela fait, il est facile d'évaluer la poussée : connaissant la direction MQ de cette force, la grandeur et la direction du poids P, et la direction TS de la résultante, la grandeur de Q s'obtient au moyen du parallélogramme des forces.

Cette méthode n'a pas été imaginée arbitrairement par M. Méry, qui l'a déduite d'expériences faites par Boistard sur la stabilité des voûtes en maçonnerie. Boistard avait constaté que les voûtes d'une solidité insuffisante se brisaient à la clef et au joint dit de rupture, l'ouverture du joint s'effectuant à l'intrados dans le premier cas et à l'extrados dans le second. M. Méry en a conclu, à juste titre, que c'était dans ces deux points que la courbe des pressions devait s'écarter le plus de l'axe longitudinal de voûte.

La règle pour le tracé des courbes des pressions, que nous venons d'exposer, est restée, quoique la plus ancienne en date, la plus usitée, par suite de sa commodité et de sa simplicité ; elle a en somme reçu la consécration de l'expérience et donne toujours des indications utiles aux constructeurs.

On peut lui adresser le reproche suivant : elle est très remarquablement exacte (nous aurons plus tard l'occasion de le constater) lorsqu'on l'applique à des voûtes dont la courbe d'intrados se rapproche très sensiblement de la forme circulaire entre la clef et le joint incliné à 30° (arc de cercle, plein cintre, ellipse surbaissée, anse de panier) à la condition que la répartition de la surcharge soit conforme à celle que présentent en général les ponts en maçonnerie, c'est-à-dire soit représentée sur l'épure par la surface comprise entre la courbe d'intrados et une ligne horizontale ou faiblement inclinée passant à une petite distance de la clef. Lorsque la voûte a un profil notablement différent de l'arc de cercle (ogive, ellipse surhaussée, plate-bande), ou lorsque la surcharge est répartie d'une manière anormale (pont en maçonnerie portant un passage supérieur dont les piles reposent sur son extrados, grands remblais), la règle de M. Méry peut donner des résultats absolument erronés, ainsi que nous le verrons plus loin. Or c'est précisément dans les cas où l'on s'écarte des conditions habituelles, et où par suite on ne trouve pas parmi les ouvrages existants d'exemples à imiter, qu'il serait utile d'avoir une méthode sûre pour vérifier la stabilité de l'ouvrage à construire.

Nous remarquerons en terminant que, dans les voûtes en plein cintre, le joint de rupture incliné à 30° correspond au milieu de la montée de la voûte. Dans les arcs de cercle, l'inclinaison de ce joint augmente et devient égale à 47° pour les voûtes surbaissées au $\frac{1}{5}$. Dans les arcs plus surbaissés, il arrive que l'angle formé par les retombées avec l'horizontale est supérieur à l'inclinaison du joint de rupture théorique. M..Méry admet alors que le joint de rupture est situé aux naissances mêmes : le joint extérieur est, en effet, dans ce cas, celui dont l'inclinaison se rapproche le plus de l'inclinaison théorique du joint de rupture : comme ici la position du joint de rupture est donnée à priori, ainsi que le point de passage de la courbe des pressions, au tiers du joint, on ne peut plus affirmer que la tangente à la courbe soit, au droit de ce joint, parallèle à la tangente à l'intrados : on aurait une condition de trop. On connaît dans le cas présent le point T et le point S. La direction de la résultante TS est donc déterminée et en général elle fait avec l'horizontale un angle plus grand que la tangente à l'extrados, ce qui signifie que, si la voûte était prolongée au delà de la retombée, le joint de rupture se trouverait au-dessous de DC. La voûte est incomplète, et le joint de rupture théorique existe fictivement au-dessous des naissances : il peut donc paraître inexact, d'après la théorie précédente, de supposer que SC est le tiers de CD. L'erreur est d'ailleurs peu importante et de l'ordre de

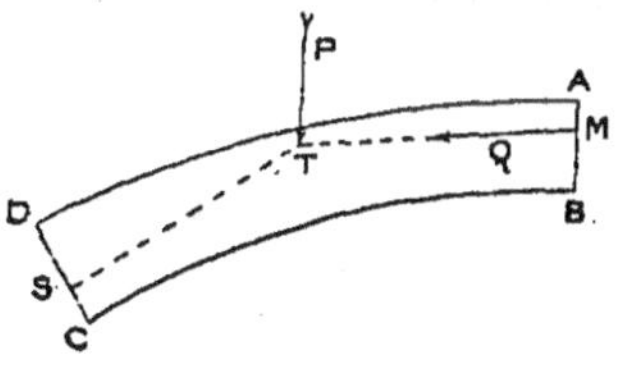

Fig. 64.

celles qu'entraîne toujours pour une voûte quelconque l'emploi de la règle de M. Méry.

Méthode de M. Dupuit. — M. l'inspecteur général Dupuit admet, comme M. Méry, que la courbe des pressions passe aux $\frac{2}{3}$ du joint de la clef : mais il s'en sépare en supposant que cette courbe est, au droit du joint de rupture, tangente à la courbe d'intrados. Cette conception est généralement aujourd'hui reconnue comme inexacte. M. Dupuit se base sur ce que le joint de rupture s'ouvre assez fréquemment dans les voûtes sans amener leur chute, et il pense qu'un joint ne peut se fissurer sans que la courbe des pressions passe exactement sur l'arête du voussoir opposée à la plus grande largeur de la fissure. Cela revient à assimiler le voussoir à un solide invariable, analogue à ceux que l'on considère dans la mécanique rationnelle. Il ajoute que la déformabilité des voûtes, due à l'élasticité des matières qui les constituent, ne doit pas modifier dans une mesure sensible les conséquences de son raisonnement. Nous ne pouvons partager cette manière de voir.

L'élasticité des matériaux joue ici un rôle absolument prépondérant, et nous verrons plus tard que les conditions d'équilibre des voûtes, formées de matériaux déformables, sont absolument indépendantes de l'amplitude des déformations, puisque le coefficient d'élasticité E ne figure pas dans les résultats du calcul. Peu importe que le voussoir soit plus ou moins élastique : il suffit qu'il le soit, à un degré quelconque, pour que les conséquences auxquelles on arrive pour la répartition du travail dans les différentes parties de l'ouvrage étudié, soient les mêmes. (Voir la note de l'article 28.)

Nous avons vu précédemment (11) que, pour qu'un joint de voûte s'ouvre, il n'est pas nécessaire que la résultante des efforts subis par le voussoir soit appliquée sur son arête ; il suffit qu'elle passe à une petite distance de cette arête, inférieure au tiers de la longueur du joint, et nous estimons que ce fait, prévu par la théorie, est justifié par l'expérience. En conséquence le raisonnement de M. Dupuit, basé sur l'hypothèse contraire, nous semble tomber à faux.

Méthode de M. Scheffler. — M. le docteur Scheffler de Brunswick, dont l'ouvrage a été traduit et publié en France par M. l'ingénieur en chef Fournié, résout le problème de la détermination de la courbe des pressions en s'appuyant sur un principe nouveau de mécanique, qu'il désigne sous le nom de principe de la *moindre résistance*. Il suppose que la courbe des pressions effectives est celle des courbes compatibles avec l'équilibre, c'est-à-dire ne sortant pas du profil de la voûte, qui correspond à la poussée minimum. Dans la démonstration qu'il donne de ce principe, M. Scheffler raisonne sur les solides invariables de la mécanique rationnelle, et cela nous paraît suffire pour que ses déductions soient entachées d'erreur. Il ne nous semble pas possible de sortir autrement du dilemme qui suit : si les voûtes sont composées de solides invariables, le problème de la recherche de la courbe des pressions est indéterminé, et la mécanique ne fournit aucun moyen de sortir de cette indétermination ; si les voûtes sont formées de corps déformables, il faut tenir compte de leur élasticité, et l'on doit prendre pour base des recherches la loi du trapèze, qui en est la conséquence.

Méthode de M. Laterrade. — M. l'ingénieur en chef Laterrade, dans une étude très intéressante insérée dans les *Annales des Ponts et Chaussées* (1885, 1er semestre), propose de substituer à la courbe *hypothétique* de M. Méry la courbe *conventionnelle* qui donne les pressions minima dans les parties les plus fatiguées de la voûte. Nous soulignons ces deux qualificatifs, parce que M. Laterrade ne considère pas la courbe qu'il a choisie comme la courbe effective ; mais il admet que, prise comme terme de comparaison, elle peut fournir sur la stabilité de la voûte des renseignements plus exacts et par suite plus utiles que la courbe de M. Méry, dont il considère également, à juste titre, l'emploi comme résultant d'une pure convention.

Cette méthode n'a pu encore entrer dans la pratique : M. Laterrade fait voir qu'il y aurait intérêt à la substituer dans les applications à celle de M. Méry. Elle est d'un usage un peu plus compliqué, et nous craignons que les ingénieurs, ayant à choisir entre deux courbes conventionnelles, ne soient en général disposés à adopter celle de M. Méry, dont le tracé est plus facile et exige moins de travail.

25. Recherche du profil théorique des voûtes le plus avantageux au point de vue de la stabilité. — *Méthode de M. Yvon Villarceau.* — M. Yvon Villarceau s'est proposé de trouver une forme de voûte telle que la courbe des pressions y coupât à angle droit tous les joints au milieu de leur longueur. Un pareil ouvrage réaliserait la perfection théorique, puisque la pression serait uniformément répartie sur la surface de chaque section transversale.

Pour résoudre le problème, M. Yvon Villarceau a déterminé analytiquement les profils à attribuer aux courbes d'intrados et d'extrados pour que l'axe longitudinal de la voûte coïncide sur tout son développement avec une courbe des pressions correspondant à une poussée déterminée. Cela fait, il admet que la courbe effective des pressions suit, après le décintrement, l'axe longitudinal de la voûte. C'est là une pure hypothèse qui ne saurait être acceptée sans démonstration.

Nous verrons plus loin (28) qu'elle est inexacte, et que, par suite de l'élasticité des matériaux, la courbe des pressions ne peut jamais, après le décintrement, coïncider avec l'axe longitudinal de la voûte. Il est facile d'ailleurs de s'en rendre compte immédiatement.

M. Yvon Villarceau procède par analogie avec les ponts suspendus ; or, dans ce cas, la courbe des pressions suit exactement l'axe du câble de suspension parce que celui-ci est flexible et peut se déformer, sans que sa flexion entraîne un travail sensible. Supposons, au contraire, que le câble ASB, de forme parabolique, présente une raideur très grande analogue à celle des maçonneries. Admettons que nous lui fassions supporter une surcharge uniformément répartie

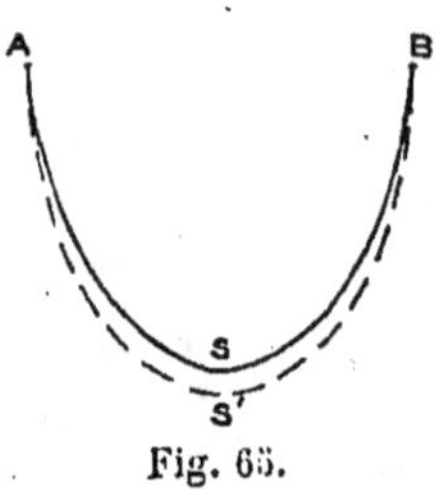

Fig. 65.

suivant l'horizontale : il s'allongera par suite de l'effort de traction qu'il subit et viendra en AS'B sans perdre sa courbure parabolique. Or cette déformation, par laquelle la flèche augmente sans modification de l'ouverture, n'a pu s'effectuer sans entraîner des changements dans l'orientation de ses sections. Si le câble est rigide, l'angle formé par deux sections infiniment voisines ne peut être modifié sans qu'il se développe entre elles un travail à la flexion, ce qui revient à dire que la courbe des pressions ne passe plus aux centres des dites sections.

Par conséquent, lorsque l'on surcharge un câble rigide de forme parabolique, la courbe des pressions cesse de coïncider avec l'axe longitudinal. Or lorsque l'on décintre une voûte, on fait exactement la même opération en ce qui la concerne : c'est en vain que l'on aura donné tout d'abord à son axe longitudinal le profil correspondant à une courbe des pressions possible ; la courbe des pressions définitive s'en écartera toujours nécessairement.

Pour obvier à ce phénomène du déplacement de la courbe de pression, il suffirait de couper le câble en trois points, A,S,B, par exemple, où l'on établirait des axes de rotation obligeant la courbe des pressions à passer en ces points au milieu de la section transversale du câble. Le remède ne serait qu'un palliatif, car, par suite de l'allongement de la flèche moyenne, l'axe longitudinal présenterait en S, après la déformation, un point angulaire, et, par conséquent, ne pourrait coïncider avec la courbe des pressions, qui est une

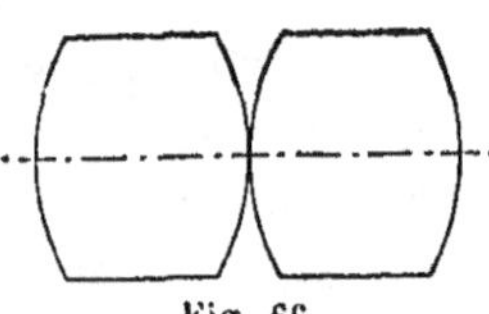

Fig. 66.

courbe continue. On a proposé parfois cette solution incomplète pour les voûtes en maçonnerie. La solution exacte consisterait à donner à la voûte la flexibilité du câble en permettant la rotation libre de chaque voussoir sur le suivant, au moment du décintrement : cela reviendrait à limiter chaque pierre par des surfaces de joints convexes dont les contacts mutuels seraient placés sur l'axe longitudinal. C'est là évidemment un procédé théorique qui ne serait pas susceptible d'entrer dans la pratique (fig. 66).

C'est ce qui explique pourquoi la théorie très savante de M. Yvon Villarceau ne semble pas avoir été utilisée par les constructeurs. M. l'Inspecteur général *Croizette-Desnoyers* cite pourtant, dans son *Traité de construction des Ponts* (tome Ier, page 146), un pont établi en Espagne, sur la Garganta-Ancha, conformément à la théorie précitée. Mais il ne présente que des arches de 14 mètres d'ouverture, et M. Croizette-Desnoyers paraît douter que la courbe des pressions passe exactement aux centres des joints.

Méthodes de MM. Denfert-Rochereau et de Saint-Guilhem. — M. le colonel *Denfert-Rochereau* et M. l'Ingénieur en chef *de Saint-Guilhem* ont repris, chacun de leur côté, les recherches de M. *Yvon Villarceau*, et ont cherché à déterminer par des formules élémentaires et des calculs plus simples, le profil théorique à attribuer aux voûtes. Les règles qu'ils ont proposées soulèvent les mêmes critiques que celle de M. Yvon Villarceau [1].

Nous sommes loin de contester l'utilité réelle qu'il y aurait à donner à l'axe longitudinal d'une voûte un profil concordant avec une courbe des pressions. Il est certain que si l'on substituait au câble rigide parabolique ASB, que nous avons considéré plus haut, un câble également rigide à courbure elliptique ou circulaire, les efforts de flexion développés par la surcharge uniformément répartie suivant l'horizontale seraient incomparablement plus grands ; par conséquent le travail de la matière serait plus élevé, et la stabilité moins assurée. A ce point de vue, les profils étudiés par MM. Yvon Villarceau, Denfert-Rochereau et de Saint-Guilhem auraient un avantage incontestable, et nous admettrons volontiers que si la courbe des pressions effective s'écarte toujours néces-

---

1. Voir, au sujet des applications de la méthode Saint-Guilhem faites par M. l'Inspecteur général *Decomble*, un article publié dans les *Annales des Ponts et Chaussées*, de 1859, et le *Traité de construction des ponts*, de M. Croizette-Desnoyers (tome I, page 443).

sairement de l'axe longitudinal, après le décintrement, cet écart est réduit au minimum lorsque l'on adopte les profils précités. Mais cette supériorité nous paraît rendue illusoire, dans la pratique, par les considérations qui suivent :

1° Le profil théorique le plus avantageux dépend en chaque cas du mode réel de répartition de la surcharge, lequel varie à l'infini dans les applications. Si on lui substitue la répartition conventionnelle admise par ces Ingénieurs, on peut s'écarter notablement de la vérité, et perdre le bénéfice que l'on aurait pu retirer du principe de la méthode appliquée dans toute sa rigueur. Il faut donc dans chaque cas déterminer exactement le profil théorique à employer et cette recherche, qui entraînerait à des calculs longs et compliqués, est susceptible de rebuter les praticiens.

2· Supposons que l'on se soit résigné à effectuer tous les calculs nécessaires pour déterminer le profil théorique de la voûte. Il faut encore que l'on soit libre d'attribuer à l'intrados le profil indiqué par cette méthode. Or il n'en est pas toujours ainsi. Outre la difficulté que peut présenter en pareils cas la taille des pierres et la pose des voussoirs, des conditions architecturales peuvent obliger le constructeur à employer une voûte en plein cintre, en ellipse ou en arc de cercle. Convient-il en pareil cas de sacrifier l'aspect de l'ouvrage à un avantage théorique plus ou moins important? On a fait remarquer souvent que la courbe théorique s'écarte peu en général des courbes en usage, cercle ou ellipse ; mais alors l'utilité que présente son emploi ne doit pas être bien sérieuse, et peut être compensée par les difficultés de taille et de pose. Tout au plus bénéficierait-on d'une économie de quelques mètres de maçonnerie dans le cube total de l'ouvrage, dont les épaisseurs seraient réduites dans une certaine mesure. C'est là un intérêt très faible qui ne peut conduire qu'à une diminution insignifiante dans la dépense totale, et l'on conçoit facilement que dans ces conditions les méthodes dont nous venons de parler n'aient guère pénétré dans la pratique. On a fait avec succès un certain nombre d'applications de la règle de M. de Saint-Guilhem, mais nous ne croyons pas que l'on en ait retiré un avantage bien marqué, tant au point de vue de

la dépense qu'au point de vue du résultat, et les constructeurs paraissent aujourd'hui disposés à continuer les anciens
errements.

26. Méthodes des aires de stabilité. — *Méthode de
M. A. Durand-Claye*. Soit d_0c_0dc une portion de voûte comprise
entre la clef d_0c_0 et un joint dc choisi arbitrairement. Nous
supposons connus le profil et la charge P de l'ouvrage (fig. 67).
M. l'Ingénieur en chef *Durand-Claye* part du principe évident

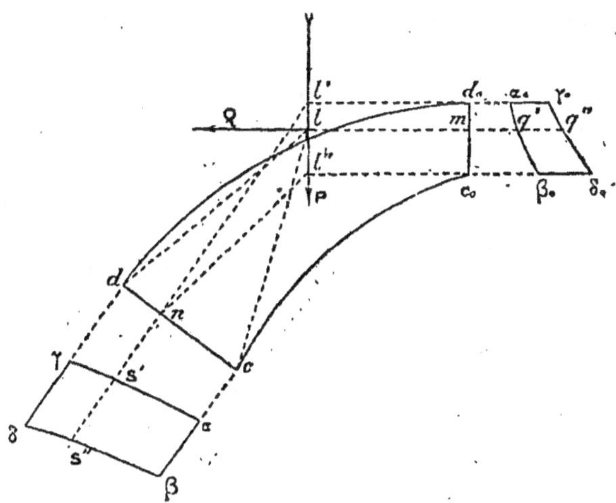

Fig. 67.

en vertu duquel, pour que la voûte soit stable, il faut que la
courbe des pressions soit compatible d'une part avec l'équilibre strict tel qu'il résulte des règles de la statique (l'adhérence de la pierre sur le mortier étant supposée nulle ou
négligeable), et d'autre part avec la résistance des matériaux
employés.

Pour que cette double condition soit remplie aux joints
d_0c_0 et dc, il faut que la courbe des pressions satisfasse à
certaines règles que M. Durand-Claye détermine ainsi qu'il
suit :

1° *Conditions relatives à l'équilibre.* — Supposons que la
courbe des pressions coupe le joint de clef en m. Pour qu'il y

ait équilibre, il faut que cette courbe ne sorte pas de la voûte, et par conséquent qu'elle rencontre le joint dc en un point situé entre d et c. La résultante de la charge P et de la poussée Q, menée par le point de rencontre l de leurs directions, doit passer au-dessus de c et au-dessous de d. Il est facile de calculer les valeurs des poussées Q' et Q'' qui correspondent aux deux cas limites, où la résultante serait dirigée suivant lc ou suivant ld. Représentons ces valeurs maxima et minima de la poussée par des longueurs mq' et mq'', prises à une échelle convenue sur l'horizontale qui passe en m. Le raisonnement qui précède nous amène à conclure que, si la courbe des pressions coupe en m le joint de la clef, l'extrémité de la poussée, représentée à l'échelle sur l'horizontale du point m, doit tomber entre les points q' et q'', sans quoi la voûte ne serait pas en équilibre. Déterminons les points tels que q' et q'' pour chaque point du joint c_0d_0. Nous obtiendrons deux courbes $\alpha_0\beta_0$ et $\gamma_0\delta_0$: en vertu des remarques faites précédemment au sujet des points q' et q'', l'extrémité de la poussée, figurée à l'échelle convenue sur sa propre direction, doit tomber à l'intérieur de l'aire $\alpha_0\beta_0\gamma_0\delta_0$ limitée par ces deux courbes, quel que soit le point de passage de la poussée à la clef.

Considérons maintenant un point n du joint cd, et supposons que la courbe des pressions y passe. Pour que la voûte soit en équilibre, il faut que cette courbe rencontre la clef entre les extrémités d_0 et c_0 du joint. La résultante de la poussée Q et de la charge P, qui, par hypothèse, passe en n, doit donc avoir une direction intermédiaire entre les directions nl', et nl'', qui correspondent aux deux cas limites où la poussée est appliquée en d_0 et c_0.

Il est aisé, connaissant P, de calculer les grandeurs des résultantes dirigées suivant $l'n$ et $l''n$ et d'en déduire les composantes nS' et nS'' normales au joint cd. Ces composantes, représentées à l'échelle convenue par nS' et nS'', nous donnent les points S' et S'' entre lesquels devra nécessairement tomber l'extrémité de la réaction normale au joint, si la courbe des pressions passe en n, et que la voûte soit en équilibre. Les lieux des points S' et S'' sont deux courbes $\alpha\gamma$ et $\beta\delta$ qu'il est facile de construire : l'aire $\alpha\beta\delta\gamma$ jouit pour le joint cd de la même propriété que l'aire $\alpha_0\beta_0\delta_0\gamma_0$ pour le joint de clef. Les sommets de ces deux quadrilatères se correspondent deux à deux : α et α_0, β et β_0, γ et γ_0, δ et δ_0.

Nous venons de déterminer les aires de stabilité de la voûte, relatives aux joints d_0c_0 et dc, qui correspondent à la condition d'équilibre strict : pour que la voûte soit en équilibre, il faut que la poussée à la clef d'une part, et la réaction normale au joint de l'autre, figurées par des longueurs proportionnelles portées sur leurs propres directions, aient leurs extrémités respectives à l'intérieur des aires $\alpha_0\beta_0\gamma_0\delta_0$ et $\alpha\beta\gamma\delta$. La courbe des pressions limite définie par l'un des sommets de l'aire de clef correspond également au sommet de l'aire du joint cd, désigné par la même lettre.

2° *Conditions relatives à la résistance des matériaux.* — Il ne suffit pas, pour que la voûte soit stable, que la courbe des pressions ne sorte pas de son intérieur. Il faut encore que le travail maximum à la compression, développé dans le joint c_0d_0 ou le joint cd, ne dépasse pas la limite pratique R admise pour la maçonnerie.

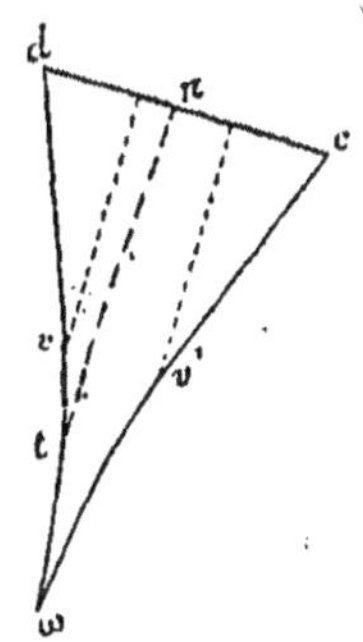

Fig. 68.

Considérons le joint cd. Soit n le point de passage de la courbe des pressions. Nous savons (9-11) déterminer le mode de répartition sur la surface du joint de la réaction qui passe en n. Il est donc facile de calculer la valeur nt que doit atteindre cette réaction pour que le travail maximum à la compression soit précisément égal à la limite pratique.

Construisons le lieu des points t, pour les divers points du joint cd : il se compose de deux droites cv et dv' correspondant chacune à un tiers du joint, et de deux arcs d'hyperbole $v\omega$ et $v'\omega$, correspondant au tiers central.

On voit immédiatement que, pour que la condition relative à la résistance des maçonneries soit remplie, en ce qui concerne le joint cd, il faut et il suffit que l'extrémité de la réaction normale appliquée au joint cd tombe à l'intérieur de l'aire limitée par la ligne $c\omega d$.

Nous pouvons effectuer la même construction pour le joint de clef $c_0 d_0$ et trouver la courbe limite $c_0 \omega_0 d_0$, dans l'intérieur de laquelle doit tomber l'extrémité de la poussée pour que le travail à la compression ne dépasse pas le maximum R (fig. 69).

Nous venons de déterminer pour chacun des deux joints deux aires de stabilité correspondant l'une à la condition d'équilibre, l'autre à la condition de résistance. Les parties communes de ces deux aires, $e_0 f_0 g_0 h_0$ pour le joint de clef, EFGH pour le joint cd, jouissent évidemment de cette double propriété (fig. 69). Nous en concluons que, pour que la voûte soit stable au double point de vue de l'équilibre et de la résistance des matériaux, il faut que l'extrémité de la poussée à la clef tombe dans l'aire $e_0 f_0 h_0 g_0$, et que l'extrémité de la réaction normale au joint cd tombe dans l'aire EFHG.

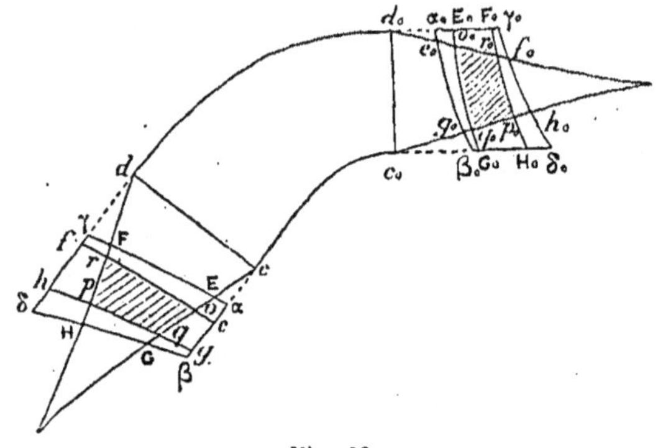

Fig. 69.

Ces deux conditions simultanées peuvent se résumer en une seule. Nous avons vu précédemment que la courbe $\alpha_0 \beta_0$ relative à la clef correspond à la droite $\alpha\beta$ relative au joint cd, c'est-à-dire que les courbes des pressions définies par les poussées dont les extrémités tombent sur la courbe $\alpha_0 \beta_0$ sont précisément celles pour lesquelles les réactions normales au joint cd ont leur extrémité sur $\alpha\beta$. De même la coube $\gamma_0 \delta_0$ correspond à la droite $\gamma\delta$.

Or la considération de la résistance des maçonneries nous

a conduit à substituer pour le joint cd la courbe FH à la droite $\gamma\partial$ et la courbe EG à la droite $d\omega$, pour la limitation de l'aire de stabilité de ce joint. Pour établir une corrélation entre les aires des deux joints considérés, nous sommes donc conduit à substituer à la courbe $\gamma_0\partial_0$, correspondant à la droite $\gamma\partial$, la courbe F_0H_0 qui correspond à FH. Le tracé de cette courbe ne présente d'ailleurs aucune difficulté : le problème revient toujours à déterminer la grandeur et la direction de la poussée, connaissant la charge P, ainsi que la grandeur et la direction de la réaction exercée sur le joint cd.

Nous tracerons de même la courbe E_0G_0 correspondant à la courbe EG.

Passant ensuite au joint cd, nous pouvons trouver de même les courbes ef et gh correspondant aux courbes e_0f_0 et g_0h_0 de la clef.

Ces nouvelles lignes découpent à l'intérieur des contours $c\omega d$ et $c_0\omega_0d_0$, deux nouvelles aires de stabilité $o_0r_0p_0q_0$ pour la clef, et $oqpr$ pour le joint cd, qui se correspondent exactement : il suffit que l'extrémité de la poussée tombe dans l'aire $o_0r_0p_0q_0$ pour que l'extrémité de la réaction normale au joint cd tombe également dans l'aire $orqp$. Les sommets de ces aires se correspondent respectivement : o_0 à o, p_0 à p, q_0 à q, r_0 à r. Ces deux aires étant absolument équivalentes, il n'est plus nécessaire de les considérer simultanément, et il convient d'en conserver une seule, celle de la clef, par exemple : pour que la voûte soit stable au double point de vue de l'équilibre statique et de la résistance des matériaux, en ce qui concerne la clef et le joint cd, il faut et il suffit que l'extrémité de la poussée appliquée à la clef tombe à l'intérieur de l'aire $o_0r_0p_0q_0$.

Les constructions, que nous avons faites pour le joint cd, peuvent être répétées pour tout autre joint de la voûte : nous obtiendrions à la clef une autre aire de stabilité analogue à $o_0r_0p_0q_0$.

Supposons la même opération faite pour tous les joints successifs de la voûte, depuis la clef jusqu'aux retombées : nous aurons une série correspondante d'aires de stabilité, dont la partie commune représentera l'aire de stabilité définitive de la voûte ; cette aire jouit de la propriété suivante : pour tous les joints de la voûte, la double condition de stabilité relative à l'équilibre et à la résistance sera remplie toutes les fois que l'extrémité de la poussée, correspondant à la courbe des pressions effectives, tombera à l'intérieur de cette aire. Dans le cas contraire, la double condition ne sera pas remplie, au moins pour un joint.

Le but de la construction de M. Durand-Claye est d'obtenir cette aire-limite définitive, relative à l'ensemble des joints de la voûte. Remarquons que jusqu'à présent son raisonnement est absolument rigoureux et s'appuie exclusivement sur les principes de la mécanique rationnelle et sur la loi du trapèze, considérée comme base de la résistance des matériaux. A ce point de vue, il se sépare complètement des méthodes indiquées dans les articles précédents, méthodes dont la base fondamentale est toujours une hypothèse plus ou moins discutable.

M. Durand-Claye ne formule d'hypothèse qu'en dernier lieu, lorsqu'il s'agit de tirer parti de l'aire de stabilité obtenue, et d'en extraire des renseignements utiles sur les conditions de stabilité de la voûte.

En général, cette aire affecte la forme d'un quadrilatère : M. Durand-Claye propose d'abord de tracer les courbes des pressions correspondant aux quatre sommets de la figure, et il admet que ces courbes-limites indiquent, en se rapprochant des courbes d'intrados et d'extrados, les parties faibles de la voûte, où le travail effectif résultant de la courbe des pressions réelles, obtenues après le décintrement de l'ouvrage, sera susceptible d'atteindre les valeurs les plus élevées.

En second lieu, M. Durand-Claye fait observer que l'aire de stabilité obtenue correspond à la limite pratique de résistance à la compression R que l'on s'est imposée à priori, en raison de la nature des matériaux à employer dans les constructions. Attribuons à cette limite une autre valeur R' inférieure à R : nous obtiendrons une nouvelle aire de stabilité dont la surface sera évidemment inférieure à la première. Continuons à faire descendre R jusqu'à la valeur R″ pour laquelle l'aire de stabilité se réduira à un point : à ce moment une seule courbe des pressions remplira la double condition de l'équilibre statique et de la résistance des matériaux, ceux-ci étant astreints à ne pas subir un travail supérieur à R″. Le rapport $\frac{R''}{R'}$, dont l'inverse mesure en quelque sorte de la hardiesse la construction, est ce que M. Durand-Claye appelle le coefficient de stabilité de l'ouvrage. C'est encore là une hypothèse qui, ainsi que la précédente, offre un caractère de vraisemblance et de probabilité très accusé, mais qui ne saurait être considérée comme une vérité démontrée.

La méthode de M. Durand-Claye, malgré sa supériorité manifeste sur les méthodes précédentes, où l'hypothèse joue un rôle prépondérant, ne paraît pas avoir pénétré dans la pratique. Nous en trouvons la raison non pas dans l'incertitude des renseignements que l'on peut retirer de la connaissance de l'aire de stabilité, déterminée par une méthode rigoureuse, mais bien dans la complication et le nombre des constructions graphiques qu'entraîne cette méthode. C'est là évidemment ce qui a rebuté les constructeurs habitués à la règle de M. Méry, dont l'emploi, s'il ne donne pas des renseignements concluants, n'exige que des constructions simples et rapides.

M. le chef de section *Cuncq* a publié, dans les *Annales des Ponts et Chaussées* de 1880, une note qui permet de simplifier notablement l'application de la règle de M. Durand-Claye. M. l'ingénieur *Gilliot* a également publié dans les *Annales* de 1884 un travail sur la stabilité des voûtes en maçonnerie, dans lequel il indique une méthode, analogue à celle de M. Peaucellier, qui facilite sensiblement la recherche des aires de stabilité de M. Durand-Claye.

Méthode de M. Peaucellier. — La méthode du général Peaucellier est basée sur le même principe que celle de M. Durand-Claye, et elle conduit à des constructions analogues. Nous nous abstiendrons pour ce motif d'en faire l'exposé et nous renverrons le lecteur, pour de plus amples développements sur ces deux méthodes intéressantes, aux articles insérés dans les *Annales des Ponts et Chaussées* (1867, 1ᵉʳ semestre; 1876, 1ᵉʳ semestre), ainsi qu'au traité de résistance des matériaux de M. Collignon, où la question est traitée dans toute son ampleur.

Les règles de M. Peaucellier ne paraissent guère avoir été mises en pratique jusqu'ici, pour les motifs déjà signalés à propos de la méthode de M. Durand-Claye.

§ 3.

MÉTHODE NOUVELLE POUR LA DÉTERMINATION DE LA COURBE DES PRESSIONS

27. Principes fondamentaux. — L'étude que nous avons faite, dans le chapitre précédent, des conditions de résistance des massifs en maçonnerie, nous a conduit à formuler

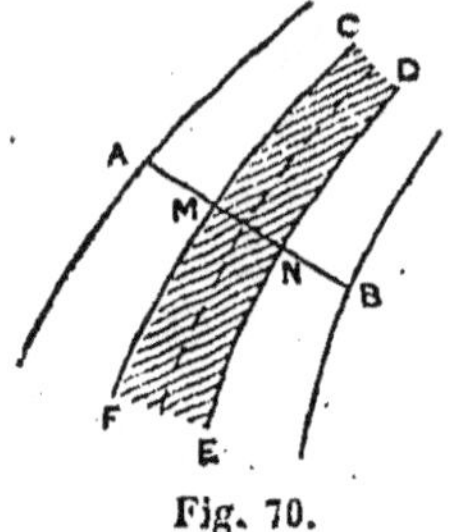

Fig. 70.

un certain nombre de propositions essentielles, que nous croyons utile de rappeler ici.

I. Pour qu'un prisme en maçonnerie résiste, dans de bonnes conditions, aux forces extérieures qui le sollicitent, sans se fissurer, ni se désagréger, il convient : 1° qu'aucune de ses parties ne travaille à l'extension; 2° que le travail maximum à la compression ne dépasse pas une limite déterminée, que l'expérience a fait connaître pour les différents genres de maçonnerie.

La première condition est remplie lorsque la courbe des pressions rencontre une section transversale AB (fig. 70) dans le tiers central MN de son épaisseur : AM = MN = NB. Tous les points de la section transversale travaillent alors à la compression. Si le point de passage de la courbe se trouve sur le tiers AM de l'épaisseur, il se développe des tensions dans le voisinage du point B ; si le point de passage est sur NB, il se développe des tensions dans le voisinage de A.

Nous appellerons *noyau central* du prisme le volume CDEF

engendré par le tiers moyen MN de la section transversale : pour que la stabilité de l'ouvrage soit parfaitement satisfaisante, il faut que la courbe des pressions ne sorte pas du noyau central.

Dans le cas contraire, l'équilibre n'est assuré que si le travail maximum à l'extension, développé à l'une des extrémités de la section, est insignifiant et ne dépasse pas la limite pratique très faible qu'indique à cet égard l'expérience.

On sait d'ailleurs toujours calculer exactement le travail développé en un point quelconque de la section, à l'aide des formules indiquées dans les articles 9 et 11, quel que soit le point de la section où passe la courbe des pressions.

II. Lorsque la courbe des pressions ne sort pas du noyau central, les lois qui régissent la répartition des pressions dans la section transversale et la déformation du prisme sont les mêmes pour les métaux et pour les maçonneries : il est donc permis d'appliquer à celles-ci les formules de résistance admises pour les métaux, puisque les principes fondamentaux, sur lesquels est basée la démonstration de ces formules, leur sont communs.

Considérons une voûte en maçonnerie : c'est un prisme élastique dont les bases d'appui ou retombées, orientées suivant les directions transversales extrêmes, sont supposées invariables. Cette définition concorde absolument avec celle des arcs métalliques encastrés aux naissances. Nous pouvons donc, en vertu de la proposition qui précède, étendre aux voûtes en maçonnerie toutes les formules démontrées pour les arcs métalliques encastrés, et en particulier celles qui permettent de trouver la courbe des pressions, connaissant la forme de l'arc et la charge qu'il supporte : il est bien entendu d'ailleurs qu'il convient d'attribuer dans ces formules aux coefficients d'élasticité et de résistance les valeurs numériques qui conviennent à la maçonnerie.

Il peut se présenter deux cas dans l'application de cette méthode :

1° La courbe des pressions déterminée par le calcul ne sort pas du noyau central. Elle peut alors être considérée comme rigoureusement exacte, si l'on a bien tenu compte des circonstances, dépendant du mode de construction, qui peuvent influer sur la stabilité.

2° La courbe sort du noyau central. Le résultat ne présente plus alors la même garantie d'exactitude, puisque la répartition des pressions dans la voûte ne s'opère plus suivant la même loi que dans un arc métallique. Toutefois, si la courbe s'éloigne peu et sur une faible longueur du noyau central, et que par suite le travail à l'extension, développé dans la portion de voûte correspondante, soit assez faible pour ne pas entraîner la rupture de la maçonnerie, on peut encore accepter, avec une approximation très suffisante, le résultat comme bon : il est facile d'ailleurs de vérifier qu'en retranchant de la voûte, comme inutile, la zone qui est indiquée par le calcul comme travaillant à l'extension, de façon à constituer un prisme remplissant les conditions voulues pour être assimilable à un arc métallique, la courbe des pressions relative à ce prisme coïncide sensiblement avec la courbe tracée pour l'ouvrage entier.

Lorsque la courbe des pressions s'écarte notablement du noyau central, la méthode tombe en défaut : mais si elle ne nous indique plus la courbe réelle, elle nous apprend du moins que la voûte est exposée à se fissurer et à s'ouvrir au droit des joints où le calcul fait prévoir un travail à l'extension : l'ouvrage, exécuté dans ces conditions, n'aurait aucune stabilité, et il est nécessaire d'en modifier les dispositions.

En définitive, la méthode que nous préconisons fournit toujours des résultats utiles : appliquée à une voûte stable, elle permet de tracer la courbe des pressions effectives ; appliquée à une voûte instable, elle nous renseigne immédiatement à cet égard, et donne une courbe des pressions suffisamment exacte pour faire connaître les parties faibles où la rupture par extension est à craindre au moment du décintrement.

Plusieurs Ingénieurs ont déjà fait des recherches dans cet ordre d'idées, en étudiant la stabilité des voûtes considérées comme des solides élastiques. Nous citerons notamment les travaux de M. l'Ingénieur en chef de *Perrodil* (*Annales des Ponts et Chaussées*, 2° semestre 1872, 1er semestre 1876,

1ᵉʳ semestre 1880), de M. l'Ingénieur en chef *Lavoinne*
(*Annales des Ponts et Chaussées*, 2ᵒ semestre 1884), et de
M. *Müller-Breslau*, dont les travaux ont été traduits, com-
plétés et publiés en France par M. l'Ingénieur *Seyrig*.

Dans les formules données jusqu'à présent pour la recherche
des courbes des pressions, on a généralement cherché à tenir
compte du profil de la voûte et de la répartition de la charge.
Ce mode d'investigation présente des inconvénients graves :
1ᵒ il conduit à des formules nombreuses et compliquées dont
l'usage est difficile et rebutant ; 2ᵒ ces formules, applicables
seulement aux voûtes dont le profil et la charge s'écartent peu
des données admises pour l'ouvrage-type étudié, tombent
fréquemment en défaut, lorsque les dispositions projetées par
les constructeurs diffèrent sensiblement de l'hypothèse qui a
servi de base aux recherches théoriques.

Nous avons réduit à deux le nombre des formules à employer
pour déterminer la courbe des pressions dans une voûte
symétrique dont on connaît le profil et la charge, et nous
avons cherché à rendre cette méthode suffisamment simple
pour que son application ne parût pas notamment plus
compliquée et plus laborieuse que la méthode de M. Méry, à
laquelle les constructeurs sont habitués.

28. Formules générales. — Dans un ouvrage récemment publié sur les ponts métalliques, nous avons donné des
formules pour le calcul des arcs métalliques encastrés aux
naissances (art. 160, pages 435 et suivantes). Ce sont celles-là
même que nous proposons d'appliquer aux voûtes en maçonnerie. Nous n'en donnerons pas ici la démonstration, qui
nous entraînerait dans des développements ardus et peu
intéressants. Dans le chapitre précédent, nous nous sommes
astreint à limiter l'exposé des éléments de la résistance des
matériaux à ce qui était nécessaire pour l'étude des conditions
de stabilité des maçonneries, et ces notions restreintes ne
nous suffiraient plus ici pour rendre intelligible la démonstration dont il s'agit. Nous prierons donc le lecteur d'accepter
nos formules comme bonnes, sauf à se reporter, s'il le juge
utile pour son édification, à notre ouvrage précité qui lui en

fournira la justification complète. Nous nous bornerons, quant
à présent, à en donner l'énoncé en y joignant l'explication
des notations employées, et à indiquer le moyen de les utiliser
pour les voûtes en maçonnerie.

Soient AB A'B' une voûte droite en berceau symétrique par
rapport au plan vertical qui passe par la clef CD, et LKL' l'axe
longitudinal (fig. 71). Nous désignerons par *ouverture* de la
voûte la corde LL' de l'axe longitudinal, et par *flèche* de la
voûte la longueur OK.

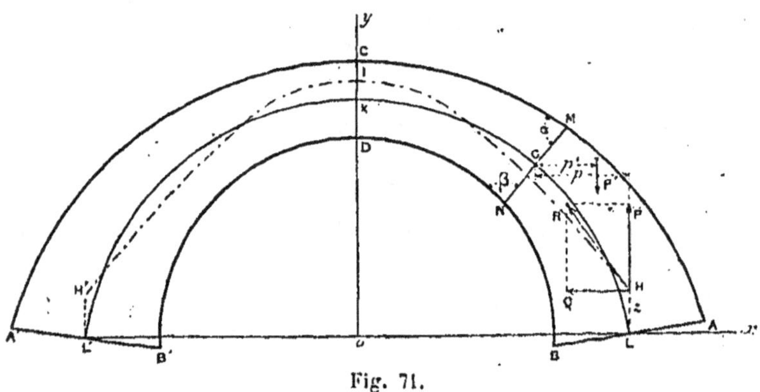

Fig. 71.

Dans le cas où cet axe longitudinal ne serait pas une
courbe géométrique déterminée et connue, on en ferait
aisément le tracé par points en remarquant que c'est le lieu des
milieux des droites MN qui coupent les courbes d'extrados et
d'intrados sous des angles correspondants égaux α et β (fig. 71) :
les droites qui représentent les sections transversales de
l'ouvrage forment ainsi des triangles isocèles avec les
tangentes aux courbes d'extrados et d'intrados.

Nous supposons que la longueur de la voûte, mesurée
normalement au plan de tête, est égale à l'unité : l'aire
d'une section transversale quelconque MN, dont nous désignons par e la hauteur, c'est-à-dire l'épaisseur MN de la
voûte, aura donc pour mesure e, et le moment d'inertie sera
égal à $\dfrac{1}{12}\,e^3$.

Nous admettrons que la charge supportée par l'ouvrage

est répartie symétriquement par rapport au plan vertical de la clef, et nous désignerons par 2P le poids total supporté par la voûte, sur une largeur normale à la tête égale à l'unité.

Soit HIH′ la courbe des pressions que nous nous proposons de tracer : il suffit pour cela, ainsi qu'il a été dit précédemment, de connaître la grandeur de la poussée Q et un point de cette courbe, par exemple le point H situé sur la verticale qui passe par l'extrémité L de l'axe longitudinal.

Considérons deux axes de coordonnées rectangulaires situés dans le plan de tête : l'axe vertical oy qui passe à la clef, et l'axe horizontal ox qui coïncide avec la corde LL′ de l'axe longitudinal. Appelons z l'ordonnée HL du point H de la courbe des pressions. Il s'agit de calculer la poussée Q et l'ordonnée z ; cela fait, le tracé de la courbe des pressions se fera par une construction graphique très simple, en partant du point H.

En vertu de la symétrie de la charge, le poids total 2P se répartit également entre les deux bases d'appui AB et A′B′ de la voûte : la composante verticale de la résultante des pressions appliquées au point H est donc égale à P, la composante horizontale étant la poussée inconnue Q.

Soit P′ la fraction de la charge totale directement appliquée à la portion de voûte ABMN comprise entre la retombée AB et la section transversale MN. Il est facile de déterminer la grandeur et la direction de P′, puisque l'on connaît le mode de répartition de la charge. Soient y l'ordonnée du centre de gravité G de la section, p la distance horizontale du point G au point H et p' la distance horizontale de G à la direction du poids partiel P′.

$$\text{Posons : } X = Pp - P'p'.$$

X est la somme des moments par rapport au point G des poids P et P′.

Désignons par S la longueur du demi-axe de la voûte LGK et par ds un élément infiniment petit de cet axe, c'est-à-dire la différentielle de S.

7

La poussée Q et l'ordonnée z sont fournies par les relations suivantes[1] :

$$(1) \qquad Q = \frac{\displaystyle\int_0^S \frac{ds}{e^3} \int_0^S \frac{Xy\,ds}{e^3} - \int_0^S \frac{y\,ds}{e^3} \int_0^S \frac{X\,ds}{e^3}}{\displaystyle\int_0^S \frac{ds}{e^3} \left[\int_0^S \frac{y^2\,ds}{e^3} + \frac{1}{12} \int_0^S \frac{ds}{e} \right] - \left[\int_0^S \frac{y\,ds}{e^3} \right]^2}.$$

$$(2) \qquad z = \frac{\displaystyle\int_0^S \frac{y\,ds}{e^3} \int_0^S \frac{Xy\,ds}{e^3} - \int_0^S \frac{X\,ds}{e^3} \left[\int_0^S \frac{y^2\,ds}{e^3} + \frac{1}{12} \int_0^S \frac{ds}{e} \right]}{\displaystyle\int_0^S \frac{ds}{e^3} \int_0^S \frac{Xy\,ds}{e^3} - \int_0^S \frac{y\,ds}{e^3} \int_0^S \frac{X\,ds}{e^3}}.$$

Dans ces formules, les expressions placées sous le signe $\int$ contiennent les variables relatives à une section transversale

1. Les formules qui donnent Q et z sont déduites des équations fondamentales suivantes :

$$o = \int_0^S \frac{M\,ds}{Ee^3},$$

$$o = \int_0^S \frac{My\,ds}{Ee^3} - \int_0^S \frac{Q\,ds}{12\,Ee}.$$

dans lesquelles M représente le moment fléchissant developpé dans une section transversale quelconque (ce moment est désigné par la lettre X dans notre étude sur les ponts métalliques), c'est-à-dire le produit de la résultante des pressions par la distance du point de passage de la courbe des pressions au centre de gravité de la section transversale, situé sur l'axe longitudinal.

La première de ces équations exprime que l'orientation de la section de clef, par rapport à la section de retombée, n'a pas varié, à la suite de la déformation déterminée par l'application de la charge.

La seconde exprime que l'ouverture, c'est-à-dire la distance des centres des sections de retombée, est restée également invariable.

Les théories relatives à la stabilité des voûtes, exposées dans l'article 25, admettent que l'on peut donner à une voûte un profil tel que la courbe des pressions coïncide sur tout son développement avec l'axe longitudinal. Cela revient à supposer que M peut être nul pour toutes les sections. Dans ces conditions, les intégrales qui contiennent le facteur M sont identiquement nulles, et les deux équations précédentes se réduisent à une seule :

$$o = \int_0^S \frac{Q}{12\,Ee}\,ds.$$

Cette équation exprime la condition que l'axe longitudinal n'ait subi aucun changement de longueur par suite de l'application de la charge. Pour qu'elle soit satisfaite, la poussée Q étant une constante dont le signe ne varie pas d'une section à l'autre, et dont la valeur ne peut être nulle, il faut nécessairement que le coefficient d'élasticité E soit égal à l'infini, c'est-à-dire que la voûte soit formée de matériaux incompressibles, ne subissant

quelconque, x, y, e, et les intégrales définies sont toutes prises
entre les limites o et S correspondant à la retombée AB et à la
clef CD. Il n'existe pas, en général, entre les variables x, y et e
et la variable indépendante s de relations algébriques permettant d'effectuer analytiquement les intégrations. Il faut
donc procéder par quadrature : on choisit un certain nombre
de sections transversales de la voûte, pour lesquelles on calcule ou l'on mesure sur une épure les longueurs y et e et les
moments X. On substitue à la différentielle ds la demi-somme s
des distances de chaque section à la précédente et à la suivante, et l'on effectue successivement pour toutes les sections
le calcul numérique des différentes expressions. Enfin on tota-
lise tous les résultats de même espèce, et l'on obtient en définitive pour les intégrales

$$\int_0^S \frac{ds}{e}, \ \int_0^S \frac{ds}{e^3}, \ \int_0^S \frac{yds}{e^3}, \ \int_0^S \frac{y^2ds}{e^3}, \ \int_0^S \frac{Xds}{e^3}, \ \int_0^S \frac{Xyds}{e^3},$$

les valeurs approximatives

$$\Sigma\frac{s}{e}, \ \Sigma\frac{s}{e^3} \ \Sigma\frac{ys}{e^3}, \ \Sigma\frac{y^2s}{e^3}, \ \Sigma\frac{Xs}{e^3}, \ \Sigma\frac{Xys}{e^3}.$$

qui sont d'autant plus exactes que le nombre des sections
transversales choisies est plus considérable.

Les relations qui précèdent prennent, lorsque l'on calcule
les intégrales par quadrature, la forme suivante :

$$(3) \qquad Q = \frac{\Sigma\dfrac{s}{e^3}\,\Sigma\dfrac{Xys}{e^3} - \Sigma\dfrac{ys}{e^3}\,\Sigma\dfrac{Xs}{e^3}}{\Sigma\dfrac{s}{e^3}\left[\Sigma\dfrac{y^2s}{e^3} + \dfrac{1}{12}\Sigma\dfrac{s}{e}\right] - \left[\Sigma\dfrac{ys}{e^3}\right]^2},$$

$$(4) \qquad Z = \frac{\Sigma\dfrac{ys}{e^3}\,\Sigma\dfrac{Xys}{e^3} - \Sigma\dfrac{Xs}{e^3}\left[\Sigma\dfrac{y^2s}{e^3} + \dfrac{1}{12}\Sigma\dfrac{s}{e}\right]}{\Sigma\dfrac{s}{e^3}\,\Sigma\dfrac{Xys}{e^3} - \Sigma\dfrac{ys}{e^3}\,\Sigma\dfrac{Xs}{e^3}},$$

aucun changement de volume sous l'influence de la charge. Nous avons
donc eu raison d'indiquer que les théories précitées de MM. *Yvon-Villarceau,
de Saint-Guilhem* (25), etc., supposent implicitement que les maçonneries
sont formées de corps incompressibles et indéformables, et sont par suite en
opposition avec les principes fondamentaux de la résistance des matériaux
et les résultats indéniables de l'expérience. Pareille objection doit être
formulée contre la théorie de M. *Scheffler* et celle de M. *Dupuit* (24).

Il est encore possible de simplifier ces formules : supposons que l'on dispose sur l'épure les sections transversales, destinées à servir de bases au calcul, de façon que la quantité s ait partout la même valeur ; il suffit pour cela que la distance de chacune d'elles à la suivante, mesurée sur l'axe longitudinal de la voûte, soit une constante. Dans ce cas, la quantité s peut être mise en facteur en dehors du signe Σ :

$$\Sigma \frac{ys}{e^3} = s\Sigma \frac{y}{e^3}.$$

Effectuons cette modification dans les formules (3) et (4), et chassons le facteur commun s^2, qui figure au numérateur et au dénominateur. Nous obtiendrons les relations simplifiées :

$$(5) \qquad Q = \frac{\Sigma \frac{1}{e^3} \Sigma \frac{Xy}{e^3} - \Sigma \frac{y}{e^3} \Sigma \frac{X}{e^3}}{\Sigma \frac{1}{e^3} \left[\Sigma \frac{y^2}{e^3} + \frac{1}{12} \Sigma \frac{1}{e} \right] - \left[\Sigma \frac{y}{e^3} \right]^2}$$

$$(6) \qquad z = \frac{\Sigma \frac{y}{e^3} \Sigma \frac{Xy}{e^3} - \Sigma \frac{X}{e^3} \left[\Sigma \frac{y^2}{e^3} + \frac{1}{12} \Sigma \frac{1}{e} \right]}{\Sigma \frac{1}{e^3} \Sigma \frac{Xy}{e^3} - \Sigma \frac{y}{e^3} \Sigma \frac{X}{e^3}}.$$

Ce sont les formules dont nous nous servirons dans la suite pour la recherche de la courbe des pressions. Remarquons qu'elles ne contiennent pas le coefficient d'élasticité E de la matière, supposée homogène. Leur exactitude est donc indépendante du degré de compressibilité de la maçonnerie et on peut s'en servir en toute sécurité, à condition que la maçonnerie soit suffisamment homogène pour que la loi du trapèze puisse être admise comme vraie.

Les opérations à faire se divisent en quatre périodes, que nous examinerons successivement :

Division de la voûte en voussoirs ; recherche des centres de gravité ;

Calcul des moments ;

Calcul des intégrales définies. Détermination de la poussée ;

Tracé de la courbe des pressions.

29. Division de la voûte en voussoirs. — Recherche des centres de gravité. — On mesure la longueur développée S de l'axe longitudinal LC, à l'aide d'une roulette, d'un

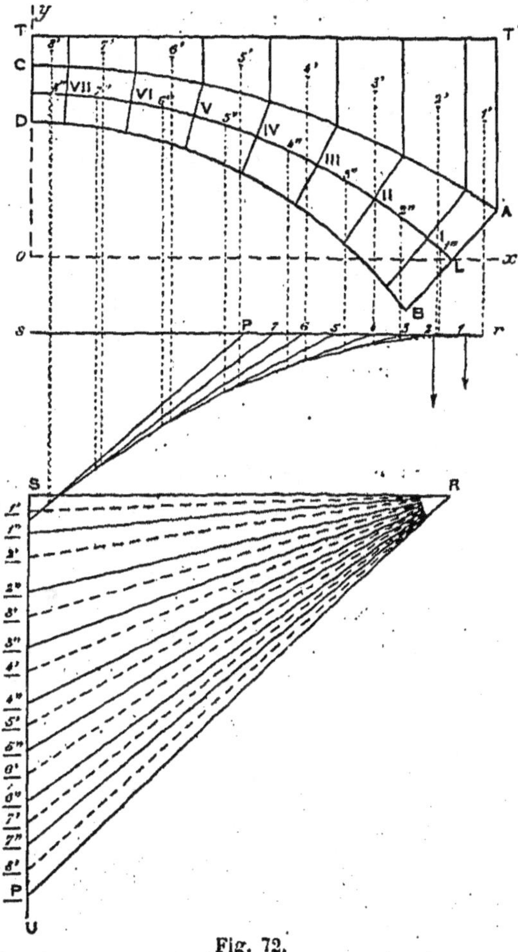

Fig. 72.

campylomètre ou par tout autre procédé usuel, et on divise cette longueur par le nombre de sections transversales que l'on se propose de considérer dans les calculs : supposons, pour fixer les idées, ce nombre égal à 7 (fig. 72).

L'équidistance s des sections est ainsi fixée à $\frac{S}{7}$. A partir de l'extrémité L de l'axe longitudinal, on prend une longueur égale à $\dfrac{s}{2} = \dfrac{S}{14}$: on porte au delà de ce premier point de division I une longueur égale à s et l'on obtient le second point II, et ainsi de suite jusqu'au dernier VII qui, si l'opération a été faite exactement, doit se trouver à une distance de l'extrémité F, située dans le plan de la clef, égale à $\dfrac{s}{2} = \dfrac{S}{14}$. On fait passer par tous ces points des normales à l'axe longitudinal, et la division de la voûte en voussoirs est réalisée (fig. 72).

Les opérations à effectuer dans la voûte porteront toutes sur les sections I, II, III, IV, V, VI, VII, à l'exclusion des sections de retombée et de clef, qui sont laissées de côté.

Par les points de rencontre des droites, que l'on vient de tracer, et de la courbe d'intrados, on mène une série de verticales qui divisent la surface du tympan en un certain nombre de portions correspondant chacune à l'un des voussoirs de la voûte. Nous supposons bien entendu que le tympan ait été figuré sur l'épure de manière à représenter exactement par sa surface, à une échelle convenue, la charge supportée par l'ouvrage.

On doit alors évaluer, soit à l'aide du planimètre, soit par les méthodes de la géométrie élémentaire, les aires des divisions ainsi établies dans la voûte et le tympan, et mener la verticale qui passe par le centre de gravité de chacune de ces zones dont le contour affecte généralement la forme d'un trapèze ou d'un quadrilatère irrégulier : cette dernière recherche s'effectue aisément par les méthodes de la statique élémentaire.

Il reste encore, pour avoir tous les renseignements nécesaires à l'application de la méthode, à déterminer la résultante des poids partiels, précédemment calculés, des zones découpées dans le tympan et la voûte comprises entre la retombée T'AB et chacun des joints de division de la voûte, prolongé par une verticale du tympan. Cette opération peut se faire au moyen d'un calcul simple, en égalant la somme des moments des composantes, par rapport à la verticale de la clef, au moment de la résultante dont l'intensité est égale à leur somme : $X \Sigma p = \Sigma px$. Mais il vaut mieux recourir à une construction de statique graphique, qui fournit rapidement les résultats cherchés (fig. 72).

Prenons sur une horizontale une longueur arbitraire RS ; portons à la suite sur la verticale qui passe en S, et à partir de ce dernier point, les longueurs représentant, à une échelle convenue, le poids 1′ de la première zone du tympan, puis le poids 1″ du premier voussoir, le poids 2′ de la deuxième zone du tympan, puis le poids 2″ du deuxième voussoir, etc., etc. Nous obtiendrons ainsi une série de divisions S1′, 1′ 1″, 1″ 2′, 2′ 2″, etc., etc., représentant dans leur ordre successif les poids partiels qu'a fait connaître le calcul précédent. Joignons au point R tous les points de division de la verticale SU.

Menons une horizontale *rs* au-dessous de l'épure de la voûte, et par son point de rencontre avec la direction prolongée du premier poids partiel 1′ menons une parallèle à la droite R 1′. Cette parallèle rencontre la direction prolongée du poids 1″ en un point par lequel nous mènerons une parallèle à la droite R1″. Cette dernière droite coupe l'horizontale *rs* en un point 1 situé sur la résultante des poids 1′ et 1″. Portons à partir de ce point une longueur égale à R1″ et nous avons en grandeur et direction le poids total de la partie d'ouvrage comprise entre la retombée et le joint I prolongé sur le tympan par une verticale.

Prolongeons la parallèle à R1″ que nous venons de tracer jusqu'à son point de rencontre avec la direction du poids 2′ ; par ce point menons une parallèle à R2′, et par le point d'intersection de cette droite avec la direction du poids 2″ traçons une parallèle à R2″ : cette deuxième ligne coupera l'horizontale *rs* en un point 2 situé sur la résultante des poids partiels 1′, 1″, 2′, 2″. L'intensité de cette résultante étant d'ailleurs fournie par la longueur S2″, nous avons ainsi déterminé en grandeur et direction le poids total 2 de la zone comprise entre la retombée et le joint II prolongé dans le tympan par une verticale.

En continuant de la même façon, c'est-à-dire en prolongeant la parallèle à R2″ jusqu'à son point de rencontre avec la direction du poids 3′, etc., nous obtiendrons successivement en grandeurs et directions toutes les résultantes partielles des zones comprises entre la retombée et les sections transversales de la voûte, et nous arriverons en dernier lieu à la clef, pour laquelle l'intensité de la résultante sera égale à la longueur totale occupée par les divisions sur la verticale SU. Ces résultantes représentent les diverses valeurs et positions du poids P′, qui figure dans les calculs de l'article 28.

Remarquons que jusqu'à présent nous avons suivi exactement la marche indiquée pour l'application de la règle de M. Méry, et que, par conséquent, notre méthode ne présente encore ni plus ni moins de complication.

30. Calcul des moments. — Soient MN une section transversale quelconque (fig. 73), G son centre de gravité, P

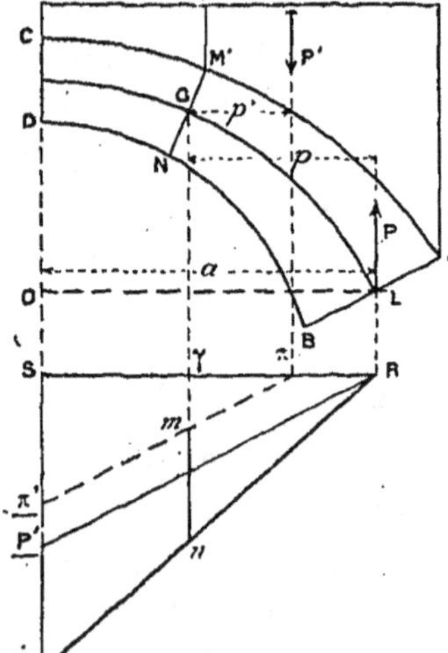

Fig. 73.

le poids total de la demi-voûte, p la distance horizontale du milieu de la retombée au point G, P′ le poids total de la portion d'ouvrage IMNBAT′, que nous venons de calculer, p' la distance au point G de ce poids P′, dont nous avons également déterminé la direction.

Il s'agit de calculer l'expression : $X = Pp - P'p'$. Cette opération arithmétique serait des plus simples, puisque l'on connaît P et P′, et que l'on peut mesurer sur l'épure les longueurs p et p'. Mais nous arriverons plus facilement au résultat cherché au moyen de la construction géométrique suivante.

Projetons sur une horizontale quelconque SR la demi-ouverture OL $= a$ de la voûte. Portons sur la verticale SU, située au-dessous de la clef, les longueurs SP et SP′ représentant, à une échelle convenue, les produits $P \times a$ et $P' \times a$. Joignons le point R, projection du point L, à $\underline{P'}$ et $\underline{P}$. Soient π' le point de rencontre de SR avec la direction du poids P' et γ la projection sur SR du point G. Menons par π' une parallèle $\pi'\pi'$ à la droite $R\underline{P'}$.

La portion mn de l'ordonnée qui passe en γ comprise entre les droites $\pi'\pi'$ et $R\underline{P}$ représente à l'échelle adoptée le moment cherché X : $X = Pp - P'p'$.

Supposons que les longueurs SP et SP', au lieu de représenter les produits Pa et $P'a'$, correspondent simplement aux poids P et P'. En faisant la même construction, on obtiendrait une longueur mn représentant non pas le moment X, mais le rapport $\dfrac{X}{a}$, les longueurs de toutes les ordonnées se trouvant divisées par le facteur commun a. C'est ainsi que nous procéderons.

Effectuons la même opération pour toutes les sections transversales I, II,..... VII tracées sur l'épure. En joignant le sommet R aux différents points de division de la droite SR, correspondant aux poids 1, 2, 3,..... 7 et P, nous obtiendrons un polygone des forces semblable à celui de la figure 72, qui nous a déjà servi pour la recherche des poids P'. Si l'on a eu, dans cette précédente opération, la précaution de mettre l'horizontale RS au-dessous de la voûte, en prenant la longueur arbitraire SR égale à la demi-ouverture a et plaçant le point S sur la verticale de la clef (ce qui est précisément le cas de la figure 72), on voit que l'on pourra se servir des lignes déjà tracées RS, R1, etc., pour l'évaluation des moments. Il suffira de compléter l'épure en menant les droites telles que $\pi'\pi'$ parallèles aux rayons issus du point R, et traçant les ordonnées, telles que mn, qui passent par les centres de gravité des sections transversales.

On a suivi cette règle dans l'épure de la figure 74, qui se rapporte à la recherche de la courbe des pressions dans une voûte en anse de panier dont l'axe longitudinal est un arc de cercle de 84° d'ouverture totale. On a tracé en rouge les lignes de construction relatives à la détermination des directions des poids partiels P′ (en ayant la précaution de pointiller les droites auxiliaires qui ne passent pas par les points de division principaux 1,2,3,... 7 de la verticale SU correspondant au poids P′), et en noir les lignes qui se rapportent à l'évaluation des moments. Cette dernière opération se réduit à prendre les points de rencontre de l'horizontale RS avec les directions des poids P′, au nombre de 7 ; à faire passer par ces points des parallèles aux directions correspondantes, issues du point R, qui ont déjà été tracées en rouge plein ; et enfin à mener les ordonnées verticales passant par les centres de gravité des sections transversales. Les portions de ces ordonnées, figurées en bleu plein, comprises entre le côté inférieur du triangle RP et les lignes noires correspondantes, ont leurs longueurs proportionnelles aux valeurs cherchées du rapport $\dfrac{X}{a}$.

On pourrait encore notablement simplifier les opérations graphiques en superposant sur la figure 72 la droite RS à la droite *rs*, c'est-à-dire en plaçant dans l'épure de la figure 74 l'horizontale noire sur l'horizontale rouge : on voit en effet que, par suite de cette opération, les lignes noires viendront coïncider avec les lignes en rouge plein déjà tracées pour la recherche des directions des poids P′, et en définitive la recherche des moments ne nécessitera plus que le tracé des verticales passant par les centres de gravité des sections transversales, et la mesure des longueurs comprises entre la droite RP et les lignes rouges passant par les points 1, 2... 7. Nous n'avons pas fait usage de cette simplification dans l'épure dont il s'agit, pour ne pas faire perdre de sa clarté à l'exposition de notre méthode : mais l'identité de la ligne brisée rouge et de la ligne brisée noire, qui n'en est que la reproduction faite un peu plus bas, permet facilement de se rendre compte de l'opportunité qu'elle présente et, dans la pratique, il ne faudrait pas y manquer. On utiliserait de cette façon, dans la recherche des moments $\dfrac{X}{a}$, les lignes déjà tracées pour la détermination des poids P′.

En résumé, lorsque l'on a déterminé en grandeurs et en directions les poids partiels P′, opération aussi indispensable lorsque l'on emploie la méthode de M. Méry que lorsqu'on fait usage de la nôtre, la recherche des moments n'exige plus, pour le tracé d'un certain nombre de verticales, que quelques moments de travail.

31. Calcul des intégrales définies. — Détermination de la poussée. — On a marqué, sur l'épure de la figure 74, par des traits bleus pleins, les portions de droites dont il est nécessaire de mesurer les longueurs. Ces longueurs sont au nombre de trois pour chaque section : l'épaisseur e de la voûte, l'ordonnée y du centre de gravité de la section par rapport à l'horizontale OL qui passe aux centres des retombées, et enfin le rapport $\dfrac{X}{a}$. Tous ces renseignements sont fournis par l'épure et permettent de calculer immédiatement les intégrales définies qui entrent dans les formules relatives à la poussée : dressons le tableau suivant, dont la première colonne contient les numéros d'ordre des sections, les 3 suivantes les valeurs de e, de y et de $\dfrac{X}{a}$, et les 6 dernières les éléments des diverses intégrales.

NUMÉROS des sections.	e	y	$\dfrac{X}{a}$	$\dfrac{1}{e}$	$\dfrac{1}{e^3}$	$\dfrac{y}{e^3}$	$\dfrac{y^2}{e^3}$	$\dfrac{X}{ae^3}$	$\dfrac{Xy}{ae^3}$
I.....	1,027	0,204	0,108	0,9737	0,92318	0,18833	0,38419	0,09970	0,02034
II.....	0,731	0,573	0,301	1,3680	2,56005	1,46691	0,84504	0,77058	0,44154
III....	0,572	0,889	0,464	1,7483	5,34333	4,75022	4,22295	2,47930	2,20410
IV....	0,550	1,145	0,595	1,8182	6,02438	6,88204	7,87994	3,57626	4,09482
V	0,605	1,339	0,694	1,6529	4,51579	6,04664	9,09646	3,13396	4,19637
VI....	0,664	1,470	0,762	1,5060	3,41583	5,02126	7,38126	2,60286	3,82620
VII...	0,699	1,535	0,795	1,4306	2,92798	4,49445	6,89899	2,32775	3,57227
Totaux..............				10,4977 = A	25,71054 = B	28,84985 = C	35,70433 = D	14,99041 = H	18,35564 = K

Les nombres portés dans le précédent tableau se rapportent à l'épure de la figure 74, dans laquelle, pour fixer l'échelle des longueurs, nous avons supposé que le rayon de l'axe longitudinal circulaire était égal à 6 mètres. La demi-ouverture présente dans ces conditions une longueur égale à $4^{m},015$.

Peu importe d'ailleurs l'échelle adoptée pour la représentation des poids : elle n'a aucune influence sur le tracé de la courbe des pressions.

La préparation de ce tableau n'exige pas de calculs numériques bien pénibles, étant donné que les opérations ne portent que sur trois facteurs. En se servant des logarithmes, on arrive très rapidement à remplir les six colonnes, et il n'y a qu'à effectuer les totaux pour obtenir les valeurs des intégrales définies, que nous avons désignées par les lettres A, B, C, D, H, et K.

Cela fait, il ne reste plus qu'à appliquer les formules du n° 28 qui, avec les nouvelles notations, deviennent, en tenant compte de ce que les nombres H et K représentent les intégrales $\Sigma \dfrac{X}{e^2}$ et $\Sigma \dfrac{Xy}{e^3}$ divisées par le facteur a :

$$Q = a \, \frac{BK - CH}{B\left(D + \dfrac{A}{12}\right) - C^2},$$

$$z = \frac{CK - H\left(D + \dfrac{A}{12}\right)}{BK - CH}.$$

Nous connaissons à présent la valeur de la poussée, et le point de passage de la courbe des pressions au droit des naissances ; la courbe des pressions est par conséquent déterminée.

On peut encore aisément calculer l'ordonnée de cette courbe au droit de la clef. Désignons par X' la valeur du moment correspondant à la clef ; la construction du n° 30 nous permet d'obtenir la valeur de $\dfrac{X'}{a}$ par une simple mesure de longueur faite sur l'épure : $\dfrac{X'}{a}$ est représenté par la portion de verticale comprise entre le point P et la ligne brisée noire. Soit u l'ordonnée cherchée de la courbe des pressions. Nous avons :

$$u = z + \frac{X'}{a} \times \frac{a}{Q}.$$

Voûte en anse de panier.
ÉPURE DE STABILITÉ.

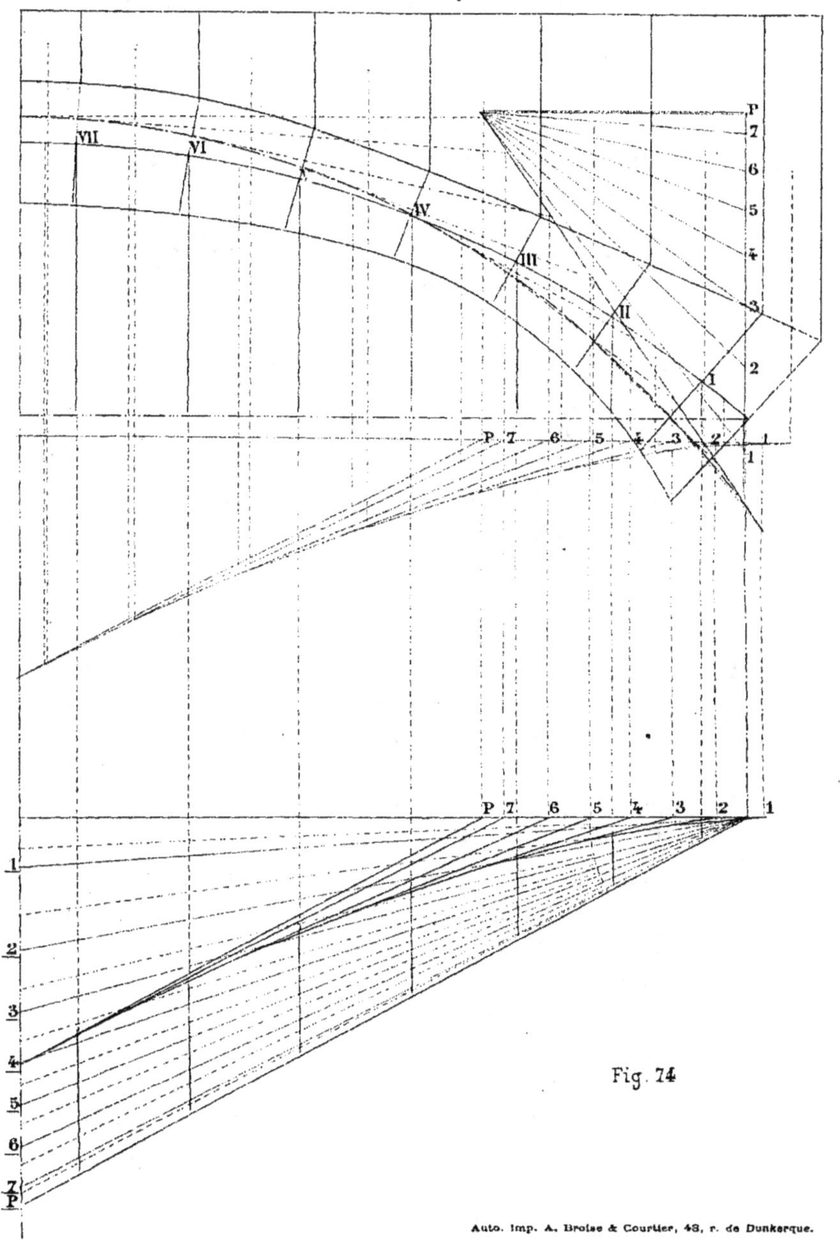

VII
VI
IV
III
II
I
P
7
6
5
4
3
2
1
Fig. 74

Nous connaissons z, $\dfrac{X'}{a'}$, a et Q : la valeur de u peut donc se calculer immédiatement.

Dans l'exemple particulier relatif à l'épure de la figure 74, pour lequel nous avons déterminé précédemment les valeurs des intégrales définies, nous trouvons pour Q, z et u les valeurs suivantes :

$$Q = 4{,}015 \times \frac{471{,}934 - 432{,}472}{940{,}476 - 832{,}318} = 4{,}015 \times \frac{39{,}462}{108{,}158} = 1{,}468 \cdot$$

$$z = \frac{529{,}559 - 548{,}340}{441{,}934 - 432{,}472} = -\frac{18{,}781}{39{,}462} = -0{,}476,$$

$$u = -0{,}476 + 0{,}796 \, \frac{4{,}015}{1{,}468} = 1{,}701.$$

Le poids total de la demi-voûte serait représenté, à l'échelle convenue, par 2,205 : la poussée Q, représentée par 1,468, est donc égale aux $\dfrac{2}{3}$ du poids de la demi-voûte surmontée du tympan ; z est négatif. La flèche de l'axe longitudinal étant égale à $1^{m},541$, on voit que la courbe des pressions coupe la clef à $0^{m},160$ au-dessus de son centre de gravité, et rencontre la verticale du centre de la retombée à $0^{m},476$ au-dessous de ce point.

Nous avons marqué d'un double trait bleu, sur l'épure de la figure 74, les longueurs Q et z données par le calcul.

Il convient de remarquer que les numérateurs et les dénominateurs des fractions numériques qui représentent Q et z s'obtiennent par la soustraction de deux nombres très grands, dont la différence est petite comparativement à chacun. Il en résulte qu'une erreur commise sur l'un d'eux, alors même qu'elle paraîtrait négligeable relativement à lui, entraînerait une erreur très importante dans le calcul de Q et de z. Nous en concluons qu'il faut calculer les intégrales définies avec beaucoup de soin et d'exactitude, et ne négliger que les décimales d'un ordre élevé, si l'on veut arriver à un résultat suffisamment exact.

32. Tracé de la courbe des pressions. — Prenons sur la verticale qui passe par le centre de gravité L de la section des retombées, et à partir de ce point, une longueur LK égale à z, dirigée de bas en haut ou de haut en bas suivant que z est positif ou négatif. Dans le cas de la figure 74, z est négatif : K est donc situé au-dessous de L. La figure 75 suppose au contraire z positif. A partir du point K, que nous venons d'obtenir, nous porterons sur la verticale, de bas en haut, les longueurs des différentes valeurs du poids partiel P′ 1,2,3... 7, P : $K\overline{P}$ représente ainsi le poids total de la demi-voûte. Menons par $\overline{P}$ une horizontale, et prenons sur

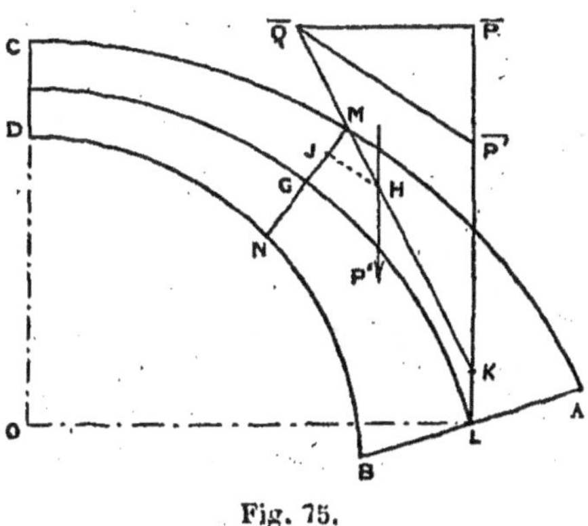

Fig. 75.

cette droite, dans la direction de la clef, une longueur $\overline{P}\overline{Q}$ égale à la poussée. Joignons le point $\overline{Q}$ aux différents points de division de la droite $K\overline{P}$: K, $\overline{1},\overline{2},\overline{3},\overline{4}...\overline{7}$. Soit $K\overline{P'}$ le poids de la portion de voûte comprise entre la retombée AB et la section transversale MN. Pour avoir le point de passage H de la courbe des pressions dans cette section, il suffira de prendre le point de rencontre H de la droite $K\overline{Q}$ avec la direction de la force P′, précédemment déterminée, et de mener par ce point H une parallèle à $\overline{Q}\overline{P}$, qui coupera MN au point cherché J.

On a effectué cette construction sur l'épure de la figure 74 pour toutes les sections transversales de la voûte. L'opération est des plus simples et permet de trouver autant de points de la courbe qu'on a tracé de joints dans le profil transversal de la voûte : à titre de vérification, on peut constater que le point trouvé sur le joint de la clef CD, par l'intersection de la parallèle à $\overline{QP}$, c'est-à-dire de l'horizontale, menée par le point de rencontre de la droite $\overline{QK}$ avec la direction du poids total P de la demi-voûte, est bien placé à une distance verticale de l'horizontale OL égale à l'ordonnée calculée u. On s'assure de cette manière que les constructions graphiques ont été faites correctement.

33. Calcul du travail. — Joint de rupture. — Soit MN une section transversale de la voûte : nous connaissons le point de passage de la courbe des pressions, la direction HJ de la résultante des forces qui agissent sur elle, et enfin l'intensité $\overline{QP'}$ de cette résultante, qui s'obtient par la composition de la poussée $\overline{QP}$ avec le poids $\overline{PP'}$ de la voûte CDMN.

Nous avons donc tous les renseignements nécessaires pour nous servir des formules indiquées au chapitre précédent, qui permettent de calculer le travail maximum à la compression exercé sur une section transversale, connaissant la direction et l'intensité de la résultante des forces qui agissent sur elle. Si la distance GJ est supérieure au $\frac{1}{6}$ de la longueur MN, on doit en conclure que, dans le voisinage du point N, il se développera un travail à l'extension, à

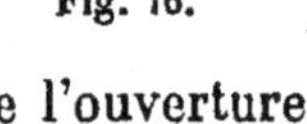
Fig. 76.

moins que la maçonnerie ne se brise par suite de l'ouverture d'un certain nombre de joints.

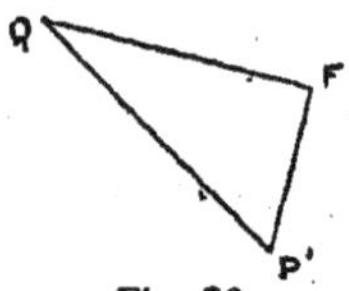

Pour obtenir sur l'épure la valeur de l'effort normal transmis à une section transversale, il suffit de mener par l'extrémité P' de la résultante QP' correspondant à cette section (résultante qui figure sur l'épure) une parallèle P'F (fig. 76) au joint MN considéré, et de projeter le point Q sur cette droite, en F. QF est l'effort normal et FP' l'effort tranchant relatif à cette section.

Le joint de rupture, tel qu'il a été défini précédemment,

correspond à la section transversale pour laquelle la courbe des pressions et la courbe d'intrados ont leurs tangentes parallèles ; on le trouvera donc sans difficulté.

Dans le cas particulier de la voûte en arc de cercle à laquelle s'applique l'épure de la figure 74, on voit qu'il n'y a pas de joint de rupture proprement dit : c'est à la naissance que la courbe des pressions se rapproche le plus de celle d'intrados, sans toutefois lui être parallèle. En général, sauf dans les voûtes surhaussées, pour lesquelles la flèche est supérieure à la demi-ouverture, c'est à la clef que la courbe des pressions se rapproche le plus de l'extrados : il est donc utile de vérifier si le travail développé à l'extrados dans cette section ne dépasse pas la limite adoptée, et si le joint ne tend pas à s'ouvrir à l'intrados.

Cela fait, on voit immédiatement quelles sont les parties faibles de l'ouvrage, pour lesquelles le travail maximum développé atteint sa plus forte valeur, et on peut, s'il en est besoin, les renforcer en augmentant l'épaisseur de la voûte. Il peut arriver qu'en d'autres points le massif présente une épaisseur exagérée eu égard à la résistance de la maçonnerie : il convient de l'affaiblir en diminuant les épaisseurs reconnues trop fortes. On réduit ainsi le volume des maçonneries, sans porter aucune atteinte à la solidité et à la construction.

On peut enfin être amené à reconnaître que le profil indiqué par la voûte ne convient nullement au rôle qu'elle doit remplir : le mode de répartition de la surcharge peut être tel que la courbe des pressions sorte du massif, ou se rapproche beaucoup trop des surfaces d'extrados ou d'intrados. Il n'y a en ce cas qu'un parti à prendre, s'il est bien démontré que des modifications locales dans l'épaisseur ne sauraient remédier au mal : il faut remanier le profil de la voûte et adopter un autre type d'ouvrage. Nous verrons, par exemple, que la forme en plein cintre ne convient pas pour une voûte qui doit supporter un poids considérable appliqué à la clef : en pareil cas, il faut de toute nécessité recourir à une voûte ogivale.

34. Résistance à l'effort tranchant. — Pour que la voûte ne se brise pas par glissement mutuel des assises superposées, il faut et il suffit que les angles formés par la courbe des pressions avec les différents plans de joints soient au moins égaux à l'angle de glissement, qui se rapproche beaucoup de 90° lorsque les mortiers sont frais. Il convient donc de disposer les assises successives de façon que leurs plans de contact soient sensiblement normaux à la courbe des pressions.

D'habitude on dirige ces plans de lit normalement à la surface d'intrados de la voûte. Cette disposition se justifie par des nécessités pratiques : elle facilite la taille des pierres dont les angles dièdres et trièdres sont tous droits, en rend la pose plus commode, améliore l'aspect des parements vus, et enfin permet d'éviter l'épauffrement des arêtes et des sommets, qui se brisent facilement lorsqu'ils correspondent à des angles aigus. Cette combinaison ne présente pas en général d'inconvénients, et les plans des lits ainsi tracés sont presque toujours sensiblement normaux à la courbe des pressions.

Le cas contraire peut quelquefois se présenter : on ne peut guère adopter des plans de lits obliques à la courbe d'intrados pour les raisons que nous venons d'indiquer. Il faut alors remplacer ces plans par des surfaces cylindriques qui coupent normalement l'intrados et se retournent dans l'intérieur des maçonneries de façon à rencontrer à angle droit la courbe des pressions. Cette circonstance se rencontre notamment dans les voûtes elliptiques surbaissées (fig. 77) dont les lits, plans dans la partie centrale, sont disposés suivant des surfaces cylindriques à

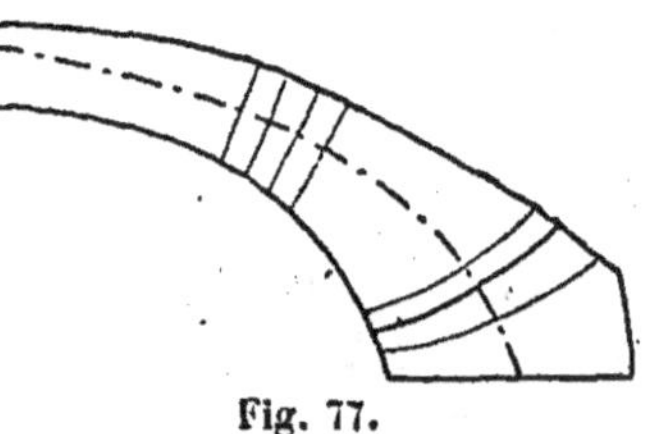

Fig. 77.

génératrices normales aux plans des têtes dans le voisinage des naissances, où les tangentes à la courbe des pressions sont sensiblement obliques par rapport aux tangentes à la courbe d'intrados.

Les plans ou les surfaces de lit peuvent se prolonger sans inconvénient sur toute la longueur de la voûte, mesurée normalement aux plans des têtes. Quant aux joints proprement dits, nous savons, en vertu de l'étude faite précédemment sur

la stabilité des massifs en maçonnerie, qu'ils doivent être dirigés suivant des plans parallèles à la courbe des pressions,
c'est-à-dire aux plans des têtes, et être contrariés de façon à
s'interrompre d'un voussoir au suivant. Cette condition est
toujours facile à remplir : il suffit de construire la voûte avec
des moellons présentant la forme de parallélipipèdes rectangles, distribués de façon à faire varier, d'une pierre à la
suivante, la dimension perpendiculaire au plan de tête.

**35. Cas particulier des voûtes circulaires d'épaisseur
constante.** — Dans le cas particulier des voûtes circulaires
d'épaisseur constante, qui se rencontre quelquefois, on peut
simplifier les opérations dont nous venons de faire l'exposé,
ou du moins en vérifier l'exactitude en calculant d'un seul
coup celles des intégrales définies qui ne contiennent pas la
variable X. Nous avons donné dans notre étude sur les ponts
métalliques (chapitre v, § 2) les
expressions analytiques de ces
intégrales et nous nous bornerons à les reproduire ici sans démonstration.

Soient (fig. 78) ρ le rayon de
courbure de l'axe longitudinal
circulaire, et φ le demi-angle au
centre de la voûte. On a, l'épaisseur e étant une constante par
hypothèse :

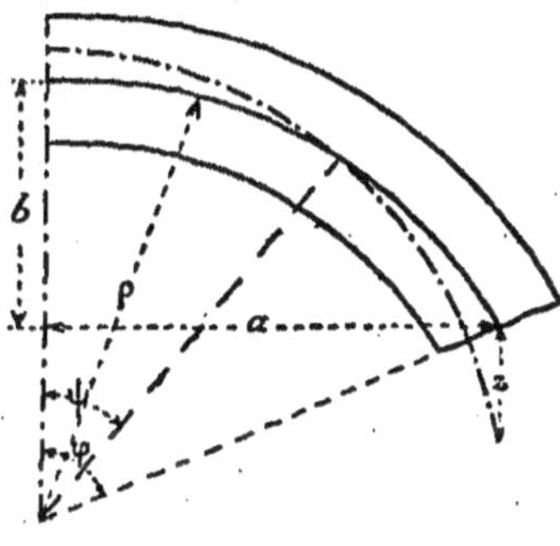

Fig. 78.

$$\int_0^S \frac{ds}{e} = \frac{\rho\varphi}{e},$$

$$\int_0^S \frac{ds}{e^3} = \frac{\rho\varphi}{e^3},$$

$$\int_0^S \frac{y\,ds}{e^3} = \frac{\rho^2}{e^3}(\sin\varphi - \varphi\overline{\cos\varphi}),$$

$$\int_0^S \frac{y^2\,ds}{e^3} = \frac{\rho^3}{e^3}\left(\frac{\varphi}{2} + \varphi\cos^2\varphi - \frac{3}{2}\sin\varphi\cos\varphi\right).$$

En supposant la charge pa uniformément répartie suivant

l'horizontale, on pourrait de même calculer analytiquement les intégrales dans lesquelles figure la variable X :

$$\int_0^S \frac{X\,ds}{e^3} = \frac{1}{2}\frac{p\rho^3}{e^3}\left(\varphi\sin^2\varphi - \frac{\varphi}{2} + \frac{\sin\varphi\cos\varphi}{2}\right).$$

$$\int_0^S \frac{Xy\,ds}{e^3} = \frac{1}{2}\frac{p\rho^4}{e^3}\left(-\frac{\varphi\cos\varphi}{2} + \varphi\cos^3\varphi - \frac{\sin\varphi}{2} + \frac{7}{6}\sin^3\varphi\right).$$

Ce cas exceptionnel d'un arc circulaire d'épaisseur constante, portant une charge uniformément répartie suivant l'horizontale, se présenterait pour un ouvrage placé sous un remblai, ou sous un mur très élevé : on peut considérer alors comme négligeable le poids de la maçonnerie comprise entre la courbe d'intrados et la tangente au sommet de cette courbe. On pourrait dans cette hypothèse calculer immédiatement la poussée par la formule suivante, $P = pa$ étant le poids total supporté par la demi-voûte :

$$Q = \frac{1}{2}P\,\frac{\dfrac{\varphi}{2} - \dfrac{\sin\varphi\cos\varphi}{2} - \dfrac{\varphi\sin^2\varphi}{3}}{\dfrac{\varphi^2}{2} - \sin^2\varphi + \dfrac{\varphi\sin\varphi\cos\varphi}{2} + \dfrac{\varphi^2 e^2}{12\rho^2}}.$$

La courbe des pressions est alors une parabole qu'il est facile de tracer, sachant que, pour les voûtes très surbaissées, z est négatif et à peu près égal à $\dfrac{5}{8}\dfrac{e^2}{b}$, ou plus exactement que la courbe des pressions coupe l'axe longitudinal de la voûte en un point situé aux $\dfrac{4}{7}$ de sa longueur à partir de la clef :

$$\psi = \frac{4}{7}\varphi.$$

Cette construction facile et simple peut rendre des services dans le cas de voûtes placées à la partie inférieure d'édifices importants et massifs, comme il peut s'en trouver dans certaines constructions militaires.

§ 4.

EFFETS DES CHANGEMENTS DE TEMPÉRATURE ET DES DÉFORMATIONS DUES A LA CHARGE

36. Influence de la température sur les conditions de stabilité des voûtes. — Nous avons dit précédemment que les ouvrages en maçonnerie sont généralement peu sensibles aux variations de la température extérieure : le cas contraire ne se présente guère que pour les voûtes très minces dont l'intrados et l'extrados sont en contact direct avec l'atmosphère, et pour les voûtes qui supportent ou recouvrent des fourneaux d'usines.

Il ne nous paraît cependant pas inutile d'indiquer l'influence des changements de température sur les conditions de stabilité des voûtes[1].

Soient α le coefficient de dilatation de la maçonnerie et t l'élévation subie par la température de la voûte. L'expansion de la matière a pour effet de soumettre la voûte à l'action d'une force horizontale Q', qui vient s'ajouter à la poussée due à la charge (fig. 80).

L'intensité de cette poussée supplémentaire Q' et la distance verticale z' de sa direction à l'horizontale OL sont données

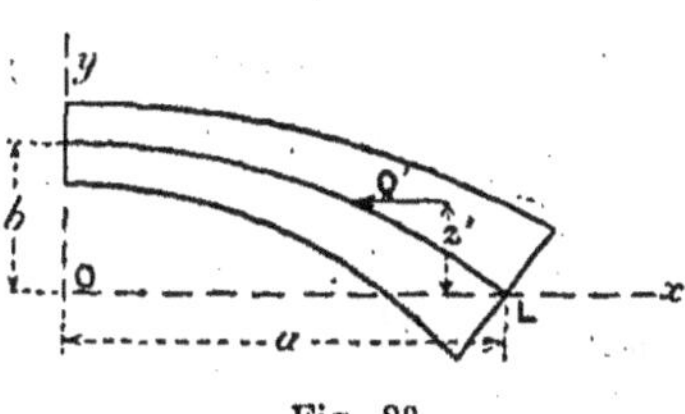

Fig. 80.

---

1. Lors de l'exécution des travaux de dérivation de la Vanne, pour l'alimentation de la ville de Paris, M. l'inspecteur général Belgrand avait attribué aux parties de l'aqueduc établies sur arcades un profil transversal limité à la partie supérieure par une voûte peu épaisse, constituant une calotte à parois minces (fig. 79). La moitié inférieure de la conduite, en contact permanent avec des eaux à température sensiblement constante, n'a subi que très peu l'influence des saisons. La moitié supérieure au contraire, en contact direct avec l'air sur ses deux faces, suivait à peu près les variations de la température ambiante : elle éprouvait donc des effets de contraction en hiver et de dilatation en été, qui, sur de grandes longueurs, devenaient très

par les formules suivantes (*Ponts métalliques*, chap. v, page 440) :

$$Q' = \frac{1}{12}\, E\, a\, \alpha t\; \frac{\displaystyle\int_o^S \frac{ds}{e^3}}{\displaystyle\int_o^S \frac{ds}{e^3}\left(\int_o^S \frac{y'ds}{e}+\frac{1}{12}\int_o^S \frac{ds}{e^3}\right)-\left(\int_o^S \frac{yds}{e^3}\right)}.$$

$$z' = \frac{\displaystyle\int_o^S \frac{yds}{e^3}}{\displaystyle\int_o^S \frac{ds}{e^3}}.$$

Dans la première de ces formules, on trouve le coefficient E d'élasticité de la maçonnerie, qui ne figure pas dans les équa-

sensibles. Il en résultait entre les deux demi-cylindres une disjonction horizontale, se compliquant en été d'un soulèvement de la partie supérieure qui

Dérivation de la Vanne. — Parties sur arcades.

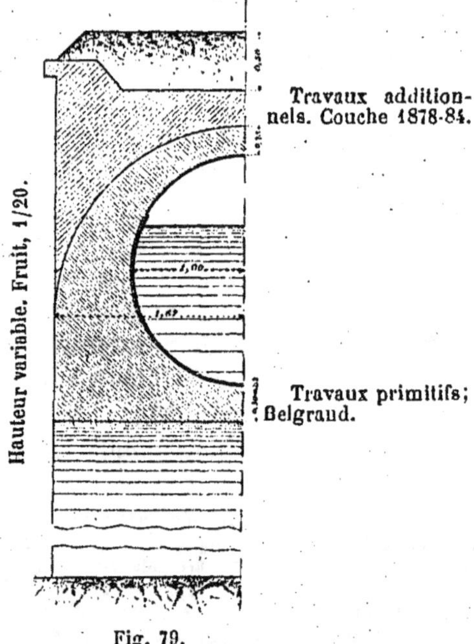

Fig. 79.

s'allongeait, et en hiver de fissures transversales dues au raccourcissement. Ces fissures auraient pu passer inaperçues dans un viaduc, mais s'accusaient nécessairement ici par des fuites abondantes, partout où elles descendaient

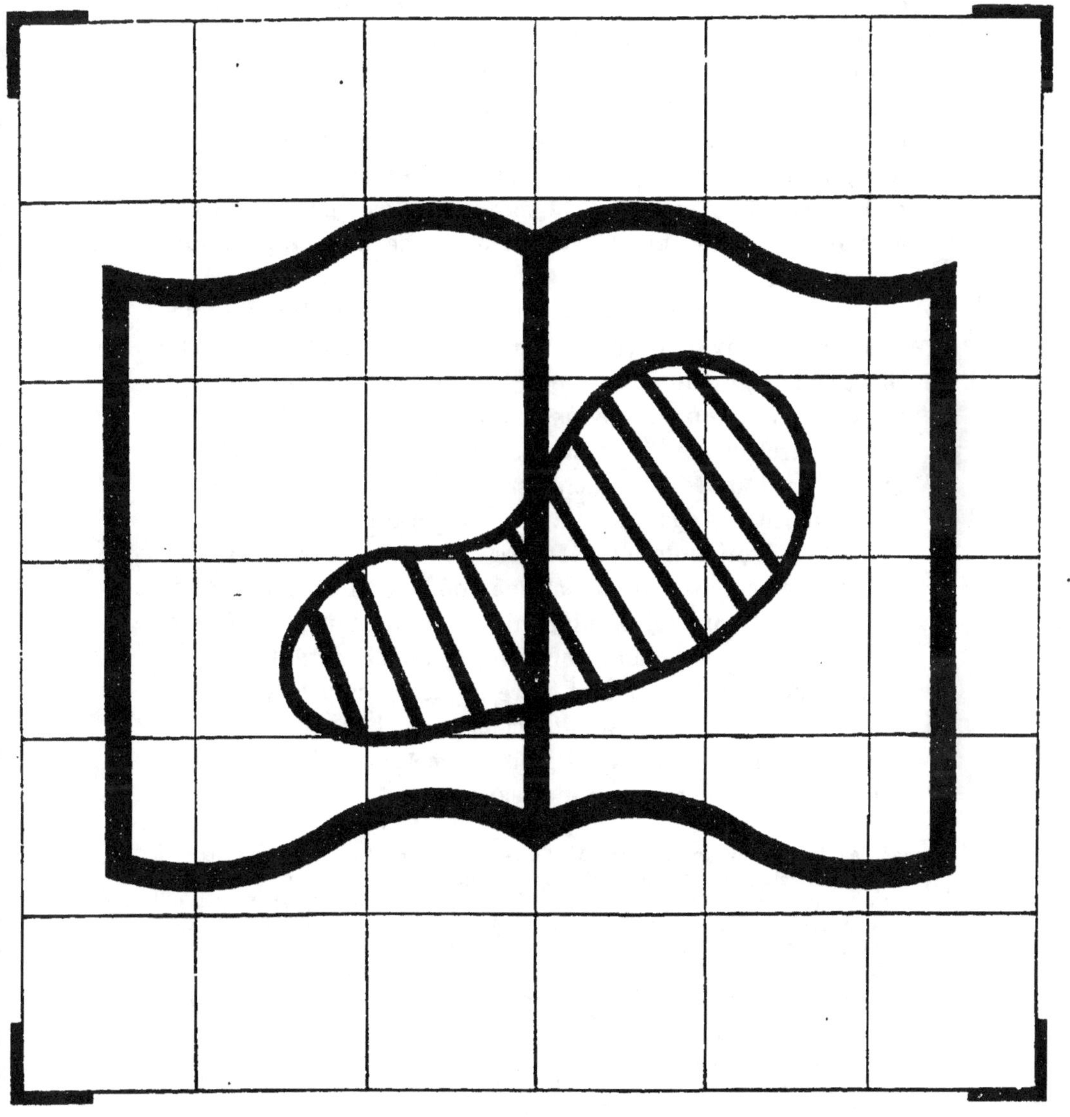

tions donnant la poussée due à la charge. Comme l'on ne connaît pas la valeur de ce coefficient, la formule relative à Q' est inapplicable. Il en serait autrement si l'on pouvait déterminer E par expérience, et nous avons vu précédemment que l'on peut concevoir la possibilité d'une semblable recherche. Les intégrales définies qui figurent dans les deux relations précitées nous sont déjà connues; nous avons indiqué au chapitre précédent le moyen de les calculer. Si l'on connaissait E, le calcul de Q' et de z' ne présentèrait donc aucune difficulté.

Il est bien entendu que si, au lieu d'une élévation de température, on avait à considérer un abaissement, il faudrait changer le signe de t; la valeur de Q' serait négative et viendrait en déduction de la poussée due à la charge.

Nous tirerons de l'examen des formules indiquées par nous un certain nombre de conclusions intéressantes relativement à l'influence des changements de température :

Toute élévation de température donne lieu à une augmentation de la poussée subie par une voûte. Cette augmentation ne peut d'ailleurs se calculer que si on connaît le coefficient de la dilatation a de la maçonnerie, son coefficient d'élasticité E, et enfin l'écart t existant entre les températures initiale et finale. Le changement subi de ce chef par la courbe des pressions se résume en un aplatissement, cette courbe s'abaissant à la clef et se relevant aux naissances.

au-dessous du niveau de l'eau. M. l'ingénieur en chef Couche a remédié à ces imperfections en exhaussant les maçonneries de l'aqueduc (la direction des hachures indique dans la figure 79 la modification apportée au profil transversal primitif) et en protégeant la partie supérieure, devenue horizontale, par un remblai de $0^m,50$ d'épaisseur. Le succès de la réparation a été complet, et, depuis cette époque, il ne passe plus à travers les maçonneries que quelques gouttes d'eau, qui disparaîtront lorsque l'on aura pu, en profitant d'un chômage, réparer l'enduit intérieur de la conduite.

Les réservoirs de la ville de Paris sont recouverts par des voûtes d'arête en briques, dont l'ouverture droite atteint quatre mètres et même six mètres, sans que l'épaisseur dépasse $0^m,07$ (briques à plat $0^m,055$, enduit de ciment $0^m,015$). On a vu, dans le chapitre précédent (17), que de pareils ouvrages ne sauraient supporter sans protection les variations de la température atmosphérique. On les garantit d'une manière efficace en les couvrant d'une couche de terre de $0^m,40$ d'épaisseur.

Ces exemples font voir qu'il n'est pas toujours permis, dans l'étude des conditions de stabilité des ouvrages en maçonnerie, de négliger l'influence des changements de température.

Le point de cette courbe, dont l'ordonnée est donnée par la relation

$$z' = \frac{\displaystyle\int_o^S \frac{y\,ds}{e^3}}{\displaystyle\int_o^S \frac{ds}{e^3}},$$

qui, ne dépendant que du profil de la voûte, est toujours facile à résoudre, reste immobile, tandis que les ordonnées des points placés au-dessus, c'est-à-dire du côté de la clef, sont diminuées, et les ordonnées des points placés au-dessous, c'est-à-dire du côté des naissances, sont augmentées.

Dans le cas particulier de la voûte, considéré aux n°˙ 30 et 31, qui est représentée par l'épure de la fig. 74, la valeur de z' serait, à l'échelle adoptée dans l'article 31 :

$$z' = \frac{\Sigma \dfrac{y}{e^3}}{\Sigma \dfrac{1}{e^3}} = 1^\mathrm{m},112.$$

Le point fixe de la courbe des pressions, dont la position, variable suivant le mode de répartition de la charge, est absolument indépendante de la température de l'ouvrage, serait donc dans ce cas particulier situé à $1^\mathrm{m},112$ au-dessus de l'horizontale des retombées, c'est-à-dire environ aux $\dfrac{72}{100}$ de la flèche que nous avons dit être égale à $1^\mathrm{m},541$.

Dans le cas d'un abaissement de température, l'effet produit serait absolument inverse : il y aurait diminution de la poussée, et surhaussement de la courbe des pressions, l'ordonnée z' du point fixe étant toujours fournie par la relation ci-dessus.

Un changement notable dans la température a donc une influence favorable ou défavorable sur les conditions de stabilité d'une voûte, suivant que la modification qu'il entraîne dans la courbe des pressions tend à la rapprocher ou à l'écarter de l'axe longitudinal. Nous verrons qu'en général pour les ouvrages existants, sauf pour les voûtes surhaussées et

notamment pour les ogives, les abaissements de température
sont plus à craindre que les élévations : ils augmentent le
travail de la maçonnerie à la clef et au joint de rupture, par
suite de la diminution apportée à la poussée.

Il est évident que l'effet produit est d'autant plus marqué
que le rapport de la poussée additionnelle Q', positive ou négative, à la poussée Q résultant de la charge, est plus grand.
Les changements de température peuvent donc avoir une
influence considérable sur la stabilité des voûtes très surbaissées destinées à supporter des charges très faibles, eu
égard à leur ouverture, parce que ces voûtes présentant, en
raison de leur destination, une faible épaisseur, sont plus
exposées à suivre les variations de la température extérieure.
Nous avons vu précédemment que des voûtes légères, destinées à couvrir un réservoir de la ville de Paris, s'étaient
écroulées pour être restées exposées sans protection aux
rayons du soleil durant une après-midi [1].

1. Cet accident est arrivé le 1er juillet 1874.
Nous extrayons d'un mémoire publié dans les *Annales des Ponts et Chaussées de 1867* (1er semestre) par M. l'inspecteur général Rozat de Mandres
les renseignements suivants, relatifs à la construction du réservoir de Gentilly, à Paris :

« Le réservoir de Gentilly est couvert au moyen de voûtes d'arête à
deux rangs de briquettes à plat et mortier de ciment supportées par de
petits piliers carrés en briques et mortier de ciment ; les voûtes ont 3m,80
d'ouverture et 0m,60 de montée ; les piliers ont 0m,45 d'épaisseur (deux
longueurs de briques et un joint).

« Le vide des retombées sur un pilier est rempli avec de la maçonnerie
ordinaire sur 0m,30 de hauteur, puis avec un béton très maigre jusqu'à
l'arasement des voûtes, de manière à former la surface continue qui reçoit
la chape ou l'enduit en ciment de 0m,02 d'épaisseur.

« Les piliers de pourtour s'étendent sur toute la largeur d'une travée,
ils sont percés d'arcs doubleaux de 2 mètres d'ouverture en plein cintre ;
ils ont 0m,45 d'épaisseur et supportent les voûtes en berceau aboutissant
au couronnement des murs sans s'y appuyer. La couverture est effectivement tout à fait indépendante des murs de pourtour, les piliers du pourtour
ayant été laissés isolés des murs ; c'est là une modification importante en
ce quelle évite la poussée exercée sur les murs de pourtour par la dilatation
de la couverture, dilatation dont les effets ont été constatés aux réservoirs
de Passy et qui sont tels que les voûtes en berceau se sont soulevées sur
les piliers du pourtour en glissant sur ces piliers.

« Ici du reste la couverture était dans l'origine exposée directement à
toutes les variations de la température et au soleil ; on a hésité pendant
quelque temps à la couvrir de terre ; on avait bien confiance dans la solidité de ces voûtes si surbaissées et si minces, mais on voulait laisser au
mortier le temps d'acquérir toute sa dureté ; alors on a chargé une partie

Dans les ponts-aqueducs et les ponts-canaux, les déformations dues aux changements de température ont pour résultat de provoquer la formation dans les maçonneries de fissures presque imperceptibles dans lesquelles pénètre l'eau qui vient suinter sur les parements : cette eau appauvrit le mortier dont elle dissout la chaux, et amène, pendant les hivers rigoureux, la dislocation des maçonneries, par suite de l'expansion qu'elle subit en se solidifiant par la gelée. (Guillemain, *Rivières et canaux*, 623).

Dans le cas des voûtes circulaires d'épaisseur constante, les intégrales peuvent être résolues analytiquement, et les formules deviennent :

$$Q' = \frac{1}{12} E\, \alpha\, t\, \frac{e^3}{\rho^2} \cdot \frac{1}{\dfrac{\varphi}{\sin \varphi}\left(\dfrac{1}{2} + \dfrac{e^2}{12\,\rho^2}\right) + \dfrac{\cos \varphi}{2} - \dfrac{\sin \varphi}{\varphi}},$$

$$z' = \rho \left(\frac{\sin \varphi}{\varphi} - \cos \varphi \right).$$

Pour les voûtes très surbaissées, on peut substituer à ces relations des formules approximatives beaucoup plus simples, qui donnent des résultats suffisamment exacts :

$$Q' = E\, e^3 \alpha t\, \frac{1}{b^2 + e^2}.$$

$$z' = \frac{2}{3} b.$$

Le point fixe de la courbe des pressions est situé aux $\frac{2}{3}$ de la montée.

37. Déformation due aux changements de tempéra-

de la voûte d'un poids double de celui d'une couche de 0ᵐ,30 d'épaisseur de terre, puis enfin toute la couverture a été chargée de 0ᵐ,30 de terre.

« Aujourd'hui on donne un peu plus de flèche aux petites voûtes d'arête, et on les charge immédiatement de 0ᵐ,50 de terre, comme il a été fait en 1861 au réservoir de Gentilly, et comme il vient d'être fait aux grands réservoirs de Ménilmontant. »

ture. — Nous nous bornerons à énoncer la formule qui donne le relèvement subi par la clef, sous l'influence d'une élévation t de la température de la voûte.

Cette formule, tirée de notre étude sur les ponts métalliques, est la suivante :

$$\delta b = b \alpha t + \int_0^S \frac{12\,Q}{Ee^3}\,(y - z')\,y\,ds.$$

Comme le rapport $\dfrac{Q}{E}$ est indépendant du coefficient d'élasticité E, rien n'empêche de calculer, en déterminant par quadrature les intégrales, la valeur δb, connaissant la variation de température t et le coefficient de dilatation α.

Il serait plus simple en général d'assimiler la voûte considérée à une voûte circulaire d'épaisseur constante, ce qui permettrait d'employer la formule algébrique :

$$\delta b = b \alpha t + a \rho^2 \cdot \alpha t\,\frac{\dfrac{\sin\varphi}{2} + \dfrac{\cos\varphi}{\varphi} - \dfrac{1}{\varphi}}{\dfrac{b^2}{5} + \dfrac{e^2}{12}}.$$

Dans le cas d'une voûte très surbaissée, si l'on suppose b négligeable devant ρ, et e' négligeable devant b', on peut simplifier la relation qui devient :

$$\delta b = 1,80\,\rho\,\alpha\,t.$$

Ces formules ne sont guère utilisables que pour les voûtes très minces, parce qu'alors on peut assez facilement se rendre compte, avec une approximation suffisante, de la variation t subie par la température de la maçonnerie.

38. Déformation due à la charge. Rupture par compression. — La formule générale qui donne la variation de la flèche b, c'est-à-dire le déplacement de la clef est, en conservant les notations du paragraphe précédent :

$$\delta b = 12 \int_0^S \frac{X y\,ds}{Ee^3} - 12 \int_0^S \frac{Q(y - z)\,y}{Ee^3}\,ds - \int_0^S \frac{Q\,ds}{Ee}.$$

δb est en général négatif : en chargeant uniquement la voûte dans le voisinage des naissances et des reins, on pourrait, dans certains cas, obtenir pour δb une valeur positive, surtout pour les voûtes en ogive dont la clef a souvent une tendance à se relever.

La charge produit donc d'habitude un abaissement de la clef.

Il ne serait pas difficile de se servir de cette formule, dont on calculerait les intégrales par quadrature, si l'on connaissait le coefficient E.

Dans le cas d'une voûte circulaire d'épaisseur constante supportant une charge uniformément répartie suivant l'horizontale (par exemple un ouvrage placé sous un remblai élevé), on a la formule simple :

$$\delta b = \frac{15}{32}\frac{pa^{4}}{Eeb^{2}} = -\frac{15}{8}\frac{p\rho^{2}}{Ee} .$$

Lorsque la courbe des pressions sort du noyau central et se rapproche soit de l'extrados soit de l'intrados, on a vu que les joints de la maçonnerie tendent à s'ouvrir du côté opposé à la courbe des pressions. Lorsque la courbe est suffisamment voisine du contour de la voûte pour que la pression maximum développée atteigne la limite de résistance à l'écrasement du mortier ou de la pierre, il se produit une désagréga-

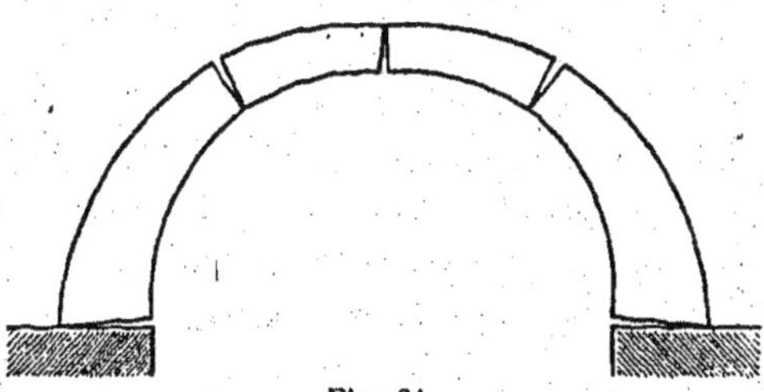

Fig. 81.

tion de la maçonnerie ou un épauffrement des voussoirs, qui entraîne une rupture complète dans cette portion de l'ouvrage : de là vient le nom de joint de rupture attribué au joint pour lequel la distance de la courbe des pressions à l'intrados est au minimum. C'est au droit de ce joint que se produit une lézarde, si l'ouvrage a été établi dans des conditions de stabilité insuffisantes. Cet accident entraîne presque toujours la production d'une fissure correspondante à la clef de la voûte, et souvent aussi d'une autre aux naissances (fig. 81). La voûte ainsi divisée en quatre tronçons, symétriques par rapport au plan de clef, se trouve dans un état d'équilibre très incertain,

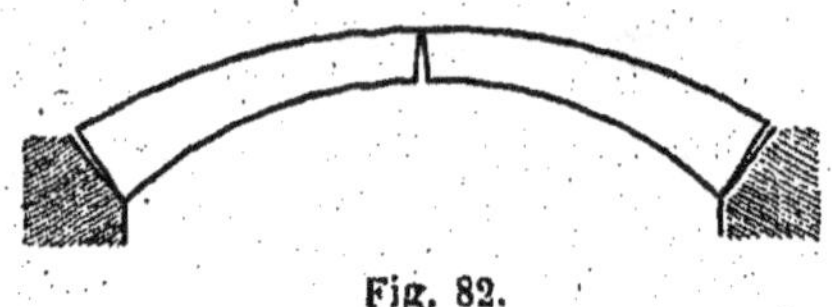

Fig. 82.

et est exposée à s'écrouler. Lorsque la voûte est très surbaissée (fig. 82), le joint de rupture coïncidant avec les retombées, la voûte ne se brise qu'en deux fragments. En général, dans les voûtes de ponts, le joint de rupture s'ouvre à l'extrados, et c'est l'arête d'intrados du voussoir qui est écrasée ; le joint de clef s'ouvre à l'intrados. Dans certaines voûtes surhaussées telles que l'ogive, on observe un phénomène inverse, lorsque la plus grande partie de la charge est supportée par les reins à l'exclusion de la clef (fig. 83).

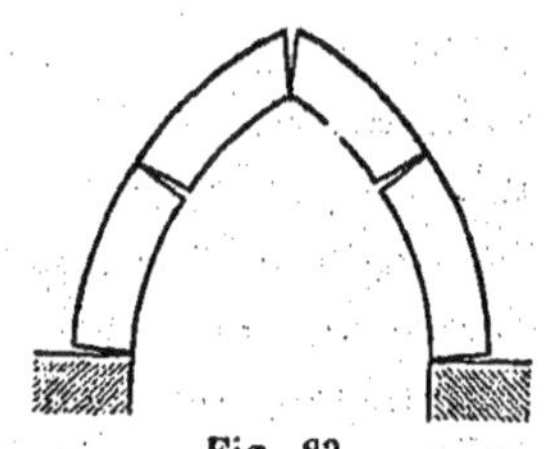

Fig. 83.

39. Contraction des mortiers. — Ce que nous venons de dire s'applique aux voûtes que l'on a maintenues sur cintre jusqu'à ce que le mortier eût acquis, d'une manière à peu près complète, toute la dureté qu'il comporte. L'ouvrage n'est donc soumis à l'action de la charge qu'au moment où les maçonneries ont pris leur assiette définitive.

Il arrive parfois que l'on décintre la voûte immédiatement après le clavage (pose des voussoirs de clef), alors que le mortier présente encore une certaine plasticité. Nous avons vu (15), l'utilité que peut présenter cette pratique, qui augmente la résistance finale du mortier. Comme cette matière présente à l'état pâteux une compressibilité très appréciable, son volume diminue sensiblement lorsque l'on décintre, et les voussoirs de l'ouvrage se rapprochent les uns des autres. On voit effectivement en pareil cas la voûte s'abaisser pendant un certain temps en suivant le cintre, et le tassement constaté à la clef est de beaucoup supérieur à celui qu'on observerait dans un ouvrage de même forme décintré après le durcissement complet des maçonneries. Ce phénomène, qui résulte d'une diminution dans l'épaisseur moyenne des joints, est évidemment assimilable, au point de vue des conséquences, à un abaissement de température qui réduirait, dans la même proportion, la longueur de l'axe longitudinal de la voûte. Il doit donc produire les mêmes résultats (36) et donner lieu à un surhaussement de la courbe des pressions, avec diminution de la poussée. Cette induction théorique est vérifiée par les expériences très instructives que M. l'inspecteur général Croizette-Desnoyers a faites récemment sur la stabilité des voûtes en maçonnerie, et dont il a dit quelques mots dans son ouvrage sur la construction des ponts, en se réservant d'en publier ultérieurement un compte rendu spécial.

M. Croizette-Desnoyers établissait sur cintre une voûte formée de voussoirs en pierre taillés avec une précision rigoureuse et posés à sec. Après avoir, dans les premières expériences, pressé fortement les uns contre les autres, pendant la pose, les voussoirs successifs, de façon à établir entre eux un contact aussi parfait que possible, il a diminué peu à peu le serrage, jusqu'à laisser en fin de compte un très petit vide entre les pierres voisines. Il a d'abord observé que l'abaissement à la clef, durant le décintrement, augmentait au fur et à mesure que l'on diminuait le serrage des voussoirs pendant la pose. Il a constaté d'autre part que la poussée de la voûte, mesurée après le décintrement à l'aide d'un appareil très exact, était d'autant plus faible que l'abaissement à la clef avait été plus marqué. Ces observations permettent d'affirmer que la courbe des pressions est d'autant plus surhaussée que les voussoirs se sont plus rapprochés pendant le décintrement, ce qui amène forcément un abaissement important à la clef, par suite de la réduction opérée dans la longueur de l'axe longitudinal. En exagérant eet effet, on peut amener la courbe des pressions à sortir du massif par l'extrados, au droit de la clef, ce qui entraîne l'ouverture du joint de clef, et la ruine de l'ouvrage. Un pareil accident est à craindre lorsque les joints ont été remplis imparfaitement pendant la construction de la voûte.

Il est assez difficile de calculer théoriquement la diminution subie par la poussée dans le cas du décintrement d'une voûte dont les mortiers sont encore frais : elle dépend essentiellement de la compressibilité de la matière, et de l'importance du travail à la compression développé à ce moment dans l'ouvrage. Il convient néanmoins de tenir compte de ce fait, qui, dans les voûtes de ponts généralement en usage, a pour conséquence de rapprocher la courbe des pressions de l'extrados à la clef, et de l'intrados au joint de rupture, et par suite, d'augmenter le travail de compression de la maçonnerie en ces deux points. Comme, d'autre part, la pratique dont nous parlons a incontestablement pour effet d'augmenter la résistance des mortiers, il peut y avoir doute sur le point de savoir si les inconvénients signalés sont compensés par les avantages. C'est une question d'espèce sur laquelle nous reviendrons plus tard en parlant du décintrement des voûtes. Nous nous bornerons à dire ici que, pour les petits ouvrages, dont l'épaisseur est assez grande relativement à l'ouverture, et pour lesquels la charge supportée au moment du décintrement est généralement une fraction assez faible de la charge totale définitive (due aux tympans et aux remblais à exécuter ultérieurement), le décintrement effectué immédiatement après le clavage semble à recommander. Pour les ponts de grande ouverture, ce procédé, admis universellement par les ingénieurs du siècle dernier, qui n'employaient que des mortiers de mauvaise qualité dont la compression à l'état frais augmentait utilement la résistance et qui d'ailleurs exigeaient un temps très long pour faire prise, semble aujourd'hui presque unanimement abandonné par les constructeurs qui disposent de mortiers hydrauliques excellents. Il n'est pas sans exemple que des ouvrages mal exécutés et décintrés prématurément aient suivi le cintre dans son mouvement d'abaissement, et se soient finalement écroulés. En pareil cas, si l'abaissement constaté à la clef semble devoir dépasser notablement les prévisions, et prendre des proportions inquiétantes, il est prudent d'imiter les ingénieurs qui ont arrêté le mouvement de descente du cintre, calé à nouveau, et attendu pour reprendre l'opération que les mortiers eussent fait une prise complète. On limitera ainsi le surhaussement de la courbe des pressions et l'on pourra sauver l'ouvrage de la ruine. On pourrait concevoir qu'un ingénieur, désireux de comprimer les mortiers jusqu'à une certaine limite, eût disposé son cintre de façon à l'abaisser d'une quantité fixée à l'avance, et à l'arrêter ensuite dans une position déterminée, correspondant au profil exact d'intrados prévu au projet du pont, en attendant pour terminer l'opération que le mortier ainsi comprimé eût acquis sa dureté définitive.

Nous reviendrons sur ce sujet en parlant du décintrement des voûtes de pont, et nous donnerons alors quelques renseignements d'expériences sur les valeurs des tassements observés au moment de cette opération pour un certain nombre de ponts construits en France.

40. Déplacement des points d'appui. — La théorie de la stabilité des voûtes est basée sur le tracé de la courbe des pressions, qui suppose l'invariabilité absolue des appuis supportant les retombées des voûtes. Cette hypothèse n'est pas toujours dans la pratique réalisée d'une manière parfaite. Il convient d'examiner l'influence que peut avoir le déplacement d'un point d'appui sur les conditions de stabilité d'un pont en maçonnerie.

Considérons la culée d'un pont : si le voussoir de retombée est encastré dans le rocher ou dans un massif très considérable de maçonnerie, on peut considérer sa position comme invariable. Il arrive parfois (fig. 84) que la voûte est continuée dans l'intérieur de la culée par un prisme à axe curviligne qui en forme le prolongement et prend le nom de *voûte de décharge* ou *de retombée.* Le voussoir extrême de cette voûte repose sur le rocher ou sur un massif que l'on peut considérer comme indéformable. En pareil cas, il est rationnel, et il peut être prudent, d'effectuer le tracé de la courbe des pressions en considérant l'ouvrage formé par la réunion de la voûte en élévation et de la voûte des

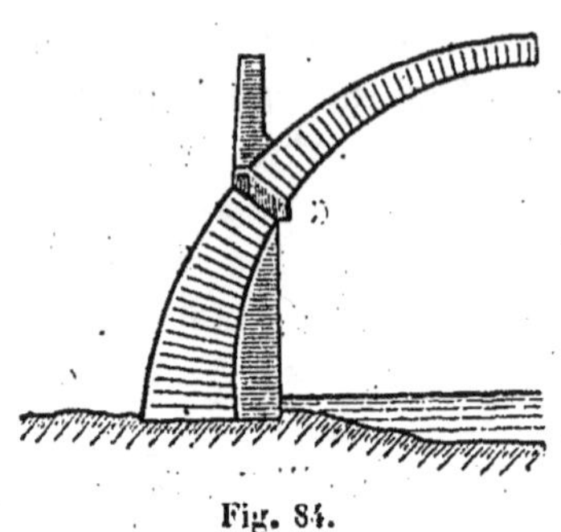

Fig. 84.

retombées, qui constituent un seul et même massif à soumettre au calcul. De cette façon on ne suppose pas invariable la section de retombée de l'élévation, ce qui pourrait être contraire à la réalité, et on tient compte du mode de construction réel de l'ouvrage. Dans le cas de la figure 84, on aurait une voûte en plein cintre reposant sur le rocher et dont une partie seulement serait visible en élévation.

En général les voûtes s'appuient sur un massif vertical de maçonnerie qui constitue la culée (fig. 85). La poussée et le poids de la demi-voûte sont transmis à ce massif et se composent avec les poids des assises successives, pour former les résultantes des efforts supportés par ces assises. Connaissant la poussée et le point de passage de la courbe des pressions dans la section de retombée, il est facile de tracer la courbe relative au massif de la culée. Généralement, cette courbe coupe l'axe longitudinal vertical du massif à une petite distance des naissances, et est comprise, sur presque tout son développement, dans la partie extérieure de la culée : si l'on applique à cet ouvrage les règles qui régissent la déformation élastique des prismes en maçonnerie comprimés, on reconnaît immédiatement qu'il devra fléchir vers l'extérieur en se déplaçant dans le sens de la poussée. Ce mouvement entraîne forcément un reculement de la section de retombée, et par suite, une augmentation de l'ouverture de la voûte. La longueur de l'axe longitudinal de la voûte restant constante tandis que la distance des retombées augmente, tout se passe comme dans le cas d'un abaissement de température qui, laissant l'ouverture invariable, diminuerait la longueur de l'axe de la voûte. Il suffit de se reporter à l'article 39 pour voir les conséquences qui en peuvent résulter. La poussée diminue et la courbe des pressions se surhausse. La voûte peut se fissurer et s'ouvrir, par le seul fait de la déformation élastique de la culée, alors même que celleci ne supporte en aucun point un travail excessif, et ne présente aucune trace de fatigue. L'axe vertical de la culée ne formant pas le prolongement de l'axe de la voûte, leur point de rencontre constitue un point angulaire de l'axe de l'ouvrage considéré dans son ensemble, et la théorie générale de la résistance des maçonneries nous a fait connaître qu'une disposition de ce genre est vicieuse et peut amener des accidents.

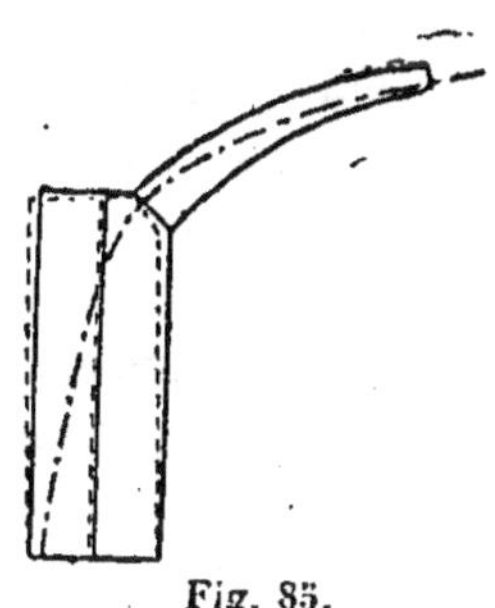

Fig. 85.

Nous avons constaté, sur un chantier soumis à notre surveillance, qu'une voûte appuyée sur une culée très élevée comparativement à son épaisseur s'était ouverte à la clef et aux naissances, sans que la culée présentât aucune trace de détérioration, et sans que la qualité des mortiers et l'épaisseur de la voûte pussent expliquer l'accident. En pareil cas, il ne suffit pas d'attribuer à la culée des dimensions telles que le travail maximum subi par ses diverses assises reste en dessous de la limite pratique : il faut encore que la déformation de la culée ne puisse pas porter atteinte à la solidité de la voûte. C'est ce qui justifie les épaisseurs considérables attribuées en général par les constructeurs aux culées des ponts en maçonnerie, épaisseurs qui sembleraient absolument excessives, si elles n'avaient pour but que d'assurer la stabilité de ces ouvrages considérés isolément. Les murs en retour de la culée et la poussée du remblai, qui agit en sens contraire de la poussée de la voûte, contribuent d'autre part à diminuer le déplacement du voussoir de retombée, et leur influence en pareil cas n'est pas à négliger dans les calculs de stabilité. On recommande, dans la construction des viaducs, de reporter les culées au sommet des coteaux qui encadrent la vallée, de façon à ne leur donner qu'une faible hauteur : cette pratique, qui a pour objet de réduire la surface en élévation des murs en retour, est également justifiée par la nécessité de ne pas attribuer une grande hauteur à la culée. On sait en effet (art. 16) que si l'on admet la même limite pour le travail à la compression, et la même valeur pour la poussée, les déplacements de deux culées de même épaisseur sont entre eux dans le rapport des carrés de leurs hauteurs respectives.

Ayant à établir une voûte dont les culées devaient, en vertu de conditions particulières, avoir une hauteur considérable comparativement à leur épaisseur, sans que toutefois le travail à la compression dépassât pour aucune assise une limite raisonnable, nous n'avons pas hésité à combattre la poussée au moyen de tirants en fer reliant les culées au-dessus de l'extrados, et le décintrement a pu s'opérer sans qu'aucune fissure se manifestât dans le corps de l'ouvrage.

Examinons maintenant le cas d'une pile de pont : si les deux voûtes qui y aboutissent sont identiques et également chargées, les poussées se feront équilibre, et la courbe des pressions dans la pile sera une verticale coïncidant avec l'axe du massif : il n'y aura donc aucun déplacement à redouter pour les retombées. Si au contraire les poussées sont inégales, par suite de différences entre les ouvertures, les surbaissements ou les charges des voûtes adjacentes, la pile s'inclinera du côté de la moindre poussée, et les accidents signalés à propos des culées pourront se produire.

Nous citerons le cas du pont des *Invalides*, où une pile a subi un semblable déversement, la voûte la plus surbaissée s'aplatissant par suite de l'augmentation de l'ouverture, tandis que la voûte suivante se surhaussait : on a dû finalement se résoudre à reconstruire cet ouvrage.

En pareil cas, si l'on a dû employer des voûtes successives donnant lieu à des poussées inégales, et que la pile présente au-dessous des naissances une hauteur assez grande, il convient d'augmenter considérablement son épaisseur, et d'en faire une *pile-culée* : les contructeurs n'y manquent jamais aux changements d'ouverture des voûtes des viaducs en maçonnerie.

On se trouve parfois dans la nécessité de construire des ponts en maçonnerie dont les arches successives présentent des montées croissantes à partir d'une culée, les naissances étant toutes situées dans un même plan horizontal. Cette circonstance se présente notamment lorsque l'ouvrage est destiné à raccorder deux voies situées à des niveaux différents, ou lorsque l'on doit ménager pour les besoins de la navigation, sous l'arche centrale, une hauteur libre sous clef incompatible avec les niveaux des berges. On est conduit dans ces deux cas à établir en rampe la chaussée du pont, à partir de la rive. Il convient alors d'attribuer aux différentes voûtes des profils d'intrados tels que les poussées soient sensiblement équivalentes. On y arrivera dans une mesure très suffisante en réglant leurs ouvertures l et leurs montées f, de telle façon que le rapport $\dfrac{l^2}{f}$ reste constant : cela revient à dire que le surbaissement $\dfrac{f}{l}$ doit être inversement proportionnel à l'ouverture l.

Supposons par exemple que l'arche centrale soit un plein cintre de 30 mètres d'ouverture, et qu'on veuille réduire de 15 mètres à 12 mètres la montée de l'arche de rive : il faudra attribuer à cette arche une ouverture de $26^{m},83$. Dans ces conditions, les piles intermédiaires ne seront soumises qu'à des efforts verticaux, les poussées des voûtes adjacentes se faisant équilibre.

Si des considérations architecturales s'opposent à l'adoption de cette règle, il faut employer des piles culées, capables de résister aux efforts horizontaux résultant de l'inégalité des poussées.

41. Glissement des voussoirs. — Il est rare que la courbe des pressions fasse avec les lits des voussoirs d'une voûte un angle suffisamment aigu pour qu'il se produise un glissement. Le cas se présente parfois pour des voûtes très surbaissées dont l'épaisseur est importante relativement à l'ouverture (fig. 86), quand on opère le décintrement pendant que le mortier est encore frais. On voit alors quelques voussoirs descendre et faire

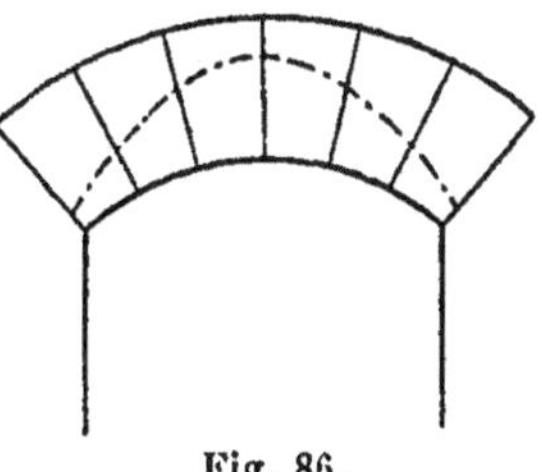

Fig. 86.

saillie sur l'intrados, surtout lorsque les appuis des retombées s'écartent par suite de la contraction du mortier dans les culées. Il est rare que le mouvement continue jusqu'à devenir inquiétant, et cette déformation n'a d'autre conséquence que d'obliger à rétablir l'intrados en faisant disparaître les saillies des voussoirs qui ont glissé. Un pareil phénomène ne peut d'ailleurs se produire dans un pont que si le constructeur néglige de disposer les assises de la culée, dans le voisinage des retombées, à peu près normalement à la courbe des pressions ; dans ce cas, en effet, un glissement peut se manifester dans la culée et entraîner la ruine de l'ouvrage. Mais il faudrait, pour s'exposer à un semblable mécompte, faire preuve d'une ignorance bien grande ou d'une étourderie inexcusable, et nous n'insisterons pas sur ce sujet.

APPLICATIONS DE LA THÉORIE DES VOUTES

SOMMAIRE :

42. Généralités sur la courbe des pressions. — La courbe des pressions d'une voûte dépend à la fois de son profil en élévation et du mode de répartition de la charge. Elle est indépendante de l'intensité même de cette charge : en faisant varier dans le même rapport tous les poids que supporte l'ouvrage, on augmenterait ou l'on diminuerait proportionnellement les pressions développées en tous les points du massif, mais sans rien changer à leurs rapports mutuels : la courbe des pressions demeurerait invariable.

Il n'en serait pas de même si la variation subie par les poids n'était pas proportionnelle à chacun d'eux, et entraînait un changement dans le mode de répartition de la charge. Il en résulterait un déplacement de la courbe des pressions, et les conditions de stabilité de l'ouvrage se trouveraient modifiées.

Nous verrons plus loin que les procédés de construction mis en usage pendant l'établissement de la voûte peuvent avoir une certaine influence sur la stabilité, et conduire dans certains cas à un déplacement de la courbe des pressions.

La courbe des pressions coupe toujours au moins une fois, entre la clef et la section de retombée, l'axe longitudinal : ce fait est mis en évidence par l'équation fondamentale d'équilibre

$$o = \int_0^S \frac{M ds}{\overline{E e^3}},$$

que nous avons mentionnée dans la note de la page 106.

Pour que cette équation de condition soit satisfaite, il faut évidemment que le moment fléchissant M change de signe entre les limites correspondant à o et S (sections de retombée et de clef), puisque E, e et ds représentent des quantités toujours positives. Or M ne change de signe que lorsque la courbe des pressions coupe l'axe longitudinal.

En général, il y a soit un soit deux points de rencontre ; mais rien n'empêche, avec un profil de voûte et une répartition de charge choisis convenablement, d'imaginer un ouvrage où la courbe traverserait l'axe un plus grand nombre de fois.

43. Moyen de vérifier l'exactitude des épures de stabilité. — On peut donner de l'équation fondamentale $\int_0^S \frac{M ds}{E e^3} = o$ une interprétation géométrique, qu'il nous paraît utile de faire connaître.

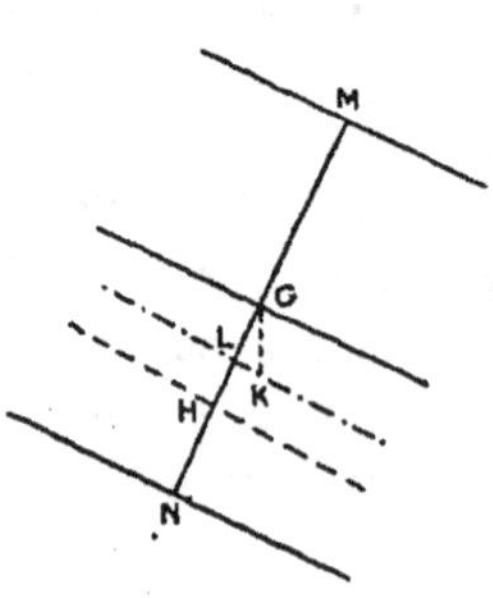

Fig. 87.

Soient MN une section transversale d'une voûte quelconque, G et L ses points de rencontre avec l'axe longitudinal et la courbe des pressions. Le moment fléchissant M est égal au produit de la distance GL par la résultante des pressions exercées sur la section MN ; sa valeur peut être aussi représentée par le produit de la poussée Q et de la distance verticale GK du centre de la section à la courbe des pressions. (*Ponts métalliques*, pages 327 et 328.)

Mesurons la longueur GK, et divisons le nombre qui la représente par le cube e^3 de l'épaisseur $MN = e$ de la voûte. Enfin portons à partir de G sur la droite GN, c'est-à-dire sur la normale à l'axe longitudinal dans la direction où elle rencontre la courbe des pressions, la longueur représentative de $\dfrac{\overline{GK}}{e^3}$. Nous obtiendrons le point H. Construisons les points tels que H correspondant aux diverses sections figurées sur l'épure : nous obtiendrons une courbe qui sera toujours située, par rapport à l'axe longitudinal, du même côté que la courbe des pressions, et passera par leurs points de rencontre. Évaluons l'aire comprise entre cette courbe lieu de H et l'axe longitudinal, en ayant soin de donner le signe — à la longueur GH lorsqu'elle est placée au-dessus de l'axe longitudinal, et le signe + dans le cas contraire. Cette aire sera représentée par l'expression :

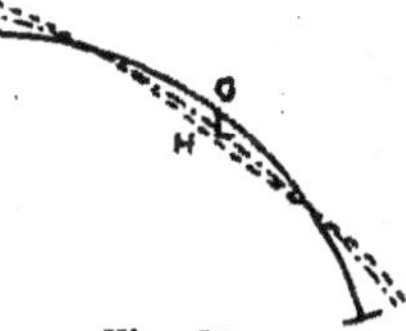

Fig. 88.

$$\int_0^S \overline{GH}ds = \int_0^S \frac{\overline{GK}ds}{e^3}.$$

Or l'équation $\int_0^S \dfrac{Mds}{Ee^3} = o$ peut s'écrire, en remplaçant le moment fléchissant M par sa valeur $Q \times GK$ et en mettant en facteurs, en dehors du signe $\int$, les constantes Q (poussée) et E (coefficient d'élasticité), qui gardent la même valeur pour toutes les sections :

$$\int_0^S \frac{Mds}{Ee^3} = \frac{Q}{E} \int_0^S \frac{\overline{GK}ds}{e^3} = o.$$

D'où :

$$\int_0^S \frac{\overline{GK}}{e^3}\, ds = o.$$

L'aire comprise entre la courbe lieu du point H et la partie de l'axe longitudinal située au-dessus d'elle doit donc être égale, si l'épure a été exactement dressée, à l'aire comprise entre cette courbe et la partie de l'axe située au-dessous, ces aires étant d'ailleurs limitées aux sections de clef et de retombée.

Dans le cas d'une voûte extradossée parallèlement, e est une constante, et la condition peut s'écrire :

$$\int_0^S \overline{GK} ds = o \, .$$

Il suffit de porter sur la direction GN une longueur égale à GK. La construction s'effectuera donc en ce cas beaucoup plus rapidement.

Cette remarque permet de vérifier immédiatement l'exactitude de la courbe des pressions tracée sur une épure, sans avoir besoin d'aucun renseignement autre que les longueurs GK et GN que l'on peut relever directement sur le dessin : si cette vérification ne réussit pas, la courbe est nécessairement fausse.

La réciproque n'est pas vraie, mais on conçoit que la réussite assure une très grande probabilité en faveur de la correction des opérations graphiques.

Lorsque les sections transversales figurées sur l'épure sont équidistantes, comme nous l'avons toujours supposé dans le chapitre précédent, on peut, au lieu de tracer sur l'épure la courbe des pressions, se contenter de faire la somme des rapports $\dfrac{GK}{MN^2}$ correspondant aux sections successives, en ayant soin de tenir compte du signe de GK, d'après la convention précédemment indiquée. Cette somme doit être nulle puisque l'on a :

$$\int_0^S \frac{\overline{GK}}{e^2} \, ds = s\Sigma \frac{\overline{GK}}{e^2} = o \, ,$$

s désignant l'équidistance des sections. Si la voûte est extradossée parallèlement, il suffit d'effectuer la somme Σ GK, qui doit donner o pour résultat. Cette dernière opération est l'affaire de quelques minutes.

44 . Relations de la courbe des pressions avec le profil de la voûte et le mode de répartition de la charge. — Une étude complète des conditions de stabilité des voûtes exigerait l'application de la méthode développée dans le Chapitre II à un très grand nombre d'exemples, correspondant aux divers cas de profil et de surcharge que l'on rencontre dans les applications. Un pareil travail serait sans nul doute fort utile, en ce qu'il permettrait probablement de déduire de la collection d'épures, ainsi établies, des règles numériques pour l'épaisseur à donner aux voûtes en raison de leur profil d'intrados, de leur destination et de leur mode de construction. Mais ce travail exigerait beaucoup de temps et de peine, et nous avons dû nous borner à étudier un petit nombre de types d'ouvrages, en cherchant à en tirer des conclusions aussi nettes, aussi générales et aussi utiles que possible, sans nous dissimuler l'insuffisance que présente, au point de vue des résultats, le programme restreint admis par nous.

En principe une voûte est d'autant plus stable que l'axe longitudinal s'écarte moins de la courbe des pressions, qui est une courbe funiculaire relative au système de forces qui sollicite l'ouvrage. Il convient donc, lorsqu'on peut choisir librement la forme de la voûte ou lorsqu'on est incertain sur la convenance que peut présenter une forme d'intrados déterminée, de tracer une courbe funiculaire présentant la même flèche et la même ouverture que l'ouvrage à établir, et de choisir un axe longitudinal qui en diffère le moins possible. La courbe des pressions effective sera nécessairement presqu'identique à la courbe conventionnelle admise, et par conséquent ne pourra s'écarter d'une façon anormale de l'axe longitudinal adopté, puisqu'elle doit le couper au moins une fois et que les courbures de ces deux lignes se correspondent sensiblement sur la même verticale.

Nous venons en somme de répéter, sous une forme moins absolue, la règle déjà énoncée par M. Yvon Villarceau (25) : il y a un intérêt réel, au point de vue de la stabilité d'une voûte, à tracer son axe suivant une courbe funiculaire ; on réduit de cette façon au minimum l'écart entre cet axe et la courbe des pressions, cet écart ne pouvant d'ailleurs jamais

en aucune circonstance disparaître entièrement par la superposition des deux lignes (pages 106 et 107).

Soient OB la flèche et OA la demi-ouverture que l'on se
propose d'attribuer à l'axe longitudinal de la voûte. Soit P la

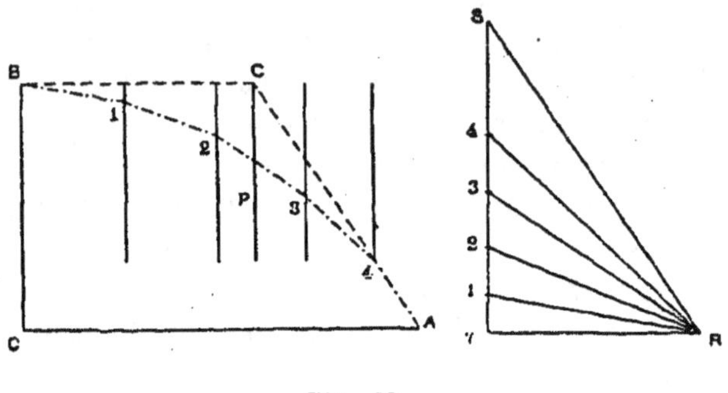

Fig. 89.

direction du poids total de la demi-voûte (surcharge comprise),
poids que l'on connaît toujours approximativement avant
d'arrêter définitivement le profil de l'ouvrage. Soient enfin
1,2,3,4 les poids partiels, agissant chacun sur une zone restreinte de l'ouverture, entre lesquels on peut subdiviser le
poids total P.

Menons par B une horizontale et joignons son point de
rencontre C avec la verticale du poids P au point A. Portons
sur une verticale quelconque la longueur ST représentative
du poids total P et menons respectivement par S et T des
parallèles à CA et BC, qui se coupent en R. Enfin portons sur
la droite TS, à partir du point T, les longueurs T-1, 1-2, etc.,
représentatives des poids partiels 1,2,3,4, dont le total est
égal à P. Joignons R à ces points de division.

Par le point de rencontre de la droite AC, parallèle à RS,
et de la direction du poids 4, traçons une parallèle à R4, que
nous prolongerons jusqu'à sa rencontre avec la direction du
poids 3 ; par ce point de rencontre nous mènerons une parallèle à RS, qui viendra couper la direction du poids 2, etc., etc.
Nous obtiendrons ainsi une ligne brisée A4321B, ayant ses
extrémités en A et B, qui se rapprochera d'autant plus de la

courbe funiculaire passant en A et B, et correspondant au mode de répartition de la charge P, que l'on aura divisé cette charge en un plus grand nombre de poids partiels.

C'est cette courbe funiculaire qui va nous renseigner sur le profil le plus avantageux à attribuer à l'axe longitudinal de la voûte. Après avoir tracé celui-ci, en lui faisant épouser autant que possible la forme de la courbe funiculaire, on pourra arrêter la forme définitive de la voûte, calculer son poids exact, et connaissant ainsi P avec une précision complète, construire la courbe des pressions effective et vérifier qu'elle ne s'écarte pas d'une façon inadmissible de l'axe longitudinal choisi.

En règle générale, le rayon de courbure en un point déterminé de la courbe funiculaire est d'autant plus petit que la charge par unité de longueur est plus grande ; une charge concentrée considérable appliquée en un point de l'ouverture correspond verticalement à un point de la courbe funiculaire où le rayon est à peu près nul, c'est-à-dire à un point angulaire.

Une zone pour laquelle on pourrait admettre, sans erreur sensible, que la charge est presque nulle, correspondrait à une portion de courbe funiculaire rectiligne, c'est-à-dire présentant un rayon de courbure infini.

Considérons pour fixer les idées (fig. 90) une voûte dont la zone BG voisine de la clef ne supporterait qu'une charge insignifiante, tandis qu'un poids considérable serait appliqué sur la partie GA avoisinant les naissances : en ce cas, il serait rationnel d'attribuer à l'axe longitudinal une direction presque rectiligne entre B et G et une courbure très accusée entre G et A. Le cas inverse se présenterait, si la voûte portait une charge considérable entre la clef et les reins, le poids compris entre les reins et les naissances étant très petit (fig. 91).

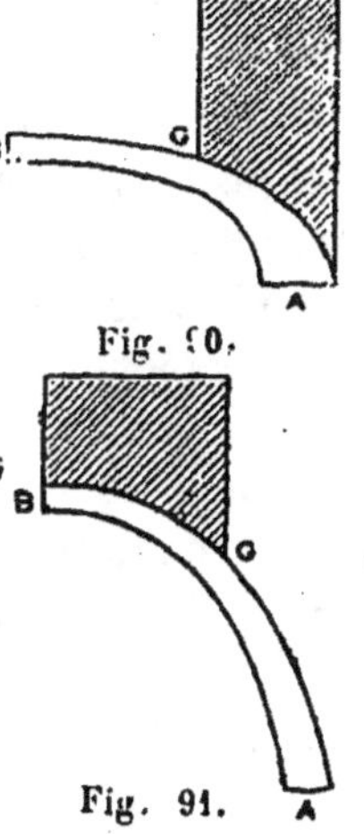

Fig. 90.

Fig. 91.

Ces deux exemples extrêmes nous paraissent faire comprendre d'une manière suffisante la correspondance qu'il y a

lieu d'établir entre le profil de l'axe longitudinal d'une voûte
et le mode de répartition de la charge qu'elle supporte.

Lorsque l'on applique sur une zone déterminée d'une voûte
donnée une charge additionnelle, il en résulte un relèvement
vertical de la courbe des pressions au droit de la zone en
question. En vertu de l'équation d'équilibre $\int_0^S \frac{M ds}{E e^3} = o$ précédemment citée, ce relèvement partiel de la courbe des pres-
sion entraîne un abaissement correspondant dans la partie de
voûte dont la charge n'a pas été modifiée (fig. 99 et 100).

Réciproquement, si l'on diminue la charge supportée par
une zone de la voûte, on amène par là même un abaissement
vertical de la courbe des pressions au droit de cette zone, et
un relèvement correspondant dans le surplus de la courbe.

Cette remarque permet d'améliorer en certains cas les conditions de stabilité d'un ouvrage, en réduisant la charge dans
les parties où la courbe des pressions se rapproche trop de
l'extrados et l'augmentant dans celles où elle se rapproche
trop de l'intrados. C'est par ce motif que, dans les grands
ponts en maçonnerie, on pratique des élégissements dans les
tympans, et nous constaterons plus tard que cette pratique est
indispensable pour les voûtes en plein cintre de grande ouverture. On conçoit que l'élégissement des tympans doive être
effectué avec méthode, en se rendant compte du déplacement
à faire subir à la courbe des pressions et agissant en conséquence. Un allègement local, réalisé au-dessus d'une portion
de voûte où la courbe des pressions serait très voisine de
l'intrados, aurait au point de vue de la stabilité des conséquences fâcheuses. Bien que l'affirmation puisse sembler paradoxale, il peut y avoir un intérêt réel en certains cas à
appliquer sur une voûte existante une charge supplémentaire,
en vue d'augmenter sa solidité par un déplacement de la
courbe des pressions : c'est ainsi que dans les voûtes en
ogive il peut être opportun de surcharger la clef, en dehors
de toute nécessité résultant de la destination de l'ouvrage et
par un simple motif de sécurité.

En ce qui concerne la déformation élastique des voûtes,
nous énoncerons la règle suivante : un voussoir quelconque

tend à se déplacer dans un sens tel que son centre de gravité
s'éloigne de la courbe des pressions, et les joints tendent à
s'ouvrir du côté opposé au point de passage de cette courbe ;
par conséquent les joints ouverts à l'extrados indiquent une
zone dont les voussoirs se soulèvent, et pour laquelle la
courbe des pressions est voisine de l'intrados ; les joints ouverts à l'intrados sont situés sur une zone dont les voussoirs
s'abaissent et dont la courbe des pressions se rapproche de
l'extrados. On combat ces tendances en modifiant la charge
de façon à rapprocher la courbe des pressions de l'axe longitudinal dans la zone considérée.

45. Épaisseur des voûtes. — Supposons que l'on ait
dressé l'épure de stabilité relative à une voûte donnée, dont
l'intrados et la charge soient supposés définitivement arrêtés,
et que l'on se propose d'utiliser les renseignements qu'elle fournit pour améliorer les
conditions de stabilité de l'ouvrage en remaniant les épaisseurs primitivement admises,
de façon à ramener dans toutes les sections
la compression maximum à la limite pratique R correspondant au genre de maçonnerie

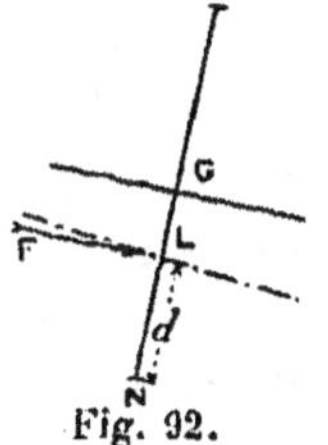

Fig. 92.

dont on compte se servir. Soient MN une section transversale quelconque et L le point de passage de la courbe des
pressions : désignons par d la distance LN de ce point à l'extrémité de la section la plus rapprochée (extrados ou intrados)
et par F la résultante des pressions exercées sur ladite section. L'épure fait connaître F et d, et permet de calculer le
travail maximum à la compression développé au point N de
la section ; ce travail maximum est toujours compris entre la
limite inférieure $\dfrac{F}{2d}$, si L coïncide avec le centre G de la section, et la limite supérieure $\dfrac{2F}{3d}$, si L est situé dans le premier
tiers de la longueur MN, à partir de N : ces deux limites ne
diffèrent que de $\dfrac{F}{6d}$. Au lieu de s'attacher à rendre absolument invariable, d'une extrémité de la voûte à l'autre, la va-

leur du travail calculée par les formules exactes, il nous paraît plus simple et suffisamment satisfaisant de se borner à rendre constant le rapport $\frac{F}{d}$: on est assuré dans ces conditions que le travail maximum ne peut différer de plus de $\frac{1}{7}$, en plus ou en moins, de la valeur moyenne $\frac{7Fd}{12}$, et cette constance relative est en pratique très acceptable.

On augmentera donc ou on réduira l'épaisseur de la voûte suivant que le rapport $\frac{F}{d}$, correspondant à la section considérée, sera inférieur ou supérieur à la valeur admise comme base. Cette règle strictement appliquée conduirait en général, l'intrados étant supposé arrêté à l'avance, à un profil d'extrados bizarre et accidenté, correspondant à un axe longitudinal sinueux. Il est donc préférable de se borner à déterminer par la méthode précédente les épaisseurs maxima, correspondant aux points où la courbe des pressions se rapproche le plus de l'intrados ou de l'extrados, et à raccorder les points ainsi obtenus par des courbes régulières ; au besoin on pourrait compléter le tracé en considérant les sections où l'épaisseur est minimum, c'est-à-dire où la courbe des pressions coupe l'axe longitudinal. On aurait ainsi un surcroît de stabilité, pour les points où la courbe tracée conduirait à une épaisseur plus grande qu'il ne serait nécessaire ; mais l'économie de quelques mètres cubes de maçonnerie, que l'on eût pu réaliser en adoptant exactement l'extrados théorique, serait insignifiante et ne compenserait pas l'irrégularité de cet extrados.

En général on se trouve donc conduit à tracer une courbe régulière raccordant deux points, l'un situé au droit de la clef, l'autre au droit du joint de rupture, en chacun desquels l'épaisseur de la voûte doit présenter un maximum et où par conséquent la tangente de l'extrados doit être parallèle à la tangente de l'intrados : la courbe est déterminée par deux points et les tangentes en ces points. Nous croyons utile d'indiquer une construction géométrique simple permettant de tracer une courbe du second degré remplissant ces conditions, et ayant de plus, pour la définir complètement, son sommet sur la verticale de la clef.

Soient C et M les deux points de passage donnés, CA et AM les tangentes en ces points, dont la première CA est une horizontale, et A leur point de rencontre.

Joignons C et M, et menons la droite AB qui passe au milieu de cette corde CM : cette ligne coupe la verticale de la clef en un point O. Décrivons, avec le point O comme centre et le rayon OC, un arc de cercle qui coupe en D la tangente AM. Enfin élevons en D une perpendiculaire à la droite AM, qui viendra rencontrer en F la verticale CO. La courbe du second degré, qu'il s'agit de faire passer par C et M, aura pour centre O et pour foyers les points F et F' (celui-ci symétrique de F par rapport à O). Le tracé se fera par les procédés habituels ; suivant les cas on obtiendra une ellipse (fig. 93) ou une hyperbole (fig. 94)[1].

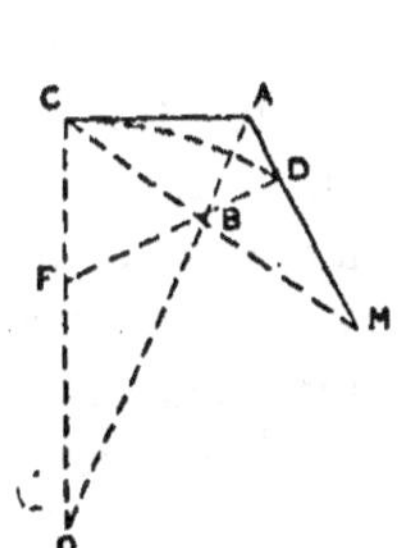

Fig. 93.

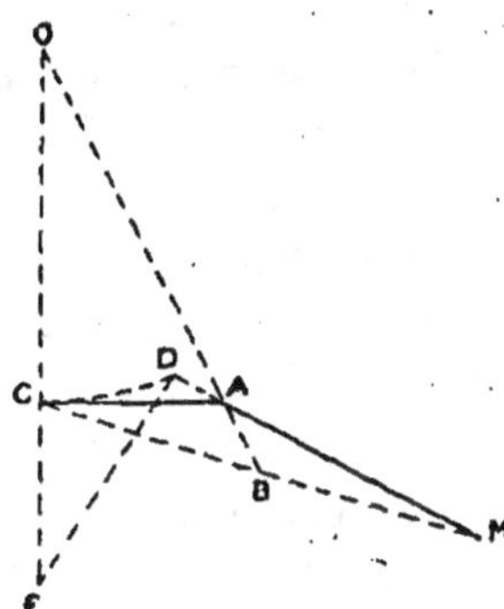

Fig. 94.

1. Lorsque la courbe du second degré que l'on cherche à tracer est une ellipse dont OC est le plus petit axe, le cercle principal mené avec O pour centre et OC pour rayon ne rencontre pas la tangente AM. Il faut alors déterminer d'abord le grand axe OS, pour permettre la recherche des foyers. On y arrivera par la construction suivante : Abaissons de M une perpendiculaire MP sur la droite OC. Joignons le point O au point de rencontre N de cette perpendiculaire avec le cercle principal GG, et prolongeons cette droite ON jusqu'à sa rencontre en R avec la parallèle à OC qui passe par M. OR est la longueur cherchée du grand axe. Si nous prenons sur

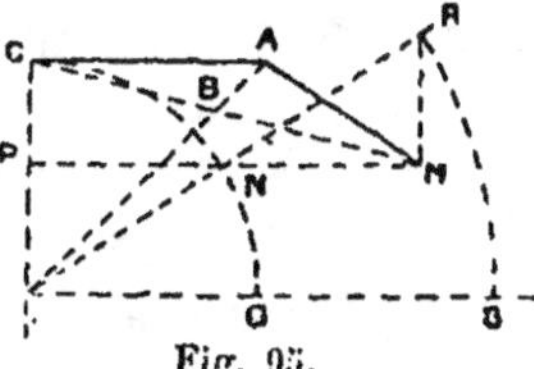

Fig. 95.

la droite OG perpendiculaire à OC une longueur OS égale à OR, nous obtiendrons en S le sommet de l'ellipse situé sur le grand axe. Nous n'aurons plus qu'à appliquer la construction précédente pour déterminer la position du foyer sur la droite OS.

Dans le cas où le prolongement de la courbe au delà du point M ne semblerait pas satisfaisant, on serait amené à lui substituer une série d'arcs de cercle partant du point M et passant successivement par les différents points de l'extrados fixés par la méthode précédente : leur tracé ne présenterait aucune difficulté.

Considérons une voûte supportant une charge totale 2P. Supposons que, sans changer le profil de son axe longitudinal, on augmente dans un même rapport les épaisseurs de toutes ses sections transversales, et qu'en même temps la charge 2P subisse un accroissement proportionnel : quelles modifications en résultera-t-il dans les conditions de stabilité de l'ouvrage? Il semble naturel d'admettre à priori que, n'ayant modifié ni le mode de répartition de la charge, ni la forme de l'axe longitudinal, ni la loi suivant laquelle varient les épaisseurs des sections successives, qui ont été toutes augmentées dans le même rapport que le poids total, on n'a rien dû changer dans les conditions de stabilité, et que le travail maximum à la compression n'a subi ni augmentation ni diminution : cette opinion serait erronée. Pour réaliser entre les deux voûtes considérées une similitude complète, entraînant l'équivalence des courbes des pressions, il eût fallu augmenter l'ouverture de la seconde dans le même rapport que ses épaisseurs. A ouverture égale, elles ne sont pas semblables et les valeurs du travail maximum, calculées pour des sections correspondantes, ne seront pas identiques.

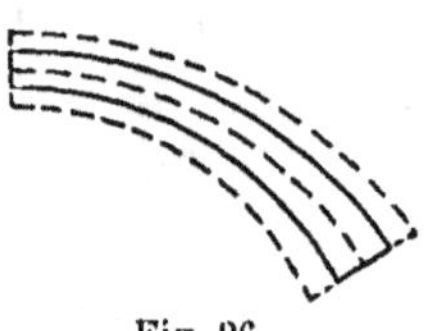
Fig. 96.

Il est aisé de s'en rendre compte en raisonnant sur une voûte donnée dont on diminuerait progressivement l'épaisseur jusqu'à zéro. Soient MN (fig. 97) une section transversale, G son centre de gravité, L le point de passage de la courbe des pressions. Supposons que l'on fasse décroître graduellement MN, la charge totale variant de manière à rester toujours proportionnelle à cette épaisseur. Pour que le travail maximum développé en M gardât une valeur constante, il faudrait

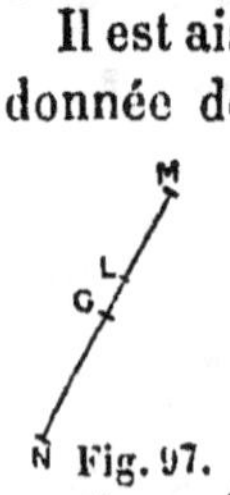

Fig. 97.

que le rapport $\frac{LG}{MN}$ demeurât constant. A la limite, MN s'annulant, L devrait coïncider avec le point G, ce qui conduirait à admettre la superposition de la courbe des pressions et de l'axe longitudinal; or on sait que cette superposition est impossible en raison de la rigidité de la voûte, alors même que l'axe longitudinal décrirait une courbe funiculaire. Donc lorsque l'épaisseur devient nulle, il n'en est pas de même de la distance GL. Par conséquent, lorsqu'on fait décroître graduellement et proportionnellement les épaisseurs d'une voûte, il arrive nécessairement que la courbe des pressions se rapproche des surfaces d'intrados et d'extrados, et finit à un moment donné par en sortir [1].

Cette remarque n'est pas sans intérêt : dans la pratique de la construction, lorsque l'on projette des voûtes de plus en plus grandes, avec des courbes d'intrados semblables, on a l'habitude de faire croître les épaisseurs moins rapidement que

---

[1] Considérons à titre d'exemple une voûte extradossée parallèlement, ayant pour axe longitudinal un arc de cercle de 120° d'ouverture totale. La courbe des pressions, qui correspond au poids propre de cette voûte considérée isolément, coupe la clef à une distance v au-dessus de son centre, et passe à la distance verticale z au-dessus du centre de gravité de la section de retombée (fig. 98).

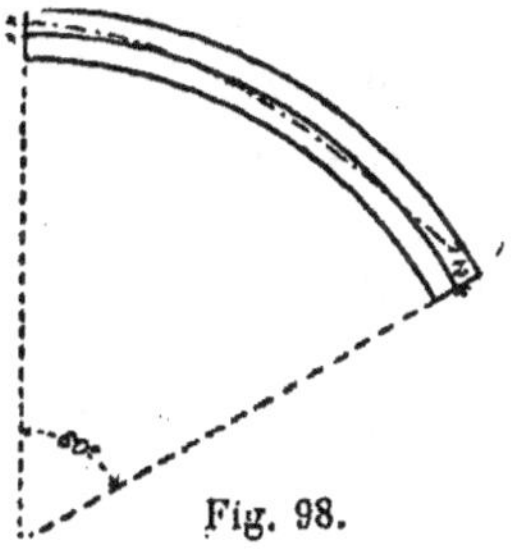

Désignons par 100 la longueur du rayon de courbure de l'axe longitudinal. Nous avons calculé les valeurs des distances v et z dans la triple hypothèse où l'épaisseur uniforme de la voûte serait représentée par les nombres 10, 5 et 0. Nous avons obtenu les résultats suivants :

Fig. 98.

Épaisseur c.	Valeur de v.	Valeur de z.
10	1,67	1,38
5	1,18	2,19
0	1,00	2,46

Non-seulement le rapport de v à l'épaisseur c va en augmentant au fur et à mesure que c diminue, mais encore z croît en valeur absolue. Si l'on compare les deux voûtes d'épaisseur 10 et 5, on voit que le travail maximum à la compression subi par la seconde est notablement supérieur à celui subi par la première, bien que les charges qui les sollicitent soient exactement proportionnelles à leurs épaisseurs, et présentent la même répartition, puisque chacune d'elles est supposée ne porter que son poids propre.

les ouvertures, sans rien changer d'ailleurs à la loi suivant
laquelle on les fait varier de la clef à la naissance. (Voir au
Chapitre V les règles empiriques pour calculer l'épaisseur des
voûtes.) Or au fur et à mesure que diminue le rapport de
l'épaisseur moyenne à l'ouverture, les conditions de stabilité
de l'ouvrage vont en empirant par suite de la décroissance de
la distance relative de la courbe des pressions aux surfaces
d'intrados et d'extrados. Il arrive un moment où la règle pratique admise devient inacceptable, parce qu'elle conduirait à
l'exécution d'ouvrages absolument instables. Il faut alors soit
modifier le profil de la voûte, en adoptant une loi de variation
des épaisseurs différente de celle qui convenait aux ouvertures moyennes, soit transformer le mode de répartition de la
surcharge de manière à déplacer dans un sens convenable la
courbe des pressions. On y parvient en pratiquant des élégissements dans les tympans.

Tout ce que nous venons de dire au sujet des épaisseurs à
attribuer aux voûtes s'applique bien entendu au corps de la
voûte et non pas aux parties, apparentes aux deux extrémités
de l'ouvrage, que l'on appelle *bandeaux* ou *archivoltes* : ces
bandeaux d'une longueur très restreinte sont généralement
consolidés et soutenus par des murs de tympan en maçonnerie qui leur assurent la stabilité voulue, de telle sorte que
l'on peut en toute liberté en arrêter les contours par des considérations purement architecturales, dont il sera parlé dans la
seconde partie du présent ouvrage. Nous ne nous occupons ici
que des conditions à réaliser pour assurer l'équilibre de la
portion centrale de la voûte, dont la seule partie vue est en
général la surface d'intrados.

Nous allons à présent sortir des généralités et passer à
l'étude des types de voûtes en usage dans la construction des
ponts.

§ 2.

VOUTES CIRCULAIRES

Nous désignerons par voûtes circulaires les ouvrages dont la courbe d'intrados est un arc de cercle, bien que l'axe longitudinal présente fréquemment un profil assez notablement différent du cercle.

46. Application de la méthode à divers cas particuliers. — *Voûtes en plein cintre.* — Nous avons appliqué notre méthode à une voûte en plein cintre dont le profil en élévation se rapproche des types généralement usités pour les ponts. En désignant par dix la longueur du joint de clef, les principales dimensions admises sont les suivantes :

Longueur du joint incliné à 30° sur l'horizontale, 20 ;

Longueur du joint des naissances, 29 ;

Rayon de l'intrados circulaire, 87,5 ;

Rayon de l'axe longitudinal également profilé suivant un cercle, 102,5 ;

L'extrados est une ligne brisée.

Nous avons tracé sur l'épure de la figure 99 les courbes des pressions correspondant à quatre hypothèses distinctes de répartition de la charge, savoir :

I Poids propre de la voûte. Courbe figurée par le trait —
— — — —

II Voûte portant un tympan limité par une horizontale qui passe à la distance 15 au-dessus de l'extrados, au droit de la clef. La densité du tympan est supposée égale aux 3/4 de celle du corps de la voûte. Courbe. —..—..—..—

III Voûte. Tympan. Surcharge uniformément répartie. Courbe : —.—.—.—.

IV Voûte. Tympan. Surcharge concentrée à laclef. Courbe :
—...—...—...—...

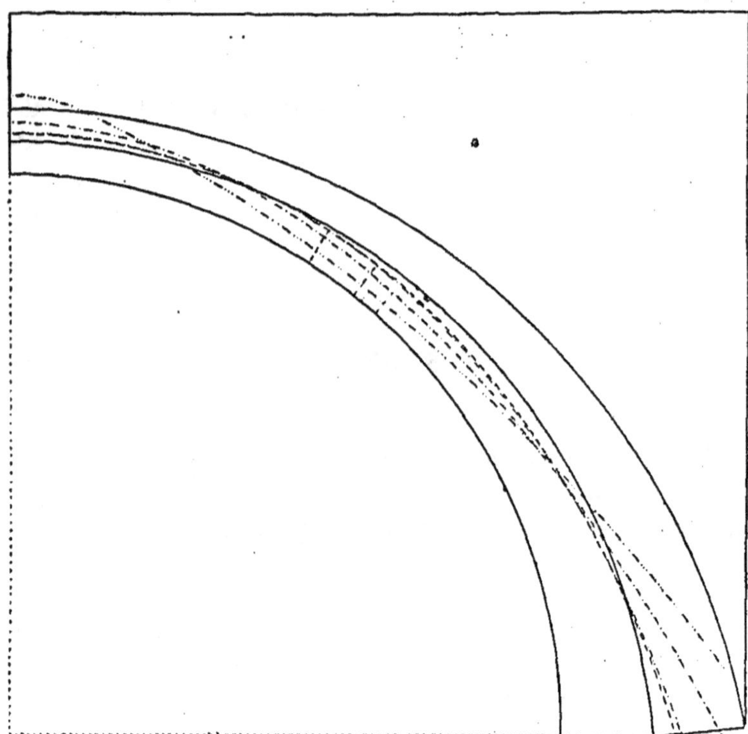

Fig 99.

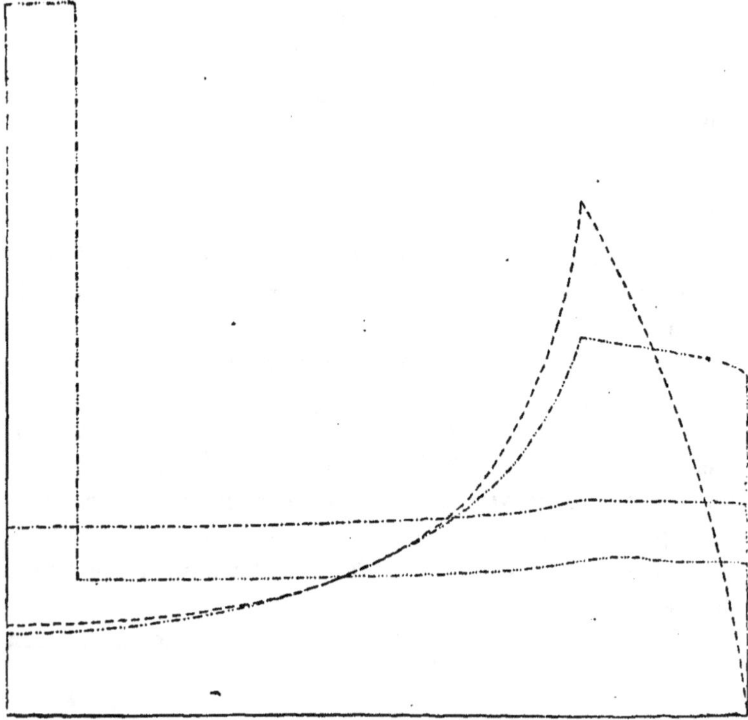

Fig. 100.

Nous avons représenté sur la fig. 100, par des courbes correspondant à celles de la figure 99, les divers modes de répartition de la surcharge considérés, de façon à montrer clairement la relation qui existe entre la courbe des pressions de la voûte et la charge qu'elle supporte.

Nous remarquons que la courbe des pressions coupe dans tous les cas l'axe longitudinal en deux points : en cas de chute de l'ouvrage, celui-ci se diviserait donc de chaque côté de la clef en deux fragments limités par les sections de clef, de rupture et de retombée.

Dans le cas d'une voûte d'épaisseur variable, on pourrait attribuer à l'expression *joint de rupture* deux acceptions différentes, suivant que l'on admettrait que ce joint correspond au point où la courbe des pressions est parallèle soit à la courbe d'intrados, soit à l'axe longitudinal. La première définition s'applique au joint pour lequel le travail à la compression est maximum (joint *a*), et la seconde au joint pour lequel la résultante des efforts s'écarte le plus du centre de la section (joint *b*). Nous n'avons représenté, sur l'épure de la figure 99, que le premier joint *a* correspondant à chacune des courbes. Nous indiquerons ici les différentes données se rapportant à ces deux joints et à la clef.

Numéros d'ordre des courbes.	Rapport de la distance à l'intrados et de la longueur du joint.			Inclinaison du point sur l'horizontale.	
	Clef.	Joint *a.*	Joint *b.*	Joint *a.*	Joint *b.*
I	0,625	0,41	0,39	49°	36°
II	0,635	0,39	0,37	49° 30′	36°
III	0.799	0,30	0,29	51° 30′	48°
IV	1,216	0,13	0,13	53°	51°

On voit que, dans les hypothèses I et II, les points de passage à la clef et au joint de rupture concordent sensiblement avec la règle de M. Méry (0,666 à la clef et 0,33 au joint de rupture). Dans les hypothèses III et IV, il y a discordance absolue, notamment pour la dernière, dans laquelle la courbe des pressions sort du massif de la voûte dans le voisinage de la clef.

Les inclinaisons du joint de rupture sur l'horizontale sont

sensiblement plus élevées que l'inclinaison de 30° indiquée par M. Méry, qui, ainsi qu'il est aisé de le reconnaître, serait réalisée par les courbes I et II si la voûte était extradossée parallèlement, au lieu de présenter des épaisseurs croissantes de la clef aux naissances.

L'ouvrage présenterait des conditions de stabilité satisfaisantes dans les hypothèses de charge I et II, médiocres dans l'hypothèse III et absolument insuffisantes dans l'hypothèse IV.

Voûte en arc de cercle surbaissée aux $\frac{10}{15}$. — Nous avons étudié ensuite une voûte en arc de cercle extradossée parallèlement, dont l'ouverture totale correspond à un angle de 120°.

Dans le cas présent, par suite de la constance de l'épaisseur, il n'existe qu'un seul joint de rupture correspondant à la fois à la courbe d'intrados et à l'axe longitudinal.

En désignant par 10 l'épaisseur de la voûte, le rayon de l'axe longitudinal est représenté par 100. Nous avons appliqué sur la voûte les diverses charges suivantes :

I Poids propre de la voûte.

II Tympans limités par une horizontale passant à la distance verticale 5 au-dessus de l'intrados de la clef.

III Surcharge uniformément répartie.

Dans la figure 102, les trois courbes des pressions sont relatives à ces charges considérées isolément. Dans la figure 101, les charges sont supposées ajoutées successivement dans leur ordre de numérotage. Les courbes correspondant aux divers cas examinés sont figurées par des traits distincts :

Fig. 101	Fig. 102	
I	I	——————————
I, II	II	—..—..-..—
I, II, III	III	—.—.—.—.

Nous avons de plus tracé sur la figure 102 les courbes des pressions correspondant à une charge concentrée placée à la clef (—+—+—+—+) et à une charge concentrée chargeant les reins, c'est-à-dire le joint incliné à 60° (+.+.+. +.+.+.+.), considérées chacune isolément. Ces courbes

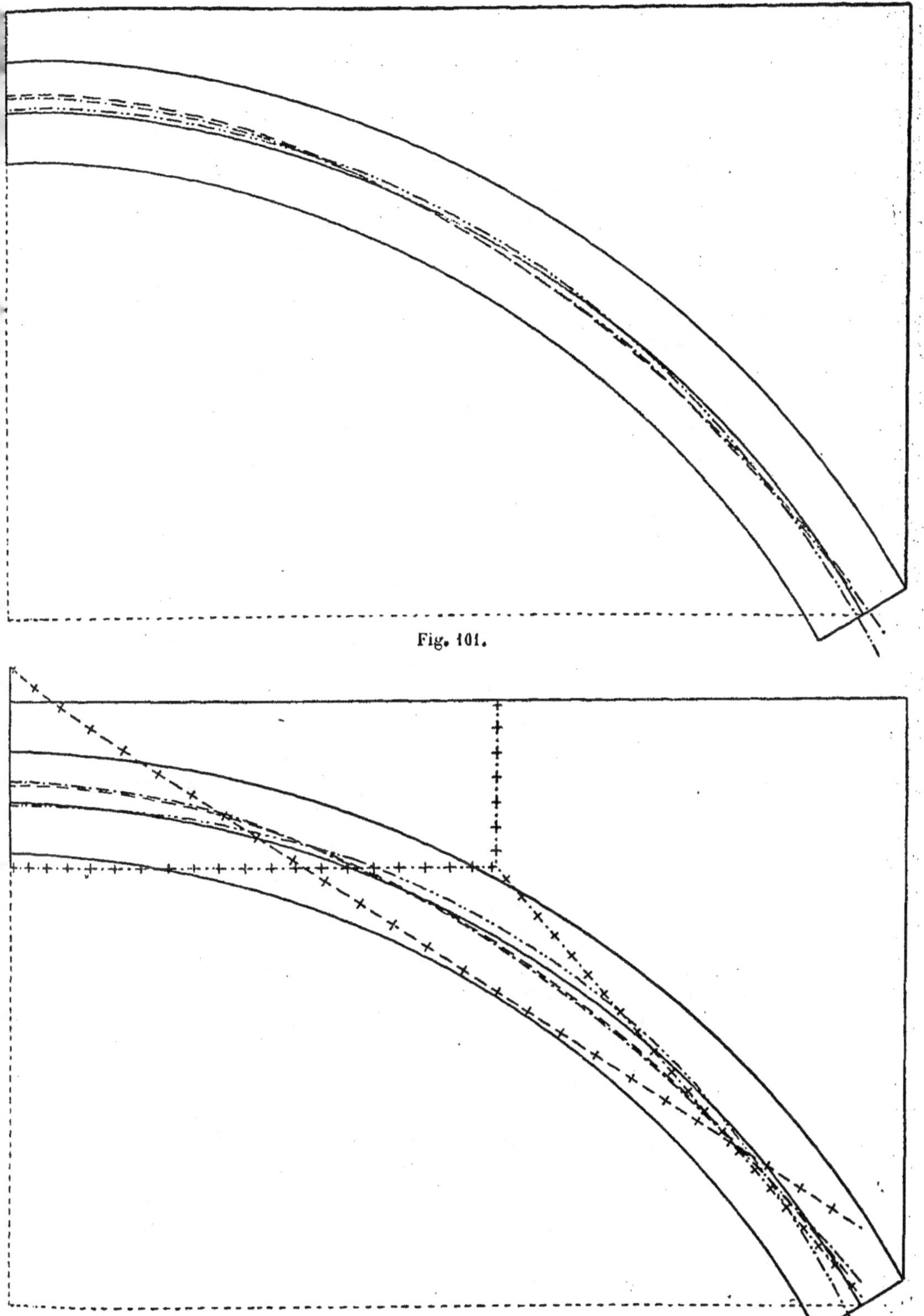

Fig. 101.

Fig. 102.

sont nécessairement dans le premier cas une droite, dans le second une ligne brisée.

Examinons d'abord les résultats qui se rapportent aux charges réparties d'une manière variable sur la totalité de l'ouverture. Le joint de rupture, qui coïncide avec les naissances lorsque le centre de gravité de la charge est assez voisin de la verticale qui passe par le centre de la section de retombée (poids du tympan. Courbe —..—..— de la fig. 102), se relève au fur et à mesure que le centre de gravité se rapproche de la clef. Pour le poids propre de la voûte (——————), il présente sur l'horizontale l'inclinaison de 48°. Pour la charge uniformément répartie (—.—.—.), il atteint l'inclinaison de 54°.

Le point de passage à la clef est d'autant plus élevé que le centre de gravité de la charge est plus éloigné de la verticale de retombée. Il s'abaisse au fur et à mesure que le centre de gravité s'écarte de la clef. Pour la charge représentée par le tympan seul, la courbe des pressions coupe la clef au-dessous de son centre de gravité et la distance minimum à l'extrados s'observe sur le joint incliné à 60°.

L'examen des lignes relatives aux charges concentrées corrobore les conclusions qui précèdent : pour la charge placée à la clef, le joint de rupture est incliné à 57° et la courbe des pressions passe à la clef notablement au-dessus de l'extrados. Pour la charge placée aux reins, le joint de rupture proprement dit, c'est-à-dire le joint pour lequel la distance de la courbe à l'intrados est minimum, s'observe aux naissances. Mais le joint où la distance de la courbe à l'extrados est un minimum ne coïncide plus avec la clef : il est situé aux reins mêmes, au-dessous du point d'application de la charge considérée. A la clef la courbe s'abaisse jusqu'à sortir du massif et à passer au-dessous de l'intrados. Dans ce cas particulier la rupture de la voûte s'effectuerait donc à la clef, comme au joint de rupture, par ouverture de l'extrados. Le joint des reins s'ouvrirait au contraire sur l'intrados. On voit que le poids placé aux reins entraînerait la ruine de la voûte dans des conditions absolument inverses de celles qui correspondent au poids placé à la clef.

Arc de cercle surbaissé aux $\frac{10}{74}$. — Nous avons encore examiné le cas d'une voûte en arc de cercle, de 60° d'ouverture

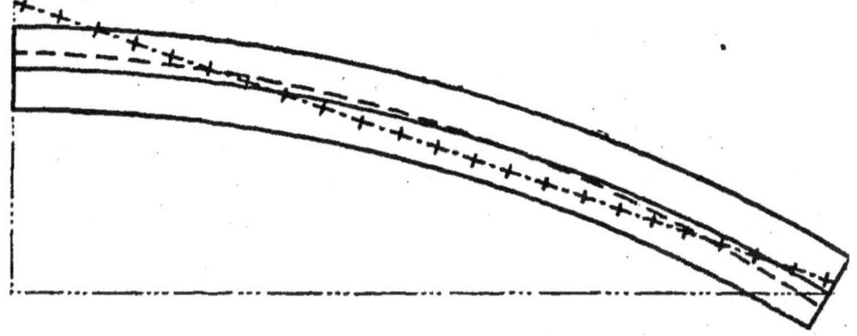

Fig. 103.

totale, présentant une épaisseur constante de 5 et un rayon
correspondant à l'axe longitudinal de 100. Nous avons figuré
sur l'épure de la figure 103 la courbe correspondant à la
charge uniformément répartie et la droite relative à une
charge concentrée à la clef.

*Voûtes de même ouverture et même axe longitudinal avec
des épaisseurs différentes.* — Nous avons comparé trois voûtes
en arc de cercle extradossées parallèlement ayant même ouverture totale (120°), même rayon longitudinal (100) et présentant des épaisseurs différentes : 10, 5, 0. Nous avons
déjà mentionné dans la note de la page 151 les résultats de
cette étude. Nous nous bornerons à les rappeler : la distance
entre la courbe des pressions relative au poids propre de la
voûte et l'axe longitudinal est, en valeur absolue, d'autant
plus grande que l'épaisseur est plus considérable ; mais si on
la compare à cette épaisseur elle-même on arrive à une conclusion diamétralement opposée : le rapport de ces deux
longueurs croît au fur et à mesure que l'épaisseur diminue,
et il devient infini quand celle-ci est nulle, puisque pour
l'épaisseur 0 l'écart conserve une valeur notable.

Aux naissances, l'écart vertical entre la courbe des pressions et l'axe longitudinal augmente en valeur absolue au fur
et à mesure que l'épaisseur décroît. Avec une épaisseur égale

au $\frac{1}{10}$ du rayon, cet écart n'est que les $\frac{56}{100}$ de celui qui correspond à une épaisseur nulle.

Nous allons chercher maintenant à généraliser les résultats des épures dont nous venons de parler, de façon à en tirer des conclusions relatives à la stabilité des voûtes circulaires, et à en déduire les règles à suivre dans leur construction.

47. Influence du mode de répartition de la charge sur la stabilité des voûtes en plein cintre. — En général on attribue aux voûtes en plein cintre un profil tel que la longueur du joint incliné à 30° sur l'horizontale soit double de la longueur du joint de clef, et l'on réunit les deux points d'extrados ainsi déterminés par une courbe ayant sa tangente à la clef horizontale et tracée de manière à faire croître régulièrement la longueur des joints à partir du sommet de l'ouvrage. Dans ces conditions, la charge la plus avantageuse, au point de vue de la répartition des pressions dans le massif, est figurée par la surface (supposée homogène) comprise entre le demi-cercle d'intrados et une horizontale AB coupant la verticale de la clef à une distance de l'intrados que nous évaluerons à $\frac{1}{8}$ du rayon d'intrados (fig. 104). Les recherches que

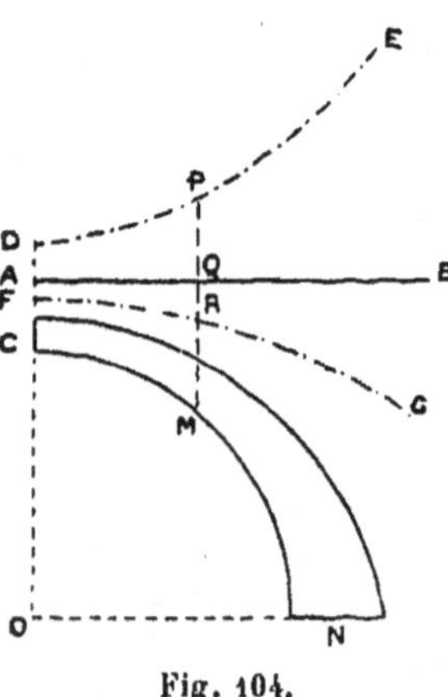

Fig. 104.

nous avons faites ne nous permettent pas d'affirmer l'exactitude de ce renseignement numérique ; mais si nous supposons que l'on substitue à $\frac{1}{8}$ la valeur réelle que doit avoir le rapport $\dfrac{AC}{CO}$, le reste de notre raisonnement sera, croyons-nous, parfaitement rigoureux. Nous désignerons par *charge normale* de la voûte cette charge type, qui correspond à la courbe des pressions la plus favorable pour la stabilité.

Pour qu'une charge différente soit équivalente à la charge normale ainsi définie, il faut et il suffit que les distances ver ticales mesurées entre l'intrados et la ligne qui limite sur l'épure cette charge, représentée par une surface homogène, soient proportionnelles aux ordonnées correspondantes de la charge normale. C'est ainsi que les courbes DE et FG (fig. 104), qui coupent la verticale de la clef l'une au-dessus et l'autre au-dessous du point A, limitent avec l'intrados CN des surfaces représentant des charges équivalentes à la charge normale, si ces courbes remplissent les conditions : $\dfrac{PM}{DC} = \dfrac{AM}{AC} = \dfrac{RM}{FC}$, M étant un point quelconque de l'intrados.

La charge normale et les charges équivalentes jouissent de la propriété de correspondre à la courbe des pressions qui se rapproche le moins de l'intrados et de l'extrados de la voûte, c'est-à-dire à la courbe des pressions la plus favorable pour la stabilité.

Admettons à présent que la charge soit représentée par la surface comprise entre la courbe d'intrados et une horizontale HL située au-dessus de la droite AB, qui correspond à la charge normale. La fraction directement supportée par la clef augmente d'importance, et le centre de gravité du poids total de l'ouvrage se rapproche de la clef, d'autant plus que le rapport $\dfrac{HC}{AC}$ est plus grand.

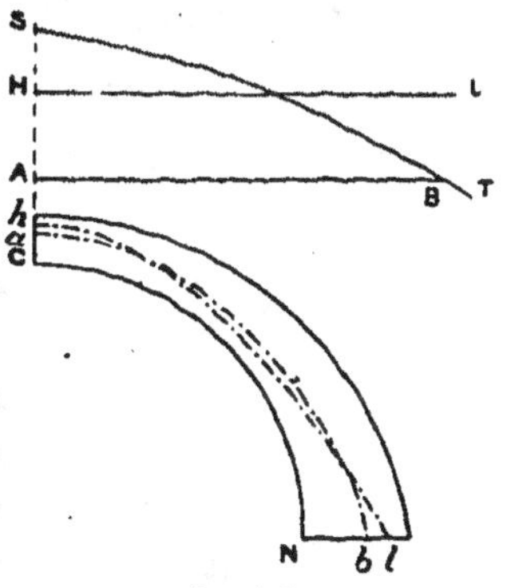

Fig. 105.

Au fur et à mesure que la droite HL s'éloigne de AB, la courbe des pressions se modifie de la façon suivante : le joint de rupture s'élève et se rapproche de la clef et son inclinaison sur l'horizontale va en croissant ; la courbe des pressions se surhausse en se rapprochant de l'extrados à la clef et aux naissances, et de l'intrados au joint de rupture. Au lieu de la courbe *ab*, correspondant à la charge normale, on a la courbe *hl*. A la limite, quand la droite HL est supposée à l'infini, on est dans le cas d'une voûte en plein cintre supportant une charge uniformément répartie, et le profil habituel précédem-

ment indiqué n'assure plus à l'ouvrage une solidité suffisante : la voûte est exposée à se rompre par ouverture de
l'intrados à la clef et de l'extrados au joint de rupture
(fig. 106).

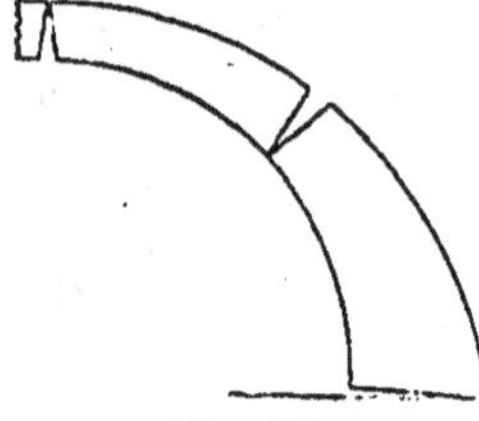

Fig. 106.

Les voûtes en plein cintre ne sont
donc pas aptes à supporter des charges
uniformément réparties, telles que des
remblais élevés, à moins de leur attribuer des épaisseurs très exagérées.
Nous verrons plus loin (art. 54), quel
est le genre de voûte qu'il conviendrait
en pareil cas de substituer au plein cintre.

Les mêmes conclusions seraient à fortiori justifiées si la
ligne limitative de la charge sur l'épure était une droite ou
une courbe telle que ST, coupant la clef au-dessus du point A,
et s'abaissant vers les reins de façon à augmenter notablement
la fraction portée par la clef.

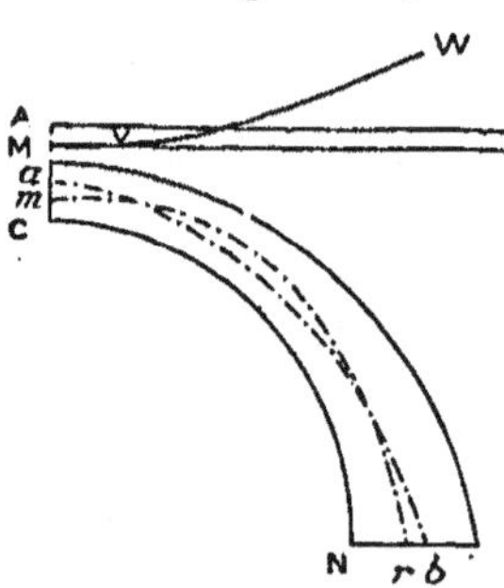

Fig. 107.

Supposons maintenant que la surface représentative de la charge soit
limitée par une horizontale MR placée au-dessous de la droite AB (fig.
107) ; le centre de gravité du poids
total se trouve plus éloigné de la
clef que dans le cas de la charge
normale. La courbe des pressions
subit alors les modifications suivantes : le joint de rupture se rap-
proche des naissances et son inclinaison sur l'horizontale
diminue. La courbe des pressions s'aplatit, se rapproche de
l'intrados à la clef et aux naissances, et de l'extrados dans
le voisinage des reins.

Lorsque la droite LM est très voisine du point C, il peut
arriver que la courbe des pressions sorte du massif et passe
au-dessus de l'extrados dans le voisinage des reins : l'équilibre
de l'ouvrage est compromis et sa rupture peut se produire
par ouverture de l'intrados (fig. 108). On voit que l'accident
se manifeste ici dans des conditions absolument inverses de
celles observées dans le cas précédent.

Nos conclusions seraient à fortiori applicables, si la ligne limitative de la charge sur l'épure était une droite ou une courbe telle que VW (fig. 107) passant à la clef au-dessous du point A, et se relevant vers les reins de façon à augmenter notablement la fraction de charge portée par cette partie de la construction. En pareil cas, la stabilité ne peut être assurée

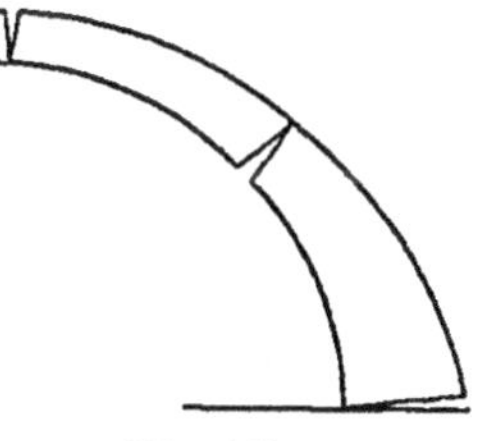

Fig. 108.

que par un accroissement considérable des épaisseurs de la voûte au droit des reins.

Les remarques précédentes concordent avec la règle générale précédemment énoncée (pages 147 et 148), en vertu de laquelle la courbe des pressions présente une courbure d'autant plus accentuée, et se rapproche d'autant plus de l'extrados, que la portion de voûte considérée supporte une fraction plus considérable de la charge. Nous avons dit également (page 149), que les voussoirs pour lesquels la courbe des pressions se rapproche beaucoup de l'intrados tendent à se soulever avec ouverture des joints à l'extrados, et vice versa.

Lorsque la clef est trop chargée, la rupture se produit par abaissement de la clef et ouverture de l'intrados en ce point. Dans l'hypothèse contraire, le phénomène inverse est à craindre : la clef se soulève et s'ouvre à l'extrados.

Examinons maintenant les effets dûs aux charges concentrées.

Une voûte en plein cintre n'est pas apte à supporter un poids considérable placé à la clef, à moins de lui attribuer des épaisseurs excessives, de façon à compenser par son poids propre l'influence de la charge précitée, et à ramener, à la clef et au joint de rupture, la courbe des pressions dans l'intérieur du noyau central. En fait, on se trouve conduit à attribuer à l'extrados un profil tel que l'axe longitudinal s'écarte sensiblement de la forme circulaire, et devienne parabolique ou ogival (fig. 109). Nous en conclurons que dans le cas d'un ouvrage en maçonnerie portant un viaduc supérieur, il ne convient pas de diviser ce viaduc en arches présentant une ouverture égale à la moitié de celle de l'ouvrage inférieur, de façon à faire reposer ses piles alternativement sur les piles et sur les clefs de ce dernier : au viaduc du Point-du-Jour (fig. 147), on a en pareille circonstance eu recours à des voûtes franchement ogivales, qui ont parfaitement rempli le rôle qui leur était attribué.

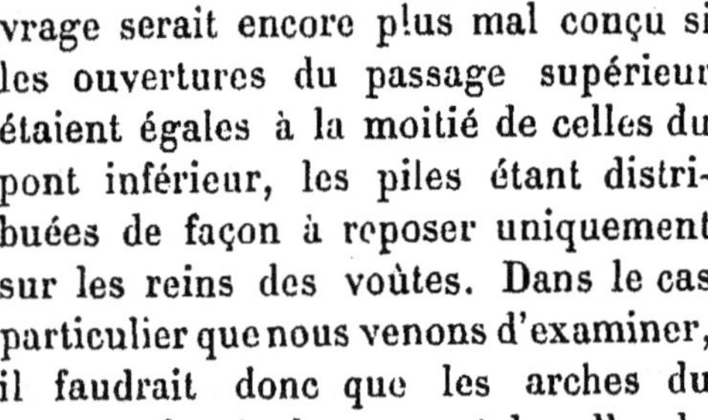
Fig. 109.

Une charge concentrée importante, placée dans le voisinage des reins, entraînerait également la chute de l'ouvrage, s'il était établi dans les conditions d'épaisseurs habituelles. Il ne conviendrait donc pas, dans l'hypothèse du viaduc supérieur, de diviser ce dernier en arches d'une ouverture égale au tiers de celle de la voûte inférieure, de façon à faire reposer ses piles alternativement sur les piles et sur les reins de celle-ci, à moins d'attribuer à l'extrados un profil bossué tel que l'épaisseur de la voûte fût augmentée dans une large mesure au point d'application de la charge concentrée (fig. 110). L'ouvrage serait encore plus mal conçu si les ouvertures du passage supérieur étaient égales à la moitié de celles du pont inférieur, les piles étant distribuées de façon à reposer uniquement sur les reins des voûtes. Dans le cas particulier que nous venons d'examiner, il faudrait donc que les arches du viaduc eussent une portée au plus égale au quart de celles du pont : dans cette hypothèse la pile chargeant la clef compenserait les effets des piles supportées par les reins. Il est évident d'ailleurs qu'en réduisant encore les ouvertures du viaduc, on améliorerait la situation ; on se rapprocherait de plus en plus d'une voûte chargée uniformément, les distances mutuelles des charges concentrées allant en diminuant.

48. Influence du surbaissement. Emplacement des retombées. — Ce que nous avons dit des voûtes en plein cintre peut s'appliquer aux voûtes en arc de cercle, sous les réserves suivantes :

1° L'horizontale qui limite la charge normale se rapproche d'autant plus de l'intrados à la clef que l'ouvrage est plus surbaissé. Pour une voûte surbaissée au 10° (ouverture totale de 120°), la distance de l'intrados à l'horizontale précitée peut être évaluée, pour fixer les idées, au 16° du rayon au lieu du 8°, qui correspond au plein cintre : cette circonstance permet de réduire notablement la charge à la clef pour les voûtes en arc de cercle.

Le déplacement que subit la courbe des pressions, quand on écarte l'horizontale de la position qui convient à la charge normale, est d'autant moins important que l'arc est plus surbaissé. Le constructeur jouit donc d'une liberté beaucoup plus grande en ce qui concerne le mode de répartition de la charge. Un arc de cercle est susceptible de porter dans des conditions acceptables une charge uniformément répartie, et d'un autre côté l'on peut surcharger les reins sans craindre de voir la clef se soulever. A ce point de vue, l'arc de cercle présente sur le plein cintre une supériorité d'autant plus marquée, qu'il est plus surbaissé.

2° L'inclinaison du joint de rupture sur l'horizontale est d'autant plus prononcée, toutes choses égales d'ailleurs, que le surbaissement est plus fort. Ce relèvement du joint de rupture est toutefois moins rapide que celui de la section de retombée, si bien que pour les voûtes très aplaties le joint de rupture se trouve placé aux naissances.

3° En désignant par P le poids total de la voûte, $2a$ l'ouverture et f la flèche, la poussée peut être représentée par l'expression $K \dfrac{Pa}{f}$, K étant un coefficient qui dépend principalement du mode de répartition de la charge et de l'épaisseur de la voûte, et ne varie que très peu avec le surbaissement. La poussée augmente donc, toutes choses égales d'ailleurs, proportionnellement au surbaissement, ce qui entraîne un accroissement correspondant dans les résultantes des pressions appliquées aux sections transversales successives, et par suite une augmentation dans l'effort maximum à la compression sup-

porté par la maçonnerie. Il en résulte que, pour une ouverture
donnée, et toutes choses égales en ce qui concerne la charge
et l'épaisseur, une voûte est d'autant moins stable que son
surbaissement est plus accentué : on est ainsi conduit à
augmenter l'épaisseur au fur et à mesure que l'on réduit la
flèche.

Pour un ouvrage de grande ouverture, le plein cintre sera
donc toujours plus avantageux que l'arc de cercle, au point
de vue de la valeur de l'effort de compression maximum à
faire supporter aux matériaux. Lorsque, pour une ouverture
donnée, on est libre de fixer le surbaissement de la voûte à
construire, il faut toujours choisir le plein cintre de préférence
à l'arc de cercle.

4° A égalité de rayon de courbure, et toutes choses égales
en ce qui touche les épaisseurs et la répartition de la charge,
une voûte circulaire est d'autant plus stable qu'elle est plus
surbaissée.

La figure 111 représente une voûte en plein cintre et une
voûte en arc de cercle obtenue en limitant la première au

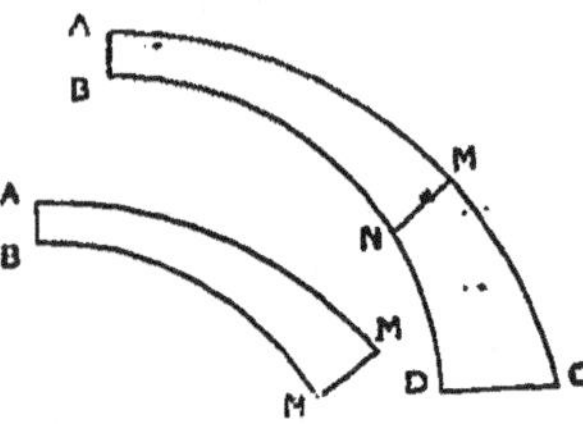

joint MN : si nous supposons que ces
deux ouvrages supportent la même
charge entre le joint MN et la clef
AB, le second sera beaucoup
plus stable que le premier, bien que
les deux poussées soient sensiblement égales, parce que la courbe
des pressions se rapprochera plus de l'extrados et de l'intrados
dans le plein cintre que dans l'arc de cercle. Il est facile de se
rendre compte de ce fait en remarquant que dans l'arc de
cercle l'orientation de la section MN est supposée invariable,
tandis que dans le plein cintre elle subit, sous l'influence de
la charge, un déplacement dû à la déformation élastique du
massif MNDC.

Nous en conclurons que, si l'on a à construire une voûte
dont l'intrados soit déterminé par avance, il y a tout intérêt
à relever le plus possible la section de retombée, de manière
qu'elle soit placée bien au-dessus de la naissance de l'intrados :
on substituera en réalité par cette disposition (fig. 112) à la

voûte en plein cintre qu'annonce l'élévation du pont, une
voûte en arc de cercle, la portion de
la surface d'intrados située au-dessous
de la section de retombée ne constituant qu'un parement courbe de la pile
ou de la culée. C'est ainsi que procèdent
le plus souvent les constructeurs, et il

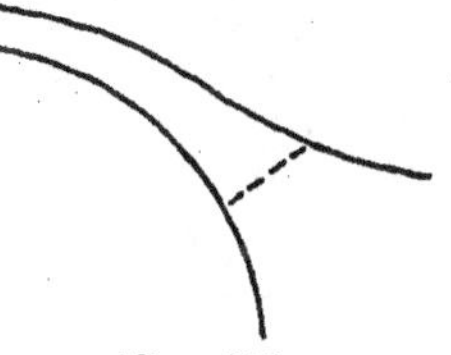

Fig. 112.

est bien rare qu'une voûte en plein cintre ait sa section de retombée effective placée aux naissances : presque toujours elle
coupe l'intrados à une certaine hauteur, et l'on a affaire au
point de vue de l'épure de stabilité à une voûte en arc de cercle.

On peut se demander à ce propos quelle sera la règle à
suivre en pareil cas pour reconnaître où finit la voûte pour
faire place à son support, pile ou culée, c'est-à-dire où se
trouve en réalité la section de retombée : si en effet cette
section ne correspond pas à la naissance de l'intrados, il peut
y avoir incertitude sur sa position.

Pour une pile, la solution de ce problème est des plus
simples : on admettra que les sections de retombée des voûtes
adjacentes sont celles qui passent au point de rencontre O des
extrados opposés (fig. 113 et 114) : au-dessous de ce point il
est visible que les poussées se font
équilibre et que les déformations du
massif sont dues uniquement aux
composantes verticales des résultantes des pressions, c'est-à-dire au
poids total porté par la pile.

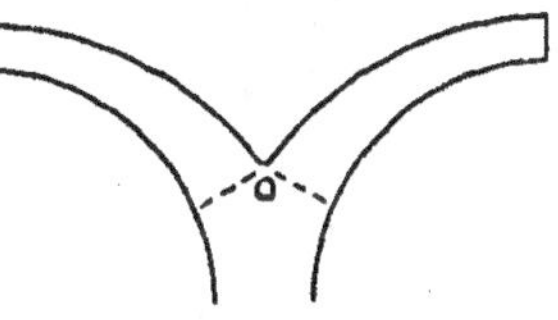

Fig. 113.

Si les extrados se noient dans un massif de maçonnerie avant
de se rencontrer (fig. 114 et 116), on
obtiendra le point O en prolongeant
les tangentes aux éléments extrêmes
de ces courbes : le triangle de maçon
nerie ainsi détaché de l'ouvrage n'est
pas censé contribuer à sa stabilité.

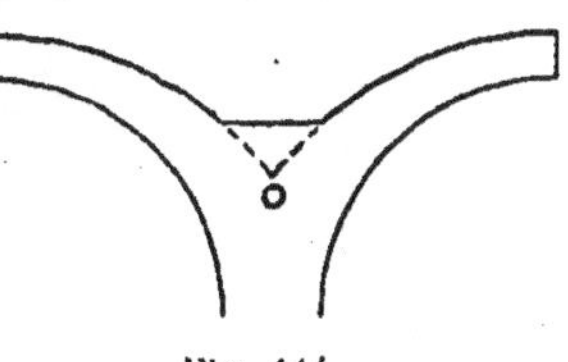

Fig. 114.

Pour une culée, le problème semble plus compliqué : ses
parements intérieur et extérieur sont, en effet, d'habitude
dans le prolongement des surfaces d'intrados et d'extrados,
et on peut se demander où doit être placée la surface de dé-
marcation, c'est-à-dire la section de retombée. Les calculs

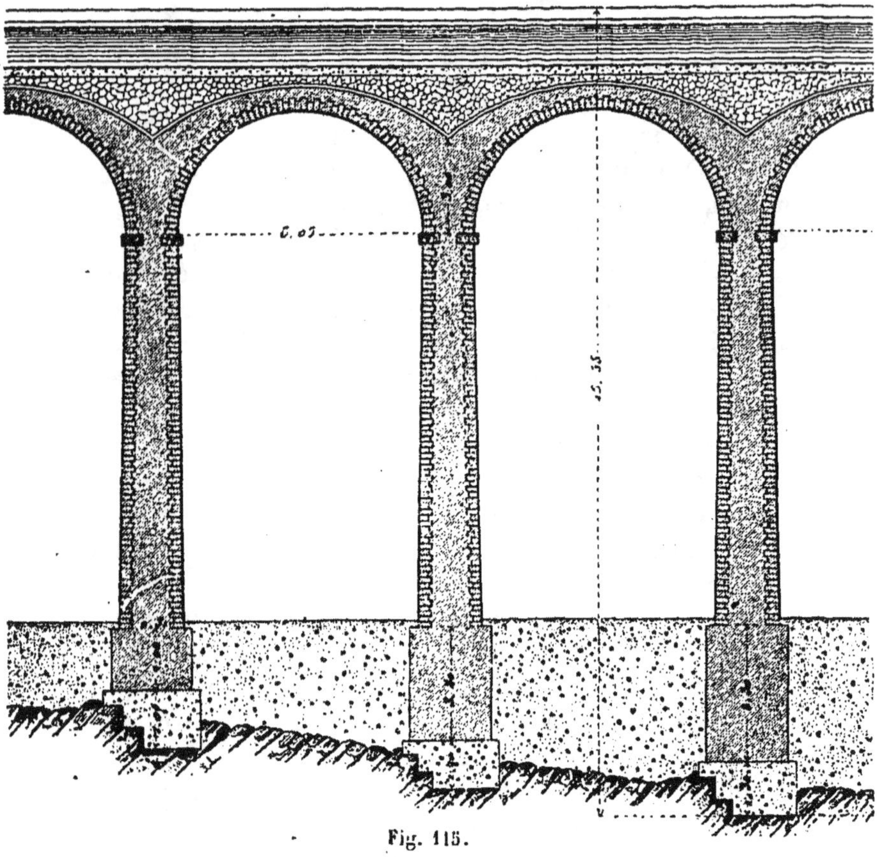

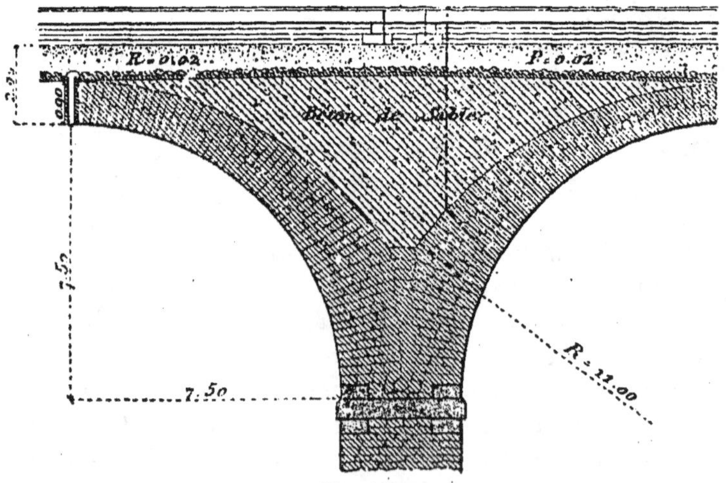

Fig. 115.

Fig. 116.

relatifs au tracé de la courbe des pressions permettent de faire cesser l'indécision : nous avons vu que ces calculs consistent dans l'évaluation par quadrature d'un certain nombre d'intégrales définies, dont les éléments sont tous divisés par le facteur e^3, e désignant l'épaisseur de la voûte au droit de la section que l'on considère. Les valeurs numériques de ces éléments diminuent donc rapidement au fur et à mesure que e s'accroît, et elles deviennent négligeables lorsque l'épaisseur devient très grande, c'est-à-dire à l'origine même de la culée.

Il suffira donc de calculer l'expression $\dfrac{1}{e^3}$ pour les sections successives en partant de la clef, et de s'arrêter dès que la valeur numérique obtenue sera du même ordre de grandeur que les décimales que l'on est convenu de négliger : on placera de la sorte la section de retombée à l'origine du massif, dont la déformation élastique, calculée d'après la méthode ordi-

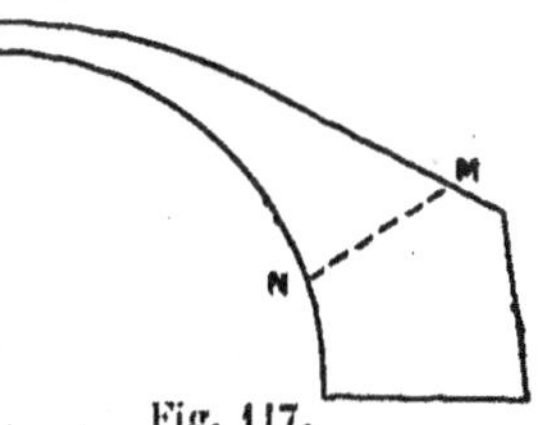

Fig. 117.

naire, serait insignifiante et n'exercerait sur les conditions de stabilité de la voûte qu'une action absolument insensible. On peut supposer sans inconvénient que cette section est invariable, et établir dans cette hypothèse l'épure de stabilité. Ainsi, dans la figure 117, il semble qu'on puisse, sans erreur appréciable, arrêter la voûte proprement dite à la section MN, qui présente une épaisseur sextuple de la section de clef AB, de sorte que le facteur $\dfrac{1}{e^3}$ est 216 fois moindre pour MN que pour AB [1].

Il pourrait arriver que l'on eût attribué à la culée des épaisseurs trop faibles pour qu'il fût permis de négliger le facteur correspondant $\dfrac{1}{e^3}$, comparé à celui relatif aux différentes sections de la voûte elle-même. Dans ce cas, on n'aurait pas le droit de fixer arbitrairement la section de retombée à la naissance de l'intrados, et on serait conduit logiquement à

---

1. L'erreur commise en pareil cas est d'autant plus grande que la culée est plus élevée. — Voir le paragraphe 2 du chapitre IV.

faire figurer dans les calculs de stabilité une portion de la culée, limitée par la section où $\frac{1}{e^3}$ deviendrait très petit. Cette affirmation n'est nullement paradoxale, car la déformation élastique de la culée, établie avec des épaisseurs trop faibles, peut être assez grande pour donner lieu à un déplacement notable de la section des naissances, et modifier par suite dans une large mesure, et dans un sens généralement défavorable, les conditions de solidité de la voûte.

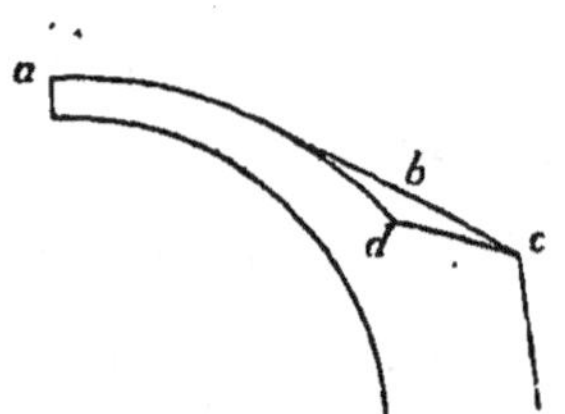

Fig 118.

Ce serait évidemment là une circonstance fâcheuse, et il convient de l'écarter dans les applications, en donnant à la culée un empattement convenable. Nous reviendrons sur ce sujet dans le chapitre suivant.

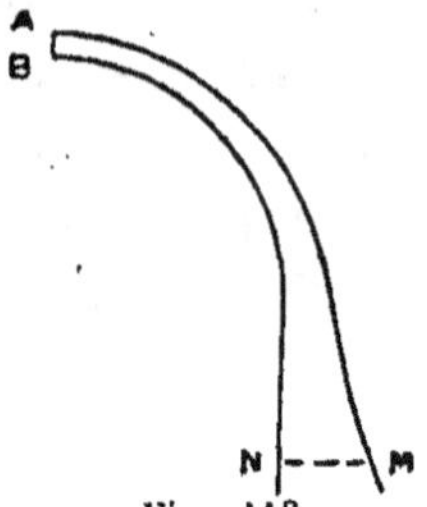

En résumé la section de retombée d'une voûte ne correspond pas nécessairement à la naissance de l'intrados ; sa position dépend uniquement des épaisseurs attribuées au massif en maçonnerie, et peut, suivant le cas, être au-dessus ou au-dessous des naissances.

Il est rationnel d'augmenter autant qu'on le peut l'épaisseur de la voûte dans le voisinage des naissances et de raccorder par une courbe régulière l'extrados avec le parement extérieur de la culée, jusqu'au point où l'épaisseur de celle-ci devient suffisante pour que le facteur $\frac{1}{e^3}$ puisse être considéré comme négligeable.

Dans la figure 119, le tracé *abc* est très satisfaisant, tandis que le tracé *adc*, qui ne procure qu'une économie insignifiante dans le cube total de la maçonnerie, semble défectueux.

Les figures 120 et 121 indiquent dans deux cas particuliers comment

Fig. 119.

on raccorde les voûtes avec les culées. Il est aisé de se rendre compte pour chacune de la position de la section de retombée effective, et de distinguer les dispositions les plus recommandables. On reconnaît qu'en pratique presque toutes les voûtes circulaires sont des arcs de cercle surbaissés, la culée commençant en général bien au-dessus de la naissance des pleins cintres. Cela est très rationnel, car l'épure de la fig. 99 démontre que, pour un plein cintre dont la retombée correspond aux naissances, la courbe

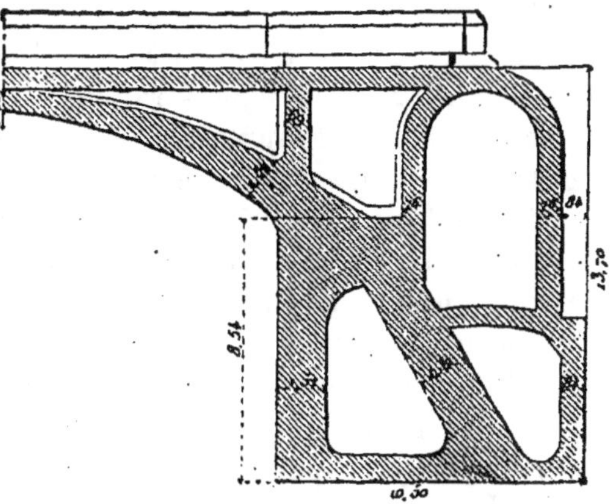

Pont de chemin de fer près Bristol. — Fig. 120.

des pressions s'écarte beaucoup trop de l'axe longitudinal dans le voisinage du joint horizontal.

49. Épaisseur des voûtes. — Les formules empiriques en usage pour la détermination des épaisseurs à la clef et aux reins des voûtes en plein cintre (voir le chapitre V) conviennent d'habitude à l'hypothèse de la charge normale précédemment définie. Elles conduisent à attribuer au joint incliné à 30°

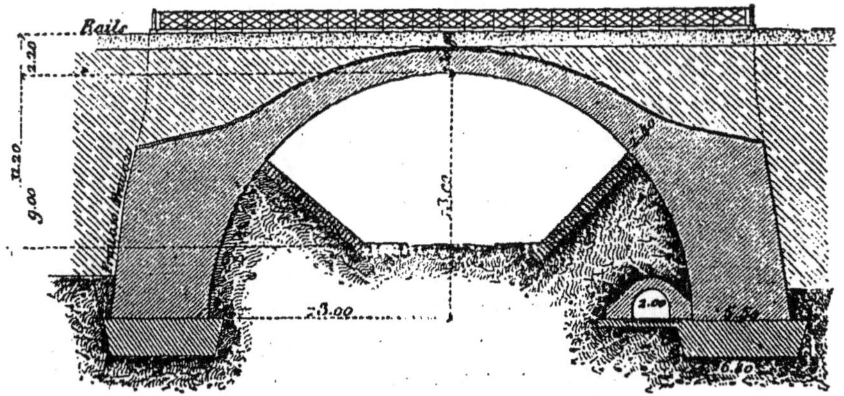

Fig. 121.

sur l'horizontale une épaisseur double de l'épaisseur à la clef. Cette disposition est justifiée à priori : en désignant par Q la poussée, la résultante des pressions est sensiblement égale, pour le joint incliné à 30°, à $\frac{Q}{\cos 30°} = 2Q$. Il est naturel de proportionner l'épaisseur du joint à l'effort total qu'il devra supporter, ce qui justifie la règle précitée. Après avoir établi le profil transversal de la voûte d'après une formule empirique, il convient de dresser l'épure de stabilité, et de remanier ce profil d'après les indications fournies par elle, en augmentant les épaisseurs là où le travail maximum serait excessif, et les diminuant, s'il y a lieu, dans les parties peu fatiguées, sans pourtant attribuer à l'extrados une forme trop bizarre. C'est là une question d'espèce, où la forme de l'intrados et la répartition de la surcharge jouent un rôle prépondérant, et nous ne croyons pas qu'il soit possible de donner une formule théorique des épaisseurs qui puisse être substituée avantageusement, au point de vue de la fixation provisoire de la coupe de l'ouvrage, aux formules empiriques que nous énoncerons au chapitre V.

Il faudrait aussi tenir compte de la résistance des matériaux employés, et, dans certains cas, ainsi que nous le verrons, des procédés de construction adoptés. Il nous semble impossible de combiner ces influences diverses et d'arriver à une formule rationnelle et pratique, applicable à tous les cas que l'on rencontrerait dans les applications.

Ce que nous venons de dire s'applique aux voûtes en arc de cercle, avec les restrictions suivantes : à égalité de rayon de courbure d'intrados, les voûtes sont d'autant plus stables que leur surbaissement est plus prononcé, ainsi que nous l'avons déjà signalé. Il est donc naturel de réduire l'épaisseur à la clef au fur et à mesure qu'augmente le surbaissement ; les formules empiriques des anciens constructeurs ne tenaient pas toujours compte de cette condition. Celles de M. l'inspecteur général Croizette-Desnoyers, dont nous parlerons au chapitre V, sont à ce point de vue très rationnellement établies. Quant au rapport des épaisseurs de la section de retombée et de la section de clef, il doit naturellement être d'autant plus petit que l'inclinaison de la retombée sur l'horizontale est plus grande, c'est-à-dire que le surbaissement est plus fort.

Au-dessous du joint de rupture, il y a intérêt, dans le but de relever la section de retombée effective, à augmenter le plus possible les épaisseurs, puisque l'on n'est plus gêné par la nécessité de limiter la charge à faire supporter au cintre, sans toutefois tomber dans l'exagération, et faire croître démesurément le cube des maçonneries de la culée : c'est une question de mesure à discuter dans chaque cas particulier.

Nous avons déjà dit (art. 45) que si l'on considère deux voûtes ayant même courbe d'intrados, construites avec les mêmes matériaux, présentant dans les sections correspondantes des épaisseurs proportionnelles, et supportant des charges réparties suivant la même loi et proportionnelles à leurs épaisseurs moyennes, la plus épaisse ABCD est dans des conditions de stabilité plus avantageuses que la plus mince EFCD, parce que la courbe des pressions s'écarte relativement moins de l'axe longitudinal et correspond à des pressions maxima moins élevées. Nous n'insisterons pas sur ce point.

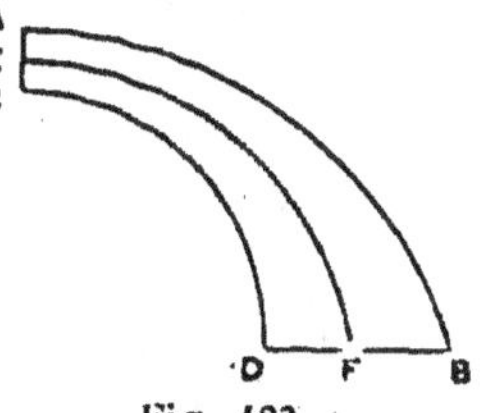

Fig. 122.

Nous aurons occasion de revenir sur cette question de l'épaisseur des voûtes, en parlant au chapitre V des formules usuelles à employer pour la fixation du profil d'une voûte.

50. Élégissements des tympans. — On appelle *élégissements* des vides que les constructeurs ménagent dans les voûtes pour réduire le volume des matériaux (maçonneries ou remblais) que porte la voûte. Ces vides sont réalisés au moyen de petites voûtes accolées dont les axes sont parallèles ou perpendiculaires au plan de tête de l'ouvrage, et dont les piles reposent sur l'extrados de la voûte principale.

Ces élégissements peuvent être utiles à trois points de vue différents :

1° Réduction du poids total de l'ouvrage en maçonnerie, et diminution correspondante dans la pression par unité de surface transmise par les culées et les piles au sol de fondation. C'est dans ce but que l'on prolonge souvent les voûtes d'élégissement au-dessus des piles et des culées, bien que l'allègement qui en résulte ne présente aucun intérêt au point de vue de la stabilité de la voûte principale considérée isolément, et ait plutôt pour résultat de nuire à l'invariabilité des retombées, ce qui est une condition défavorable ;

2° Réduction de la charge portée par la voûte : la poussée, et par suite les résultantes des pressions transmises aux assises successives de l'ouvrage, subissent de ce chef une diminution et l'allègement du tympan permet de réduire les épaisseurs de la voûte sans dépasser la limite pratique de résistance de la maçonnerie. On réalise de cette façon une économie sur le cube total de maçonnerie à exécuter ;

3° Modification dans le mode de répartition de la charge portée par la voûte. Cette considération est souvent très importante, et l'on ne s'en préoccupe pas toujours suffisamment. Nous croyons utile d'en dire quelques mots.

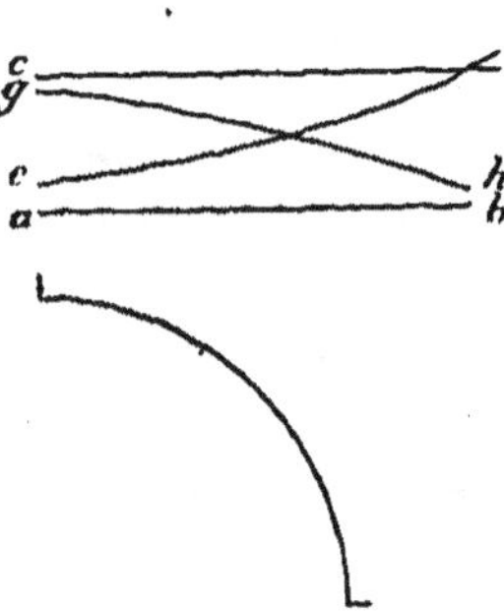

Fig. 123.

Considérons une voûte en plein cintre dont la charge soit limitée par une horizontale *cd* placée notablement au-dessus de celle *ab* qui correspond à la charge normale (fig. 123). Nous savons que, pour réduire les efforts développés dans la voûte, il serait utile de substituer à la droite *cd* la courbe *ef* qui correspond à une charge équivalente à la charge normale. Nous y arriverons en pratiquant des élégissements dans le voisinage de la clef, de façon à diminuer le poids directement porté par cette portion de la voûte. Supposons au contraire que, laissant entière la charge à la clef, nous déchargions les tympans entre les reins et les naissances, de façon à substituer à la droite *cd* la courbe *gh* qui va en s'abaissant du côté des retombées ; nous augmenterons de cette façon l'écart existant entre le mode de répartition de la charge effective et celui de la charge normale. Par suite, les conditions de stabilité de la voûte seront aggravées, bien que le poids total porté par elle se trouve réduit par les élégissements.

Examinons maintenant le cas d'une voûte dont la charge serait limitée par une horizontale *mn* (fig. 124) située au-

dessous de la droite *ab*, qui correspond à la charge normale ;
cette hypothèse se réalise presque toujours pour les grands
ponts dont l'épaisseur à la clef est
très petite, comparativement à
l'ouverture. Nous serons conduit
à élégir les tympans au-dessus
des reins de la voûte, de façon à
substituer à la droite *mn* la courbe
pq qui limite une charge équivalente à la charge normale. L'amé-

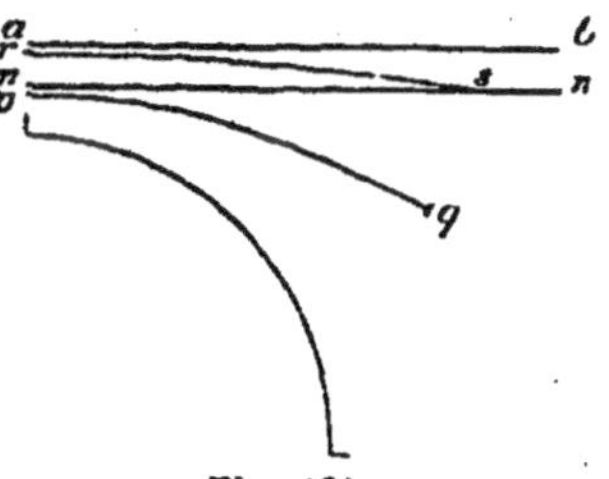

Fig. 124.

lioration qui en résultera, dans les conditions de stabilité de
l'ouvrage, tiendra plus au changement apporté dans le mode
de répartition de la charge que dans la réduction opérée dans
le poids total. Supposons qu'au lieu d'élégir les tympans, on
augmente au contraire la charge entre les reins et la clef de
façon à substituer à la droite *mn* la courbe supérieure *rs* qui
correspond à une charge équivalente à la charge normale :
bien que le poids total s'en trouve accru, on aura ajouté, par
cette opération, à la stabilité de l'ouvrage en rapprochant de
l'axe longitudinal la courbe des pressions. Nous avons déjà
signalé plus haut cette mesure, en apparence paradoxale, qui
consiste à consolider une voûte en augmentant le poids qu'elle
supporte.

Nous en concluons que les élégissements des ponts en maçonnerie devront être étudiés avec soin et distribués de manière
à améliorer la répartition de la charge, en la rapprochant de la
charge normale. Un élégissement intempestif peut être plus
nuisible qu'utile [1].

1. Les constructeurs du moyen âge obtenaient une répartition convenable
de la charge, en adoptant dans le profil de la chaussée des rampes très fortes

Fig. 125.

de part et d'autre de la clef (fig. 125). Ce procédé barbare, qui gênait la
circulation, a été abandonné.

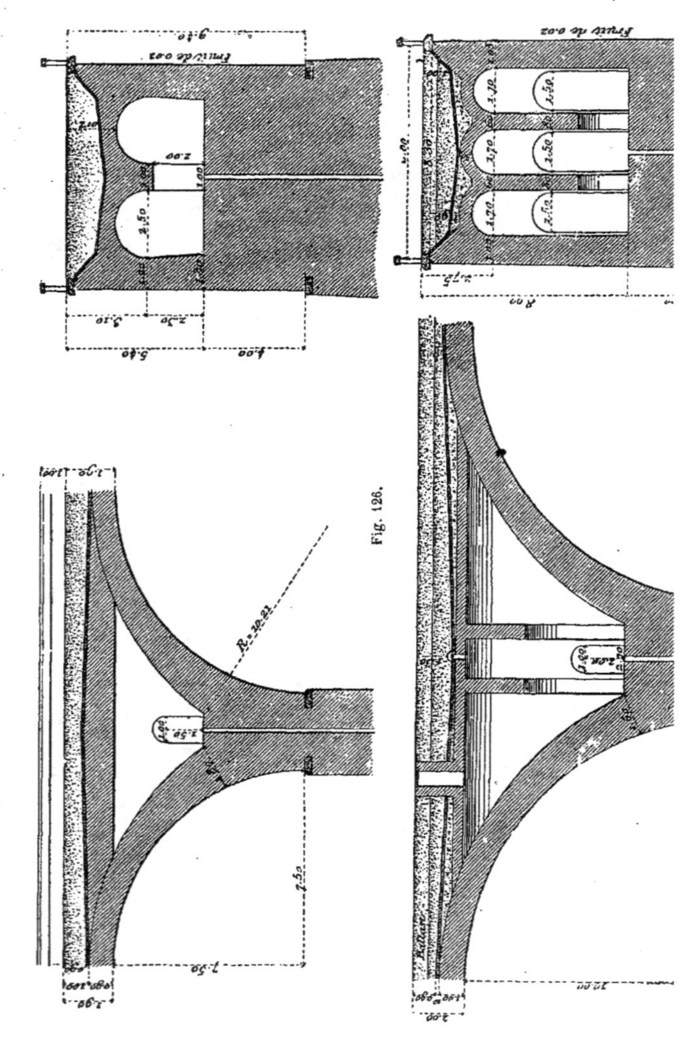

Fig. 126.

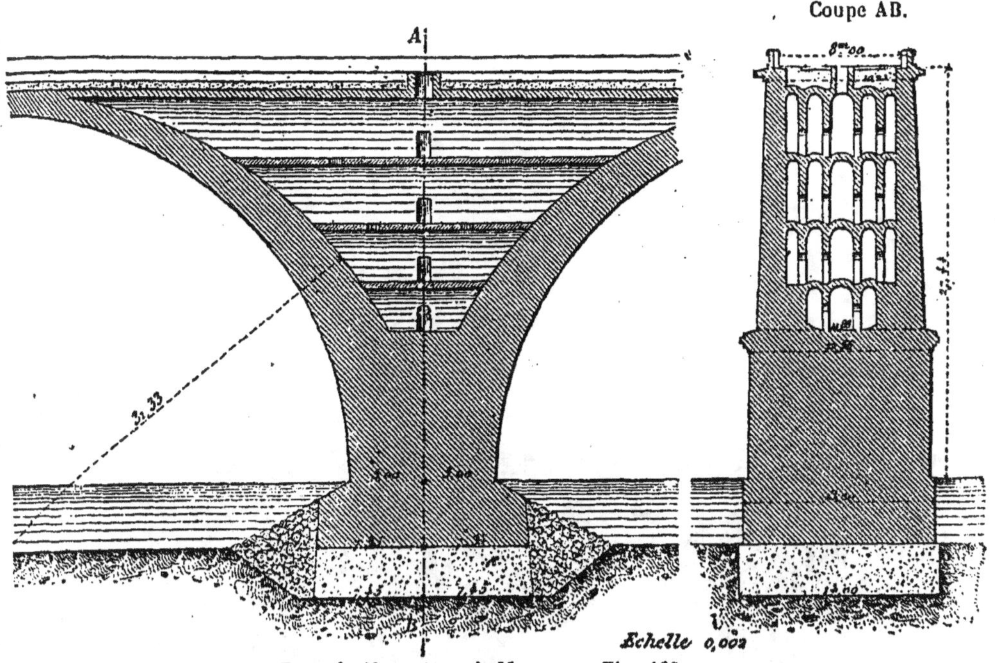

Pont de Nogent sur la Marne. — Fig. 128.

Les constructeurs emploient, pour les élégissements des ponts, les différentes dispositions qui suivent (fig. 126 à 132) :

1° Berceaux longitudinaux à arêtes parallèles aux plans des têtes : ces berceaux ont l'inconvénient de diviser la voûte principale en zones parallèles aux têtes, les unes ne recevant aucune charge, tandis que les autres, placées sous les piles des voûtes d'élégissement, supportent tout le poids ; il existe donc une tendance à la division de l'ouvrage en anneaux parallèles aux têtes et cette tendance n'est combattue que par la résistance du massif à l'effort tranchant. De plus, ces berceaux exercent une poussée sur les murs de tympans qui forment culée, et on est souvent obligé d'empêcher le déversement de ces murs au moyen de tirants métalliques qui exercent sur eux une traction en sens inverse de la poussée ;

2° On emploie également les berceaux transversaux dont les arêtes sont perpendiculaires au plan des têtes. Ces berceaux décomposent le poids du tympan en un certain nombre de charges concentrées, appliquées sur des voussoirs isolés de la

Pont de la Jeune fille en Perse. — Fig. 129.

voûte. Il convient de tenir compte de ce mode de répartition du poids dans l'épure de stabilité (voir page 166). Ces

berceaux se prolongent souvent dans les murs des tympans, et les évidements sont ainsi apparents ;

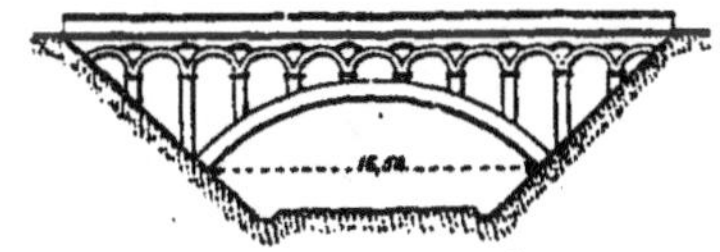

Pont de Bressuire. — Fig. 130.

3° Lorsqu'on veut réduire au minimum le poids porté par un ouvrage, on est conduit à employer simultanément les deux systèmes de berceaux longitudinaux et transversaux, et à placer la chaussée sur des voûtes d'arêtes portées par des piliers isolés qui reposent sur l'extrados. Cette disposition, adoptée pour le pont de l'Alma à Paris et le pont de Claix sur le Drac, est coûteuse.

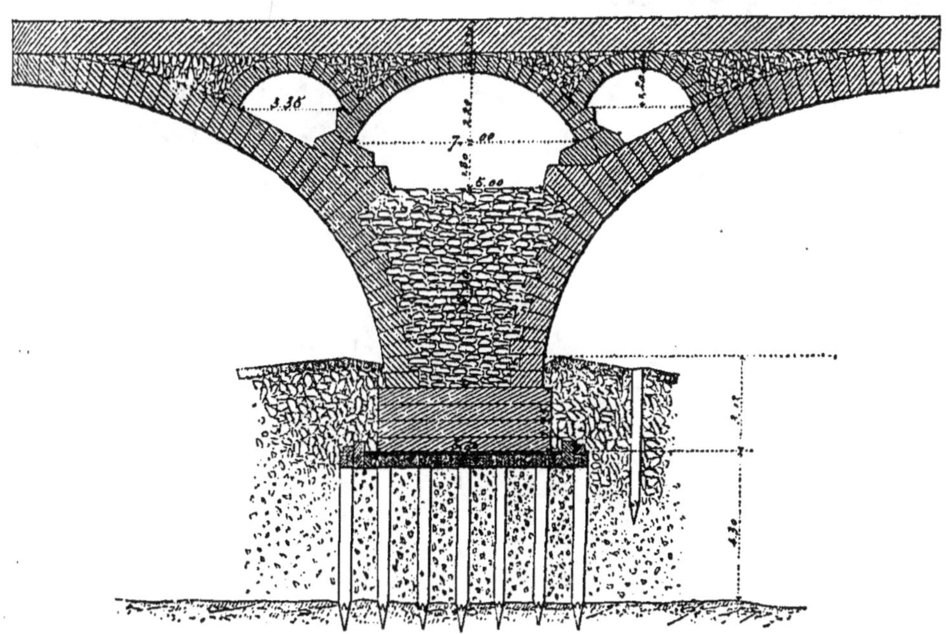

Pont de Tours sur la Loire. — Fig. 131.

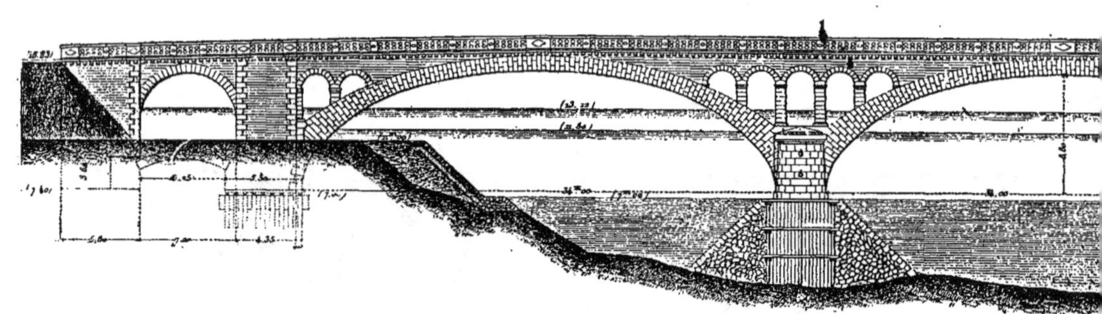

Pont des Andelys sur la Seine. — Fig. 132.

On pratique parfois au-dessus des piles des grands ponts des élégissements formés par des voûtes surbaissées, à arètes normales aux plans des têtes, dont les retombées sont placées sur l'extrados (fig. 133 et 134). Cette disposition est généralement vicieuse et peut nuire à la stabilité de l'ouvrage : elle a

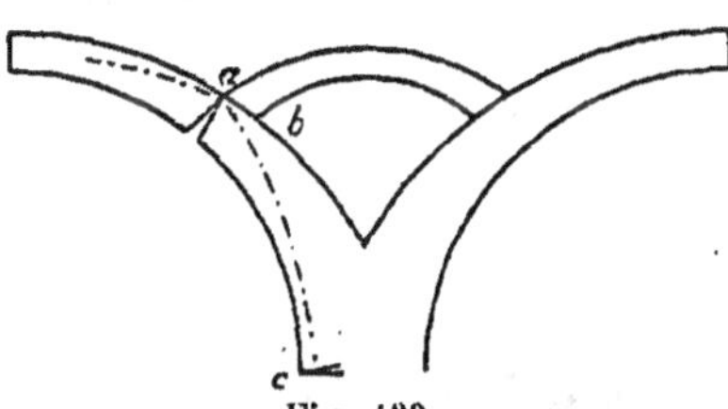

Fig. 133.

pour effet de concentrer une partie notable du poids des tympans sur la zone d'extrados *ab* qui porte les retombées, et de transmettre en outre à cette zone la poussée horizontale de la voûte d'élégissement. Il en résulte que la courbe des pressions se rapproche beaucoup de l'extrados en *a* et de l'intrados à la naissance *c* de la voûte principale, et qu'il peut y avoir rupture des maçonneries, les joints s'ouvrant en *a* et en *c*, comme l'indique la figure 133. Pour peu que la voûte d'élégissement ait une ouverture notable et soit très surbaissée, la chute du pont est possible. Il serait, dans ce cas, rationnel de dédoubler la pile et de remplacer les grandes arches du projet primitif par des arches d'ouverture moitié moindre, les

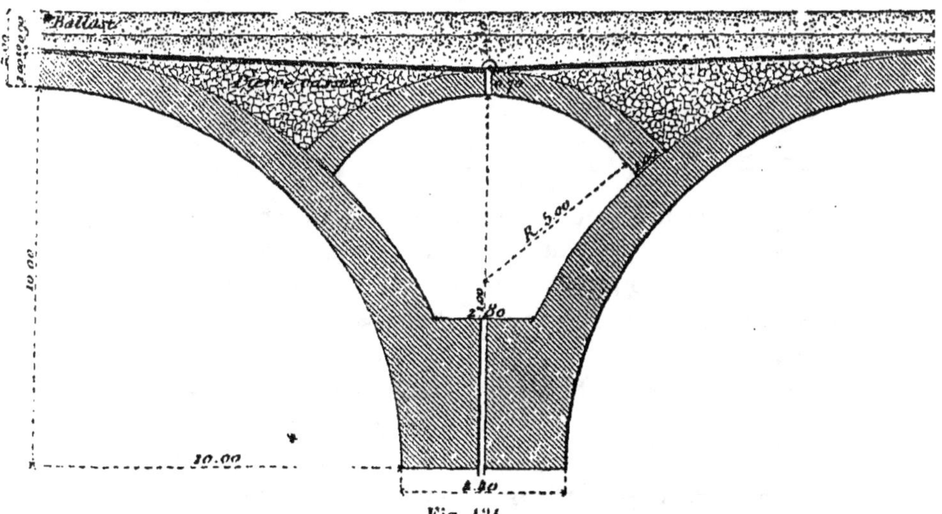

Fig. 134.

voûtes d'élégissement étant ainsi transformées en voûtes principales (fig. 135).

Nous citerons, à ce propos, le viaduc de Saint-Chamas et le

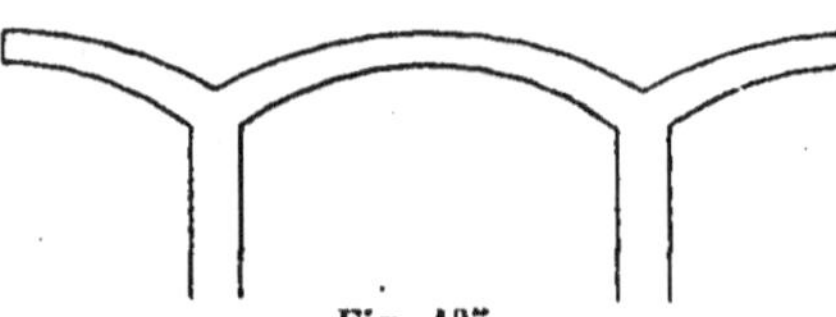

pont de la Cadière (fig. 136 et 137), établis sur le chemin de fer d'Avignon à Marseille. En laissant de côté toute considé-

Fig. 135.

ration architecturale, ces ouvrages sont très mal combinés au point de vue de l'utilisation des maçonneries. On reconnaîtra facilement que l'on aurait pu réaliser une économie énorme dans leur construction, en adoptant l'une des solutions suivantes :

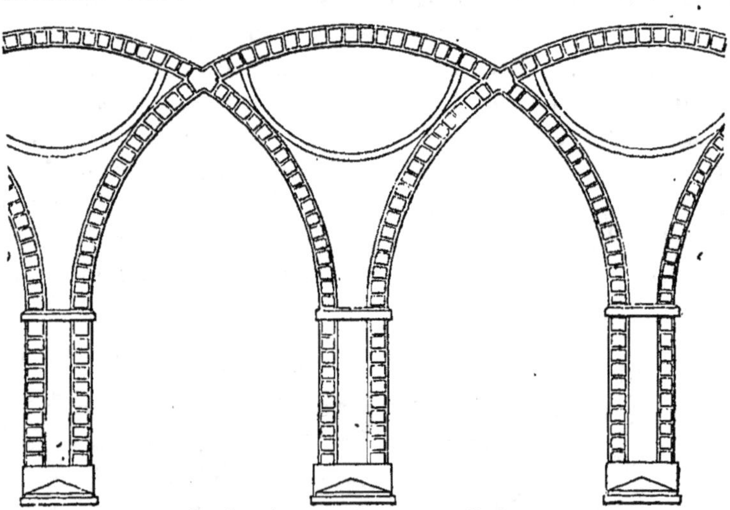

Viaduc de Saint-Chamas. — Fig. 136.

Supprimer une pile sur deux, et faire disparaître la voûte d'élégissement placée au droit de la pile conservée.

Ou établir des piles à parements verticaux au droit des points

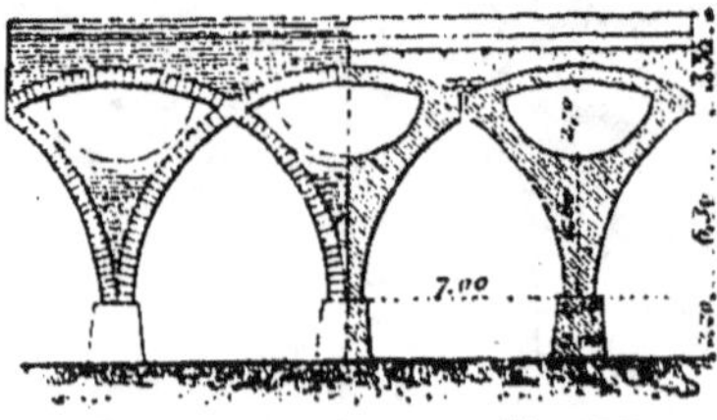

Pont de la Cadière. — Fig. 137.

d'intersection des voûtes d'élégissement, transformées en voûtes principales, et supprimer les autres piles, ainsi que les voûtes ogivales qui supportent les retombées des voûtes d'élégissement. On aurait un viaduc très léger formé d'arcs de cercle très surbaissés, et nécessitant un cube de maçonnerie et une surface de parement vu bien inférieurs à ce qu'a exigé la construction de l'ouvrage existant.

51. Bandeaux et murs des tympans. — Lorsque les murs des tympans sont pleins, il n'est pas nécessaire d'attribuer aux bandeaux des têtes les mêmes épaisseurs qu'au corps de la voûte, dont le profil transversal dépend uniquement de la question de stabilité. D'habitude on arrête la forme de ces bandeaux par des considérations architecturales, et il arrive fréquemment, par exemple, qu'on donne aux bandeaux l'aspect de voûtes extradossées parallèlement, alors que le corps de la voûte ne pourrait conserver son équilibre si on l'établissait de cette façon. Cela ne présente aucun inconvénient au point de vue de la sécurité : les murs des tympans en maçonnerie présentent une rigidité suffisante pour consolider la voûte.

La figure 138 représente une voûte extradossée parallèlement, qui, si l'on faisait abstraction de la résistance des tympans à la déformation, tendrait sous l'action de la charge à se soulever en a au droit des reins et à s'affaisser à la clef en c. Mais il faut considérer que les murs qui chargent l'ouvrage s'opposent à cette déformation ;

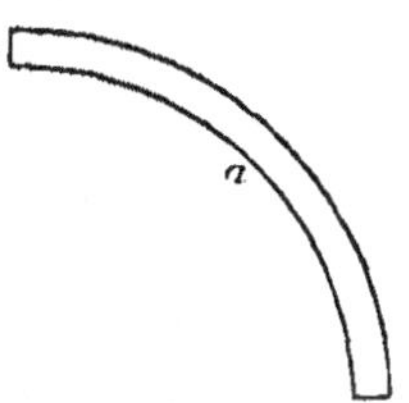

Fig. 138.

aux points où la voûte tend à s'abaisser, elle se sépare du tympan, et, la charge qu'elle supportait cessant d'exister en ces points, le mouvement s'arrête parce que la courbe des pressions se rapproche de l'intrados. Un soulèvement local donne lieu au contraire à une augmentation immédiate de la pression exercée par le tympan, et par suite amène un relèvement de la courbe des pressions qui se rapproche de l'extrados : le soulèvement ne peut donc plus se continuer.

Nos voyons ainsi que l'on est toujours libre d'adopter, pour les bandeaux apparents des voûtes, le profil qui convient le mieux au point de vue architectural, à la condition d'exécuter avant le décintrement les parties du tympan qui sont indispensables pour assurer l'équilibre de ces bandeaux, si ceux-ci considérés isolément ne présentent pas une stabilité suffisante.

52 Variations de température. Contraction des mortiers. Déplacement des retombées.

— Lorsque, par une cause quelconque, le rapport de la longueur développée de l'axe longitudinal d'une voûte à son ouverture vient à diminuer, la courbe des pressions s'élève à la clef et s'abaisse aux naissances, avec diminution de la poussée. Nous avons déjà traité cette question à l'article 36 (pages 124 et suivantes), et nous avons indiqué le moyen de déterminer le point de la courbe qui reste fixe pendant son déplacement.

Ce phénomène peut résulter de l'une des trois influences suivantes : 1° Abaissement de température ; 2° contraction des mortiers pendant le décintrement ; 3° reculement des points d'appui. Lorsque le sol de fondation d'un pont est compressible ou peu stable (argile, vase, etc.), il arrive que la poussée de la voûte détermine dans les culées un mouvement en arrière ou un déversement qui augmente l'écartement des sections de retombée. Si ce mouvement ne s'arrête pas par suite de la réduction que subit immédiatement la poussée de l'ouvrage et de l'augmentation de la résistance du terrain, il peut amener la chute de la voûte.

On pourra combattre les effets fâcheux dus à l'une quelconque de ces causes en modifiant la charge de façon à corriger le déplacement de la courbe des pressions par une déformation contraire : il conviendra de décharger la voûte entre la clef et les reins, sans réduire le poids entre les reins et les naissances.

Inversement, si le rapport de la longueur développée de l'axe longitudinal à l'ouverture vient à augmenter, la courbe des pressions s'aplatit en s'abaissant à la clef et se relevant aux naissances avec augmentation de la poussée : le point fixe est le même que dans le cas précédent. Les causes qui peuvent amener de semblables résultats sont les suivantes : 1° Élévation de température ; 2° gonflement du mortier. — Ce phénomène très rare se manifeste pour le plâtre au moment de sa prise. Certains ciments de Portland de mauvaise qualité, contenant une forte proportion de magnésie, augmentent de volume longtemps après leur prise par surhydratation des sels magnésiens ; 3° rapprochement des points d'appui. — Dans les ouvrages en plein cintre de faible ouverture, intercalés dans des remblais considérables formés de matériaux argileux, la poussée des terres peut être notablement supérieure à celle de la voûte et amener un rapprochement des culées, avec soulèvement de la clef et ouverture en ce point des joints à l'extrados. En pareil cas il conviendrait d'employer une voûte très surbaissée, dont la poussée fût assez considérable pour équilibrer celle du terrain. — Si l'accident se manifeste dans un ouvrage existant, on pourra le combattre en compensant le déplacement de la courbe des pressions par un déplacement inverse résultant d'une modification de la charge : on surhaussera cette courbe en chargeant l'extrados entre la clef et les reins, et l'allégeant entre les reins et les naissances.

§ 3.

VOUTES DIVERSES.

53. Ellipses surbaissées. Anses de panier. — Dans les ellipses surbaissées et les anses de panier, le rayon de courbure de l'intrados est maximum à la clef et va en diminuant jusqu'aux naissances. Ce genre de voûte convient donc au cas où la charge par unité de longueur est très faible à la clef et va en croissant rapidement jusqu'aux retombées. On l'emploie fréquemment pour les grands ponts, dont l'épaisseur à la clef est toujours assez faible, et on constate que la courbe des pressions ne tend pas à sortir par l'extrados dans le voisinage du sommet, comme pour les pleins cintres de grande ouverture, dont le rayon de courbure est en général trop petit aux environs de la clef.

Quel que soit le mode de répartition de la charge, celle-ci n'est jamais assez considérable aux abords des naissances pour

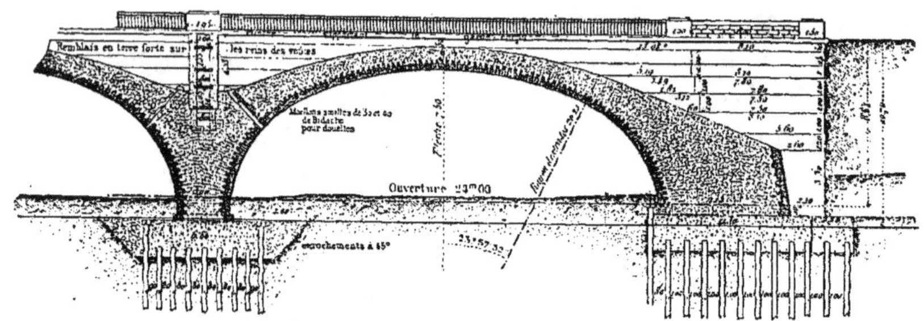

Pont de Saubusse, sur l'Adour. — Fig. 139.

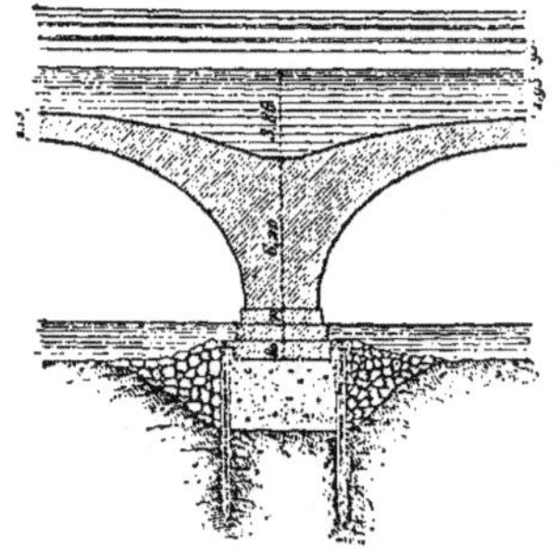

que la courbe des pressions suive celle d'intrados dans cette
partie de la voûte. Il y a toujours entre ces deux lignes un
écart considérable, qui ne peut être compensé que par une
très forte augmentation de l'épaisseur. Il en résulte que la
section de retombée effective, telle que nous l'avons définie à
l'article 48, est toujours sensiblement élevée au-dessus de
l'horizontale des naissances et correspond en général au milieu de la montée. En définitive les ouvrages en ellipse ou en
anse de panier se composent de la voûte proprement dite, dont
l'axe longitudinal, profilé suivant un arc de cercle, une série
d'arcs de cercle à rayons décroissants à partir de la clef, ou un
arc d'ellipse, ne se prolonge guère au delà de la demi-montée,
et du support, pile ou culée, dont le parement supérieur est
courbe et vient se raccorder avec l'intrados de la voûte proprement dite. Les figures 139 à 142, relatives à des ouvrages
existants, montrent que la section de retombée est toujours
voisine, ainsi que nous venons de le dire, du milieu de la
montée.

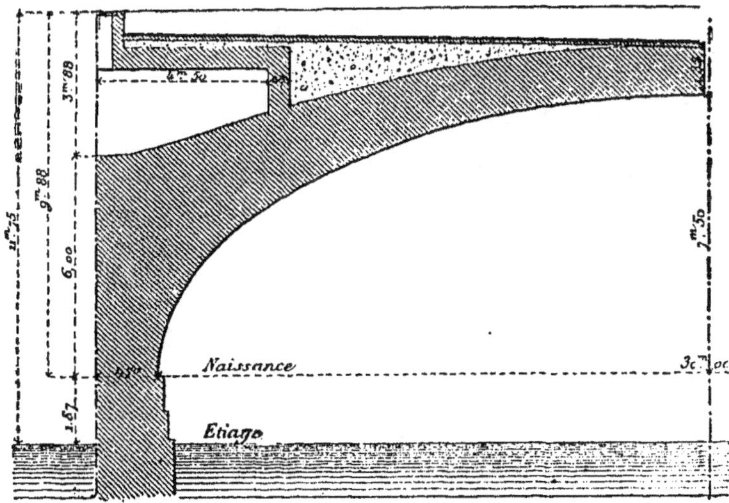

Pont de Nantes sur la Loire. — Fig. 141.

Les ellipses ou les anses de panier ne sauraient être admises lorsque la charge à la clef est assez considérable. Elles
exigent l'emploi, dans le voisinage des naissances au droit
des culées, de surfaces d'assises cylindriques qui coupent nor-

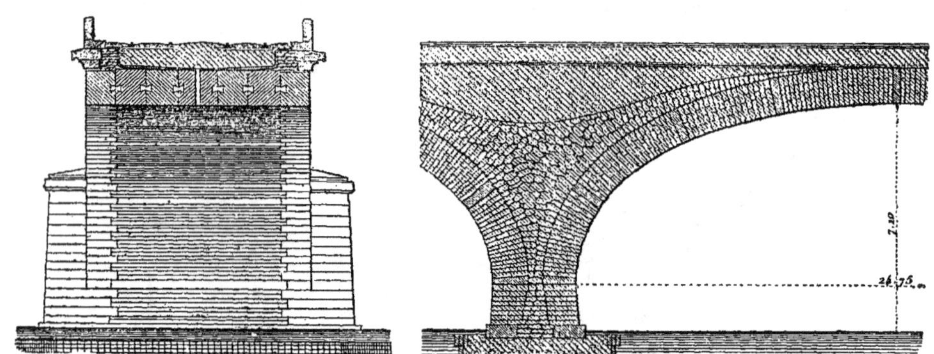

Pont du Montlouis sur la Loire. — Fig. 142.

malement l'intrados elliptique et se retournent perpendiculairement à l'axe longitudinal (fig. 77.)

53. Ellipses surhaussées. Voûtes ovoïdes et paraboliques. — Dans les ellipses surhaussées, le rayon de courbure est minimum à la clef, et va en croissant jusqu'aux naissances. Ce genre d'ouvrage convient donc au cas où la charge à la clef est importante. Dans le cas de la charge uniformément répartie, où nous avons vu que le plein cintre et à fortiori l'ellipse surbaissée ne sont pas à leur place,

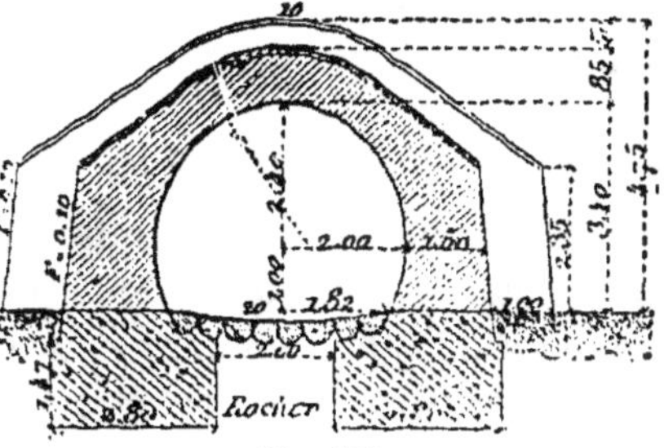

Fig. 143.

une ellipse surhaussée remplira parfaitement le but. C'est donc avec raison qu'on a parfois exécuté des voûtes de cette espèce sous des remblais très élevés (fig. 143-144) ou dans la traversée en tunnel de terrains peu consistants.
Il convient pourtant de faire une réserve à cet égard : lorsqu'une voûte est placée à l'intérieur d'un terrain sans résistance, il faut tenir compte de la poussée exercée par lui sur les culées; si l'on admet que les terres pressent la voûte dans toutes les directions, comme le ferait un liquide, la voûte circulaire

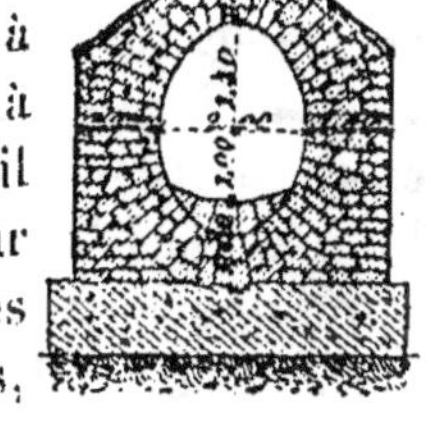

Fig. 144.

complète, formant un tuyau cylindrique, s'impose. Si, par suite de la nature des couches de terrain, ou de l'importance donnée aux culées, on peut faire abstraction de la poussée des terres, et ne tenir compte que de la charge verticale portée par l'ouvrage, l'ellipse surhaussée devra être préférée au plein cintre (voir chapitre IV, § 2).
La voûte en ellipse surhaussée jouit de la propriété d'exercer sur les retombées une poussée d'autant plus faible que le rapport de la montée à l'ouverture est plus grand : on serait donc tenté dans certains cas d'adopter ce genre d'ouvrage dans l'unique but de réduire la poussée sur le point d'appui lorsque la stabilité des culées n'inspire pas une grande confiance. En

pareil cas, si la stabilité de la voûte elle-même n'est pas en jeu, on préfère d'habitude l'ogive, dont la construction est moins coûteuse, parce que les voussoirs, appareillés normalement à un arc de cercle, sont tous identiques, tandis que dans l'ellipse chacun d'eux doit se tailler d'après des panneaux spéciaux, les joints étant dirigés suivant les normales à la courbe d'intrados.

55. Ogives. — Une voûte est en *ogive* lorsque son profil d'intrados est composé de deux courbes symétriques qui se coupent à la clef : ces deux courbes, qui sont généralement des arcs de cercle, pourraient être des anses de panier ou des lignes quelconques.

L'axe longitudinal présentant ici un point angulaire à la clef, on peut se demander si les formules données au chapitre précédent pour le tracé de la courbe des pressions sont applicables, alors que l'hypothèse fondamentale de la continuité de l'axe longitudinal n'est plus réalisée. Par suite de la symétrie de l'ouvrage et de la charge par rapport au plan de clef, le calcul porte en définitive sur une moitié seulement de la voûte, limitée par les sections de clef et de retombée, dont l'orientation est invariable, et entre lesquelles l'axe longitudinal est une courbe continue. Les formules sont donc applicables. Il n'en serait pas de même si, la charge ou la voûte étant dissymétriques, on se trouvait dans la nécessité de faire figurer dans les formules la voûte entière limitée par ses deux retombées. Ce cas de la voûte dissymétrique, qui ne se rencontre pas dans les applications, n'a d'ailleurs pas été traité par nous dans le chapitre précédent.

L'épure de la figure 145 représente une ogive tiers-point, c'est-à-dire dont chaque moitié d'intrados est un arc de cercle de 60° d'ouverture ayant son centre placé à la naissance de l'arc opposé. Ces deux arcs se rencontrent à la clef sous un angle de 60°. La voûte est extradossée parallèlement et son épaisseur constante est égale à 10, si l'on représente par 100 le

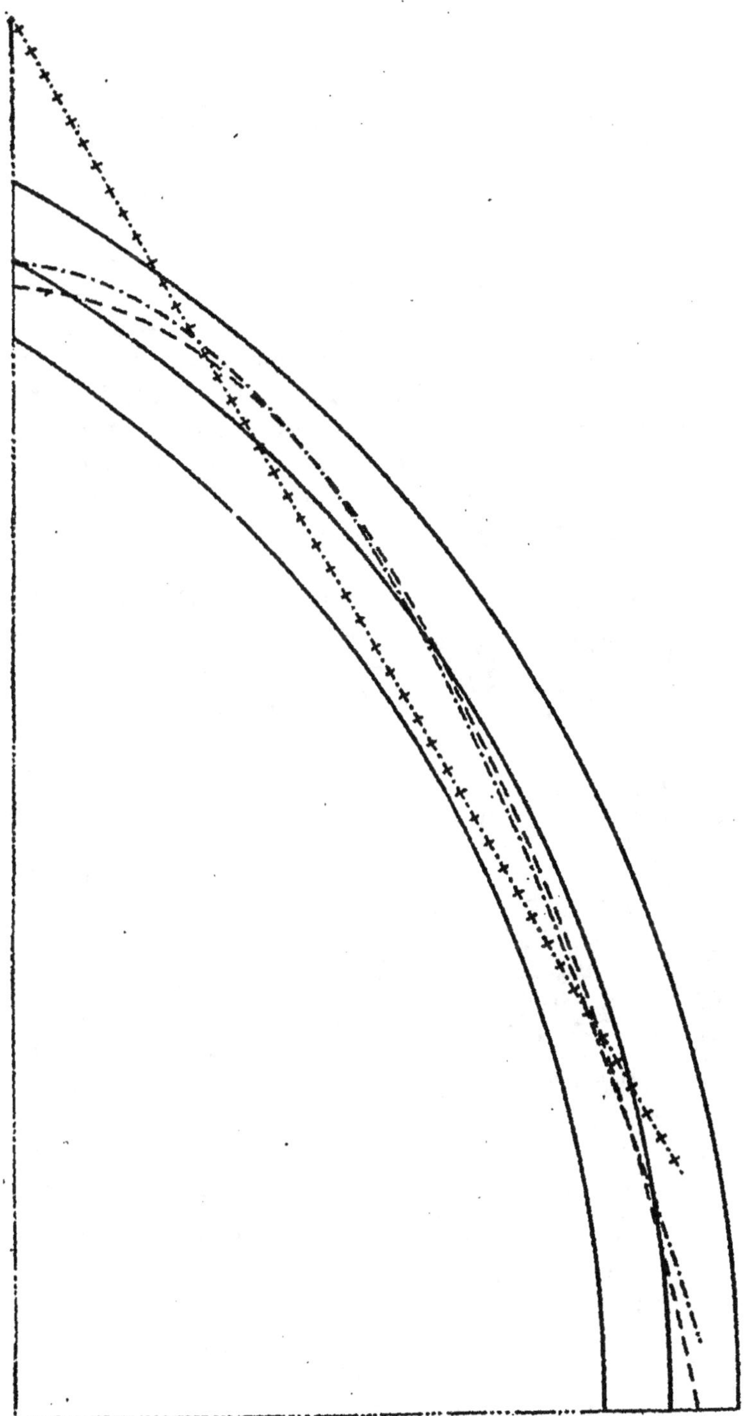

Fig. 145.

rayon de l'axe longitudinal, qui est un arc de cercle parallèle à l'intrados [1].

Nous avons tracé la courbe des pressions dans trois hypothèses différentes :

1° Poids propre de la voûte. — — — — — — — — — —

2° Charge uniformément répartie. —.—.—.—.—.—.—.

3° Charge concentrée à la clef. +.+.+.+.+.+.+.+.+|.

Nous n'avons pas examiné le cas d'une charge limitée par une horizontale placée au-dessus de la clef : il est facile de reconnaître à priori que la courbe des pressions correspondante sortirait de la voûte par l'intrados dans le voisinage immédiat de la clef, et par l'extrados aux reins ; la chute de l'ouvrage se produirait par soulèvement de la clef et affaissement des reins.

La forme ogivale convient à toutes les voûtes qui ont à supporter une charge concentrée à la clef : un poids isolé important correspondant nécessairement à un point angulaire de la courbe des pressions, il est naturel de briser l'axe longitudinal sur la verticale de ce poids. Nous citerons comme exemple les voûtes de fondation qui portent les viaducs établis aux

Pont du Point-du-Jour sur la Seine. — Fig. 147.

1. Considérons une ogive circulaire extradossée parallèlement : soient ρ le rayon de l'axe longitudinal, φ et α les angles formés par le joint de clef et le joint de retombée avec l'horizontale. Les intégrales définies indépendantes de de la charge peuvent se calculer algébriquement, comme dans le cas de l'arc de cercle extradossé parallèlement.

Fig. 146.

On a :

$$\int_0^S ds = \rho\,(\varphi - \alpha) \qquad \int_0^S y\,ds = \rho^2\,(\sin\varphi - \sin\alpha)$$

$$\int_0^S y^2\,ds = \frac{\rho^3}{2}\,(\varphi - \alpha + \sin\varphi\cos\varphi - \sin\alpha\cos\alpha)$$

abords du pont du Point-du-Jour, à Paris (fig 147) : la clef
de chaque ogive porte une pile de viaduc.

L'ogive persane (fig 148), qui présente le même surbaissement que le plein cintre, ne saurait lui être préférée rationnellement que si la clef doit porter un poids considérable
(fig 145, courbe —..—..—) : tel est généralement le cas pour
les ponts persans.

Nous avons vu précédemment que l'on substitue parfois des
voûtes ogivales aux voûtes surhaussées à intrados continu,
telles que l'ellipse ou la parabole, dont l'emploi serait justifié
par le mode de répartition de la charge, soit uniforme, soit
décroissant de la clef aux naissances : cette substitution se
justifie par les facilités que l'ogive ordinaire présente au point de vue de l'appareil des voussoirs d'intrados, dont les joints sont dirigés suivant les rayons d'un cercle. En pareil cas, si le poids total porté par l'ouvrage est considérable, il serait logique de remédier au défaut de l'ogive en profilant l'extrados suivant une courbe continue, el-

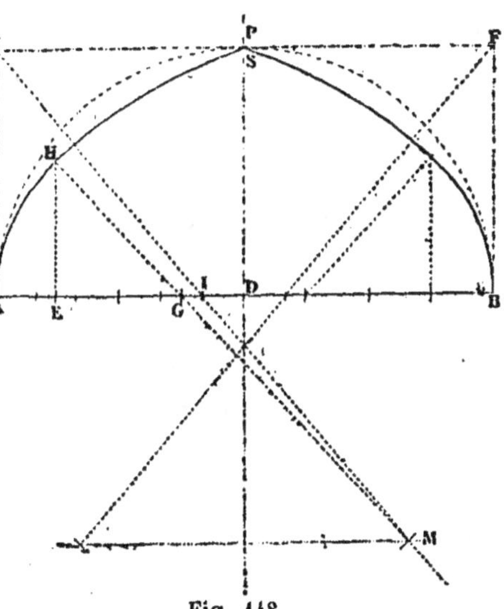

Fig. 148.

lipse ou parabole. La figure 149 montre que cette disposition
augmenterait la distance entre la courbe des pressions et l'extrados, dans le voisinage de la clef.

On emploie aussi l'ogive pour couvrir des édifices élevés,
comme les églises : en pareil cas, on se propose principalement de réduire la poussée transmise aux murs en recourant
à une courbe surhaussée. Comme d'ailleurs la charge à supporter par la voûte est insignifiante, on ne se préoccupe guère
de lui attribuer la forme d'intrados théoriquement la plus
avantageuse, et on adopte l'ogive, d'une construction facile et

économique, avec laquelle, dans les conditions indiquées, le travail maximum à la compression reste dans des limites très acceptables.

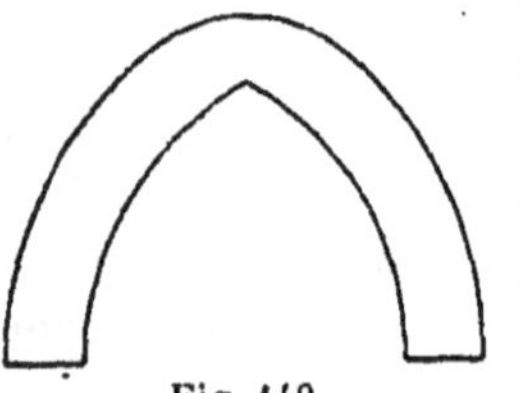

Fig. 149.

On a dû dans certaines circonstances être conduit à recourir à l'ogive par des considérations d'économie se rapportant à l'établissement du cintre. Lorsque l'on construit une voûte, on peut maçonner tous les voussoirs situés au-dessus du joint incliné à 15° sur l'horizontale sans avoir besoin de les maintenir sur un cintre : la tendance au glissement d'une assise sur le voussoir inférieur ne commence à se manifester, même avec le mortier frais, que lorsque l'inclinaison du joint dépasse 15°. Par conséquent, tandis que pour un arc de cercle surbaissé aux $\frac{3}{8}$ (ouverture totale 120°), qui diffère très peu du plein cintre, tous les voussoirs devront être soutenus par le cintre pendant leur pose ; une ogive très surhaussée, dont le demi-intrados circulaire ne soutendrait qu'un arc de 15°, pourrait être entièrement montée sans cintre.

Cette hypothèse extrême est évidemment peu réalisable : toutefois elle permet de se rendre compte de l'avantage que présentent à ce point de vue les voûtes à intrados brisé au sommet. La pression exercée par un voussoir sur le cintre augmente avec l'inclinaison du joint sur l'horizontale. Une ogive exigera donc toujours un cintre moins résistant, et par suite moins coûteux et moins difficile à établir qu'une voûte à intrados continu de même ouverture et de même montée [1].

1. Les voûtes du Pont-Rouge, construit en Perse au xi° siècle, sont toutes

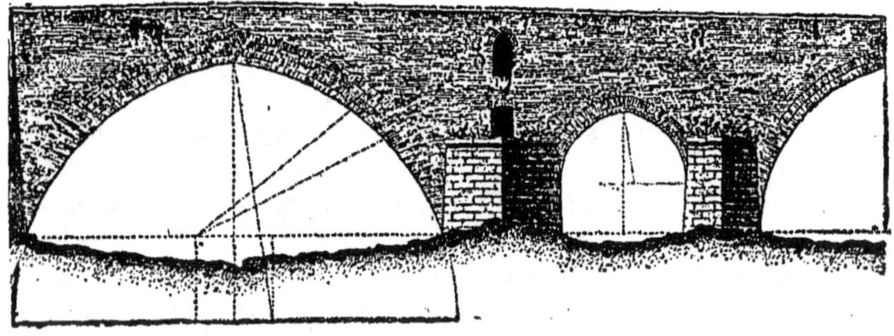

Pont-Rouge en Perse. — Fig. 150.

L'aqueduc d'*Alcantara*, construit près de Lisbonne vers le
le milieu du XVIII° siècle, comprend trente-cinq arches, dont
vingt et une sont en plein cintre avec des ouvertures de 5 à

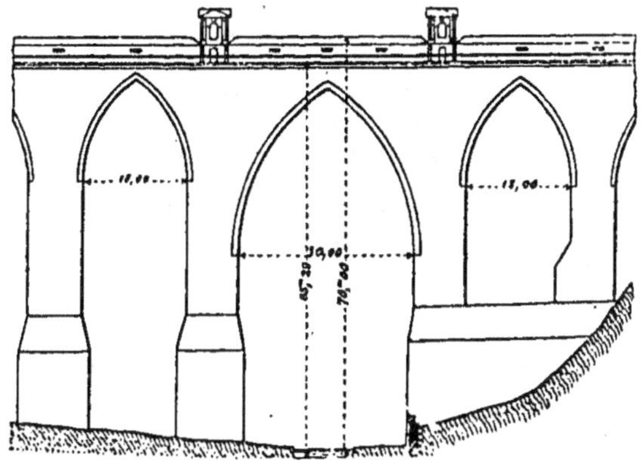

Aqueduc d'Alcantara p. ès Lisbonne. — Fig. 151.

13 mètres; dans la partie la plus profonde de la vallée, on a
employé l'ogive pour treize arches dont les ouvertures varient
de 12 à 18 mètres, et enfin l'arche principale est une ogive
de 30 mètres d'ouverture et de 27 mètres de montée, dont
la clef se trouve placée à 60 mètres au-dessus du niveau
des eaux de la rivière. Il résulte de cette description, em-
pruntée au *Traité de la construction des ponts*, de M. l'Inspecteur général Croizettes-Desnoyers, que les Ingénieurs por-
tugais ont abandonné le plein cintre pour recourir à l'ogive
dès que la hauteur de l'ouvrage au-dessus du sol naturel est
devenue considérable ; ils ont en même temps augmenté les
portées pour diminuer le nombre des piles à construire. Nous
sommes persuadé que c'est la question des cintres qui a motivé
cette décision.

ogivale, et offrent cette particularité que les joints des voussoirs ne
sont pas normaux à la surface d'intrados. Ils présentent sur l'horizontale une
inclinaison notablement plus faible que ne l'exigerait une construction rationnelle basée sur la théorie de la stabilité des voûtes. La préoccupation
des constructeurs de diminuer la charge à faire porter au cintre est ici bien
visible : en divisant la voûte en quatre rouleaux (fig. 165), à partir du joint
où le cintre commençait à soutenir les voussoirs, et exécutant l'ouvrage par
anneaux verticaux successifs, ils ont pu réduire à presque rien le poids
porté par le cintre, qui a dû être établi avec la plus grande légèreté. (Voir,
dans la seconde partie du présent traité, le chapitre relatif aux cintres.)

Si l'on compare l'ogive principale de l'aqueduc au plein
cintre de même ouverture qui eût pu lui être substitué, on
reconnaît, en admettant que, dans les deux cas, on eût employé le même cube de maçonnerie dans l'exécution du corps
de la voûte, que la charge portée par le cintre de l'ogive
n'a été que les $\frac{10}{28}$ de la charge correspondant au plein cintre [1].

L'avantage de l'ogive est ici d'autant plus marqué que,
pour une hauteur de 60 mètres au-dessus du sol, la dépense
du cintre croît incomparablement plus vite que le poids qu'il
devra porter. Il est probable que, pour l'aqueduc d'Alcantara,
on a pu se servir de cintres retroussés très légers reliés à la
partie supérieure des piles sans support intermédiaire. Pour
le plein cintre, cela n'eût pas suffi.

L'emploi de l'ogive permet encore de remédier facilement
en cours d'exécution aux tassements anormaux que peut subir
un cintre mal conçu et mal établi ; un remaniement peu important du parement permet de régulariser l'intrados, sauf à

1. Nous ne justifierons pas ici cette allégation, basée sur les formules qui
permettent de calculer la charge transmise par les voûtes aux cintres qui les
supportent. L'étude des cintres sera abordée dans la seconde partie de
l'ouvrage, et la comparaison des différents types de voûtes, au point de
vue de la disposition et de la résistance des cintres, y figurera à plus juste
titre que dans le présent chapitre.

En se servant de mortiers hydrauliques de bonne qualité, exécutant des
tympans en maçon-
nerie bien reliés au
corps de la voûte,
et conduisant les tra-
vaux assez lentement
pour ne poser une
assise qu'après la prise
complète du mortier de
l'assise inférieure, on
pourrait même cons-
truire une arche ogi-
vale comme celle d'Al-
cantara sans se servir
de cintre. D'observa-

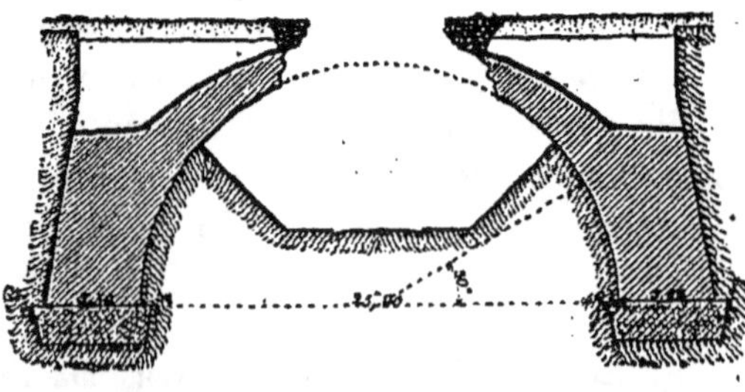
Pont de Châteaudun sous le chemin de fer. —Fig. 152.

tions faites par M. l'inspecteur général Morandière, sur plusieurs ponts
détruits pendant la guerre de 1870, il résulte que la rupture des voûtes,
provoquée au moyen de mines, s'est effectuée en des joints dont l'inclinaison
sur l'horizontale atteignait 45° et 51° et jusqu'à 61° et 64°. La partie de ces
voûtes attenant aux piles est restée en place, formant un encorbellement
suffisamment stable pour n'avoir subi aucune dégradation jusqu'à l'époque
de la reconstruction. Dans le pont de Châteaudun, que représente la

modifier l'angle au sommet, ce qui n'a d'inconvénient ni au point de vue de la solidité, ni au point de vue de l'aspect. Pour une voûte à intrados continu, le problème est plus difficile à résoudre d'une manière satisfaisante, et un mouvement important du cintre peut produire dans la courbe d'intrados des jarrets malaisés à corriger ou à dissimuler.

Clef du pont de la Trinité. — Fig. 154.

Il est probable qu'il faut voir là le motif qui a déterminé l'emploi presque exclusif de l'ogive durant le moyen âge, à une époque où les constructeurs, peu expérimentés, avaient tout lieu de craindre l'insuffisance de leurs cintres, d'autant plus que, les travaux de construction durant à cette époque de longues années, les ouvrages en charpente avaient le temps de pourrir et de s'affaisser par relâchement des assemblages, ce qui, d'après ce qui vient d'être dit, ne pouvait guère présenter d'inconvénient pour la construction des ogives.

56. Plate-bandes. — On appelle *plate-bandes* les voûtes dont l'intrrdos est plan

Pont de la Trinité à Florence. — Fig. 153.

figure 152, la rupture s'est effectuée aux joints inclinés à 61° et 64°. Or le demi-intrados du pont d'Alcantara ne soutend qu'un angle de 58°. Donc rien n'empêchait de le construire en encorbellement, en soutenant au besoin les voussoirs les plus inclinés pas des tirants provisoires ancrés dans les piles, ou des contrefiches appuyées sur la portion de voûte opposée. On réunirait en fin de compte les extrémités des deux encorbellements ainsi exécutés en face l'un de l'autre en posant la clef, et on aurait une voûte sans poussée formée par la réunion de deux piles à parements courbes faisant saillie sur leurs bases.

Bien que ce type d'ouvrage ne soit jamais employé dans les ponts, nous en dirons quelques mots.

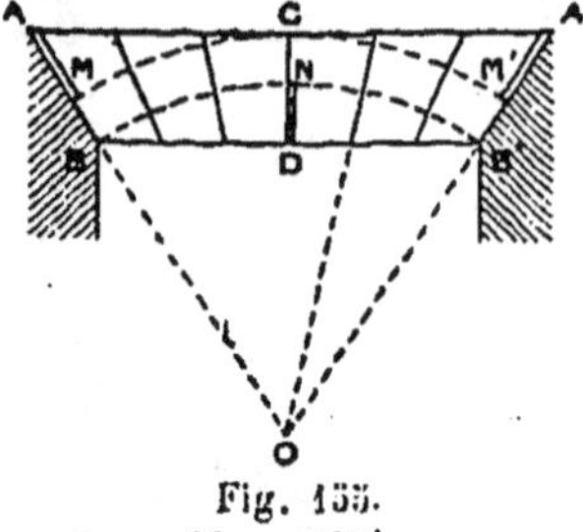
Fig. 155.

Soit ABA'B' une voûte en plate-bande ayant son extrados plan et parallèle à l'intrados. Nous la supposerons divisée, suivant l'usage, en voussoirs limités par des joints plans venant converger vers une normale O au plan de tête correspondant au milieu de l'ouverture (fig. 155).

Au moment où l'on décintre l'ouvrage, le prisme de maçonnerie ABA'B' travaille comme une poutre droite fléchie, encastrée en AB et A'B' sur les culées : comme la maçonnerie ne saurait, ainsi qu'on l'a vu au chapitre Ier, résister à un travail à l'extension, elle se brisera dans les points où un semblable travail tendra à se développer. Or les joints en mortier constituant des surfaces de moindre résistance, c'est sur eux que les ruptures se manifesteront. Il est aisé de reconnaître immédiatement que le joint AB s'ouvrira de A en M, le joint A'B' de A' en M' et le joint CD de N en D. Quant aux portions de joints MB, M'B' et CN, qui supportent un travail à la compression, il n'y a pas de raison pour qu'elles se brisent. Les parties de la voûte qui comprennent des portions de joints ouvertes ne contribuent évidemment en rien à la stabilité, et nous voyons en définitive que la partie efficace de l'ouvrage est la voûte circulaire très surbaissée BNB'M'CM, inscrite dans la plate-bande et que nous avons marquée sur la figure en traits pointillés. Les efforts de compression développés dans cette zone BMM'B' n'étant pas compensés, comme dans les poutres fléchies, par des tensions développées dans les zones AMC, A'M'C, BNB', qui, ici, sont inutiles, l'ouvrage exercera une poussée sur ses points d'appui.

La stabilité d'une voûte en plate-bande peut donc s'étudier par les procédés ordinaires, en considérant la voûte surbaissée inscrite ; il convient de diriger les joints suivant les rayons de cette même voûte, comme nous l'avons fait dans la figure 155.

Les portions inutiles BNB', ACM et A'M'C pourraient être

supprimées : elles sont relativement d'autant plus étendues que l'ouverture est plus grande, et par conséquent la plate-bande ne convient que pour des portées très petites. En supprimant la zone BNB', on retomberait sur l'arc circulaire. En supprimant les zones ACM et A'CM', on peut réaliser une économie de maçonnerie assez sérieuse. C'est une mesure judicieuse que les architectes mettent souvent en pratique (fig. 156).

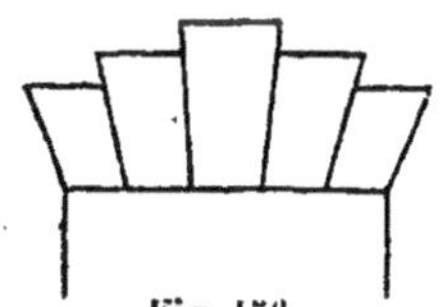

Fig. 156.

Nous venons de dire qu'en principe une plate-bande ne peut atteindre sa position d'équilibre, après décintrement, qu'après avoir subi une déformation qui entraîne l'ouverture partielle de presque tous les joints. D'habitude, on reprend ensuite l'ouvrage, on retaille ses parements et l'on remplit les joints. On pourrait obvier à cet inconvénient et prévenir l'ouverture des joints en pressant les voussoirs les uns contre les autres pendant leur construction et exerçant une poussée initiale sur les sections d'appui avant de décintrer. Rien n'empêche, au moment du clavage, de faire entrer avec force des coins en bois ou en fer dans les joints de clef : dans ces conditions le décintrement n'a pour résultat que de modifier la répartition des efforts de compression développés dans les joints, sans amener l'ouverture d'aucun d'eux.

Cette disposition se trouve naturellement réalisée dans les plates-bandes hourdées avec du plâtre, par suite du gonflement subi par cette matière au moment de la prise.

Dans certains cas, on peut consolider les plates-bandes au moyen de tirants réunissant les deux sections de retombée et exerçant un serrage sur l'ensemble des voussoirs.

Les voûtes en plate-bande, quelque soin qu'on apporte dans leur exécution, sont des ouvrages peu solides et coûteux, qui ne peuvent être employés que pour de très faibles portées et ne doivent supporter que des charges très légères : on n'y a guère recours que dans un intérêt architectural, et on les soulage souvent du poids des maçonneries supérieures en les surmontant d'un arc circulaire de décharge, qui repose sur les voussoirs de retombée.

Fig. 157.

Dans la plupart des édifices, cette précaution est superflue, car les murs en maçonnerie forment voûte au-dessus de la plate-bande, qui, en définitive, ne porte presque rien après le décintrement.

§ 4.

DE L'INFLUENCE DES PROCÉDÉS DE CONSTRUCTION SUR LES CONDITIONS DE STABILITÉ DES VOUTES.

57. Tassement sur cintre. — Le poids d'une voûte est supporté, pendant sa construction, par un cintre en bois qui épouse la forme de l'intrados, et sert d'échafaudage aux maçons. Par suite de l'élasticité des pièces de charpente, cet ouvrage provisoire se déforme au fur et à mesure que la charge s'accroît, et il en résulte des changements dans la surface extérieure des couchis qui soutiennent les maçonneries déjà faites. La voûte tend à suivre les mouvements du cintre qui la porte, et son déplacement développe dans l'intérieur des maçonneries des pressions qui changent ses conditions de stabilité et peuvent amener des modifications dans la courbe des pressions.

Supposons en effet (fig. 158) que le cintre d'une voûte en plein cintre s'affaisse de manière à diminuer la flèche de l'ouvrage : le rayon de courbure de l'intrados augmentera nécessairement à la clef, ce qui pourra entraîner l'ouverture d'un ou plusieurs joints, si la rigidité des maçonneries s'oppose à ce que la voûte subisse cette déformation. Tant que le mortier est mou, la voûte se comporte comme un corps plastique et se plie aux mouvement du cintre, la largeur des joints pouvant varier sans difficulté par un simple transport du mortier quasifluide qui les remplit.

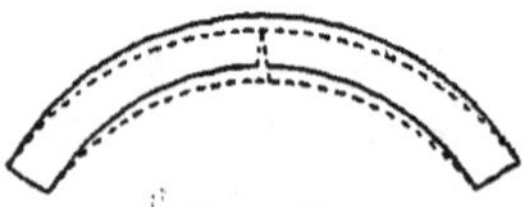

Fig. 158.

Mais dès que le mortier a fait prise, la voûte résiste à tout changement de forme et comme avant le clavage elle ne peut se soutenir par elle-même, elle est exposée, pour ne pas quitter le cintre, à se lézarder, à se briser en fragments.

Les constructeurs du siècle dernier, qui se servaient de chaux grasse à prise lente, pouvaient achever leurs voûtes et en poser les clefs avant que les joints des premiers voussoirs eussent fait prise ; ils n'avaient donc pas à se préoccuper de cette question de la déformation des cintres et, en fait, malgré l'importance des tassements que subissaient ceux-ci, jamais ils n'ont subi de ce chef d'accidents sérieux.

Avec les mortiers hydrauliques à prise rapide, dont on fait actuellement usage, il n'est plus possible de négliger l'influence dont nous venons de parler : on a fréquemment constaté que des voûtes, construites sans précaution sur des cintres trop déformables, présentaient des lézardes aux joints de rupture et à la clef avant même le décintrement. En supposant toutefois que l'on n'ait pas, en pareil cas, constaté de fissures, rien ne prouve que les mouvements du cintre n'ont pas développé dans le massif des pressions initiales pouvant nuire à sa solidité après le décintrement. Les mesures à prendre pour atténuer autant que possible les effets de cette cause de perturbation, et réduire au minimum l'influence de l'élasticité du cintre sur la stabilité de la voûte, sont les suivantes :

1° Il faut employer des cintres aussi peu déformables que possible. La rigidité dépend moins du cube de bois mis en œuvre que de la disposition des charpentes et du nombre des points d'appui. Les contructeurs du dernier siècle employaient des cintres retroussés, qui n'avaient que deux points d'appui placés aux naissances de la voûte ; les constructeurs modernes n'y ont plus recours qu'en cas de nécessité absolue. Comme nous l'avons déjà dit, cette question des cintres sera traitée en détail dans la seconde partie de l'ouvrage.

2° Il serait bon de faire subir autant que possible au cintre tout son tassement avant de commencer les maçonneries. C'est pourquoi on recommande de le charger des moellons qui devront entrer dans la construction de l'ouvrage, ou du moins d'en approvisionner une grande partie sur les couchis. Cette mesure est prudente et judicieuse, en ce que le poids porté par la charpente ne varie presque pas de cette façon depuis le commencement du travail de maçonnerie jusqu'au clavage de la voûte, et les mouvements du cintre deviennent insignifiants ; mais on ne peut, en général, l'appliquer d'une manière complète, à cause de la gêne qui en résulte pour les ouvriers.

3° La déformation que subit un cintre dépend essentiellement de la répartition de la charge qu'il supporte : si l'on charge les reins, ils s'abaissent et la clef se soulève, et *vice versa* ; si l'on charge une moitié de l'ouverture, le cintre se déverse, les reins chargés s'affaissent, les reins non chargés se soulèvent et la clef se déplace horizontalement du côté opposé à la charge. On recommande donc de monter la voûte de manière que les maçonneries exécutées soient toujours disposées symétriquement par rapport à la clef ; et il est même bon de commencer en même temps le travail des maçonneries à la clef et aux naissances, de façon à éviter toute déformation anormale du cintre due à l'inégale répartition des poids.

4° On divise la voûte en un certain nombre de parties limitées par des sections transversales, dont on commence simultanément l'exécution sur les différents emplacements du cintre qui leur correspondent. Chaque tronçon, ainsi maçonné isolément, a une trop petite longueur pour que les mouvements du cintre exercent sur lui une influence appréciable.

On les termine tous en même temps, et on remplit alors les vides ménagés à leurs surfaces de séparation, de façon à ne former une voûte unique de tous ces fragments indépendants qu'au moment où le cintre porte toute sa charge et a pris par conséquent son profil définitif.

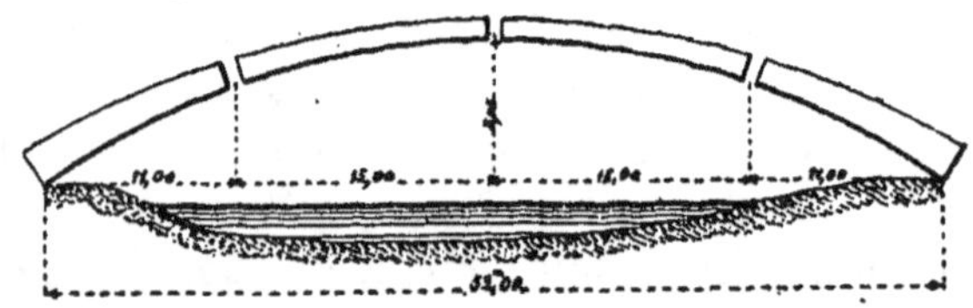

. Pont de Claix sur le Drac. — Fig. 159.

Tantôt on se borne à laisser vides un ou deux joints voisins du joint de rupture (pont de Tilsitt à Lyon, en arc de cercle de 23 mètres d'ouverture surbaissé au neuvième, construit par M. l'inspecteur général Kleitz), tantôt on ménage de plus

un vide à la clef, tantôt enfin on intercale encore des joints vides
à égale distance des joints de rupture et de clef. (Pont de Claix
sur le Drac, en arc de cercle de 52 m. d'ouverture et 8^m, 05 de
flèche, construit par M. l'Ingénieur en chef Cendre (fig. 159).

Dans presque tous les cas où l'on a usé de cette précaution,
et notamment dans les deux exemples que nous venons de citer, on n'a constaté aucune fissure dans les voûtes après le décintrement. Il est bien rare, au contraire, que des constatations
inverses n'aient pas été faites, lorsque l'on n'avait pas, pour
des ouvrages de cette importance, pris le soin de laisser vides
des joints à remplir immédiatement avant le décintrement.

Cela prouve que les fissures observées souvent dans les ponts
en maçonnerie tiennent plutôt au tassement sur cintre, pendant
la construction, qu'au tassement élastique que subit la voûte
au moment du décintrement. Pour des ouvrages de grande ouverture, c'est un des points de vue qui doivent le plus préoccuper les ingénieurs au cours des travaux.

58. Tassement au décintrement. — Nous venons de voir

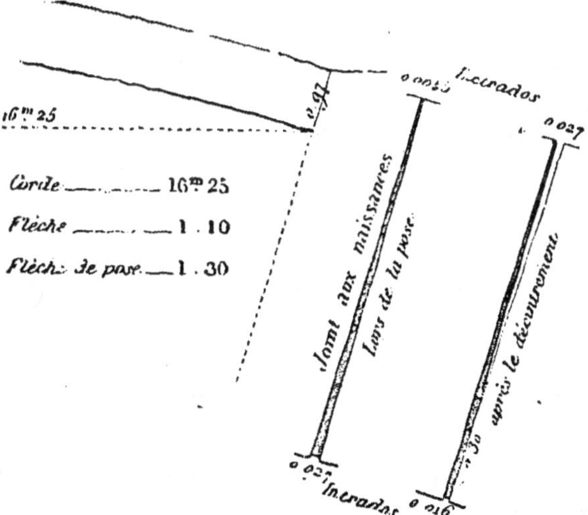

Pont de Nemours. — Fig. 160.

que le tassement élastique des voûtes, dû à la déformation
des matériaux sous l'influence des pressions qui se développent
par l'effet de la charge, est généralement très peu important
et ne donne lieu à aucune fissure dans les joints si l'ouvrage

a été bien conçu et bien exécuté. Lorsque le mortier n'a pas fait complètement prise, la contraction qu'il subit, par suite de sa plasticité relative, augmente notablement la déforma- tion et peut amener la formation de lézardes (fig. 160). Il est prudent, si l'on compte décintrer avant le durcissement à peu près complet du mortier, d'augmenter un peu l'épaisseur des joints vers l'intrados, dans les zones où la courbe des pressions s'en rapproche, et *vice versa*. Pour le pont de Tilsitt, dont les voûtes ont été construites avec beaucoup de soin et laissées sur cintre jusqu'au durcissement complet du mortier excellent qu'on avait employé, on n'a constaté au moment du décintre- ment aucun tassement à la clef, ce qui semble en contradiction avec le principe fondamental de notre thèse, basée sur l'élas- ticité des matériaux. Il y a tout lieu de croire que, pour ce pont, le décintrement s'était opéré naturellement bien long- temps avant l'opération qui avait pour but de le réaliser. Lorsqu'une voûte est clavée et que ses joints ont fait prise, elle forme un massif indépendant du cintre, et pour peu que celui-ci s'affaisse par suite d'un abaissement de température, de l'assèchement des bois qui, on le sait, sont très hygromé- triques, ou du relâchement des assemblages, la voûte ne le suit plus dans ce mouvement et elle se trouve par le fait défini- tivement décintrée, alors même que le cintre reviendrait à sa forme primitive et recommencerait à presser la surface d'in- trados. En pareil cas, l'enlèvement du cintre ne peut guère modifier la forme de la voûte qui a déjà subi antérieure- ment sa déformation élastique, et c'est ce qu'on observe fré- quemment.

59. Chaînes de pierres de taille. — On emploie sou- vent dans la construction des voûtes des chaînes de pierre de taille parallèles au plan des têtes : c'est ainsi, en général, que l'on exécute les bandeaux apparents de l'élévation, et souvent on intercale entre eux un ou deux anneaux en pierre de taille. Cette disposition est défectueuse, en ce qu'elle tend à amener la rupture de la voûte aux surfaces de jonction de la maçon- nerie de pierres de taille et de la maçonnerie ordinaire. Nous n'insisterons pas sur cette question traitée au chapitre 1er pages 59 à 61). Pour les ponts de grande ouverture, il convient donc non seulement de proscrire les chaînes parallèles au plan des têtes, mais encore d'exécuter les bandeaux des têtes en moellons de petit appareil, de dimensions analogues à celles des matériaux de la maçonnerie ordinaire, sauf à en améliorer l'aspect par une taille très soignée, ou un artifice tendant à leur donner l'aspect d'une construction en pierres de taille (ponts de Chalonnes et de Nantes sur la Loire). On assure ainsi l'homogénéité complète de la voûte, et l'on n'a pas à craindre de séparation entre les têtes et le corps de l'ouvrage.

Des chaînes de pierre de taille dirigées suivant les arêtes du berceau, c'est-à-dire horizontales, ne peuvent, au contraire, présenter nul inconvénient. On a jugé utile en certains cas (pont-canal du Guétin sur l'Allier, pont de Montlouis sur la Loire, fig. 142) d'adopter cette mesure pour relier entre elles les deux têtes d'un pont. On peut contester l'utilité de cette disposition, au point de vue particulier qui avait conduit à l'admettre, mais on doit reconnaître qu'elle n'est pas contraire aux principes de la résistance des maçonneries (pages 61 et 62), et ne peut nuire à la stabilité de la voûte.

60. Refouillement des joints. Joints réduits. — On a proposé de diviser les voûtes en trois parties reliées entre elles à la clef, et avec les culées aux naissances, par des articulations ou rotules formées soit avec des pièces métalliques, soit avec des pierres d'une dureté exceptionnelle.

Cette disposition, ayant pour but de faire passer la courbe des pressions par des points fixes arrêtés à l'avance, ne semble pas avoir été encore mise en pratique et ne le sera probablement jamais.

On recommande de ne pas remplir complètement les joints de mortier en laissant un petit vide dans le voisinage immédiat de l'arête d'extrados ou de celle d'intrados, suivant que la courbe des pressions se rapproche de l'une ou de l'autre de ces arêtes. Cette mesure, qui a pour objet d'empêcher l'épauffrement des arêtes pendant le décintrement, est prudente : on sait qu'une charge qui ne dépasse pas la limite pratique de résistance d'un moellon, est susceptible dans certains cas d'amener la rupture d'une arête, si celle-ci par une circonstance fortuite, qu'il n'est pas toujours possible de prévoir, vient à supporter un effort un peu plus grand.

M. l'Inspecteur général Dupuit recommande de laisser un vide notable dans les joints de clef et de rupture, correspondant aux zones où la courbe des pressions se rapproche le plus de l'intrados ou de l'extrados, de façon à rejeter celle-ci dans l'intérieur du massif, et à fixer arbitrairement une limite inférieure de sa distance minimum à l'intrados ou à l'extrados ; on réalise de cette façon, dans une certaine mesure, les articulations dont il a été parlé plus haut, et l'on doit s'attendre à ce que les joints ainsi réduits fonctionnent comme des demi-articulations et subissent un changement d'orientation notable nécessité par le déplacement que doit subir la courbe des pressions. En pareil cas, il convient de dresser l'épure de

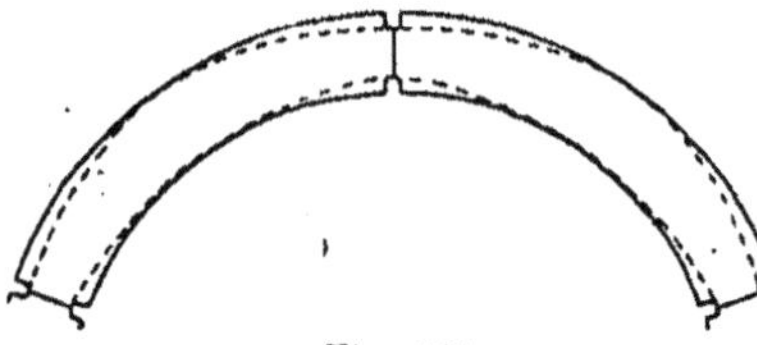

Fig. 161.

stabilité en supposant que les surfaces d'intrados se soudent par des courbes continues avec les extrémités des joints réduits, de façon que le corps de la voûte présente en ces points des étranglements. — Le tracé de cette épure ne présente d'ailleurs aucune difficulté.

Il est évident que le travail à la compression augmentera notablement au droit des étranglements, et il convient, en conséquence, si les matériaux à employer dans l'ouvrage ne présentent pas une résistance suffisante, d'exécuter les deux voussoirs adjacents à chaque joint avec une pierre exceptionnellement solide. M. l'Ingénieur en chef Brosselin avait dans ces conditions proposé un projet de voûte en maçonnerie pour le pont de Tolbiac à Paris ; le corps de la voûte étant prévu en pierre de Château-Landon, les six voussoirs adjacents aux joints réduits de la clef et des reins devaient être exécutés en granit d'une dureté exceptionnelle. On reconnaît immédiatement que, si l'on n'eût pu exécuter la totalité des maçonneries en granit, la précaution d'employer des joints réduits devenait inutile ou plutôt nuisible. Cette dispo-

sition ne serait donc justifiée que dans le cas où, ayant à sa
disposition des matériaux médiocrement résistants, le constructeur pourrait se procurer quelques voussoirs d'une pierre
exceptionnellement dure.

L'emploi de joints réduits ne saurait donc être réellement
utile et à recommander que dans des circonstances très rares,
et nous avons vu que les Ingénieurs disposent de moyens tout
aussi efficaces pour modifier les courbes de pression des voûtes,
lorsqu'elles se rapprochent trop des courbes d'intrados et
d'extrados.

61. Construction par rouleaux. — Soient ABCD une
voûte quelconque ne supportant que son propre poids, et mnp
la courbe des pressions (fig. 162). Supposons que l'on construise sur cet ouvrage,
servant de cintre, une
seconde voûte BB_1CC_1,
ayant pour intrados l'ex-
trados de la première, et
présentant exactement
les mêmes épaisseurs

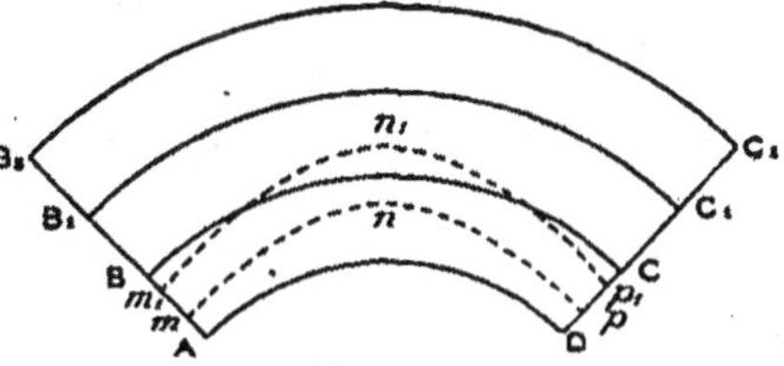

Fig. 162.

sur les joints correspondants ; le poids de ce rouleau sera
entièrement supporté par la voûte ABCD, et comme on aura
simplement doublé la charge de celle-ci, sans en modifier la
répartition, la courbe des pressions mnp ne subira aucun
changement. Le massif de maçonnerie AB_1C_1D se composera,
par suite de son mode d'exécution, d'une voûte inférieure
ABCD portant toute la charge, et d'un rouleau supérieur
BB_1C_1C qui, n'ayant pas été décintré, ne portera rien. Si, au
lieu de scinder l'opération, on avait construit en une seule fois
la voûte AB_1C_1D, présentant des épaisseurs doubles de celles
de la voûte ABCD, la courbe des pressions correspondantes serait $m_1n_1p_1$. Les courbes mnp et $m_1n_1p_1$, relatives
à des voûtes de même intrados, portant la même charge,
et dont les épaisseurs sont dans le rapport de 1 à 2, peuvent
être considérées avec une approximation très grande (49),
comme semblables, et il est aisé de reconnaître que les distances des points correspondants de ces courbes à l'intrados

commun des deux voûtes sont dans le même rapport (un demi) que leurs épaisseurs respectives.

Supposons maintenant que l'on construise sur l'extrados B_1C_1 un troisième rouleau $B_1B_2C_2C_1$, de mêmes épaisseurs que le second. Le poids de ces maçonneries nouvelles sera supporté par l'ensemble des deux premiers rouleaux AB_1C_1D résistant comme une voûte unique, et, par conséquent, la courbe des pressions relatives à cette charge supplémentaire sera $m_1n_1p_1$. La courbe des pressions correspondant à l'ensemble des maçonneries s'obtiendra en composant la courbe mnp, relative au poids des deux premiers rouleaux, avec la courbe $m_1n_1p_1$, relative au poids moitié moindre du troisième. Cette courbe résultante sera donc intermédiaire entre mnp et $m_1n_1p_1$, et deux fois plus rapprochée de la première que de la seconde : en désignant par d la distance à l'intrados d'un point de la courbe $m_1n_1p_1$, celle du point correspondant de la courbe mnp sera $\frac{d}{2}$, et celle du point de la courbe résultante sera $\frac{2d}{3}$. Il sera facile de tracer cette dernière courbe, connaissant mnp.

Admettons maintenant, pour plus de généralité, que l'on décompose une voûte en n rouleaux de même épaisseur aux joints correspondants, que l'on construira successivement, en établissant chacun d'eux sur l'ensemble des rouleaux précédents résistant comme une voûte unique. Désignons par d la distance à l'intrados d'un point déterminé de la courbe des pressions qui correspondrait au poids propre du massif tout entier, si celui-ci eût été construit en une seule opération suivant la méthode habituelle. La distance du point correspondant de la courbe des pressions relative au poids du premier rouleau sera sensiblement égale à $\frac{d}{n}$. Cette distance sera aussi $\frac{d}{n}$ pour le poids du second rouleau porté par le premier.

Elle sera $\frac{2d}{n}$ pour le poids du troisième rouleau, porté par la réunion des deux premiers, etc. Pour avoir la courbe des pressions résultante, relative à l'ensemble des rouleaux construits successivement, il suffira de prendre la moyenne de ces distances partielles, puisque ces diverses courbes correspondent sensiblement à des charges identiques : on peut évidemment admettre sans erreur sensible que les rouleaux successifs présentent le même poids, malgré la légère augmentation que subit le développement de l'axe longitudinal lorsque l'on passe de chacun d'eux au suivant. La distance à l'intrados du point correspondant de la courbe résultante sera ainsi donnée par l'expression :

$$\left[\frac{d}{n} + \frac{d}{n} + \frac{2d}{n} + \ldots\ldots + \frac{(n-1)}{n} d \right] \frac{1}{n} = d \left(\frac{n(n-1)+2}{2n^2} \right).$$

Cette fraction, dont la valeur décroît à mesure que n augmente, s'écarte toujours très peu de la valeur $\frac{1}{2}$.

$$\text{Pour } n = 2 \text{ elle est égale à } \frac{1}{2},$$

$$— \quad = 3 \quad — \quad \frac{8}{18},$$

$$\cdot\ \cdot\ \cdot\ \cdot\ \cdot\ \cdot\ \cdot\ \cdot\ \cdot\ \cdot$$

$$— \quad = 10 \quad — \quad \frac{92}{200}.$$

Nous en concluons que, lorsqu'on construit une voûte par rouleaux, au lieu de l'exécuter en une seule opération, on réduit les distances à l'intrados des différents points de la courbe des pressions dans un rapport sensiblement égal à $\frac{1}{2}$, quel que soit le nombre de rouleaux[1].

1. On peut faire une objection au raisonnement qui précède : nous avons admis que l'on décintrerait le premier rouleau avant de procéder à l'exécution du second. Or, il arrive souvent que l'on conserve le cintre jusqu'à l'achèvement complet des maçonneries : de cette façon, il porte le poids du premier rouleaux pendant toute la durée des travaux, et le mode de construction par rouleaux n'a pour résultat que de limiter à ce poids la charge du cintre, sans réduire sa durée d'emploi. Dans ces conditions, le poids du premier rouleau est, au moment du décintrement, transmis par le cintre à la voûte tout entière, qui est alors complètement terminée, et non plus au premier rouleau, comme nous l'avions supposé ci-dessus.

On tiendra compte de cette circonstance en remplaçant, dans la série qui donne la distance de la courbe des pressions à l'intrados, le premier terme $\frac{d}{n}$, qui se rapporte au poids du premier rouleau supporté par lui-même, par le terme d, qui se rapporte au même poids supporté par la voûte

Dans le cas où l'on ne trouverait pas le raisonnement qui précède suffisamment rigoureux, rien n'empêcherait de déterminer exactement la courbe des pressions en s'appuyant sur la théorie de la stabilité des voûtes. En effet, on connaît le poids de chaque rouleau ainsi que le profil de la voûte qui le supporte, cette voûte comprenant tous les rouleaux précédemment construits. On peut donc déterminer la poussée et le point de passage à la clef de la courbe des pressions correspondant au poids de ce rouleau. Après avoir fait le même calcul pour tous les rouleaux, on déterminera par les procédés de la statique la grandeur et le point de passage à la clef de la résultante de toutes ces poussées partielles : connaissant ainsi la poussée et un point de la courbe des pressions relatives à l'ensemble des rouleaux, on tracera cette courbe par les procédés habituels.

entière. La somme des termes de la série prend alors la forme plus simple $\dfrac{d(n+1)}{2n}$, et sa valeur augmente d'autant plus que le nombre n est plus petit.

Le rapport des distances à l'intrados des points correspondants des deux courbes des pressions relatives l'une à la voûte construite par rouleaux, dans les conditions nouvelles où nous nous plaçons, et l'autre à la voûte construite en une seule opération, est ainsi égal :

$$
\begin{aligned}
&\text{pour } n = 2 \text{ à } \quad 3/4,\\
&\qquad n = 3 \text{ à } \quad 2/3,\\
&\qquad n = 10 \text{ à } \quad 11/20,
\end{aligned}
$$

La détermination de la courbe des pressions par la méthode exacte se ferait d'ailleurs identiquement comme dans le cas considéré à l'article 61. Il suffirait d'admettre que le poids du premier rouleau est porté par la voûte tout entière.

Nous voyons ici un exemple frappant de l'influence que peut exercer le mode de construction sur les conditions de stabilité d'une voûte : toutes choses égales d'ailleurs, la courbe des pressions d'une voûte construite par rouleaux se rapproche plus de l'intrados si l'on enlève le cintre avant d'avoir commencé le deuxième rouleau que si l'on attend le complet achèvement de la voûte, et la différence est d'autant plus marquée que, le nombre des rouleaux étant plus réduit, le poids du premier rouleau représente une fraction plus importante de la charge totale. Nous voyons aussi que l'on peut tenir un compte exact, dans la préparation de l'épure de stabilité, des conditions que l'on se propose de réaliser en exécution, et tracer la courbe des pressions correspondant à l'époque où l'on a l'intention d'opérer le décintrement. Il est bien évident qu'il n'eût pas été plus difficile pour nous de supposer que le cintre serait enlevé après la confection du troisième rouleau, le poids du premier étant supporté par l'ensemble de trois rouleaux : il eût

suffi de remplacer dans la série le premier terme $\dfrac{d}{n}$ par le terme $\dfrac{3d}{n}$.

Cette méthode, qui peut paraître à priori d'une application pénible, n'exige en réalité pas grand travail : en effet, les différentes voûtes que l'on a à considérer successivement ont pour axes longitudinaux des courbes semblables ; leurs épaisseurs sont proportionnelles et leurs charges réparties suivant la même loi. Après avoir calculé les intégrales définies relatives à l'une d'elles, on obtiendra les intégrales relatives à la suivante en multipliant chacune des premières par un coefficient dépendant de la similitude des axes longitudinaux et du rapport des épaisseurs. Ainsi, par exemple, l'intégrale $\int \frac{Xyds}{e^3}$ devrait être multipliée par le coefficient $\frac{a'^3e^3}{a^3e'^3}$, dans lequel $\frac{a'}{a}$, rapport des demi-cordes des axes longitudinaux des voûtes, est égal au rapport de similitude de ces axes, et $\frac{e'}{e}$ est le rapport des épaisseurs des joints correspondants. Ayant obtenu chacune des intégrales définies nouvelles par une simple multiplication, il sera facile de calculer la poussée Q et l'ordonnée z.

La figure 163 représente une voûte circulaire que nous avons prise .pour exemple. Les deux lignes marquée par le trait — — — — — — sont les courbes des pressions relatives au poids propre de la voûte supposée dans un cas construite en une seule opération, et dans l'autre divisée en deux rouleaux. On voit que les distances à l'intrados de la seconde courbe sont sensiblement les moitiés des distances de la première. Nous avons en outre marqué sur la figure par le trait —. —. —. —. la courbe des pressions correspondant au poids des tympans : cette courbe est indépendante du mode de construction de la voûte, parce que, au moment ou on a élevé les tympans, le rouleau supérieur a pris son assiette et forme avec le rouleau inférieur un massif solidaire, tout aussi bien que si la voûte eût été établie dès le principe avec toute son épaisseur.

La construction des voûtes par rouleaux a donc pour conséquence de diminuer de moitié les distances à l'intrados de tous les points de la courbe des pressions relative au poids propre

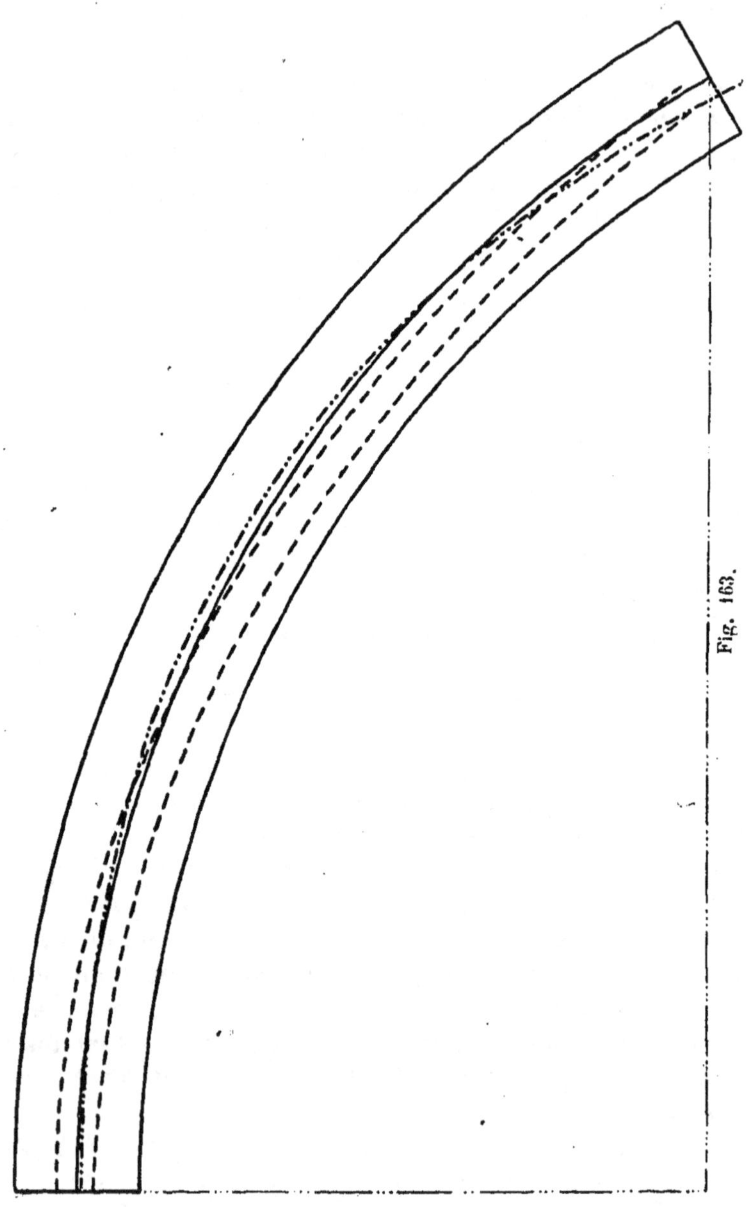

Fig. 163.

de l'ouvrage, sans d'ailleurs rien changer aux courbes des pressions relatives aux charges additionnelles, tympans, remblais, etc., qui ne sont appliquées sur la voûte qu'après son achèvement.

Nous avons vu précédemment que, dans les grands ponts, la courbe des pressions tend à se rapprocher de l'extrados dans le voisinage de la clef, ce qui peut amener la rupture des maçonneries avec ouverture des joints à l'intrados. La construction par rouleaux a pour effet d'éloigner la courbe de l'extrados et de rendre impossible ce mode de rupture. Par contre elle donne des résultats défavorables dans le voisinage des reins, en réduisant de moitié la distance, déjà trop faible en général, de la courbe des pressions à l'intrados (fig. 163) : elle facilite par conséquent la rupture des maçonneries dans cette partie de la construction avec ouverture des joints à l'extrados. On peut remédier à cet inconvénient par l'un des moyens suivants :

1° Augmentation de l'épaisseur dans la zone où la courbe des pressions se rapproche trop de l'intrados et relèvement de la section de retombée : toutes choses égales d'ailleurs, lorsque l'on construit une voûte par rouleaux, les épaisseurs à lui attribuer entre les reins et les naissances doivent donc être plus fortes que si la voûte était construite en une seule opération ;

2° Déplacement de la courbe des pressions au moyen de charges additionnelles. En augmentant la charge locale des tympans dans les points où la courbe des pressions est trop voisine de l'intrados, on relève celle-ci et on la rapproche de l'axe longitudinal. Il peut être bon de ne pas élégir les tympans dans le voisinage des naissances ;

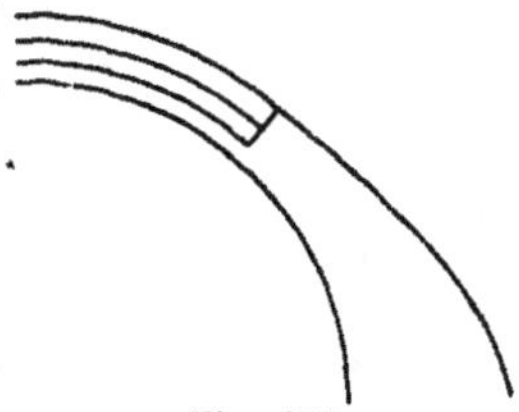

3° Limitation des rouleaux à la portion de voûte comprise entre les joints des reins. La construction par rouleaux, ayant une influence utile sur la stabilité de la partie centrale de l'ouvrage et une influence nuisible sur le surplus, rien n'empêche d'adopter un système mixte

Fig. 164.

consistant à n'appliquer la division en rouleaux qu'à la portion supérieure de voûte comprise entre les reins (fig. 164 et 165).

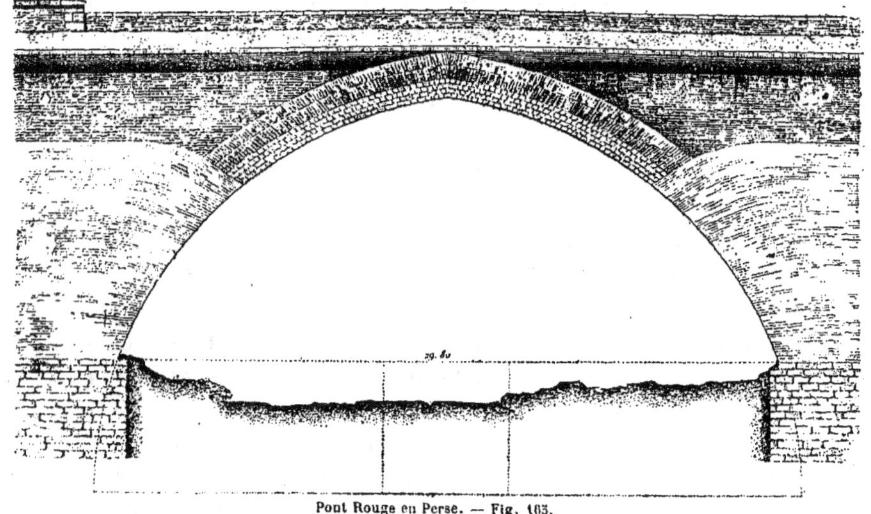

Pont Rouge en Perse. — Fig. 163.

La division des voûtes en rouleaux a été imaginée par les anciens constructeurs en vue de ne faire supporter au cintre que le poids du premier rouleau. Celui-ci, après la prise des mortiers, servait à son tour de cintre pour le deuxième rouleau, et ainsi de suite. De cette façon, le cintre en bois n'était calculé que pour porter le 1/4, le 1/5 ou même une fraction plus faible de la charge. Or le système mixte que nous venons d'indiquer ne présente, à ce point de vue spécial, aucun désavantage sur le système complet. En effet, nous avons déjà vu que l'on peut monter sans cintre les parties inférieures des voûtes jusqu'au joint incliné à 15°, si l'on n'attend pas que le mortier d'une assise ait fait prise pour poser la suivante, et jusqu'au joint incliné à 50°, si l'on procède avec lenteur, en laissant les joints durcir avant de les charger. L'utilité de réduire la charge du cintre ne se manifeste donc que pour les assises dont les joints sont très inclinés sur l'horizontale, et la partie de voûte comprise entre les naissances et les reins pourra généralement se monter sans imposer au bois du cintre une trop grande fatigue. La figure 165 indique un exemple de l'application de ce procédé mixte dans le Pont-Rouge, en Perse.

En résumé, le procédé de construction par rouleaux, qui n'était employé que dans le but de réaliser une économie sur le cintre, a une influence considérable sur les conditions de stabilité des voûtes, et peut, dans certains cas, présenter sur le procédé ordinaire des avantages très sérieux. En fait, les constructeurs s'en sont très fréquemment servis pour les grandes ouvertures, malgré les critiques qu'on a quelquefois dirigées contre cette méthode, et ils n'ont jamais, à notre connaissance, éprouvé de mécompte. Nous avons vu que la théorie est d'accord sur ce point avec l'expérience, mais nous croyons qu'il convient de tenir compte dans la préparation du projet d'un ouvrage de la manière dont il doit être construit, et, lorsque l'on compte le diviser en rouleaux, de dresser dans cette prévision les épures de stabilité, de façon à corriger les inconvénients qu'entraîne ce mode de construction, sans quoi l'on s'exposerait à amener l'écrasement des arêtes d'intrados des voussoirs dans le voisinage des reins.

La division en rouleaux est donc une question qui intéresse le projet lui-même, et influe notamment sur les calculs de résistance. Ce n'est pas un simple procédé de construction qu'on ait le droit d'appliquer au dernier moment sur le chantier, sans se préoccuper des conséquences qu'il peut avoir.

§ 5.

CONSIDÉRATIONS GÉNÉRALES SUR LA CONSTRUC-TION DES VOUTES

62. Résumé des moyens à employer pour assurer la stabilité des voûtes. — La construction des voûtes est soumise à de nombreuses sujétions, qui sont parfois incompatibles avec les conditions spéciales à réaliser dans l'établissement d'un ouvrage d'art. On est alors conduit à substituer le fer à la pierre, et à édifier un pont métallique, qu'il est toujours facile de plier aux nécessités d'ouverture, de hauteur, de fondation, etc., auxquelles on ne peut se soustraire. Pourtant l'ingénieur n'est pas absolument désarmé en ce qui touche la construction des ponts en maçonnerie, et nous croyons avoir démontré qu'il dispose d'un certain nombre de moyens très efficaces pour assurer la stabilité d'une voûte et en permettre la construction dans des cas où, à priori, il ne paraîtrait pas possible de l'établir avec la solidité désirable, si l'on se bornait à chercher un exemple parmi les ouvrages existants et à en copier les dispositions.

Nous croyons utile de récapituler brièvement les points sur lesquels on devra, en pareil cas, porter son attention.

1° *Tracé de la courbe d'intrados.* — L'ouverture et la montée étant supposées arrêtées à l'avance, la courbe d'intrados n'est pas complètement déterminée, et, par le choix judicieux qui en sera fait (ellipse, plein cintre, arc de cercle, parabole, ogive, etc.), les conditions de stabilité pourront être sensiblement améliorées.

2° *Variation des épaisseurs.* — Si, au lieu d'appliquer simplement une règle empirique, on fixe les épaisseurs de l'ouvrage d'après le profil de la courbe des pressions fournie par une épure de stabilité provisoire, on attribuera à l'axe longitudinal le tracé le plus avantageux, et l'on obtiendra, pour un cube donné de maçonnerie, le maximum de solidité.

3° *Relèvement des sections de retombée.* — En donnant à la voûte, à partir d'une certaine hauteur au-dessus des naissances, des épaisseurs assez fortes pour que la déformation élastique de la partie inférieure de l'ouvrage puisse être négligée, on substituera à l'ouvrage primitif une voûte plus surbaissée et de moindre ouverture, présentant à égalité d'épaisseur une plus grande stabilité.

4° *Élégissements des tympans.* — En disposant d'une manière rationnelle les vides à ménager dans les tympans, on réduira dans une certaine mesure le poids total, et surtout on en modifiera la répartition de façon à améliorer le profil de la courbe des pressions et à diminuer le travail maximum à la compression.

5° *Construction des voûtes par rouleaux.* — Ce mode d'exécution permet de diminuer notablement la force des cintres; de plus, il a, en général, pour effet d'écarter toute éventualité de rupture par écrasement de l'extrados avec ouverture de joints à l'intrados, et fournit par conséquent le moyen d'établir des voûtes de grande ouverture avec une faible épaisseur à la clef. Il convient d'ailleurs de remédier aux défauts inhérents à ce mode de construction, en recourant aux mesures indiquées à l'article précédent.

6° *Qualité des matériaux.* — Grâce aux progrès de l'industrie et au développement des voies de transport, les constructeurs disposent aujourd'hui, dans des conditions de prix abordables, de matériaux beaucoup plus résistants que ceux dont on se servait autrefois. L'emploi des pierres granitiques, des calcaires durs et des mortiers de ciment donne des facilités nouvelles; il permettrait d'aborder la construction des voûtes de très grande portée, sans avoir à craindre l'écrasement des maçonneries par l'effet d'une compression exagérée.

Dans les différentes questions que nous venons d'examiner,

les solutions à adopter seront indiquées par l'épure de stabilité, et l'on pourra, en se basant sur la théorie des voûtes, se
rendre un compte exact des résultats à attendre des dispositions admises. On peut procéder presque avec la même
rigueur que dans le cas des ponts métalliques ; l'épure définitive, établie d'après les conditions réelles d'établissement de
la voûte, fournira des renseignements absolument certains et
complets.

Nous avons d'autre part signalé diverses causes qui peuvent
influer sur la stabilité des voûtes, et dont il n'est guère possible d'évaluer les conséquences par un calcul précis : changements de température, contraction des mortiers, déformation des cintres, déplacement des points d'appui, manque
d'homogénéité des maçonneries. Mais l'ingénieur pourra, en
général, prévoir la nature des effets à en attendre et en apprécier plus ou moins exactement l'importance ; à l'aide de
mesures appropriées, dont nous avons déjà parlé, il lui sera
presque toujours possible d'en combattre et d'en atténuer
suffisamment les résultats fâcheux.

En résumé, nous pensons qu'en tenant compte de ces influences diverses, et en dressant le projet du pont d'après des
bases rationnelles et des procédés de calcul rigoureux, on arriverait facilement à réduire dans une large mesure les épaisseurs admises jusqu'à présent pour les ponts en pierres, et à
exécuter des ouvrages plus légers, et par suite moins coûteux
que les anciens ponts, bien que tout aussi solides, en obtenant
une meilleure répartition des maçonneries et une utilisation
plus judicieuse des matériaux.

63. Limite d'ouverture des grands ponts. — Les ingénieurs italiens ont construit en 1377 à Trezzo, sur l'Adda,
un pont, détruit en 1416, dont l'ouverture était de 72^m,25 et la
flèche de 20^m,70, d'après un relevé fait par M. l'ingénieur en
chef *de Dartein*. C'est la plus grande ouverture qui ait jamais
été atteinte. Les constructeurs du moyen âge ne reculaient pas
devant des portées exceptionnelles, et, malgré l'inexpérience
des ouvriers, la mauvaise qualité des mortiers et le défaut de
ressources qui faisait en général traîner indéfiniment les tra-

vaux, ils exécutaient avec un plein succès des ouvrages dont la hardiesse nous étonne encore aujourd'hui. Il ne semble donc pas que l'on ait jusqu'à présent tiré un parti convenable des progrès immenses réalisés depuis le commencement du siècle dans la fabrication des mortiers, l'exécution des travaux et la science de l'ingénieur, et nous pensons que l'on pourrait sans danger dépasser dans une large proportion les limites d'ouvertures qu'atteignaient nos devanciers, malgré l'insuffisance des moyens dont il disposaient.

Pour les grands ponts, le poids propre de la voûte représente la majeure partie de la charge, et la seule dont il y ait réellement lieu de se préoccuper : le difficile en pareil cas est de réussir la pose de la clef et d'opérer le décintrement sans accident; cela fait, on n'a guère à craindre que la charge supplémentaire représentée par les tympans, la chaussée, les corniches et le garde-corps, etc., augmente d'une manière inquiétante le travail à la compression et provoque la chute du pont. Nous ne considérerons donc, lorsqu'il s'agira d'ouvertures exceptionnelles, que l'effet produit par la charge des maçonneries exécutées avant le décintrement, c'est-à-dire le poids de la voûte et celui de la portion des murs de tympan qu'on a pu juger utile d'y ajouter pour soutenir les reins de l'ouvrage.

En nous plaçant à ce point de vue particulier, nous pouvons énoncer un certain nombre de principes intéressants sur l'équilibre des voûtes ne portant que leur propre poids :

Dans deux voûtes semblables, c'est-à-dire exécutées avec les mêmes matériaux et présentant des ouvertures, des montées et des épaisseurs respectivement proportionnelles, les courbes des pressions sont semblables entre elles et les valeurs du travail maximum à la compression, développé dans deux sections correspondantes, sont dans le même rapport que les ouvertures : par conséquent, en triplant toutes les dimensions d'une voûte, on triple également le travail maximum à la compression subi par la maçonnerie.

Si, sans modifier l'axe longitudinal d'une voûte, on réduit ses épaisseurs dans un rapport déterminé, on augmente le travail maximum à la compression, bien que le poids de l'ouvrage diminue proportionnellement à son épaisseur. D'après les recherches que nous avons faites, le travail maximum semble varier à peu près comme $\sqrt[3]{\dfrac{1}{e}}$, e étant l'épaisseur moyenne de la voûte. En réduisant l'épaisseur de moitié, on augmenterait, d'après cette règle, le travail dans le rapport de 1 à $\sqrt[3]{2}$, soit de 25 0/0.

On attribue dans la pratique au rapport de la demi-ouverture à l'épaisseur des valeurs de plus en plus fortes, à mesure que l'on augmente la portée des voûtes; il en résulte que le travail maximum à la compression croît plus vite que l'ouverture et que la règle précédente, relative aux voûtes semblables, n'est plus applicable.

La poussée d'une voûte peut être représentée par l'expression $Ke\,\dfrac{a^2}{2f}$, a étant la demi-ouverture, f la flèche, e l'épaisseur moyenne et K un coefficient qui dépend des courbes suivant lesquelles sont profilés l'intrados et l'extrados, et de la densité des maçonneries. $\dfrac{a^2}{2f}$ représente approximativement la longueur du rayon de courbure moyen ρ de l'intrados. Donc la poussée est proportionnelle au produit de ρ par l'épaisseur e.

Si l'on faisait abstraction de l'influence des profils d'extrados et d'intrados, on voit que le travail maximum à la compression varierait proportionnellement au rayon de courbure ρ.

Mais, si l'on tient compte du coefficient K, on reconnaît :

1° Que si l'on considère deux voûtes de même épaisseur e et de même ouverture $2a$, le travail maximum diminue avec le rayon de courbure ρ. La voûte la moins surbaissée est dans ce cas la plus stable.

2° Qu'à égalité de rayon de courbure ρ et d'épaisseur e, le travail maximum diminue avec l'ouverture $2a$: la voûte la plus surbaissée est dans ce cas la plus stable, si l'on considère deux ouvrages dont les intrados sont des arcs de cercle de même rayon. Il y a donc intérêt, pour un profil d'intrados donné, à relever le plus possible les sections de retombée, de manière à réduire l'ouverture de la voûte proprement dite (48).

3° Toutes choses égales en ce qui concerne les épaisseurs et la nature des matériaux, le travail maximum croît ainsi d'une part avec l'ouverture $2a$, d'autre part avec le rayon de courbure ρ. Nous estimons que le coefficient de hardiesse d'un ouvrage peut être assez exactement représenté par le produit $a\rho$ de la demi-ouverture par le rayon de courbure moyen de l'intrados. Plus ce produit est grand et plus le travail maximum à la compression est considérable. Nous avons indiqué dans le tableau suivant la valeur que présente ce coefficient pour un certain nombre de ponts considérés comme très hardis : le classement de ces ouvrages, effectué d'après les valeurs croissantes de $a\rho$, semble assez rationnel.

COEFFICIENTS DE HARDIESSE D'UN CERTAIN NOMBRE DE PONTS.

DÉSIGNATION DES OUVRAGES.	Ouverture $2a$	Montée f	Rayon de courbure moyen de l'intrados ρ	Coefficient $a\rho$
Pont Fouchard sur le Thouet, à Saumur	26	2,60	33,80	439
Pont de Nogent, sur la Marne	50	25	25	625
Pont de Tournon, sur le Doux	49,20	17,73	25,96	639
Pont Antoinette, sur l'Agout	50	15,90	27,60	690
Pont de Lavaur, sur l'Agout	61,50	27,50	30,95	931
Pont sur la Dora, à Turin	44,80	5,60	47,60	1066
Pont de Claix, sur le Drac	50	7,40	46	1150
Pont de Chester, sur le Dée	61	12,81	42,90	1308
Pont de Cabin John (près Washington.)	67	17,60	40,70	1363
Pont de Trezzo, sur l'Adda	72,25	20,70	42	1517
Arche d'essai de Souppes	37,886	2,125	88	1667

On peut donc par un moyen très simple se rendre compte avec une certaine vraisemblance de la hardiesse d'un ouvrage, en faisant abstraction bien entendu de l'influence du rapport $\dfrac{a}{e}$, qui ne peut être mise en évidence que par l'épure de stabilité.

Cette considération est importante : pour l'arche d'essai de

Souppes par exemple, l'épaisseur n'est que la trente-septième partie de l'ouverture et la quatre-vingt unième partie du rayon, ce qui lui donne un caractère de hardiesse tout à fait exceptionnel, indépendamment de l'audace que l'on a eue d'adopter un rayon de courbure aussi considérable pour une portée semblable.

Si la règle précitée est exacte, on en conclura que l'exemple de l'arche de Souppes tend à faire croire à la possibilité d'exécuter avec succès, en se servant des mêmes matériaux, une voûte en plein cintre dont l'ouverture serait égale à $2\sqrt{1667}$, soit 82 mètres, avec des épaisseurs équivalentes.

Pour nous rendre compte de l'ouverture limite que l'on pourrait atteindre pour les voûtes en maçonnerie, nous avons calculé exactement le travail maximum qui serait développé en différentes sections d'une voûte en plein cintre de 157 m. d'ouverture entre les naissances, dont les épaisseurs seraient proportionnelles à celles de la voûte en plein cintre représentée par la figure 99, supposées réduites dans le rapport de 1/4. Cette voûte aurait donc 2 m. d'épaisseur à la clef et 4 m. au joint incliné à 30° sur l'horizontale. Dans ces conditions, en admettant que le mètre cube de maçonnerie pèse 2500 kil., on trouve que le travail maximum à la compression dû au poids propre de l'ouvrage, présente les valeurs suivantes :

Clef : 83 kil. par centimètre carré,

Joint incliné à 60° (minimum) : 41 kil. par centimètre carré,

Joint de rupture incliné à 49° : 65 kil. par centimètre carré.

Ces chiffres sont élevés ; mais il est probable qu'en adoptant une meilleure répartition des maçonneries, par une modification dans la loi de variation des épaisseurs et par un relèvement des naissances, on arriverait à réduire à 70 kil. le maximum à la clef.

Dans ces conditions, l'exécution de l'ouvrage ne serait peut-être pas absolument inadmissible, en se servant de matériaux d'une résistance exceptionnelle, et prenant toutes les précautions voulues pour mener à bien la construction.

Nous laissons de côté la question du cintre, qui serait peut-être très malaisé à établir et, à coup sûr, exigerait une dépense considérable. Il est parfaitement évident qu'à supposer remplies les conditions obligatoires d'un massif de fondation absolument incompressible, de matériaux extrêmement résistants, et d'un cintre très solide, l'exécution d'une semblable voûte serait incomparablement plus coûteuse que celle d'un pont métallique de même portée. Mais, le côté pratique mis à part, nous arrivons à conclure que l'exécution d'une voûte de 150 mètres d'ouverture ne semble pas, à priori, d'une impossibilité absolue, et que, par conséquent, rien ne s'oppose en principe à ce que l'on ose dépasser les limites d'ouverture considérées jusqu'à présent comme infranchissables, et construire, lorsque les circonstances s'y prêteront, des ouvrages présentant des portées supérieures à 100 mètres.

CHAPITRE QUATRIÈME

PILES, CULÉES, VOUTES BIAISES, VOUTES DIVERSES

SOMMAIRE :

§ 1er.

PILES

64. Piles d'égale résistance. — Considérons une pile placée entre deux voûtes identiques : les poussées étant égales et opposées se détruisent mutuellement, et la résultante des pressions transmises à la pile est une force verticale 2P égale à la somme des poids des deux demi-voûtes adjacentes, et passant au centre de la section horizontale supérieure AB, qui correspond aux naissances.

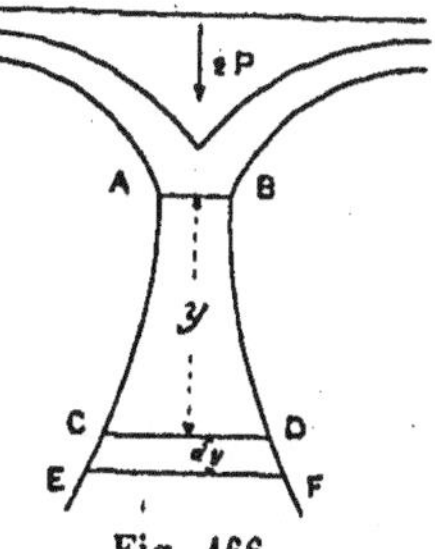

Fig. 166.

Soit S l'aire de cette section horizontale. La force verticale 2P se répartit uniformément sur l'assise AB, et le travail à la compression développé dans la maçonnerie a pour valeur :

$$R = \frac{2P}{S}.$$

Proposons-nous d'attribuer à la pile un profil tel que le travail à la compression supporté par une assise quelconque ait toujours cette même valeur R.

Soient CD une assise située à la distance verticale y au-dessous de l'assise des naissances AB, P' le poids de la portion de pile ABDC, et S' l'aire de la section horizontale CD. On aura, en vertu de la condition précitée :

$$(2) \qquad R = \frac{2P + P'}{S'}.$$

Considérons la section EF placée au-dessous de CD à la distance infiniment petite dy; soit $S' + dS'$ son aire. On aura de même :

$$(3) \qquad R = \frac{2P + P' + dP'}{S' + dS'}.$$

En combinant les équations (2) et (3), nous obtenons la suivante :

$$R = \frac{dP'}{dS'}.$$

Si l'on désigne par Π le poids du mètre cube de maçonnerie, on a, le volume compris entre les sections CD et EF ayant pour mesure $S'\, dy$:

$$R = \frac{\Pi\, S'\, dy}{dS'} \,;$$

D'où
$$\frac{dS'}{S'} = \frac{\Pi}{R}\, dy,$$

Intégrons cette équation : Log. nép. $S' = \dfrac{\Pi}{R}\, y + C$. La constante C se déterminera en remarquant que, pour $y = 0$, $S' = S$:

$$\text{Log. nép.} \left(S'\text{-}S \right) = \frac{\Pi}{R}\, y,$$

ou
$$\left(S' - S\right) = e^{\frac{\Pi}{R} y}.$$

Il est aisé de modifier cette équation, de façon à substituer aux logarithmes hyperboliques les logarithmes ordinaires, dont l'usage est plus commode :

$$\text{Log.}\left(S' - S\right) = 0{,}4343\frac{\Pi}{R}y,$$

ou
$$S' - S = 10^{\,0{,}4343\frac{\Pi}{R}y}.$$

Cette formule permet de calculer avec la plus grande facilité les aires à attribuer aux sections horizontales successives de la pile, de façon à maintenir sur toute la hauteur l'uniformité du travail à la compression, dont on a fixé à priori la valeur R. Cette condition ne suffit pas pour déterminer la forme de la pile, que l'on reste libre de choisir arbitrairement sous la réserve de satisfaire à la loi de variation des aires, représentée par l'équation précédente. On peut admettre, par exemple, que la section soit assujettie à rester toujours semblable à un rectangle (fig. 168) ou à une figure géométrique donnée; ou bien attribuer à deux parements opposés, soit, pour fixer les idées, ceux qui correspondent aux plans des têtes, une direction plane verticale (fig. 170) ou inclinée (fig. 169), et enfin, dans ce dernier cas, augmenter la section à la partie inférieure par l'adjonction de contreforts à saillie variable (fig. 171). Le choix que l'on aura à faire, le cas échéant, étant plutôt une question d'architecture qu'une question de stabilité, nous croyons inutile d'insister sur ce sujet, et nous nous bornerons à signaler qu'il n'existe pas, au point de vue théorique, de règle absolue permettant de recommander telle forme de pré-

Fig. 167.

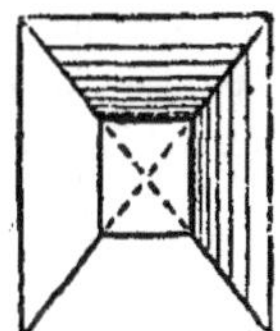

Fig. 168.

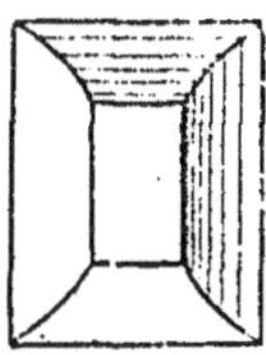

Fig. 169.

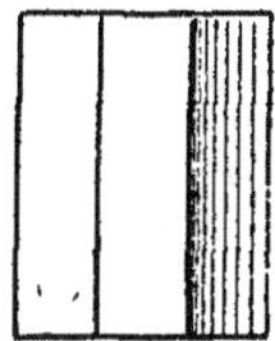

Fig. 170.

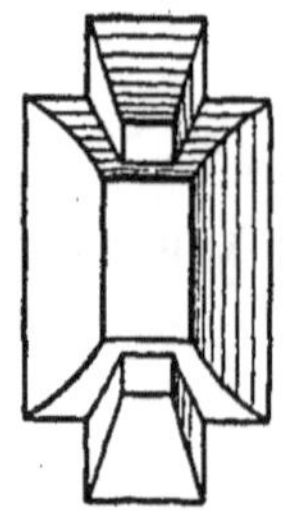

Fig. 171.

férence à telle autre. Il suffit que la variation des aires s'effectue suivant la formule logarithmique précitée pour que la condition d'égale résistance soit réalisée d'une manière satisfaisante.

Cette méthode de calcul ne présente d'intérêt que pour les piles de très grande hauteur, dont le poids propre est égal ou supérieur à celui des voûtes. Pour les ponts peu élevés, la courbe logarithmique à laquelle on serait conduit s'écartera toujours très peu d'une ligne droite faiblement inclinée sur la verticale : il est plus simple, en pareil cas, d'adopter un profil recommandable au point de vue architectural, et de vérifier ensuite que le travail à la compression présente des valeurs sensiblement égales au sommet et à la base de la pile, sauf à augmenter ou à diminuer l'aire de celle-ci dans le cas où l'écart semblerait excessif.

Pour une pile très haute, l'emploi pur et simple de la règle précitée conduirait en général à donner à la base de l'ouvrage une étendue considérable.

L'augmentation dS' de l'aire de la section, pour une variation donnée dy de la hauteur, croît en effet proportionnellement à la valeur S' de l'aire, et l'évasement de la pile est d'autant plus rapide que la section considérée a une plus grande surface.

Pour éviter des empattements exagérés, aussi fâcheux au point de vue de la dépense qu'au point de vue de l'aspect, on profite de la remarque suivante : la pression par unité de surface, développée au sommet de la pile, et due au poids des deux voûtes adjacentes, n'atteint jamais la limite pratique admissible pour les matériaux de choix employés dans la construction des viaducs. Il n'y a donc pas lieu de s'y tenir, et l'on peut sans inconvénient laisser croître la pression sur les assises successives jusqu'au moment où elle atteint la limite pratique compatible avec la nature des maçonneries : on adoptera ainsi pour la pile un profil choisi arbitrairement depuis la section supérieure AB jusqu'à la section CD, sur laquelle le travail atteint la valeur que l'on ne veut pas dépasser. C'est à partir de cette section CD que l'on appliquera la méthode exposée ci-dessus, et que l'on fera croître les aires conformément à la formule précitée (fig. 172).

De cette manière, la base CDFE de la pile constituerait seule un solide d'égale résistance. L'ouvrage serait formé de deux parties bien distinctes ABDC et CDFE, dont la réunion pourrait ne pas offrir un aspect satisfaisant au point de vue architectural. On préférera en général substituer à la ligne ACE, qui subit un changement brusque en C, une ligne droite, brisée ou courbe AGE raccordant, d'une ma-

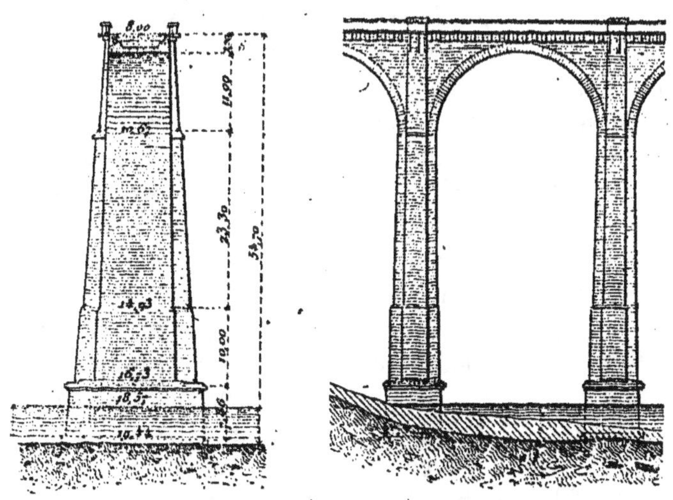
Fig. 172.

nière régulière et agréable à l'œil, le sommet AB avec la base EF et conduisant en somme, avec une très légère augmentation dans le cube des maçonneries, à un résultat aussi bon en ce qui touche la stabilité : seulement le travail à la com-

Viaduc de l'Aulne. Pile à parements plans. — Fig. 173.

pression, au lieu de croître de AB en CD et de rester constant de CD en EF, variera d'une manière régulière de AB en EF, où il atteindra sa valeur maximum, égale à la limite pratique admise pour la maçonnerie.

Les parements de la pile peuvent d'ailleurs être à volonté

plans ou cylindriques, à fruit constant, à fruit variable ou à fruits successifs croissant par ressauts, avec ou sans contreforts. On trouvera à cet égard des renseignements dans le chapitre de la deuxième partie du présent traité qui se rapporte à la construction des viaducs (fig. 173, 174).

Pile à parements courbes. Viaduc de Saint-Laurent-d'Olt. — Fig. 174.

65. Résistance au renversement. Coefficient de stabilité. — Si l'on considère une pile peu élevée , où le travail à la compression dû au poids des voûtes adjacentes , soit loin d'atteindre la limite pratique de résistance des maçonneries , on peut déterminer sa dimension transversale soit par l'application de règles architecturales, que nous n'avons pas à énoncer ici, soit par la considération de la résistance qu'elle opposerait au renversement, si l'une des deux voûtes adjacentes disparaissant, elle était appelée à jouer le rôle de culée pour l'autre voûte demeurée en place. Pour les ponts qui comportent un grand nombre d'arches, il est souvent utile de prévoir le cas où l'une d'elles serait détruite par un accident

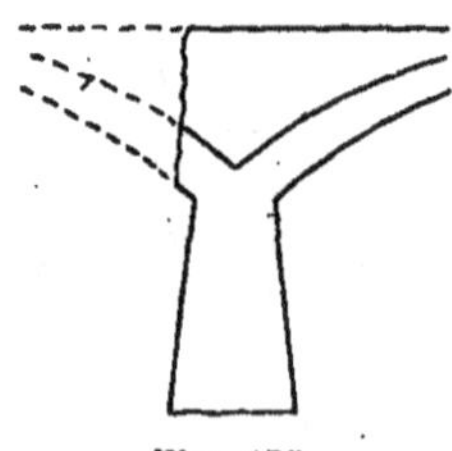

Fig. 175.

de guerre, ou bien par une inondation qui aurait affouillé une pile ou une culée : si les piles restées debout peuvent faire office de culées, on a grande chance en pareil cas de voir les autres arches demeurer intactes. Dans le cas contraire, les voûtes s'abattront successivement à partir de la brèche ouverte dans le pont, et l'on se trouvera en fin de compte obligé de procéder à une réédification totale de l'ouvrage, alors que dans la première hypothèse on n'eût eu à reconstruire qu'une ou deux travées. Il est donc utile que les piles puissent à la rigueur résister comme culées, et l'on arrive à ce résultat en fixant leur largeur à la base d'après la règle suivante.

Nous admettons que la pile a, suivant l'habitude, la forme d'un prisme quadrangulaire oblique, symétrique par rapport à deux plans verticaux parallèles l'un au plan de tête, l'autre aux génératrices de la voûte. Soient l la longueur moyenne de la pile dans le sens perpendiculaire au plan de tête, et d sa largeur aux naissances, que nous supposons fixée à l'avance. La section transversale verticale de la pile sera un trapèze de hauteur h, dont la base supérieure sera égale à d, et dont il s'agit de déterminer la base inférieure x, de façon qu'elle puisse résister au renversement dans des conditions déterminées, si l'une des voûtes adjacentes venait à être détruite.

Soient Q (fig. 176) la poussée et P le poids de la demi-voûte limitée à la verticale du point A, qui sont transmis à la section horizontale AB de la pile.

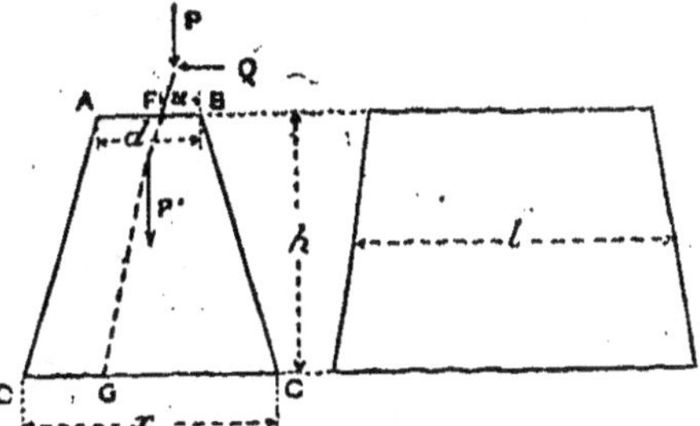

Fig. 176.

L'épure de stabilité de la voûte nous a fait connaître le point de passage F de la courbe des pressions, c'est-à-dire le point d'application sur la pile de la résultante des forces P et Q. Désignons par u la distance FB. La résultante des forces P, Q et du poids propre P' de la pile rencontre la base DC en un point G : plus la distance de G à l'arête C de la pile située du côté de la voûte restée en place sera petite, plus l'ouvrage sera stable. C'est pourquoi nous appellerons *coefficient de stabilité* de la pile le rapport $\dfrac{DC}{GC}$, que nous désignerons par la lettre

$$K : GC = \frac{x}{K} \, .$$ [1]

Soit Π le poids du mètre cube de maçonnerie : le poids P'

---

1. Voir ci-après, au sujet de la définition du coefficient de stabilité, la note de la page 243.

de la pile sera représenté, avec une approximation très suffisante, par la relation :

$$P' = \Pi l h\left(\frac{d+x}{2}\right).$$

Nous exprimerons que la résultante des forces Q, P et P' passe par le point G en égalant à zéro la somme des moments de ces forces par rapport au point G :

$$Qh - P\left[\frac{x}{K} - u - \left(\frac{x-d}{2}\right)\right] - \Pi l h\left(\frac{d+x}{2}\right)\left(\frac{x}{K} - \frac{x}{2}\right) = 0.$$

D'où l'on tire :

$$x = -\frac{P + \frac{\Pi l h d}{2}}{\Pi l h}$$

$$+ \frac{\sqrt{\left(\frac{1}{K} - \frac{1}{2}\right)^2\left(P + \frac{\Pi l h d}{2}\right)^2 + 2\,\Pi l h\left(\frac{1}{K} - \frac{1}{2}\right)\left(Qh + Pu - \frac{Pd}{2}\right)}}{\Pi l h\left(\frac{1}{K} - \frac{1}{2}\right)}$$

Quelquefois, au lieu de se donner à priori la valeur de $AB = d$, on fixe le fruit f à attribuer aux parements transversaux AD et BC de la pile : dans ce cas la longueur de AB est une inconnue, dont la valeur est liée à celle de l'inconnue x par la relation : $AB = x - 2fh$. L'équation qui permet de calculer x devient, en substituant dans les formules précédentes $x - 2fh$ à d :

$$Qh - P\left(\frac{x}{K} - u - fh\right) - \Pi l h\left(x - fh\right)\left(\frac{x}{K} - \frac{x}{2}\right) = 0.$$

D'où :

$$x = -\frac{\frac{P}{K} - \Pi f l h^2\left(\frac{1}{K} - \frac{1}{2}\right)}{2\,\Pi l h\left(\frac{1}{K} - \frac{1}{2}\right)}$$

$$+ \frac{\sqrt{\left[\frac{P}{K} - \Pi f l h^2\left(\frac{1}{K} - \frac{1}{2}\right)\right]^2 + 4\,\Pi l h\left(\frac{1}{K} - \frac{1}{2}\right)\left(Qh + Pu + Pfh\right)}}{2\,\Pi l h\left(\frac{1}{K} - \frac{1}{2}\right)}.$$

En général on prend $K = 1$, c'est-à-dire que l'on se contente de faire passer la résultante des forces P, Q et P′ par l'arête inférieure D de la pile : cette règle est assez convenable pour les ouvrages en plein cintre. Pour les voûtes surbaissées, elle conduit parfois à des épaisseurs exagérées. On se contente alors d'un coefficient de stabilité inférieur à l'unité, qui peut descendre jusqu'à 0,80 pour les arcs de cercle très aplatis : dans ces conditions le point G se trouve placé en dehors de la base d'appui de la pile. Il n'y a pas, en effet, grand intérêt à ce que le coefficient de stabilité soit égal ou supérieur à 1. Entre deux ouvrages, dont l'un a un coefficient égal à 1,01, et l'autre à 0,99, la différence n'est pas très sensible : dans l'un et l'autre cas, la pression sur l'arête D, calculée en faisant abstraction de la résistance à la traction des maçonneries, serait très supérieure à la résistance à l'écrasement, et la chute de la pile serait inévitable si l'adhérence du mortier sur la pierre ne permettait pas le développement dans le voisinage de l'arête C d'un travail à l'extension. On dit parfois qu'une pile est en *équilibre strict* lorsque son coefficient de stabilité est égal à l'unité : cette locution, dont nous avons fait usage dans un but d'exposition à l'article 26, est vicieuse en ce qu'elle exprime une idée absolument erronée.

En règle absolue, dès que le coefficient de stabilité se rapproche de l'unité, la pile ne peut se maintenir en équilibre que si la maçonnerie est susceptible de résister à un effort notable de traction.

Une pile établie avec un mortier médiocre et peu adhérent pourra s'écrouler, alors même que son coefficient de stabilité serait supérieur à 1, tandis que le même ouvrage, exécuté avec de bons matériaux, résisterait sous une épaisseur moindre, avec un coefficient plus petit que l'unité. On en a des exemples parmi les ponts détruits pendant la guerre de 1870-71 : il en est dont les piles sont restées debout avec un coefficient de 0,80, tandis que d'autres sont tombées avec des coefficients supérieurs à l'unité.

Pour qu'une pile puisse faire office de culée, il faut donc de toute nécessité compter sur l'adhérence du mortier, et l'on peut diminuer d'autant plus le coefficient de stabilité que la résistance des maçonneries à la traction semble devoir être

Viaduc de Roquefavour. — Fig. 177.

plus grande. Il est d'ailleurs prudent en pareil cas, si l'on en
a la possibilité, de décharger les tympans de la première
voûte conservée, en enlevant la chaussée et les remblais, et de
consolider la première pile avec des étais en bois ou un massif
de maçonnerie placé du côté où il y a tendance au renversement, avant de détruire la voûte condamnée, ou même après
la chute de cette dernière, si elle est le résultat d'un événement fortuit.

Les piles de grande hauteur, comme celles des viaducs, ne
peuvent pas faire office de culée même avec un coefficient de
stabilité un peu supérieur à 1 : après la destruction d'une
voûte, la poussée de la voûte suivante, agissant au sommet
de la pile, produit une déformation élastique dont le résultat
est de courber la pile du côté où elle n'est plus soutenue, en
augmentant l'écartement des naissances de la voûte restée en
place. Celle-ci est donc exposée à se lézarder et à s'écrouler,
sans qu'il y ait eu dislocation de la pile elle-même.

Un fait de ce genre, bien qu'il ne fût pas dû ici à la hauteur
des piles, qui étaient peu élevées, mais à l'élasticité des fondations, a été constaté en 1870 lors de la destruction du pont
de *Vernon* sur la Seine. (*Annales des ponts et chaussées*, 1874,
1er semestre, p. 75.) A la suite de la chute d'une arche, provoquée par deux explosions de mine, la pile adjacente s'est
inclinée sous l'action de la poussée, en vertu de l'élasticité
des pieux de fondation, dont la hauteur était d'environ 8 mètres, ce qui a amené la chute de l'arche suivante. Les autres
piles ont successivement présenté le même phénomène : après
l'écroulement de toutes les voûtes sans exception, on a constaté que toutes les piles s'étaient redressées et étaient reve-
nues à leur position primitive, sans avoir subi de dégradation
visible. A l'époque de la reconstruction du pont, on a pu les
réutiliser sans réparations sérieuses. La déformation élastique
seule a donc pu dans ces circonstances amener la chute des
voûtes, bien que le coefficient de stabilité fût suffisant pour
que les maçonneries des piles ne souffrissent pas.

Le défaut des piles très élevées peut être corrigé dans une
certaine mesure en les reliant à différentes hauteurs par des
voûtes supplémentaires uniquement destinées à établir une

solidarité entre elles ; il semble que l'on soit alors autorisé à ne
se préoccuper que de la déformation élastique de la portion de
pile placée au-dessus de la première voûte d'appui, les portions
inférieures se soutenant mutuellement et conservant par là
même une forme invariable. C'est sans doute pour cette raison
que l'on a établi un étage de voûtes de soutien dans l'aqueduc
de *Roquefavour* et le viaduc de *Morlaix*, deux étages dans les
viaducs de *Chaumont* et de *Goelzschtal* (fig. 177 et 178). Cette
disposition a, en outre, pour avantage d'éviter le flambement
des piles, considérées comme des prismes comprimés de
grande hauteur, sous l'influence des pressions considérables
supportées par elles : nous ne connaissons pas, il est vrai,
d'exemple où ce mode de destruction, fréquemment constaté
pour les supports en métal, ait atteint un ouvrage en pierre.

Dans les viaducs de grande longueur, où l'on peut craindre

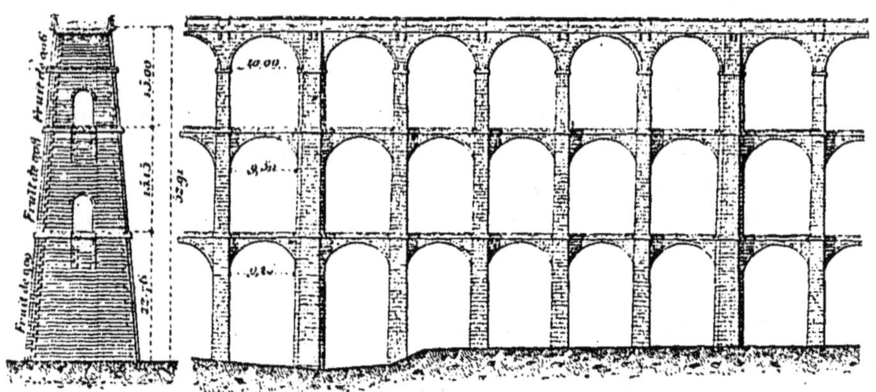

Viaduc de Chaumont. — Fig. 178.

que la destruction éventuelle d'une arche n'amène la chute
successive de toutes les autres, on établit de distance en distance des piles-culées, c'est-à-dire des piles présentant un
coefficient de stabilité égal ou supérieur à 1,50, et l'on se met
ainsi à l'abri d'une catastrophe générale, la destruction d'une
voûte ne pouvant plus entraîner que celle des voûtes voisines
comprises entre les deux piles-culées les plus rapprochées.

Nous traiterons plus complètement cette question de l'influence de l'élasticité des supports sur la stabilité des voûtes
dans le paragraphe ci-après relatif aux culées des ponts.

§. 2

CULÉES

66. Vérification rationnelle de la stabilité d'une culée.
— La seule méthode rationnelle pour vérifier la stabilité d'une
culée consiste à la considérer comme le prolongement de la
voûte et à la faire figurer dans l'épure de stabilité et dans les
calculs relatifs à la détermination de la poussée. La méthode
exposée au chapitre II peut en effet s'étendre à tout le massif
de maçonnerie, et il n'y a aucune raison pour en limiter l'application aux naissances de la voûte, et ne pas la pousser
jusqu'au sol de fondation. On est de cette façon assuré d'effectuer le tracé exact de la courbe des pressions dans la voûte
et dans la culée [1].

Toutefois, en supposant que l'on soit décidé à appliquer
ainsi d'une manière complète la méthode en question, il est
bon d'avoir fixé préalablement d'après des bases rationnelles
les dimensions provisoires à attribuer à la culée, pour ne pas
s'exposer à dresser l'épure de stabilité, opération toujours
longue et pénible, d'un ouvrage absolument instable, ce qui
obligerait à la recommencer après un remaniement complet
des dispositions primitivement admises.

D'autre part, lorsque les épaisseurs de la culée sont très
grandes comparativement à celles de la voûte, on peut, ainsi
que nous l'avons déjà fait remarquer, regarder sans inconvénient sérieux la section de retombée comme absolument inva-

---

1. Dans les ponts fondés sur pilotis, il est quelquefois prudent de prolonger la courbe des pressions dans l'intervalle des pieux, et de vérifier que
la déformation élastique de ceux-ci n'est pas susceptible d'amener des accidents. Dans les terrains peu consistants, il arrive que les pieux se déversent
en se courbant sous l'action de la poussée, et que leurs têtes se déplacent
horizontalement en entraînant la culée en arrière. Nous avons déjà cité
l'exemple des piles du pont de Vernon. Nous mentionnons également celui
du pont de la *Morinière*, en anse de panier, établi sur la Sèvre, près de
Nantes. Les culées, portées par des pieux de 16 mètres de longueur, battus
jusqu'au rocher dans un terrain de vase argileuse, reculent et se déversent
sous l'action de la poussée. Bien que l'on ait notablement réduit la poussée,
en élégissant les tympans, qui étaient d'abord pleins, on n'a pas encore la
certitude que cet ouvrage pourra être conservé.

riable, et négliger l'influence de la déformation élastique de la
culée sur la stabilité de la voûte. Nous allons en conséquence indiquer deux règles qui permettront en général de
déterminer avec une précision suffisante les dimensions à
attribuer à la culée pour assurer son équilibre, sauf, s'il s'agit
d'un ouvrage important, à se rendre ensuite un compte exact
de ses conditions réelles d'établissement, en appliquant à la
voûte et à la culée, considérées comme formant un massif
unique, la méthode du chapitre II.

67. Culée d'égale résistance. — Soit ABCD une culée à
section trapézoïdale supportant sur sa face supérieure horizontale une demi-voûte, dont nous supposerons que l'on ait dressé
à l'avance l'épure de stabilité (fig. 179). Désignons par Q la

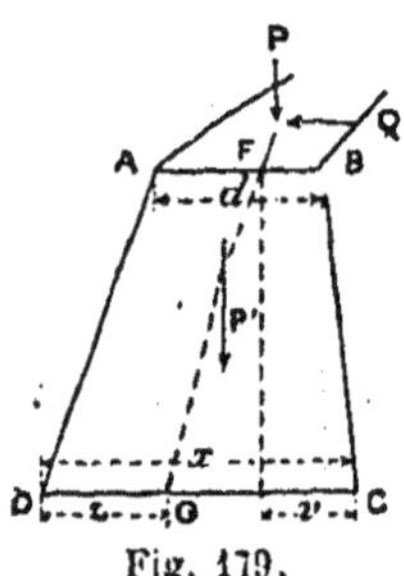

poussée et par P le poids de la demi-voûte,
dont la résultante est appliquée au point
F de rencontre de la droite AB avec la
courbe des pressions de la voûte. Nous
supposerons connues l'épaisseur d de la
culée aux naissances, sa hauteur h et sa
longueur moyenne l dans le sens perpendiculaire au plan de tête de l'ouvrage. Il
s'agit de calculer l'épaisseur x à attribuer

Fig. 179.

à sa base pour que le travail maximum à la compression, développé sur l'assise DC par la résultante des forces P, Q et P'
(poids propre de la culée), ait une valeur R, fixée a priori
en raison de la nature des maçonneries.

Nous admettrons encore, suivant l'usage, que le fruit f du
parement vu antérieur de la culée BC a été réglé d'avance par
des considérations architecturales, et nous désignerons par v
la distance horizontale du point C à la verticale qui passe en F :
cette distance peut être immédiatement mesurée, puisque l'on
connaît les positions des points F et C.

Désignons par x et z les inconnues DC et DG. Nous pouvons admettre sans inconvénient que z est plus petit que le
tiers de x : le cas contraire ne se présente guère dans les
culées à forme trapézoïdale, et d'ailleurs l'erreur commise
serait peu importante et reviendrait à attribuer à la culée une

stabilité un peu supérieure à celle indiquée par le calcul.

z étant plus petit que $\dfrac{x}{3}$, le travail maximum à la compression, développé au point D de la section horizontale CD, sera fourni par l'équation :

$$(1) \qquad R = \left(P + P'\right)\frac{2}{3z} = \left[P + \Pi\, lh\left(\frac{d+x}{2}\right)\right]\frac{2}{3z}.$$

Exprimons maintenant que la résultante des forces P, Q et P' passe au point G, en égalant à zéro la somme de leurs moments par rapport à ce point :

$$(2) \qquad Qh = P\left(x - v - z\right) + \Pi\, lh\left(\frac{d+x}{2}\right)\left(s - z\right),$$

en désignant par s la distance horizontale du point D à la direction du poids P', qui passe au centre de gravité du trapèze ABCD. Remplaçons, pour simplifier la formule, la longueur s par la longueur $\dfrac{x}{2}$, qui en diffère généralement très peu [1].

---

1. La distance horizontale s du centre de gravité du trapèze ABCD au point D est, en réalité, si l'on désigne par f le fruit du parement antérieur BC et par suite par fh la distance horizontale du point B au point C, fournie par la relation exacte :

$$(5) \qquad s = \frac{x}{2} + \left(\frac{x - d}{2} - fh\right)\frac{2d + x}{3d + 3x}.$$

s n'est égal à $\dfrac{x}{2}$ que dans le cas particulier où l'on a : $\dfrac{x - d}{2} = fh$. La culée est alors symétrique par rapport au plan vertical qui passe au milieu de la base CD. Cette condition est remplie lorsque la culée a une section rectangulaire : $f = o$ et $x = d$. En toute circonstance on aura toujours $s > \dfrac{x}{2}$, à part le cas exceptionnel où l'on admettrait que $\dfrac{x - d}{2}$ est plus petit que fh. La valeur maximum de $\dfrac{s - \dfrac{x}{2}}{s}$ s'obtient évidemment en posant : $d = o$ et $f = o$. La culée a alors son parement antérieur vertical, et sa section transversale est un triangle, l'épaisseur aux naissances se réduisant à zéro. On a dans ce cas extrême, d'ailleurs irréalisable en pratique : $s = \dfrac{x}{2} + \dfrac{x}{6}$. L'erreur commise représente le quart de la valeur absolue de s.

La formule (4) n'est donc pas, en général, rigoureusement exacte, puis-

L'équation deviendra :

$$(3) \quad Qh = P\left(x - v - z\right) + \Pi lh\left(\frac{d+x}{2}\right)\left(\frac{x}{2} - z\right).$$

En substituant à z, dans cette dernière formule, sa valeur tirée de l'équation (1), on trouve :

$$(4) \quad Qh = P\left[x - v - \left(P + \Pi lh\left(\frac{d+x}{2}\right)\right)\frac{3}{2R}\right]$$
$$+ \Pi lh\left(\frac{d+x}{2}\right)\left[\frac{x}{2} - \left(P + \Pi lh\left(\frac{d+x}{2}\right)\right)\frac{3}{2R}\right].$$

Cette équation est du second degré en x et ne contient pas d'autre inconnue. Il est donc facile d'en tirer l'épaisseur $x = DC$ à attribuer à la culée pour que le travail maximum à la compression atteigne exactement la valeur convenue R. Connaissant x, l'équation (1) permet de calculer ensuite la valeur de z, qui définit la position du point G.

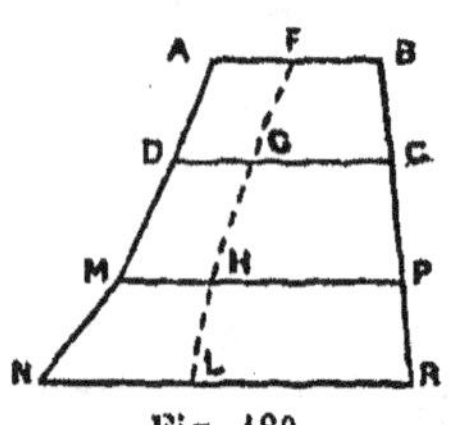

Fig. 180.

Supposons qu'au lieu d'appliquer en une seule fois l'équation de condition au massif entier de la culée, nous divisions l'ouvrage en un certain nombre de tranches peu épaisses, limitées par des sections horizontales AB, CD, PM, RN. En appliquant à la première tranche ABCD, à partir des naissances, l'équation (4), nous déterminerons l'épaisseur DC et le point de passage G de la courbe des pressions ; nous pouvons répéter la même opération pour la tranche suivante DCPM, en ayant soin de substituer à P, dans la formule, le poids total des maçonneries situées au-dessus de DC, y compris la tranche ABCD, et à v la distance horizontale du point G au point P. Après avoir ainsi calculé l'épaisseur MP et la distance MH, nous passerons à la tranche inférieure

qu'elle suppose, d'une part, $z \leq \frac{x}{3}$ et de l'autre $s = \frac{x}{2}$. Rien n'empêche, d'ailleurs, après s'en être servi pour calculer x, de déterminer la valeur exacte correspondante de s, par la formule (5), et de tirer z de l'équation (2), qui est rigoureuse. Connaissant z, on sait calculer le travail maximum à la compression développé en D. Dans la pratique on constatera toujours que ce travail diffère extrêmement peu de la limite pratique R admise en principe, ce qui justifie l'emploi de la formule approximative (4), dont les indications ne s'écartent jamais sensiblement de la vérité.

MPRN, et ainsi de suite. Nous déterminerons ainsi un profil polygonal d'extrados ADMN, qui se rapprochera d'autant plus de la courbe régulière limitant une culée d'égale résistance que les sections horizontales auront été prises plus rapprochées.

Suivant la remarque déjà faite à propos des piles, on admet en général à la naissance une épaisseur de culée supérieure à celle qu'indiquerait le calcul, si l'on prenait pour base la limite de résistance pratique des maçonneries. Il convient alors d'adopter, à partir du sommet de la culée, un parement extérieur faiblement incliné, choisi arbitrairement, et de le prolonger jusqu'au point où le travail atteint la limite R ; c'est à partir de ce point que l'on trace le profil d'égale résistance (fig. 181).

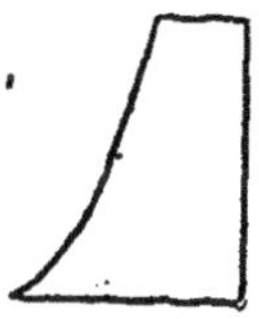

Fig. 181.

En général, on applique le calcul à une portion de culée dont la longueur, mesurée perpendiculairement au plan de tête, est égale à 1, suivant la convention déjà admise dans l'étude des voûtes. Cela simplifie un peu les formules précédentes, la lettre l étant, en ce cas, remplacée par l'unité.

68. Emploi du coefficient de stabilité. — La méthode de calcul des culées que nous venons d'exposer n'est pas employée par les constructeurs, qui lui substituent une méthode plus rapide basée sur la considération du *coefficient de stabilité*, dont nous avons précédemment donné la définition en parlant des piles [1].

1. On donne très souvent du coefficient de stabilité une définition différente de celle que nous avons admise. Considérons les moments des forces Q, P et P' par rapport à l'arête horizontale postérieure D de la base de la culée. Le moment Qh de la poussée est dit *moment de renversement*, tandis que la somme des moments des poids P et P' est dite *moment de résistance* ou *moment de stabilité* : le coefficient de stabilité K' serait égal *au rapport du moment de stabilité au moment de renversement.* En conservant les notations du présent article, l'équation qui donne x en fonctions de K' serait :

$$(1)' \qquad K'\,Qh = P\left(x - v\right) + \Pi\,lh\left(\frac{d+x}{2}\right)s.$$

Elle peut se mettre sous la forme suivante :

$$(2)' \qquad Qh = \frac{Px}{K'} + \Pi\,lh\left(\frac{d+x}{2}\right)\frac{x}{K'} - \frac{Pv + \Pi lh\left(\frac{d+x}{2}\right)}{K'}(x - s).$$

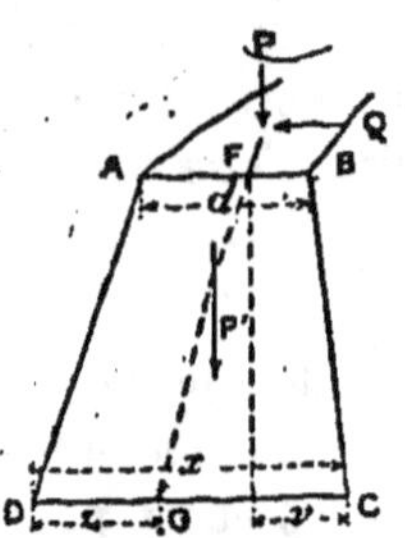

Fig. 179.

Soit ABCD la culée trapézoïdale représentée par la figure 179. Nous conserverons les notations de l'article précédent.

Le coefficient de stabilité de cette culée, relatif à la section de base CD, est :

$$\frac{DC}{GC} = K.$$

Supposons que l'on se donne à priori la valeur de K. Il s'agit de calculer l'épaisseur $DC = x$ qui correspond à cette valeur du coefficient de stabilité :

$$GC = \frac{DC}{K} = \frac{x}{K}.$$

Égalons à zéro la somme des moments des forces P,Q et P' par rapport au point G :

$$(1) \qquad Qh = P\left(\frac{x}{K} - v\right) + \Pi lh \left(\frac{d+x}{2}\right)\left(\frac{x}{K} - x + s\right).$$

Or l'équation (1) peut s'écrire ainsi qu'il suit :

$$(2) \qquad Qh = \frac{Px}{K} + \Pi lh \left(\frac{d+x}{2}\right)\frac{x}{K} - \left(Pv + \Pi lh\left(\frac{d+x}{2}\right)\right)(x - s).$$

Ces deux formules ne diffèrent que par le coefficient $\frac{1}{K'}$ qui multiplie le dernier terme de l'équation (2)'. Elles sont concordantes pour $K = K' = 1$, et donnent pour x des valeurs d'autant plus différentes que la valeur commune admise pour les coefficients K et K' s'écarte davantage de l'unité, celles fournies par la formule (2) étant toujours les plus grandes. Il en résulte que, pour un ouvrage donné, la valeur du coefficient de stabilité résultant de la formule (2) est toujours plus faible que celle résultant de la formule (2)'.

Nous avons désigné par z la distance horizontale DG de la courbe des pressions à l'arête D de la base de la culée, que nous supposons toujours avoir un trapèze pour section verticale.

Nous savons que cette distance, calculée d'après notre méthode, est représentée par l'expression :

$$z = x\left(1 - \frac{1}{K}\right).$$

Le rapport $\frac{z}{x}$ est constant par hypothèse.

Il est facile d'établir l'expression qui représenterait z, dans le cas où l'on appliquerait au coefficient de stabilité la définition qui convient à K'.

En égalant à zéro la somme des moments des forces Q, P et P' par

Remplaçons, d'après la convention admise dans l'article précédent, s par sa valeur approximative $\dfrac{x}{2}$:

$$(3) \qquad Qh = P\left(\frac{x}{K} - v\right) + \Pi\, lh\left(\frac{d+x}{2}\right)\left(\frac{x}{K} - \frac{x}{2}\right).$$

Cette équation est du second degré en x et ne contient pas d'autre inconnue. Il est donc facile d'en tirer x. On pourra vérifier ensuite que la substitution $d'\dfrac{x}{2}$ à s n'a pu entraîner d'erreur sérieuse, en calculant la valeur de s à l'aide de la formule (5) de l'article précédent, et vérifiant que l'équation (1) ne donne pas pour x une valeur sensiblement différente de celle déjà fournie par l'équation (2), lorsque l'on se sert de la valeur vraie de s.

En général, on ne doit pas craindre de recourir dans la pratique à des formules simplifiées et, par suite, théoriquement inexactes, lorsque l'on dispose d'un moyen rapide pour vérifier à posteriori l'exactitude des résultats obtenus et les rectifier en toute certitude, si on en reconnaît la nécessité.

rapport au point G, qui est situé sur la courbe des pressions, on a la relation :

$$(3) \qquad Qh = P\left(x - v - z\right) + \Pi lh\left(\frac{d+x}{2}\right)\left(s - z\right)$$

En combinant cette équation avec l'équation (2)', nous trouvons :

$$(4)' \qquad z = \frac{Qh\,(K' - 1)}{P + \Pi lh\left(\frac{d+x}{2}\right)}.$$

Le rapport de $\dfrac{z}{x}$, au lieu d'être constant, comme dans notre méthode, est ici essentiellement variable, et, à partir d'une certaine valeur de h, qu'il serait facile de déterminer dans un cas numérique donné, il diminue rapidement.

Il y a plus : si l'on remarque que le numérateur de z contient le facteur h, tandis que le dénominateur comprend trois termes, dont le premier est constant, le second contient le facteur h, et le troisième le facteur hx, on reconnaît que, x croissant en même temps que h, il doit exister en général une valeur de h à partir de laquelle le dénominateur augmentant beaucoup plus rapidement que le numérateur, la valeur absolue de z va en diminuant. Par conséquent, la distance de la courbe des pressions à l'arête extérieure D de la base serait d'autant plus faible, en valeur absolue, que la culée serait plus élevée. Cette conséquence de l'emploi de la formule (1)' est absolument illogique.

Il est aisé de reconnaître que, dans l'hypothèse extrême d'une culée de hauteur infinie, à section verticale rectangulaire (et non trapézoïdale), l'é-

Si l'on divise la culée en un certain nombre de tranches horizontales, auxquelles on appliquera successivement l'équation précédente, en calculant l'épaisseur de chaque section de façon que le coefficient de stabilité relatif à cette section ait la valeur donnée K, on obtiendra au lieu de la droite AD un profil polygonal, se rapprochant de la courbe extérieure qui limiterait une culée dont toutes les sections horizontales seraient coupées par la courbe des pressions en deux parties respectivement proportionnelles aux nombres $\frac{1}{K}$ et $1 - \frac{1}{K}$, c'est-à-dire de la culée d'*égale stabilité*.

Ce mode de calcul des culées, qui est à peu près le seul en usage, a l'avantage d'exiger moins de travail que le précédent, l'équation dont on se sert étant un peu plus simple. Mais il a l'inconvénient de reposer sur une pure convention et de fournir des indications incomplètes, parfois même absolument inexactes et erronées.

paisseur à la base x calculée par la formule (1), en attribuant à K la valeur 1,50, serait égale à l'épaisseur résultant de la formule (1′), pour $K' = 1,50$, multiplié par $\sqrt{2}$ ou 1.415. Dans la première hypothèse, la courbe des pressions rencontrerait la base en un point dont la distance z à l'arête extérieure D serait $\frac{x}{3}$; dans la seconde, cette distance serait seulement égale à $\frac{x}{6}$. Le calcul est facile à faire, à l'aide des formules (2)′ et (4)′, en posant $d = x$, et supprimant les termes qui contiennent le facteur P (le poids de la demi-voûte est négligeable devant celui de la culée supposée infinie).

En résumé, nous avons admis pour le coefficient de stabilité une définition qui nous semble rationnelle, en ce qu'elle indique le point de passage de la courbe des pressions à la base de la culée, et nous avons rejeté la définition usuelle qui ne se rattache en aucune manière aux principes fondamentaux de la théorie de la stabilité des maçonneries, est la traduction d'une hypothèse purement conventionnelle et arbitraire, et conduit à des résultats inadmissibles et même souvent absurdes pour les culées de grande hauteur.

Au surplus, nous verrons plus loin (art. 110) que les épaisseurs indiquées par la formule (1)′, en adoptant pour K′ la valeur 1,50, sont insuffisantes même pour les hauteurs de culées moyennes, et sont en désaccord complet avec les errements suivis par les constructeurs, et avec les formules empiriques établies par différents auteurs d'après les exemples fournis par les ouvrages existants. En définitive, l'emploi de la formule (1)′ est condamné non seulement par les inductions de la théorie, mais encore par les enseignements de la pratique, et c'est par ce motif que nous avons admis pour le coefficient de stabilité une définition, non consacrée peut-être par l'usage, mais à la fois beaucoup plus rationnelle et beaucoup plus pratique.

Considérons la voûte en plein cintre ABCDEF et la voûte
en arc de cercle ABGHEK, celle-ci ne différant de la première
que par l'adjonction du prisme en maçonnerie HDFK, que
nous avons indiqué par des hachures. Il est évident à priori
et il serait facile de démontrer que
la voûte en arc de cercle, qui ne se
distingue de celle en plein cintre
que par une augmentation dans le
cube de la culée, présente de
meilleures conditions de stabilité.
Or, si l'on calcule le coefficient de
stabilité de la culée dans l'une et
l'autre hypothèses, on constate facilement que sa valeur est plus petite
pour la voûte en arc de cercle que
pour la voûte en plein cintre. L'emploi de la méthode basée sur ce

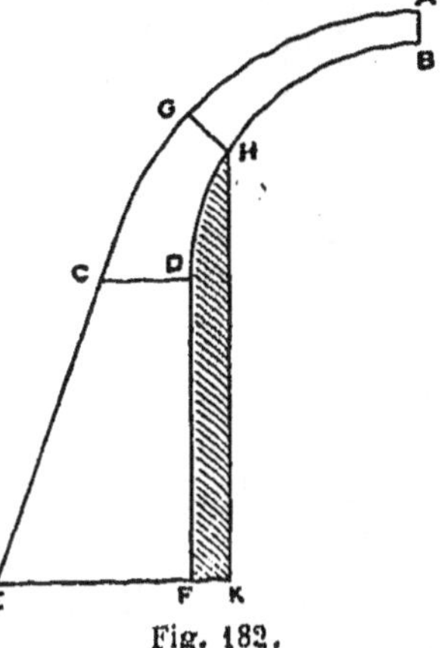

Fig. 182.

coefficient conduit donc, dans ce cas, à un résultat absolument contraire à la vérité.

Si, d'autre part, on considère deux voûtes identiques portées
par des culées de hauteurs différentes, mais présentant le
même coefficient de stabilité, il est aisé de reconnaître que le
travail maximum à la compression atteindra, à la base de la
culée la plus élevée, une valeur plus grande
qu'à la base de la plus petite. Celle-ci sera
donc, malgré l'égalité des coefficients de
stabilité, dans des conditions de solidité
plus satisfaisantes.

Enfin, si l'on augmente le fruit (fig. 183)
du parement antérieur de la culée d'une

Fig. 183.

voûte, sans rien changer d'ailleurs aux autres dispositions de
l'ouvrage, on diminue par là même son coefficient de stabilité,
bien que la modification apportée dans le profil de la culée
ne puisse avoir d'autre résultat que de la consolider.

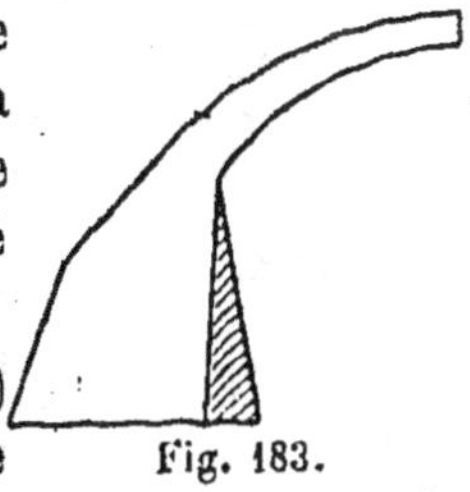

Ces exemples suffisent pour faire comprendre le caractère
purement artificiel et conventionnel de la méthode de calcul
basée sur le coefficient de stabilité, lorsqu'on ne se préoc-

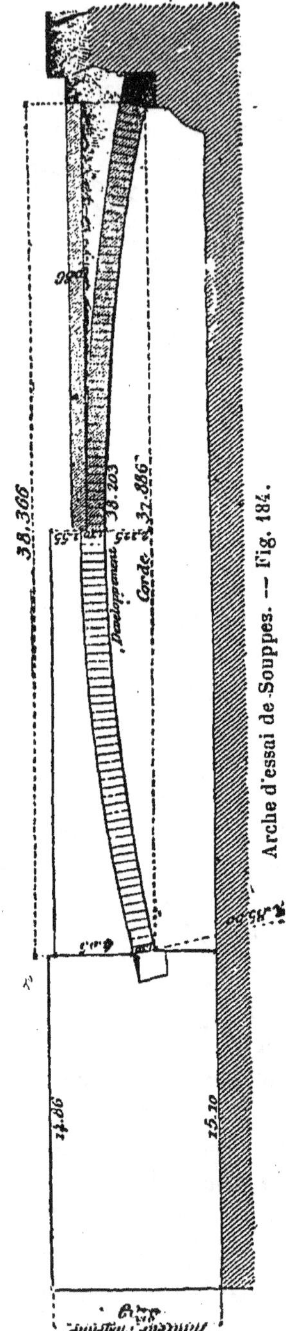

cupe ni de la forme de la voûte, ni de la hauteur de la culée, ni de la nature des maçonneries. On admet en général que le coefficient K doit peu s'écarter de la valeur 1,50, c'est-à-dire que la courbe des pressions doit couper les sections transversales de la culée aux deux tiers de l'épaisseur à partir du parement intérieur. Cette règle peut conduire, suivant les cas, à attribuer à la culée des épaisseurs exagérées, convenables ou insuffisantes. Il est donc bon d'en contrôler les indications en appliquant au moins à la section de base la méthode de l'article 67, et de vérifier que le travail maximum à la compression n'y dépasse pas la limite pratique admise.

69. De l'influence de la déformation élastique des culées sur la stabilité des voûtes. — La première des deux méthodes de calcul que nous venons d'exposer est meilleure que la seconde, et conduit à des résultats toujours exacts en ce qui concerne la stabilité de la culée considérée indépendamment de la voûte qu'elle porte. Cependant ni l'une ni l'autre ne sont complètement satisfaisantes, parce qu'elles ne tiennent pas compte de l'influence de la déformation élastique des culées sur l'équilibre des voûtes, influence qui est loin d'être toujours négligeable. En admettant que les sections de retombée soient invariables, on se place dans une hypothèse condamnée par les principes fondamentaux de la résistance des matériaux, et l'on s'expose à dresser une épure de stabilité tout à fait inexacte.

Nous allons montrer, par l'exemple de l'arche d'essai de la carrière de Souppes, dont il a déjà été question plus haut (p. 48), l'importance des effets que peut produire sur une voûte l'élasticité des maçonneries de sa culée. Cette arche reposait d'un côté sur le rocher et de l'autre sur un massif rectangulaire de maçonnerie présentant une épaisseur constante de $15^m,10$ sur toute sa hauteur. Après avoir fait subir diverses épreuves à l'ouvrage, on a imaginé de réduire l'épaisseur de la culée en enlevant successivement des tranches verticales , à partir du parement postérieur. On constata bientôt que la clef de voûte s'abaissait au fur et à mesure de la diminution d'épaisseur du support. Le tableau suivant indique les abaissements mesurés, et nous avons figuré en regard les valeurs du coefficient de stabilité calculées, dans chaque cas, pour la base de la culée.

Épaisseur uniforme de la culée.	Coefficient de stabilité.	Abaissement total de la clef de voûte au-dessous de sa position initiale.
$15^m,10$	1,88	»
$12^m,10$	1,75	0
$10^m,10$	1,60	$0^m,0027$
$7^m,10$	1,25	$0^m,0063$

Or, la hauteur de la culée, jusqu'aux naissances, était seulement de $2^m,79$, soit 1/14 de l'ouverture ($37^m,88$).

Si l'on considère deux culées d'égale résistance, supportant le même travail à la compression, et placées sous des voûtes identiques, le rapport des déplacements horizontaux f et f' des sections de retombée sera donné par la formule :

$$\frac{f}{f'} = \frac{h^2\,e'}{h'^2\,e}$$

en désignant par h et h' les hauteurs respectives et par e et e' les épaisseurs à la base des massifs. On voit que f croît toujours plus rapidement que h : si l'on se bornait à attribuer aux deux culées le même coefficient de stabilité, $\dfrac{f}{f'}$ serait à peu près proportionnel à $\dfrac{h}{h'}$.

Il en résulte que les déplacements de la clef eussent été beaucoup plus importants si l'on avait eu affaire à une culée élevée, et l'on peut se rendre compte de la hauteur à partir de laquelle une culée présentant un coefficient de stabilité égal à 1,60 eût subi sous l'action de la poussée une déformation élastique suffisante pour amener la chute de la construction. Nous pensons qu'avec une culée de $14^m,00$ de hauteur, un coefficient de stabilité de 1,60 n'eût probablement pas suffi pour maintenir l'équilibre de la voûte. Avec le coefficient 1,25, il eût été imprudent de doubler la hauteur de l'ouvrage.

Nous avons expliqué précédemment que l'influence du déplacement de la section de retombée sur la stabilité d'une voûte est d'autant plus grande que celle-ci est plus surbaissée : l'arche de Souppes, dont le surbaissement est exceptionnel, se présentait donc dans des conditions absolument anormales, et il faudrait se garder d'étendre à toutes les voûtes les conclusions résultant de cette expérience. Il a déjà été dit que pour des voûtes très surhaussées, comme les ogives qui couvrent les cathédrales gothiques, un déplacement relativement important des culées ne saurait entraîner d'inconvénient grave.

Il convient donc de se défier des indications fournies par les règles de calcul exposées aux articles 67 et 68, lorsque la hauteur est grande. Si l'emploi de ces règles ne semble pas avoir causé jusqu'ici d'accidents, c'est qu'en général on ne se préoccupe pas dans le calcul de deux circonstances qui ont pour résultat d'augmenter considérablement la solidité des culées et ont contribué probablement dans bien des cas à leur fournir le surcroît de stabilité nécessaire. Nous voulons parler de l'influence des murs en retour et de celle de la poussée des terres, et nous allons indiquer comment on peut les évaluer et les faire entrer en ligne de compte.

70. Murs en retour. — Dans les petits ouvrages en maçonnerie on maintient les talus des remblais par des *murs en aile*, exécutés dans le prolongement du massif de la culée, ou du moins s'en écartant très peu. Ces murs en aile ne contribuent guère à consolider l'ouvrage, et nous croyons prudent d'admettre toujours que la cohésion des maçonneries est insuffisante pour établir une solidarité parfaite entre ces murs et la culée, et de calculer celle-ci comme s'il existait des plans de séparation en *ab* et *cd*.

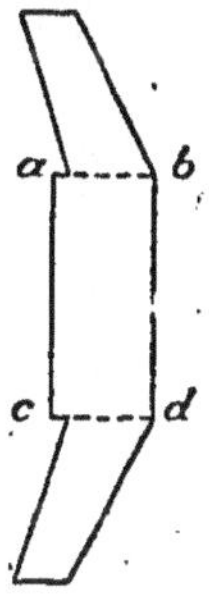

Pour les ouvrages importants, on emploie de préférence des *murs en retour* établis normalement à l'axe de la culée et constituant à ses extrémités deux *contreforts*, qui la contrebuttent et l'empêchent de fléchir sous l'action de la poussée. On réalise ainsi une disposition analogue à celle usitée pour renforcer les murs de soutènement peu épais, et il paraît peu logique de ne pas tenir compte de la consolidation qui en résulte.

Fig. 185.

Soient l la longueur totale de la culée, e son épaisseur, l' l'écartement des parements intérieurs des murs en retour et E leur longueur en élévation. On pourrait calculer d'une façon plausible le surcroît de solidité dû aux deux murs en retour en substituant au profil réel de la culée un profil fictif dont les épaisseurs x seraient fournies par la formule suivante :

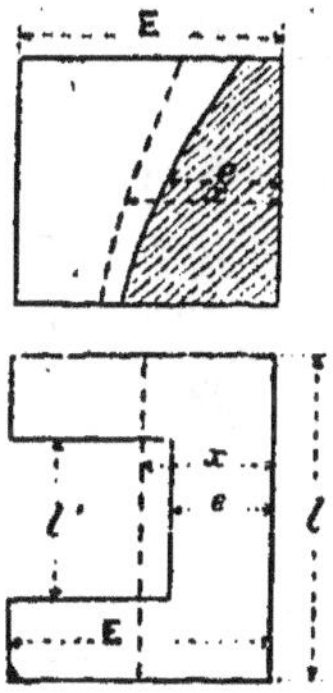

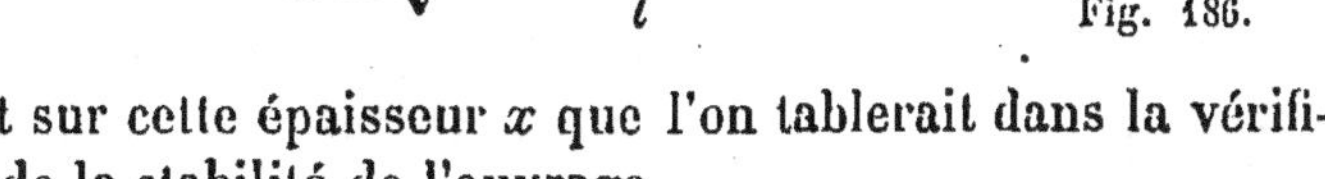

$$(1) \qquad x = \sqrt{\frac{E^2 (l - l') + e^2 l'}{l}}.$$

Fig. 186.

C'est sur cette épaisseur x que l'on tablerait dans la vérification de la stabilité de l'ouvrage.

Dans les ouvrages de très grande hauteur, les constructeurs n'emploient guère de murs en retour indépendants l'un de l'autre : ils les relient à leurs extrémités et arrivent, en définitive, à former la culée d'un seul massif de maçonnerie à section horizontale rectangulaire, présentant une épaisseur constante égale à E, sauf à réduire un peu le cube des maçonneries en y pratiquant quelques évidements intérieurs. C'est ainsi que M. l'inspecteur général *Morandière* a procédé pour le viaduc de l'*Indre*[1].

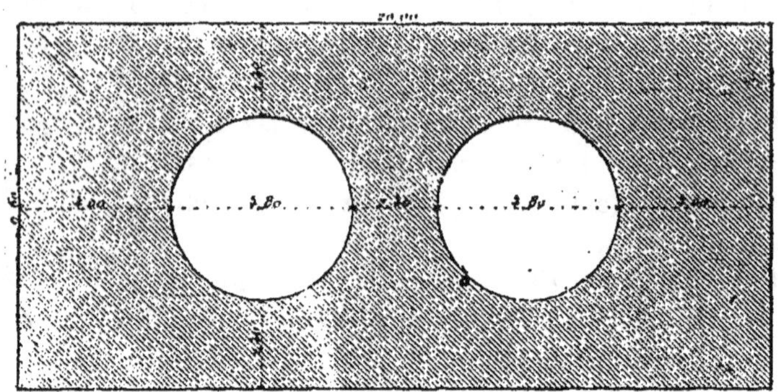

Culée du viaduc de l'Indre (coupe horizontale). —Fig.187.

Il est évident que, dans ce cas, l'épaisseur de la culée, ne dépendant plus que de la hauteur du remblai et lui étant au moins égale, est toujours bien supérieure à celle qu'indiqueraient les méthodes de calcul des articles 67 et 68. C'est un argument de plus en faveur de la thèse que nous avons soutenue en parlant de l'inexactitude et de l'insuffisance de ces méthodes pour les grandes hauteurs : les praticiens en ont eu le pressentiment, puisqu'ils ne s'en servent pas pour les culées élevées.

71. Poussée des terres. — Soit ABCD le profil vertical, supposé trapézoïdal, d'une culée de pont, qui soutient un remblai appuyé sur sa face postérieure AB. On appelle *poussée des terres* la résultante T des actions exercées par le remblai sur la culée. Nous indiquerons plus loin le moyen de déterminer en chaque cas sa grandeur et sa direction. Supposons-la connue, et cherchons quel change-

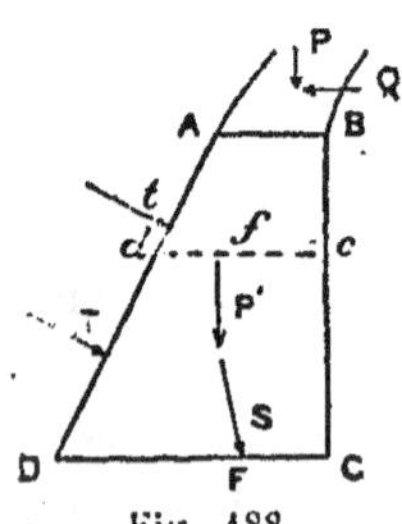

Fig. 188.

1. La formule (1), donnée à propos des murs en retour, servirait également, le cas échéant, pour calculer l'épaisseur fictive à attribuer dans les calculs à une culée rectangulaire largement évidée : *c* représenterait alors la somme des épaisseurs transversales des maçonneries de l'ouvrage, E étant l'épaisseur en élévation (sans déduction des vides).

ment cette force nouvelle va apporter dans les conditions de stabilité, en ce qui concerne la base CD.

Le massif de maçonnerie est soumis à l'action de quatre forces connues : le poids P de la demi-voûte, la poussée Q de la voûte, le poids propre P′ de la culée et enfin la poussée T des terres. Composons-les en une seule résultante S, dont une construction géométrique connue nous permettra d'obtenir la grandeur et la direction. Cette force rencontre la droite DC en un point F, qui appartiendra à la nouvelle courbe des pressions de la culée. Connaissant ce point, nous savons calculer, au moyen de la règle indiquée au chapitre I, § 3, le travail maximum à la compression développé sur celle des arêtes C ou D, qui est la plus voisine du point F. Nous pouvons également déterminer le coefficient de stabilité de la culée relatif à la base CD : ce sera le plus petit des deux rapports $\dfrac{DC}{DF}$ et $\dfrac{DC}{CF}$.

Si l'on ne trouve pas suffisant de connaître les conditions de stabilité qui se rapportent à la section de base CD, rien n'empêchera de considérer une section horizontale intermédiaire dc : on calculera la poussée partielle t appliquée sur la portion de parement Ad, ainsi que le poids p' de la tranche horizontale ABcd, et l'on déterminera enfin, au moyen de la construction précédente, le point f de rencontre de la courbe des pressions et de la droite cd. On pourra donc obtenir autant de points de la courbe des pressions qu'on le voudra, en multipliant le nombre des horizontales telles que cd. La construction graphique ne présente aucune difficulté et aucune complication, à condition, bien entendu, que l'on sache trouver dans chaque cas la grandeur et la direction de la poussée des terres t. En général, on a (fig. 189) préalablement figuré sur une épure la courbe des pressions de la culée LG correspondant à l'effet de la voûte considérée isolément : ce n'est qu'après cette première recherche, qui a pour but de vérifier la stabilité de l'ouvrage avant la confection des remblais, que l'on se propose d'étudier le changement qu'apportera l'exécution des terrassements dans les conditions d'existence de la culée. On peut, en ce cas, simplifier les opérations en se bornant à déterminer exactement le seul point F de la nouvelle courbe des pressions qui correspond à la base CD de la culée :

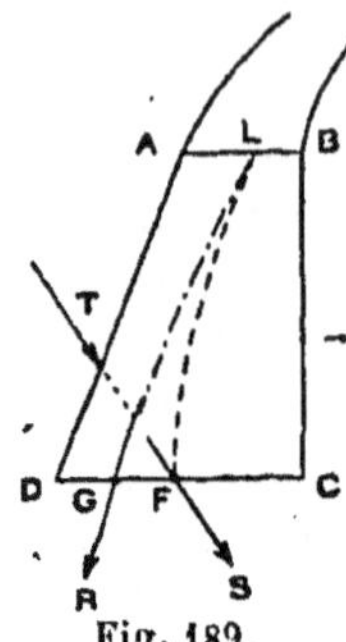
Fig. 189.

ce point est situé sur la résultante totale S de la poussée T exercée par les remblais et de la force R, elle-même résultante de la poussée de la voûte et des poids de la demi-voûte et de la culée. On raccorde ensuite le point F avec le point L de la courbe primitive, situé dans la section de retombée, au moyen d'une courbe régulière se rapprochant graduellement de la ligne LG : cette courbe pourra être considérée, avec une approximation suffisante, comme la courbe des pressions correspondant à l'action simultanée de la voûte et du remblai.

Cette méthode n'est pas d'une exactitude absolue, toujours par le motif qu'elle ne tient aucun compte de l'élasticité de la culée, assimilée à tort à un massif indéformable. Il est évident que la poussée des terres tend à chasser la culée dans le sens de sa direction, et à déplacer son sommet AB en le rapprochant de la culée opposée. Si le phénomène se manifeste à un degré sensible, il en résulte un rapprochement des naissances de la voûte et, par conséquent, une augmentation dans sa poussée, et une modification de la courbe des pressions, qui s'aplatit. Il faudrait donc pouvoir tenir compte des changements que subissent la courbe des pressions et la poussée de la voûte en raison de l'action du remblai sur la culée. Mais la méthode générale pour l'étude de la stabilité des voûtes, que nous avons exposée au chapitre II, ne nous semble pas applicable lorsque l'on veut tenir compte de la poussée des terres, par suite de la complexité des causes agissantes, et l'on ne saurait en pareil cas arriver, par un procédé rigoureux, à connaître les conditions dans lesquelles l'ouvrage se trouvera établi.

Pour les grands ponts, il est assez rare que l'on ait à redouter les effets de la poussée des terres, généralement presque négligeables, comparativement à la poussée des voûtes. Pour les viaducs, on s'astreint à n'attribuer aux culées qu'une hauteur relativement faible, et l'on rentre, par conséquent, dans les conditions des grands ponts.

Il n'y a guère que pour les ouvrages de faible ouverture que cette question de la poussée des terres puisse préoccuper les ingénieurs : il existe de nombreux exemples de petits ouvrages disloqués ou renversés par cette seule cause, et il convient, par conséquent, de ne pas la traiter légèrement. Le tracé de la courbe des pressions, tel que nous l'avons exposé plus haut, permettra toujours de se rendre compte des accidents à craindre et de les prévenir par des mesures appropriées. Nous nous bornerons à citer les principaux mouvements qui, pour un petit ouvrage, peuvent résulter de la poussée des terres :

1° Rapprochement des voussoirs B et B′ et soulèvement de la clef de voûte avec surhaussement de l'axe longitudinal et ouverture à l'extrados (fig. 190). Si l'on a lieu de craindre que ce mouvement ne se produise, il convient de charger la clef

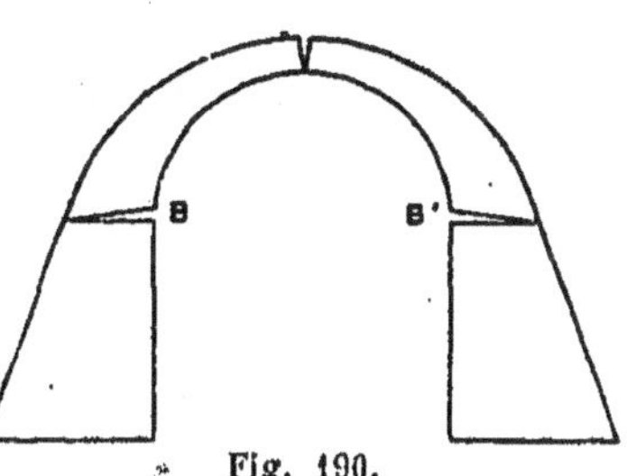

Fig. 190.

et d'adopter pour la voûte un surbaissement plus fort : on augmente de cette façon la poussée de la voûte, dont l'action sur la culée est inverse de celle de la poussée des terres. Il peut être bon aussi d'augmenter l'épaisseur de la voûte.

2° Gondolement des parements intérieurs des culées avec ouverture des joints (fig. 191). Un pareil accident démontre qu'il eût fallu augmenter l'épaisseur des culées, qui s'est trouvée manifestement trop faible. Si leur hauteur était grande et que la destination de l'ouvrage s'y fût prêtée, on aurait pu établir à mi-hauteur un arc de décharge reliant les deux culées et combattant par sa poussée propre l'action des remblais (fig. 192).

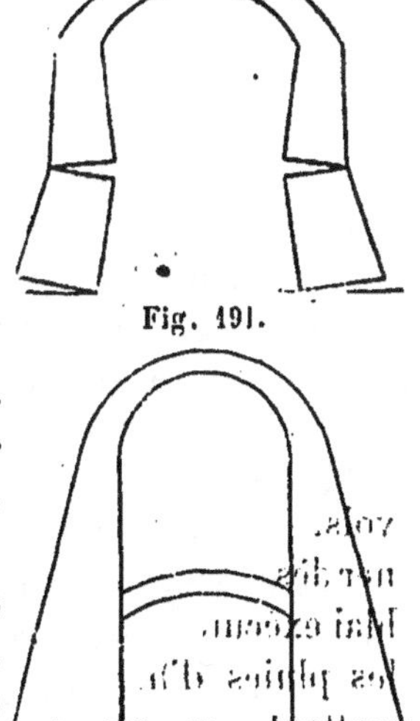
Fig. 191.

Fig. 192.

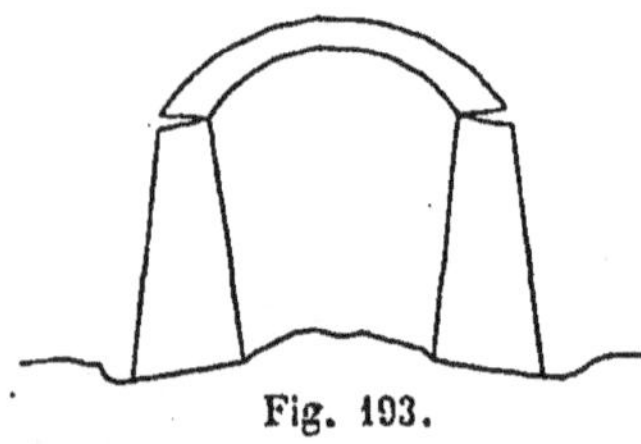

Fig. 193.

3° **Rapprochement des bases des culées** par suite d'un mouvement de leurs pieds, insuffisamment butés par le terrain (fig. 193). Cet accident prouve qu'il eût fallu relier les pieds des culées par un radier en maçonnerie ou un grillage en charpente les rendant solidaires. Ce fait pourrait se présenter dans les ouvrages établis sur des terrains marneux ou argileux : en pareil cas, un radier est absolument indispensable. Pour les aqueducs de faibles dimensions, on exécute toujours un radier, sauf le cas où l'ouvrage est directement établi sur le rocher.

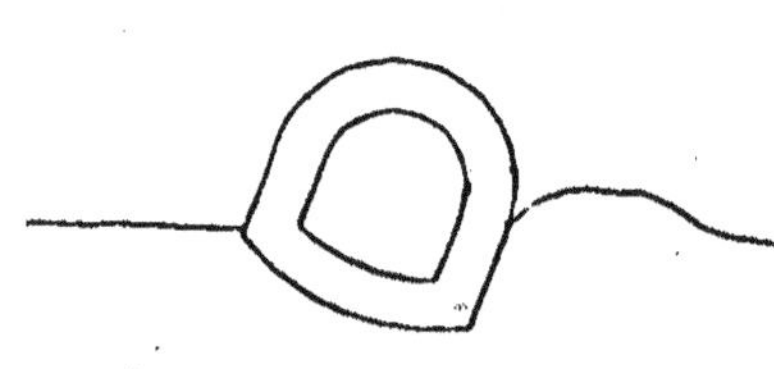

Fig. 194.

4° **Renversement du pont** tout entier tournant autour de l'une des arêtes inférieures d'une culée (fig. 194). Cet accident se présente lorsqu'on a eu l'imprudence d'exécuter sur toute sa hauteur un remblai élevé, en se rapprochant du pont de façon à exercer sur une des culées une poussée considérable, alors que l'autre est encore isolée.

Pour éviter ce mécompte, il faut autant que possible monter en même temps le remblai des deux côtés du pont, de manière à soumettre toujours pendant la durée des travaux l'une et l'autre culées aux mêmes poussées. On doit aussi avoir soin de remblayer simultanément au-dessus de la voûte, en vue de faire croître graduellement la poussée de cet ouvrage au fur et à mesure du développement de la poussée des terres.

On recommande avec raison de pilonner les terres dans le voisinage immédiat du pont pour les tasser et leur donner dès le début leur assiette presque définitive. Dans un remblai exécuté sans précaution, avec des terres jetées à la volée, les pluies d'hiver peuvent amener des tassements généraux mettant en mouvement toute la masse, dont la vitesse vient s'amortir sur la maçonnerie, et il peut arriver qu'un ouvrage, établi de façon à résister victorieusement à la poussée du remblai supposé en équilibre, ne puisse supporter l'effort dynamique dû au tassement, et soit disloqué, culbuté et emporté.

Ces questions d'accidents mises à part, on voit que la poussée des terres exerce sur les culées une action directement opposée à celle de la poussée de la voûte : cette action, lorsqu'elle ne dépasse pas le but, peut donc avoir un résultat utile en s'opposant à l'écartement des retombées qui tend toujours à se produire dans une voûte isolée. Il convient donc, le cas échéant, d'en tenir compte et d'en profiter pour diminuer l'épaisseur des culées. On aura soin au cours des travaux de remblayer l'arrière des culées avant d'opérer le décintrement, pour que la poussée de la voûte soit dès le début compensée partiellement par la poussée des terres.

Lorsque la poussée des terres semble devoir être notablement supérieure à la poussée de la voûte, on peut avoir à craindre qu'elle ne rompe l'équilibre de la culée, et n'en cause le déversement ou la dislocation, quelque soin que l'on apporte dans la confection du remblai.

Il y a, en pareil cas, deux moyens de parer à cette éventualité, en diminuant ou même supprimant cette cause de ruine :

1° On peut former la culée d'une suite de voûtes continuant celles du pont, dont les piles sont partiellement enfouies dans le remblai et qui se terminent à une culée entièrement masquée par les terres (fig. 195,196,197). En ce cas les pressions exercées sur les faces antérieures de la culée et des piles (pressions dont on désigne la résultante sous le nom de *butée des terres*) agissent en sens inverse de la *poussée* proprement dite, qui s'exerce sur les faces postérieures, et en diminuent les effets [1]. Pour les viaducs très élevés, on ne peut guère parvenir que par ce moyen à établir des culées stables : on appelle *culées perdues* les culées formées d'une série d'arceaux

---

1. Dans le viaduc à culée perdue, que représentent les figures 195, 196 et 197, on a dû soutenir contre la pression du remblai le dernier piédroit, constituant la véritable culée, au moyen de deux contreforts formant murs en aile. Ici la poussée des terres est notablement supérieure à celle de la voûte.

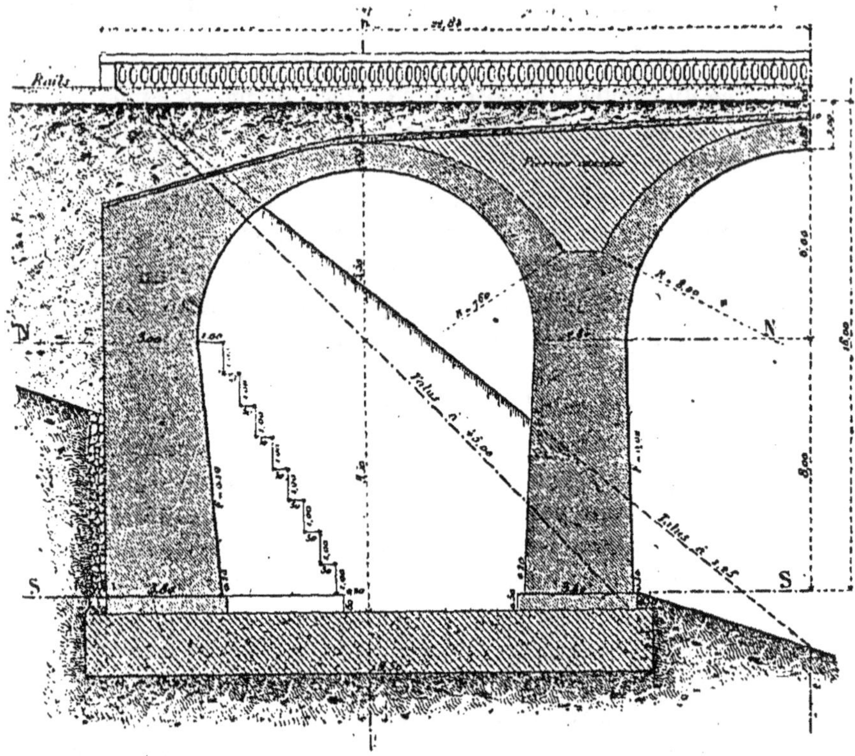

Viaduc à culée perdue (Coupe longitudinale). — Fig. 195.

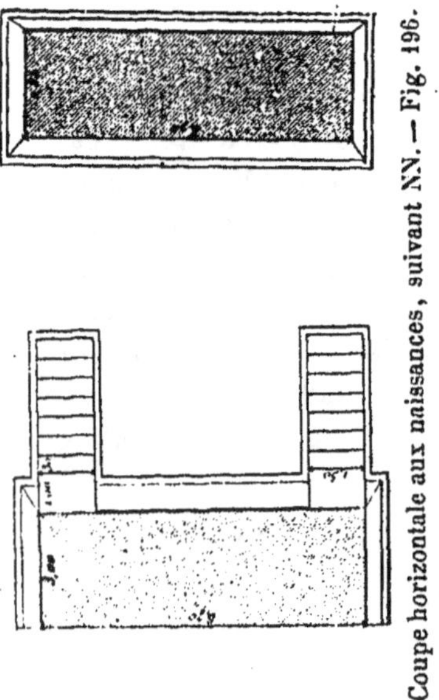

Coupe horizontale aux naissances, suivant NN. — Fig. 196.

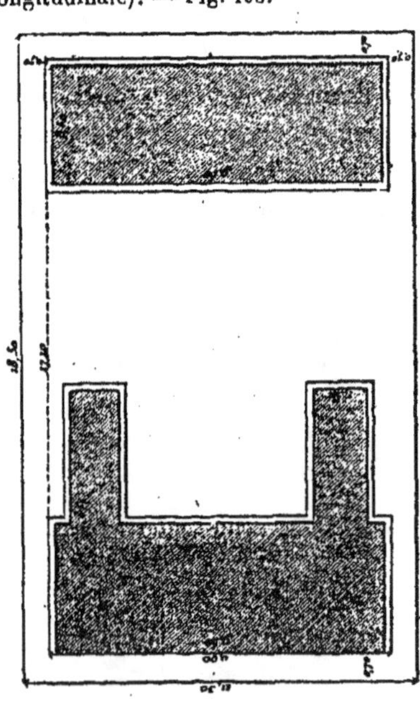

Coupe horizontale à la base, suivant SS. — Fig. 197.

dont l'élévation est coupée par le talus des quarts de cône du remblai.

Pour les ouvrages de dimensions moyennes fondés sur un mauvais terrain et qu'on veut soustraire à la poussée du remblai, on se contente en général de former les culées d'un massif principal placé à l'avant et de deux murs en retour reliés l'un à l'autre par une voûte cylindrique à génératrices parallèles à ces murs (fig. 198,199 et 200). D'habitude on choisit pour cette voûte la forme ogivale afin de diminuer la poussée, qui tend à chasser vers l'extérieur les deux murs en retour. Le remblai pénètre dans le vide ménagé à l'intérieur de la culée et y prend le talus naturel des terres. Si le pied de ce talus n'atteint pas le massif principal de l'ouvrage, on voit que la poussée des terres se trouve supprimée, et que l'action du remblai sur la culée se réduit à une force verticale correspondant au poids des terres qui chargent la fondation. Si le talus atteint le pied de la culée, il y a bien une poussée, mais très réduite et qui ne peut inspirer de crainte.

La longueur à attribuer aux murs en retour et aux voûtes dépend de la proportion dans laquelle on juge nécessaire de réduire la poussée : dans le viaduc d'Épinay (fig. 198, 199, 200), le remblai intérieur, en supposant le talus réglé à 3 mètres de base pour 2 de hauteur, ne doit masquer que le tiers de la hauteur du piédroit.

72. Calcul de la poussée des terres. — Il nous reste, pour compléter cette étude, à indiquer le moyen de calculer, dans tous les cas de la pratique, la poussée des terres, que nous avons supposée connue dans les développements qui précèdent. Ce n'est pas ici le lieu d'exposer en détail la théorie de l'équilibre des massifs pulvérulents, telle que l'a établie M. *Boussinesq*. Nous renverrons aux travaux de ce savant le lecteur désireux d'étudier à fond ce sujet, et nous nous bornerons à énoncer les résultats auxquels il est arrivé : ce qui suit est emprunté à un article publié par M. l'ingénieur en chef *Flamant* dans les annales de 1885 (1er semestre, p. 515).

Il convient tout d'abord de supposer :

1° Que les terres dont il s'agit sont absolument dépourvues

Culée du viaduc d'Epinay.

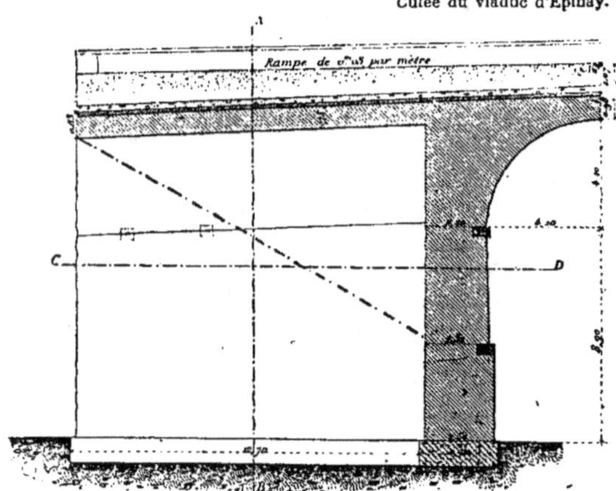

Coupe longitudinale. — Fig. 198.

Coupe transversale, suivant AB. — Fig. 199.

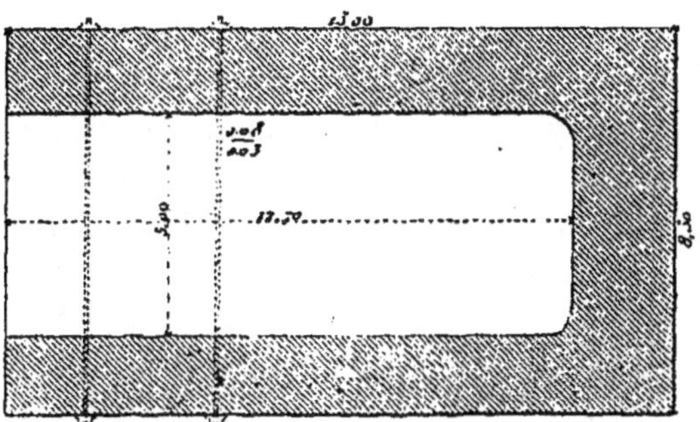

Coupe horizontale, suivant CD. — Fig. 200.

de cohésion. Cette hypothèse conduit à calculer la valeur maximum de la poussée, en se plaçant dans les conditions les plus défavorables. Comme d'ailleurs on n'est jamais assuré que ces circonstances ne se réaliseront pas, en dépit du soin apporté dans la confection du remblai, il est prudent d'en prévoir l'éventualité;

2° Que le coefficient de frottement des terres sur le mur est égal à celui des terres sur elles-mêmes (ce qui revient à admettre qu'une très mince couche de terre reste adhérente au mur), et qu'il a pour mesure la tangente trigonométrique de l'angle du talus naturel des terres avec l'horizon.

Désignons (fig. 201) par :

φ cet angle du talus naturel, c'est-à-dire par tang φ le coefficient de frottement des terres sur elles-mêmes et sur le mur;

ω l'angle formé avec l'horizontale par la face supérieure du massif, supposée plane. Cet angle est compté positivement lorsque la surface du massif plonge vers le mur;

i l'angle formé avec la verticale par la paroi postérieure de la culée, supposée plane : cet angle est compté positivement lorsque la paroi présente un fruit;

h la hauteur verticale, au-dessus de la base du mur, du point d'intersection de la surface supérieure du massif avec la paroi postérieure de la culée;

Π le poids du mètre cube de terre.

Dans tout ce qui va suivre, on supposera que les angles ω et i sont positifs ou au moins égaux à zéro. On a laissé de

côté les cas, très rares en pratique, où ces angles seraient
négatifs.

Le point d'application de la poussée sur la paroi postérieure de la culée est placé au tiers de la hauteur h à partir de
sa base. Désignons par T l'intensité de la poussée exercée sur

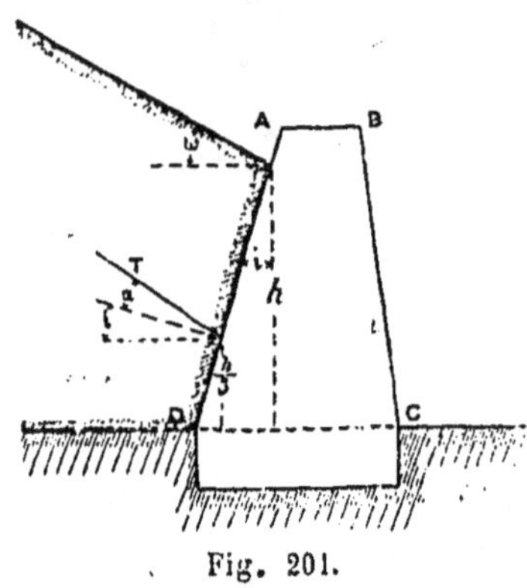

Fig. 201.

une tranche verticale ayant
l'unité pour longueur mesurée normalement à la section
verticale ABCD, et par α l'angle, mesuré de bas en haut,
que forme sa direction avec
la normale au parement du
mur, cette normale faisant
avec l'horizontale l'angle i
l'inclinaison de la poussée sur
l'horizontale aura ainsi pour
mesure $\alpha + i$. T et α sont les
inconnues qu'il s'agit de déterminer.

La valeur de T est fournie par la formule : $T = K \dfrac{\Pi h^2}{2}$,

K étant un coefficient numérique variable dont il sera ques-
tion plus loin. Quant à l'angle α, il est en général égal à φ, et,
dans le cas contraire, ne s'en écarte jamais que de très peu.
La méthode qui permet de le calculer étant assez compliquée,
nous nous abstiendrons de la donner, ainsi que celle qui
fournit le coefficient K. Nous nous contenterons de renvoyer
aux tables numériques, dressées par M. Flamant à l'aide de
la formule de M. Boussinesq, que nous avons extraites de
l'article des *Annales* précité, et reproduites au chapitre V :
nous avons déjà dit que nous nous étions imposé la règle
absolue de réunir dans ce chapitre tous les renseignements
numériques dont l'on peut avoir besoin pour l'étude de la
stabilité des voûtes.

En résumé, les dessins d'exécution de l'ouvrage projeté
font connaître immédiatement les quantités h, ω et i.
Lorsque le parement extérieur de la culée est courbe (fig.
202), il convient de lui substituer, pour le calcul de la

poussée, un parement rectiligne qui s'en
écarte le moins possible : l'erreur résultant de cette substitution sera toujours insignifiante, et l'on pourra de cette façon
appliquer la formule qui précède, en adoptant pour i la valeur moyenne correspondant au parement rectiligne admis.

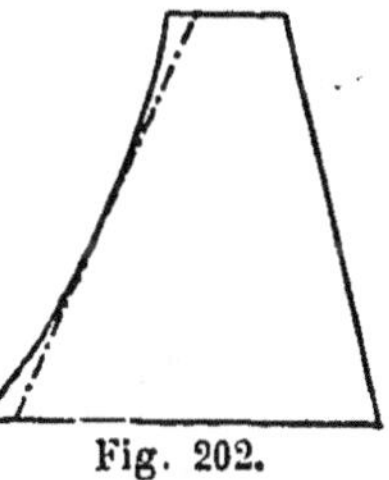
Fig. 202.

En général, pour les culées des ponts, h est égal à leur
hauteur et ω est nul ; nous avons toutefois, pour plus de généralité, reproduit intégralement les tables de M. Flamant, qui
admettent pour ω des valeurs positives croissantes à partir
de zéro.

Les quantités Π et φ dépendent de la nature des terres
qui constituent le remblai : on les connaîtra généralement
d'avance, ou bien on pourra les déterminer facilement par des
expériences directes. Au surplus, nous donnerons dans le
chapitre V des tables numériques indiquant les valeurs
moyennes du poids spécifique et de l'angle du talus naturel
pour les différentes natures de terres. On pourra, le plus
souvent, se contenter de ces renseignements, dont l'exactitude
est très suffisante lorsque l'on s'est bien rendu compte de la
catégorie dans laquelle il convient de classer le remblai :
sable, argile, terre franche, etc.

Il ne reste plus qu'à trouver les valeurs de K et de α : elles
sont fournies par la table numérique à triple entrée (i, φ et ω)
de M. Flamant.

Connaissant K et α, on obtiendra T par la formule :

$$T = K\, \frac{\Pi h^2}{2},$$

et l'on pourra figurer sur l'épure de stabilité, en grandeur et
en direction, la poussée des terres. Il n'y aura plus ensuite
qu'à appliquer les méthodes précédemment exposées pour la
vérification de la stabilité de la culée et de ses murs en retour,
qui ont aussi à résister à l'action du remblai.

Nous reviendrons, en terminant, sur une observation précédente à laquelle nous attachons une grande importance :

les formules de M. Boussinesq supposent le massif de terre
en équilibre. Si, par suite de tassements généraux, les remblais venaient à se mettre en mouvement, la culée serait soumise à des efforts dynamiques d'une puissance incomparablement supérieure à celle de la poussée statique, et pourrait
être disloquée, déversée ou culbutée. Il est donc indispensable, en certains cas, de pilonner les terres pendant la confection du remblai et même parfois d'en hâter le tassement
par des arrosages répétés, dans le voisinage immédiat de la
culée, si l'on veut éviter des accidents de nature à compro-
mettre l'équilibre de l'ouvrage, quand bien même ses dimensions seraient supérieures à celles qu'exigerait la poussée des
terres, calculée exactement à l'aide des tables de M. Flamant.

73. Élégissements des piles et des culées. — On ménage
souvent dans les culées des vides qui ont pour objet : 1° de
diminuer le cube des maçonneries et, par suite, la dépense ;
2° de réduire le poids total de l'ouvrage et, par suite, la pression exercée sur les fondations.

Cette dernière considération peut avoir une grande importance lorsque la culée est élevée et que les fondations n'inspirent qu'une confiance médiocre.

En général, les *élégissements* pratiqués dans les culées ne
peuvent avoir que des conséquences défavorables au point de
vue de la stabilité des voûtes proprement dites, puisqu'en
réduisant le volume de la culée on la rend plus déformable et
on augmente, par suite, l'importance du déplacement subi
par la section de retombée sous l'action de la poussée de la
voûte, au moment du décintrement. Il convient d'en user avec
modération et de les disposer d'une manière judicieuse, de
façon à ne pas trop faciliter le déplacement des retombées.

La méthode la plus rationnelle à suivre consistera, le cas
échéant, à prolonger dans la culée la courbe des pressions
de la voûte et à l'envelopper dans un prisme plein de
maçonnerie formant voûte de retombée et prolongeant le
massif de l'arche (fig. 203 et 204). On pourra sans inconvénient évider le surplus de la culée, qui ne joue, au point de
vue de la stabilité, qu'un rôle presque insignifiant.

On ne devra sous aucun prétexte accepter de vides rencontrés par la courbe des pressions , à moins qu'il ne s'agisse de puits cyliudriques étroits , qui, par suite de leurs faibles dimensions, ne diminuent que de très peu la section transversale de la voûte de retombée : mais de pareils puits présentent toujours un volume assez faible , et leur adoption ne procure ni une grande économie dans la dépense ni une réduction notable dans le poids porté par les fondations.

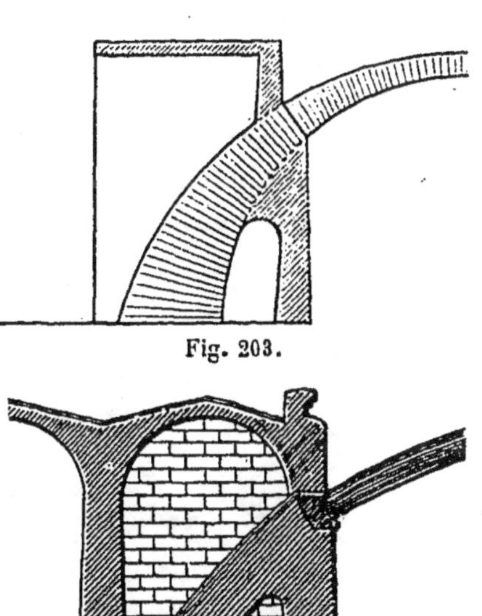

Fig. 203.

Fig. 204.

Il nous semble que les constructeurs anglais ont parfois exagéré les évidements des culées de leurs ponts, et qu'il eût été préférable d'augmenter sensiblement les épaisseurs des voûtes de retombée, en vue de mieux assurer, au prix d'un faible supplément de dépense, la stabilité des voûtes proprement dites (fig. 120).

Il est très rare que l'on ménage des vides dans les piles; pourtant, comme le cas n'est pas absolument sans exemple, nous en dirons quelques mots. Nous ne voulons pas parler ici des évidements ménagés au-dessus des naissances, et qui se rapportent plutôt à l'élégissement des tympans qu'à celui des piles (fig. 131).

Soit ABCD une pile de pont présentant sur toute sa hauteur un profil d'égale résistance, déterminé comme il a été dit à l'article 64. Nous avons remarqué précédemment que les épaisseurs auxquelles conduit le tracé rationnel, pour la section supérieure de l'ouvrage, sont généralement trop faibles pour que les constructeurs croient devoir s'y tenir : en les dépassant, ils augmentent le cube des maçonneries et, par suite, le poids supporté par l'assise inférieure CD (fig. 205).

Si la résistance des maçonneries ou la nature du massif de fondation ne permet pas d'accepter le surcroît de pression qui en résulterait à la base de la pile, on se trouvera alors obligé d'augmenter en conséquence les dimensions de cette base.

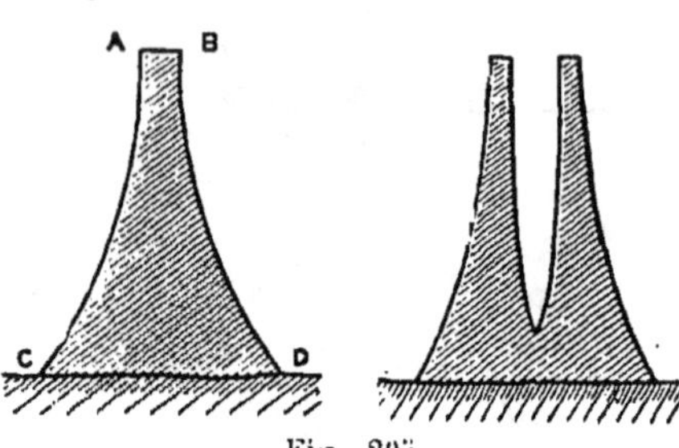

Fig. 205.

On peut se soustraire à cette nécessité en élégissant la pile, au moyen d'un ou plusieurs puits verticaux de largeur variable, disposés de façon que la section évidée attribuée à la pile présente à une hauteur quelconque l'aire qui correspondrait au profil plan d'égale résistance. De cette manière on arrivera à donner à l'ouvrage une largeur suffisante en élévation, sans augmenter le cube des maçonneries, et l'on obtiendra un profil équivalent comme poids au profil d'égale résistance, et présentant sur lui l'avantage d'offrir une rigidité transversale plus grande.

En résumé, les élégissements des piles s'effectuent au moyen de puits verticaux, dont les sections horizontales sont calculées de manière que la pression exercée sur chaque assise de la pile ne dépasse pas la limite pratique. Les parties supérieures des piles sont ainsi constituées par des murs peu épais et, par suite, peu solides : en conséquence, cette pratique ne semble à recommander que dans les cas où, les fondations n'inspirant pas une grande confiance, on a un intérêt majeur à réduire au minimum le poids qu'elles ont à porter (fig. 206 et 207).

74. Direction des surfaces de lit des culées. — On exécute souvent les massifs des culées en maçonnerie de blocage pour n'avoir pas à se préoccuper de la direction à donner aux surfaces de lit. Lorsque les culées sont appareillées par assises, il convient de s'assurer que celles-ci ne rencontrent pas la courbe des pressions sous un angle inférieur à

Viaduc de Malaunay. — Fig. 206.

Viaduc de Laval. — Fig. 207.

l'angle de glissement. On est souvent conduit, notamment
pour les voûtes surbaissées, à incliner les assises sur l'horizontale pour leur faire couper à peu près normalement la
courbe des pressions. En pareil cas, il faut, soit établir les
lits suivant des surfaces cylindriques se retournant normalement au parement vu de la culée (fig. 77), soit noyer dans la

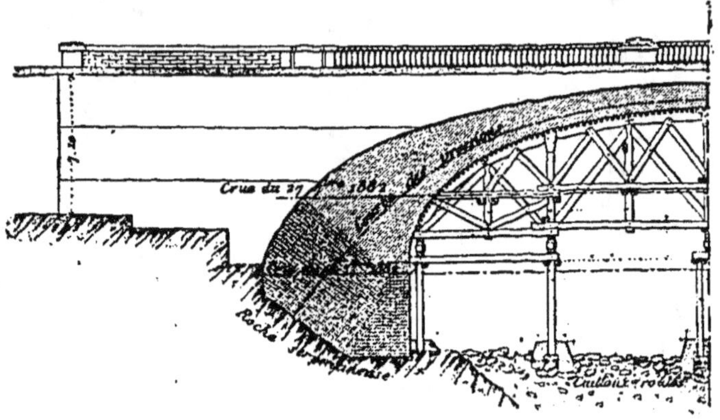

Fig. 208.

maçonnerie une voûte de retombée dont les lits viennent rencontrer, sous un angle variable, les assises horizontales du
parement vu (fig. 208). Le prisme appareillé par assises horizontales est supposé, en pareil cas, ne contribuer en rien à la
stabilité, et l'on ne doit pas faire figurer son poids dans les
calculs.

§ 3.

VOUTES BIAISES

75. Généralités. — Nous avons jusqu'ici exclusivement
étudié les voûtes droites en berceau, dont l'intrados est une
surface cylindrique à génératrices normales aux plans des
têtes. Un ouvrage semblable ne peut être employé que pour
couvrir un espace rectangulaire compris entre les parements
antérieurs des deux culées, placées exactement en face l'une
de l'autre.

Il arrive parfois que l'espace à couvrir affecte la forme d'un parallélogramme, l'axe du passage à ménager sous le pont étant oblique par rapport à la voie de communication qu'il devra porter. On se trouve alors amené à construire une *voûte biaise*, dont l'intrados est une surface cylindrique à génératrices obliques sur les plans des têtes.

La section de tête d'un pareil ouvrage est aussi appelée sa *section biaise*. On désigne sous le nom de section droite celle qui s'obtient en coupant la voûte par un plan perpendiculaire aux génératrices d'intrados. Quand le pont est très biais et très étroit, il peut ne pas exister de section droite contenue exactement dans le massif de maçonnerie (fig. 209). Cela d'ailleurs ne modifie en rien les observations que nous présenterons plus loin sur les conditions à réaliser pour assurer la stabilité de ce genre de construction. On appelle *angle du biais* l'angle aigu α formé par les génératrices d'intrados avec le plan de tête, ou , si l'on veut, l'angle aigu formé

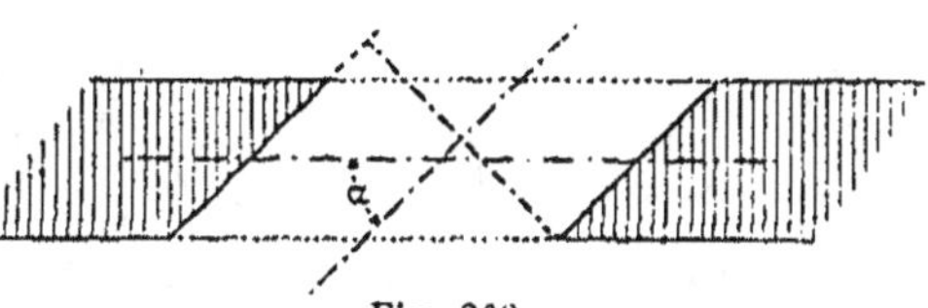

Fig. 209.

par l'axe du passage inférieur avec l'axe de la voie qui passe sur le tablier. Le pont est d'autant plus biais que cet angle est plus petit.

76. Construction par arcs droits. — Soit ABCD le parallélogramme à recouvrir au moyen d'une voûte biaise, AB et CD étant les plans des têtes (fig. 210).

Menons par les sommets A et C des angles obtus des deux culées deux plans verticaux AF et CG perpendiculaires aux têtes. On peut établir sur le rectangle AGCF une voûte droite qui couvrira l'espace ABCD; l'inconvénient de cette

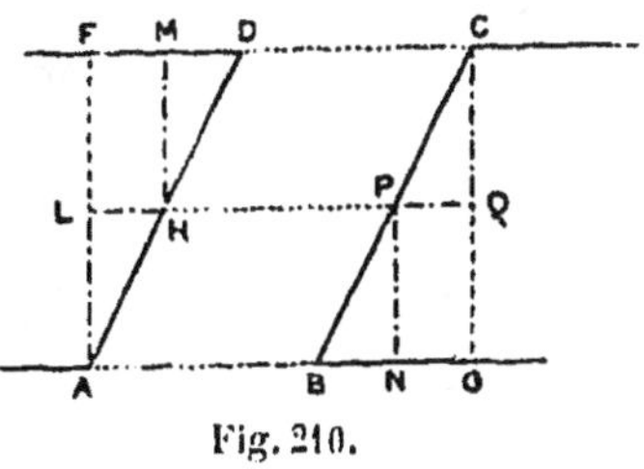

Fig. 210.

solution sera d'augmenter l'étendue du passage inférieur des zones triangulaires inutiles ADF et BCG, situées en dehors du parallélogramme ABCD. Au lieu de substituer aux parements obliques AD et BC des deux culées des parements normaux AF et CG, on peut adopter des parements à gradins ou à redans ALHM et CQPN, obtenus en menant par les milieux M et N des longueurs FD et BG des plans verticaux normaux aux têtes et, par leurs verticales P et H d'intersection avec les plans AD et BC, des plans HL et PQ parallèles aux têtes. Chacun des rectangles ALPN et MHQC sera recouvert par un berceau droit, et l'on aura un ouvrage formé de deux voûtes droites accolées. On réduira ainsi de moitié l'espace inutile occupé par la voûte : BNP et PQC au lieu de GCB.

On peut multiplier les points de division, tels que H, sur la droite AD, et substituer au parallélogramme ABCD une série de rectangles ayant leurs côtés respectivement parallèles à AB et AF, et leurs sommets successifs alternativement sur AD et BC, et en arrière de ces droites (fig. 211).

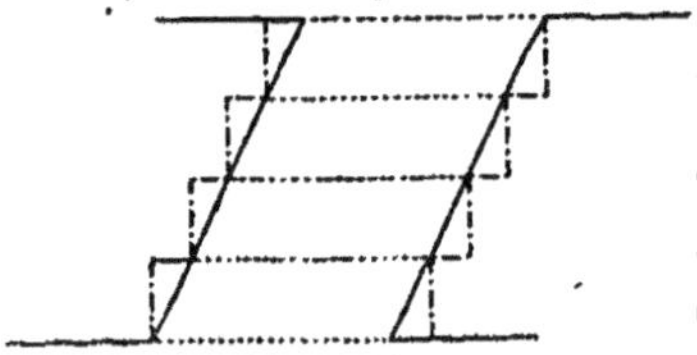

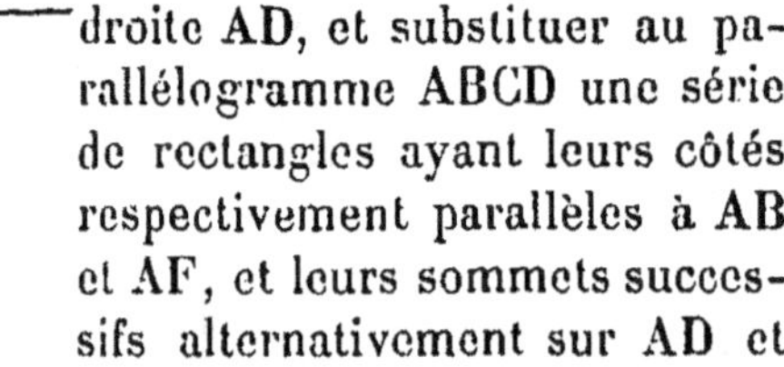

Fig. 211.

Ce mode de construction des ponts biais par arceaux droits accolés a été fréquemment employé; il est encore en usage pour les ouvrages très biais, dont l'angle est inférieur à 40°, la construction des voûtes biaises proprement dites, à l'aide des procédés que nous allons indiquer plus loin, n'étant pas pratiquement applicable en pareil cas.

Le défaut de cette solution tient moins à la présence de la zone inutile, dont on peut réduire à volonté l'étendue en multipliant les arceaux, qu'à l'augmentation considérable qu'elle entraîne dans la surface de parement vu et dans le nombre des arêtes saillantes et rentrantes. Aussi, pour réduire la dépense d'exécution, a-t-on l'habitude de ne pas construire ces arcs jointifs : on en supprime un sur deux, et l'on couvre (fig. 212) le vide laissé entre deux arceaux consécutifs par une petite voûte transversale, généralement en briques, dont l'intrados affecte la forme d'un tore. On réalise ainsi une cer-

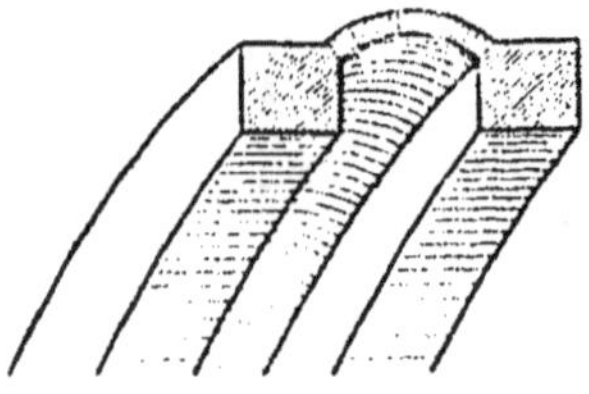

Fig. 212.

taine économie, sans toutefois jamais descendre au chiffre de
dépense qui correspondrait à l'établissement d'une voûte biaise
proprement dite, vu l'obligation où l'on se trouve d'employer
dans les arceaux des matériaux très réguliers et très bien
taillés. En général on se sert de briques de bonne qualité: à
leur défaut, il faudrait employer des pierres de taille ou des
moellons piqués, et les frais d'exécution deviendraient considérables.

77. Théorie des voûtes biaises. — Considérons une
voûte construite par arcs droits jointifs ; supposons que les
anneaux successifs soient très nombreux et par suite très
minces. La zone inutile sera peu étendue, les redans successifs ménagés sur les parements des
deux culées formant des saillies relativement minimes. Supposons qu'on
les fasse disparaître entièrement, après
l'exécution de l'ouvrage, en retaillant

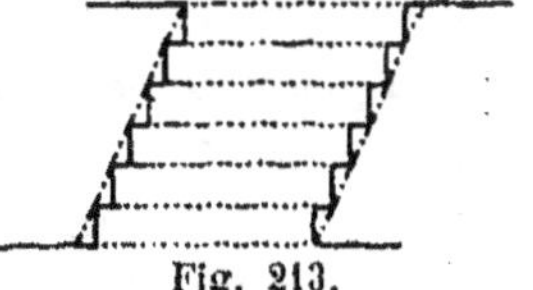

Fig. 213.

l'intrados suivant une surface cylindrique à génératrices
obliques sur les plans des têtes. L'opération n'aura modifié que d'une manière insensible les conditions de stabilité
des arceaux successifs, si l'on admet que la saillie des redans
retranchés de la maçonnerie était très petite comparativement à l'épaisseur totale de la voûte.

Nous nous trouvons alors en présence d'une voûte biaise
formée d'une série d'arceaux droits successifs, ayant pour
intrados commun une surface cylindrique. On sait, en vertu
d'un théorème de mécanique rationnelle, que, lorsqu'un système matériel est en équilibre, on peut établir de nouvelles
liaisons entre les divers éléments qui le constituent, sans que
l'équilibre soit troublé. Dans le cas présent, si nous supposons
l'ouvrage en équilibre, rien ne nous empêche de relier entre
eux les anneaux dont il se compose, en remplissant par
exemple avec du mortier de ciment les vides, formant joints
continus, laissés entre leurs plans de tête opposés. Admettons
que l'on ait disposé sur les dessins d'exécution les voussoirs
de ces arceaux, de façon que les joints de lit (perpendiculaires
à l'intrados et aux plans des têtes) se correspondent et se con-

tinuent de l'un à l'autre : rien n'empêche de réunir deux ou trois voussoirs ainsi juxtaposés et se faisant suite, en les formant d'une seule pierre dont les surfaces de lit se prolongeront dans les deux ou trois arceaux qu'elle traverse. En faisant varier les longueurs respectives de ces voussoirs, nous souderons ensemble tous les arceaux de l'ouvrage et nous obtiendrons finalement une voûte biaise proprement dite, présentant des surfaces de lit continues à partir de chacune des têtes, et dont les joints parallèles aux plans des têtes seront discontinus et en découpe, comme dans les berceaux droits. Dans un pareil ouvrage, les surfaces de lit sont constituées par une série de portions de plans ayant une très petite longueur mesurée perpendiculairement aux plans des têtes et se coupant suivant des angles dièdres très obtus.

Si nous supposons que la dimension transversale commune des arceaux primitifs vienne à diminuer et tende vers zéro, chaque lit deviendra à la limite une surface réglée engendrée par une génératrice parallèle au plan de tête et normale à la courbe d'intrados située dans ce plan, assujettie à suivre, sur la surface d'intrados, une directrice qui sera elle-même une trajectoire orthogonale des sections biaises successives de cette surface. Les joints discontinus seront parallèles aux plans des têtes.

Une voûte ainsi établie est assimilable, au point de vue de la stabilité, à un berceau droit qui aurait la courbe de tête pour courbe d'intrados. Les règles précédemment exposées pour le tracé de l'épure de stabilité et la détermination des épaisseurs, lui sont donc applicables, et nous n'avons rien à ajouter à ce qui a été dit à ce sujet dans le chapitre II.

Le raisonnement que nous venons de faire suppose d'une manière absolue que la voûte a pris sa position d'équilibre au moment où l'on opère la soudure des voussoirs appartenant aux arceaux successifs : il ne peut donc être considéré comme rigoureux que si la voûte ne subit aucun mouvement, puisque dans le cas contraire les liaisons nouvelles établies entre les divers éléments par la réunion des arceaux changeraient les conditions de stabilité correspondant à l'état d'équilibre définitif et ne permettraient plus d'assimiler l'ouvrage à un berceau droit. Or, lorsqu'on décintre un pont, il subit toujours un tassement et ne remplit plus, par suite, d'une manière complète les conditions posées. Nous en concluons qu'il est très important de réduire au minimum le tassement des voûtes biaises au moment où on les décintre. Nous indiquerons ci-après (art. 83) les précautions qu'il convient de prendre dans ce but, et les effets, défavorables pour la stabilité, qui peuvent résulter d'un mouvement même faible, lequel ne présenterait aucun inconvénient pour les berceaux droits de même ouverture.

78. Appareil orthogonal parallèle. — Nous venons d'exposer les conditions théoriques à réaliser dans l'appareil d'une voûte biaise. Il nous reste à montrer comment l'on arrive à s'y conformer d'une manière suffisante dans la pratique. L'appareil le plus satisfaisant et le plus exact, au point de vue théorique, porte le nom d'*orthogonal parallèle*.

Supposons que l'on se propose de dresser les dessins d'exécution d'une voûte biaise, dont on connaît la section biaise ou de tête, l'angle du biais, et par suite la section droite, et la longueur mesurée perpendiculairement aux plans des têtes. Soient ABCD le plan horizontal de l'intrados, A'E'D' la section biaise et bfc la section droite. Nous commencerons par développer sur un plan la surface cylindrique de l'intrados. Soit M la projection horizontale d'un point de la section biaise projetée en BC et m le point de la section droite situé sur la génératrice MN qui passe en M. Abaissons du point M une perpendiculaire MP sur la droite DC, et portons sur son prolongement une longueur PM″ égale au développement de l'arc de section droite cm. M″ sera un point de la courbe CB″ correspondant sur le développement à la section biaise BC. Nous pourrons d'ailleurs, en faisant varier la position du point M sur la droite BC, obtenir autant de points que nous voudrons de la courbe CB″, jusqu'au point B″ dont la distance B″Q à la droite CD sera égale à la longueur totale développée de la section droite cfb. Menons par B″ une parallèle à CD, et faisons passer par le point D une courbe DA″ identique à

la courbe déjà tracée CB″. Nous obtiendrons la figure
CB″A″D, qui sera le développement sur un plan de la surface
cylindrique d'intrados de la voûte. Les courbes CB″ et DA″

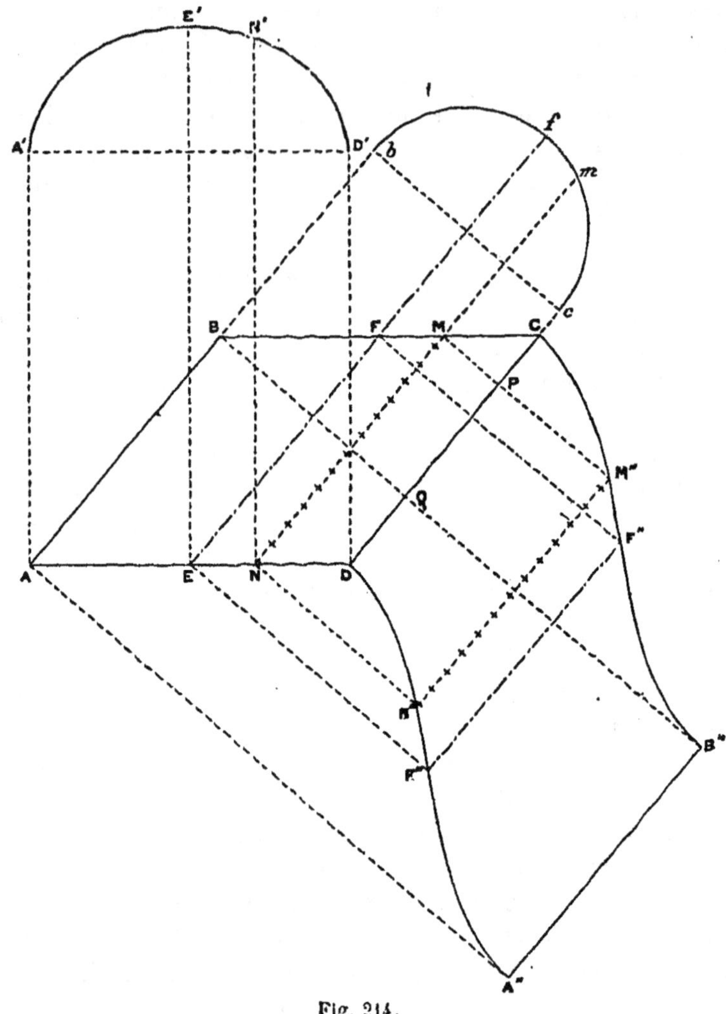

Fig. 214.

correspondent aux sections biaises des têtes, et les droites CD
et E″A″ aux génératrices des naissances. La parallèle E″F″ à
la droite CD correspond sur le développement à la génératrice

de clef de l'intrados : EF—E'—f; la droite M"N" correspond à
la génératrice : MN-N'-m.

Cette opération préliminaire achevée, nous sommes en mesure de tracer sur le développement de l'intrados la courbe des joints continus de la voûte qui, ainsi qu'il a été dit précédemment, est la trajectoire orthogonale des sections biaises, et doit, par conséquent, couper à angle droit toutes les courbes identiques à CM"B" menées par les différents points de la droite CD.

Nous emploierons, pour déterminer cette trajectoire orthogonale, un procédé graphique approximatif indiqué par M. Dupuit. Traçons sur le développement de l'intrados une série de génératrices parallèles à CD et passant par les points 1, 2, 3, 4, 5, 6 choisis arbitrairement sur la courbe CB" (fig. 215). Menons aux points 1, 2, 3, 4, 5, 6, les normales à cette courbe, que nous tracerons approximativement avec une équerre ou par tout autre moyen pratique. Prolongeons la normale en F" jusqu'à son point de rencontre 1' avec la génératrice 1; à partir de 1', menons une parallèle à

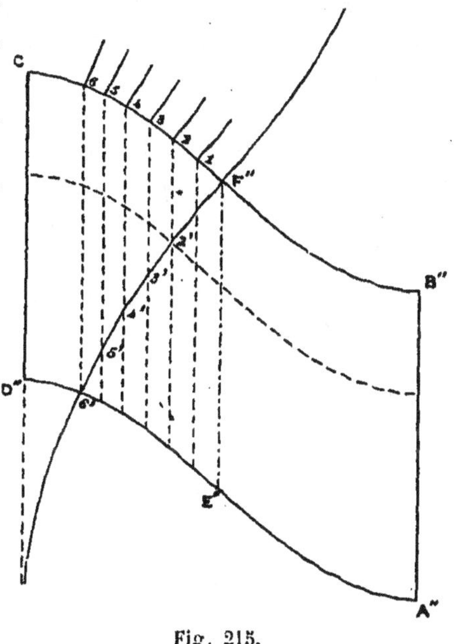

Fig. 215.

la normale au point 1, jusqu'à son point de rencontre 2' avec la génératrice 2, etc., etc. Nous obtiendrons en définitive une ligne brisée F" 1' 2' 3' 4' 5' 6' qui se rapprochera d'autant plus de la trajectoire orthogonale cherchée que les génératrices 1, 2, 3, 4, 5 auront été prises plus rapprochées.

Après avoir ainsi déterminé une trajectoire orthogonale complète entre les génératrices extrêmes CD et A"B", on en découpera un patron qui permettra de tracer sur le développement de l'intrados tous les joints continus de la voûte, lesquels sont des portions de courbes identiques à celle-ci, et ayant également leurs extrémités sur les droites CD et A″B″.

Nous n'avons fait jusqu'à présent aucune hypothèse sur le profil affecté par la section biaise de la voûte : lorsque la surface d'intrados a, aux naissances, son plan tangent vertical, ce qui arrive, par exemple, lorsque la section biaise est un demi-cercle ou une demi-ellipse complète, la trajectoire orthogonale est asymptotique aux droites CD et A″B″. Cela est évident à priori, puisque les courbes CB″ et DA″ coupent en ce cas à angle droit les droites précitées. On est donc forcé d'arrêter le tracé de la courbe à une petite distance de ces deux asymptotes.

Après avoir taillé le patron de la courbe, on trace sur l'épure la trajectoire orthogonale qui coupe en son milieu la génératrice de clef E″F″, équidistante des génératrices des naissances : cette ligne doit nécessairement être un des joints de la voûte, si l'on désire que les divisions des deux têtes soient faites symétriquement, suivant la règle consacrée pour simplifier la préparation des panneaux de taille des pierres.

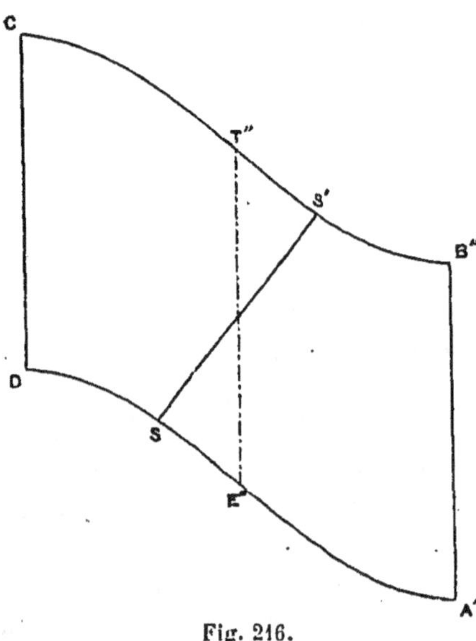

Fig. 246.

A partir du point S ainsi déterminé sur l'une des têtes, et seulement pour l'un des deux segments, tel que SA″ par exemple, de la courbe de tête, on établit une division en voussoirs qui paraisse satisfaisante, et, en faisant glisser le patron de la trajectoire orthogonale de façon à tracer les joints passant par ces points de division, on vérifie si la division qui en résulte pour l'autre tête est satis-

Pont sur le Tavignano, près Corte.

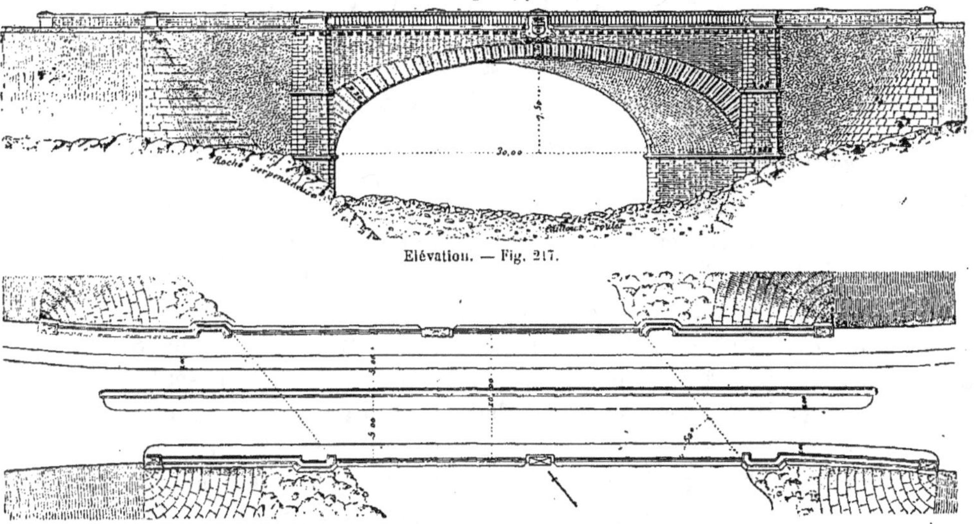

Elévation. — Fig. 217.

Plan. — Fig. 218.

faisante. S'il n'en est pas ainsi, on remanie la division précédemment adoptée pour SA″ jusqu'à ce qu'on obtienne un résultat convenable pour la portion de tête opposée SB″.

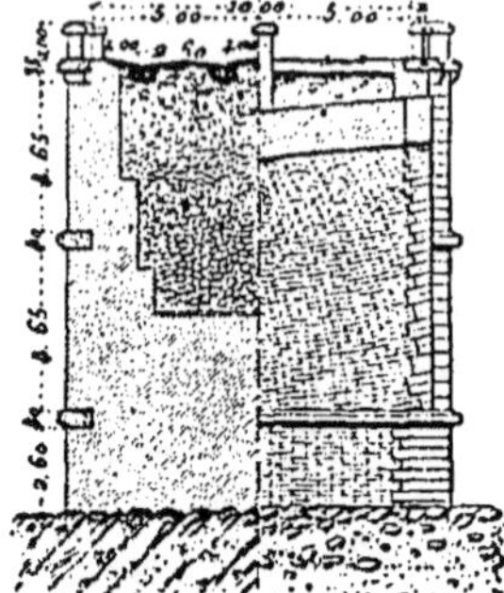

Pont sur le Tavignano, près Corte.

Coupe transversale.—Fig. 219

Ayant de cette façon arrêté la répartition des joints sur la surface SA″B″S′, il n'y a plus qu'à la reproduire, en la renversant, sur la surface complémentaire DSS′C, et on a l'épure complète du développement de l'intrados, ce qu'on appelle la *douelle* de la voûte. La figure 220, qui donne un exemple de pont biais, montre que l'écartement de deux courbes orthogonales successives va en décroissant au fur et à mesure qu'elles se rapprochent des naissances, ce qui oblige à attribuer aux voussoirs d'une même assise des épaisseurs décroissantes. Cela n'a pas grand inconvénient pour le corps de la voûte, mais, dans un intérêt architectural facile à comprendre, on dissimule cette conséquence de l'appareil orthogonal sur les deux têtes, en réunissant suivant les cas deux ou plusieurs rangées des voussoirs les plus minces en une seule pierre, de façon à éviter que les bandeaux ne présentent de trop grandes différences entre les dimensions transversales des voussoirs. Avec quelques tâtonnements on arrive sans difficulté à rendre presqu'insensibles les variations de largeur des voussoirs de têtes. On est généralement obligé dans ce but de déformer quelques joints en s'écartant un peu de la courbe orthogonale exacte, en vue de faire coïncider les divisions des deux têtes. Cette infraction à la règle théorique ne peut avoir, en général, que des conséquences insignifiantes au point de vue de la stabilité de l'ouvrage. Après avoir figuré les lignes des joints continus sur le développement de la douelle, on tracera sans difficulté les joints discontinus, qui sont des portions de courbes identiques aux lignes CB″ et DA″ et orientées de la même façon : on découpe un patron conforme à ces courbes, et on s'en sert pour tracer les joints discontinus, qui, d'habitude, sont constitués d'une naissance à l'autre par une

Pont sur le Taviguano, près Corte.

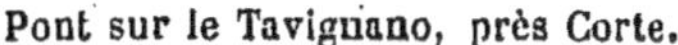

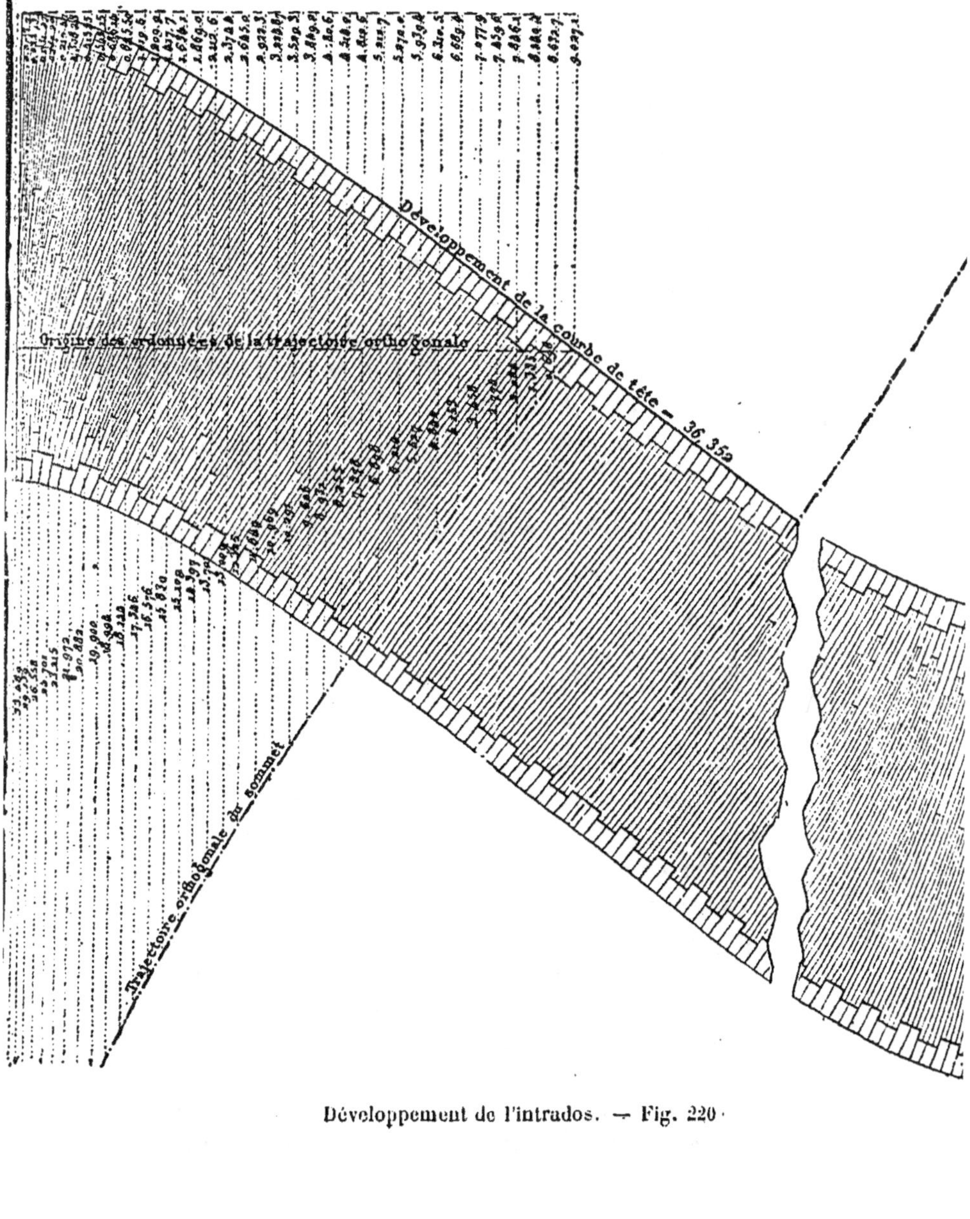

Développement de l'intrados. — Fig. 220

courbe unique interrompue à un joint continu pour être reprise
au joint continu suivant, et *vice versa*.

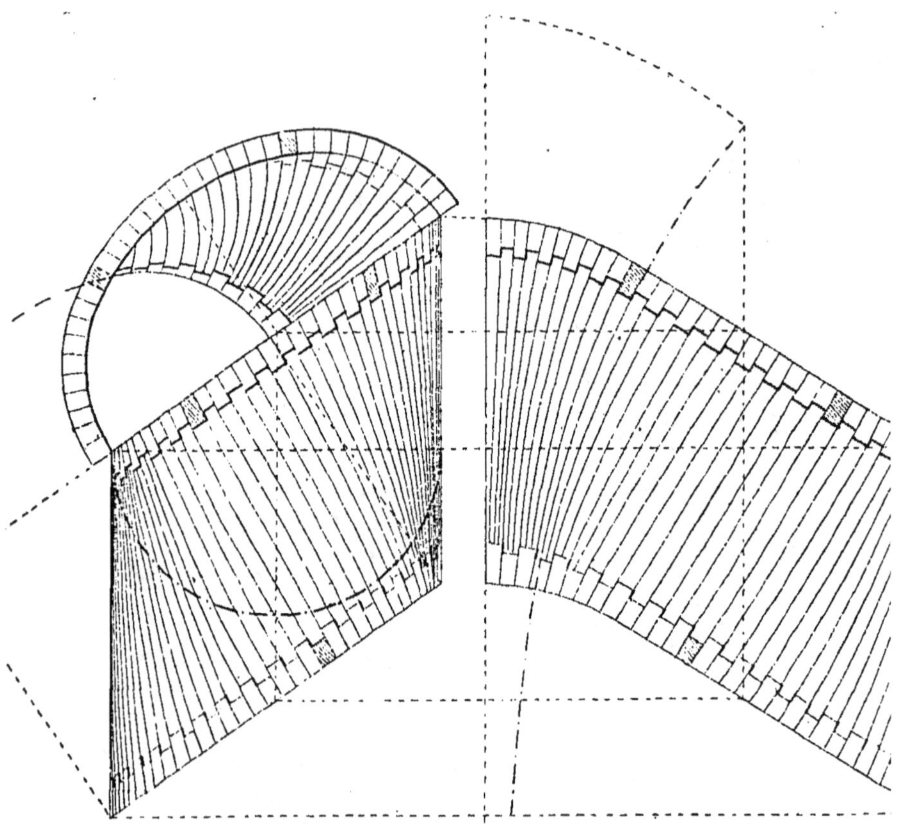

Épure de l'appareil orthogonal. — Fig. 221.

Si l'on veut compléter les dessins d'exécution en figurant
les joints sur le plan et sur l'élévation, il est très aisé de relever les projections de la courbe orthogonale, ainsi que les
points de division des têtes. Il suffit d'effectuer la construction inverse de celle indiquée sur la figure 213 pour obtenir
les deux projections d'une génératrice figurée sur le développement, et relever sur elles les projections d'un point marqué
sur cette génératrice. Ayant tracé la projection verticale et
horizontale d'une courbe orthogonale, on découpera deux

patrons qui permettront de tracer tous les joints passant par les points de division des courbes de têtes.

Quant aux joints discontinus, ils sont représentés sur le plan horizontal par des parallèles aux droites AB et BC, et sur le plan vertical par des courbes identiques à la section biaise AE'D', dont on découpera un patron, que l'on fera glisser sur l'horizontale A'D'.

La construction que nous venons d'indiquer est un peu longue et compliquée, mais elle ne présente pas de difficultés sérieuses, est indépendante du profil d'intrados de la voûte et donne des résultats suffisamment exacts, lorsque l'on rapproche convenablement les génératrices tracées sur le développement de la douelle.

Lorsque la section de tête est un arc d'ellipse, on peut substituer à cette construction graphique approximative un tracé exact, basé sur une formule due à M. l'ingénieur en chef Collignon, qui permet de déterminer analytiquement les différents points de la projection verticale de la trajectoire orthogonale sur le plan de tête.

Si l'on désigne par a le demi-axe horizontal et par b le demi-axe vertical de l'ellipse de tête (la section biaise pouvant d'ailleurs ne comprendre qu'une fraction de la demi-ellipse), l'équation suivante, où x est l'abscisse horizontale et y l'ordonnée verticale, représente, en projection sur le plan de tête, une trajectoire orthogonale, qui a son point de départ à la clef de la section biaise :

$$\frac{a}{b}\,x = \sqrt{b^2 - y^2} + \frac{1}{2}\,b \log \text{nép.} \frac{b - \sqrt{b^2 - y^2}}{b + \sqrt{b^2 - y^2}}.$$

On trace cette courbe par points et on découpe un patron qui sert à tracer les projections verticales des joints continus.

La table qui suit donne les valeurs absolues du rapport $\frac{a x}{b^2}$ pour certaines valeurs particulières du rapport $\frac{y}{b}$. Pour tracer la courbe en vraie grandeur à l'aide de cette table, il suffit de prendre b pour unité des hauteurs et $\dfrac{b^2}{a}$ pour unité des bases.'

$+\dfrac{y}{b} =$	1.00	0,90	0,80	0,70	0,60	0,50	0,40	0,30	0,20	0,10	0,00
$+\dfrac{a\,x}{b^2} =$	0,00	0,030	0,093	0,180	0,299	0,450	0,652	0,921	1.317	1,946	∞

On peut d'ailleurs, avec une table de logarithmes ordinaires, se servir de la formule précitée, sachant que le logarithme népérien d'un nombre est égal à son logarithme ordinaire divisé par 0,43433.

$$\text{D'où } \frac{a}{b}\,x = \sqrt{b^2 - y^2} + 0{,}21717\,b \log. \frac{b - \sqrt{b^2 - y^2}}{b + \sqrt{b^2 - y^2}} \cdot$$

Une fois la projection verticale du joint obtenue, on sait, à

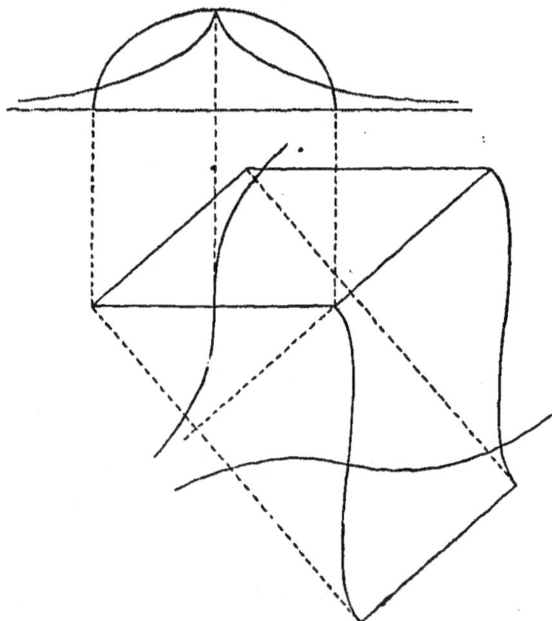

Fig. 221 *bis.*

l'aide des constructions graphiques précédemment indiquées, trouver sa projection horizontale et son développement sur la douelle, ce qui permet de compléter les dessins d'exécution.

La trajectoire orthogonale, dont il vient d'être question, présente les propriétés géométriques suivantes (fig. 221 *bis*) : la projection verticale offre un point de rebroussement sur l'arête de clef de l'intrados; la projection horizontale et la courbe développée sont asymptotiques aux génératrices des naissances correspondant aux extrémités du diamètre horizontal de la demi-ellipse complète, et ont un point d'inflexion sur la génératrice de clef. Le lecteur trouvera d'ailleurs des détails sur ces courbes dans le *traité de résistance des matériaux* de M. Collignon, où la question est traitée d'une manière complète.

La construction précédente étant terminée, il ne reste plus, pour achever le dessin d'exécution de l'ouvrage, qu'à tracer les joints sur l'élévation du pont. Cette opération ne présente aucune difficulté, ces joints, ainsi qu'il a été dit précédemment, étant des droites normales à la section biaise de l'intrados.

Quant à l'épaisseur de la voûte en chaque point, elle sera déterminée à l'aide d'une épure de stabilité que l'on dressera comme s'il s'agissait d'une voûte droite ayant même courbe de tête, sauf certaines restrictions qui seront mentionnées plus loin, en étudiant les conséquences du tassement des voûtes biaises.

Nous nous bornerons à ces renseignements sommaires au sujet de la préparation des projets de voûte biaise, en renvoyant pour plus amples détails sur la confection des épures, l'établissement des cintres, la préparation des panneaux destinés à la taille des voussoirs, etc., etc., à la seconde partie du présent ouvrage, ainsi qu'aux livres spéciaux sur les ponts biais et aux traités de coupe des pierres.

L'exécution des voûtes biaises suivant le système orthogonal présente certains inconvénients que nous croyons opportun de signaler et que la figure 220, relative à un pont existant dont le biais est de 52°, mettra suffisamment en relief.

1° La préparation des épures est assez laborieuse. C'est le moindre défaut de la méthode, le travail de bureau qui en est la conséquence ne représentant jamais une forte dépense.

2° La taille des voussoirs présente une grande complication et exige une main-d'œuvre considérable. Théoriquement on devrait préparer des panneaux spéciaux pour chacune des pierres d'une moitié de la voûte limitée par le plan vertical projetant de la génératrice de clef, puisqu'il n'existe pas dans cette demi-voûte deux voussoirs identiques.

C'est ainsi que l'on a exécuté un certain nombre de ponts, et on a généralement, en ce cas, eu recours à la pierre de taille pour le corps de l'ouvrage aussi bien que pour les têtes.

Pour simplifier on s'est borné le plus souvent à tailler exactement les voussoirs des bandeaux apparents et à former le corps de moëllons parallélipipédiques ou de briques à faces parallèles, de hauteur et de longueur constantes, dont on faisait varier graduellement les épaisseurs suivant une échelle déterminée, entre un maximum et un minimum (au plus égal à la moitié du maximum) résultant du tracé de l'épure.

En faisant succéder à une brique d'un type déterminé une brique du numéro inférieur, on réduit la hauteur d'assise de la différence d'épaisseur de ces deux matériaux, et l'on arrive à construire tout le corps de la voûte avec des voussoirs à faces parallèles. Dès que la hauteur de l'assise tombe au-dessous de l'épaisseur minimum adoptée, on réunit deux assises voisines en une seule, et on continue pour celle-ci comme pour la précédente (fig. 220).

Ce procédé est économique, mais il a le tort de faire porter, dans la longueur de chaque brique, toute la variation de hauteur de l'assise sur le joint en mortier, dont l'épaisseur est par suite variable. Nous avons signalé au chapitre I de notre étude l'intérêt qu'il y a à maintenir constante l'épaisseur des joints. On est donc obligé, en pareil cas, de violer une règle essentielle pour la bonne exécution des maçonneries. De plus, l'aspect de la douelle d'intrados est peu satisfaisant par suite des ressauts que présentent les joints : on peut toutefois pallier ce défaut par une retaille des arêtes, lors de la confection des joints apparents, qui se fait après le décintrement.

On obvie dans une certaine mesure aux défauts que nous venons de signaler en se servant de petits matériaux pour l'exécution du corps de la voûte, et on multiplie, par conséquent, le nombre des assises. On rend ainsi très faibles les variations d'épaisseur des joints qui deviennent inappréciables à l'œil.

L'inconvénient dû à la variation graduelle de la hauteur d'une même assise, d'une tête à l'autre, est d'autant plus accentué que le biais est plus prononcé, et que la longueur de la voûte, mesurée suivant une génératrice de l'intrados, est plus considérable, comparativement à son ouverture.

3° La variation de hauteur des assises a pour conséquence une variation dans l'élasticité de la maçonnerie, le rapport de l'épaisseur des joints en mortier à celle des voussoirs n'étant pas constant. La voûte ne peut plus être considérée comme homogène et le tassement s'en opère irrégulièrement. De plus les têtes sont exposées à se séparer du corps de l'ouvrage, si l'on n'a pas eu le soin de former le bandeau de voussoirs assez petits pour que leur largeur ne dépasse guère deux ou trois fois celle des pierres du massif intérieur.

Ce défaut de l'appareil orthogonal, sur lequel nous reviendrons, en parlant des effets de tassement des voûtes biaises, est d'autant plus à craindre que l'ouverture est plus grande.

79. Appareil hélicoïdal. — Considérons la surface développée sur un plan de l'intrados d'un pont biais. Menons les droites qui joignent les extrémités des génératrices des naissances. Si, au lieu de tracer les joints continus suivant les trajectoires orthogonales des courbes développées des sections biaises, on adopte les trajectoires orthogonales des courbes qui ont pour développement les cordes DA″ et CB″ (fig. 214) et leurs parallèles menées à l'intérieur de la surface développée, on aura l'appareil *hélicoïdal,* qui a été tout d'abord employé en Angleterre. On voit immédiatement que les joints sont représentés sur le développement de l'intrados par une série de normales aux cordes de tête, correspondant sur le cylindre d'intrados à autant d'hélices parallèles.

Les projections horizontale et verticale de la voûte se construiront aisément au moyen du développement de l'intrados, par les procédés graphiques précédemment indiqués pour opérer le relèvement d'un point de la surface développée sur le plan et l'élévation de la voûte [1].

Les joints discontinus qui limitent les voussoirs des bandeaux des deux têtes sont établis suivant des plans parallèles aux têtes, et, par suite, les courbes qui les représentent sur le développement de l'intrados sont parallèles aux sinusoïdes DA″ et CB″.

Quant aux joints discontinus du corps de la voûte, ils sont tracés suivant des hélices parallèles qui, sur la surface développée, sont représentées par des droites parallèles aux têtes fictives figurées par les cordes DA″ et CB″. Il en résulte que la série des voussoirs compris entre les bandeaux extérieurs et le premier joint discontinu du corps de la voûte ont des parements de douelle irréguliers, pour racheter la différence entre la section de tête et l'hélice des joints discontinus.

Quant aux autres voussoirs du corps de la voûte, leur parement de douelle est compris entre quatre hélices parallèles deux à deux, et se développe suivant un rectangle.

Dans ces conditions les surfaces de joints, continus ou discontinus, doivent être des surfaces hélicoïdales à plan directeur engendrées par une droite normale à l'intrados dont le pied se déplace sur les arcs d'hélice tracés sur la douelle. Dans le cas d'un intrados à section droite circulaire, ce sont des surfaces de vis à filet carré. Dans la pratique on emploie pour le corps de l'ouvrage de petits matériaux taillés en parallélipipèdes droits, et on substitue de cette façon, sans inconvénient sérieux, des facettes planes de faible étendue à ces surfaces hélicoïdales qu'elles enveloppent.

1. En traçant sur le développement de la douelle les joints continus suivant une direction rigoureusement perpendiculaire sur la corde de tête, on serait généralement conduit à accepter pour les bandeaux de tête une division en voussoirs défectueuse, les pierres placées aux naissances n'ayant pas la même largeur en élévation que les autres. On y remédie dans la pratique en modifiant un peu l'angle des joints continus et des cordes de tête, de façon à obtenir pour les bandeaux une division satisfaisante. Ce résultat s'obtient toujours sans que l'angle en question s'écarte sensiblement de 90°. Pour que les deux divisions des têtes soient identiques (point important pour simplifier la préparation des panneaux et la taille des voussoirs), il est nécessaire (comme cela a déjà été remarqué pour l'appareil orthogonal), que l'un des joints continus coupe en son milieu la génératrice de clef (fig. 210).

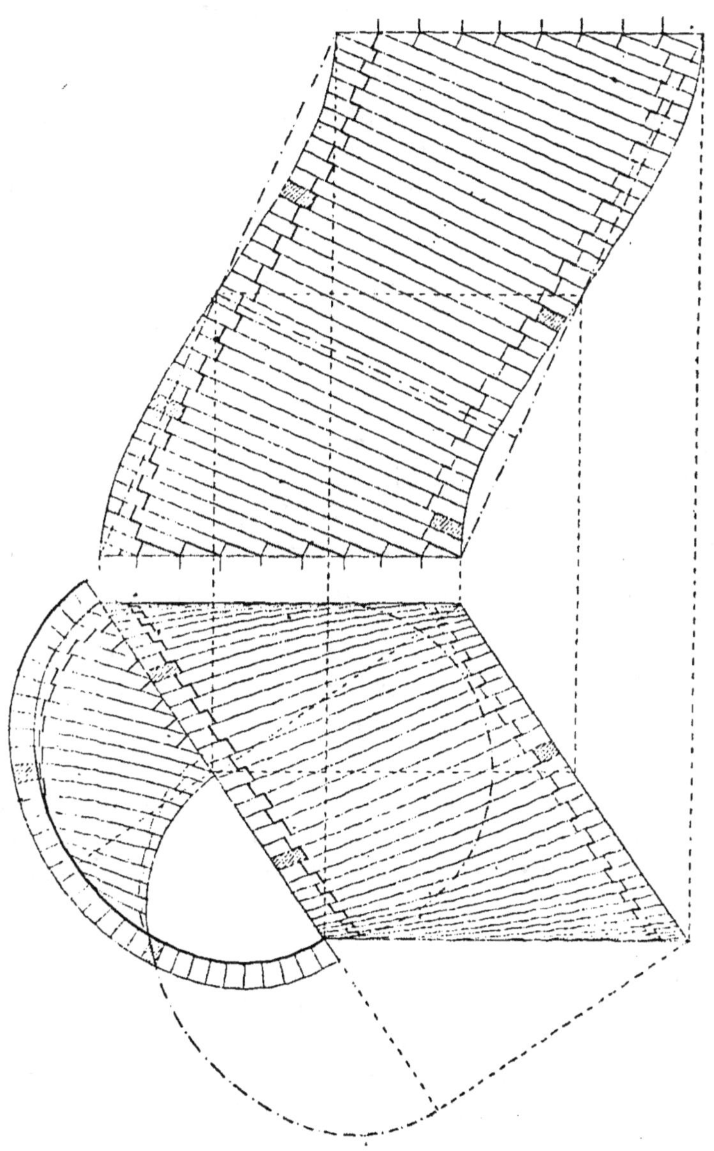

Épure de l'appareil hélicoïdal. — Fig. 222.

Les joints de tête de la voûte sont les intersections des plans de tête avec les surfaces des joints continus. Ces courbes jouissent, lorsque la section droite de l'intrados est une por-

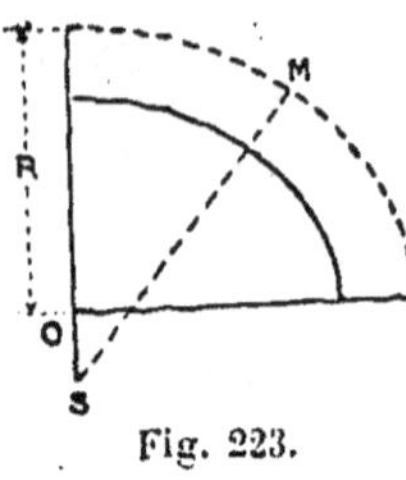

Fig. 223.

tion de circonférence, de la propriété suivante ; les tangentes qui leur sont menées en leurs points de rencontre M (fig. 223) avec une surface cylindrique concentrique à l'intrados, concourent en un même point S, situé sur la verticale passant à la clef et au-dessous de l'axe O de l'intrados (qui est un cylindre circulaire).

La distance verticale de ce point de concours au point O est donnée par la formule suivante :

$$OS = R \, \operatorname{tg} \varphi \, \operatorname{tg} \beta,$$

en désignant par R le rayon du cylindre concentrique à l'intrados, par β l'angle du biais et par φ l'angle constant des hélices des joints continus avec la génératrice du cylindre de rayon R. Cet angle peut être soit relevé sur l'épure, soit calculé à l'aide de la formule : $\operatorname{cotg} \varphi = \dfrac{H}{2 \pi R}$, H étant le pas de l'hélice d'intersection de la surface de joint avec le cylindre de rayon R. On peut donc se servir aussi de la formule :

$$OS = \frac{2 \pi R^2}{H} \, \operatorname{tg} \beta.$$

Cette remarque permet de construire facilement les courbes des joints de tête en leur substituant la ligne brisée formée par les tangentes successives, que l'on prend aussi rapprochées que l'on veut. (Voir pour la construction graphique à employer le *Traité de résistance* de M. l'ingénieur en chef Collignon.)

D'habitude, pour simplifier la taille des voussoirs des bandeaux, on substitue à la courbe du joint de tête une de ses tangentes, par exemple celle qui correspond au cylindre d'intrados. Cette modification ne présente pas d'inconvénient sérieux.

Lorsque la section droite du cylindre d'intrados est un arc d'ellipse, on a une courbe qu'il faut déterminer par une construction graphique. On lui substitue dans la pratique une de ses tangentes.

L'appareil hélicoïdal présente les avantages suivants :

1° Les dessins d'exécution se dressent beaucoup plus facilement et beaucoup plus rapidement que dans l'appareil orthogonal ; de plus le tracé des joints continus ou discontinus sur les couchis du cintre s'effectue d'une manière très aisée, à l'aide de lattes rectilignes flexibles qu'on applique en les ployant sur la surface cylindrique des couchis, et qui font office de règles hélicoïdales.

2° Si les voussoirs des bandeaux de tête exigent pour leur taille à peu près le même travail que ceux des voûtes construites suivant l'appareil orthogonal, ceux du corps de la voûte ont tous en revanche pour parement de douelle une portion de surface cylindrique comprise entre quatre hélices parallèles deux à deux, dont le développement est un rectangle. Lorsque l'on se sert de petits matériaux, on peut sans inconvénient employer des pierres ou des briques parallélépipédiques, dont la surface d'intrados est une portion de plan normale aux quatre joints. On fait donc usage dans la construction de pierres d'un modèle uniforme, et l'économie ainsi obtenue sur l'appareil orthogonal est considérable.

3° Vu la constance de la hauteur des assises dans tout le corps de la voûte, l'homogénéité des maçonneries est assurée d'une manière complète.

4° Par suite des facilités qu'il offre dans la construction, cet appareil, quoique inférieur au point de vue théorique à l'appareil orthogonal, se prête à une exécution plus parfaite et est moins exposé aux malfaçons.

L'appareil hélicoïdal présente par contre les inconvénients suivants :

1° Les joints de tête ne coupent pas normalement l'intrados. L'angle suivant lequel le joint de tête coupe l'intrados augmente avec l'inclinaison de ce joint sur la verticale. On peut soit le relever sur l'épure, pour la taille des panneaux des assises de tête, soit le calculer par une méthode indiquée par M. Collignon dans son traité de résistance. Cette obliquité des joints sur la courbe de tête est d'autant plus marquée que les

tangentes aux naissances de cette courbe se rapprochent plus
de la verticale.

2° Lorsque la voûte a pour section biaise une ellipse complète ou un demi-cercle, les voussoirs des naissances, dont
la face vue est un quadrilatère à angles très différents de 90°,
offrent un aspect très disgracieux. De plus les angles aigus
sont exposés à se rompre ou à s'épauffrer, et il faut beaucoup
de précautions pour éviter des accidents.

3° Les joints continus et discontinus du corps de la voûte
s'écartent notablement des courbes orthogonales théoriques,
principalement dans le voisinage des naissances. Dans l'appareil orthogonal, les voussoirs des naissances des différentes
assises n'ont un triangle pour surface développée de leur
douelle d'intrados que lorsque les tangentes aux naissances
de la section de tête sont très écartées de la verticale. Dans
l'appareil hélicoïdal, cela arrive toujours : on donne à ces
voussoirs triangulaires, qui exigent une taille spéciale, le nom
de coussinets. L'angle aigu de ce triangle de douelle est
(fig. 214) égal à l'angle du développement rectiligne de la
tête fictive et de la génératrice des naissances. Lorsque la
section de tête est un demi-cercle ou une demi-ellipse, l'angle
théorique des joints continus et des génératrices de naissances devrait être nul, puisque les trajectoires orthogonales
sont asymptotiques à ces génératrices. L'appareil hélicoïdal
s'écarte donc d'une manière notable de l'appareil théorique et
n'offre par conséquent pas toutes les garanties de stabilité dé-
sirables.

En résumé l'appareil hélicoïdal est beaucoup plus simple
et plus économique, et est susceptible par là même d'une exécution plus parfaite que l'appareil orthogonal, mais il présente
au triple point de vue de l'aspect, de la solidité des voussoirs
de tête et de la stabilité des inconvénients de nature à en faire
interdire l'emploi lorsque la section biaise se rapproche beaucoup d'une demi-ellipse complète.

80. Appareil hélicoïdal modifié. Pour permettre l'emploi de l'appareil hélicoïdal dans ce dernier cas, M. Dupuit a
proposé de lui apporter les modifications suivantes (fig 224).

Soit E E′ la génératrice de clef dans le développement de l'intrados ; soient EF et E′F′ deux normales aux droites A B et C D. On ne tracera suivant le système hélicoïdal que les joints de la portion de douelle comprise entre les hélices E F et E′ F′. Les joints des zones représentées par les surfaces A F E D et E′ B C F′ correspondront à un faisceau de droites convergeant vers les points O et O′ d'intersection des normales E F et E′ F′ avec les génératrices des naissances. Ce seront des hélices à pas croissant dont la dernière sera presque parallèle à la génératrice de naissance, c'està-dire aura un pas presqu'infini. On supprime de cette façon les coussinets de l'appareil hélicoïdal, dont la taille constitue une sujétion et une dépense.

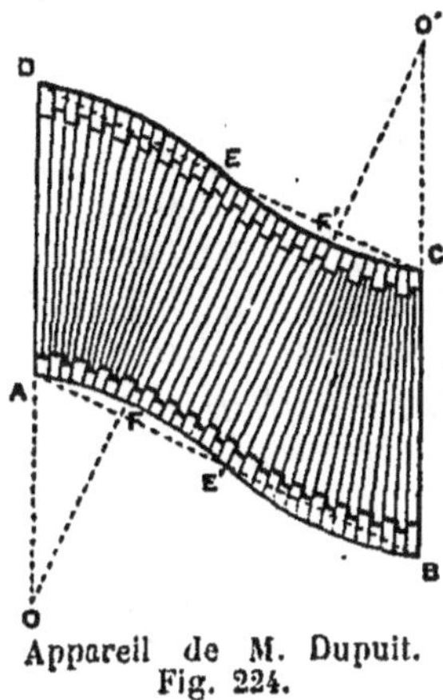

Appareil de M. Dupuit.
Fig. 224.

Ce système ne présente sur l'appareil orthogonal qu'un avantage unique : simplification dans le tracé des épures, et diminution du travail de bureau. C'est là une économie bien minime. Quant à l'exécution proprement dite de la voûte, elle offre à peu près les mêmes difficultés, puisque la hauteur d'une assise quelconque va en diminuant d'une tête à l'autre. Le tracé des joints sur les couchis du cintre serait même aussi compliqué. On n'aurait, il est vrai, affaire qu'à des hélices, qui peuvent se tracer à l'aide de lattes flexibles, mais comme ces courbes ne sont pas parallèles, l'opération serait à peu près aussi longue que dans le système orthogonal, où, dès que l'on a taillé la latte courbe destinée à servir de règle sur le cintre, on n'a plus qu'à la transporter parallèlement à elle-même pour obtenir successivement tous les joints.

En somme l'appareil de M. Dupuit, à peu près aussi coûteux que l'appareil orthogonal, aurait les mêmes inconvénients et présenterait en outre la plupart des défauts signalés pour l'appareil hélicoïdal, notamment l'obliquité des joints de tête sur l'intrados. Son emploi ne paraît donc recommandable à aucun titre.

M. l'ingénieur en chef Léveillé a proposé en 1856 un système mixte qui permet d'étendre aux courbes complètes, même avec des biais prononcés, l'emploi de l'appareil hélicoïdal. Il consiste (fig. 225) à n'appareiller suivant le système

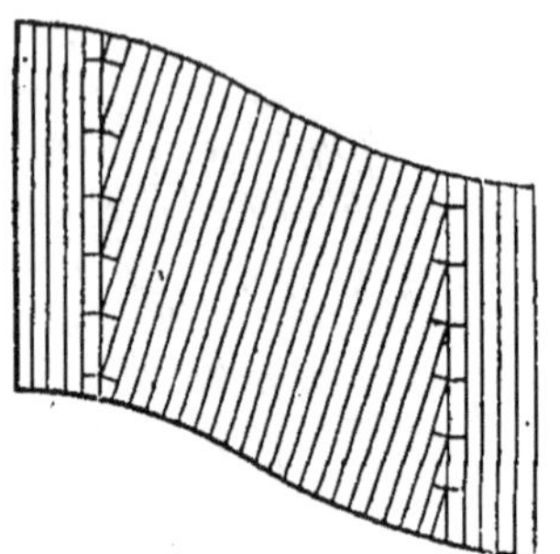

Appareil de M. Léveillé.
Fig. 225.

hélicoïdal que la partie centrale de la voûte jusqu'au point où la tangente à la section droite est inclinée à 30° environ sur l'horizontale. Les assises inférieures de la voûte restent horizontales et sont appareillées comme dans une voûte droite.

La file horizontale des coussinets se trouve ainsi reportée à la hauteur où s'effectue le changement d'appareil.

Avec cette disposition, les lits des assises successives sont presque normaux aux plans des têtes, et les joints de tête forment avec l'intrados un angle peu différent de 90°.

Ce système revient en somme à faire reposer une voûte biaise surbaissée sur deux culées dont la portion supérieure présente un parement cylindrique en encorbellement, qui se raccorde avec le cylindre d'intrados de la voûte. Il n'est pas plus coûteux que l'appareil hélicoïdal ordinaire ; il paraît même devoir entraîner moins de dépenses, les parties de berceau droit qu'il comporte étant plus faciles à exécuter que les portions de voûte biaise qu'elles remplacent. Il présente des avantages sérieux et nous ne voyons qu'un défaut à lui reprocher : l'aspect en est peu satisfaisant, parce que la rupture des lignes d'assise, opérée au-dessus des naissances sur une génératrice de l'intrados choisie arbitrairement, ne semble pas motivée et choque le spectateur. En somme cet artifice de construction est à recommander dans un but d'économie, lorsque l'on n'attribue pas grande importance à la question architecturale, et que la forme de l'intrados et l'importance du biais ne permettent pas l'emploi dans des conditions satisfaisantes de l'appareil hélicoïdal ordinaire.

81. Tassement des voûtes biaises. — La théorie des voûtes biaises, telle que nous l'avons exposée dans l'article 77, suppose formellement que l'ouvrage considéré est en équilibre parfait, à partir du moment où le mortier, ayant fait prise, a établi une liaison entre les voussoirs d'une même assise. Nous avons déjà signalé cette condition absolument nécessaire pour l'exactitude de notre raisonnement, et nous croyons utile de la rappeler.

Il en résulte que tout mouvement subi par une voûte biaise, après la prise du mortier, modifie profondément ses conditions de stabilité, et ne permet plus de l'assimiler, ainsi que nous l'avons fait, à une série de voûtes droites infiniment minces et accolées.

Or, au moment du décintrement, un pont en maçonnerie subit toujours un certain tassement, tant par suite de l'élasticité des matériaux qu'en raison de la compressibilité du mortier. Il convient d'examiner quelles modifications ce tassement peut entraîner dans les conditions de résistance d'une voûte biaise.

Nous avons assimilé un pareil ouvrage à une série d'anneaux très minces juxtaposés, que l'on est autorisé à souder entre eux à la condition d'admettre qu'ils ne sont exposés à subir aucune déformation. Il est aisé de se rendre compte que si deux anneaux identiques, établis en retrait l'un par rapport à l'autre et juxtaposés, viennent à subir des tassements égaux, leurs surfaces de contact glissent l'une sur l'autre. Si une couche de mortier interposée entre eux, ou la présence de voussoirs pénétrant à la fois dans l'un et dans l'autre, s'oppose à ce mouvement de glissement, il se développera entre eux un effort tranchant ou une tendance à la rupture, dans une direction parallèle au plan de tête.

Lorsqu'une voûte biaise tasse d'une façon notable, le premier phénomène que l'on doit constater est donc une tendance à se diviser en arceaux, par des plans de rupture parallèles aux têtes : c'est en effet ce que l'expérience vérifie. Lorsqu'il existe des parties faibles dans l'ouvrage, c'est là que la séparation se manifeste. Par exemple les bandeaux apparents, s'ils sont en pierre de taille, se séparent toujours en pareil cas du corps de la voûte, l'inégale élasticité des deux maçonneries juxtaposées favorisant la disjonction (page 61). Si les bandeaux sont formés de voussoirs de même épaisseur que le corps de l'ouvrage, on ne peut prévoir à l'avance où la rupture se produira. Nous avons constaté des accidents de cette nature sur trois ponts biais de la ligne de Questembert à Ploërmel, formés chacun de trois arches ; les voûtes étaient divisées en trois ou quatre anneaux par des fissures sensiblement parallèles aux plans des têtes. (*Annales des ponts et chaussées,* 1886.) L'accident était dû, dans l'espèce, non à un abaissement de la clef, mais à un relèvement causé par une dilatation exceptionnelle du mortier, fabriqué avec un ciment à prise lente contenant une forte proportion de magnésie. Peu importe d'ailleurs tout mouvement vertical de la clef d'une voûte biaise, de bas en haut ou de haut en bas, produisant nécessairement les mêmes effets de dislocation.

Ce phénomène, dû à une cause mécanique, n'est pas le seul que l'on observe dans les voûtes biaises qui ont subi un fort tassement ; il en existe un autre qui est le résultat de la déformation subie par la surface d'intrados et est dû par conséquent à une cause géométrique.

Soient A B C D le plan d'une voûte biaise, D′F′C′ la section biaise de l'intrados et B A″D″C son développement (fig. 226).

Supposons que, par suite d'un tassement, la clef vienne en f' : la longueur développée de la courbe D′f'C′ étant inférieure à celle de la courbe D′F′C′, le développement de l'intrados aura une surface moindre, et deviendra B a'' d'' C.

La figure montre immédiatement que cette modification dans le développement de l'intrados a pour conséquence une diminution dans les angles aigus C et a'' et une augmentation dans les angles obtus B et d''. Comme les voussoirs des bandeaux ont été taillés d'après les panneaux correspondant au développement B A″ D″ C, ils ne conviennent plus à la nouvelle forme affectée par la douelle. Les voussoirs des naissances C et A″ vont faire saillie, puisque les angles C et A″ de leurs douelles sont trop grands, tandis que les voussoirs D″ et B seront en retrait par la raison contraire.

Nous en conclurons que lorsqu'une voûte biaise s'affaisse,

les angles aigus, correspondant aux angles obtus des culées,
font saillie sur les plans des têtes, tandis que les angles obtus
tendent à rentrer. Il devient donc nécessaire de retailler le

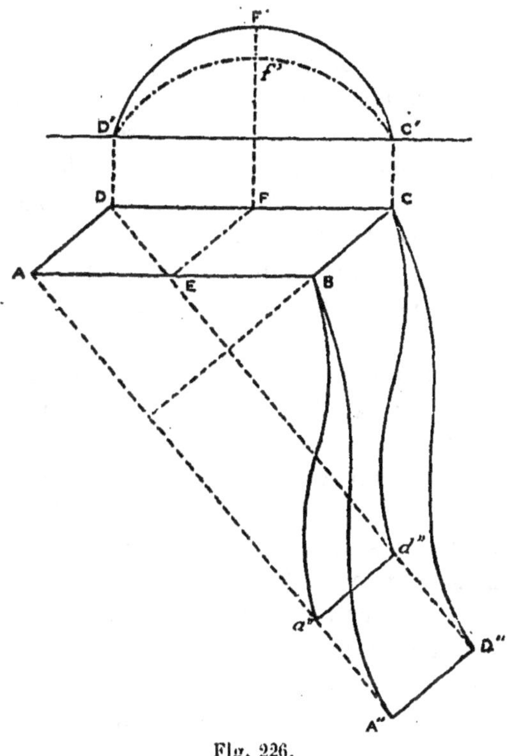

Fig. 226.

bandeau de la voûte, de façon à faire disparaître le gonflement
qui s'est produit dans les angles aigus.

Cette déformation des voûtes biaises, constatée par les premiers constructeurs de ce genre d'ouvrage, était attribuée
par eux à une force particulière dite *poussée au vide,* qui tendrait à chasser les angles aigus des voûtes au dehors des
plans des têtes. La théorie que nous avons précédemment
exposée montre que cette hypothèse était erronée, les poussées mutuelles des voussoirs ayant des résultantes toujours
dirigées dans des plans parallèles aux têtes.

M. l'inspecteur général de *la Gournerie* a démontré en

1875, par des expériences précises, que les voûtes biaises
n'éprouvent aucune poussée au vide, et M. l'ingénieur en
chef Collignon a donné le premier l'explication exacte du
phénomène, faussement attribué à l'influence de la poussée
au vide ; ainsi que nous l'avons dit plus haut, il est dû simplement à ce que les voussoirs, taillés pour une voûte biaise
d'un profil déterminé, ne conviennent pas à la voûte biaise,
d'un profil différent, obtenue par un tassement notable de la
première. Si l'on n'a pas le soin de retailler les voussoirs de
l'angle aigu et de remplacer les voussoirs de l'angle obtus,
les plans des têtes seront nécessairement transformés en des
surfaces courbes, dont la section horizontale sera analogue à
la courbe développée B A″ de la voûte biaise.

82. Emploi de tirants en fer dans les voûtes biaises.
— A l'époque où les constructeurs croyaient à l'existence de
la poussée au vide, ils cherchaient à en neutraliser les effets
à l'aide de tirants en fer reliant les voussoirs de tête de l'angle
aigu au massif de la culée (fig. 227). Ils employaient aussi
parfois des barres traversant la voûte sur toute sa longueur,
et réunissant les bandeaux des têtes. Il ne semble pas que ces
mesures, dont la conception se rattache à une idée absolument
fausse, présentent une utilité bien réelle : dans une voûte
biaise bien construite, les tirants sont superflus; dans une
voûte mal exécutée, il est probable qu'ils n'empêcheraient
pas les accidents de se produire. En somme, nous croyons
que l'emploi des tirants n'est pas à recommander. Ils nuisent
à l'homogénéité de la voûte, et, par suite de la conductibilité
du fer, peuvent subir des mouvements de dilatatation et de
contraction de nature à ébranler les maçonneries et à désagréger le mortier. Si les ouvrages où l'on en a employé ont
peut-être présenté moins souvent des indices de dislocation
que les autres, c'est que l'emploi des tirants permet de supposer chez leurs auteurs beaucoup de soin et de vigilance, et
par suite ferait croire que la préparation des cintres, le bras-
sage des mortiers et la confection des maçonneries ont été
mieux dirigés et surveillés que pour les voûtes biaises où
l'on ne s'est pas préoccupé de combattre la poussée au vide.

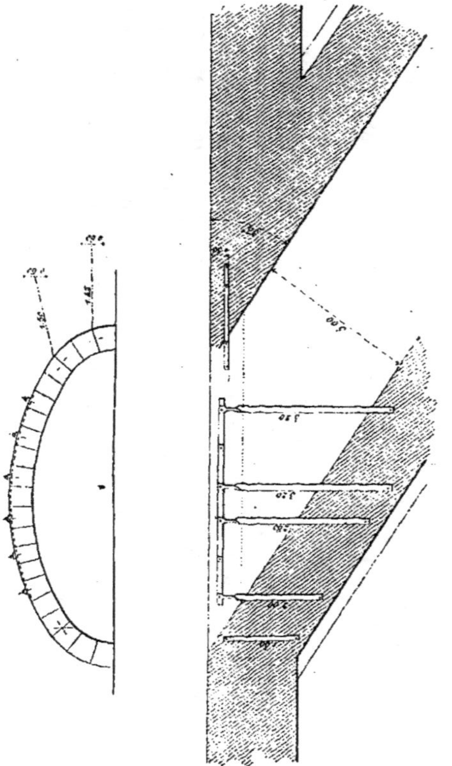

Fig. 227.

Dans les ponts de la ligne de Questembert à Ploërmel, dont il a été question précédemment, on avait eu soin, dès que les premiers mouvements, dus à la dilatation du mortier, furent constatés dans quelques arches, de relier les têtes de toutes les voûtes de ces ouvrages au moyen de tirants très nombreux et exceptionnellement robustes. Ces tirants n'ont pas empêché le même phénomène de se produire avec la même intensité dans les voûtes restées d'abord intactes, et ne semblent pas avoir ralenti la marche progressive du mal : on a dû en fin de compte démolir ces ponts et les remplacer par des ouvrages métalliques. Dans le pont du Tavignano, près Corte, déjà cité, on n'a pas jugé à propos de recourir à cet expédient ; bien que le biais fût très prononcé et l'ouverture considérable, le succès obtenu a été complet.

En résumé, dans une voûte biaise bien construite, les tirants sont inutiles ; dans une voûte biaise mal construite, ils ne sauraient constituer un remède efficace. Il ne faut donc en mettre dans aucun cas. On relie quelquefois les voussoirs des bandeaux avec des goujons et des crampons en fer : cette précaution ne nous paraît pas bien utile.

83. Règles à suivre dans la construction des voûtes biaises. — Les différents types de voûtes biaises, dont nous venons de faire l'étude, présentent à des degrés divers des défauts très graves, dont il convient de tenir compte lorsque l'on se propose d'établir un ouvrage de ce genre :

1° Par suite de l'imperfection de la taille des voussoirs, qui, pour être faite convenablement, exigerait beaucoup de soin et une main-d'œuvre fort onéreuse, et par suite de l'écart qui existe toujours entre les joints continus et les courbes orthogonales théoriques, qu'ils devraient suivre exactement, cet écart étant la conséquence soit de l'appareil adopté (système hélicoïdal), soit de la nécessité d'obtenir pour les bandeaux des têtes une division en voussoirs satisfaisante, une voûte biaise n'est jamais qu'une imitation grossière et imparfaite de la voûte fictive, qui réaliserait exactement les conditions de la théorie. La stabilité s'en ressent nécessairement et ne peut inspirer la même confiance que celle d'une voûte droite de même ouverture, dont l'appareil est absolument conforme aux indications de la théorie. 2° La maçonnerie ne présente pas d'homogénéité lorsque, les joints ayant tous même largeur, l'épaisseur d'une même assise varie d'une tête à l'autre. 3° Un mouvement même faible se manifestant après la prise du mortier, soit pendant la construction, soit après le décintrement, bouleverse complètement les conditions d'équilibre de la voûte, et l'expose à des déformations et à des dislocations qu'on n'a jamais à redouter pour une voûte droite.

Par ces divers motifs, les voûtes biaises présentent sur les voûtes droites une infériorité bien marquée, dont nous tiendrons compte dans l'énoncé des règles qui suivent.

1° *Choix de l'appareil*. L'appareil orthogonal, d'une exécution difficile et coûteuse, n'est plus guère en usage. On ne devra s'en servir que dans le cas d'un biais très prononcé, d'une longueur, mesurée perpendiculairement aux têtes, très faible (en ce cas la plus grande partie des dépenses porte sur les bandeaux des têtes, qui entraînent à peu près la même dépense, quel que soit l'appareil choisi), et d'une courbe de tête ayant les tangentes des naissances verticales (demi-cercle ou demi-ellipse).

L'appareil hélicoïdal est le plus économique et celui qui se prête à l'exécution la plus soignée. Pour les voûtes surbaissées, il se rapproche presqu'autant de l'appareil théorique que l'appareil orthogonal lui-même, et doit donc lui être préféré sans hésitation. Pour les voûtes très biaises et peu surbaissées, dont la courbe de tête est un demi-cercle ou une demi-ellipse, il est défectueux : il convient de lui substituer l'appareil mixte de M. Léveillé, ou, dans le cas où des considérations architecturales s'y opposeraient, de revenir à l'appareil orthogonal.

Lorsque le biais est peu prononcé (75° et au-dessus), on peut sans inconvénient appareiller la voûte comme si elle était droite, en traçant les joints continus suivant les génératrices horizontales de l'intrados, sauf à corriger dans les bandeaux l'imperfection de ce mode de construction (si le biais est compris entre 75 et 80°), en retournant les joints des

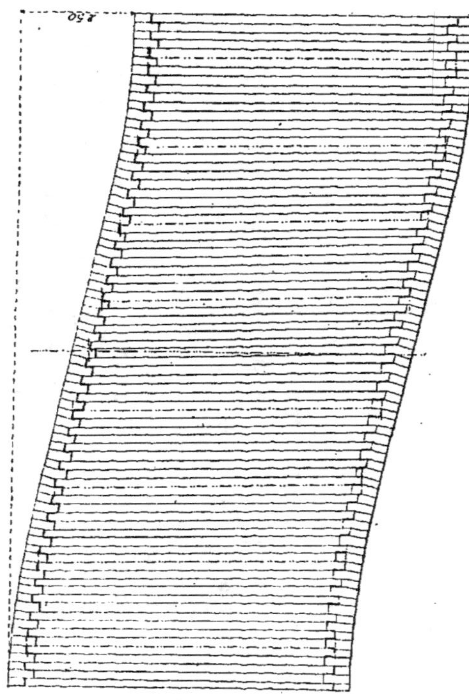

Viaduc de l'Epau. — Fig. 228.

voussoirs de tête normalement au plan de la section biaise. Le pont de l'*Epau*, construit par M. Morandière pour le chemin de fer de Paris à Tours par Vendôme, en fournit un exemple : son biais est de 76°. Cette solution est économique et donne des résultats satisfaisants au point de vue de la stabilité.

Lorsque le biais est très accentué (45° et au-dessous), les dangers, qui peuvent résulter de l'imperfection de l'appareil, des malfaçons commises par les ouvriers et des tassements de la voûte, sont tels qu'il n'est pas prudent de recourir à l'appareil hélicoïdal, ni même à l'appareil orthogonal. Il faut en pareil cas employer le système des arcs droits accolés formant redans les uns sur les autres. Cette solution est coûteuse mais donne une sécurité complète. Nous en donnons ci-après quelques exemples.

Les craintes que peut inspirer la stabilité d'un pont biais sont naturellement d'autant plus motivées que sa portée est plus grande. Il nous paraît inutile de justifier cette proposition, évidente par elle-même. Avec de faibles ouvertures, le danger n'est pas bien grand, alors même que le biais est prononcé. Il n'en est plus de même pour des ouvertures considérables et il peut être prudent dans ce cas de s'abstenir, et de revenir à l'emploi d'arceaux droits accolés. Plus l'angle du biais est petit, plus l'ouverture doit être réduite. Le pont du boulevard du Transit à Paris (ouverture biaise 20^m, biais 65°) s'est disloqué au décintrement, et a dû être reconstruit avec beaucoup de soin.

Nous donnons ci-après une liste d'ouvrages existants qui viennent à l'appui des observations précédentes.

OUVRAGES CONSTRUITS DANS LE SYSTÈME ORTHOGONAL OU HÉLICOIDAL

DÉSIGNATION	OUVERTURE BIAISE	BIAIS
Pont de la rivière Gaulness (Angleterre).............	12^m,70	27°
Pont de Box-Moor (Angleterre).....................	11^m,90	32°
Pont de la Walck (Paris à Strasbourg).............	12^m,50	46°
Pont de Spa-Road (Angleterre).	11^m,00	52° 30'
Pont sur l'Orb, à Béziers (Réseau du Midi).........	20^m,00	53° 20'
Pont du Tavignano [1] (Bastia à Corte)...............	30^m,00	53°

1. Le pont, exceptionnellement hardi, du Tavignano a été exécuté par M. l'ingénieur Sampité. On a employé l'appareil orthogonal parallèle, qui

DÉSIGNATION	OUVERTURE BIAISE	BIAIS
Viaduc de Corbinières (Rennes à Redon)	12^m,50	54°
Pont de la Chaulou (Ligne du Cantal)	16^m,00	60°
Pont de la Sauldre (Tours à Vierzon)	24^m,00	60°
Pont d'Athis, sur la Seine (Villeneuve Saint-Georges à Juvisy)	32^m,00	70°

OUVRAGES CONSTRUITS PAR ARCS DROITS

DÉSIGNATION	OUVERTURE BIAISE	BIAIS
Viaduc de Lockwood (Angleterre)	21^m,00	33°
Pont de Chartres (Paris au Mans)	16^m,00	36°
Pont des Eyzies (Périgueux à Agen)	15^m,00	45°
Pont de Tonnis (à Toulouse)	24^m,00	45°
Pont de Quimper (Nantes à Brest)	21^m,54	46° 30'
Pont d'Albi, sur le Tarn	27^m,60	74°

Tant que le biais est supérieur à 50°, le système hélicoïdal et le système par arceaux droits conviennent également aux mêmes ouvertures. Lorsque le biais tombe au-dessous de 50°, le second système permet d'aborder des ouvertures bien supérieures.

Pour les voûtes dont la longueur mesurée normalement au plan des têtes est très considérable, on réalise une économie notable en recourant à des appareils spéciaux, dont il sera parlé plus loin à propos du système orthogonal convergent.

2° *Épaisseur des voûtes.* — Théoriquement on devrait attribuer à une voûte biaise les mêmes épaisseurs qu'à une voûte droite présentant la même section de tête et supportant la même charge par unité de surface. Mais, vu l'infériorité que présente le premier ouvrage, au point de vue de la stabilité, il

donne, en pareil cas, plus de sécurité que l'appareil hélicoïdal. La courbe de tête était une ellipse surbaissée au quart. L'ouvrage exécuté en maçonnerie de granit avec du mortier de chaux du Teil a été décintré sept jours seulement après le clavage, alors que le mortier était encore frais dans les assises supérieures. Le tassement a été de 0,070 (non compris un tassement de 0,042 sur cintre), et a eu pour conséquences des ouvertures et des épauffrements d'arêtes dans les bandeaux des têtes, aux angles aigus de la voûte ; la tendance des assises à sortir aux angles aigus et à rentrer aux angles obtus était très apparente après le décintrement. Voir dans les *Annales des Ponts-et-Chaussées* (1882, 2ᵉ semestre, p. 599) des détails sur cet ouvrage et un procédé de calcul nouveau pour le tracé des joints continus des voûtes biaises surbaissées, imaginé par M. Sampité.

est prudent d'augmenter un peu son épaisseur, pour compenser dans une certaine mesure son imperfection théorique, et de multiplier par un coefficient supérieur à 1 (1,3 à 1,5) les dimensions qui conviendraient à une voûte droite.

En ce qui concerne les élégissements des piles et des culées des ponts biais, nous n'avons rien à ajouter à ce qui a été dit précédemment à propos des ponts droits.

3° *Confection des maçonneries*. — Dans l'exécution des voûtes biaises, l'attention du constructeur doit être attirée sur la grande utilité, ou plutôt sur la nécessité absolue, de réduire au minimum les tassements subis par l'ouvrage pendant qu'il est sur cintre, et au moment du décintrement. En dehors des précautions habituelles relatives à la bonne confection des maçonneries (taille des pierres, uniformité d'épaisseur des joints, bourrage du mortier, etc.), il y a donc certaines mesures spéciales aux ponts biais qu'il convient de ne pas négliger.

Il est indispensable que le cintre soit très solide et très rigide et ne subisse pendant la construction que des déformations insensibles. Nous renverrons, sur cette question, aux articles 57 et 111, où nous avons dit quelques mots des cintres, et au chapitre de la deuxième partie du présent traité, où il en est question.

Il convient de plus que le mortier soit aussi résistant et aussi peu compressible que possible : d'habitude on a recours au mortier le plus énergique que nous possédions, c'est-à-dire au mortier de ciment à prise lente.

Enfin on doit laisser autant que possible la voûte sur cintre jusqu'à ce que le mortier ait fait prise d'une manière complète, et ait presque atteint sa résistance définitive. A ce point de vue, le ciment présente encore un très grand avantage sur la chaux hydraulique, dont le durcissement est beaucoup plus lent, ce qui oblige à conserver pendant très longtemps l'ouvrage sur cintre, et l'expose à souffrir des mouvements que peut subir la charpente, par suite du relâchement des assemblages, du dessèchement des bois, ou de toute autre circonstance locale.

84. Appareil orthogonal convergent. — L'appareil orthogonal parallèle, que nous avons décrit dans l'article 78, est applicable aux voûtes biaises à têtes parallèles, dont la surface couverte est un parallélogramme. Il arrive parfois que les plans des têtes d'un pont biais ne sont pas parallèles, et que l'espace couvert affecte la forme d'un trapèze. On doit alors recourir à l'appareil orthogonal convergent. Soit ABCD (fig. 229) le trapèze qu'il s'agit de recouvrir au moyen d'une voûte, dont les culées auraient leurs parements extérieurs

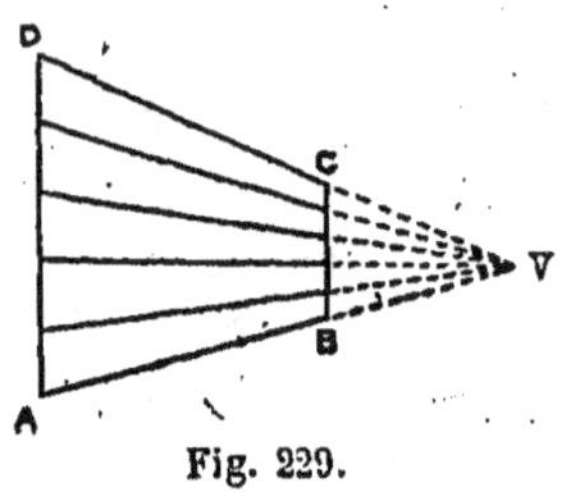
Fig. 229.

projetés sur les droites AD et CB. Soit V la verticale d'intersection des deux plans verticaux de tête AB et CD. Menons par cette droite une série de plans verticaux divisant en parties égales la droite CB, et par suite la droite DA. Nous pouvons considérer l'ouvrage projeté comme subdivisé en une série de voûtes très minces, ayant chacune pour projection horizontale le trapèze compris entre deux droites consécutives issues du point V. Ces voûtes seront assimilables, si l'on admet que leur épaisseur diminue indéfiniment et tende vers O, à des berceaux droits. Si nous leur appliquons le raisonnement de l'article 77, nous en arriverons à la règle suivante, pour l'appareillage d'une voûte biaise à têtes non parallèles :

On marque sur les droites AD et CB, représentant en plan les parements des deux culées, un même nombre de points de division équidistants, comprenant les extrémités A,D et B,C de ces droites. On fait passer par les points, qui se correspondent sur les deux droites, des plans verticaux, et l'on relève sur le développement de la surface d'intrados les courbes qui se rapportent aux sections biaises déterminées par ces plans. Ces courbes sont, dans le cas d'une voûte à section droite circulaire ou elliptique, des arcs de sinusoïdes. Après avoir établi sur l'une des têtes une division provisoire en voussoirs, on trace les trajectoires orthogonales des courbes précitées passant par ces points de division. On vérifie si ces trajectoires déterminent sur la seconde tête une division en voussoirs convenable. Dans le cas contraire, on modifie un peu la division de la tête dont on est parti, et on procède par tâtonnement jusqu'à ce que le résultat soit satisfaisant.

Les joints continus de la voûte étant les trajectoires ainsi obtenues, les joints discontinus seront les sinusoïdes tracées sur le développement de l'intrados, qui correspondent aux sections biaises de l'intrados contenues dans les différents plans verticaux issus du point V.

La figure 230 représente l'épure de l'appareil orthogonal convergent pour une voûte dont l'un des plans de tête est une section biaise, l'autre étant une section droite.

On voit immédiatement que cet appareil exige la préparation de panneaux spéciaux pour la taille de chacune des pierres de l'ouvrage, puisqu'il n'existe pas deux voussoirs affectant la même forme.

85. Appareil orthogonal convergent modifié. — On peut remarquer, sur la figure 230, que les trajectoires orthogonales de l'appareil orthogonal convergent ne sont pas semblables les unes aux autres. Il en résulte que leur tracé est beaucoup plus laborieux que dans l'appareil orthogonal parallèle, où il suffit de tracer une seule courbe, dont le patron sert pour tous les joints continus.

Pour peu qu'on veuille apporter un grand soin dans la préparation de l'épure, et que les tâtonnements soient multipliés, on conçoit l'énorme dépense de temps et de peine qu'exigera un semblable travail.

MM. les Inspecteurs généraux Lefort et Graeff ont proposé de simplifier les opérations en substituant, sur le développement de l'intrados, aux trajectoires exactes des arcs de parabole faciles à déterminer par le calcul. M. Dupuit a montré ensuite que l'on pouvait sans inconvénient remplacer ces paraboles par des arcs de cercle ayant leurs centres sur les points de rencontre des tangentes à une sinusoïde de tête, menées en chacun des points de division, avec la corde de l'autre tête.

Enfin, M. l'Ingénieur en chef *Picard* a proposé de substituer aux deux sinusoïdes de tête leurs cordes, et de tracer les joints

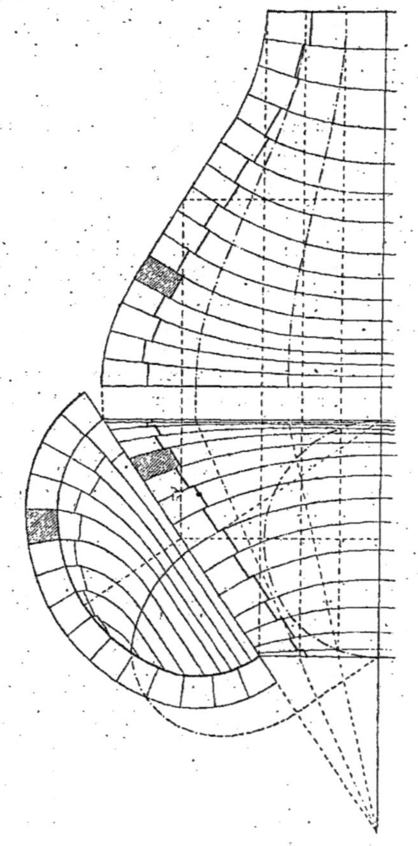

Fig. 230.

continus suivant des arcs de cercle ayant leur centre au point V d'intersection de ces cordes et passant par les points de division marqués sur l'une des sinusoïdes de tête (fig. 231). Cette solution approximative, qui réalise sensiblement pour les voûtes convergentes le même avantage que l'appareil hélicoïdal pour les voûtes à têtes parallèles, est suffisante dans la pratique. Dans ces conditions, la préparation du

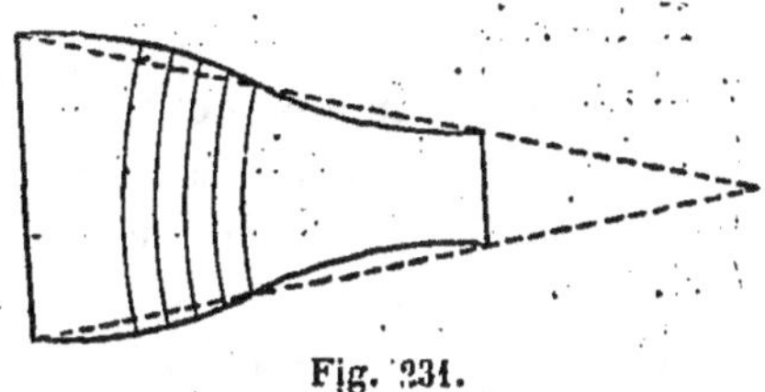

Fig. 231.

dessin d'exécution n'exige presqu'aucun travail, et la construction de l'ouvrage est simplifiée parce que l'on peut employer des matériaux ordinaires de forme parallélipipédique dans la confection du corps de l'ouvrage, la hauteur des assises étant constante.

On peut appliquer à cet appareil la modification de M. Léveillé, en ne le faisant commencer qu'à partir du joint incliné à 30°, et appareillant les parties inférieures de la voûte comme un berceau droit.

M. Picard a appliqué ce dernier système au pont des *Koeurs*, sur le canal de l'Est. (*Annales des Ponts et Chaussées*, 1879, 2ᵉ semestre, page 339.)

86. Voûtes biaises de grande longueur. — Lorsque l'on a à construire une voûte biaise de très grande longueur, comme un tunnel, il serait très coûteux d'employer l'appareil hélicoïdal d'une tête à l'autre. On réduit la dépense à l'aide de l'artifice suivant.

Soit ABCD le plan de l'espace à couvrir (fig. 232); menons à une certaine distance des têtes AB et CD deux sections droites *ab, cd*, et supposons l'ouvrage divisé en trois parties indépendantes : deux voûtes biaises à têtes non parallèles AB*ba* et DC*cd*, et un berceau *abcd*. Nous construirons les deux premières suivant l'appareil orthogonal convergent. La figure 230

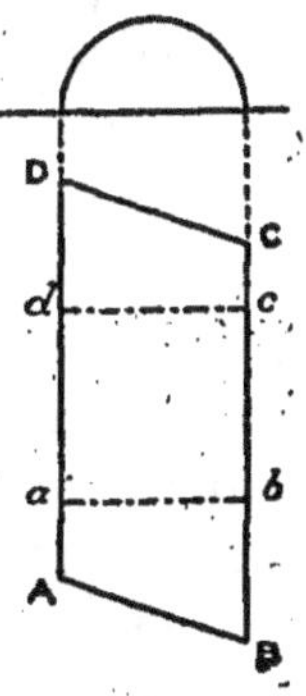

Fig. 232.

montre que les assises se raccorderont naturellement en *ab* et *cd* avec celles du berceau droit *abcd*. On pourra ainsi former un seul massif des trois voûtes partielles en établissant des liaisons entre elles dans les plans *ab* et *cd*.

Notre raisonnement suppose toujours, bien entendu, que la voûte ne subit aucun mouvement après la prise du mortier : tout tassement aurait pour résultat de modifier ses condi- tions d'équilibre et de fausser les résultats de la théorie (art. 81).

Ce procédé de construction est très employé pour les tunnels à tête biaise et les ponts de grande longueur : nous ajouterons même que ce sont à peu près les seuls cas où l'on se serve de l'appareil orthogonal convergent, dont l'emploi est rarement usité pour un ouvrage de petite longueur.

La solution que nous venons d'indiquer, bien plus écono- mique que celle qui consisterait à appliquer l'appareil hélicoïdal sur toute la longueur, est néanmoins encore fort onéreuse. On

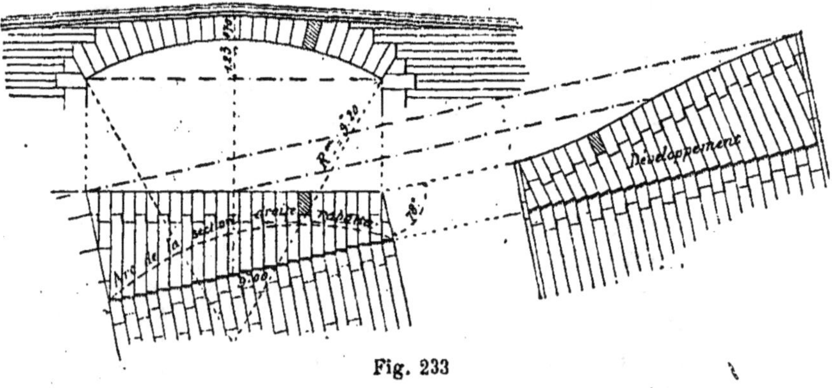

Fig. 233

se contente souvent, pour ce motif, d'appareiller les parties de voûte AB*ba* et DC*cd* suivant le système hélicoïdal correspon- dant aux têtes AB et DC (fig 233).

Cet appareil ne remplit pas les conditions de stabilité vou- lues pour les sections droites *ab* et *cd*, qui ne conserveraient pas leur équilibre si les voûtes AB*ba* et DC*cd* étaient isolées. Mais le berceau droit intermédiaire *abcd* forme culée et sou- tient les fausses têtes *ab* et *cd*.

La stabilité de l'ouvrage est donc assurée, et la dépense d'exécution devient très modérée. Il est indispensable de terminer le berceau *abcd* par deux fausses têtes en pierre de taille dont les voussoirs sont taillés en crémaillère, de façon à recevoir normalement les abouts des assises obliques de l'appareil hélicoïdal.

On a parfois employé ce genre d'appareil pour des ponts même assez étroits en réduisant presqu'à zéro les distances A*a* et C*c*. Ce n'est pas à recommander, au moins pour les biais inférieurs à 70° : l'économie est peu sensible eu égard aux sujétions qu'entraîne le double changement d'appareil en *ab* et *cd* ; l'aspect architectural est médiocre ; enfin la stabilité est moins bien assurée que par l'appareil hélicoïdal complet.

Nous renverrons pour les règles à appliquer dans la construction des voûtes à appareil convergent à ce qui a été dit pour les voûtes à appareil parallèle : l'analogie dans les deux cas est suffisante pour que l'on puisse établir entre eux, à ce point de vue, une assimilation complète.

§ 4

VOUTES DIVERSES

87. Méthode générale pour tracer l'appareil d'une voûte quelconque. — Dans l'étude des dispositions à adopter pour l'appareil d'une voûte quelconque, il convient de se conformer toujours, dans la limite du possible, aux deux règles fondamentales suivantes, qui ressortent dés recherches faites précédemment sur la stabilité des voûtes en maçonnerie :

1° Les courbes des joints discontinus, tracés sur l'intrados, doivent être contenues dans des plans parallèles à la direction des forces extérieures qui sollicitent l'ouvrage. Dans le cas habituel, où la voûte n'a à supporter que des charges verticales, les joints sont des courbes situées dans des plans verticaux. Ces plans doivent être distribués de façon à raccorder par un changement graduel et régulier d'orientation les plans verticaux extrèmes correspondant aux deux têtes. On doit toujours pouvoir considérer sans erreur sensible la portion de voûte comprise entre deux joints discontinus successifs comme un élément de berceau droit. Les surfaces des joints discontinus sont formées par les plans parallèles aux faces extérieures, dont il vient d'être parlé.

2° Les courbes des joints continus, tracés sur l'intrados, sont des trajectoires orthogonales des joints discontinus. Les surfaces de joint sont des surfaces gauches engendrées par une normale à la courbe des joints discontinus et située dans le plan de cette courbe, qui se déplace sur la ligne du joint continu.

Telles sont les conditions indiquées par la théorie pour l'appareil d'une voûte quelconque. Leur stricte application serait dans la majorité des cas très coûteuse, en ce qu'elle entraînerait de grandes complications dans la préparation des épures et dans la taille des pierres ; on y apportera en général dans la pratique quelques tempéraments, au moins en ce qui touche l'exécution du corps de la voûte, sauf à l'admettre dans toute sa rigueur pour les bandeaux de tête.

Nous énoncerons donc, à ce propos, la troisième règle fondamentale suivante, qui a pour objet de diminuer la dépense d'exécution, au prix d'une infraction aux principes théoriques. On devra vérifier en chaque cas, avant d'admettre cette infraction, qu'elle n'est pas de nature à modifier complètement les conditions d'établissement de la voûte, et à porter atteinte à la stabilité.

3° Toutes les fois que la chose sera possible, on substituera aux trajectoires orthogonales théoriques, donnant la direction des joints continus (qui correspondent aux surfaces de lit des assises), des courbes parallèles entre elles, s'en rapprochant le plus possible, de façon à maintenir constante la hauteur d'une assise sur toute sa longueur. Les joints discontinus subiront naturellement une déviation correspondante. On remplacera les surfaces de joint théoriques par des portions de plan normales au plan que l'on peut substituer sans erreur sensible au panneau de douelle (compris entre

quatre courbes se coupant deux à deux à angle droit, et par
suite assimilable à un rectangle) qui correspond à un voussoir
de la voûte. Dans ces conditions, le voussoir a une forme
exactement parallélipipédique, et le corps de l'ouvrage peut
être exécuté avec des matériaux ordinaires n'exigeant aucune
taille spéciale.

Nous allons exposer maintenant les résultats auxquels nous
sommes arrivés en appliquant cette méthode à la détermination des appareils à recommander pour un certain nombre de
types de voûtes, que l'on est exposé à rencontrer dans la pratique.

88. Voûtes à têtes inclinées. — Les plans de tête des
voûtes, au lieu d'être verticaux, comme nous l'avons toujours
admis jusqu'à présent, présentent quelquefois un fruit très
accentué. Il convient alors de modifier sur une petite longueur
à partir de leur extrémité les surfaces des lits correspondant
aux joints continus, de façon qu'elles se retournent normalement aux plans des têtes ; les joints discontinus subiront une
déviation correspondante.

On se contentera souvent de briser ces surfaces à une
petite distance des extrémités, en les prolongeant par des
portions de plan normales aux
têtes (fig. 234). Il faut en pareil
cas éviter que les voussoirs de tête
ne présentent des angles rentrants,
et ne forment crossette (page 41),
ce qui est toujours facile.

Fig. 234.

La figure 235 indique deux dispositions des voussoirs de
tête, dont l'une $abcde$ est bonne et l'autre
$a'b'c'd'e'f'$ est défectueuse.

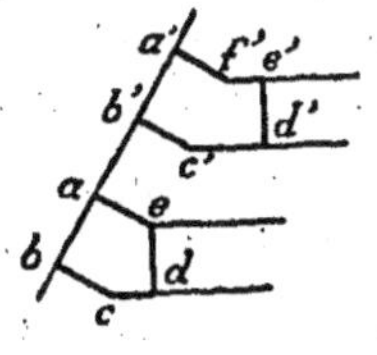

89. Voûtes à axe courbe. — Dans une
voûte à axe courbe, les joints discontinus
sont les intersections de la surface d'intrados avec des plans verticaux normaux à
l'axe. Lorsque les têtes ne sont pas elles-mêmes perpendiculaires à cet axe, il devient nécessaire d'appliquer sur une petite

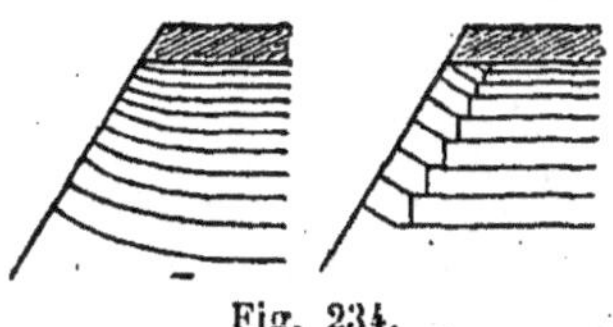

Fig. 235.

longueur un appareil convergent, analogue à ceux déjà étudiés, pour souder la section biaise avec une section droite à partir de laquelle on emploiera un appareil parallèle : les joints discontinus de l'appareil convergent seront contenus dans des plans verticaux passant par la verticale d'intersection de la section biaise et de la section droite placée à une distance de la première jugée suffisante.

A titre d'exemple, nous mentionnerons que dans une voûte dont l'intrados est une surface de révolution engendrée par une courbe tournant autour d'un axe vertical situé dans son plan, et qu'elle ne rencontre pas (surface de *tore*), les joints discontinus sont des *méridiens* et les joints continus des *parallèles*.

90. Voûtes en pente. — Nous avons toujours supposé jusqu'ici que l'axe d'une voûte était horizontal, et qu'il en était de même pour ses génératrices d'intrados.

Considérons maintenant une voûte dont l'axe rectiligne, parallèle aux génératrices de son intrados cylindrique, présenterait une inclinaison notable sur l'horizontale. Pour ne pas compliquer le problème, nous admettrons que les plans de tête sont verticaux et perpendiculaires au plan vertical passant par l'axe de l'intrados, ce plan vertical étant un plan de symétrie de l'ouvrage.

Cas d'une voûte à intrados circulaire. — Nous avons appliqué les règles fondamentales, énoncées à l'article 87, au cas particulier d'une voûte dont l'intrados aurait un demi-cercle pour section droite (courbe d'intersection par un plan normal aux génératrices).

La figure 236, qui n'est pas une épure exacte mais un croquis sommaire, nous paraît indiquer avec une justesse suffisante les résultats auxquels on devrait arriver par la stricte observation des principes théoriques.

Soient C le centre de la section droite, qui est un demi-cercle, et D le centre d'une section de tête, qui est une ellipse légèrement surhaussée. Désignons par i l'angle formé par les génératrices du cylindre d'intrados avec l'horizontale.

Nous avons développé sur un plan la surface d'intrados

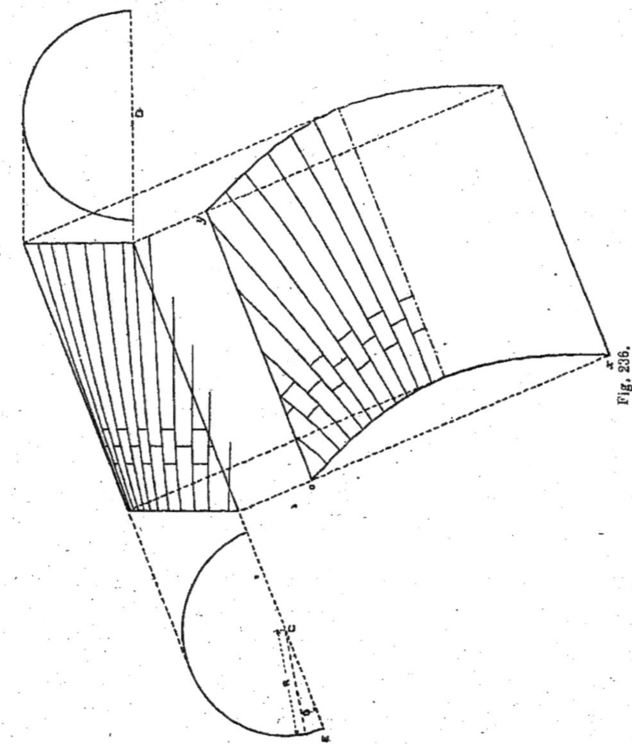

Fig. 236.

limitée par les plans verticaux des deux têtes : il est très facile de tracer, par les procédés graphiques indiqués à l'article 78, la courbe qui correspond sur le développement à une section de tête, et la trajectoire orthogonale de cette courbe, que l'on suppose glisser parallèlement à elle-même suivant la direction des génératrices.

On peut également, à l'aide de calculs simples, déterminer les équations de ces deux courbes rapportées aux axes rectangulaires ox et oy, dont l'un correspond à une génératrice de naissance, et l'autre au développement de la section droite passant par les naissances de la section de tête.

Soit φ l'angle variable que forme un rayon de la section droite avec le rayon de naissance CE, et R la longueur de ce rayon.

L'équation de la développée de la section verticale de tête s'obtiendra en remarquant que l'on a :

$$x = R\,\varphi\,;$$
$$y = R \sin \varphi \sin i.$$

$$\text{D'où : } y = R \sin i \sin \frac{x}{R}.$$

La développée de la section de tête est donc une sinusoïde qui coupe normalement la génératrice de clef ; elle présente un point d'inflexion à la rencontre des génératrices de naissance, qu'elle coupe sous un angle égal à $\frac{\pi}{2} - i$.

L'équation de la trajectoire orthogonale s'obtiendra en remarquant que l'équation générale des joints discontinus (qui sont des courbes identiques à la sinusoïde de tête menées par les points de division de la génératrice de naissance oy) est :

$$y = R \sin i \sin \frac{x}{R} + m,$$

m étant un paramètre arbitraire, et x variant de o à π.

L'équation différentielle de ces courbes est ainsi :

$$dy = \sin i \cos \frac{x}{R}\, dx.$$

En remplaçant $\dfrac{dy}{dx}$ par $-\dfrac{dx}{dy}$, nous obtiendrons l'équation différentielle des trajectoires orthogonales :

$$dy = - \frac{dx}{\sin i \, \cos \dfrac{R}{x}}.$$

L'intégration s'opère aisément, et donne pour équation générale de ces courbes :

$$y = - \frac{2\,R}{\sin i} \log\ \text{nép.}\ \sqrt{\frac{R+x}{R-x}} + n,$$

n étant un paramètre arbitraire et x variant ainsi qu'il a été dit précédemment entre les limites o et π.

L'équation de la trajectoire orthogonale passant par l'origine o s'obtient en déterminant le paramètre n par la condition que x et y soient simultanément nuls :

$$y = - \frac{2\,R}{\sin i} \log.\ \text{nép.}\ \sqrt{\frac{R+x}{R-x}}.$$

Si l'on prend pour unité de longueur le rayon R du cylindre d'intrados, cette formule se simplifie et devient :

$$y = - \frac{2}{\sin i} \log.\ \text{nép.}\ \sqrt{\frac{1+x}{1-x}}.$$

Cette équation permettrait de calculer une fois pour toutes les valeurs de $\dfrac{y}{R}$ et de $\dfrac{x}{R}$ servant à déterminer par points les courbes des joints continus des voûtes en pente. On sait d'ailleurs que l'on peut substituer sans difficulté les logarithmes ordinaires aux logarithmes népériens.

$$y = - \frac{0{,}8686\,R}{\sin i} \log.\ \sqrt{\frac{1+x}{1-x}},$$

ou, posant $R = 1$: $y = - \dfrac{0{,}8686}{\sin i} \sqrt{\dfrac{1+x}{1-x}}.$

La trajectoire orthogonale se compose de deux branches correspondant chacune à une moitié de l'intrados : chaque branche est asymptote à la partie inférieure de la génératrice de clef, dont elle s'éloigne d'autant plus que l'on s'élève plus haut sur cette génératrice. Deux joints continus successifs s'écartent donc l'un de l'autre au fur et à mesure que l'on monte à partir de la tête inférieure. Une trajectoire quelconque coupe la génératrice des naissances sous l'angle i et se raccorde par conséquent avec les lignes d'assises horizontales de la culée.

Nous avons tracé sur la figure 236 un certain nombre de joints continus et discontinus : on voit que l'épaisseur des assises croît nécessairement à partir de la tête inférieure, ce qui obligerait par suite à diviser de temps à autre chacune d'elles en deux, par l'adjonction d'un nouveau joint continu intermédiaire, dès que la distance de deux joints successifs dépasserait la dimension maximum admise pour les voussoirs.

En vertu des règles théoriques, les surfaces des joints continus doivent être des plans verticaux, et celles des joints discontinus des surfaces réglées engendrées par une droite parallèle au plan de tête et normale aux joints discontinus.

Voûte à section droite elliptique. — Dans le cas d'une voûte dont la section droite serait une ellipse, on obtiendrait les trajectoires orthogonales soit par la méthode graphique, applicable au développement de l'intrados, soit par la méthode analytique imaginée par M. Collignon pour obtenir l'équation des projections de ces deux courbes sur le plan de tête, dans le cas des voûtes biaises (art. 78).

Il est aisé de reconnaître immédiatement que l'équation de la projection verticale d'une courbe orthogonale sur le plan de tête s'obtient en permutant les x et les y dans la formule indiquée par M. Collignon et citée par nous :

$$\frac{b}{a}\, y = \sqrt{a^2 - x^2} + \frac{1}{2}\, a \,\log\, \text{nép.}\; \frac{a - \sqrt{a^2 - x^2}}{a + \sqrt{a^2 - x^2}}.$$

En admettant la même ellipse de tête, il suffit de faire tourner de 90° la courbe relative aux voûtes biaises pour obtenir la courbe relative aux voûtes en pente (fig. 237). Nous renverrons donc à la page 281 pour les détails relatifs à l'usage de cette formule.

Lorsque la section droite de l'intrados est une fraction d'ellipse ou de cercle, les équations précitées peuvent encore servir, mais les seules portions de courbe utiles sont celles comprises entre les génératrices des naissances ; le surplus correspondrait au prolongement fictif de l'intrados, au-dessous des naissances, nécessaire pour compléter un demi-cylindre à section droite semi-circulaire ou semi-elliptique.

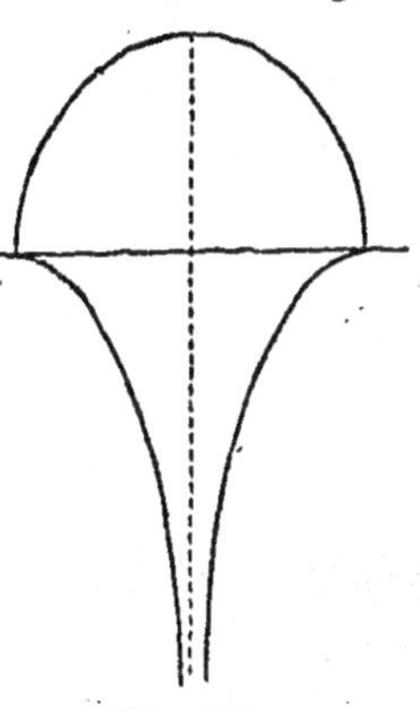

Fig. 237.

Dans le cas d'une voûte droite à section quelconque, on arriverait par des constructions graphiques à tracer des courbes analogues à celle de la figure 237. Nous remarquerons : 1° que les trajectoires orthogonales sont toujours asymptotiques à la génératrice de clef, sauf le cas où la voûte est brisée à la clef et a une section ogivale ; 2° que l'angle sous lequel les trajectoires orthogonales coupent les génératrices des naissances est toujours égal à i (angle d'inclinaison de l'axe de la voûte sur l'horizontale), quand le plan tangent à la naissance du cylindre d'intrados est vertical ; dans l'hypothèse contraire, cet angle est inférieur à i, et il se rapproche d'autant plus de zéro que le plan tangent est plus incliné sur la verticale, c'est-à-dire que la voûte a pour section un arc de courbe plus surbaissé.

Les changements à apporter à l'appareil théorique, pour diminuer les dépenses d'exécution de la voûte, seront, par application de la troisième règle de l'art. 87, les suivants :

1° Les surfaces des joints discontinus, au lieu d'être contenues dans des plans verticaux, seront formées d'une série de portions de plans normaux aux joints continus (sauf pour le bandeau de tête, dont il conviendra de diriger verticalement les joints postérieurs). De cette façon, les angles dièdres des voussoirs du corps de la voûte seront tous droits, et l'on pourra, en substituant des portions de plan aux surfaces de lit, employer les matériaux ordinaires.

2° On pourra, en imitant l'appareil hélicoïdal des voûtes

biaises, substituer aux trajectoires orthogonales, dans le développement de l'intrados, des droites parallèles dont la direction commune devra être choisie convenablement.

On peut hésiter entre les deux solutions représentées par
les figures 238 et 242 :

1° La première, qui consiste à tracer une série de droites
normales aux cordes des demi-courbes développées de la section de tête, offre les particularités suivantes : les joints, disposés en forme de
chevrons, présentent une brisure à la
clef ; ils s'écartent notablement de la trajectoire orthogonale au droit de la clef,
ainsi qu'aux naissances, où ils ne se rac-
cordent pas avec les joints des culées,
lorsque la section droite est une demi-
ellipse complète. On est donc obligé d'établir une ligne de coussinets pour racheter

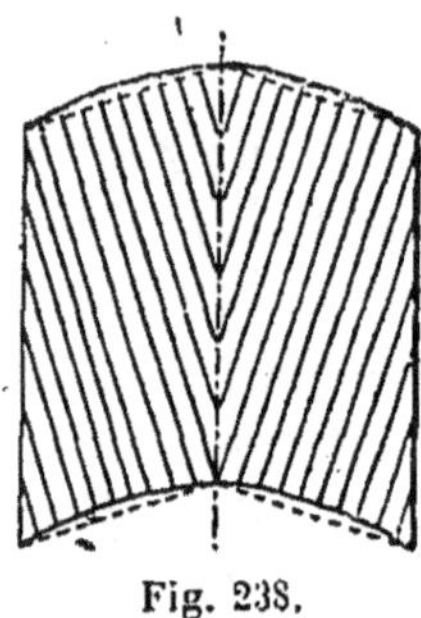

Fig. 238.

la brisure des naissances.

Dans les voûtes en arc de cercle ou d'ellipse, comme les
trajectoires orthogonales ne coupent pas les génératrices de
naissance sous l'angle i, il faut toujours une ligne de coussinets, même avec l'appareil théorique. Le
défaut de l'appareil modifié est donc ici
fort atténué.

D'autre part, l'appareil des voussoirs de
clef offre quelques complications en ce
qu'il nécessite l'emploi de pierres à section losangée ou hexagonale (fig. 239 et
240). La forme hexagonale doit être préférée si le losange comporte des angles
trop aigus.

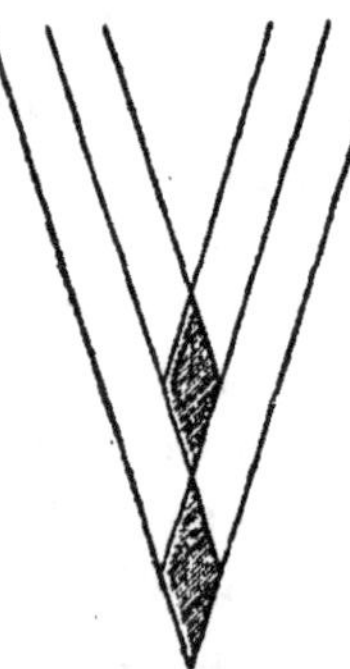

Fig. 239.

2° Dans les voûtes très surbaissées,
lorsque l'inclinaison i n'est pas très forte, on peut se contenter d'appareiller la voûte comme un berceau droit horizontal.

Si la voûte a pour section droite une demi-ellipse complète,
on devra prolonger les surfaces de lit horizontales des culées
dans le corps de l'ouvrage jusqu'au rayon OA incliné à 30°
(fig. 241), et à partir de là diriger les joints continus suivant

les génératrices du cylindre, c'est-à-dire employer l'appareil du berceau droit horizontal (fig. 242).

Ce système, qui rappelle celui de M. Léveillé, oblige à établir une ligne de coussinets au droit de la brisure des joints continus; il présente l'avantage de concorder au droit des naissances et à la clef avec l'appareil théorique. Il revient en somme à substituer à la trajectoire orthogonale une ligne brisée formée de deux directions rectilignes respectivement parallèles aux tangentes extrêmes de cette trajectoire.

En résumé nous croyons que, s'il est permis de construire les voûtes en pente comme s'il s'agissait de berceaux horizontaux, lorsque la

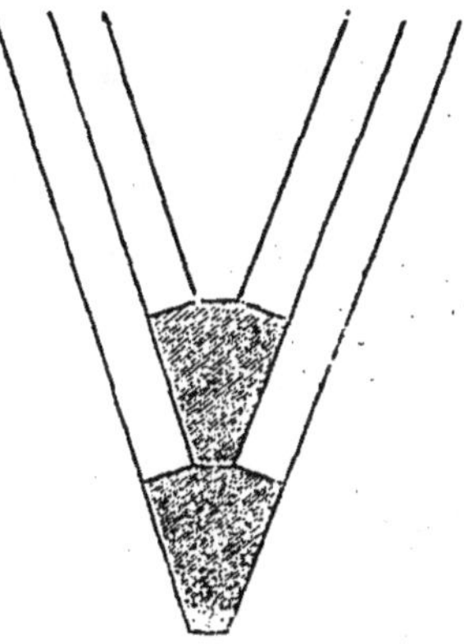

Fig. 240.

pente est faible et la section de l'intrados très surbaissée, il peut en résulter des inconvénients sérieux, au point de vue de la stabilité, lorsque la pente est forte et que la voûte est peu surbaissée : il conviendrait alors d'employer soit l'appareil régulier, soit un des appareils modifiés que nous avons indiqués.

Cette question n'a d'ailleurs jamais été soulevée, du moins à notre

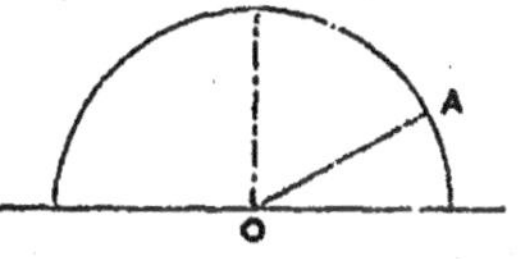

Fig. 241.

connaissance, et les constructeurs ont toujours appareillé les voûtes en pente comme si elles étaient horizontales.

Parmi les cas où les appareils spéciaux pourraient être appliqués utilement, nous citerons celui d'une grande voûte en pierre couvrant soit une route très inclinée, soit un escalier, soit un chemin de fer à forte pente (à traction funiculaire comme la ligne de la Croix-Rousse à Lyon, ou à échelles comme au Righi).

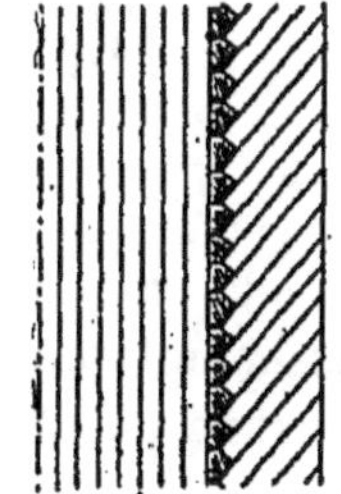

Fig. 242.

Dans le cas où la voûte en pente serait limitée par des têtes biaises ou inclinées, ou aurait un axe courbe, il conviendrait de combiner, dans l'étude de l'appareil, les différentes règles exposées à cet égard dans le présent paragraphe, de façon à satisfaire dans la mesure du possible aux conditions fondamentales de l'article 87.

91. Voûtes coniques. — Dans une voûte conique à axe horizontal et sections extrêmes normales à cet axe, les joints continus suivent les génératrices et les joints discontinus sont parallèles aux têtes. On trouve un exemple de cet appareil

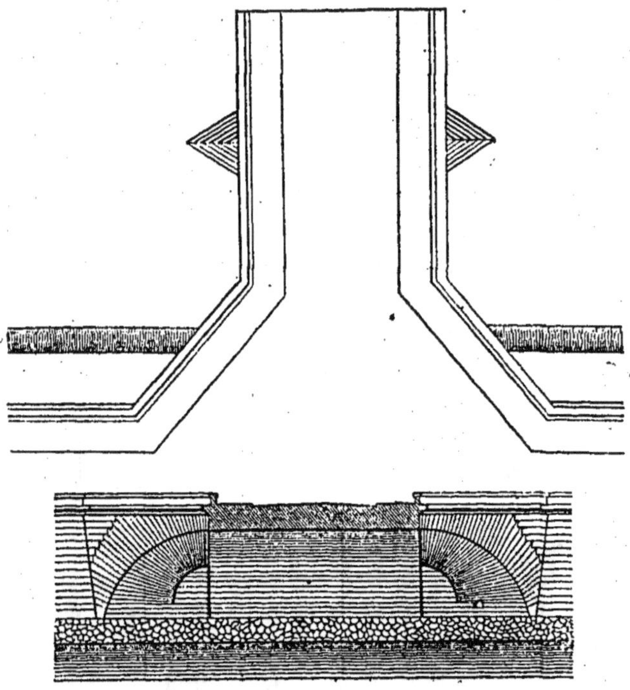

Pont des Tuileries, à Paris. — Fig. 243.

dans les voûtes qui soutiennent au pont des Tuileries les élargissements du tablier ménagés aux deux extrémités de cet ouvrage (fig. 243).

Une voûte conique pourrait être biaise ou en pente : en pareil cas on étudierait un appareil satisfaisant aux règles précitées, par analogie avec les divers systèmes applicables aux

voûtes en berceau. Par exemple pour adapter le système hélicoïdal à une voûte conique, il faudrait tracer les joints continus suivant des courbes coupant sous un angle constant les
génératrices du cône, et correspondant en conséquence aux
hélices des voûtes biaises en berceau.

92. Voûtes gauches. — Supposons que l'on veuille exécuter deux voûtes dont les sections de tête soient arrêtées à
l'avance, en s'imposant la condition que les joints continus
soient rectilignes. Il ne sera pas possible en général de tracer
ces joints de façon qu'ils coupent à angle droit les plans des
têtes. Il faudra donc en pareil cas se résigner à admettre des
joints obliques à ces plans. La surface gauche n'est pas complètement définie puisque l'on ne se donne à priori que deux
directrices : on dispose d'une troisième condition, dont il faudra se servir pour réduire au minimum les inconvénients inhérents à l'obliquité des joints.

Nous citerons deux exemples de voûtes à intrados gauche.

Biais passé gauche. — Supposons qu'il s'agisse de construire
une voûte à axe horizontal limitée par deux têtes identiques,
à section semi-elliptique, con-
tenues dans des plans verticaux parallèles. La figure 244
représente l'élévation et le
plan de l'ouvrage. Soient o et
o' les projections verticales
des centres des deux courbes
de tête, et c le milieu de la
droite oo'. On définira complètement la surface d'intrados en ajoutant aux deux directrices données une troi-

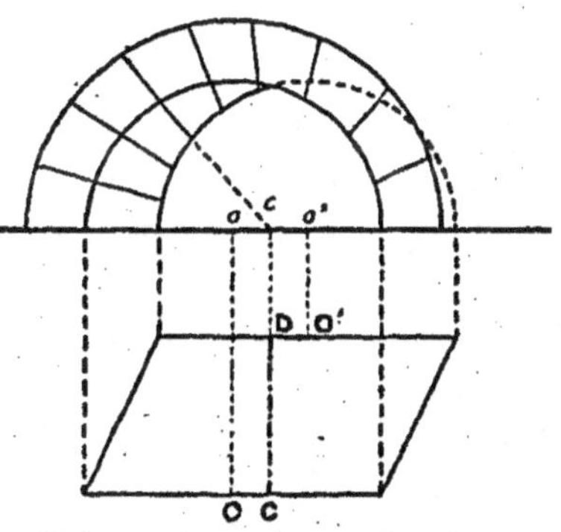

Biais passé gauche. — Fig. 244.

sième, qui sera la normale au plan de tête passant par le point c.

Si l'on admet en outre que les surfaces de lit, correspondant
aux joints continus, seront constitués par les plans passant
par la droite CD, qui sont normaux aux têtes, et que les joints
discontinus seront parallèles aux plans des têtes, l'appareil se
trouvera entièrement arrêté.

Cette solution du problème de l'établissement des voûtes biaises à têtes parallèles a reçu le nom de *biais passé gauche*, employée autrefois par les constructeurs, elle est aujourd'hui tombée en désuétude, depuis la découverte de l'appareil orthogonal. La figure 244 met en relief les défectuosités du système, qui ne serait acceptable à la rigueur que pour une voûte très étroite, de faible ouverture et d'un biais peu prononcé. Pour peu que la distance *oo'* soit une fraction notable de l'ouverture, l'obliquité des joints devient inadmissible, et l'irrégularité des voussoirs de tête parait tout à fait choquante.

Corne de vache. — Supposons que l'on veuille raccorder une voûte à intrados elliptique ABC (fig. 245) avec un arc de cercle DBE, contenu dans le plan vertical de tête et tangent à

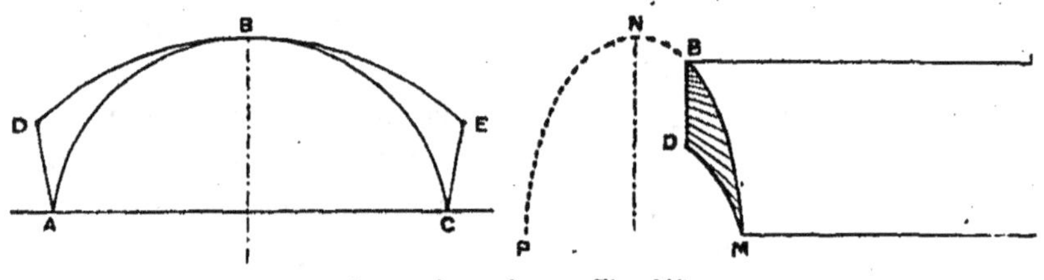

Corne de vache. — Fig. 245.

l'intrados au droit de la clef. Ce mode d'évasement des berceaux droits est assez souvent mis en pratique, soit pour faciliter le passage des eaux sous l'arche, soit dans un but architectural.

On tracera sur l'intrados elliptique une courbe régulière symétrique par rapport au plan vertical de la clef et remplissant la double condition suivante : 1° d'être tangente sur la génératrice de clef à l'arc de cercle de tête; 2° de rencontrer à angle droit en M les génératrices des naissances.

On obtiendra par exemple cette courbe en coupant l'intrados par un cylindre à génératrices horizontales parallèles au plan de tête, et ayant pour section droite une ellipse surhaussée, telle que MBNP, dont le centre sera situé sur le plan des naissances de la voûte : des considérations étrangères à la question de stabilité, et basées sur l'hydraulique ou sur l'architecture, guideront le constructeur dans le choix de la courbe MNP.

Il s'agit de réunir les deux courbes DB et BM, considérées comme les sections de tête de la corne de vache, par une surface gauche dont les génératrices donneront les directions des joints continus.

Si la corne de vache était isolée de la voûte elliptique, l'obliquité des joints serait aussi à craindre pour la tête BM que pour la tête BD : en conséquence il faudrait assujettir une génératrice quelconque HK de la surface gauche à couper sous le même angle α les deux courbes (fig. 246). Dans ces conditions l'obliquité étant la même pour l'une et l'autre tête, celles-ci offriraient à peu près les mêmes garanties de stabi-

lité. Mais il convient de remarquer que la tête fictive BM est à l'intérieur du massif de maçonnerie et se trouve maintenue par le berceau elliptique placé en arrière de la corne de vache : son équilibre paraît bien as-

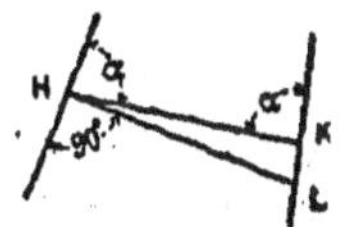

Fig. 246.

suré quelle que soit l'obliquité des joints, tandis que pour la tête DB, qui est isolée, il importe de réduire autant que possible cette obliquité. On est ainsi conduit à diriger toutes les génératrices normalement à l'arc de cercle de tête, en substituant dans la figure 246 la droite HL à la droite HK. Dans la pratique on pourra, par suite de considérations architecturales, adopter une direction intermédiaire pour diminuer un peu l'obliquité sur la courbe BM, et nous admettrons donc en définitive que la direction d'une génératrice quelconque devra être comprise entre la droite qui couperait les deux courbes sous le même angle, et la droite qui serait normale à l'arc de cercle et s'appuierait sur l'autre courbe.

L'épure de l'appareil est assez difficile à dresser, parce que la surface gauche employée ne peut se développer. Le mieux en pareil cas est de tracer les joints continus sur une élévation du pont, puis de développer le panneau de douelle de chaque assise, comprise entre deux joints successifs, comme s'il s'agissait d'une portion de surface cylindrique : l'erreur commise sera négligeable, et on pourra de la sorte vérifier avec certi-

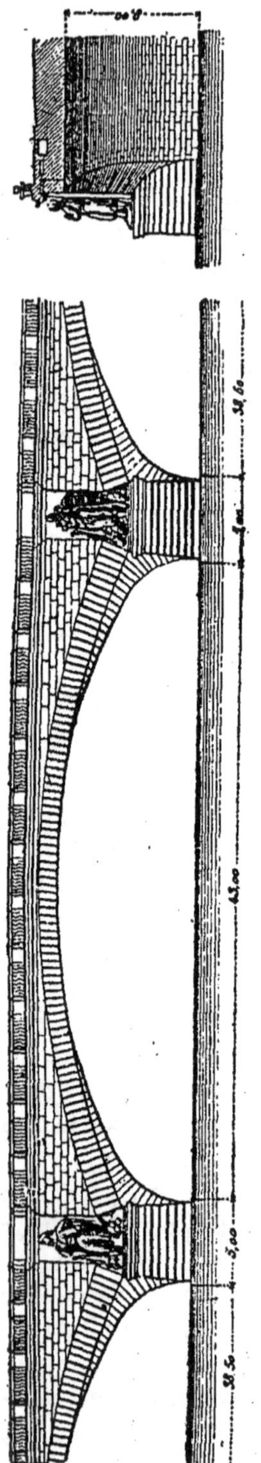

Pont de l'Alma, à Paris. — Fig. 247.

tude si la figure affectée par chaque panneau satisfait convenablement à la règle qui précède.

Les joints du bandeau de tête devront être tracés suivant les rayons de l'arc de cercle ; comme les voussoirs des bandeaux sont en pierre de taille, il sera toujours facile de tailler leurs surfaces de lit suivant les plans déterminés par les joints des plans de tête et les joints continus rectilignes de l'intrados.

On trouverait encore des exemples de l'emploi des surfaces gauches dans cetains évasements de porte, employés par les architectes, auxquelles on donne le nom de *voussures*. Mais nous croyons superflu d'insister plus longtemps sur ce sujet.

93. Voûtes quelconques. — Nous trouvons un exemple très remarquable de voûte anormale dans le pont de Tours, dont le tablier s'élargit à partir du milieu de l'arche de rive et vient se raccorder avec le quai suivant un quart de cercle tournant sa convexité vers l'axe du pont. Cet élargissement est porté par une voûte en forme de pendentif, dont la description peut être faite ainsi qu'il suit :

Une des culées se réduit à un point situé sur la verticale d'intersection des tympans du pont et

PONT DE TOURS

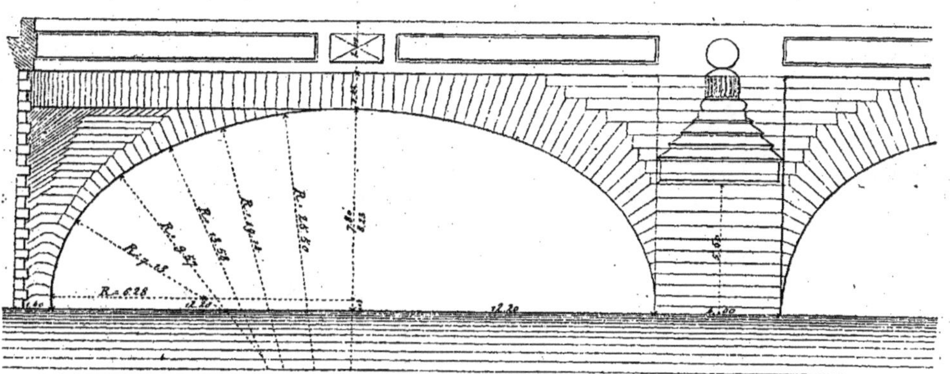

Élévation de l'arche de rive. — Fig. 248.

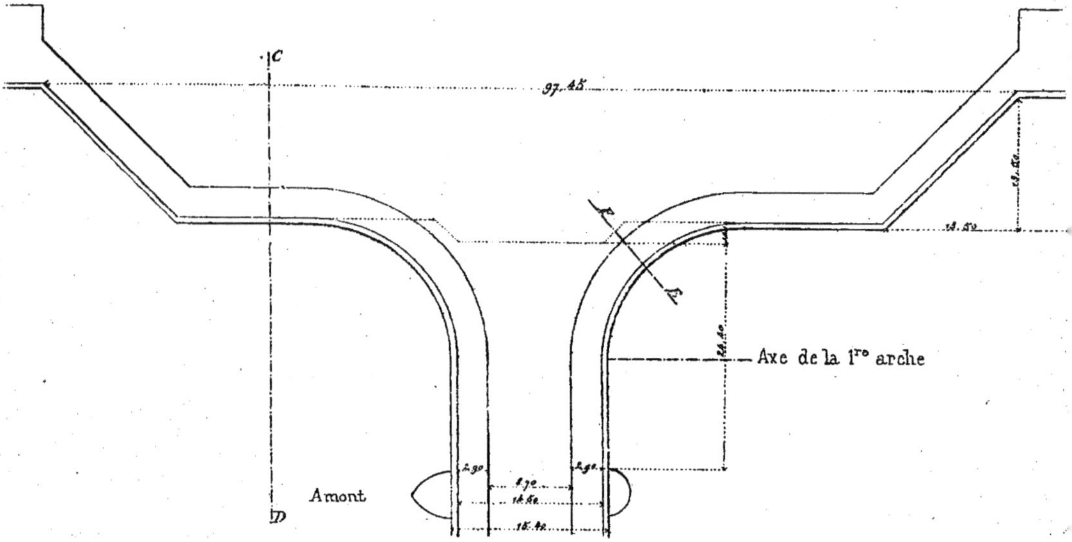

Plan de l'arche de rive et de ses abords. — Fig. 249.

du parement du quai. L'autre culée est constituée par une voûte horizontale très étroite dont la courbe d'intrados est le quart de cercle, dont il a été parlé précédemment, qui raccorde le couronnement du pont avec celui du quai.

Les courbes de tête de la voûte sont deux quarts d'ellipse identiques [1], dont l'une concorde avec la demi-tête de l'arche de rive du pont, et l'autre est appliquée sur le parement du quai.

La surface du pendentif est engendrée par la courbe de tête qui pivote de 90° autour de sa tangente verticale (placée à l'intersection du tympan de l'arche et du parement du mur), et se déforme pendant ce mouvement de façon à s'appuyer sur le quart de cercle horizontal qui limite la voûte (fig. 251 et 252).

En appliquant strictement les règles relatives à l'appareil des voûtes, on serait conduit à diriger les joints continus suivant les trajectoires orthogonales de cette courbe génératrice. Mais, pour plus de simplicité, M. l'inspecteur général *Bayeux*, qui a dressé au siècle dernier le projet de ce remarquable ouvrage, a substitué en élévation à la trajectoire théorique une ligne brisée composée de deux normales aux courbes de tête raccordées par

Coupe à la clef de l'arche de rive et élévation transversale des voûtes d'élargissement. — Fig. 250.

---

1. Il serait plus exact de dire que ce sont des anses de panier, très voisines, d'ailleurs, de la forme elliptique.

une horizontale. Avec cette modification on a pu, sans
grande difficulté, établir avec quelques tâtonnements les

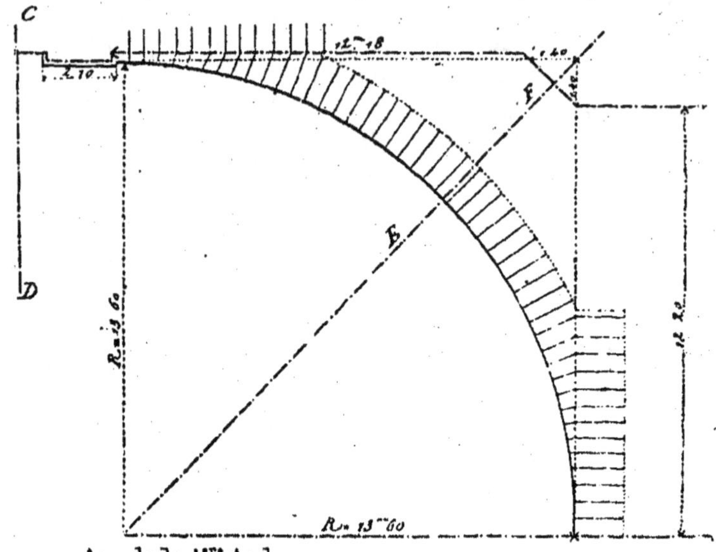

Axe de la 1ere Arche

Plan supérieur de la voûte d'élargissement. — Fig. 251.

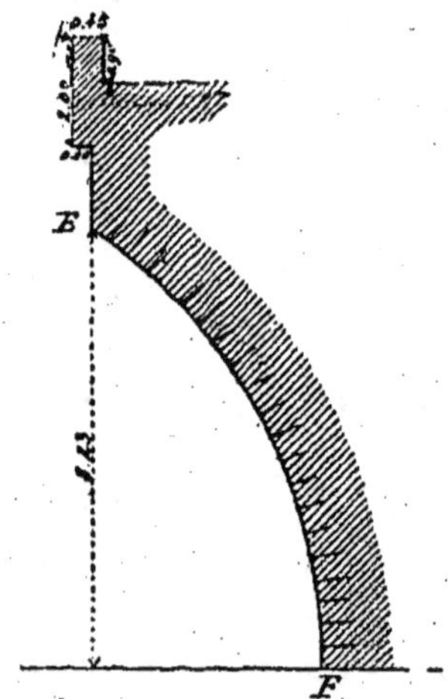

Coupe verticale suivant EF de la voûte d'élargissement. — Fig. 252.

panneaux de taille des voussoirs (qui semblent d'ailleurs
avoir été assez imparfaits).

Cet exemple intéressant fait voir qu'il est possible de tracer un appareil rationnel pour une voûte, quelque compliquée qu'elle puisse paraître, et que, pour réaliser, dans des conditions de stabilité convenables, des dispositions motivées par des considérations architecturales, il est toujours utile de recourir aux règles théoriques pour la détermination de l'appareil

94. Voûtes d'arêtes. — Considérons deux berceaux cylindriques ayant même section droite et même plan des naissances, et se coupant à angle droit. Supposons que l'on supprime les portions d'intrados situées au-dessous des courbes d'intersection AC et BD de ces deux berceaux, en ne conservant que les parties supérieures, adjacentes aux génératrices de clef. On obtiendra l'ouvrage dont

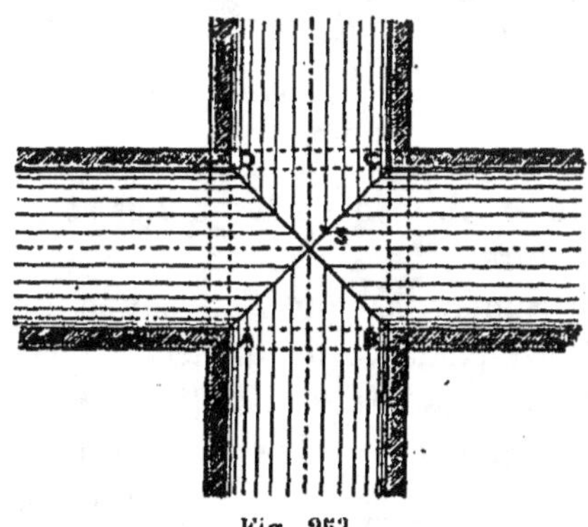

Fig. 253.

la figure 253 représente le plan vu par-dessous, de bas en haut.

Toutes les génératrices sont interrompues à la rencontre des courbes planes AC et BD. Le point de rencontre S des génératrices de clef concorde avec le point d'intersection de ces deux courbes. Les culées sont elles-mêmes arrêtées aux points A, B, C, D de rencontre des génératrices des naissances, et chacune d'elles est supprimée dans la zone couverte par le berceau composé.

La voûte ainsi déterminée, qui couvre le carré ABCD, s'appelle une *voûte d'arêtes*. Ses arêtes sont les courbes d'intersection AC et BD des deux berceaux.

Il arrive souvent que l'ouvrage considéré se compose de deux séries de berceaux identiques, dont chacun coupe à angle droit tous ceux de la série opposée. On obtient de cette façon un grand nombre de voûtes d'arêtes accolées, qui s'étendent dans toutes les directions et divisent l'espace couvert en carrés. Les sommets de ces carrés sont occupés par des piliers, seuls restes des piédroits des berceaux générateurs, qui forment piles et servent chacun de support aux quatre voûtes d'arêtes adjacentes.

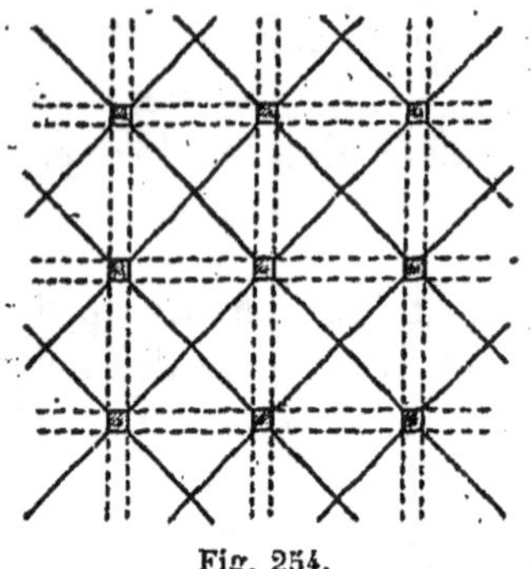

Fig. 254.

Les seules portions de berceaux droits conservées entières sont celles qui correspondent à la largeur des piliers, ceux-ci étant les parties communes des piédroits des deux séries de berceaux.

Nous allons chercher à nous rendre compte des conditions de stabilité dans lesquelles se présente un ouvrage de cette nature.

Supposons que l'on coupe l'un des deux berceaux par deux plans verticaux très rapprochés, et normaux aux génératrices, FG et KL (fig. 255). La portion de voûte ainsi détachée est un berceau droit de faible longueur, et a pour section droite, symétrique par rapport au plan vertical de clef, une fraction de la section du cylindre complet AB limitée par les plans verticaux KF et LG. Nous savons calculer la poussée exercée par cette voûte sur ses appuis, et déterminer le point de passage V de la courbe des pressions dans la section de retombée. Soient P le poids de cette demi-voûte incomplète, et Q la poussée qu'elle subit.

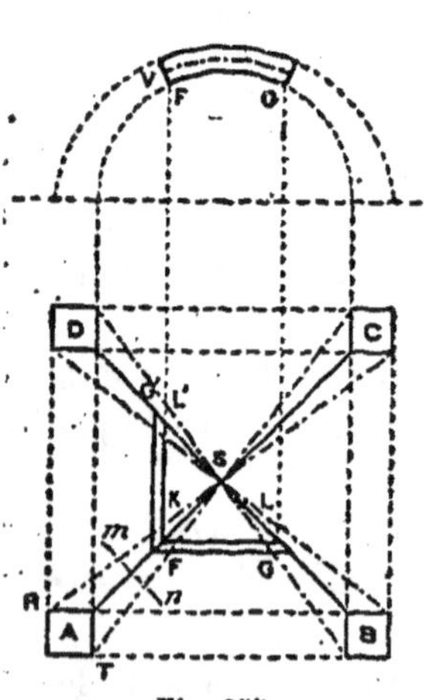

Fig. 255.

Considérons maintenant la portion L'G'KF de voûte qui correspond exactement à la précédente sur le berceau opposé ; vu l'identité qui existe entre ces deux fractions de voûte au point de vue de la charge, de la longueur et de la section droite, la dernière subira la même poussée horizontale Q et sa courbe des pressions coupera le plan vertical d'arête AC au même point V.

Les courbes des pressions de ces deux voûtes se rencontrent donc dans le plan d'arête : les composantes verticales P des résultantes des pressions s'ajoutent l'une à l'autre, et les composantes horizontales, c'est-à-dire les poussées, qui se coupent à angle droit, ont pour résultante une force horizontale égale à $Q\sqrt{2}$ et contenue dans le plan vertical AC.

En résumé la charge supportée par la portion de voûte d'arête LG FK L'G' a pour effet de développer dans le plan d'arête AC une force ayant pour composante verticale 2 P et pour composante horizontale $Q\sqrt{2}$, et appliquée en un point V que l'on sait trouver.

Supposons que l'on divise la demi-voûte d'arêtes ABSD par une série de plans verticaux tels que FG, KL, FG', KL' en un certain nombre de tranches, et que l'on détermine par la méthode précitée en grandeurs et directions les résultantes des pressions transmises par ces tranches dans le plan d'arête AS.

La figure 256 représente la section verticale de la voûte d'arête par ce plan AS, et nous y avons marqué les points d'application $V_1 V_2 V_3 \dots V_n$ des résultantes correspondant aux tranches successives découpées dans la voûte. Il suffira de composer ces diverses forces, en partant de la clef S et marchant vers la naissance A, pour obtenir la courbe des pressions dans le plan d'arête.

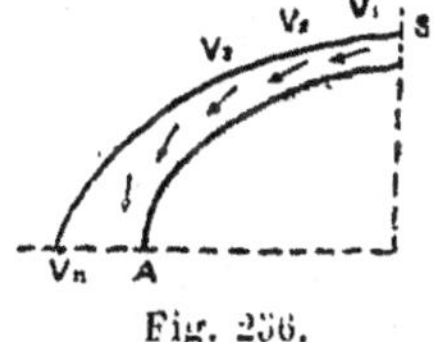

Fig. 256.

Le poids total ΣP transmis à la section supérieure du pilier sera égal au poids du quart de voûte d'arêtes ASB et la poussée totale sera la somme des poussées partielles calculées séparément pour les diverses tranches.

Coupons l'arête AS par un plan mn (fig. 255) qui lui soit perpendiculaire. Soient W (fig. 257) le point de passage dans ce plan de la courbe des pressions, et T la résultante des réactions transmises par la portion de voûte d'arêtes qui s'appuie sur l'arête entre la clef S et le plan mn. Cette force T se répartira sur une certaine zone de la maçonnerie, de part et d'autre du plan de symétrie AS, et comme en définitive la réaction totale de la voûte doit être transmise au pilier A, il est naturel de supposer que la zone de maçonnerie intéressée par la force T doit être sensiblement limitée par les plans verticaux RS et TS menés par la clef S et les arêtes opposées T et R du pilier. Cette affirmation nous semble à priori d'une exactitude presque évidente. La figure 258 représente la section transversale par le plan *mn* de ce prisme de maçonnerie qui est appelé à équilibrer, par ses actions molécu-laires, la force T. Pour que l'ouvrage soit stable, il faut que la pression maximum développée dans cette section ne dé-passe pas la limite pratique : on sait d'ailleurs calculer dans tous les cas la valeur de cette pression maximum, par les formules de la résistance des matériaux.

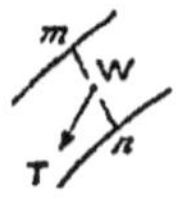

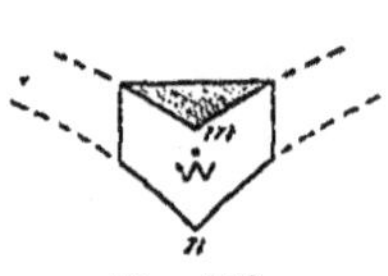

Fig. 257.

Il peut se présenter trois cas : 1° la pression calculée est admissible. L'ouvrage aura donc la stabilité voulue, sans qu'il soit nécessaire de lui apporter aucune modification ; 2° le point W est trop rapproché du sommet supérieur *m*, cor-respondant à un angle rentrant du profil. Il convient alors de renforcer le haut du pilier en maçonnerie, et on y arrivera sans difficulté (fig. 258) en remplissant le sil-lon que présente la surface d'extrados de la voûte d'arête dans le plan AS. Ce

Fig. 258.

remplacement de l'angle dièdre théorique par une surface réglée ou quelconque raccordant les extrados des deux ber-ceaux est très fréquemment pratiqué par les constructeurs. 3° Le point W est trop rapproché du sommet inférieur *n*, cor-respondant à une arête saillante de l'ouvrage. Cette arête risque donc de s'épauffrer et de s'écraser par suite d'une com-pression exagérée ; il convient alors de la renforcer. On y pourvoira en entourant cette arête d'un prisme en maçonne-rie formant nervure et relié intimement au massif de la voûte d'arêtes (fig. 259).

C'est là une habitude bien connue des architectes, qui est pleinement justifiée, on le voit, par la théorie des voûtes. Tantôt on arrête cette nervure à la rencontre du pilier, sur les parements verticaux duquel elle vient mourir, tantôt on la retourne à la rencontre du pilier pour la faire descendre jusqu'à sa base en suivant l'arête verticale A. La figure 260 représente le plan d'un ouvrage ainsi conçu : d'habitude on place à la clef une pierre saillante sur laquelle viennent aboutir les nervures d'arête, et qui forme un motif de décoration.

Si l'on n'a en vue que l'exécution d'une voûte d'arêtes stable, et que l'on ne s'occupe pas d'ailleurs de la question architecturale, il nous semble plus simple et plus logique

Fig. 259.

de renforcer l'arête (fig. 261) en prolongeant les plans verticaux RS et TS au-dessous de l'intrados et noyant l'arête n dans un prisme additionnel de maçonnerie limité par une surface cylindrique d'intrados parallèle à cette ligne. Si l'on

veut que cette nervure à section rectangulaire se prolonge au-dessous des naissances le long du pilier, on voit que la section horizontale de celui-ci deviendra un carré dont les arêtes seront perpendiculaires au plan vertical AS et inclinées par conséquent à 45° sur les génératrices des berceaux principaux d'intrados. La figure 262 donne le plan

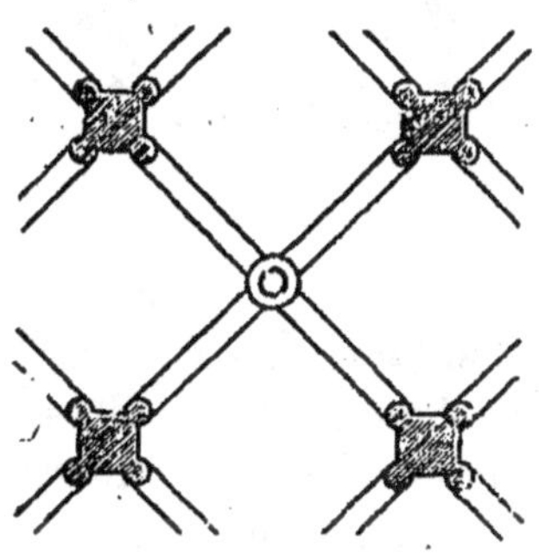

Fig. 260.

d'un ouvrage ainsi conçu : les triangles isocèles qui ont pour bases les côtés des piliers sont les projections des nervures destinées à renforcer les arêtes.

En résumé, si l'on a à construire une voûte d'arêtes de grande dimension, et que l'on se propose de lui assurer le maximum de stabilité, on devra noyer les arêtes saillantes de l'intrados dans une nervure comprise entre un intrados cylindrique à génératrices

Fig. 261.

horizontales coupant à 45° celles des berceaux principaux, et deux plans verticaux menés par la clef et les arêtes du pilier, ce dernier affectant la forme d'un prisme à base carrée dont les faces verticales viendraient se raccorder avec

les naissances des nervures d'arête. Il pourra en outre être
nécessaire de remplir de maçonnerie le sillon d'arête qui
existe à l'intersection des surfaces d'extrados des berceaux de
la voûte (fig. 261), et on aura alors en définitive formé la

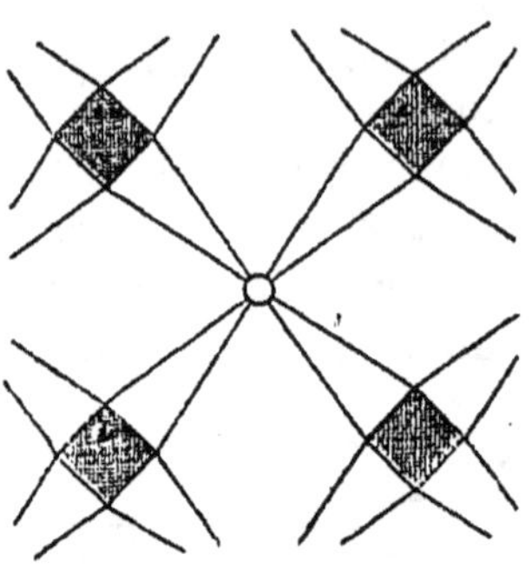

Fig. 262.

voûte de deux arceaux cylindriques, à section rectangulaire, et
à largeur et épaisseur décroissantes depuis les naissances jusqu'à la clef, où elles s'annulent.
Ces arceaux porteront les berceaux principaux de la voûte,
dont on déterminera l'épaisseur
en raison de la charge qu'ils auront à supporter.

Il arrive parfois que les voûtes
d'arêtes s'obtiennent par l'inter-
section de deux berceaux de même montée et d'ouvertures
différentes : en ce cas, les poussées de ces berceaux n'étant
pas égales, les résultantes des presssions développées dans
leur plan vertical d'intersection ne sont plus nécessairement
contenues dans ce plan.

Rien n'empêche d'ailleurs de leur appliquer la méthode
précitée, et l'on reconnaîtra en général que cette disposition
est peu favorable à la stabilité et doit être écartée, lorsqu'il
s'agit de voûtes de grandes dimensions et très chargées.

CHAPITRE CINQUIÈME

RENSEIGNEMENTS PRATIQUES. FORMULES USUELLES

SOMMAIRE :

§ 1er. *Matériaux de construction.* — 95. Densité et résistance des pierres à bâtir. — 96. Briques. — 97. Plâtre, Chaux, Ciments. — 98. Mortiers. — 99. Bois, Métaux, Cordages. — 100. Coefficients de dilatation. — 101. Coefficients de frottement. — 102. Adhérence du mortier sur la pierre.
§ 2. *Maçonneries.* — 103. Résistance à la compression. — 104. Résistance à la traction. — 105. Résistance au glissement. — 106. Dilatation des maçonneries.
§ 3. *Épaisseur des voûtes et des culées.* — 107. Épaisseur à la clef des voûtes droites. — 108. Épaisseur à la clef des voûtes biaises. — 109. Épaisseur aux reins des voûtes. — 110. Épaisseur des culées.
§ 4. *Tassement des voûtes.* — 111. Tassement sur cintre. — 112. Tassement au décintrement. — 113. Tassements observés sur quelques ouvrages existants.
§ 5. *Poussée des terres.* — 114. Densité et coefficient de frottement des terres — 115. Calcul de la poussée.

§ 1er.

MATÉRIAUX DE CONSTRUCTION

95. Densité et résistance des pierres à bâtir. — On évalue en général la limite pratique de résistance d'une pierre à la compression ou à la traction en se basant sur la charge par unité de surface qui en amène la rupture dans un temps très court. D'habitude, on adopte la proportion du dixième, mais cette règle n'a rien d'absolu : presque toujours on se tient au-dessous, mais nous ne voyons aucun motif qui interdise de la dépasser. Dans une construction très soignée on peut aller jusqu'au cinquième sans courir de danger sérieux, si l'on a pris toutes les précautions pour obtenir une bonne confection des maçonneries.

Il importe donc, lorsque l'on dresse un projet de pont, de connaître avec une certaine approximation les charges par unité de surface susceptibles de produire en peu de temps la rupture par compression ou par traction des matériaux dont on compte se servir. Or, il est très difficile de se renseigner sur ce point avec une exactitude suffisante en se basant sur la connaissance que l'on peut avoir de la nature géologique de la pierre, de sa composition, de sa densité et de son aspect extérieur. On a remarqué que dans une même classe de pierres (calcaires, grès, roches feldspathiques, etc.), la résistance semble s'élever rapidement au fur et à mesure que le poids spécifique augmente. M. l'ingénieur en chef *de Perrodil* a même pu dresser des tables numériques (*Annales des ponts et chaussées*, 1880) indiquant la relation qui existe entre le poids spécifique et la charge de rupture par compression des pierres calcaires du bassin de Paris. La loi indiquée par cet ingénieur est vérifiée avec une exactitude très grande par des moyennes résultant d'un très grand nombre d'expériences. Mais, en fait de construction, il faut se défier des moyennes : dans la pratique on a toujours affaire à un cas particulier, et la résistance effective de la pierre employée peut s'écarter notablement, en plus ou en moins, de la moyenne qui s'appliquerait très exactement à l'ensemble des matériaux de même nature. L'écart peut être assez considérable pour amener des déboires, si l'on a eu une confiance trop aveugle dans les indications de la loi générale.

Le granit est considéré comme la pierre homogène par excellence : or, dans une même carrière, on trouve fréquemment des bancs altérés (généralement les bancs supérieurs) dont la résistance atteint à peine le tiers ou le quart de celle des bancs compactes, tout en possédant à peu près le même poids spécifique. La résistance à la rupture des grès varie depuis 4 kilogr. par centimètre carré (sable à peine aggloméré se désagrégeant sous le moindre effort) jusqu'à 700 kilogr. (pierres froides compactes utilisées pour le pavage des rues). Enfin, si l'on considère les calcaires, non seulement on trouve dans la même carrière des couches successives dont les résistances diffèrent sensiblement, mais encore la charge de rupture peut varier du simple au double pour des blocs extraits du même banc et présentant le même poids spécifique.

Nous en concluons qu'en général la résistance d'une pierre

augmente avec sa densité, eu égard à la classe à laquelle elle appartient, mais que cette règle ne doit pas être prise au pied de la lettre et ne saurait dispenser d'une connaissance exacte basée sur des renseignements précis.

Lorsque l'on doit exécuter une construction importante, où les matériaux auront à supporter des pressions considérables, on trouvera à cet égard des documents précieux dans les recueils d'expériences faites au laboratoire de l'École des ponts et chaussées pour un très grand nombre de carrières (Michelot, *Annales des ponts et chaussées*, 1862, 1868, 1870. — Pontzen, *Procédés généraux de construction*); au besoin on pourra se contenter des indications fournies par les carriers et les maçons de la localité, ou examiner les ouvrages exécutés antérieurement avec les mêmes matériaux, qui permettront de se rendre compte à la fois de la résistance, de la gélivité, de l'adhérence au mortier, etc.

Dans le cas où l'on se serait adressé en vain à ces différentes sources de renseignement, il faudrait procéder à des expériences directes pour l'évaluation des charges de rupture ; le laboratoire de l'École des ponts et chaussées est outillé dans ce but, et fournit aux ingénieurs toutes les indications utiles sur la résistance des matériaux qui lui sont adressés.

Nous croyons utile de terminer cet article par un tableau indiquant les valeurs minima, maxima et moyennes des poids spécifiques et des charges de rupture des matériaux employés en France dans les travaux publics. Ainsi qu'il a été dit plus haut, il ne faut pas attribuer à cette nomenclature une utilité pratique bien grande. Nous ne l'avons insérée ici que pour donner une idée des différentes espèces de pierres que l'on rencontre habituellement, et des limites entre lesquelles peuvent varier leurs densités et leurs résistances. Nous ne garantissons pas d'ailleurs la parfaite exactitude des chiffres portés dans ce tableau.

DÉSIGNATION des MATÉRIAUX	POIDS DU MÈTRE CUBE en kilogrammes.			CHARGE DE RUPTURE à la compression par centimètre carré en kilogr.			Charge de rupture à la traction par centimèt. carré. Moyenne
	minim.	maxim.	moyen.	minim.	maxim.	moyenne	
CALCAIRES							
Exceptionnellement compactes (pierres marbres).........	2.500	2.700	2.600	650	1.050	850	40
Durs compactes...	2.100	2.600	2.300	150	800	350	20
Durs grossiers et coquilliers.......	1.800	2.450	2.150	80	500	280	14
Demi-durs.........	1.650	2.000	1.750	60	160	100	8
Tendres...... ...	1.380	1.750	1.600	25	80	60	4
Crayeux [1]	1.300	1.600	1.450	18	35	25	»
PIERRES SILICEUSES							
Meulières.........	1.200	1.550	1.400	20	80	50	»
Grès [2].....	2.100	2.300	2.200	280	700	400	22
ROCHES ÉRUPTIVES							
Basalte d'Auvergne.	»	»	2.950	»	»	2.000	80
Jaspe ou quartz-brèche des Alpes.	»	»	2.716	»	»	1.839	»
Laves............	2.000	2.600	2.200	230	600	400	40
Porphyres et granits à grains fins.....	2.600	2.900	2.700	800	1.500	900	60
Granits à gros grains	2.500	2 800	2.650	400	1.000	700	40

1. Le poids de la craie varie beaucoup suivant le degré d'humidité de cette pierre, qui est très poreuse et avide d'eau.

2. Certains grès tendres présentent une résistance à la compression de 4 kil. seulement, avec un poids de 2.470 kil. Quelques échantillons de grès de Fontainebleau (pavés) possèdent une résistance de 895 kil. avec un poids de 2.570 kil. Les indications du tableau se rapportent aux *grès bigarrés* des Vosges, qui sont très fréquemment employés dans les constructions.

96. Briques. — La qualité d'une brique dépend à la fois de la composition de la terre employée, du soin apporté dans la fabrication et de la température de cuisson. Elle est donc essentiellement variable et des expériences directes sont, le cas échéant, d'autant plus utiles que le fabricant pourra souvent améliorer la valeur de ses produits reconnus insuffisants, en modifiant ses procédés de fabrication. Pour la brique comme pour tous les matériaux artificiels (ciments, chaux, etc.), des expériences directes faites sur le chantier sont indispensables, en ce qu'elles permettent de constater si les conditions prescrites par le cahier des charges ont été remplies. Les briques lourdes sont généralement les meilleures.

DÉSIGNATION des MATÉRIAUX	POIDS du mètre cube en kilogrammes.	CHARGE de rupture à la compression en kilog. par cent. carré.	CHARGE de rupture à la traction en kilogr. par cent. carré.
Briques bien cuites de Bourgogne.	2.000	150	21
— — de Sarcelles...	1.850	125	18
Cuisson ordinaire de Montereau....	1.780	110	16
Brique rouge de Paris....	1 700	90	14
— — mal cuite...	1.650	40	6
— crue...............	1.550	30	»

97. Plâtre, chaux, ciments. — Le plâtre *gâché serré*, c'est-à-dire additionné de très peu d'eau, pèse environ 1.500 à 1.600 kilogr. le mètre cube, vingt-quatre heures après l'emploi. Au bout de deux mois, il pèse à peu près 1.400 kilogr. La charge de rupture à la compression varie de 40 à 80 kilogr. La charge de rupture à la traction peut atteindre après un mois d'exposition dans un lieu sec, un maximum de 12 kilogr. Dans un lieu humide, elle tombe souvent à 2 kilogr., la résistance à la compression étant diminuée dans le même rapport. En augmentant la proportion d'eau, on réduit sensiblement le poids spécifique, et la résistance décroît rapidement.

Le laps de temps nécessaire pour qu'une pâte de chaux hydraulique ou de ciment durcisse sous l'eau est variable. On admet que la prise est complète lorsque la pâte porte sans dépression une aiguille à tricoter de 1,2 mill. de diam., limée à son extrémité suivant une section droite et chargée du poids de 0 k. 30 (*aiguille Vicat*). Dans cet état, la matière supporte facilement la pression du pouce, appuyé avec la force moyenne du bras. Elle ne peut changer de forme sans se briser. La charge par centimètre carré exercée par l'aiguille sur la matière est de 26 k. 5 : il ne faudrait pas en conclure qu'un prisme de chaux ayant fait prise puisse supporter une semblable pression par unité de surface sans se désagréger. Le poids de l'aiguille, appliqué sur une partie très restreinte de l'échantillon soumis à l'épreuve, doit en effet être considérée comme une charge concentrée, et on sait qu'en pareil cas (page 45) la résistance locale à la rupture est notablement supérieure à celle qui correspondrait à un poids uniformément réparti sur toute la face supérieure de l'échantillon. Nous estimons que la charge réelle de rupture par compression, s'exerçant sur toute la section du prisme, ne dépasse pas à ce moment 8 kilogr. par centimètre carré.

La classification des chaux et ciments est basée sur *l'indice d'hydraulicité*, qui dépend uniquement de leur composition chimique. On trouvera à cet égard des renseignements complets dans le traité de chimie appliquée à l'art de l'ingénieur, de M. l'ingénieur en chef *Durand-Claye*. La dureté finale de la pâte de chaux considérée est d'autant plus grande que son indice d'hydraulicité est plus élevé. Le ciment à prise lente qui, bien qu'ayant un indice d'hydraulicité inférieur à celui du ciment à prise rapide, finit par acquérir une résistance sensiblement plus grande, fait exception à cette règle.

La chaux hydraulique et les ciments peuvent être classés d'après le temps qu'exige leur prise, précédemment définie, ce temps croissant régulièrement au fur et à mesure que l'indice d'hydraulicité diminue.

On considère comme chaux grasse toute matière qui, gâchée avec de l'eau pure et sans mélange de sable ou pouzzolane et abandonnée sous l'eau, ne durcit jamais ou ne fait prise qu'après un mois ou plus : la résistance finale du produit est toujours nulle ou extrêmement faible tant que son dessèchement ne peut s'opérer.

Une chaux faiblement hydraulique fait prise entre le. . . . . 16ᵉ et le 30ᵉ jour.

Une chaux moyennement hydraulique fait prise entre le . . . . 10ᵉ — 15ᵉ —

Une chaux hydraulique proprement dite fait prise entre le . . . . 5ᵉ — 9ᵉ —

Une chaux éminemment hydraulique fait prise entre le . . . . 2ᵉ — 4ᵉ —

Un ciment à prise lente fait prise entre 2 et 10 heures.

Un ciment à prise rapide fait prise entre 2 et 20 minutes.

Une pâte de chaux grasse, abandonnée à l'air sec, offre au bout d'une année une résistance à la compression qui peut varier de 20 à 50 kilogr. par centimètre carré, et une résistance à la traction de 2 à 4 kil.

Une pâte de chaux hydraulique de bonne qualité, abandonnée sous l'eau, supporte au bout de quinze jours une charge de rupture de 15 kilogr. à la compression et de 3 kilogr. à la traction, et au bout de trois mois des charges respectivement égales à 30 kilogr. et 6 kilogr.

On a vérifié que la chaux du Teil (hydraulique proprement dite) supportait au bout de trois mois des charges de rupture respectivement égales à 86 et 12 kilogr. Cette résistance est exceptionnelle.

Ces renseignements ne présentent pas un grand intérêt, les chaux n'étant jamais employées sans addition de sable.

Il n'en est pas de même des ciments qui s'emploient assez souvent à l'état pur, et présentent alors une résistance supérieure à celle des mortiers.

Un ciment à prise lente de bonne qualité, dont l'emploi est fait avec soin et dans le délai convenable à partir du jour de sa fabrication, fait prise en 4 heures : sa résistance à la traction varie ainsi qu'il suit :

    2 jours d'immersion 6 à 10 kilogr.;
Après 5 jours d'immersion 10 à 20 kilogr. par centimètre q.;
Après 15 jours d'immersion 20 à 30 kilogr.   —
Après 1 mois d'immersion 30 à 35 kilogr.   —

Cette résistance augmente ensuite lentement et s'élève à près de 40 kilogr. au bout de six mois ; elle paraît diminuer un peu par la suite. Avec des ciments excellents, on peut obtenir une résistance de 45 kilogr. au bout de 15 jours, mais c'est un résultat tout à fait exceptionnel. (Barreau, *Annales des ponts et chaussées,* 1882. 2ᵉ semestre, page 150).

La résistance à la compression est de six à dix fois supérieure à la résistance à la traction. La charge de rupture finale est de 100 kilogr. au moins et 450 kilogr. au plus, soit une moyenne de 250 kilogr. Le poids du ciment à prise lente, en poudre non tassée, varie de 1.200 à 1.400 kilogr. : il est en général d'autant meilleur que sa densité est plus élevée, à condition toutefois qu'elle ne dépasse pas 1.450 kilogr.

Un ciment à prise rapide d'excellente qualité (ciment de *Vassy*), gâché pur, fait prise en sept à huit minutes et sa résistance à la traction varie ainsi qu'il suit :

Après trois jours d'immersion . . . .   5 kilogr.;
Après un mois d'immersion   7   —
Après six mois d'immersion 14   —
Après un an d'immersion 18   —
Après dix-huit mois d'immersion. 20   —

La résistance définitive à la compression est à peu près huit fois égale à la résistance à la traction; mais elle est atteinte dans un délai sensiblement plus court.

Avec des ciments de qualité très ordinaire, les charges de rupture peuvent s'abaisser respectivement à 10 ou 12 kilogr. et 60 ou 80 kilogr.

Le poids du ciment à prise rapide en poudre varie de 900 à 1.100 kilogr. suivant le degré de tassement. Il ne dépasse pas en général 1.000 kilogr.

DÉSIGNATION des MATÉRIAUX	AGE	QUANTITÉ de chaux mélangée à 1 mètre c. de sable.	POIDS du mètre cube.	CHARGE de rupture à la compression en kilogr. par cent. carré.	CHARGE de rupture à la traction en kilogr. par cent. carré.
Chaux grasse	1 an	»		19 à 30k	1 à 2k50
	14 ans	»		»	4
Chaux moyennement hydraulique..	»	»		30 à 50	2 à 5
Chaux hydraulique ordinaire.	5 à 10 jours	285 kil.		2.7	0,8
	11 à 15 —	285		4.3	1,3
	5 à 10 —	360		5.5	1,1
	11 à 15 —	360		5	1,1
	16 à 21 —	360	1.850 à 2.000k	6.2	1,3
	45	340		9.8	1,5
	3 mois	340		16.3	3,6
	6 —	340		23.7	5,3
	1 an	340		39.5	6,1
	6 mois	500		74	12,6
	6 —	300		41	5,6
	6 —	500		70	9
	6 —	300		41	3,8
Chaux éminemment hydraulique	3 —	»		»	4
	6 —	»	1.850 à 2.000k	»	9
	11 —	»		144	17
Béton Coignet comprimé.	»	0m,20 de chaux hydraulique.		»	»
	»	0m,04 de ciment à prise lente.	2.200k	250	»
Ciment à prise lente.	5 jours	0mc,33		»	4,5
	6 semaines	1,00		»	20
	—	0,50		»	8,5
	—	0,33		»	6,5
	—	0,25		»	5,6
	—	0,20	2.200 à 2.300k	»	4,7
	—	0,17		»	4,0
	—	0,14		»	3,0
	—	0,12		»	2,5
	—	0,11		»	1,8
	—	0,10		»	0,0
	1 mois	0,33		60 (80)	8
	2 —	0,33		80	10 (15)
	2 ans	0,33		150 (250)	15 (30)
Ciment à prise rapide.	1 mois	1,00		155	8
	6 mois	1,00	2.110k	»	10
	1 an	1,00		»	15

98. Mortiers. — La durée de prise d'un mortier est sensiblement égale, quoique plutôt un peu supérieure, à celle de la chaux ou du ciment qui entre dans sa composition. On peut ralentir sa prise en le brassant sans interruption avec une truelle ou un rabot. La résistance finale du produit est d'autant moins grande que la proportion de sable employé est plus forte, et que l'on a ajouté plus d'eau, en sus de ce qui était nécessaire pour obtenir une pâte ferme. Dans les mortiers maigres où la proportion de chaux ou de ciment est très faible, on ne doit ajouter que la quantité d'eau nécessaire pour transformer le mélange en une matière pulvérulente peu cohérente et à peine humide : le résultat obtenu n'est satisfaisant qu'à la condition de tasser et de pilonner fortement le mortier pendant l'emploi. Le tableau précédent fournit quelques renseignements sur la résistance constatée pour certains mortiers par différents expérimentateurs. Cette résistance varie d'ailleurs entre des limites très écartées suivant les qualités de la chaux, du sable et de l'eau employés, ainsi que suivant le mode de fabrication : la quantité d'eau à ajouter peut être évaluée en général à 400 ou 500 litres par mètre cube de chaux employée en poudre.

Les mortiers gras de ciment sont à peu près imperméables à l'eau. Les mortiers maigres de ciment et les mortiers de chaux hydraulique peuvent absorber de 180 à 370 kilogr. d'eau par mètre cube : il en résulte que leur densité est très variable.

99. Bois, métaux, cordages. — Dans la préparation de projets de ponts en maçonnerie, on a souvent besoin de connaître la résistance moyenne des bois, des métaux et des cordages, notamment pour l'établissement des échafaudages, le bardage des matériaux et la construction des cintres. Nous croyons donc utile de donner à cet égard quelques renseignements.

Lorsque l'effort subi par le bois, au lieu d'être dirigé dans le sens des fibres (compression ou traction), est perpendiculaire à cette direction et tend à produire la dislocation du bois par séparation et non par rupture des fibres, les chiffres relatifs à la limite pratique de résistance doivent être réduits au dixième.

Ainsi, pour le chêne, il ne conviendrait pas en ce cas de dépasser une charge de 0 k. 07 par millimètre carré, soit 7 kilogr. par centimètre carré.

DÉSIGNATION des MATÉRIAUX	POIDS du mètre cube maximum minimum et moyen	LIMITE PRATIQUE de résistance.		COEFFICIENT d'élasticité
		à la compression par millim. carré	à la traction par millim. carré	
BOIS				$10^8 \times$
Chêne	(640 à 1.010) 770^k	0 k. 5	0 k. 7	10
Sapin jaune ou blanc.	(450 à 620) 520	0 4	0 4	12
Sapin rouge.	700	0 5	0 6	11
Hêtre.	830	0 6	0 6	12
Frêne.	700	0 6	0 7	13
Orme.	690	0 7	0 7	11
Peuplier.	400	0 2	0 2	7
MÉTAUX				
Fil de fer.	7.800	»	12	220
Fer forgé.	7.800	7 »	7 »	200
Tôles de fer	7.800	6 »	6 »	180
Fil d'acier.	7.800	»	20 »	270
Acier forgé.	7.800	8 »	10 »	250
Tôles d'acier	7.800	7 »	9	230
Fonte.	7.200	9 »	3 »	90
Cordages en chanvre,	»	»	2 »	»

100. Coefficients de dilatation. — Le coefficient de dilatation des pierres varie énormément d'après leur texture; il croît en général avec la compacité et la densité, mais cette remarque n'a rien d'absolu.

DÉSIGNATION des MATÉRIAUX	COEFFICIENT de dilatation.	DÉSIGNATION des MATÉRIAUX	COEFFICIENT de dilatation.
	0,0000...		0,0000...
PIERRES		BOIS	
Calcaires ordinaires..	(0.25 à 09) 08	Sapin.	04
Marbres et Calcaires compactes........ ..	(04 à 11) 09	MÉTAUX	
Pierres siliceuses.....	10		
Granits..............	09	Fer............. .	12
Briques.............	05	Fil de fer...	14
Ciment à prise rapide .	14	Acier....	12
— à prise lente...	12	Fonte	11
Plâtre..............	17	Plomb..............	28

Les métaux ayant un coefficient sensiblement plus élevé (surtout le plomb), et étant beaucoup plus sensibles aux variations de la température extérieure, il peut y avoir danger à encastrer dans les maçonneries des pièces métalliques volumineuses, à moins qu'elles ne soient enveloppées par le massif, et possèdent par conséquent en tout temps la même température.

Les pouvoirs conducteurs de ces différents matériaux sont les suivants :

Pierres. . .   12 à 25 suivant la texture et la composition
Fer et acier .   300
Fonte . . .   500
Plomb. . .   180

101. Coefficients de frottement. — Le coefficient de frottement de deux pierres superposées dont les surfaces de contact sont bouchardées, c'est-à-dire dressées suivant des plans réguliers mais présentant des rugosités, varie de 0,70 à 0,80 (angle de glissement 35° à 39°).

Lorsque les pierres sont moins rugueuses, le coefficient diminue et tombe à 0,55 ou 0,60 pour des matériaux à faces polies (angles de glissement 29° à 31°). Lorsque les pierres sont séparées par une couche de mortier frais, le coefficient se réduit à 0,50 (angle de 27°). Enfin il peut être utile, au point de vue de l'étude des fondations d'un ouvrage d'art, de connaître le coefficient de frottement de la première assise sur le sol de fondation. Ce coefficient, qui est de 0,50 à 0,55 pour la terre sèche (angles 27° à 29°), n'est plus que de 0,34 pour l'argile humide et ramollie (19°).

Nous avons donné précédemment (page 21) de l'angle de glissement la définition suivante : c'est l'angle minimum que la résultante des pressions doit faire avec la normale à la surface de lit pour que le glissement se produise.

102. Adhérence du mortier sur la pierre. — L'adhérence du mortier sur la pierre dépend d'un très grand nombre de circonstances dont il est difficile d'apprécier l'importance relative. Les pierres très compactes et imperméables, à cassure lisse, dites pierres froides, adhèrent beaucoup moins au mortier que les pierres un peu poreuses et à cassures rugueuses. La nature, la qualité et le mode de préparation du mortier, la propreté des matériaux et les précautions prises par les ouvriers dans la confection des maçonneries (notamment l'arrosement préalable des moellons avant l'emploi) ont de même une influence très grande sur l'adhérence. Il est probable aussi que les mortiers s'attachent d'autant mieux aux pierres que les coefficients de dilatation des deux éléments juxtaposés diffèrent moins l'un de l'autre.

Cette question est encore très obscure et l'on n'a fait à ce sujet que des expériences trop peu nombreuses et trop restreintes. Nous avons vu d'ailleurs (page 27) que l'adhérence du mortier aux pierres se réduit souvent à zéro, sans que l'on puisse toujours en reconnaître la cause effective.

Nous nous bornerons à énoncer les résultats de quelques expériences faites, qui peuvent donner une idée des valeurs atteintes par l'adhérence. Mais il serait imprudent, le cas échéant, de se fier à ces renseignements, au lieu de faire des expériences directes et concluantes sur les matériaux mêmes à employer.

INDICATION DES MATÉRIAUX	AGE	RÉSISTANCE moyenne par cent. carré
		k.　　　　k.
Calcaire bouchardé et mortier de chaux grasse.	17 jours	0,7　à　1,8
Calcaire tendre avec mortier de chaux hydraulique..	48 —　83 —	0,9　à　1,2　1,8
Briques avec mortier de chaux hydraulique..	48 —	1,0　à　1,4
Calcaire tendre et plâtre.....................	48 —	2,0　à　3,0
Calcaire bleu très lisse (pierre froide) et plâtre.	48 --	1,1　à　2,0

L'adhérence des ciments à prise lente et à prise rapide sur les matériaux est en général considérable : c'est pourquoi on les emploie pour le rejointoiement des parements vus. Il arrive pourtant assez souvent que les enduits se séparent des massifs sur lesquels ils ont été appliqués. L'adhérence du ciment sur la brique dépasse parfois la cohésion de celle-ci, c'est-à-dire 5 à 6 kilogr. par centimètre carré.

M. l'ingénieur en chef Cendre a constaté que l'adhérence du ciment artificiel Vical à prise lente sur les calcaires de Sassenage (près Grenoble) atteignait au bout de trois ans 10 kilogrammes.

L'adhérence des mortiers paraît s'accroître plus lentement

mais pendant un temps beaucoup plus long que leur résistance propre. On sait, en effet, avec quelle facilité on peut démolir une maçonnerie appareillée par assises et exécutée depuis moins d'une année, alors même que le mortier employé était excellent. Au contraire, pour les très vieilles constructions, l'arrachage des moellons est souvent une opération des plus pénibles, quand bien même le mortier employé autrefois n'aurait pas présenté une qualité exceptionnelle. — Dans les maçonneries de blocage, la démolition nécessite la rupture d'un certain nombre de joints irréguliers de mortier : il en résulte que l'adhérence n'est pas le seul obstacle à l'arrachage des pierres et que la résistance éprouvée est due pour la plus grande partie à la cohésion propre du mortier.

§ 2.

MAÇONNERIES

103. Résistance à la compression. — M. l'ingénieur *Tourtay* a fait, sur la résistance à l'écrasement des maçonneries de pierres de taille, des expériences fort intéressantes, dont les résultats ont été publiés dans les *Annales des ponts et chaussées* (1885, 2ᵉ semestre, page 582). Il a employé trois échantillons de pierres, calcaire très dur, calcaire moyennement dur, calcaire tendre, et a expérimenté trois sortes de mortiers : mortier de ciment à prise lente, mortier de chaux hydraulique et coulis de ciment à prise lente.

Il a déduit de ses observations les conclusions qui suivent :

1° L'écrasement du mortier, dans les maçonneries avec joints, a lieu sous des pressions très supérieures à la résistance intrinsèque du mortier, mais très inférieures à la résistance de la pierre ;

2° La pression qui produit la désagrégation du mortier est en raison inverse de l'épaisseur du joint, toutes choses égales, de sorte qu'il y a intérêt à réduire l'épaisseur des joints en mortier au minimum compatible avec leur bonne exécution ;

3° Les pierres superposées sans joints donnent des résistances notablement inférieures à celle de la pierre, mais supérieures à celle de la maçonnerie avec joints de mortier, *dans les conditions des expériences* (les faces juxtaposées étaient parfaitement dressées et aplanies, de telle sorte que la surface de contact des pierres se trouvait très étendue);

4° Les blocs réunis par un simple coulis de ciment paraissent travailler comme des monolithes et donnent des résistances très supérieures à celles des maçonneries avec joints.

Nous en déduirons les règles suivantes, qui nous paraissent devoir fournir dans la pratique des indications très suffisamment exactes sur la résistance à la compression à attendre d'un massif de maçonnerie.

Maçonnerie à pierre sèche. — Avec des matériaux irréguliers et grossièrement taillés, la résistance est très faible (page 24); on ne peut avoir aucune confiance dans un ouvrage construit de cette façon. Pour qu'il en soit autrement, il faut que les moellons soient assez bien taillés, et que leur pose soit faite avec assez de soin, pour que la surface de contact effective de deux pierres superposées soit, comparativement à l'étendue totale des joints, dans un rapport égal à celui de la résistance du mortier, dont on eût pu se servir, à la résistance de la pierre elle-même. Ainsi, pour une pierre s'écrasant sous une charge de 400 kilogr., il faudrait que la surface réelle de contact fût au moment de la pose au moins égale au $\frac{1}{10}$ du joint, pour que la maçonnerie à pierre sèche put équivaloir à une maçonnerie ordinaire dont le mortier aurait une résistance à la compression de 40 kilogr. M. Tourtay employait dans ses expériences des pierres très bien taillées, et il semble que le rapport de la surface de contact à l'étendue du joint ait atteint la valeur $\frac{8}{10}$, condition impossible à réaliser en pratique dans l'exécution d'un ouvrage de quelqu'importance. La maçonnerie à pierre sèche doit donc être exclue des constructions où le travail à la compression ne doit pas être très faible.

Mauvaise maçonnerie à joints de mortier. — Dans le cas

d'une exécution défectueuse, lorsque les joints sont insuffisamment remplis, le mortier comprimé irrégulièrement, l'épaisseur des joints très variable, la résistance du massif est nécessairement inférieure à celle de l'élément constituant le moins solide (c'est en général le mortier). La variation du coefficient d'élasticité d'un point à l'autre de l'ouvrage, qui résulte de l'inégale répartition du mortier dans la masse, suffit pour amener la formation de lézardes et fissures sous l'action d'une charge même modérée.

Maçonnerie ordinaire avec joints épais. — Dans une maçonnerie bien faite, mais où le mortier, quoique réparti d'une manière à peu près uniforme, a été employé en très grande abondance, la résistance à l'écrasement de la maçonnerie peut être considérée comme exactement égale à celle de l'élément le moins résistant, c'est-à-dire le mortier. Ce cas se présente pour le béton, pour les maçonneries de blocage et pour les maçonneries par assises exécutées convenablement, mais sans soins exceptionnels. On calculera donc la limite pratique de résistance à admettre en prenant le 1/10 ou, tout au plus comme limite extrême, le 1/5 de la résistance à l'écrasement du mortier (en tenant compte de l'âge qu'il aura au moment où il portera sa charge complète). Nous supposons, bien entendu, qu'on ne s'avisera pas d'employer des pierres moins résistantes que le mortier lui-même; dans le cas contraire, on ferait une dépense absolument inutile et improductive en se servant d'un mortier de choix, puisque la maçonnerie ne profiterait pas de l'excédent de résistance attribué à cet élément.

Maçonnerie appareillée par assises, avec joints minces. — Si les joints des assises sont bien minces, bien réglés, d'épaisseur constante et bien remplis de mortier uniformément tassé, la résistance à l'écrasement du massif peut dépasser notablement celle du mortier considéré isolément. Il faut, pour obtenir ce résultat, employer des pierres de taille ou des moellons dont les plans de joints soient parfaitement dressés et la hauteur d'assises absolument uniforme. M. Tourtay a constaté qu'en pareil cas, si l'on a exécuté le travail avec une grande perfection, la désagrégation du mortier n'est

observée que pour une charge qui atteint le double ou même
le triple de sa résistance intrinsèque. Il a opéré avec des joints
de $0^m,015$, $0^m,010$ et $0^m,005$, et a reconnu que la résistance
augmentait au fur et à mesure que l'épaisseur du joint diminuait. Il convient de remarquer que ses ouvriers apportaient
dans leur travail des soins absolument exceptionnels, qu'il
serait difficile d'obtenir pour une construction importante :
les mesures indiquées par lui conviennent mieux à un laboratoire d'expériences qu'à un chantier de travaux. Toutefois,
l'on peut conclure de ses observations que, pour les maçonneries à joints de mortier très soignées, on peut aborder sans
crainte des pressions égales au 1/6 ou au 1/5 de la charge de
rupture du mortier considérée isolément.

Maçonnerie en pierres de taille avec coulis de ciment. —
M. Tourtay faisait arroser deux pierres à grande eau ; on
appliquait rapidement le coulis de ciment sur leurs faces bouchardées et on les faisait glisser l'une sur l'autre, de manière
à chasser les bulles d'air et à réduire au minimum l'épaisseur
du coulis interposé. Dans ces conditions, la résistance du massif paraît sensiblement égale à celle de la pierre elle-même
(c'est-à-dire quadruple au moins de la résistance intrinsèque
du ciment, lorsque l'on employait le calcaire dur).

Il ne nous semble pas que ce mode d'exécution des maçonneries soit inapplicable sur les chantiers, dans les cas spéciaux où l'on pourrait avoir besoin d'exécuter un massif d'une
résistance exceptionnelle. Nous pensons avec M. Tourtay que
l'emploi des pierres de taille reliées par des coulis de ciment
permettrait d'envisager sans crainte l'exécution de voûtes
en maçonnerie d'ouvertures exceptionnelles. Si M. *Séjourné*
a pu, avec les moyens d'exécution habituels, établir avec
un plein succès des arches de très grandes portées, il ne
nous paraît pas douteux qu'il eût réussi, à l'aide des
règles indiquées par M. Tourtay, à dépasser les limites
jusqu'ici admises comme infranchissables par les constructeurs.

Nous croyons que l'application des règles énoncées ci-dessus suffira parfaitement, dans tous les cas, pour permettre au
constructeur de choisir judicieusement les matériaux qu'il lui

faudra employer, en tenant compte de l'importance et des
conditions d'établissement de l'ouvrage à bâtir. Il en pourra
calculer avec une exactitude suffisante la charge d'écrasement
par centimètre carré et en déduira avec sécurité la limite
pratique de résistance, cette limite étant au moins égale
au 1/10 de la charge de rupture et ne devant jamais en dépasser le 1/4.

Quelques auteurs, et notamment *Dejardin* (*Routine de l'établissement des voûtes*), ont jugé utile d'indiquer certaines
valeurs moyennes de la résistance pratique à la compression,
qui conviendraient, d'après eux, aux diverses espèces de maçonneries (béton, moellons bruts, moellons appareillés, etc.).
Nous ne croyons pas devoir reproduire ces renseignements
qui, d'après nous, sont plus propres à égarer le lecteur qu'à
l'éclairer ; la valeur unique indiquée, par exemple, par Dejardin pour la maçonnerie de pierres de taille convient-elle
à la maçonnerie de pierres calcaires tendres avec mortier
de chaux grasse ou à celle de granit avec ciment à prise
lente, qui est constituée par des éléments dix fois plus
résistants ? Si elle se rapporte à l'une, elle ne saurait
être admise pour l'autre ; si l'on a pris la moyenne des valeurs
correspondant à chacune, elle n'est exacte ni pour l'une ni
pour l'autre, et doit être rejetée dans tous les cas.

Nous nous bornerons à dire que les charges à la compression, adoptées dans les ouvrages existants, varient d'habitude
de 4 à 5 kilogr. par centimètre carré ; pour de grands ouvrages, elles s'élèvent parfois de 10 à 25 kilogr., et il est
presque sans exemple que ce dernier chiffre ait été dépassé.
Pourtant, dans l'arche d'essai de la carrière de Souppes
(pag. 48 et 249), on est allé jusqu'à 70 kilogr. au moins, sans
qu'il en soit résulté aucun accident. Il semble donc que l'on
ait fait preuve jusqu'à présent d'une prudence au moins
excessive, en s'astreignant toujours à ne pas dépasser les
limites admises par les anciens constructeurs, qui disposaient
de mortiers défectueux, d'ouvriers peu habiles et peu soi-
gneux, et de procédés d'exécution très médiocres. On n'a guère
profité jusqu'ici des perfectionnements apportés dans la préparation des matériaux et la confection des maçonneries et il

serait désirable qu'on déployât dans l'avenir un peu plus de hardiesse dans l'établissement des ouvrages en maçonnerie. A quoi bon, en effet, avoir inventé le ciment à prise lente, si on ne lui demande rien de plus que ce que les ingénieurs du siècle dernier obtenaient de la chaux grasse? Perronet ayant, dans le pont de la Concorde, porté à 17 kilogr. la charge limite de la maçonnerie, il nous paraîtrait parfaitement légitime de quadrupler aujourd'hui ce chiffre.

La densité d'une maçonnerie dépend de celles de la pierre et du mortier employés dans sa confection : nous avons indiqué précédemment le poids du mètre cube correspondant à ces deux éléments, suivant leur nature et leur composition. On trouvera dans l'ouvrage de M. Pontzen (*Procédés généraux de construction*) des renseignements précis sur la proportion de mortier qui se rapporte aux maçonneries de différentes espèces. En général, cette proportion est fixée par les cahiers des charges des entreprises. Rien n'est donc plus facile que de calculer avec une exactitude très suffisante le poids du mètre cube de la maçonnerie que l'on a en vue et, ici encore, nous mettrons en garde le lecteur contre la valeur moyenne (2,400 kil.) indiquée par certains auteurs pour le poids du mètre cube de maçonnerie. Ce chiffre n'a aucune signification, par cela même qu'il est une moyenne, et il ne s'applique notamment pas aux maçonneries de basalte, de granit, de calcaire tendre, de meulières, de briques, etc. Mieux vaut, en chaque cas, déterminer par un calcul simple la densité exacte que d'adopter une valeur forcément erronée.

104. Résistance à la traction. — Nous avons déjà dit (page 28) que l'on doit toujours tenir pour nulle, dans les calculs de stabilité, l'adhérence du mortier sur la pierre et, par suite, la charge de rupture à la traction de la maçonnerie. Toutefois, lorsque l'effort de traction ne doit être développé dans le massif que longtemps après son exécution et pendant une durée limitée, il est permis de compter sur une certaine résistance qui ne doit pourtant pas excéder le vingtième de la charge de rupture à la compression. On pourrait, dans ces conditions, évaluer pour la maçonnerie de ciment à 6 kilogr.

l'effort de rupture à la traction, et à 0,6 kilogr. la limite pratique à ne pas dépasser. Remarquons que, lorsqu'une pierre tourne autour d'une arête, l'effort de traction développé sur l'arête opposée est égal au double de l'effort moyen : la limite est donc ici réduite de moitié.

105. Résistance au glissement. — Nous avons vu que le coefficient de glissement d'une pierre sur un lit de mortier frais est d'environ 0,50 (angle de 27°). Avec des pierres lisses et compactes bien taillées, il peut même tomber un peu au-dessous. Il convient d'être prudent et d'admettre (sauf pour les pierres très rugueuses et très adhérentes : meulières et calcaires coquilliers) qu'au delà d'une inclinaison d'assises de 20° sur l'horizontale un glissement est à redouter et qu'il faut, par suite, soutenir les matériaux à l'aide d'un cintre.

Dans la construction des voûtes, il est prudent de limiter à 25° ou 30°, au maximum, l'angle que la résultante des pressions peut faire avec la normale d'un plan de lit : cette limite serait même trop élevée pour les grands ponts. Il importe de rapprocher d'autant plus la résultante des pressions de la normale au plan de lit que le travail subi par la maçonnerie est plus élevé par le motif indiqué ci-après :

Au fur et à mesure que le mortier durcit, le coefficient de frottement s'élève, et il dépasse 0,75 lorsque la chaux a fait prise (angle de 35°). Lorsque le durcissement est à peu près complet, on admet en général que ce coefficient atteint l'unité (angle de 45°). En pareil cas, le glissement d'une assise sur l'assise inférieure ne peut plus s'opérer sans une désagrégation superficielle de la couche de mortier, dont les aspérités sont brisées et arrachées pendant le déplacement de la pierre, tandis que les rugosités de celle-ci creusent des sillons dans le mortier. La résistance propre du mortier intervient donc ici, et il est évident que son influence est d'autant plus grande que la charge par unité de surface est plus petite. Le coefficient de frottement, évalué par les procédés ordinaires, peut donc être de 2 ou 3 pour les maçonneries ne subissant qu'un travail faible, tandis qu'il serait à peine supérieur à l'unité pour les fortes charges. Nous ignorons si des expériences ont été faites dans cet ordre d'idées, mais nous pensons que le principe même de cette observation

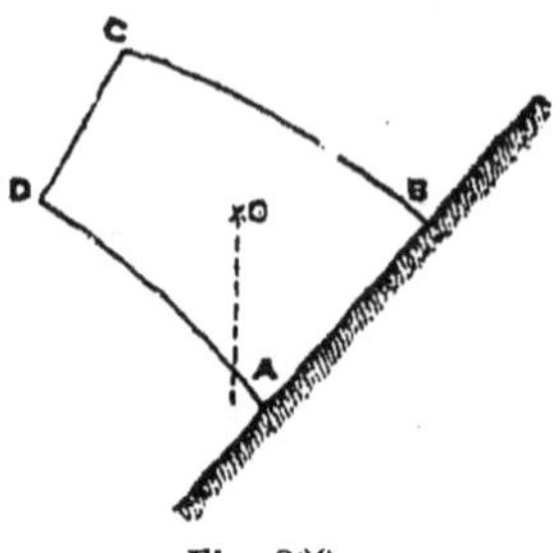

Fig. 263.

ne saurait être contesté. Dans un massif de maçonnerie établi avec des assises parallèles et uniformément inclinées sur l'horizontale, c'est à la base que devra se manifester le décollement des pierres et du mortier et le glissement de la partie supérieure, si un pareil accident est à redouter.

Dans les maçonneries en encorbellement (fig. 263), la division suivant le plan du lit AB peut se faire non pas seulement par glissement, mais encore par une rotation autour de l'arète A, due au moment fléchissant produit par le surplomb, si la verticale du centre de gravité du fragment ABCD passe en dehors de la section AB; en pareil cas, c'est la résistance à la traction de la maçonnerie qui est en jeu, et nous savons qu'elle est en général très faible. Nous avons cité à la page 198 l'exemple du pont de Châteaudun, détruit pendant la guerre, et dont les assises sont restées intactes jusqu'au joint incliné à 61°. Il semble que si la chute des voussoirs disparus doit être attribuée à un glissement, le coefficient de frottement serait ici égal à Tg. 61° $= 1,80$, chiffre qui dépasse sensiblement la valeur ordinaire. Mais il est bien probable que la séparation des voussoirs s'est produite par rotation autour des arètes horizontales inférieures et rupture à la

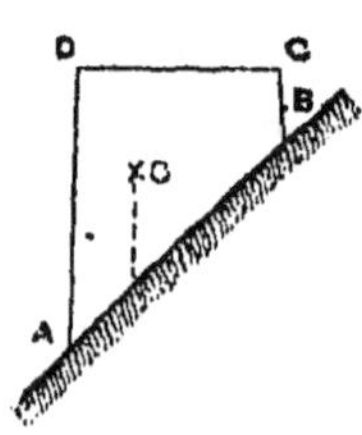

Fig. 264.

traction. Si l'on admet cette hypothèse, on reconnaît qu'un massif de maçonnerie dont les assises seraient inclinées à 61° sur l'horizontale, mais qui ne présenterait pas de surplomb (fig. 264), ne se briserait probablement pas suivant le plan de lit AB. En résumé, si l'on écarte l'hypothèse de l'encorbellement, la résistance au glissement des vieilles maçonneries semble devoir correspondre à un coefficient supérieur à 2 (angle de 63°).

106. Dilatation des maçonneries. — Nous avons donné précédemment quelques indications sur les coefficients de dilatation des différents matériaux. Le coefficient relatif à une maçonnerie est ordinairement intermédiaire entre celui de ses éléments constitutifs, et il se rapproche le plus de celui qui a été employé le plus abondamment. M. l'ingénieur en chef *Bouniceau* a fait à ce sujet des expériences (*Annales des ponts et chaussées*, 1863, 1ᵉʳ semestre, p. 182) qui vérifient cette règle évidente à priori.

Ainsi le coefficient du ciment étant de 0,000011 alors que celui de la brique ne dépasse pas 0,000004, la maçonnerie de briques et de ciment a pour coefficient 0,000009 ou 0,000005, suivant que l'on emploie les briques sur champ ou en long, le rapport de la somme des épaisseurs des joints à la longueur totale du massif étant beaucoup plus élevé dans le premier cas que dans le second.

L'inégale dilatation du mortier et de la pierre ne pourrait produire des effets fâcheux et amener la disjonction de ces deux éléments que si l'écart existant entre les températures extrêmes était considérable, circonstance bien rare dans les ouvrages en maçonnerie.

Le fait se présente pourtant dans les voûtes de four, et l'on recommande alors de donner au mortier la même composition chimique qu'aux matériaux qu'il doit relier : c'est ainsi qu'on emploie avec des briques réfractaires un mortier composé de la même argile.

Lorsqu'on recouvre un bâtiment d'une voûte très mince non masquée par un remblai et qui, par suite de son exposition au soleil, est sujette à des variations de température notables, il est bon de lui assurer à ce point de vue une homogénéité parfaite, et il vaut mieux la constituer uniquement d'un mortier de ciment ou béton de sable que d'employer une maçonnerie de briques et mortier, où la production de fissures serait à prévoir.

§ 3.

ÉPAISSEURS DES VOUTES ET DES CULÉES

107. Épaisseur à la clef des voûtes droites. —
La détermination rationnelle de l'épaisseur à attribuer à une
voûte exige que l'on tienne compte d'un certain nombre de
circonstances, qui exercent une influence directe sur la stabilité de l'ouvrage. Les points principaux à considérer en
pareil cas sont (art. 49, page 173) les suivants :

1° L'ouverture de la voûte ;

2° Le profil de la courbe d'intrados ;

3° La nature et la résistance des matériaux à employer ;

4° L'importance et le mode de répartition de la charge ;

5° Les conditions d'exécution de la voûte (emploi de joints
réduits, construction par rouleaux, etc., etc.).

Il semble très difficile d'établir une formule empirique pour
la détermination des épaisseurs des voûtes, qui tienne compte
de toutes ces influences diverses et permette de calculer
d'une manière suffisamment exacte les dimensions à attribuer à un ouvrage projeté, avant d'avoir dressé son épure de
stabilité. Cela explique pourquoi les différents auteurs, qui
ont essayé de traiter cette question, se sont bornés à tenir
compte exclusivement, dans l'établissement de leurs formules,
des deux premières conditions, savoir l'ouverture et le profil
de la courbe d'intrados, à l'exclusion des autres. Leurs formules, que nous allons énoncer ci-après, ne méritent donc
qu'une confiance très modérée et, au moins pour les ponts
de quelque importance, il importe d'en contrôler et d'en rectifier les indications d'après les renseignements fournis par
l'épure de stabilité, en tenant compte de la résistance des
matériaux, de la disposition de la charge et des procédés
d'exécution qui peuvent, suivant le cas, justifier une augmentation ou une réduction des épaisseurs fournies par les formules. Nous ne reviendrons pas sur les règles à suivre pour
arrêter définitivement les dimensions à attribuer à une voûte,
cette question ayant été complètement traitée dans le chapitre III.

Formules recommandées par différents auteurs pour le calcul de l'épaisseur à la clef.

Nous désignerons par $2a$ l'ouverture totale de la voûte, d'une naissance à l'autre, et par R le rayon de courbure de l'intrados. Dans le cas des voûtes elliptiques, R représente le rayon de courbure de la voûte circulaire de même ouverture et de même montée, et par suite également surbaissée. Les épaisseurs, que l'on suppose mesurées normalement à l'intrados (pour l'ogive, cette observation a son importance), sont données en mètres.

1° Voutes en plein cintre

Perronet.	$e = 0.325 + 0.035 \times 2a.$

Gauthey:
$2a < 16.$	$e = 0.33 + 0.024 \times 2a.$
$16 < 2a < 32.$	$e = 0.042 \times 2a.$
$2a > 32.$	$e = 0.67 + 0.024 \times 2a.$

M. Lesguillier.	$e = 0.10 + 0.20\sqrt{2a}.$
M. Léveillé	$e = 0.33 + 0.033 \times 2a.$
M. Dejardin.	$e = 0.30 + 0.05 \times 2a.$
Ingénieurs russes et allemands.	$e = 0.43 + 0.10 \times R.$
M. Dupuit	$e = 0.20\sqrt{2a}.$

2° Voutes en arc de cercle

M. Lesguillier.	$e = 0.10 + 0.20\sqrt{2a}.$
M. Léveillé.	$e = 0.33 + 0.033 \times 2a.$
Ingénieurs russes et allemands.	$e = 0.43 + 0.10 \times R.$
M. Dupuit.	$e = 0.15\sqrt{2a}.$

3° Voutes elliptiques

Ingénieurs russes et allemands.	$e = 0.43 + 0.10 \times R.$
M. Dupuit.	$e = 0.20\sqrt{2a}.$

Formules de M. Croizette-Desnoyers — M. l'inspecteur général Croizette-Desnoyers s'est beaucoup occupé de cette question. Dans son traité de construction des ponts, il a examiné d'une manière complète les diverses formules précédemment énoncées, et il en a discuté la valeur. Comme conclusion de son étude, il a proposé un certain nombre de formules qui nous semblent à tous égards beaucoup plus rationnelles, et dont l'usage doit être recommandé de préférence. Ces formules sont les suivantes :

1° VOUTES EN PLEIN CINTRE. — *a.* — *Ponts routes.*

$$e = 0.15 + 0.15 \sqrt{2R}.$$

b. — *Ponts de chemins de fer.*

$$e = 0.20 + 0.17 \sqrt{2R}.$$

2° VOUTES EN ARC DE CERCLE. — *a.* — *Ponts routes.*

Surbaissement de 1/4 . $e = 0.15 + 0.15 \sqrt{2R}.$

    —   1/6 . $e = 0.15 + 0.14 \sqrt{2R}.$

    —   1/8 . $e = 0.15 + 0.13 \sqrt{2R}.$

    —   1/10. $e = 0.15 + 0.12 \sqrt{2R}.$

    —   1/12. $e = 0.15 + 0.11 \sqrt{2R}.$

b. — *Ponts de chemins de fer.*

Surbaissement de 1/4 . $e = 0.20 + 0.17 \sqrt{2R}.$

    —   1/6 . $e = 0.20 + 0.16 \sqrt{2R}.$

    —   1/8 . $e = 0.20 + 0.15 \sqrt{2R}.$

    —   1/10. $e = 0.20 + 0.14 \sqrt{2R}.$

    —   1/12. $e = 0.20 + 0.13 \sqrt{2R}.$

3° VOUTES ELLIPTIQUES. — *a.* — *Ponts routes.*

$$e = 0.15 + 0.15 \sqrt{2R}.$$

b. — *Ponts de chemins de fer.*

$$e = 0.20 + 0.17 \sqrt{2R}.$$

On voit que M. Croizette-Desnoyers a tenu compte, dans une certaine mesure, de l'influence de la charge, en augmentant les épaisseurs pour les ponts de chemins de fer, où les charges roulantes sont plus considérables et déterminent dans les ponts, par leurs trépidations, des mouvements vibratoires nuisibles à la conservation des maçonneries. Il est évident toutefois que les épaisseurs qu'il indique doivent être diminuées ou augmentées suivant que la résistance des pierres et des mortiers à employer sera au-dessus ou au-dessous de la moyenne ; dans le cas d'une surcharge considérable (viaduc ou remblai porté par la voûte), une augmentation serait également justifiée. Enfin, si les fondations des piles et culées n'inspirent pas une confiance absolue, il serait prudent d'attribuer à la voûte un excès de stabilité. En ce qui concerne l'influence du mode de répartition de la charge et celle des procédés de construction, nous renvoyons au chapitre III, §§ 2 et 4.

Voûtes surhaussées, ogivales ou elliptiques. — Si l'on désigne par $2a$ l'ouverture et par b la montée d'une voûte surhaussée, la formule suivante, que nous avons cherché à établir suivant un principe rationnel, nous semble pouvoir être utilement employée :

$$e = 0{,}15 + 0{,}20 \frac{a}{\sqrt{b}}.$$

108. Épaisseur à la clef des voûtes biaises. — Théoriquement, il suffirait d'attribuer à une voûte biaise la même épaisseur à la clef qu'à une voûte droite qui aurait la même section de tête. Toutefois, vu l'imperfection de ce genre d'ouvrage, résultant des procédés que l'on emploie pour l'exécuter, il est prudent d'augmenter sensiblement les épaisseurs qui conviennent aux voûtes droites, d'autant plus que l'angle du biais est plus petit. Soit e l'épaisseur à la clef qui conviendrait à une voûte droite, dont le profil d'intrados serait identique au profil de la section biaise de l'ouvrage que l'on a en vue ; l'épaisseur à la clef e' de ce dernier pourra être calculée d'une manière rationnelle par la formule suivante où α désigne l'angle aigu du biais :

$$e' = \frac{e}{\sqrt{\sin \alpha}}.$$

On voit que l'on a : $c' = e$ pour $x = 90°$ (cas de la voûte droite), et $c' = 1,4\ e$ par $x = 45°$, ce qui est à peu près la limite extrême admise pour les voûtes biaises (page 301).

109. Épaisseur aux reins des voûtes. — M. Dejardin a proposé d'adopter, pour le profil d'extrados d'une voûte circulaire, une courbe telle que la projection verticale d'un joint quelconque, mené normalement à l'intrados, fût constante et égale à l'épaisseur à la clef. Il a indiqué un moyen pratique de tracer cette courbe, dite *conchoïde de Nicomède* et désignée aussi par lui sous le nom de *péricycloïde*.

Le raisonnement en vertu duquel cet auteur justifie au point de vue théorique ce mode de génération de l'extrados repose essentiellement sur deux hypothèses erronées ; il admet, en effet : 1° que la courbe des pressions coupe normalement tous les joints supposés perpendiculaires à l'intrados ; 2° que le rapport de la portion de joint comprise entre cette courbe et l'intrados à la longueur totale du joint est une constante. Ces deux hypothèses sont contradictoires, et d'ailleurs la théorie des voûtes fait connaître que ni l'une ni l'autre ne peuvent être réalisées. En conséquence, le raisonnement de M. Dejardin est inexact, et il n'est pas étonnant qu'il conduise à des conclusions inadmissibles, comme par exemple d'attribuer au joint, dans le plein cintre, une longueur infinie à partir d'une certaine hauteur au-dessus des naissances : la péricycloïde est en effet asymptote à une horizontale placée au-dessus de celle des naissances. M. Dejardin propose d'arrêter la courbe en question au joint incliné à 30° sur l'horizontale, en prolongeant l'extrados suivant une ligne arbitraire déterminée de façon à donner au joint de naissance une longueur convenable, indiquée par l'épure de stabilité. La longueur du joint incliné à 30° sur l'horizontale se trouve être dans ces conditions égale à deux fois l'épaisseur à la clef (page 173).

On a renoncé dans la pratique à employer la courbe de M. Dejardin, qui ne présente aucun avantage, puisqu'elle est fausse théoriquement, sur les courbes du deuxième degré, dont le tracé est plus commode et que l'on peut modifier à volonté entre la clef et le joint à 30° dans le sens indiqué par l'épure de stabilité. On a toutefois maintenu le rapport de 2 à 1 proposé par cet auteur pour les épaisseurs à la clef et au joint incliné à 30°.

M. Croizette-Desnoyers signale comme satisfaisantes les proportions suivantes à admettre : 1° entre l'épaisseur à la clef et l'épaisseur aux reins (en appelant rein le joint qui coupe l'intrados au milieu de la montée) pour les pleins cintres et les ellipses complètes ; 2° entre l'épaisseur aux joints de clef et l'épaisseur au joint de naissance pour les arcs de cercle surbaissés :

Pleins cintres		2,
Arcs de cercles surbaissés au	1/4 . . .	1,80
— —	1/6 . . .	1,40
— —	1/8 . . .	1,25
— —	1/10 . .	1,15
— —	1/12 . .	1,10
Ellipses surbaissées au	1/3 . . .	1,80
— —	1/4 . . .	1,60
— —	1/5 . . .	1,40

Pour les voûtes biaises, il conviendrait d'adopter les mêmes proportions, en se basant sur le profil d'intrados de la section de tête.

Pour les voûtes surhaussées, il semble rationnel d'admettre le rapport indiqué pour les pleins cintres.

Ces règles empiriques ne tiennent aucun compte du mode de répartition de la charge, qui devrait pourtant jouer un rôle prépondérant dans la recherche du profil d'extrados à attribuer à une voûte dont l'intrados est donné. On ne saurait donc avoir en elles une confiance absolue et il convient d'en contrôler les indications à l'aide des renseignements que fournit l'épure de stabilité (p. 162).

110. Épaisseur des culées. — Nous avons exposé précédemment différentes méthodes rationnelles propres à déterminer les épaisseurs des culées des ponts. Bien que les calculs auxquels elles conduisent ne présentent aucune difficulté et n'exigent pas un grand travail, quelques ingénieurs ont imaginé des formules empiriques permettant d'obtenir immédiatement l'épaisseur uniforme à attribuer à la culée d'une voûte (en supposant que sa section verticale soit rectangulaire et, par suite, d'épaisseur constante sur toute la hauteur et que l'on connaisse ses dimensions principales), sans être obligé de calculer au préalable, comme dans les méthodes du chapitre IV, le poids et la poussée de la voûte.

En désignant comme précédemment par $2a$ l'ouverture de la voûte, b sa montée, e son épaisseur à la clef, par h la hauteur de la culée depuis sa base jusqu'aux naissances, c l'épaisseur du remblai au-dessus de la clef et enfin H la hauteur totale de l'ouvrage de la base de la culée jusqu'à la crête du remblai ($H = b + h + e + c$), les formules en question en regard desquelles nous avons inscrit les noms de leurs auteurs sont les suivantes :

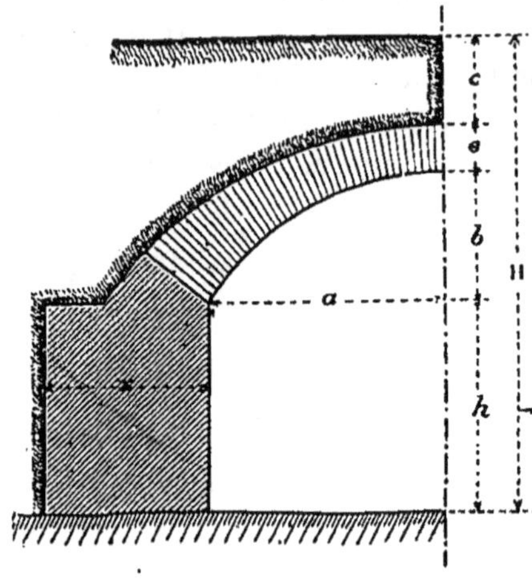

Fig. 265.

1° *Voûtes en plein cintre.*

M. Lesguillier : $x = \sqrt{2\,a}\,(0,60 + 0,04\,h)$.

M. Léveillé : $x = 0.30 + 0.324\,a\,\dfrac{\sqrt{\left(h + \dfrac{a}{2}\right)1,73\,a}}{\left(e + \dfrac{a}{2}\right)H}$.

Ingénieurs russes et allemands : $x = 0,305 + \dfrac{5}{12}\,a + \dfrac{h}{6} + \dfrac{c}{12}$.

2° *Arcs de cercle.*

M. Lesguillier : $x = \sqrt{2\,a}\left[0,60 + 0,10\left(\dfrac{2\,a}{b} - 2\right) + 0,04\,h\right].$

M. Léveillé : $x = 0,33 + 0,424\,a\sqrt{\dfrac{2\,h\,a}{\mathrm{H}(b+e)}}.$

Ingénieurs russes et allemands : $x = 0.305 + \dfrac{a}{4}\left(\dfrac{6\,a-b}{2\,a+b}\right)$
$+\dfrac{h}{6} + \dfrac{c}{12}.$

3° *Ellipses.*

M. Lesguillier : $x = \sqrt{2\,a}\left(0.60 + 0.05\left(\dfrac{2\,a}{b} - 2\right) + 0.04\,h\right).$

M. Léveillé : $x = 0.33 + 0,424\,a\sqrt{\dfrac{2\,h\,a}{\mathrm{H}(b+c)}}.$

Ingénieurs russes et allemands : $x = 0,305 + \dfrac{a}{4}\left(\dfrac{6\,a-b}{2\,a+b}\right)$
$+\dfrac{h}{6} + \dfrac{c}{12}.$

Ces formules présentent toutes les particularités suivantes :
pour les faibles valeurs de h, c'est-à-dire lorsque la hauteur
des culées est petite comparativement à l'ouverture de la
voûte, les épaisseurs qu'elles indiquent diffèrent peu de celles
auxquelles conduirait la méthode empirique de calcul, exposée
dans la note de la page 243, qui est basée sur la considération
du coefficient K', égal au rapport du moment de renversement
de la culée à son moment de stabilité, auquel on attribuerait
la valeur constante 1,50. Mais au fur et à mesure que la hauteur
de la culée augmente, les épaisseurs données par les formules
croissent beaucoup plus rapidement que celles résultant de la
méthode précitée. Le *Traité de construction des ponts* de
M. Croizette-Desnoyers, auquel nous avons emprunté les renseignements qui précèdent, renferme, à la page 45 du second
volume, un tableau numérique comparatif qui met parfaitement en relief la circonstance que nous venons de signaler.

Si, au contraire, nous comparons les indications fournies
par ces formules à celles qui résultent de la méthode exposée

à l'article 68 et basée sur une définition différente du coefficient de stabilité K, nous trouvons entre elles une concordance
très sensible. C'est un argument de plus en faveur de la
thèse que nous avons soutenue dans la note de la page 243, et
du choix que nous avons fait pour la définition du coefficient
de stabilité.

En comparant les résultats des deux méthodes aux renseignements fournis par les ouvrages existants, on arriverait à
la même conclusion. Nous sommes donc autorisé à croire que
l'expérience des constructeurs, aussi bien que le raisonnement
théorique, justifie notre manière de voir. La considération du
coefficient de stabilité K conduira ainsi en général à des résultats suffisamment exacts, en ce qui touche l'épaisseur à attribuer à une culée, ce qui n'est pas le cas du coefficient K'.
Nous avons déjà dit d'ailleurs que notre méthode ne doit pas
inspirer une confiance absolue, surtout pour les culées de
grande hauteur, et qu'en toute circonstance elle ne donne pas
le même degré de certitude que la méthode de l'article 67 et
surtout celle de l'article 66. Mais elle présente sur elles l'avantage de n'exiger, dans son application, que des calculs très
simples et très courts.

§ 4

TASSEMENT DES VOUTES

Le tassement d'une voûte est la déformation que subit la
section droite de l'intrados, qui correspond au début de la
construction avec le profil extérieur des *couchis* de cintre, jusqu'après le décintrement.

On appelle *flèche de tassement*, ou plus ordinairement pour
abréger *tassement*, la diminution subie par la montée de l'intrados, c'est-à-dire l'abaissement constaté à la clef pendant
les travaux.

Ce tassement est la somme de deux déplacements successifs
distincts : 1° le tassement *sur cintre*, qui se manifeste avant
l'achèvement des maçonneries, et s'arrête après la *fermeture*

de la voûte, c'est-à dire la pose du dernier voussoir ou *claveau*, et la prise du mortier contenu dans les derniers joints exécutés ; 2° le tassement *au décintrement*, qui se manifeste au moment où la voûte cesse de porter sur le cintre et s'arrête en général bientôt après, quand l'ouvrage a été bien construit.

111. Tassement sur cintre. — Le tassement sur cintre est dû à l'élasticité propre du cintre, dont la charge augmente au fur et à mesure de la confection des maçonneries ; comme on connaît très exactement le coefficient d'élasticité des bois, il est possible de prévoir approximativement la déformation que fera subir au cintre le poids connu qu'il devra porter. Ce calcul peut être difficile, en raison de la complication des éléments de la charpente, mais il ne saurait être inabordable. Tant que la voûte est incomplète, elle ne peut se soutenir elle-même, et elle repose complètement sur les couchis, dont elle suit le déplacement. Lorsque le mortier n'a pas encore fait prise et conserve, par conséquent, une certaine plasticité, la voûte se comporte comme un anneau flexible, et se prête sans résistance appréciable et sans brisure aux mouvements de son support. Mais dès qu'un certain nombre de joints ont fait prise, la maçonnerie résiste à la déformation et elle ne peut continuer à épouser la forme variable du cintre sans se diviser en fragments plus ou moins volumineux : cette dislocation est signalée par l'apparition de fissures qui se manifestent surtout à la clef et au joint dit de rupture. Quand le phénomène est très prononcé, on obtient en définitive, après le décintrement, une voûte qui, au lieu de former un massif solidaire, se compose d'une certain nombre de parties isolées qu'il est très difficile de relier après coup en remplissant les joints ouverts et les lézardes avec du mortier ou avec des coulis de ciment.

Il importe donc de réduire le plus possible le tassement du cintre, lorsque l'on prévoit que les premiers joints exécutés auront fait prise avant la fermeture de la voûte, et autant que possible d'en neutraliser l'influence sur la constitution finale de l'ouvrage.

Pour diminuer le tassement sur cintre, on peut recourir aux diverses mesures suivantes :

1° *Emploi d'un cintre très rigide.* — La rigidité dépend :

a. De la résistance et du cube des bois. — La déformation est évidemment d'autant plus faible que les pièces de charpente sont meilleures et plus robustes.

b. Des dispositions admises dans le tracé de l'ossature du cintre et la mise en œuvre des bois, qui doivent travailler à la compression et non à la flexion. — Les pièces comprimées ne doivent pas être très longues, eu égard à leur équarrissage, et leur direction doit s'écarter le moins possible de la verticale ou de la normale au point considéré de l'intrados.

Il y a de plus différentes précautions à prendre pour les assemblages, mais nous nous bornerons à ces considérations générales, qui seront développées d'une manière détaillée et pratique dans la seconde partie du présent traité.

c. Du nombre des points d'appui sur le sol. — La multiplication des supports du cintre permet de satisfaire d'une manière plus complète aux conditions indiquées-ci-dessus.

Les constructeurs du siècle dernier se servaient de cintres *retroussés*, qui n'avaient que deux points d'appui correspondant aux naissances de la voûte, et ne réalisaient aucune des conditions que nous avons recommandées. Ce genre de cintre, sujet à des déformations très importantes, était acceptable à une époque où l'on se servait uniquement de chaux grasse, à prise lente. Aujourd'hui que l'on emploie exclusivement des mortiers hydrauliques, à prise assez rapide, l'on ne pourrait suivre les mêmes errements sans s'exposer à une dislocation très grave de la maçonnerie. Ce n'est que dans le cas d'une nécessité absolue que l'on se résigne à l'emploi de cintres retroussés, et encore s'abstient-on d'imiter les types du siècle dernier, et cherche-t-on à compenser autant que possible le défaut de rigidité, dû à l'insuffisance du nombre de points d'appui, par une combinaison judicieuse des éléments de l'ossature. On se sert, par exemple, de cintres retroussés pour les viaducs élevés, dont la charpente ne pourrait avoir de points d'appui intermédiaires entre les naissances qu'à la condition d'établir des supports de 40 à 60 mètres d'élévation.

Pour le pont de Saint-Sauveur, dont l'arche unique en plein cintre, placée au-dessus d'un ravin très profond, devait avoir 42 mètres d'ouverture, on n'a pas osé employer un cintre retroussé et on s'est procuré un point d'appui sous la clef à l'aide d'un pylone en charpente de 50 mètres d'élévation.

2° *Chargement préalable du cintre.* — Si, avant de commencer les maçonneries, on entasse sur le cintre tous les matériaux à employer, de façon à lui faire supporter dès le début sa charge complète, il prendra immédiatement son profil définitif et, le tassement total étant ainsi réalisé avant la confection des maçonneries, celles-ci ne subiront plus aucun déplacement avant le décintrement.

Cette précaution très rationnelle et très efficace ne saurait être appliquée d'une manière complète : le volume des pierres que l'on peut approvisionner sur le cintre, sans gêner les maçons et entraver leurs opérations d'une façon nuisible à la bonne exécution du travail, n'est presque jamais qu'une fraction assez faible du cube total à faire entrer dans la voûte. On n'arrive donc, par ce procédé, qu'à réduire dans une certaine mesure la déformation subie par le cintre pendant la construction de l'arche.

3° *Réduction de la charge et uniformité dans son mode de répartition.* — En construisant la voûte par rouleaux, on réduit le poids supporté par le cintre à celui du premier rouleau : avec trois rouleaux d'épaisseurs égales, on diminuera donc des deux tiers la charge totale, et, par suite, le tassement sur cintre.

Il est également utile, pour éviter les déplacements horizontaux, et les déversements temporaires de la charpente, de régler le travail des maçonneries de façon que la charge appliquée sur une zone quelconque des couchis augmente régulièrement et proportionnellement pendant toute la durée des opérations ; et il est évident, en effet, que si l'on applique brusquement en un point déterminé un poids considérable, il s'y produira un affaissement, tandis que les parties non encore chargées se soulèveront. Dans certains cas où l'on a évidemment employé des cintres d'une légèreté excessive (Pont Rouge, en Perse, p. 196 et 216), on a résolu le problème en formant

le premier rouleau de la voûte d'une série de couches très
minces présentant seulement l'épaisseur d'une brique et exécutées successivement de façon à maintenir presque absolument constante la répartition de la charge. Ce procédé est
commode, mais il nuit à la solidité et à l'homogénéité de la
maçonnerie, et l'on n'y a plus recours aujourd'hui. On se borne
à diviser la voûte en un certain nombre de parties distinctes
ou *tronçons*, dont on entreprend simultanément l'exécution,
de façon qu'à un moment quelconque du travail la charge soit
toujours symétrique par rapport au plan vertical de la clef,
et se compose d'un certain nombre de poids égaux appliqués
en des points équidistants du cintre. De cette façon, la répartition de la charge varie peu et le tassement s'opère sans mouvement. Pour neutraliser les effets de dislocation et de désagrégation produits sur la maçonnerie par le tassement du cintre, en
raison de la prise progressive du mortier dans les premières
parties exécutées, il est prudent de ne pas remplir les joints
où l'on suppose que des fissures pourraient se manifester.
C'est pourquoi on laisse vides, en général, les joints de rupture
dans les voûtes en plein cintre : on ne les remplit qu'au
moment de la pose des claveaux et, comme le tassement du
cintre est alors complet, on n'a pas à craindre la formation de
lézardes.

Lorsque l'on se sert de mortier de ciment à prise très
rapide, et que l'ouverture est grande, cela pourrait ne pas
suffire : on profite alors de la division de la voûte en tronçons
distincts, destinés à être entrepris simultanément (cette
division étant déjà justifiée par d'autres considérations, précédemment exposées), pour multiplier le nombre des joints
vides. On laisse jusqu'à la fin un intervalle entre les tronçons
successifs et on ne le remplit qu'au dernier moment, lors du
clavage, de façon à réunir tous les massifs isolés pour en
former la voûte. Vu la faible longueur de chaque tronçon, la
déformation du cintre pendant la confection des maçonneries
ne peut exercer sur lui qu'une action insignifiante, et en somme
on se trouve à l'abri de tout mécompte.

112. Tassement au décintrement. — Le tassement

d'une voûte au décintrement dépend : 1° de l'ouverture, de la forme de l'intrados, des épaisseurs admises, de l'importance et de la répartition de la charge. — Toutes ces données sont connues à l'avance.

2° De l'élasticité propre des matériaux mis en œuvre. — Nous avons vu que, pour la maçonnerie de pierres de taille de Château-Landon et de ciment de Portland employée dans l'arche d'essai de Souppes (page 48), le coefficient paraissait être sensiblement égal à $2,5 \times 10^9$.

M. l'ingénieur en chef de Perrodil a trouvé (*Annales des ponts et chaussées*, 1882, 2ᵉ semestre) que le coefficient était de 3×10^8 pour une maçonnerie de briques et de ciment. La discordance des deux résultats n'a rien de surprenant : l'élasticité de la brique doit être en effet notablement supérieure à celle du calcaire de Château-Landon (page 50), puisque sa résistance à la rupture est huit à dix fois moindre. On pourrait peut-être en conclure que le coefficient d'élasticité des matériaux employés dans les maçonneries paraît croître régulièrement avec leur résistance à la rupture, et varie entre les limites extrêmes 2×10^8 et 3×10^9. En acceptant cette règle pour vraie, il serait possible, à l'aide des formules que nous avons indiquées à l'article 38, de calculer approximativement le tassement probable d'une voûte, connaissant ses dimensions et la nature des matériaux dont on disposera.

3° De l'état de désagrégation où peut se trouver le mortier de certains joints, soit par suite de malfaçons dans les travaux, soit par suite de lézardes causées, faute de soins convenables, par le tassement du cintre. C'est un fait bien connu que plus une voûte est fissurée, au moment où l'on décintre, plus l'abaissement constaté à la clef est important.

Il est difficile de prévoir à l'avance le tassement imputable à cette cause, mais il est possible de le diminuer sensiblement et peut-être de le faire disparaître, en prenant les précautions que nous avons indiquées plus haut.

4° Du mode de construction des voûtes. — Lorsqu'on construit une voûte par rouleaux, la majeure partie du tassement élastique s'effectue pendant la confection des maçonneries, puisque le poids de chaque rouleau est supporté par les rouleaux précédents, et non par le cintre, qui ne soutient que le premier. Il en résulte qu'au moment du décintrement, le tassement constaté correspond seulement à l'application sur la voûte du poids du premier rouleau : si la voûte est partagée en trois rouleaux, il ne sera que le tiers de ce qu'il eût été pour le même ouvrage construit en une seule opération. Si le cintre a été enlevé après le clavage du premier rouleau, le tassement de la voûte continue pendant la construction des autres rouleaux, et l'abaissement total de la clef est finalement égal au triple du tassement au décintrement, si la voûte comportait trois rouleaux.

La déformation élastique des voûtes n'est pas susceptible d'amener l'ouverture de quelques joints, si le tassement sur cintre n'a pas déjà produit la désagrégation du mortier qui les remplit. Les observations faites pendant le décintrement permettront ainsi de reconnaître les malfaçons ou les imprudences commises pendant la construction.

Une voûte biaise, par suite de son imperfection théorique, semble devoir éprouver un tassement plus considérable que la voûte droite qui, supportant la même charge, aurait le même profil de tête. Comme d'autre part les tassements élastiques sont ici à craindre et peuvent avoir des conséquences fâcheuses et même occasionner des accidents très graves, spéciaux à ce genre de voûte, il convient, lorsque la portée est considérable, de ne négliger aucune des précautions recommandées pour réduire le tassement sur cintre et en annihiler les effets.

113. Tassements observés sur quelques ouvrages existants. — En résumé, le tassement d'une voûte est le résultat de tant de causes plus ou moins bien connues, et d'influences si diverses, qu'il semble très difficile d'établir des règles ou des formules empiriques permettant de le calculer à l'avance avec quelque précision. Nous avons réuni à ce sujet dans le tableau suivant un certain nombre d'exemples, empruntés la plupart au *Traité de ponts* de M. l'inspecteur général Morandière, et à un article inséré dans les *Annales des ponts et chaussées* (1882, 2ᵉ semestre) par M. l'inspecteur général

Doniol sur la construction du pont de Fium'Alto, en Corse.

Tous les tassements indiqués sont les résultats d'observations faites par différents expérimentateurs. Ce tableau met en relief l'influence de la nature des matériaux, de la disposition des cintres et des procédés de construction admis.

En principe, il n'est pas admissible qu'une voûte ne subisse aucune déformation, quand on lui applique une charge quelconque : lorsque le tassement est indiqué comme nul dans le tableau ci-après, cela veut donc dire ou que les instruments des observateurs étaient trop peu précis pour leur permettre de constater des mouvements probablement très faibles, ou que la voûte était déjà séparée du cintre, le décintrement s'étant opéré tout seul avant que l'on touchât aux charpentes. C'est un phénomène assez fréquent (page 206), et les ingénieurs ont souvent constaté qu'après la fermeture d'une voûte le poids supporté par le cintre diminuait brusquement, et que celui-ci pouvait même se trouver complètement déchargé : ce cas se présente notamment lorsqu'on serre fortement la clef pendant la pose, soit en la laissant tomber d'une certaine hauteur, soit par tout autre procédé. La poussée ainsi développée d'une façon artificielle peut être suffisante pour mettre la voûte dans son état d'équilibre définitif, et délivrer le cintre de la plus grande partie du poids qu'il supportait.

La contraction des bois, due à un abaissement de température ou à une dessication plus ou moins complète (lorsque la voûte, étant fermée, protège le cintre contre la pluie et que les bois ne sont plus mouillés par les suintements d'eau provenant du mortier frais), peut aussi contribuer à ce résultat.

Tassements de quelques Ponts.

DÉSIGNATION des OUVRAGES	FORME de l'Intrados	Ouverture	Montée	Épaisseur à la clef	TASSEMENT sur cintre	TASSEMENT au décintrement	TASSEMENT Total	DATE du décintrement ou époque de la construction	TEMPS écoulé entre la fermeture et le décintrement
I. — CINTRES RETROUSSÉS. MORTIERS NON HYDRAULIQUES									
Pont de Nogent-sur-Seine...	Anse de panier	29.24	8.77	1.45	0.074	0.366	0.440	Entrée de l'hiv. (xviiie siècle)	3 jours
— de Neuilly............	id.	39.00	9.75	1.62	0.510	0.260	0.770	14 août 1772	20 jours
— de Mantes............	id.	39.00	11.36	1.62	0.325	0.235	0.560	10 octobre 1764	13 jours
— de la Concorde........	Arc de cercle	31.18	3.98	1.41	»	0.300	»	1791	»
— Fouchard (à Saumur)...	id.	26.00	2.60	1.40	0.100	0.170	0.320	1782	1 an
II. — CINTRES RETROUSSÉS. MORTIERS HYDRAULIQUES									
Pont de Waterloo (Londres)..	Anse de panier	36.60	9.15	1.52	»	0.040	»	1817	»
Viaduc de l'Aulne (près Châteaulin)................	Plein cintre	22.00	11.00	1.05	0.090	0.015	0.105	1866	24 jours
III. — CINTRES RIGIDES. MORTIERS NON HYDRAULIQUES									
Pont d'Iéna...............	Arc de cercle	28.00	3.30	1.44	»	0.150	»	1808	»
IV. — CINTRES RIGIDES. MORTIER DE CHAUX HYDRAULIQUE *(De qualité variable.)*									
Pont de Chester, sur la Dée.	Arc de cercle	61.00	12.81	1.22	0.00	0.065	0.065	1834	»
Pont sur la Scrivia (Italie)...	id.	40.00	10.00	1.80	»	0.080	•	1852	»
Viaduc de Gœltschall (Allem.)	Anse de panier surhaussée	30.87	20.39	1.13	»	0.048	»	1851	»
Pont de Bordeaux	Arc de cercle	26.00	8.00	1.20	»	0.023	»	1822	»
— canal d'Agen.........	Anse de panier	20.00	7.50	1.00	»	»	0.020	•	»
— de la Creuse (route nat^{le}).	id.	31.60	10.50	»	»	»	0.034	1747	»
— — (ch. de fer).	id.	31.00	11.00	1.30	0.045	0.075	0.120	1848	»
— de Montlouis (1re voûte).	id.	24.76	7.10	1.30	0.024	0.046	0.070	11 octobre 1844	12 jours
— — (9e voûte).	id.	24.76	7.10	1.30	0.047	0.053	0.100	23 octobre 1884	27 jours
— de Plessis-les-Tours (1re voûte).	id.	24.00	7.10	1.30	»	0.010	»	15 juillet 1856	60 jours
— — (3e voûte).	id.	24.00	7,10	1.30	»	0.028	»	1 décemb. 1856	43 jours
— de Château-du-Loir...	Arc de cercle	18.00	2.41	1.10	0.020	0.080	0.100	12 mai 1857	35 jours
— de Chalonnes (2e voûte).	Ellipse	30.00	7.50	1.30	0.040	0.042	0.082	6 août 1864	43 jours
— — (6e voûte).	id.	30.00	7.30	1.30	0.042	0.088	0.130	29 septemb. 1864	35 jours
— de Nantes (2e voûte) ...	id.	30.00	7.50	1.36	0.030	0.110	0.140	30 octobre 1864	34 jours
— — (8e voûte) ...	id.	30.00	7.50	1.30	0.050	0.010	0.060	13 mai 1865	64 jours
VI. — CINTRES RIGIDES. MORTIER DE CIMENT *(Généralement avec chargement préalable du cintre et remplissage tardif des joints de naissance ou de rupture.)*									
Pont de Tilsitt, à Lyon	Arc de cercle	22.84	2.75	1.10	0 000	0.001	0.001	1864	120 jours
Arche d'essai de Souppes....	id.	37.88	2.12	1.10	0.018	0.014	0.032	15 mars 1865	1 mois
Pont de Saint-Sauveur......	Plein cintre	42.00	21.00	1.50	»	0.005	•	1860	1 mois
— National, à Paris......	Arc de cercle	34.50	4.60	1.20	»	0.000	»	1853	1 mois
Petit-Pont, à Paris........	id.	32.50	3.10	1.35	»	0.040	»	1853	1 mois
Pont d'Austerlitz, à Paris....	id.	32.24	4.10	1.26	»	0.035	»	1854	1 mois
— aux Doubles, à Paris...	id.	31.00	3.10	1.35	»	0 002	»	1847	3 mois
— de Grenoble..........	id.	23.04	3.30	1.20	»	0.000	»	1863	23 jours
VI. — CINTRES RIGIDES. MORTIER DE CIMENT *(Construction par rouleaux. Division de la voûte en tronçons.)*									
Pont de Fium'Alto (Corse) 2 rouleaux.............	Anse de panier	40.00	10.48	1.76	0.120	0.00	»	16 sept. 1864	2 mois
Pont de Claix sur le Drac 2 rouleaux, 8 tronçons.	Arc de cercle	45.65	15.70	1.365	»	0.000	»	10 avril 1874	45 jours
Pont Antoinette, sur l'Agout. 3 rouleaux : 1er rouleau, 8 tronçons; 2e rouleau, 8 tronçons; 3e rouleau, 4 tronçons.	id.	50.00	15.90	1.50	0.012	0.0006	0.0126	»	99 jours
VII. — VOUTES BIAISES. CINTRE RIGIDE. MORTIER DE CHAUX HYDRAULIQUE									
Pont sur le Tavignano, à Corte. biais de 32°.............	Ellipse	30.00	7.50	1.30	0.042	0.070	0.112	2 octobre 1881	7 jours

Le signe » indique que les résultats d'observations manquent pour la colonne dont il s'agit. Les chiffres nuls correspondent toujours à des observations incomplètes : le tassement a été trop faible pour pouvoir être mesuré à l'aide des instruments dont on disposait.

Les tassements exerçant toujours sur des voûtes biaises une influence fâcheuse, il importe d'employer du mortier de ciment : la chaux hydraulique donne toujours lieu à des tassements notables, quelque soin que l'on y apporte dans l'exécution.

§ 5

POUSSÉE DES TERRES

114. Densité et coefficient de frottement des terres. —
Le poids spécifique et le coefficient de frottement des terres
varient entre des limites très écartées, suivant la composition,
le degré de tassement et la proportion d'humidité. Il est donc
très difficile de donner à cet égard des renseignements bien
concluants, et l'on relève des discordances très anormales
entre les indications fournies par les différents expérimentateurs qui se sont occupés de la question. Il ne faudrait donc pas
attribuer une grande exactitude aux chiffres inscrits dans le
tableau suivant, que nous avons inséré uniquement pour
donner une idée des propriétés des terrains que l'on rencontre
le plus fréquemment dans les travaux.

Le gravier est incompressible; le sable est légèrement
compressible ; la terre franche l'est davantage et enfin, pour
les terres argileuses, une compression énergique peut amener
une réduction de volume d'un quart et même de près de
moitié. Cette contraction a pour résultats, d'une part d'augmenter la densité de la terre, et de l'autre de faire croître le
coefficient de frottement. C'est pourquoi l'on recommande de
pilonner fortement les terres placées derrière les culées des
ponts ou des murs de soutènement, en vue de réduire la
poussée exercée sur ces ouvrages. Cette pratique a de plus
l'avantage d'empêcher les mouvements généraux qui se produisent dans le massif, lorsque la contraction du remblai, effectuée naturellement sous l'influence de la charge et sous l'action
des eaux pluviales, a donné lieu à la formation de vides dans
son intérieur. Un déplacement général des terres, dont la
vitesse vient s'amortir sur le mur de soutènement, peut occasionner des accidents sérieux et amener la chute de l'ouvrage,
dont les dimensions ont été calculées pour résister à la poussée
statique.

Les remblais étant toujours formés avec des terres émiettées
et souvent pulvérulentes, il est prudent de ne jamais compter,
quel que soit le soin apporté dans le pilonnage, sur un angle

DÉSIGNATION des TERRES	POIDS du mètre cube.		COEFFICIENT f		ANGLE de frottement ou angle du talus naturel avec le plan horizontal $\varphi = \text{arc tg } f$	
	de	à	de	à	de	à
Sable gros et sec ..	1.300	1.500	0.50	0.70	27°	35°
— extra-fin et sec	1.300	1.500	0.30	0.50	17°	27°
— fin et sec....	1.300	1.500	0.50	0.70	27°	35°
— fin un peu humide....	1.450	1.600	0.70	0 90	35°	42°
— fin et humide très cohérent	1.600	1.900	0.90	1.20	42°	50°
— fin argileux..	1.700	1.800	0.60	0.70	31°	35°
Terre de bruyère....	600	650	»	»	»	»
Terreau.	800	900	»	»	»	»
Tourbe sèche......	500	600	»	»	»	»
— humide	750	850	»	»	»	»
Terre franche......	1.200	1.500	0.60	1.20	31°	50°
Terre forte graveleuse..........	1.300	1.550	0.90	1.40	42°	54°
Vase............	1.500	1.800	»	»	»	»
Argile sèche......	1 500	1.600	0.60	0.80	31°	39°
Argile humide.....	1.650	1.800	0.40	0.60	22°	31°
Marne..........	1.600	1.700	»	»	»	»
Gravier..........	1.350	1·500	0.70	1.20	35°	50°
Terre argileuse mêlée de gravier ou de pierres......	1.600	1.900	0.50	0.70	27°	35°
Argile mêlée de tuf.	1.900	2.000	»	»	»	»
Argile mêlée de cailloux	2.000	2 300	»	»	»	»

de frottement supérieur à 45°. En général même il y a lieu d'adopter, dans les calculs de stabilité, l'angle de 33°, qui correspond à un talus naturel de 3 de base pour 2 de hauteur, et convient sensiblement aux remblais exécutés à la volée, sans précautions spéciales. Avec du sable très sec et très fin ou des argiles mouillées, l'angle de frottement peut même descendre au-dessous de cette valeur.

Les terres argileuses, mises en contact avec de l'eau sous pression (comme celle provenant de pluies ou de sources, qui s'introduit dans les fissures des remblais), se délaient et perdent toute consistance : pour peu que les fissures s'étendent dans toute la masse et arrivent par leur réunion à constituer une surface générale de glissement limitant le prisme en contact avec le parement postérieur du mur de soutènement, le coefficient de frottement diminue dans une proportion énorme et s'abaisse presque jusqu'à 0. Dans ces conditions, le remblai pousse le mur comme le ferait un liquide dont la densité (1,700 kilog.) serait supérieure à celle de l'eau. Si l'on effectuait les calculs de stabilité du mur en acceptant cette éventualité comme possible, on serait à l'abri de tout accident, mais on se trouverait conduit à attribuer aux ouvrages en maçonnerie des dimensions considérables, au prix d'une augmentation notable de la dépense.

Il est donc préférable, en pareil cas, de se mettre à l'abri de cette cause d'accident, en pilonnant soigneusement le remblai argileux, de façon à éviter la formation de fissures dues au tassement naturel, et en recueillant, à l'aide d'un drainage convenable, les eaux pluviales superficielles et les eaux de sources qui tendent à pénétrer dans la masse.

Le sable fin peut donner lieu à des accidents analogues lorsqu'il n'est pas tassé. On sait que les remblais neufs de sable sont exposés à s'effondrer au contact de l'eau comme les remblais de glaise, et que l'angle du talus naturel avec l'horizontale tombe en ce cas presque à 0. Il y a donc lieu, le cas échéant, de prendre des précautions analogues à celles recommandées pour les terrains glaiseux. Il est juste d'ajouter que le danger disparaît pour le sable au bout d'un temps très court, des fissures ne pouvant plus guère se produire à ce moment, tandis que, pour l'argile pure, on n'est jamais complètement en sûreté.

Les remblais de terre franche et de sable légèrement argileux (terre à corroi) sont donc à tous égards ceux qui offrent le plus de sécurité.

Les maçonneries grossières en pierre sèche que l'on exécute parfois derrière les culées des ponts n'exercent sur elles qu'une poussée nulle ou presque insensible. Lorsque la nature des terres dont on dispose n'inspire pas une grande confiance, on a donc là un moyen de s'affranchir d'une manière complète de toute cause d'accident.

115. Calcul de la poussée. — La poussée exercée par un massif de terre sur la paroi postérieure, supposée plane, d'une culée en maçonnerie est représentée par la formule :

$$T = C \Pi \frac{h^2}{2},$$

en désignant, d'après les notations adoptées à l'article 72, par :

Π le poids du mètre cube de terre ;

h la hauteur verticale, au-dessus de la base du mur, du point d'intersection de la surface supérieure du massif avec la paroi postérieure du mur : c'est la projection verticale de la longueur de la paroi postérieure en contact avec le remblai ;

C un coefficient numérique dont la valeur dépend à la fois de l'angle φ de frottement de la terre, de l'angle ω que forme avec l'horizontale la surface supérieure du massif supposée plane,

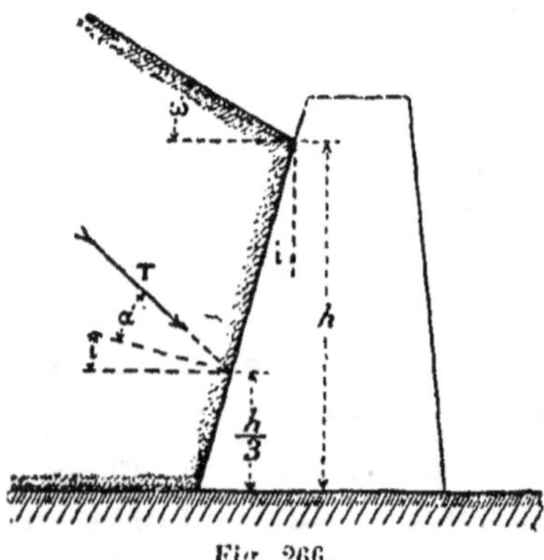

Fig. 266.

et de l'angle i que forme avec la verticale la paroi postérieure du mur, que nous supposons, comme c'est le cas général de la pratique, présenter un fruit. Nous appellerons α l'angle de bas en haut que forme la direction de la poussée

avec la normale à la paroi postérieure de la culée. L'angle
formé par la direction de la poussée avec l'horizontale est
ainsi égal à $\alpha + i$. L'angle α est également fonction des angles
ω, φ et i. Il est souvent égal à φ, et s'en écarte toujours assez
peu.

La poussée **T** est d'ailleurs appliquée en un point de la
paroi postérieure de la culée située à la hauteur verticale
$\dfrac{h}{3}$ au-dessus de la base.

Supposons que l'on ait déterminé l'angle φ du talus naturel
des terres, et le poids H du mètre cube, soit par des expériences directes, soit à l'aide des indications générales données
dans l'article qui précède :

Les angles ω et i, et la hauteur h peuvent être relevés immédiatement sur le dessin d'exécution du mur de soutènement
ou de la culée dont on se propose de vérifier la stabilité.

Pour évaluer la poussée T et pouvoir la figurer en grandeur
et direction sur l'épure de stabilité, il suffira de connaître le
coefficient numérique C et l'angle α. Ces renseignements
complémentaires sont fournis par les tableaux numériques
suivants, empruntés par nous à M. Flamant (*Annales des
ponts et chaussées*, 1885, 1ᵉʳ semestre, p. 523) qui les a dressés
d'après la théorie des massifs pulvérulents établie par M.
Boussinesq.

Ces tableaux sont applicables aux cas où :

i est compris entre les limites 0 et 25° ;

φ —   21°   45° :

ω —   0 φ .

Les limites adoptées pour i et φ suffisent amplement à tous
les besoins de la pratique : pour les culées de pont, on a en
général $i = 0$, et par suite on ne recourt guère qu'au tableau 1.

Dans ces tableaux, la valeur de l'angle α est inscrite immédiatement au-dessous de la valeur correspondante du coefficient C. On voit qu'elle est presque toujours égale à φ. Il est
évident d'ailleurs que l'on ne pourrait jamais avoir $\omega > \varphi$.
puisque le talus supérieur du remblai, au-dessus de la surface
de contact avec la culée, ne saurait être plus incliné que
le talus naturel des terres.

Tableau n° 1.

1° Valeurs des coefficients C par lesquels on doit multiplier $\dfrac{\Pi\,h^2}{2}$ pour avoir la poussée totale exercée par le massif ;

2° valeurs de l'angle α formé par la direction de cette poussée avec celle de la normale à la paroi du mur

$$i = 0.$$

(L'angle α de la direction de la poussée avec la normale à la paroi est toujours égal à l'angle φ.)

Pour $\varphi =$ et pour	21°	24°	27°	30°	33°	36°	39°	42°	45°
$\omega = 0°$	0.439	0 391	0.354	0.319	0.289	0.261	0.236	0.213	0.192
5°	0.468	0.419	0.376	0.338	0 305	0.275	0.247	0.223	0.201
10°	0.514	0.455	0.406	0.363	0.324	0 290	0.261	0.234	0.209
15°	0.587	0.509	0.447	0.395	0.349	0 310	0.277	0.248	0.221
20°	0.758	0.602	0.510	0.440	0.384	0.337	0.299	0.264	0 233
25°	»	»	0.642	0 519	0.438	0.376	0.327	0.285	0.250
30°	»	»	»	0.866	0.541	0 446	0.371	0.318	0.273
35°	»	»	»	»	»	0.611	0.453	0.369	0.308
40°	»	»	»	»	»	»	»	0.487	0 371
$\omega = \varphi$	0.934	0.914	0.891	0.866	0.839	0.809	0.777	0.743	0 707

Tableau n° 2.

$$i = 5°.$$

(L'angle α de la direction de la poussée avec la normale de
la paroi est égal à l'angle φ pour toutes les valeurs de la
poussée inscrites dans ce tableau, à l'exception de celles qui
correspondent à $\omega = \varphi$.)

Pour $\varphi =$ et pour	21°	24°	27°	30°	33°	36°	39°	42°	45°
$\omega = 0°$	0.467	0.425	0.387	0.352	0 324	0.297	0.272	0.249	0.230
5°	0.506	0.458	0.416	0.378	0.344	0.314	0.287	0.263	0.239
10°	0.559	0.501	0.451	0.407	0.370	0.335	0.305	0.278	2.252
15°	0.641	0.561	0.499	0.446	0.400	0.360	0.325	0.296	0 266
20°	0.832	0.670	0.572	0.500	0.442	0.394	0.353	0.307	0.285
25°	»	»	0.725	0.593	0.507	0.442	0.389	0.346	0.308
30°	»	»	»	1.003	0.631	0.521	0.445	0.386	0.339
35°	»	»	»	»	»	0.730	0.548	0.453	0.385
40°	»	»	»	»	»	»	»	0.605	0.469
$\omega = \varphi$	1.034	1.028	1.015	1.003	0.988	0.974	0.953	0.932	0.904
	20°40'	23°40'	36°35'	29°35'	32°30'	35°25'	38°25'	41°20'	44°15'

Tableau nº 3.

$$i = 10°$$

Pour $p =$	21°	24°	27°	30°	33°	36°	39°	42°	45°
et pour $\omega = 0°$	0.506	0.464	0.428	0.393	0.366	0.340	0.316	0.294	0.275
	♀	♀	♀	♀	♀	♀	♀	♀	♀
5°	0.550	0.503	0.462	0.425	0.391	0.362	0 333	0.311	0.290
	♀	♀	♀	♀	♀	♀	♀	♀	♀
10°	0.611	0.553	0.503	0.460	0.422	0.387	0.358	0.330	0.310
	♀	♀	♀	♀	♀	♀	♀	♀	♀
15°	0.703	0.624	0.560	0.502	0.460	0.419	0.385	0.353	0.327
	♀	♀	♀	♀	♀	♀	♀	♀	♀
20°	0.928	0.748	0.647	0.573	0.513	0.463	0.419	0.383	0.350
	20°55'	♀	♀	♀	♀	♀	♀	♀	♀
25°	»	»	0.832	0.683	0.591	0.523	0.467	0.420	0.382
	»	»	27°0'	♀	♀	♀	♀	♀	♀
30°	»	»	»	1.164	0 746	0.621	0.537	0.474	0.423
	»	»	»	28°28'	♀	♀	♀	♀	♀
35°	»	»	»	»	»	0.885	0.670	0.561	0 486
	»	»	»	»	»	35°35'	♀	♀	♀
40°	»	»	»	»	»	»	»	0.761	0.599
	»	»	»	»	»	»	»	41°45'	45°0'
$\omega = \varphi$	1.145	1.153	1.158	1.164	1.160	1.159	1.151	1.146	1.134
	19°50'	22°40'	25°30'	28°20'	31°10'	34°0'	36°50'	39°35'	42°25'

Tableau nᵒ 4.

$$i = 15°$$

Pour φ = et pour	21°	24°	27°	30°	33°	36°	39°	42°	45°
ω = 0°	0.551 ♀	0 512 ♀	0.475 ♀	0.445 ♀	0.418 ♀	0.392 ♀	0.370 ♀	0 350 ♀	0.333 ♀
5°	0.603 ♀	0.557 ♀	0.516 ♀	0.480 ♀	0.450 ♀	0.419 ♀	0.394 ♀	0.372 ♀	0.352 ♀
10°	0.674 ♀	0.617 ♀	0.568 ♀	0.525 ♀	0.487 ♀	0.453 ♀	0.425 ♀	0.398 ♀	0.376 ♀
15°	0.765 ♀	0.701 ♀	0.636 ♀	0.582 ♀	0.534 ♀	0.494 ♀	0.461 ♀	0.430 ♀	0.403 ♀
20°	1.038 20°25'	0.849 24°0'	0 741 ♀	0.662 ♀	0.601 ♀	0.548 ♀	0.505 ♀	0 469 ♀	0.437 ♀
25°	» »	» »	0.959 26°35'	0.800 30°0'	0.699 ♀	0.625 ♀	0.567 ♀	0.519 ♀	0.479 ♀
30°	» »	» »	» »	1.336 26°35'	0.889 32°35'	0.752 35°50'	0.659 39°0'	0.591 42°0'	0.536 45°0'
35°	» »	» »	» »	» »	» »	1.057 34°15'	0 850 37°50'	0.703 41°45'	0.620 44°50'
40°	» »	» »	» »	» »	» »	» »	» »	0.946 40°25'	0.785 43°40'
ω = φ	1.271 18°30'	1.297 21°10'	1.318 23°55'	1.336 26°35'	1.352 29°15'	1.367 31°55'	1.380 34°35'	1.389 37°15'	1.397 39°55'

Tableau n° 5.

$$i = 20°$$

Pour φ = et pour	21°	24°	27°	30°	33°	36°	39°	42°	45°
ω = 0°	0.605	0.566	0.533	0.503	0.476	0.455	0.436	0.419	0.405
	♀	♀	♀	♀	♀	♀	♀	♀	♀
ω = 5°	0.666	0.622	0.583	0.549	0.518	0.493	0.475	0.449	0.432
	♀	♀	♀	♀	♀	♀	♀	♀	♀
10°	0.751	0.694	0.646	0.603	0.567	0.536	0.509	0.484	0.466
	♀	♀	♀	♀	♀	♀	♀	♀	♀
15°	0.845	0.796	0.729	0.675	0.628	0.589	0.557	0.527	0.493
	20°0'	♀	♀	♀	♀	○	♀	♀	44°55'
20°	1.153	0.917	0.838	0.758	0.695	0.644	0.602	0.566	0.536
	19°10'	23°35'	26°50'	29°58'	33°0'	36°0'	39°0'	42°0'	44°55'
25°	»	»	1.081	0.917	0.814	0.738	0.679	0.631	0.591
	»	»	25°25'	29°15'	32°35'	35°45'	38°45'	41°45'	44°40'
30°	»	»	»	1.502	1.208	0.885	0.801	0.718	0.662
	»	»	»	24°20'	31°15'	34°55'	37°45'	41°15'	44°15'
35°	»	»	»	»	»	1.231	0.982	0.852	0.764
	»	»	»	»	»	32°15'	36°50'	40°25'	43°35'
40°	»	»	»	»	»	»	»	1.133	0.935
	»	»	»	»	»	»	»	38°20'	42°20'
ω = ?	1.383	1.425	1.464	1.502	1.537	1.572	1.607	1.638	1.664
	16°55'	19°20'	21°50'	24°20'	26°55'	29°25'	31°55'	34°25'	36°55'

Tableau n° 6.

$$i = 25°$$

Pour φ = et pour	21°	24°	27°	30°	33°	36°	39°	42°	45°
ω = 0°	0.668	0,634	0,603	0,576	0,552	0,535	0,519	0,506	0,497
	φ	φ	φ	φ	φ	φ	φ	42°0'	44°50'
5°	0.744	0,702	0,665	0,634	0,607	0,584	0,565	0,549	0,536
	φ	φ	φ	φ	φ	φ	38°55'	41°45'	44°25'
10°	0.865	0,790	0,743	0,703	0,669	0,641	0,616	0,595	0,578
	φ	φ	φ	30°0'	33°0'	35°55'	38°50'	41°40'	44°20'
15°	0.997	0,912	0,846	0,791	0,746	0,707	0,676	0,649	0,626
	20°30'	23°45'	26°50'	29°50'	32°45'	35°55'	38°30'	41°20'	44°0'
20°	1.314	1.109	0,995	0,911	0,846	0,793	0,750	0,713	0,683
	18°0'	22°30'	26°0'	29°15'	32°20'	35°15'	38°5'	40°55'	43°40'
25°	»	»	1,277	1.100	0 989	0,908	0.845	0,794	0,752
	»	»	23°45'	27°55	31°20'	34°30'	37°30'	40°25'	43°10'
30°	»	»	»	1.766	1.243	1.087	0.981	0,904	0.843
	»	»	»	21°50'	29°20'	33°10'	36°30'	39°30'	42°25'
35°	»	»	»	»	»	1.493	1.214	1.070	0 972
	»	»	»	»	»	29°50'	34°40'	38°15'	41°25'
40°	»	»	»	»	»	»	»	1.411	1.185
	»	»	»	»	»	»	»	35°35'	39°50'
ω = φ	1.581	1.644	1.708	1.766	1.826	1.886	1.945	2.003	2.061
	14°55'	14°15'	19°30'	21°50'	24°10'	26°30'	28°55'	31°15'	33°35'

NOTE

SUR LES VOUTES DISSYMÉTRIQUES

116. Nous avons considéré exclusivement, dans le chapitre II, le cas des voûtes symétriques par rapport au plan vertical passant à la clef, au double point de vue du profil de l'ouvrage et de la répartition de la charge. Il peut arriver, dans des circonstances évidemment très rares, que l'on ait à étudier les conditions d'établissement d'une voûte dissymétrique. Les recherches à faire sont, dans cette hypothèse, notablement plus compliquées et laborieuses, mais elles ne présentent pas de difficultés nouvelles au point de vue théorique. Nous croyons utile d'indiquer sommairement la marche à suivre en pareil cas.

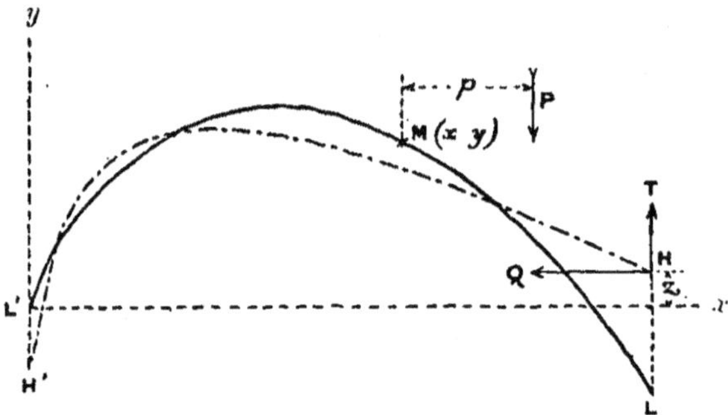

Fig. 267.

Soit LML' l'axe longitudinal d'une voûte dissymétrique, limitée en L et L' aux sections de retombée. Nous admettrons que la charge supportée par cet ouvrage, entre L et L', est répartie d'une manière quelconque.

Désignons par l l'ouverture, c'est-à-dire la distance horizontale qui sépare les centres L et L' des deux retombées, lesquels peuvent n'être pas placés au même niveau, comme dans le cas de la figure.

Nous prendrons pour origine des coordonnées horizontales x et verticales y le centre L' de la retombée de gauche.

Soit HH' la courbe des pressions, que nous nous proposons de tracer entre ses extrémités H et H', situées sur les verticales des points L et L'. Pour que cette courbe soit déterminée, il suffit d'en connaître un point, et la résultante des pressions qui passe en ce point. Choisissons par exemple le point H, placé sur la verticale de L, et désignons par Q la composante horizontale constante, c'est-à-dire la poussée, et par T la composante verticale, c'est-à-dire la portion de la charge totale transmise à la retombée L, de la résultante des pressions qui passe en H.

La lettre z représentera, comme d'habitude, l'ordonnée du point H, qui pourra être positive ou négative suivant le cas.

Soit M un point quelconque de l'axe longitudinal, défini par ses coordonnées x et y, dont la dernière peut être négative (dans la figure 267, tel serait le cas pour un point avoisinant la retombée L). Nous appellerons X' la somme des moments, par rapport au point M, des forces verticales qui sollicitent la portion de voûte comprise entre les sections transversales qui passent en L et M, à l'exception de la réaction inconnue T exercée par l'appui L (le sens positif des moments étant dirigé de bas en haut). Puisque l'on connaît la charge portée par l'ouvrage, il est toujours facile d'évaluer ce moment X', qui est égal à $- \Sigma \, Pp$, P étant un des poids appliqués entre L et M, et p sa distance horizontale au point M.

D'après les notations du chapitre II, e représente l'épaisseur de la voûte en M, et ds la différentielle de la longueur développée de la courbe LML'. Nous pourrons toujours calculer, pour le point M, les valeurs des expressions suivantes, dont toutes les lettres représentent des quantités connues ou faciles à déterminer :

$$\frac{X'}{e^3}, \; \frac{X' y}{e^3}, \; \frac{X'(l-x)}{e^3}, \; \frac{l-x}{e^3}, \; \frac{(l-x) y}{e^3}, \; \frac{(l-x)^2}{e^3}, \; \frac{1}{e^3}, \; \frac{y}{e^3}, \; \frac{y^2}{e^3}, \; \frac{1}{e} \cdot$$

Les inconnues du problème, Q, T et z, seront alors fournies par les trois équations suivantes, où toutes les intégrales sont prises entre la limite inférieure 0, correspondant au point L, et la limite supérieure S (longueur totale développée de l'axe longitudinal LML'), correspondant au point L' :

$$(1) \qquad \int \frac{X'}{e^3} ds + T \int \frac{l-x}{e^3} ds + Qz \int \frac{1}{e^3} ds - Q \int \frac{y}{e^3} ds = 0.$$

$$(2) \qquad \int \frac{X' y}{e^3} ds + T \int \frac{(l-x) y}{e^3} ds + Qz \int \frac{y}{e^3} ds$$
$$- Q \int \frac{y^2}{e^3} ds - \frac{Q}{12} \int \frac{1}{e} ds = 0.$$

$$(3) \qquad \int \frac{X'(l-x)}{e^3} ds + T \int \frac{(l-x)^2}{e^3} ds + Qz \int \frac{l-x}{e^3} ds$$
$$- Q \int \frac{(l-x) y}{e^3} ds = 0.$$

Nous ne donnerons pas la démonstration de ces formules, et nous renverrons à cet égard, comme dans le chapitre II, à notre *Traité des Ponts métalliques* (pages 437 et 444), d'où nous les avons tirées.

Dans ces équations, les expressions placées sous les signes $\int$ renferment exclusivement des quantités que le dessin de l'ouvrage fournit immédiatement (l, x, y et v), ou que l'on sait calculer (X'). On pourra donc les intégrer sans difficulté, soit directement, si la forme de la courbe LML' et le mode de répartition de la charge se prêtent à une interprétation mathématique rationnelle, soit par quadrature, dans l'hypothèse contraire qui sera le cas général de la pratique.

Les inconnues, Q, T et le produit Qz, figurent toutes au premier degré en dehors des signes $\int$. Leur détermination se fera donc aisément. On connaîtra ainsi le point H de la courbe des pressions, et, en grandeur et direction, la résultante des pressions $\sqrt{Q^2 + T^2}$ qui passe en ce point. On pourra alors tracer la courbe des pressions par les procédés habituels. Nous n'insisterons pas sur le détail des opérations, qui devront être conduites et effectuées suivant une méthode identique à celle exposée au chapitre II pour les voûtes symétriques. Il est évident d'ailleurs que le travail sera beaucoup plus long et pénible que dans ce dernier cas.

L'application de la théorie des voûtes dissymétriques pourrait être faite aux voûtes de butée, ou arcs-boutants, dont l'objet est d'exercer sur un mur ou un massif de maçonnerie une réaction, horizontale ou inclinée, destinée à compenser en totalité ou en partie la poussée exercée sur ce mur par une voûte, par un remblai ou par une retenue d'eau.

Examinons le cas particulier d'une voûte, symétrique par rapport au plan vertical de la clef, qui porterait une charge dissymétrique. Il est possible de vérifier l'exactitude de l'épure de stabilité, dressée en suivant la méthode indiquée par nous, à l'aide de la remarque suivante : la poussée doit être égale à la moitié de celle que l'on obtiendrait par la méthode du chapitre II, si l'on rendait la charge symétrique en appliquant à droite de la clef une charge nouvelle identique à celle qui sollicite la portion gauche de la voûte, et *vice versa* ; d'autre part, le point de passage à la clef des courbes des pressions serait le même pour les deux épures. Ce sont là des conséquences évidentes et immédiates de la symétrie de la voûte.

Le mode de vérification des épures de stabilité, indiqué à l'article 43 (page 142) pour les voûtes symétriques, est également applicable, pour les mêmes raisons, aux voûtes dissymétriques, à condition d'opérer d'une retombée à l'autre.

Remarquons en terminant qu'une voûte appuyée d'un côté sur une pile, et de l'autre sur une culée, devrait en général, si l'on voulait procéder avec une rigueur absolue, être considérée comme dissymétrique. D'habitude, en effet, les retombées opposées ne sont pas exactement au même niveau. D'ailleurs la culée tout entière peut être considérée comme formant le prolongement de la voûte, tandis que, pour la pile, la section de retombée est exactement située au point de rencontre des axes longitudinaux des voûtes adjacentes. L'emploi de la méthode de calcul applicable aux voûtes dissymétriques entraînerait en pareil cas des opérations laborieuses, et absolument inutiles. Il nous paraîtrait préférable, si la symétrie effective de la voûte inspirait des doutes, de dresser séparément, par la méthode du chapitre II, deux épures distinctes, dont l'une se rapporterait à la demi-voûte

appuyée sur la pile, et l'autre à la demi-voûte portée par la culée, considérées chacune comme représentant la moitié d'un ouvrage symétrique. Si les
valeurs des poussées calculées dans les deux cas sont presque identiques,
et si les points de passage à la clef des deux courbes des pressions concordent sensiblement, on pourra se contenter d'admettre que les moyennes
des résultats obtenus conviennent à la voûte considérée. Dans l'hypothèse
contraire il conviendrait de remanier le profil d'extrados de la culée et de
relever la section de retombée qui lui correspond, de façon à diminuer l'écart
constaté entre les deux épures, et à obtenir un ouvrage à peu près équivalent à une voûte symétrique.

L'application de ce procédé serait aussi à recommander pour une voûte
à profil régulier dont les sections d'appui sur les deux côtés se trouveraient,
par suite de circonstances locales, placées à des niveaux très différents.

FIN DU PREMIER VOLUME